清華
科技大讲堂丛书

Vue.js
前端框架技术与实战 微课视频版

储久良◎著

清華大学出版社
北京

内 容 简 介

Vue.js 是一套用于构建用户界面的渐进式框架，是目前流行的三大前端框架之一。本书以 Vue 2.6.12 为基础，重点讲解 Vue 生产环境配置与开发工具的使用、基础语法、指令、组件开发及周边生态系统；以 Vue 3.0 为提高，重点介绍新版本改进和优化之处以及如何利用新版本开发应用程序。

全书共分为 12 章，主要涵盖 Vue.js 概述、Vue.js 基础、Vue.js 指令、Vue.js 基础项目实战、Vue.js 组件开发、Vue.js 过渡与动画、Vue 项目开发环境与辅助工具部署、前端路由 Vue Router、状态管理模式 Vuex、Vue UI 组件库、Vue 高级项目实战以及 Vue 3.0 基础应用。每章均附有本章学习目标、本章小结、练习与实训，便于广大读者和工程技术人员学习、实践与提高。

本书可作为高等院校数据科学与大数据技术、计算机科学与技术、软件工程、物联网工程、网络工程等理工科相关专业“网页开发与设计”“Web 前端开发技术”“Web 应用技术”等课程的教材，也可作为 Web 前端工程师等 IT 技术人员学习“新 Web 前端框架”的自学参考书。

图书在版编目（CIP）数据

Vue.js 前端框架技术与实战：微课视频版 / 储久良著. —北京：清华大学出版社，2022.1（2025.1 重印）
（清华科技大讲堂丛书）
ISBN 978-7-302-58589-3

Ⅰ. ①V…　Ⅱ. ①储…　Ⅲ. ①网页制作工具—程序设计　Ⅳ. ①TP392.092.2

中国版本图书馆 CIP 数据核字（2021）第 131508 号

策划编辑： 魏江江
责任编辑： 王冰飞　吴彤云
封面设计： 刘　键
责任校对： 时翠兰
责任印制： 沈　露

出版发行： 清华大学出版社
网　　址： https://www.tup.com.cn, https://www.wqxuetang.com
地　　址： 北京清华大学学研大厦 A 座　**邮　　编：** 100084
社 总 机： 010-83470000　**邮　　购：** 010- 62786544
投稿与读者服务： 010-62776969, c-service@tup.tsinghua.edu.cn
质量反馈： 010-62772015, zhiliang@tup.tsinghua.edu.cn
课件下载： https://www.tup.com.cn，010-83470236
印 装 者： 三河市君旺印务有限公司
经　　销： 全国新华书店
开　　本： 185mm×260mm　**印　　张：** 30　**字　　数：** 754 千字
版　　次： 2022 年 1 月第 1 版　**印　　次：** 2025 年 1 月第 7 次印刷
印　　数： 11001 ～ 13000
定　　价： 69.80 元

产品编号：091067-01

前 言

党的二十大报告中指出：教育、科技、人才是全面建设社会主义现代化国家的基础性、战略性支撑。必须坚持科技是第一生产力、人才是第一资源、创新是第一动力，深入实施科教兴国战略、人才强国战略、创新驱动发展战略，这三大战略共同服务于创新型国家的建设。高等教育与经济社会发展紧密相连，对促进就业创业、助力经济社会发展、增进人民福祉具有重要意义。

随着移动互联网技术的迅速发展，基于互联网的应用与日俱增，PC 端和移动端商业应用需求层出不穷，网站重构、用户体验提升、前端交互的需求越来越高，商业应用功能越来越复杂，原有的前端框架已经不能满足新的中大型商业应用的需要。在传统的 MVC 下，前端和后端发生数据交互后会刷新整个页面，从而导致比较差的用户体验。特别是在移动端，当前端对数据进行操作时，刷新页面的代价太昂贵。目前，AngularJS、React 和 Vue.js 三大主流渐进式前端框架能够很好地解决这一问题。相比 AngularJS 和 React，Vue.js 这个渐进式的 MVVM 框架具有更轻量、渲染速度更快、打包体积更小、学习曲线比较平稳、用户体验更佳等特点，深受全球用户欢迎，中国用户特别喜爱。所以笔者以“Vue.js 前端框架技术与实战”为主题创作新编教材，重点阐述 Vue.js 的基础、指令、组件、Vue Router、Vuex 及周边生态技术和应用，以帮助读者掌握 Vue 前端项目的开发流程和开发方法，从而满足当前商业应用的需求。

Vue.js 是一套用于构建用户界面的渐进式框架。Vue 采用自底向上增量开发的设计，这与其他重量级框架有所不同，Vue 的核心库只关注视图层，不仅易于上手，还便于与第三方库或既有项目整合。最初它不过是个人项目，发展至今，已成为全世界三大主流前端框架之一，领先于 AngularJS 和 React，在国内更是首选。它的设计思想、编码技巧也被众多的框架借鉴、模仿。近几年，Vue.js 前端框架越来越受欢迎，越来越多的网站前端开始采用 Vue.js 开发。为了方便 Web 前端开发人员、编程爱好者以及广大读者用户熟悉和使用 Vue.js，笔者编写了本书。

编写思路

以 Vue 工程项目开发的生命周期为导向，从项目脚手架、构建、插件化、组件化，到编辑器工具、浏览器插件、Vue 周边生态等方面构建教材知识体系，从基础应用、项目开发环境配置、开发工具使用、编译打包工具、项目实战等方面构建内容结构。基础部分为了方便读者理解和消化，不使用任何工具，只引入 Vue.js 和浏览器就可以运行 Vue 应用；提高部分及实战部分需要使用脚手架、插件、组件等开发 Vue 应用程序。整本书以“基础 Vue 单页应用→Vue 前端项目→Vue 前后端分离项目”为开发线路，逐层深入、递进式培养读者的工程能力和工程素养。每章配置学习目标、本章小结和适量练习与实训，帮助读者消化和理解所学知识，运用所学知识和技能解决实训中的技术难题，从而提高自己的编程能力和水平。

编写特色

- **理论教学与技能实训一体化设计。**本书填补了 Vue.js 图书市场上一直缺乏“理论与实训一体化设计教材”的空白。在构建章节结构时，设置了本章学习目标、教学内容（含基础语法、语法说明、示范案例、代码解释、注意提醒等）、本章小结、练习与实训（实训要求和实训步骤）。
- **知识传授与能力培养一体化实施。**本书在传授知识的同时，将工程项目中常用环境配置、开发工具的使用及项目工程化工具一并传授，融会贯通，以期培养学生的工程能力和工程素养。
- **知识更新与技术发展同步。**紧跟 Vue.js 技术的发展，及时将 Vue.js 3.0 新特性和新应用写入书中，进一步完善本书的知识体系结构，引入新技术、新特性、新应用，提高项目开发速度、项目执行速度，降低开发成本。

教学资源

为了方便各类高校选用教材和读者选书自学，本书提供了大量的配套资源，包括教学大纲、教学课件、程序源码、素材、习题答案和 700 分钟的微课视频。书中教学案例以统一格式进行命名，如 vue-2-1.html 表示第 2 章第 1 个案例。每章资源以子目录形式存放，如 chapter5 存放第 5 章的各类资源。

资源下载提示

课件等资源：扫描封底的“课件下载”二维码，在公众号“书圈”下载。

素材（源码）等资源：扫描目录上方的二维码下载。

在线作业：扫描封底作业系统二维码，登录网站在线做题及查看答案。

视频等资源：扫描封底刮刮卡中的二维码，再扫描书中相应章节中的二维码，可以在线学习。

全书由储久良独立编写、修订和统稿。本书出版得到清华大学出版社相关人员的大力支持，在此谨表示衷心感谢。作者参阅了 GitHub 和其他网络资源，对这些资源的贡献者深表感谢。由于互联网技术发展迅速，前端技术持续改进与优化，加上作者水平有限，书中的疏漏之处在所难免，恳请各位专家和读者批评指正。

本书是 2019 年江苏省高等教育教改立项研究课题“‘Web 前端开发技术’数字课程与优质教学资源共建共享研究与实践”（项目编号：2019JSJG596）的成果。

作 者

2021 年 8 月

目 录

源码下载

第 1 章

Vue.js 概述

本章学习目标

通过本章的学习，能够了解 Vue.js 的发展简史和生产环境要求，学会配置生产环境，掌握 Vue.js 页面的基本组成，学会使用 Vue.js 开发工具编写简易的 Vue.js 项目。

Web 前端开发工程师应知应会以下内容。

- 掌握 Vue.js 页面的基本组成。
- 学会配置 Vue.js 生产环境。
- 掌握常用的 Vue.js 开发工具。
- 编写最基本的 Vue.js 页面。

1.1 Vue.js 简介

Vue.js 是一套用于构建用户界面的渐进式框架。与其他大型框架不同的是，Vue.js 被设计为可以自底向上逐层应用。Vue.js 的核心库只关注视图层，不仅易于上手，还便于与第三方库或既有项目整合。另外，当与现代化的工具链以及各种支持类库结合使用时，Vue.js 也完全能够为复杂的单页应用（Single Page Application，SPA）提供驱动。

2014 年 2 月，尤雨溪①（Evan You）将 Vue.js 正式发布并开源，其图标如图 1-1 所示。Vue.js

---

① 尤雨溪，毕业于上海复旦附中，在美国完成大学学业，本科毕业于科尔盖特大学，后在帕森斯设计学院获得设计与技术（Design & Technology）艺术硕士学位，现任职于 Google Creative Lab。尤雨溪是 Vue.js 框架的作者，HTML5 版 Clear 的打造人。

是构建 Web 界面的 JavaScript 库，是一个通过简洁的应用程序接口（Application Programming Interface，API）提供高效的数据绑定和灵活的组件系统。2016 年 4 月 27 日，发布 Vue 2.0 的 preview 版本，到 Vue 3.0 发布前稳定版本为 Vue 2.6.12。

图 1-1 Vue.js 的图标

2016 年 9 月 3 日，在南京的 JSConf（Conference for the JavaScript Community in China）上，尤雨溪正式宣布加盟阿里巴巴 Weex 团队，将以技术顾问的身份加入 Weex 团队推动 Vue 和 Weex 的 JavaScript Runtime 整合，目标是让大家能用 Vue 的语法跨三端（PC 端、手机端、平板端）。

Vue 官方团队于 2020 年 9 月 18 日晚发布了 Vue 3.0 版本，代号为 One Piece。此次版本提供了改进的性能、更小的捆绑包大小、更好的 TypeScript 集成、用于处理大规模用例的新 API，为框架的未来长期迭代奠定了坚实的基础。

Vue.js 的特点如下。

（1）易用。掌握超文本标记语言（Hyper Text Markup Language，HTML）、层叠样式表（Cascading Style Sheets，CSS）、JavaScript 即可阅读指南开始构建应用。

（2）灵活。简单小巧的核心，渐进式技术栈，足以应付任何规模的应用。

（3）高效。20Kb min+gzip 运行大小，超快虚拟文档对象模型（Document Object Model，DOM），最省心的优化。

1.2 Vue.js 生产环境配置

与其他的 JavaScript 框架类似，Vue.js 的引入方法通常分为两类：①本地化使用，通过<script>标记加载；②网络化使用，通过内容分发网络（Content Delivery Network，CDN）加载。使用 Vue.js 时，推荐在 Google Chrome 浏览器上安装 Vue Devtools，这样可以更加友好地在界面中审查和调试 Vue.js 应用。

1.2.1 Vue.js 引入方法

Vue.js 生产环境常用的配置方法有以下几种。

1. 使用<script>标记直接加载

从 Vue.js 官网（https://cn.vuejs.org/）上直接下载 vue.min.js（生产版本）或 vue.js（开发版本），并在<head>标记中使用<script>标记引入，目前版本为 2.6.12。

加载基本语法如下。

```
<script type="text/javascript" src="js/vue.min.js"></script>
```

2. 使用 CDN 加载

可以从 jsdelivr 或 cdnjs 获取（版本更新可能略滞后），也可以选择其他相对稳定的 CDN。加载语法如下。

```
<script src="https://cdn.jsdelivr.net/npm/vue/dist/vue.js"></script>
<script src="https://cdn.jsdelivr.net/npm/vue"></script>
<script src="https://cdn.staticfile.org/vue/2.2.2/vue.min.js"></script>
```

1.2.2 安装 Vue Devtools

在学习和使用 Vue 之前，需要配置好调试的环境。推荐在 Google Chrome 浏览器安装 Vue Devtools 拓展程序。通过 Vue Devtools 帮助开发者查看 Vue 组件和全局状态管理器 Vuex 中记录的数据。具体步骤如下。

1. 下载并安装 Node.js 和 npm

根据操作系统的类型选择下载相应版本的 Node.js。例如，在 Windows（x64）中安装 Node.js，可以从 https://nodejs.org/en/download/官网下载 node-v12.10.0-x64.msi 文件，然后直接安装。安装完成后在“开始”菜单中可以看到 Node.js 程序组件，如图 1-2（a）所示，然后选择第 1 个 Node.js command prompt 程序，若按组合键 Win+R，可以打开命令行窗口，如图 1-2（b）所示。由于新版的 Node.js 已经集成了 Node 包管理器（Node Package Manager，npm），所以 npm 也一并安装好了。npm 的主要功能就是管理 Node 包，包括安装、卸载、更新、查看、搜索、发布等。同样可以通过输入 npm-v 命令测试是否成功安装，如果出现版本提示，则表示安装成功。

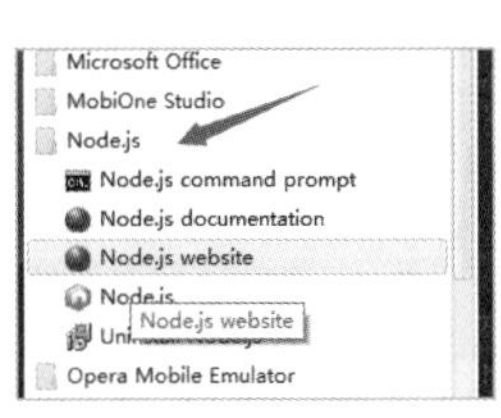

（a）程序组件

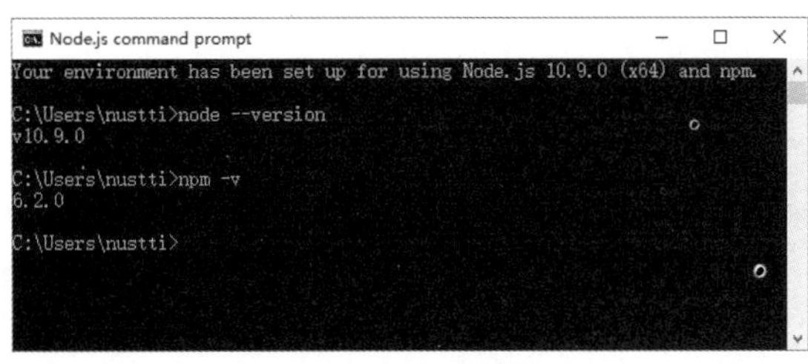

（b）命令行窗口

图 1-2 Node.js 安装成功程序组件和命令行窗口状态

2. 从 GitHub 上下载 Vue Devtools

（1）如图 1-3 所示，进入 https://github.com/vuejs/vue-devtools#vue-devtools 页面，单击 Clone or download 按钮，下载后解压 vue-devtools-dev.zip 文件。

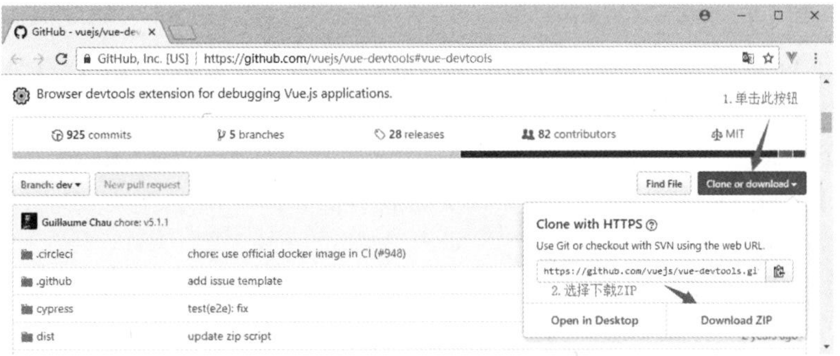

图 1-3 下载 Vue-devtools 界面

（2）然后进入 vue-devtools-dev 子目录，安装构建工具所需要的依赖，命令如下。

```
npm install
```

（3）最后完成工具构建，命令如下。

```
npm run build
```

执行上述命令后，运行结果如图 1-4 所示，说明工具构建完成。

```
Node.js command prompt
D:\Web前端框架开发技术-2016\vue-devtools-dev\vue-devtools-dev>npm run build

> vue-devtools@5.1.1 build D:\Web前端框架开发技术-2016\vue-devtools-dev\vue-devtools-dev
> cd shells/chrome && cross-env NODE_ENV=production webpack --progress --hide-modules

 98% after emitting SizeLimitsPlugin

 DONE  Compiled successfully in 25456ms                                    12:30:02
                                                        Hash: 82967780c032ba6fe166
Version: webpack 4.38.0
Time: 25456ms
Built at: 2019-07-29 12:30:02
                  Asset      Size  Chunks                  Chunk Names
             backend.js   396 KiB       0  [emitted]  [big]  backend
          background.js  2.59 KiB       1  [emitted]         background
            detector.js  4.31 KiB       2  [emitted]         detector
devtools-background.js  2.22 KiB       4  [emitted]         devtools-background
            devtools.js  1.09 MiB       3  [emitted]  [big]  devtools
                hook.js  28.3 KiB       5  [emitted]         hook
               proxy.js   1.3 KiB       6  [emitted]         proxy
Entrypoint hook = hook.js
Entrypoint devtools [big] = devtools.js
Entrypoint background = background.js
Entrypoint devtools-background = devtools-background.js
Entrypoint backend [big] = backend.js
```

图 1-4　Vue 依赖构建界面

（4）安装 Chrome 浏览器扩展程序。打开 Chrome 浏览器，单击右上角的“⋮”图标，弹出如图 1-5 所示的菜单。从菜单中选择“更多工具”→“扩展程序”，打开“扩展程序”页面，单击“加载已解压的扩展程序”按钮，选择 shells/chrome 文件夹进行安装，显示 Vue.js devtools 加载完成，如图 1-6 所示。

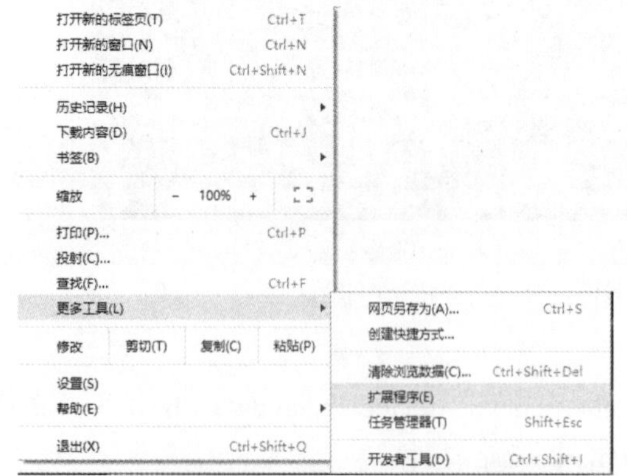

图 1-5　设置 Chrome 浏览器

图 1-6　安装扩展程序加载界面

（5）打开 Vue 应用，并在 Chrome 浏览器中查看页面，按 F12 键进入调试界面。在浏览器地址栏右侧会出现 Vue.js 图标，并且在调试菜单最右侧也会出现 Vue 菜单项目。单击 Vue 菜单，会看到 Vue 模型中存储的数据。

【例 1-1】 调试 Vue 应用，代码如下，页面效果如图 1-7 所示。

```
<!-- vue-1-1.html -->
<!DOCTYPE html>
<html>
    <head>
        <meta charset="utf-8">
        <title>调试 Vue 应用</title>
        <script type="text/javascript" src="../vue/js/vue.js">
        </script>
    </head>
    <body>
        <div id="vue11">
            <!-- 文本插值 -->
            {{msg}}
        </div>
```

```
15.         <script type="text/javascript">
16.             //定义 Vue 实例,绑定数据到 DOM 节点上
17.             var myViewModel = new Vue({
18.                 el: '#vue11', //挂载在指定 ID 的元素上
19.                 data: {
20.                     msg: "我喜欢学习 Vue.js! "
21.                 }
22.             })
23.         </script>
24.     </body>
25. </html>
```

上述代码中，第 13 行是文本插值表达式。第 17～22 行创建 Vue 实例，实现数据绑定和渲染 Vue 实例。页面中显示 Vue 的 data 选项中的 msg 值“我喜欢学习 Vue.js！”。在调试界面中选择 Vue 菜单，单击<Root>，可以查看模型中存放的数据，如图 1-7 所示。

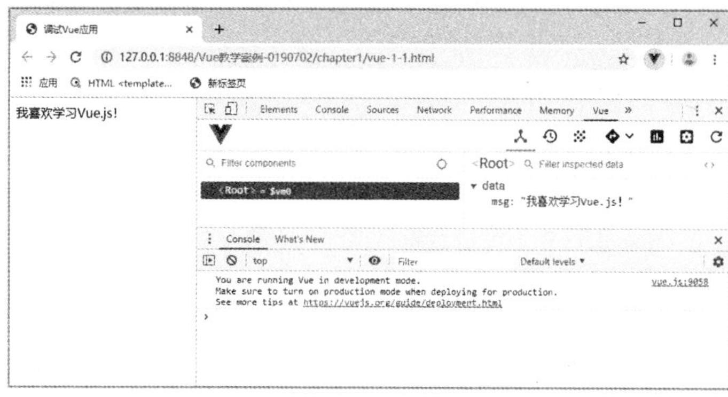

图 1-7 调试 Vue 应用界面

1.3 Vue 页面基本结构

一个 Vue 页面一般由模板、JavaScript 脚本、样式表等部分构成。在 HTML 页面代码中分别由<template>、<script>和<style>等标记组成。

创建一个 Vue 应用程序只需要 3 个步骤：引入 Vue.js 库文件、创建一个 Vue 实例、渲染 Vue 实例。

下面分别介绍 3 个标记的使用方法。

1.3.1 <template>标记

<template>标记用于声明内容模板元素，用来定义 View 视图。该标记允许声明片段 HTML 代码，这些片段 HTML 内容在加载页面时不会呈现，但随后可以在运行时使用 JavaScript 实例化，将这些片段通过脚本复制并插入文档中。

【基本语法】

```
<template  id ="myTem" >
    <!-- 模板内容，即 HTML 片段-->
    <div id="vue11">
        <p> {{content}} </p>
    </div>
</template >
```

【语法说明】

{{ content }}是 Vue 的模板语言语法，表示输出变量 content 的内容。设置 div 的 id 属性值为 vue11，方便后面的 JavaScript 脚本定位它，并将它抽象成一个对象。

【例 1-2】 利用 JavaScript 脚本操作模板内容。程序功能是单击“使用模板加载内容”按钮，将<template>标记的内容复制并插入 DOM，代码如下，页面效果如图 1-8 所示。

```
1.  <!-- vue-1-2.html -->
2.  <!DOCTYPE html>
3.  <html>
4.      <head>
5.          <meta charset="utf-8">
6.          <title>template 标记与 script 标记结合使用</title>
7.      </head>
8.      <body>
9.          <!-- 模板内容 -->
10.         <template id="myVueTemp">
11.             <p>模板内容. 再次单击...</p>
12.         </template>
13.         <!-- 普通内容 -->
14.         <div id="div1">
15.             <p>普通内容</p>
16.         </div>
17.         <button onclick="useTemp();">使用模板加载内容</button>
18.         <script type="text/javascript">
19.             function $(id) {
20.                 return document.getElementById(id)
21.             }
22.             function useTemp() {
23.                 var newTemp = $("myVueTemp").content.cloneNode(true);
                    //复制模板节点
24.                 $("div1").appendChild(newTemp);//向 div 中添加模板的内容
25.             }
26.         </script>
27.     </body>
28. </html>
```

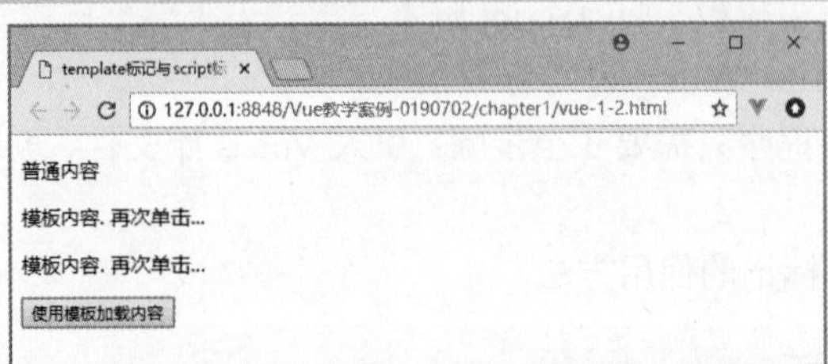

图 1-8 复制模板内容并通过 JavaScript 脚本追加到页面上

上述代码中，第 10～12 行定义内容模板，页面加载时，其内容是不显示出来的。第 22～25 行定义 useTemp() 函数，功能是利用<template>标记的 content 属性复制其内容，然后将其添加到 id 为 div1 的 div 中。

1.3.2 <script>标记

<script>标记主要用来创建 Vue 实例。Vue 是一个全局的类，使用时必须先实例化，通过它连接 View（视图）和 Model（模型）。每个 Vue 应用都是通过 Vue 构造函数创建一个 Vue 的根实例开始。

【基本语法】

```
<script type="text/javascript">
    //创建 Vue 实例,绑定数据到 DOM 节点上
    var vm = new Vue({
        //以下为选项设置
        template: '<p>{{msg}}</p>',
        el: '#vue11', //挂载在指定 id 的元素上
        data: {msg: "我是 Vue 新学者! " }
    })
</script>
```

【语法说明】

vm 为 Vue 实例化的对象变量（也称为视图模型）。Vue 是一个封装了响应式开发、模板编译等诸多特性的基础类，可以通过它提供的一些选项（配置项）或属性创建一个实例。它可以包含 data（数据）、template（模板）、el（挂载元素）、methods（方法）、created（生命周期钩子）等选项。全部选项都可以在 API 文档中查看。常用选项对象如下。

- data：声明需要响应式绑定的数据对象。data 中定义若干个键值对，键值对之间用逗号分隔，格式如下。

```
data:{key1: value1,key2:value2,…,keyn:valuen}
```

- template：可以替换挂载元素的 HTML 片段或字符串模板。当模板内容为多个元素时，一定为这些标记再包裹一个根元素（父元素），否则易发生语法错误。
- el：选择页面上已存在的 DOM 元素作为 Vue 实例的挂载目标。
- methods：定义可以通过 vm 对象访问的方法。
- created：发生在 Vue 实例初始化以及 data observer 和 event/watcher 事件被配置之后。

【例 1-3】Vue 常用选项设置。代码如下，页面效果如图 1-9 所示。

```
<!-- vue-1-3.html -->
<!DOCTYPE html>
<html>
    <head>
        <meta charset="utf-8">
        <title>Vue 选项的使用</title>
        <style type="text/css">
            .vue11 {text-align:center;border:1px solid red;width:400px;height:460px;}
            .vue11 img{height:350px;}
        </style>
        <script type="text/javascript" src="../vue/js/vue.js"></script>
    </head>
    <body>
        <div id="vue13"></div>
        <script type="text/javascript">
            var myViewModel = new Vue({
                template: '<div v-bind:class="divstyle"><img v-bind:src= "image">
                <h3>{{bookname}}荣获 2019 年度清华大学出版社畅销图书</h3></div>',
                data: {
                    bookname: 'Web 前端开发技术-HTML5、CSS3、JavaScript',
                    image: 'image-1-3.png',
                    divstyle: 'vue11'
                },
                el: '#vue13'
            })
        </script>
```

```
26.     </body>
27. </html>
```

上述代码中，第 8 行定义类 vue11 的样式。第 9 行定义类 vue11 中 img 的样式。第 11 行引入 Vue 库文件。第 14 行设置 DOM 挂载对象<div>标记。第 16～24 行创建 Vue 实例，并完成数据绑定工作，渲染 Vue 实例，为 Vue 配置 template、data、el 等 3 个选项。其中，第 17 行配置选项模板为一个通过 v-bind 指令绑定 class 属性，值为 divstyle 的根元素<div>标记，内含一个图像和<h3>标记，通过 v-bind 指令绑定<img>标记的 src 属性值为 image 和带文本插值 bookname 的<h3>标记；第 18～22 行定义 data 选项，内含 3 个键值对，键值为字符串时，必须加上引号，否则会出现语法错误；第 23 行配置挂载元素 id 为 vue13 的 DOM 对象。

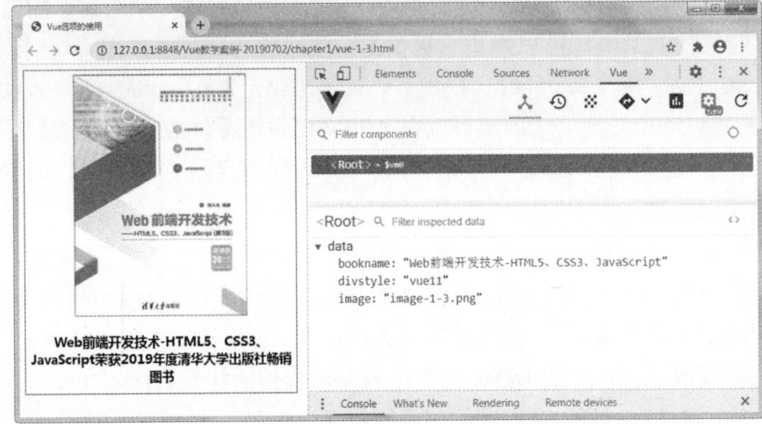

图 1-9　Vue 常用选项设置

1.3.3　<style>标记

<style>标记用来为 Vue 中需要渲染的 DOM 对象动态地添加样式效果。当然也可以使用外部样式文件，通过<link>标记和<style>标记链接或导入外部样式表。

【基本语法】

```
<style type="text/css">
  @import url("outstyle1.css");
  .vue11{text-align: center;border:1px solid red;width:400px;height: 450px;}
  html,body{font-size:16px; padding:0px;margin:0;}
</style>
<link type="text/css" rel="stylesheet" href="outstyle2.css">
```

该标记使用比较简单，此处不赘述。

1.4　Vue.js 开发工具

集成开发环境（Integrated Development Environment，IDE）是一种编程软件，它是集成了程序员开发时需要的一些基本工具、基本环境和其他辅助功能的应用软件。IDE 通常含有源代码编辑器（Editor）、编译器（Compiler）、解释器（Interpreter）和调试器（Debugger）等组件。开发人员可以通过图形用户界面访问这些组件，并且完成整个代码编译、调试和执行的过程。使用 IDE 提供的代码高亮、代码补全和提示、语法错误提示、函数追踪、断点调试等功能能够帮助程序员提高开发效率。

现有大量的免费开源的和商用的 IDE。最常用、最著名、最好用的有 Visual Studio Code、Sublime Text、WebStorm、HBuilderX 等。

下面对常用的 IDE 进行简要介绍。

1.4.1　Visual Studio Code

Visual Studio Code（简称 VS Code）是一款免费开源的现代化轻量级代码编辑器，支持大部分主流的开发语言的语法高亮、智能代码补全、自定义热键、括号匹配、代码片段、代码对比、集成 Git 等特性，支持插件扩展，并针对网页开发和云端应用开发做了优化。软件跨平台支持 Windows、Mac 以及 Linux。

开发 Vue 项目时，需要安装 Syntax Highlight for Vue.js 插件。为了方便预览页面，在扩展栏的搜索栏中输入 Open in Browser，就可以找到 Open in Browser 这款插件，插件右下角会显示 Install（安装）字样。单击 Install 安装 Open in Browser 插件。完成后，按组合键 Alt+B 可以在默认浏览器中显示页面；按组合键 Shift+Alt+B 可以在其他浏览器中显示页面。程序界面如图 1-10 所示。

图 1-10　VS Code 程序界面

1.4.2　Sublime Text

Sublime Text 支持多种编程语言的语法高亮，拥有优秀的代码自动完成功能，还拥有代码片段（Snippet）的功能，可以将常用的代码片段保存起来，在需要时随时调用；支持 vim 模式，支持宏。

Sublime Text 3 具有支持 Vue.js 语法高亮显示插件，插件名为 vue-syntax-highlight，可以从 https://github.com/vuejs/vue-syntax-highlight 上直接下载安装。使用此软件编写代码，会提高编码的速度与效率。程序界面如图 1-11 所示。

```
D:\Web前端框架开发技术-2016\Vue教学案例-0190702\chapter1\vue-1-2.html - Sublime Text (UNREGISTERED)
File Edit Selection Find View Goto Tools Project Preferences Help
vue-1-2.html
<!-- vue-1-2.html -->
<!DOCTYPE html>
<html>
    <head>
        <meta charset="utf-8">
        <title>template标记与Script标记结合使用</title>
    </head>
    <body>
        <!-- 模板内容 -->
        <template id="myVueTemp">
            <p>模板内容. 再次单击...</p>
        </template>
        <!-- 普通内容 -->
        <div id="div1">
            <p>普通内容</p>
        </div>
        <button onclick="useTemp();">使用模板加载内容</button>
        <script type="text/javascript">
            function $(id) {
                return document.getElementById(id)
            }
            function useTemp() {
                var newTemp = $("myVueTemp").content.cloneNode(true);//克隆模板节点
                $("div1").appendChild(newTemp);//向div中添加模板的内容
            }
        </script>
    </body>
</html>
Line 1, Column 1                                                    Tab Size: 4    HTML
```

图 1-11 Sublime Text 程序界面

1.4.3 WebStorm

WebStorm 是 JetBrains 公司旗下一款 JavaScript 开发工具，目前已经被广大的 JavaScript 开发者誉为 Web 前端开发神器、最强大的 HTML5 编辑器、最智能的 JavaScript IDE 等。WebStorm 与 IntelliJ IDEA 同源，继承了 IntelliJ IDEA 强大的 JavaScript 部分的功能。程序界面如图 1-12 所示。

WebStorm 默认支持 AngularJS 和 React，开发 Vue.js 可以选择安装 vue-for-idea 或 Vue.js，建议安装 Vue.js 开发 Vue 项目。

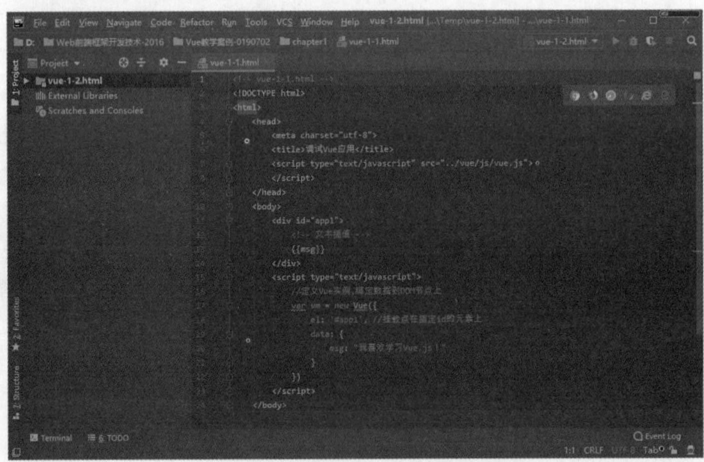

图 1-12 WebStorm 程序界面

1.4.4 HBuilderX

HBuilder 是 DCloud（数字天堂）推出的一款支持 HTML5 的 Web 开发 IDE。HBuilder 的编写用到了 Java、C、Web 和 Ruby 语言。HBuilder 本身主体是由 Java 编写，它基于 Eclipse，所以顺其自然地兼容了 Eclipse 的插件。速度快是 HBuilder 的最大优势，通过完整的语法提示和代码输入法、代码块等，大幅提升 HTML、JavaScript、CSS 的开发效率。HBuilder 是一个典型的 IDE，语言处理非常强大，但从字处理、轻量方面客观来讲不如优秀的编辑器。而新的 HBuilderX（简称为 HX）定位是 IDE 和编辑器的完美结合，HBuilderX 提供轻量且世界顶级的高效字处理能力。使用 HBuilderX 开发 Vue 应用，如果打开的是 Vue 文件，会自动挂载 Vue 语法库。程序界面如图 1-13 所示。

图 1-13　HBuilderX 程序界面

本章小结

本章主要介绍了 Vue.js 的由来以及如何配置 Vue.js 生产环境，重点介绍 Vue.js 页面的基本组成，其中包含<template>、<script>、<style>等 3 个主要标记。<template>标记主要用来定义页面视图；<style>标记主要用来定义样式；<script>标记主要用来定义 Vue 根实例、组件、指令等。

本章详细讲解了 Vue 根实例的定义方法，理解与灵活运用 el、data、methods、computed 等常用的选项，学会定义相应的数据属性。

本章对常用的 Vue.js 开发工具进行了介绍，主要有 VS Code、Sublime Text、WebStorm、HBuilderX。其中，VS Code 和 HBuilderX 工具比较流利，生产效率很高。可以根据实际工程的需要和个人喜爱选择合适的开发工具。

练习 1

1. 选择题

（1）下列选项中用于设置 Vue.js 页面视图的元素是（　　）。

A. template　　B. script　　C. style　　D. title

（2）下列选项中能够定义 Vue.js 根实例对象的元素是（　　）。

A. template　　B. script　　C. style　　D. title

（3）下列选项中不是 Vue.js 常用的选项是（　　）。

A. el　　B. data　　C. methods　　D. function

（4）定义 Vue.js 的根实例，需要使用的运算符是（　　）。

A. delete　　B. var　　C. new　　D. typeof

2. 填空题

（1）Vue.js 根实例中的 el 选项主要用于________________；data 选项主要用于____________________；template 选项主要用于______________________。

（2）在使用 Vue.js 时，建议在 Google Chrome 浏览器上安装__________________拓展程序，它允许在一个更友好的界面中审查和调试 Vue.js 应用。

实训 1

视频讲解

1. 内置指令 v-model 实训——下拉列表框绑定

【实训要求】

（1）学会定义 Vue 根实例对象，并初步掌握常用选项 el 和 data 的相关数据属性的定义。

（2）学会引入 Vue，完成 Vue 视图的定义。

（3）学会使用 v-model 指令绑定 select 元素，通过下拉列表框选择相应的选项。

（4）学会启用浏览器调试（按 F12 键进入），辅助项目调试。

【设计要求】

按图 1-14 所示的页面效果，完成项目实训。具体设计要求如下。

（1）在 div 中插入<h3>、<p>、<select>标记，并按图 1-14 效果初始化下拉列表框。班级信息包含 19 软件工程 1 班、19 软件工程 2 班、19 计算机 1 班、19 计算机 2 班、19 信管 1 班。下拉列表框定义格式如下。

```
<select v-model="mySelect">
    <option value=" " disabled>请选择</option>   <!--不作为选项，仅作为提示 -->
    <option value=" ">… </option>
</select>
```

（a）初始化页面效果

（b）单击下拉列表框后的页面

图 1-14　欢迎新生入学页面

（2）定义 Vue 实例，并配置 el、data 选项。

【实训步骤】

（1）建立 HTML 文件。项目程序命名为 vue-ex-1-1.html。在头部引入 Vue.js。在<body>

标记定义模板内容，在一个 div 中分别插入<h3>、<p>、<select>、<option>等标记，并完成信息初始化。

（2）定义 Vue 实例。在<script>标记中定义 Vue 实例，并按设计要求（2）完成相关选项配置。

（3）代码运行测试。代码编写完成后，通过浏览器查看页面效果。

2. 模板中 v-bind 指令实训——Vue 实例中选项的配置

【实训要求】

（1）学会引入 Vue，完成项目初始化工作。

（2）学会定义 Vue 实例对象，学会配置 el、template 和 data 的选项。

（3）学会在模板中使用 data 中的数据（{{dataOptions}}），并在模板中定义嵌套的<div>标记，用于显示专业描述，绑定 class 为 divStyle。

（4）学会使用 CSS 定义相关<div>标记的样式。

【设计要求】

按图 1-15 所示的页面效果，完成项目实训。具体设计要求如下。

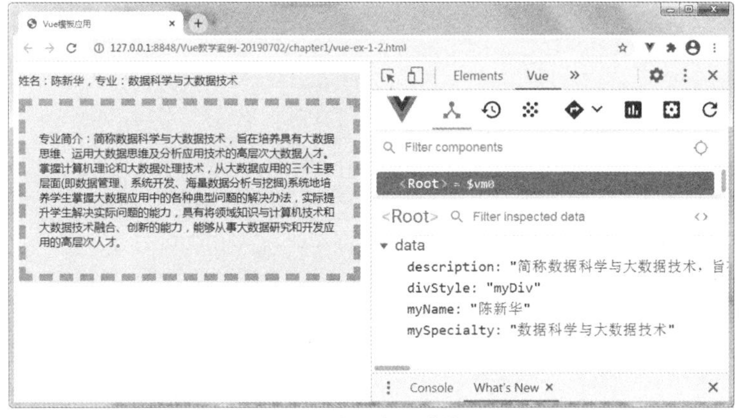

图 1-15　专业介绍渲染页面

（1）使用模板选项，并在模板中生成视图所需的元素。注意，如果模板中包含多个元素，一定要在最外层包裹一个根元素，页面渲染内容全部在模板中定义。具体要求如下。

- 包裹的图层的 id 为 div1，其样式为：宽度 500px、高度 300px、背景颜色#EDEDED。
- 图层内包裹一个<p>标记和一个子 div，子 div 绑定 class 属性值为 divStyle，子 div 内包含一个<p>标记，用于显示“专业简介”。
- myDiv 类的样式为：边框（10px、虚线、颜色#ADADAD）、填充 20px。

（2）设置 el 和 data 选项，并在数据选项中定义数据属性 myName、mySpecialty、description、divStyle。它们的值分别如下。

- myName：“陈新华”；
- mySpecialty：“数据科学与大数据技术”；
- description：“简称数据科学与大数据技术，旨在培养具有大数据思维、运用大数据思维及分析应用技术的高层次大数据人才。掌握计算机理论和大数据处理技术，从大数据应用的 3 个主要层面（即数据管理、系统开发、海量数据分析与挖掘）系统地培养学生掌握大数据应用中的各种典型问题的解决办法，实际提升学生解决实际问题的能力，具有将领域知识与计算机技术和大数据技术融合、创新的能力，能够从事大数据研究和开发应用的高层次人才。”；

- divStyle：“myDiv”。

【实训步骤】

（1）建立 HTML 文件。项目程序命名为 vue-ex-1-2.html。在头部引入 Vue.js。在<body>标记定义模板内容，在<body>标记中插入一个 id 为 vue-ex-12 的<div>标记。

（2）定义 Vue 实例。在<script>标记中定义 Vue 实例，并按设计要求（1）和（2）完成相关选项配置。

（3）代码运行测试。代码编写完成后，通过浏览器查看页面效果。

第 2 章

Vue.js 基础

本章学习目标

通过本章的学习，能够理解 MVC 模式与 MVVM 模式的工作机制，掌握 Vue.js 数据绑定方法。掌握 Vue.js 的常规选项 computed、watch 及生命周期钩子函数的定义与使用方法。

Web 前端开发工程师应知应会以下内容。

- 理解 MVC、MVVM 模式的工作机制。
- 掌握多种类型数据绑定的方法。
- 掌握计算属性与方法在使用上的区别。
- 学会使用侦听属性处理数据变化的相关事务。
- 理解生命周期钩子函数在使用上的差异性。

2.1 MVC 与 MVVM 模式

2.1.1 MVC 模式

MVC 即 Model（模型）-View（视图）-Controller（控制器）的缩写，它是一种软件设计典范，这种模式用于应用程序的分层开发。用一种业务逻辑、数据、界面显示分离的方法组织代码，将业务逻辑聚集到一个部件中，在改进和个性化定制界面及用户交互的同时，不需要重新编写业务逻辑。其中，Model 其实就是数据来源，包含所有业务逻辑和业务数据；View 用来把数据以某种方式呈现给用户；Controller 接收并处理来自用户的请求，并将 Model 返回给用户。MVC 模式流程如图 2-1 所示。

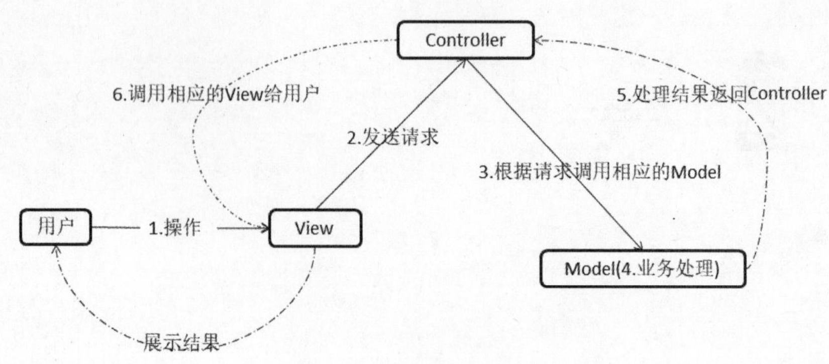

图 2-1　MVC 模式流程

MVC 的意义在于指导开发者将数据与表现解耦，提高代码（特别是模型部分代码）的复用性。MVC 模式对于简单的应用来说非常不错，也符合软件架构的分层思想。但实际上，随着 HTML5 的不断发展，人们更希望使用 HTML5 开发的应用能和 Native 媲美，或者接近于原生 App 的体验效果，于是前端应用的复杂程度已今非昔比。此时，在前端开发过程中始终遇到 3 个难题。

（1）在代码中，由于大量调用相同的 DOM API，处理麻烦，操作冗余，使代码维护难度加大，维护成本提升。

（2）大量的 DOM 操作使页面渲染性能降低，加载速度变慢，影响用户体验。

（3）Model 频繁发生变化时，设计人员需要主动更新 View；用户的操作导致 Model 发生变化时，设计人员同样需要将变化的数据同步到 Model 中。此类过程不仅烦琐，而且维护复杂多变的数据状态十分困难。

早期 jQuery 就是为了前端能更简洁地操作 DOM 而设计的，但它只解决了上述第 1 个问题，另外两个问题始终伴随着前端存在。

2.1.2　MVVM 模式

MVVM 是 Model-View-ViewModel 的简写，它是一种基于前端开发的架构模式，其核心是提供对 View 和 ViewModel 的双向数据绑定，使 ViewModel 的状态改变可以自动传递给 View，即所谓的数据双向绑定。MVVM 由 Model、View、ViewModel 3 层构成。其中，Model 层代表数据模型，可以在 Model 中定义数据修改和操作的业务逻辑；View 层代表用户界面（User Interface，UI）组件，它负责将数据模型转化成 UI 展现出来；ViewModel 是 MVVM 模式的核心，也是一个同步 View 和 Model 的对象。ViewModel 有两个方向：一是将 Model 转化成 View，即将后端传递的数据转化成所看到的页面，实现的方式是数据绑定；二是将 View 转化成 Model，即将所看到的页面转化成后端的数据，实现的方式是 DOM 事件监听。这两个方向的实现称为数据双向绑定。MVVM 模式流程如图 2-2 所示。

在 MVVM 架构下，View 和 Model 之间并没有直接的联系，而是通过 ViewModel 进行交互，Model 和 ViewModel 之间的交互是双向的，因此 View 数据的变化会同步到 Model 中，而 Model 数据的变化也会立即反映到 View 上。ViewModel 通过双向数据绑定把 View 层和 Model 层连接起来，而 View 和 Model 之间的同步工作完全是自动的，无须人为干涉。因此，开发者只要关注业务逻辑，不需要手动操作 DOM，不需要关注数据状态的同步问题，复杂的数据状态维护完全由 MVVM 统一管理。

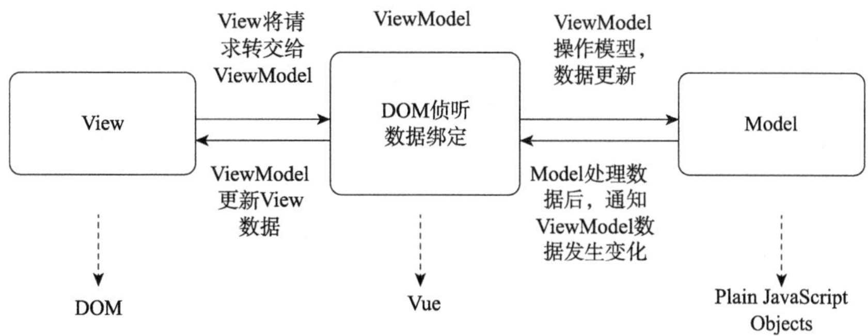

图 2-2　MVVM 模式流程

2.1.3　MVVM 模式的前端框架发展趋势

目前支持 MVVM 模式的优秀前端框架有 AngularJS、React、Vue.js。其中 Vue.js 的表现十分突出。从 https://www.npmtrends.com/@angular/core-vs-angular-vs-react-vs-vue 网站上可以查看下载量和使用状态等数据，下载量和状态对比如图 2-3 和图 2-4 所示。

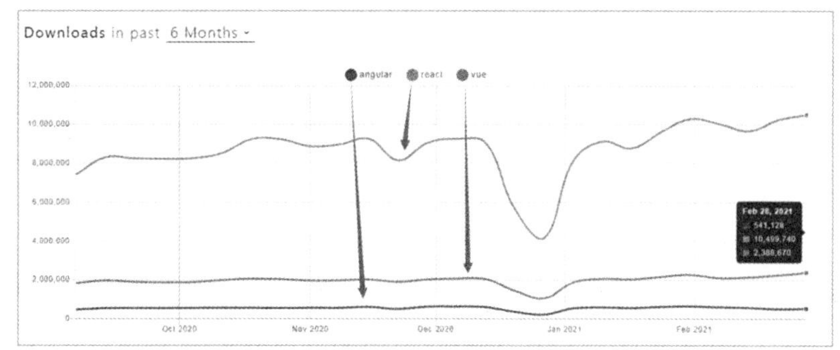

图 2-3　AngularJS、React、Vue.js 三大前端框架下载量趋势

Stats

	stars	issues	updated	created	size
angular	59,583	469	Mar 9, 2021	Jan 6, 2010	minzipped size 62.3 KB
react	165,009	735	Mar 12, 2021	May 25, 2013	minzipped size 2.8 KB
vue	180,531	564	Mar 11, 2021	Jul 29, 2013	minzipped size 22.9 KB

图 2-4　AngularJS、React、Vue.js 三大前端框架增长统计图

从图 2-3 中可以看出，三大前端框架 React、AngularJS 和 Vue.js 虽然都很受欢迎，且保持着上升趋势，但 Vue.js 爆发力最强。从图 2-4 中可以看出，Vue.js 已经超过 AngularJS。

2.1.4　MVVM 模式的应用

从 MVVM 模式的组成结构分析，采用 MVVM 模式编写 Vue 应用程序的过程可以分为 3 个步骤，但通常也可以将 Model 与 Vue 根实例合并在一起定义。具体步骤如下。

（1）在 HTML 中定义 View，用于展示 DOM。

（2）在 JavaScript 中用<script>标记定义 Model，用于数据处理。

（3）在 JavaScript 中创建一个 Vue 根实例（也称为 ViewModel），它用于连接 View 和 Model。

【例 2-1】MVVM 模式的应用。列出商品清单，代码如下，页面效果如图 2-5 所示。

```
1.  <!-- vue-2-1.html -->
2.  <!DOCTYPE html>
3.  <html>
4.      <head>
5.          <meta charset="UTF-8">
6.          <title>MVVM 模式的应用</title>
7.      </head>
8.      <body>
9.          <!--定义 View -->
10.         <div id="vue21">
11.             <h3>商品清单</h3>
12.             <ol>
13.                 <li v-for="shopping in shoppings">{{shopping.name}} </li>
14.             </ol>
15.         </div>
16.     </body>
17.     <script src="../vue/js/vue.js"></script>
18.     <script>
19.         //定义 Model,并设置选项 shoppings 的值
20.         var myModel = {
21.             shoppings: [{name: '苹果手机'}, {name: '笔记本电脑'}, {name: 'iPad'}]
22.         };
23.         //创建一个 Vue 根实例,也称为 ViewModel,用来连接 View 与 Model
24.         var myViewModel = new Vue({
25.             el: '#vue21',
26.             data: myModel
27.         });
28.     </script>
29. </html>
```

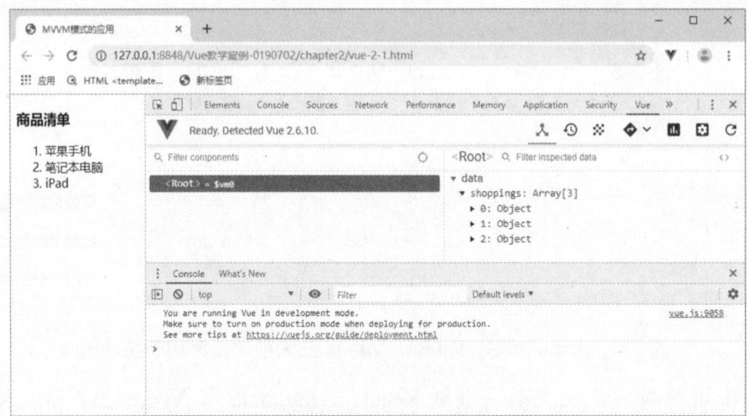

图 2-5 MVVM 模式的应用

上述代码中，第 10～15 行定义 id 为 vue21 的<div>标记，包含一个<h3>标记和一个<ol>标记，其中，在第 13 行中，列表项标记通过 v-for 指令基于一个数组渲染一个列表，格式为 v-for="shopping in shoppings"，shoppings 是一个数组，shopping 是当前被遍历的数组元素，这样渲染时可以从 shoppings 数组中依次取出每个商品。第 20～22 行定义模型 myModel，模型中包含一个 shoppings 数组，初始赋值为 3 个键值对，即苹果手机、笔记本电脑、iPad 3 个商品名称。第 24～27 行创建 Vue 根实例 myViewModel，并定义选项 el、data，其中 el 挂载

元素为#vue21，data 指向模型 myModel。

【例 2-2】数据双向绑定与 MVVM 模式解析。

```
1.  <!-- vue-2-2.html -->
2.  <!DOCTYPE html>
3.  <html>
4.      <head>
5.          <meta charset="utf-8">
6.          <title>数据双向绑定与 MVVM 模式</title>
7.          <script type="text/javascript" src="../vue/js/vue.js">
8.          </script>
9.          <style type="text/css">
10.             fieldset {width: 650px;height: 200px;text-align: center;padding: 10px;
11.                 margin: 0 auto;}
12.         </style>
13.     </head>
14.     <body>
15.         <div id="vue22">
16.             <fieldset>
17.                 <legend align="center">学生信息</legend>
18.                 姓名: <input type="text" v-model="name" placeholder="输入姓名"><br />
19.                 班级: <input type="text" v-model="className" placeholder="输入班级">
                    <br />
20.                 专业: <input type="text" v-model="specialty" placeholder="输入专
                    业"><br /><br />
21.                 <input type="submit" value="提交">
22.                 <input type="reset" value="重置">
23.                 <h3>{{specialty}}专业、{{className}}班级的{{name}}同学, 欢迎您! </h3>
24.             </fieldset>
25.         </div>
26.         <script type="text/javascript">
27.             var vm = new Vue({
28.                 el: '#vue22', //挂载根元素
29.                 data: {
30.                     name: '储久良',     //给定初始值,视图同步变化
31.                     className: '',     //其余变量为空串
32.                     specialty: ''
33.                 }
34.             })
35.         </script>
36.     </body>
37. </html>
```

上述代码中，第 10 行定义<fieldset>标记样式。第 15～25 行定义一个 id 为 vue22 的<div>标记，作为 View 视图展示区域。其中，第 18～20 行分别定义一个文本框，用于输入姓名、班级和专业，通过 Vue.js 的 v-model 指令实现在文本输入框上双向绑定数据，这些数据就是文本框的 value 值，通过 name、className、specialty 等变量动态获取；第 23 行的<h3>标记的内容通过文本插值动态获取数据。第 27～34 行创建 Vue 根实例 vm，并定义选项（配置项）el、data，模型中定义 3 个变量，给 name 定义初始值为“储久良”，其余两个变量初始值均为空串。查看页面时，视图中会展示相关信息，这时模型数据更新，视图模型会通知视图更新数据（单向数据绑定），如图 2-6（a）所示。当用户在文本框中分别输入姓名、班级、专业时，第 23 行中的<h3>标记内容同步发生变化（双向数据绑定），如图 2-6（b）所示。

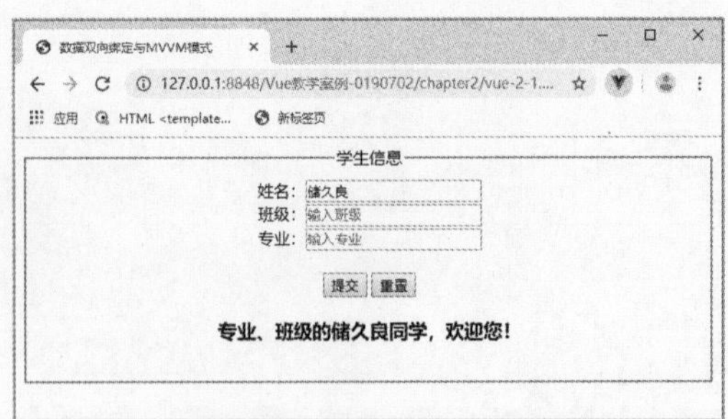

（a）页面初始显示时模型数据决定视图数据

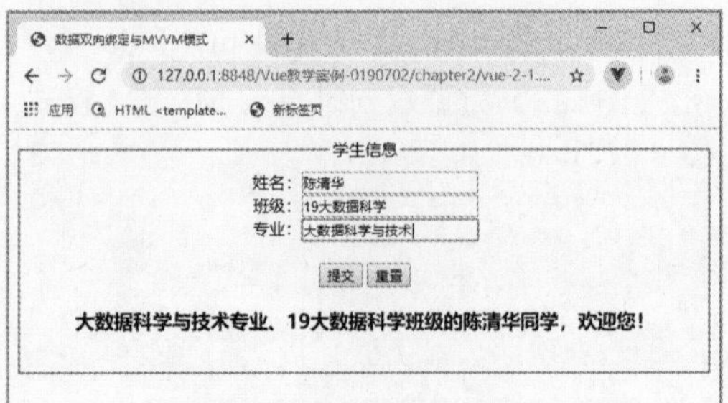

（b）当用户输入内容时视图和模型数据同步更新

图 2-6 数据双向绑定与 MVVM 模式解析

2.2 数据绑定与插值

Vue.js 使用了基于 HTML 的模板语法，允许开发者声明式地将 DOM 绑定至底层 Vue 实例中的数据。所有 Vue.js 的模板都是合法的 HTML 代码，所以能被遵循规范的浏览器和 HTML 解析器解析。在底层的实现上，Vue.js 将模板编译成虚拟 DOM 渲染函数。结合响应系统，Vue.js 能够智能地计算出最少需要重新渲染多少组件，并把 DOM 操作次数减到最少。

Vue.js 中的插值分为文本、HTML 代码、属性、JavaScript 表达式等多种形式。

2.2.1 文本绑定

数据绑定最常见的形式就是使用 Mustache 语法（双大括号）的文本插值。

【基本语法】

```
<标记名称>键值为：{{keyName}}</标记名称>
<p>我的姓名是{{myName}}。</p>        <!-- 样例 -->
```

【语法说明】

{{}}就是 Mustache 语法的标识符号，keyName 表示键名，这条语句的作用是直接输出与键名匹配的键值。无论何时，绑定在数据对象上的 keyName 属性发生了改变，插值处的内容都会更新。

2.2.2 HTML 代码绑定

双大括号会将数据解释为普通文本，而非 HTML 代码。为了输出真正的 HTML 代码，需要使用 v-html 指令。

【基本语法】

```
<标记名称 v-html="htmlCode"></标记名称>
<p>v-html 指令：<span v-html="htmlCode"></span></p>  <!-- 样例 -->
```

【语法说明】

这个标记的内容会被替换成为 htmlCode 的属性值。直接作为 HTML 代码——会忽略解析属性值中的数据绑定。

注意：不能使用 v-html 复合局部模板，因为 Vue 不是基于字符串的模板引擎。反之，对于用户界面，组件更适合作为可重用和可组合的基本单位。

2.2.3　属性绑定

Mustache 语法不能作用在 HTML 元素的属性上，遇到这种情况应该使用 v-bind 指令。

【基本语法】

```
<标记名称 v-bind:attribute="attributeValue"></标记名称>
<a v-bind:href="url" v-bind:title="title">中国教育和科研计算机网</a> <!-- 样例 -->
```

【语法说明】

v-bind 指令主要用于属性绑定，如 class、style、value、href 属性等。只要是属性，就可以用 v-bind 指令进行绑定。

2.2.4　JavaScript 表达式绑定

在前面的例子中，在模板中一直都是只绑定简单的属性键值。但实际工程中，需要绑定表达式的值，Vue.js 提供了 JavaScript 表达式绑定的功能。

【基本语法】

```
<标记名称>{{JavaScript 合法表达式}}</标记名称>
<标记名称>{{5+5*3}}</标记名称>                                        <!-- 样例 -->
<标记名称>{{Math.pow(x,2)+5}}</标记名称>                              <!-- 样例 -->
<标记名称>{{yesNo?'确定':'取消'}}</标记名称>                          <!-- 样例 -->
<标记名称>{{ message.split('').reverse().join('') }}</标记名称> <!-- 样例 -->
```

【语法说明】

在双大括号的 Mustache 标识符号内，可以包含单个 JavaScript 表达式，不能包含语句。如果是语句，则是无效的。下面的例子都不会生效。

```
<!-- 这是语句，不是表达式 -->
{{ var score= 95}}
<!-- 控制语句不会生效，请使用三元表达式 -->
{{ if (yesNo) { return value } }}
```

【例 2-3】数据绑定与插值的综合应用。代码如下，页面效果如图 2-7 所示。

```
<!-- vue-2-3.html -->
<!DOCTYPE html>
<html>
    <head>
        <meta charset="utf-8">
        <title>Mustache 语法的综合应用</title>
        <script type="text/javascript" src="../vue/js/vue.js"></script>
    </head>
    <body>
        <div id="vue23">
            <p>1.文本插值：我的姓名是{{myName}}。</p>
            <p>2.使用 v-html 指令：<span v-html="htmlCode"></span></p>
            <p>3.使用 v-bind 指令：<a v-bind:href="url" v-bind:title="title">
            中国教育和科研计算机网</a></p>
            <p>4.1 数值表达式绑定：5+5*3={{5+5*3}}</p>
            <p>4.2 函数表达式绑定：若 x={{x}}，则 x<sup>2</sup>+5={{Math.pow(x,2)+5}}
            </p>
            <p>4.3 条件表达式绑定：若 yesNo 值为{{yesNo}}，则我的选择是{{yesNo?'确定
            ':'取消'}}。</p>
            <p>5.语句不会生效：var score = 95</p>  <!-- {{ var score= 95}} -->
        </div>
        <script type="text/javascript">
```

```
20.            var myViewModel=new Vue({
21.                el:'#vue23',
22.                data:{
23.                    myName:'储久良',
24.                    htmlCode:'<b>这些信息是使用 b 标记的显示效果！</b>',
25.                    url:"http://www.edu.cn",
26.                    title:'Edu',
27.                    x:10,
28.                    yesNo:true
29.                }
30.            })
31.        </script>
32.    </body>
33. </html>
```

上述代码中，第 10～18 行定义一个 id 为 vue23 的<div>标记。其中，第 11 行定义普通文本插值；第 12 行使用 v-html 指令绑定 HTML 代码的插值；第 13 行使用 v-bind 指令绑定 href 和 title 属性的插值；第 14 行是 JavaScript 表达式（显示 20）；第 15 行显示 $x^2+5=105$；第 16 行显示条件表达式，结果为“确定”；第 17 行说明赋值语句不起作用。

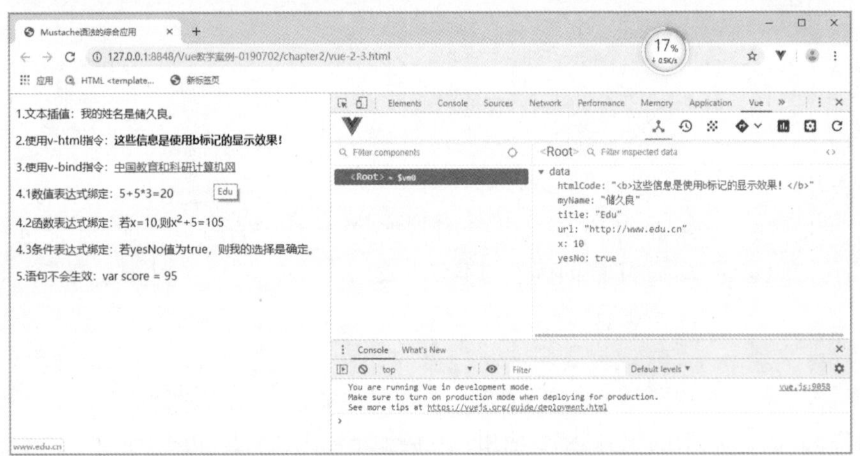

图 2-7 数据绑定与插值的综合应用

2.3 计算属性与方法

模板内的表达式非常便利，但设计的初衷是用于简单运算。当模板中插入过多的业务逻辑，会使模板过重且后期难以维护。而计算属性（computed）对处理一些复杂逻辑时非常有用。在一个计算属性中可以完成各种复杂的逻辑，包括运算、函数调用等，最终返回一个结果就可以。示例代码如下。

```
<div id="vue24">
  {{ information }}
  {{ information.split('').reverse().join('') }}
</div>
```

从上述代码段中可以看出，双大括号内对 information 变量进行多次函数的处理，最终得到翻转字符串，这属于逻辑过于复杂的情形，导致模板过重，如果类似的插值再多些，渲染非常费时，用户体验会明显下降。改用计算属性（computed）处理就会显得十分方便。

【基本语法】

```
//在 Vue 实例 vm 中定义计算属性
computed:{
    businessHandler (){
       //业务逻辑处理代码
       return 业务逻辑处理结果
    }
}
//返回字符串翻转结果
return information.split('').reverse().join('');
```

【语法说明】

计算属性必须在 Vue 实例中，将 HTML 代码中复杂的插值转换为函数或方法插值，并在 computed 属性中定义即可。

2.3.1　计算属性基础应用

【例 2-4】计算属性的应用场景。要求：使用计算属性定义 maxNumber、minNumber 等函数，实现从给定数组中找出最大值和最小值并输出。代码如下，运行结果如图 2-8 所示。

```
<!-- vue-2-4.html -->
<!DOCTYPE html>
<html>
    <head>
        <meta charset="utf-8">
        <title>计算属性应用场景</title>
        <script type="text/javascript" src="../vue/js/vue.js"></script>
    </head>
    <body>
        <h3>计算属性的应用</h3>
        <div id="vue24">
            <p>数组元素为：{{arrayNumber}}</p>
            <p>数组中最大值为：{{maxNumber}}</p>
            <p>数组中最小值为：{{minNumber}}</p>
        </div>
        <script type="text/javascript">
            var myViewModel = new Vue({
                el: '#vue24',
                data: {
                    arrayNumber: [100, -200,308,78,25,56,110]
                },
                computed: {
                    maxNumber: function() {
                        var max = this.arrayNumber[0] ;//this 指向 myViewModel 实例
                        for (var i = 1; i < this.arrayNumber.length; i++) {
                            max = (this.arrayNumber[i] >= max) ? this.arrayNumber[i] : max;
                        }
                        return max;
                    },
                    minNumber: function() {
                        var min = this.arrayNumber[0];//this 指向 myViewModel 实例
                        for (var i = 1; i < this.arrayNumber.length; i++) {
                            min = (this.arrayNumber[i] <= min) ? this.arrayNumber[i] : min;
                        }
                        return min;
```

```
36.                     },
37.                 }
38.             })
39.         </script>
40.     </body>
41. </html>
```

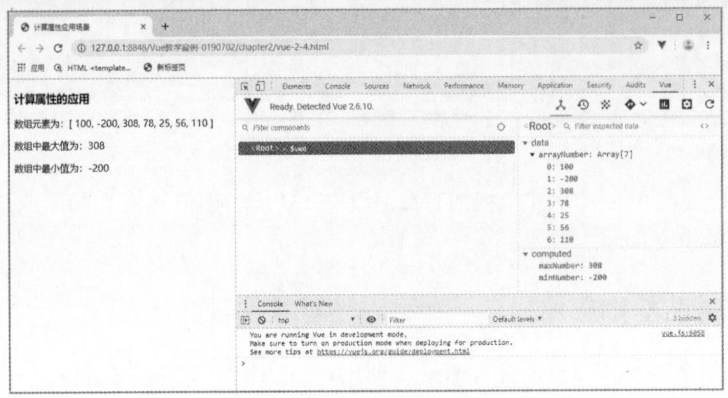

图 2-8　计算属性的应用

上述代码中，第 11～15 行定义一个 id 为 vue24 的<div>标记。其中，第 12 行定义文本插值，用于显示数组元素；第 13 行定义表达式插值，用于显示数组中最大值；第 14 行定义表达式插值，用于显示数组中最小值。第 16～38 行定义根实例 myViewModel。其中，第 18 行定义挂载元素 el 为#vue24；第 19 行定义 data，定义数组变量，并赋值；第 22 行定义 computed 选项，在其中定义两个函数，maxNumber 函数的功能是返回数组中的最大值，minNumber 函数的功能是返回数组中的最小值。在两个函数中使用 this 关键字，用来指向 myViewModel 实例，这样可以简化代码，方便调用。

2.3.2　计算属性缓存与方法的比较

在例 2-4 中，同样可以使用方法（methods）获取数组中的最大值和最小值。只要将代码第 13 行和第 14 行中的插值改为方法，然后将第 30～36 行代码移到 methods 选项下即可。详细内容可参见例 2-5。

- HTML 部分

```
<p>数组中最大值为：{{maxNumber() }}</p>
<p>数组中最小值为：{{minNumber() }}</p>
```

- JavaScript 部分

```
//在 Vue 根实例中，使用 methods 选项
methods:{
    minNumber: function() {
        var min = this.arrayNumber[0];//this 指向 myViewModel 实例
        for (var i = 1; i < this.arrayNumber.length; i++) {
            min = (this.arrayNumber[i] <= min) ? this.arrayNumber[i] : min;
        }
        return min;
    }
}
```

【例 2-5】计算属性缓存与方法比较应用。设计要求：①使用计算属性定义 maxNumber

函数，找出数组中的最大值；②使用方法定义 minNumber 函数，找出数组中的最小值。比较计算属性和方法的差异性。代码如下，运行结果如图 2-9 所示。

```
1.  <!-- vue-2-5.html -->
2.  <!DOCTYPE html>
3.  <html>
4.      <head>
5.          <meta charset="utf-8">
6.          <title>计算属性缓存与方法比较应用</title>
7.          <script type="text/javascript" src="../vue/js/vue.js"></script>
8.      </head>
9.      <body>
10.         <h3>计算属性缓存与方法比较应用</h3>
11.         <div id="vue25">
12.             <p>数组元素为：{{arrayNumber}}</p>
13.             <p>使用 computed：maxNumber，数组中最大值为{{ maxNumber  }}</p>
14.             <p>使用 methods：minNumber()，数组中最小值为{{ minNumber()  }}</p>
15.     </div>
16.     <script type="text/javascript">
17.         var myViewModel = new Vue({
18.             el: '#vue25',
19.             data: {
20.                 arrayNumber: [100, -200,308,78,25,56,110]
21.             },
22.             computed: {
23.                 maxNumber: function() {
24.                     var max = this.arrayNumber[0] ;//this 指向 myViewModel
25.                     for (var i = 1; i < this.arrayNumber.length; i++) {
26.                         max = (this.arrayNumber[i] >= max) ? this.arrayNumber[i] : max;
27.                     }
28.                     return max;
29.                 }
30.             },
31.             methods:{
32.                 minNumber: function() {
33.                     var min = this.arrayNumber[0];//this 指向 myViewModel
34.                     for (var i = 1; i < this.arrayNumber.length; i++) {
35.                         min = (this.arrayNumber[i] <= min) ? this.arrayNumber[i] : min;
36.                     }
37.                     return min;
38.                 }
39.             }
40.         })
41.     </script>
42.     </body>
43. </html>
```

上述代码中，第 11～15 行定义一个 id 为 vue25 的<div>标记。其中，第 12 行定义文本插值，用于显示数组元素；第 13 行定义函数插值，用于显示数组中的最大值；第 14 行定义方法插值，用于显示数组中的最小值。第 17～40 行定义根实例 myViewModel，其中，第 18 行定义挂载元素 el 为#vue25；第 19 行定义 data，定义数组变量，并赋值；第 22～30 行定义 computed 选项，在其中定义 maxNumber 函数，功能是返回数组中的最大值；第 31～39 行定义 methods 选项，定义 minNumber 函数，功能是返回数组中的最小值。

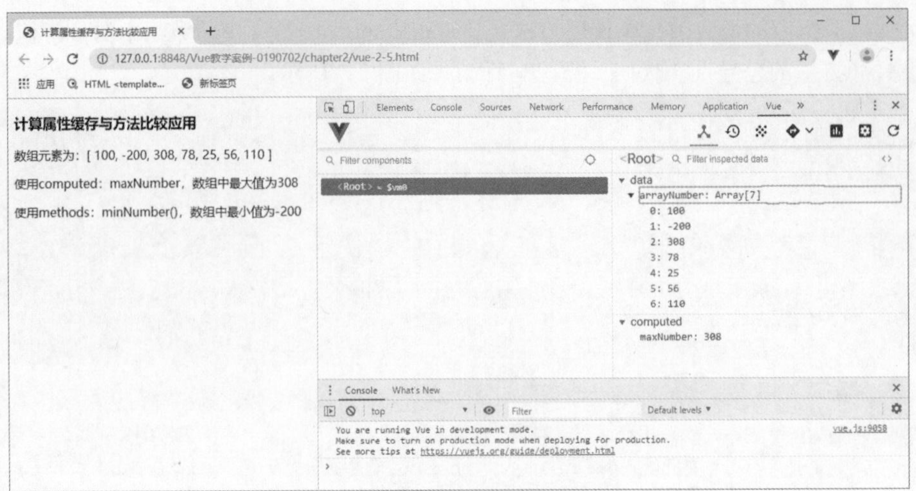

图 2-9 计算属性缓存与方法比较应用

由此可以看出，计算属性和方法是有区别的，主要表现如下。

（1）methods 是一个方法，如单击事件要执行一个方法时，需要使用 methods。computed 是计算属性，实时响应，当需要对根实例 data 中的某些值的随时变化做出一些处理时，需要使用计算属性。

（2）可以将同一函数定义为一个方法，而不是一个计算属性。两种方式的最终结果确实是完全相同的。然而，不同的是计算属性是基于它们的响应式依赖进行缓存的，只在相关响应式依赖发生改变时才会重新求值。这就是说，只要 arrayNumber 没有发生改变，多次调用 minNumber 函数计算属性会立即返回之前的计算结果，而不必再次执行函数。相比之下，每当触发重新渲染时，调用方法总会再次执行函数。换句话说，计算属性是局部渲染，而方法是全部渲染。

（3）方法必须有一定的条件去触发，计算属性则不需要。

（4）计算属性依赖缓存，不需要经常变动时，可使用计算属性；需要经常变动时，可使用方法。如果需要传参数，就用方法。

2.3.3 计算属性的 setter 和 getter

计算属性默认只有 getter，但 Vue 允许设计人员在需要时可以为其提供一个 setter。在 computed 选项下设置 setter，页面信息会立即渲染，并完成更新工作。如果使用 methods 选项，并为其定义相同的 set 方法，只有调用时才能完成更新工作。

定义 setter 时，需要定义成带参数的 set 函数，参数为 newValue，其值为字符串，渲染时从中提取相关信息即可。但必须在 computed 属性下定义一个对象，如 myObject，用于包裹 set 和 get 函数，然后通过赋值语句（或在调试状态下）给 myObject 赋值，实现数据的变化。

【基本语法】

```
//在 Vue 实例 vm 对象中定义
computed:{
    myObject: {
        set: function(newValue) {
            //对新值进行相关业务逻辑处理
        },
```

```
        get: function() {
            return 相关参数(表达式);//用 this 关键字返回 data 选项中定义的相关参数的值
        }
    }
}
vm. myObject = '相关参数';
//例如: myViewModel.myVolunteer= '南京大学 大数据科学与技术';
```

【语法说明】

myObject 对象的属性与 data 选项中定义的相同。myObject 对象的 set 和 get 属性均需要定义成函数形式，函数的形式也可以定义成 set(newValue){…}和 get(){…}。

【例 2-6】 计算属性的 setter 和 getter 属性的应用。设计要求：①通过计算属性的 setter 定义 set 函数对参数（新值）进行解析得到相关信息；②通过 methods 属性定义 set 方法，通过事件触发实现志愿更新，并比较计算属性与方法在使用上的差异。代码如下，运行效果如图 2-10 和图 2-11 所示。

```
<!-- vue-2-6.html -->
<!DOCTYPE html>
<html>
    <head>
        <meta charset="utf-8">
        <title>计算属性的 getter 与 setter 属性的应用</title>
        <script src="../vue/js/vue.js" type="text/javascript"></script>
    </head>
    <body>
        <h3>计算属性的 getter 与 setter 属性的应用</h3>
        <div id="vue26">
            <h4>初始信息: </h4>
            <p v-once>志愿学校/专业: {{university}}/{{specialty}}</p>
            <h4>computed 设置后立即更新: </h4>
            <p>志愿学校/专业: {{university}}/{{specialty}}</p>
            <h4>methods 单击按钮时才更新: </h4>
            <button type="button" v-on:click="set()">set 更新</button>
            <p>志愿学校/专业: {{university}}/{{specialty}}</p>
        </div>
        <script type="text/javascript">
            var myViewModel = new Vue({
                el: "#vue26",
                data: {
                    university: "清华大学",
                    specialty: "人工智能"
                },
                computed: {
                    myVolunteer: {
                        set: function(newValue) {
                            var nuiName = newValue.split(' ');
                            this.university = nuiName[0];
                            this.specialty = nuiName[nuiName.length - 1];
                        },
                        get: function() {
                            return this.university + "/" + this.specialty;
                        }
                    }
                },
                methods:{
                    set:function(){
```

```
41.                         this.university="同济大学"
42.                         this.specialty="建筑工程"
43.                     }
44.                 }
45.             });
46.             myViewModel.myVolunteer = '南京大学 大数据科学与技术';
47.         </script>
48.     </body>
49. </html>
```

上述代码中，第 13 行使用 v-once 指令对 p 元素进行第 1 次渲染后，志愿学校/专业不会随之改变。当第 15 行设置 computed 选项后，立即渲染，并随之改变志愿学校/专业，查看页面效果，如图 2-10 所示。第 17 行使用 v-on 指令绑定事件处理函数 set()，单击“set 更新”按钮时完成第 15 行和第 18 行中的志愿学校/专业更新，如图 2-11 所示。第 21～45 行定义根实例 myViewModel，定义 el、data 选项。其中，第 27～38 行定义 computed 选项，在其中定义 myVolunteer 选项，并提供 set 和 get 方法，set 方法根据输入新值 newValue 分别提取学校和专业信息，并重新赋值，完成信息更新。第 39～44 行定义 methods 选项，并定义 set 方法将学校和专业重新赋值为“同济大学”和“建筑工程”，当调用方法时才会更新页面中的第 2 个和第 3 个段落中的学校和专业。第 46 行重新给 myViewModel 根实例中的 myVolunteer 赋值，替换原来的“清华大学”和“人工智能”，此时页面相关信息立即更新。

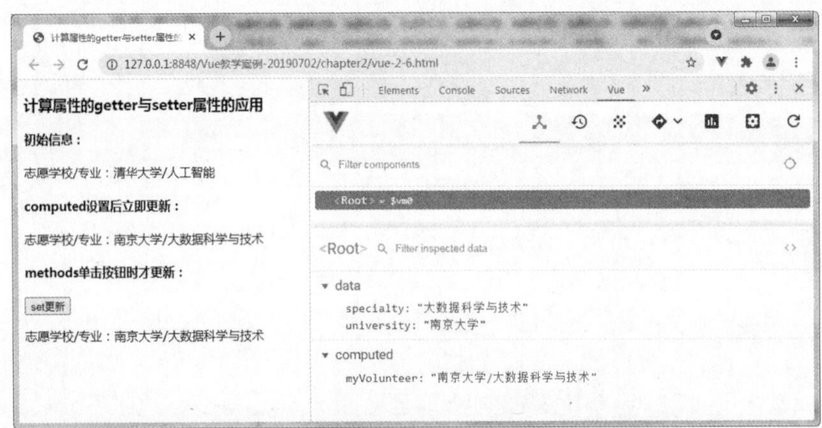

图 2-10 计算属性提供 setter 信息立即更新

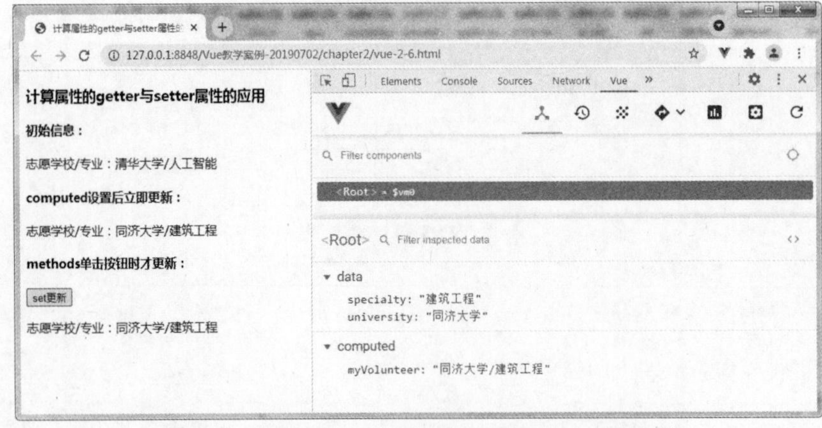

图 2-11 设置 methods 选项后单击按钮信息再次更新

2.4　侦听属性

虽然计算属性在大多数情况下更合适，但有时也需要一个自定义的侦听器。这就是为什么 Vue 通过 watch 选项提供了一个更通用的方法，响应数据的变化。当需要在数据变化时执行异步或开销较大的操作时，这个方法是最有用的。

注意：侦听属性（watch）可以为实例添加被观察的对象，并在对象被修改时调用设计人员自定义的方法。侦听属性可以观察简单变量、数组和对象的变化，但使用方法略有不同。

2.4.1　侦听属性基本用法

【基本语法】

```
//HTML 部分
<p>需要侦听的绑定数据变量：{{changeValue}}</p>
//JavaScript 部分
//Vue 实例 vm 对象中定义
watch:{
    changeValue(newValue, oldValue) {
        //侦听数据变化需要处理的业务逻辑代码
    }
}
//也可以使用以下格式替换
vm.$watch('changeValue ', function(newValue, oldValue) {
    //侦听数据变化需要处理的业务逻辑代码
    //alert('侦听变量值的变化 :' + oldValue + ' 变为 ' + newValue + '!');//样例
});
vm.changeValue = '相关参数';//直接赋值，触发数据变化
```

【语法说明】

在 watch 选项中，需要将变量 changeValue 定义为函数变量，参数为 newValue 和 oldValue。其中，newValue 是变化后的值；oldValue 是变化前的值。需要为数据变化创造条件，可以通过控制台赋值或 JavaScript 代码直接赋值的方法实现数据变化。

由于 computed 选项关注依赖数据的变化，而 watch 选项更关注数据变化时的业务逻辑处理，所以 watch 选项更优先用于异步数据修改。

【例 2-7】银行账户余额变动自动通知项目。设计要求：①首次显示余额永远不变；②单击按钮后，余额按照输入框中输入的数额减少，同时将按钮上的提示信息（金额）同步改变。利用侦听属性 watch 实现当余额发生变化时发出提示信息，提示信息如图 2-13 所示，同时记录每次支出明细，每笔记录包含支取次数、每次支取金额、余额等信息。代码如下，运行效果如图 2-12 和图 2-13 所示。

```
<!-- vue-2-7.html -->
<!DOCTYPE html>
<html>
    <head>
        <meta charset="utf-8">
        <title>侦听属性的应用</title>
        <script type="text/javascript" src="../vue/js/vue.js"></script>
    </head>
    <body>
        <div id="vue27">
            <h3>银行账户余额变更通知</h3>
            <p>账号：2222123123123213</p>
```

```
            <p v-once>余额为：{{count}}</p>
            支取人民币：<input type="text" name="" id="" v-model="money" />
            <button type="button" v-on:click="changeMoney()">支取{{money}}元</button>
            <p>支取后余额为：{{count}}元</p>
            <h3>以下是支出明细</h3>
            <hr >
        </div>
        <div id="detail"></div>
        <script type="text/javascript">
            function $(id) {
                return document.getElementById(id);
            }
            function writeDetail() {
                $("detail").innerHTML += "<p>第" + myViewModel.loop + "次,支取"
                 + myViewModel.money + "元，余额为" + myViewModel.count +"</p>";
            }
            var myViewModel = new Vue({
                el: "#vue27",
                data: {
                    count: 100000,
                    money: 500,
                    loop: 0
                },
                watch: {
                    count(newValue, oldValue) {
                        alert('账户余额由 :' + oldValue + ' 变为 ' + newValue + '元!');
                    }
                },
                methods: {
                    changeMoney() {
                        this.loop = this.loop + 1;
                        this.count = this.count - this.money;
                        writeDetail()        //计入明细
                    }
                }
            });
            //myViewModel.count=99500;    //直接修改,同样可以渲染数据
        </script>
    </body>
</html>
```

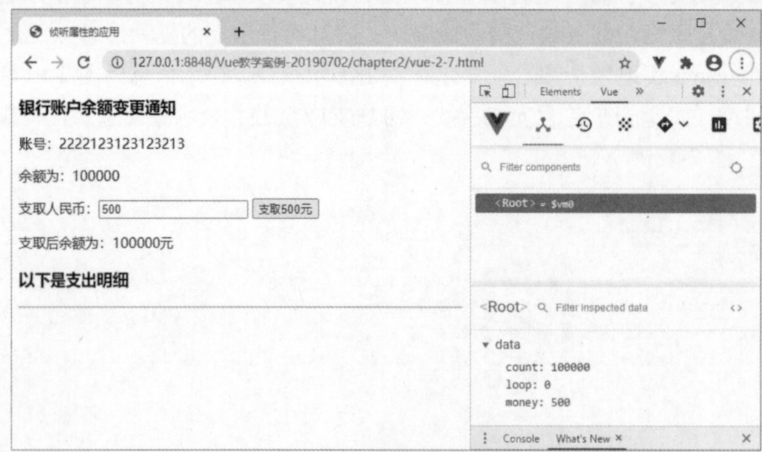

图 2-12　未支取前余额初始信息

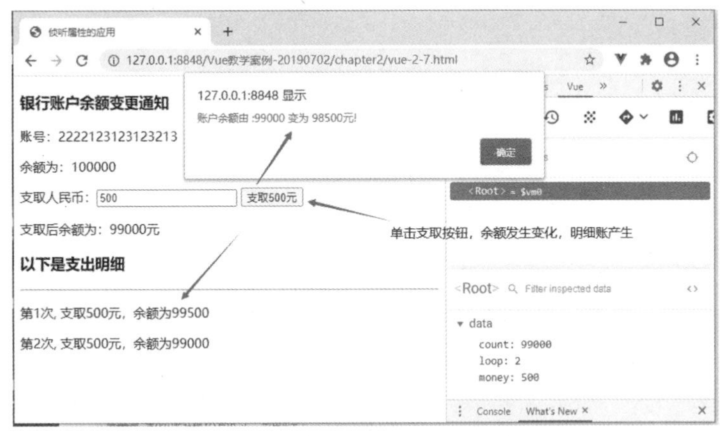

图 2-13　单击按钮后余额变化及支出明细生成

上述代码中，第 13 行使用 v-once 指令使 p 元素第 1 次渲染后，余额不会改变，显示初始余额。第 14 行定义文本框，使用 v-model 指令绑定 money 变量。第 15 行定义按钮，并使用 v-on 指令绑定 click 事件，调用 changeMoney()函数改变余额，同时根据支取金额同步修改按钮上的标题信息。第 16 行使用文本插值显示改变后的余额。第 22～24 行定义$(id)函数，通过 id 获取页面元素。第 25～28 行定义 writeDetail()函数，用于在 id 为 detail 的 div 中分行显示支取明细。第 29～48 行定义根实例 myViewModel，并定义 el、data、watch、methods 等选项。其中，第 30 行定义挂载元素#vue27；第 31 行定义 data 选项，其中包含 3 个变量，分别为 count、money、loop；第 36～40 行定义 watch 选项，侦听 count 的变化，并通过消息框提示信息；第 41～47 行定义 methods 选项，并定义 changeMoney()方法用于计算支取次数和余额，并调用 writeDetail()方法计入明细。第 49 行可以通过赋值语句给 count 赋值，同样可以渲染数据。通过浏览器查看页面，初始效果如图 2-12 所示。当用户在文本框中输入支取金额时，按钮上的提示信息同步变化；当单击按钮时，通过消息框提示支取相关信息，同时在支出明细区域添加一行支取记录，如图 2-13 所示。

2.4.2　侦听属性高级用法

通常情况下，watch 属性并不关心第 1 次绑定的数据，也不会执行侦听函数，只有数据发生改变才会执行。如果需要在最初绑定值的时候也能执行函数，就需要用到 handler()方法和 immediate 属性，并将其值设为 true。如果还需要尝试侦听数据的变化，还需要设置 deep 属性，并将其值设为 true。

【基本语法】

```
//HTML 部分
<p>需要侦听的绑定数据变量：{{changeValue}}</p>
//JavaScript 部分
//在 Vue 实例 vm 对象中定义
watch: {
    changeValue: {
        handler(newValue, oldValue) {
            //处理代码
        },
        //深度侦听
        deep: true,
```

```
        //代表在 watch 中声明了 changeValue 方法之后立即先去执行 handler()方法
        immediate: true
    }
}
```

【语法说明】

handler()方法有两个参数，分别为 newValue 和 oldValue。

watch 中还有一个属性 deep，默认值为 false，表示不进行深度侦听；值为 true 时表示侦听器会一层层地向下遍历，给对象的所有属性都加上这个侦听器，但是这样性能开销就会非常大，修改 changeValue 中任何一个属性都会触发这个侦听器中的 handler()方法。

注意： watch 可以侦听简单变量、对象和数组。在单个数组元素变化时并不会触发 watch 的 handler()方法。例如，直接在控制台或 JavaScript 代码中通过赋值语句给数组的某一元素重新赋值，就不会触发侦听。只有在增加或删除数组元素时才会触发侦听中 handler()方法。

Watch 深度监听对象或数组的变化，在变更（不是替换）对象或数组时，旧值将与新值相同，因为它们的引用指向同一个对象/数组。Vue 不会保留变更之前值的副本。

代码格式如下。

```
//控制台
myViewModel.classnames.push('18 机械工程 3 班')  //在数组的末尾处添加元素
//JavaScript 代码
myViewModel.classnames.splice(2,1,'18 会计 6 班'); //删除数组索引值为 2 的元素，用新元素替换
```

【例 2-8】 watch 属性的高级应用。设计要求：①在 watch 选项中定义 handler()函数，用于处理变化；②在第 1 次绑定时就启用 handler()函数，并进行深度侦听；③完成简单变量、对象和数组的侦听。代码如下，运行效果如图 2-14 和图 2-15 所示。

```
<!-- vue-2-8.html -->
<!DOCTYPE html>
<html>
    <head>
        <meta charset="utf-8">
        <title>watch 属性综合应用</title>
        <script src="../vue/js/vue.js"></script>
    </head>
    <body>
        <h2>watch 属性综合应用</h2>
        <div id="vue28">
            <h3>简单数据:学费</h3>
            <p v-once>原学费: {{tuition}}元</p>
            <p>变更后学费: {{tuition}}元</p>
            <h3>数组: 班级列表</h3>
            <ul>
                <li v-for="classname in classnames">{{classname}}</li>
            </ul>
            <h3>对象: 学生信息</h3>
            <p v-once>初始化数据: 姓名: {{student.name}},年龄: {{student.age}},
            性别: {{student.sex}}</p>
            <p>变化后数据: 姓名: {{student.name}},年龄: {{student.age}},性别:
            {{student.sex}}</p>
            <p>本学期新开课程: {{course.name}}</p>
        </div>
        <script>
            var myViewModel = new Vue({
                el: '#vue28',
                data: {
                    tuition: 6500,
                    classnames: ['17 软件 2 班','18 计算机 1 班','18 信管','18 电信 1 班'],
```

```
30.                     student: {
31.                         name: '储久良',
32.                         age: '45',
33.                         sex: '男'
34.                     },
35.                     course: {
36.                         name: 'Web 前端框架开发技术'
37.                     }
38.                 },
39.                 watch: {
40.                     //普通的 watch 侦听
41.                     tuition(newValue, oldValue) {
42.                         this.tuition = newValue
43.                         console.log("tuition: " + newValue, oldValue);
44.                     },
45.                     //侦听一个对象中的属性，侦听后立即执行
46.                     'course.name': {
47.                         handler(newValue, oldValue) {
48.                             this.course.name = newValue
49.                         },
50.                         //设置 immediate 为 true，代表该回调将会在侦听开始之后被立即调用
51.                         immediate: true
52.                     },
53.                     student: {
54.                         //深度侦听，可侦听到对象、数组的变化
55.                         handler(newValue, oldValue) {
56.                             console.log("student.name: " + newValue.name + oldValue.
                                name);
57.                         },
58.                         deep: true,
59.                     },
60.                     classnames: {
61.                         handler(newValue, oldValue) {
62.                             for (let i = 0; i < newValue.length; i++) {
63.                                 if (oldValue[i] != newValue[i]) {
64.                                     console.log(newValue)
65.                                 }
66.                             }
67.                         },
68.                         deep: true
69.                     }
70.                 }
71.             })
72.             myViewModel.tuition = 5000
73.             myViewModel.student.name = '张晓娟'
74.             myViewModel.student.sex = '女'
75.             myViewModel.classnames.splice(2, 1, '18 会计 6 班')
76.         </script>
77.     </body>
78. </html>
```

上述代码中，第 11～23 行定义模板，<div>标记的 id 为 vue28。其中，第 13 行使用 v-once 指令实现 tuition 只渲染 1 次，以后保持不变；第 14 行为动态渲染 tuition 的值；第 16～18 行定义无序列表，用于显示数组中的班级列表，当数组中元素发生变化时，会重新渲染；第 20 行为使用 v-once 指令只绑定 1 次对象的属性，以后渲染时不会改变；第 21 行绑定对象的各个属性，实时渲染；第 22 行直接绑定对象 course 的 name 属性。第 24～71 行定义根实例 myViewModel，定义 el、data、watch 选项。其中，在 data 选项中分别定义简单变量 tuition、数组 classnames、对象 student 和 course。其中，第 39～69 行分别定义 watch 对象 tuition、course.name、student、classnames。tuition 为简单侦听；course.name 为侦听对象的属性，侦

听后立即执行；student 为对象侦听，对象的属性需要深度侦听；classnames 为数组元素侦听，同样需要深度侦听。第 72～75 行通过赋值语句或方法修改相关变量的值，目的是触发侦听，执行相关处理功能并进行页面渲染。

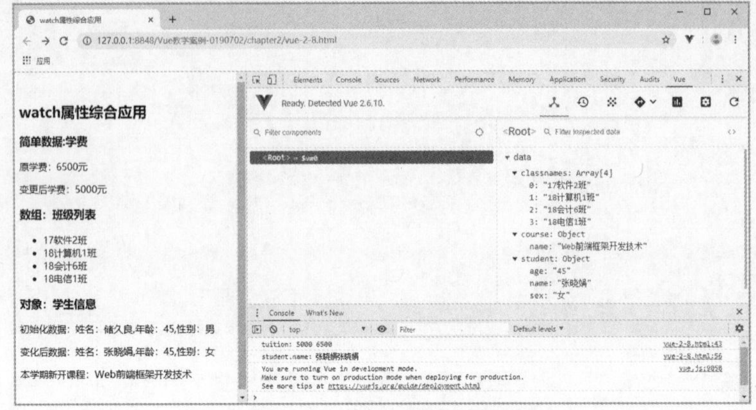

图 2-14　watch 属性综合应用

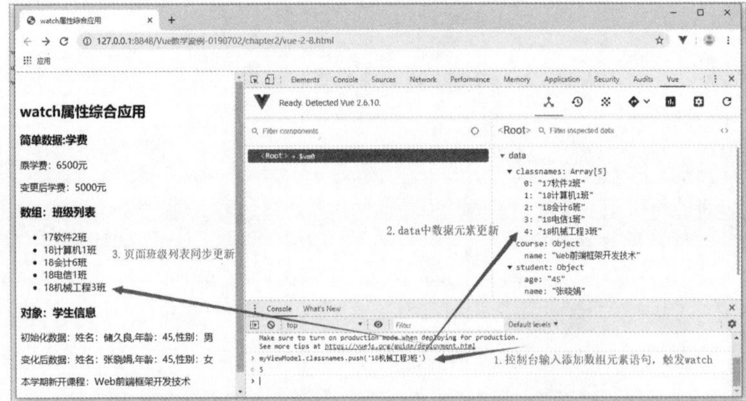

图 2-15　调试状态中修改数组元素和对象的属性

2.5　生命周期钩子函数

每个 Vue 实例在创建时都要经过一系列的初始化过程。例如，需要设置数据侦听、编译模板、将实例挂载到 DOM 并在数据变化时更新 DOM 等。同时，在这个过程中也会运行一些生命周期钩子函数，给用户在不同阶段添加代码的机会。

2.5.1　生命周期钩子函数的作用

有一些其他钩子，在实例生命周期的不同阶段被调用，如 mounted、updated 和 destroyed。生命周期钩子的 this 关键字上下文指向调用它的 Vue 实例，调用方法如 this.$el。

注意：不能使用箭头函数（()=>）定义一个生命周期方法，如 created: () => this.fetchTodos()。这是因为箭头函数绑定了父上下文，因此 this 与期待的 Vue 实例不同，this.fetchTodos() 的行为未定义。

Vue 生命周期钩子函数如表 2-1 所示。

表 2-1 Vue 生命周期钩子函数

钩 子 函 数	触发的行为	在此阶段可以做的事情
beforeCreate	Vue 实例的挂载元素$el 和数据对象 data 都为 undefined，还未初始化	加载事件
created	已有 Vue 实例的数据对象 data，$el 还没有	结束加载，请求数据，准备渲染 mounted
beforeMount	Vue 实例的$el 和 data 都已初始化，但还是虚拟的 DOM 节点	
mounted	Vue 实例挂载完成，实时监测数据变化，准备随时更新 DOM	配合路由钩子使用
beforeUpdate	data 更新前触发	
updated	data 更新时触发	数据更新时做一些处理（如侦听）
beforeDestroy	组件销毁时触发	
destroyed	组件销毁时触发，Vue 实例解除了事件侦听以及与 DOM 的绑定(已响应），但 DOM 节点依旧存在	组件销毁时进行提示

【基本语法】

```
//在 Vue 实例中定义以下选项
beforeCreate: function() {}
created: function() {}
beforeMount: function() {}
mounted: function() {}
beforeUpdate: function() {}
updated: function() {}
beforeDestroy: function() {}
destroyed: function() {}
```

【语法说明】

Vue 实例有一个完整的生命周期，即 Vue 实例从创建到销毁的过程。具体可细分为开始创建、初始化数据、编译模板、挂载 DOM 渲染、更新渲染、卸载等一系列过程，称为 Vue 的生命周期。在 Vue 的整个生命周期中，提供了一些生命周期钩子函数，为执行自定义逻辑提供了机会。

（1）beforeCreate：在实例初始化之后，数据观测和 event/watch 事件配置之前被调用。

（2）created：实例已经创建完成之后被调用。在这一步，实例已完成以下的配置：数据观测、属性和方法的运算、event/watch 事件回调。然而，挂载阶段还没有开始，$el 属性目前不可见。

（3）beforeMount：在挂载开始之前被调用，相关的渲染函数首次被调用。在此阶段，它检查是否有任何模板可用于要在 DOM 中呈现的对象；如果没有找到模板，那么将所定义元素的外部 HTML 视为模板。

（4）mounted：el 被新创建的 vm.$el 替换，并挂载到实例上，之后调用该钩子。一旦模板准备就绪，它将数据放入模板并创建可呈现元素。

（5）beforeUpdate：数据更新时调用，发生在虚拟 DOM 重新渲染和打补丁之前。可以在此钩子中进一步更改状态，不会触发附加的重渲染过程。

（6）updated：由于数据更改导致的虚拟 DOM 重新渲染和打补丁，在此之后调用该钩子。通过实际更新 DOM 对象并触发 updated 钩子，屏幕上的变化得到呈现。

（7）beforeDestroy：实例销毁之前调用。在这一步，实例仍然完全可用。在 Vue 对象被破坏并从内存中释放之前，beforeDestroy 钩子被触发，并允许在其中处理自定义代码。

（8）destroyed：Vue 实例销毁后调用。调用后，Vue 实例指示的所有东西都会解绑，所有事件侦听器会被移除，所有子实例也会被销毁。该钩子在服务器端渲染期间不被调用。

可以使用生命周期钩子函数在 Vue 对象生命周期的不同阶段添加自定义代码。它将帮助设计人员控制在 DOM 中创建对象的流程，以及更新和删除对象。完整生命周期钩子函数调用关系如图 2-16 所示。

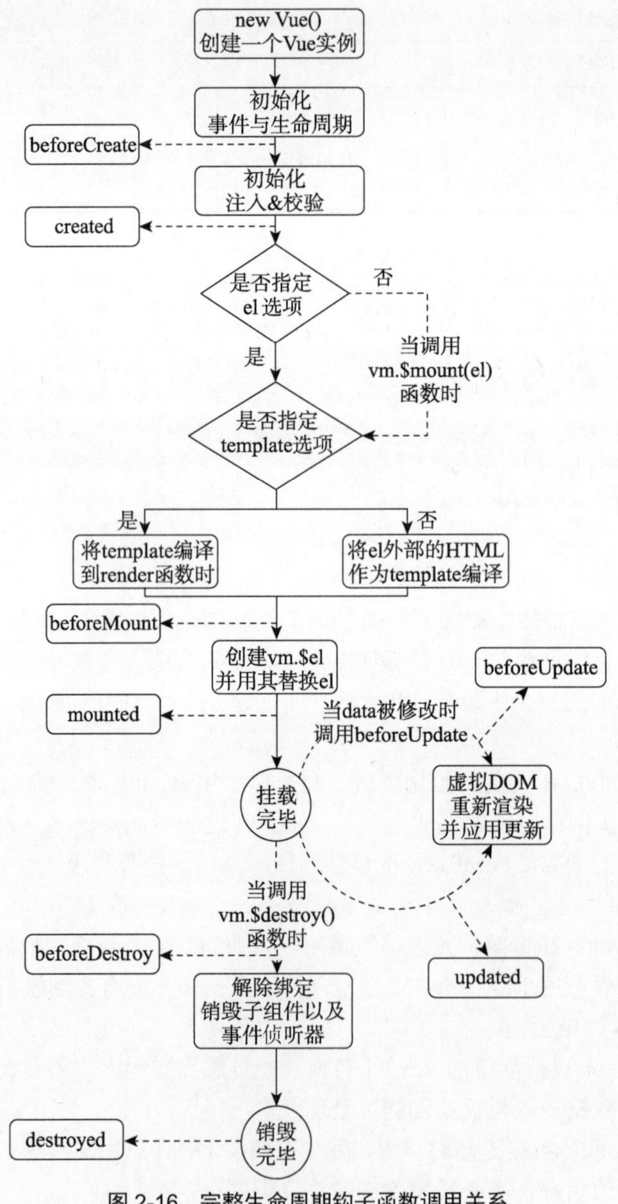

图 2-16　完整生命周期钩子函数调用关系

2.5.2　生命周期钩子函数的应用

【例 2-9】生命周期钩子函数综合应用。代码如下，运行效果如图 2-17～图 2-19 所示。

```
<!-- vue-2-9.html -->
<!DOCTYPE html>
<html>
    <head>
        <title>生命周期钩子函数综合应用</title>
        <meta charset="utf-8">
        <script src="../vue/js/vue.js"></script>
    <body>
        <div id="vue29">
            <h3>{{ information }}</h3>
            <input type="button" v-on:click="changeInformation" value="改变信息" />
            <input type="button" @click="destroyVM" value="销毁 Vue 实例" />
        </div>
        <script type="text/javascript">
            var myViewModel = new Vue({
                el: '#vue29',
                data: {
                    information: "欢迎您！"
                },
                methods: {
                    changeInformation:function() {
                        this.information = '我来了，您在哪里？';
                    },
                    destroyVM:function() {
                        myViewModel.$destroy();
                    }
                },
                beforeCreate: function() {
                    console.group('======beforeCreate=======');
                    console.log("el:" + this.$el+",data:" + this.$data); //未定义
                    console.log("information:" + this.information); //未定义
                    console.groupEnd('======beforeCreate=======');
                },
                created: function() {
                    console.group('======created=========');
                    console.log("el:" + this.$el+",data:" + this.$data); //[object Object]已被初始化
                    console.log("information:" + this.information); //已被初始化
                    console.groupEnd('======created=========');
                },
                beforeMount: function() {
                    console.group('======beforeMount ========');
                    console.log("el:" + (this.$el));          //已被初始化
                    console.log(this.$el);                    //当前挂载的元素
                    console.log("data:" + this.$data);        //已被初始化
                    console.log("information:" + this.information); //已被初始化
                    console.groupEnd('======beforeMount ========');
                },
                mounted: function() {
                    console.group('======mounted =========');
                    console.log("el: " + this.$el);           //已被初始化
                    console.log(this.$el);
                    console.log( "data: " + this.$data);      //已被初始化
                    console.log("information: " + this.information); //已被初始化
                    console.groupEnd('======mounted =========');
                },
```

```
56.             beforeUpdate: function() {
57.                 console.group('======beforeUpdate =======');//页面渲染新数据之前
58.                 console.log( "el: " + this.$el);
59.                 console.log(this.$el);
60.                 console.log("data: " + this.$data);
61.                 console.log("information: " + this.information);
62.                 console.groupEnd('======beforeUpdate =========');
63.             },
64.             updated: function() {
65.                 console.group('======updated =========');
66.                 console.log( "el: " + this.$el);
67.                 console.log(this.$el);
68.                 console.log("data: " + this.$data);
69.                 console.log("information: " + this.information);
70.                 console.groupEnd('======updated =========')
71.             },
72.             beforeDestroy: function() {
73.                 console.group('======beforeDestroy ==========');
74.                 console.log( "el: " + this.$el);
75.                 console.log(this.$el);
76.                 console.log( "data: " + this.$data);
77.                 console.log("information: " + this.information);
78.                 console.groupEnd('======beforeDestroy ==========')
79.             },
80.             destroyed: function() {
81.                 console.group('======destroyed ===========');
82.                 console.log("el: " + this.$el);
83.                 console.log(this.$el);
84.                 console.log("data: " + this.$data);
85.                 console.log("information: " + this.information)
86.                 console.groupEnd('======destroyed ===========')
87.             }
88.         })
89.     </script>
90.   </body>
91. </html>
```

图 2-17　生命周期钩子函数应用（1）

上述代码中，第 10 行采用文本插值显示<h3>标记的内容。第 11 行采用 v-on 指令绑定 click 事件，调用处理函数 changeInformation()改变信息。第 12 行采用 v-on 指令绑定 click 事件，调用处理函数 destroyVM()销毁 Vue 实例。第 28～33 行定义 beforeCreate()钩子函数，并通过控制台 group()、groupEnd()和 log()方法输出 el、data 和 information 数据属性值的状态。第 34～87 行定义其他钩子函数，结构相同，只是输出信息结果不同而已，不再重复。

代码中 console.log()方法用于在控制台输出信息；console.group()、console.groupEnd()方法用于控制台将信息进行分组管理，尤其在信息量较大的情况下优势更加明显。

图 2-18 生命周期钩子函数应用（2）

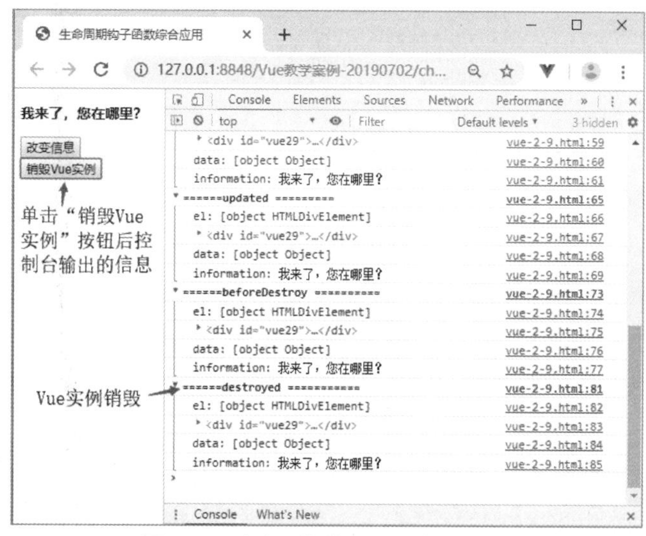

图 2-19 生命周期钩子函数应用（3）

2.6 控制台对象

控制台（console）是程序设计人员在 Chrome 浏览器中利用 Vue Devtools 工具调试应用程序的第 2 个面板，也是最重要的面板，主要作用是显示网页加载过程中产生的各类信息。

2.6.1 显示信息的命令

Vue Devtools 内置一个 console 对象，提供 5 种方法，用来显示信息。最简单的方法是 console.log()，可以用来取代 JavaScript 中的 alert()或 document.write()方法。例如，在网页脚本中使用 console.log("Hello World")。

【基本语法】

```
console.log("Hello World");
console.info("这是 info");
console.debug("这是 debug");  //只有显示级别为 Verbose 时才显示信息
console.warn("这是 warn");
console.error("这是 error");
```

【语法说明】

console.log()方法用来显示信息；console.info()方法显示一般信息；console.debug()方法与 console.log()方法类似，会在控制台输出调试信息，但是默认情况下，console.debug()方法输出的信息不会显示，只有在显示级别为 Verbose 的情况才会显示；console.warn()方法显示警告提示；console.error()方法显示错误提示。

从图 2-20 中可以看到，不同性质的信息前面有不同的图标，并且每条信息后面都有超级链接，单击后跳转到网页源码的相应行。

图 2-20　控制台对象显示信息的方法

2.6.2 占位符

console 对象显示信息的 5 种方法，均可以使用 printf 风格的占位符。不过，占位符的种类比较少，只支持字符（%s）、整数（%d 或%i）、浮点数（%f）、对象（%o）和 CSS 样式（%c）5 种。

【基本语法】

```
//data 中定义
number:13.343434
student:{name: "",age:25}
//在 JavaScript 相关方法中定义
console.log("%d 年%d 月%d 日",2011,3,26);
console.log("圆周率是%f",Math.PI);
console.log("数值为%f",this.number);
console.log("学生信息为%o",this.student);
console.log("学生姓名:%c"+this.student.name,' color:red;font-size:26px;');//CSS 样式
```

【语法说明】

可以对 Vue 实例 data 选项中的相关数据属性使用占位符输出，方便程序设计人员调试代码。在 console 对象的方法中可以使用 this 关键字。显示效果如图 2-21 所示。

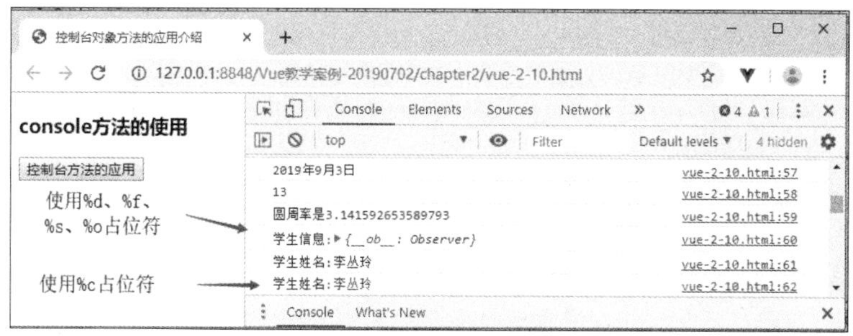

图 2-21　使用占位符

2.6.3　分组显示

在控制台创建新的缩进列，以 group()方法开始，以 groupEnd()方法结束。group()方法接受一个参数，表示缩进前缀。当输出信息太多时，可以采用分组显示。

【基本语法】

```
console.group("学习第 1 小组");
console.log("第 1 组-张小东");
console.log("第 1 组-李大为");
console.groupEnd();
console.group("学习第 2 组");
console.log("第 2 组-储久凤");
console.log("第 2 组-王祥云");
console.groupEnd();
```

【语法说明】

console.group()方法表示分组开始，后面跟随若干个 console.log()方法。console.groupEnd()方法表示分组结束。显示效果如图 2-22 所示。单击组标题，该组信息会折叠或展开，如图 2-23 所示。

图 2-22　控制台分组显示信息

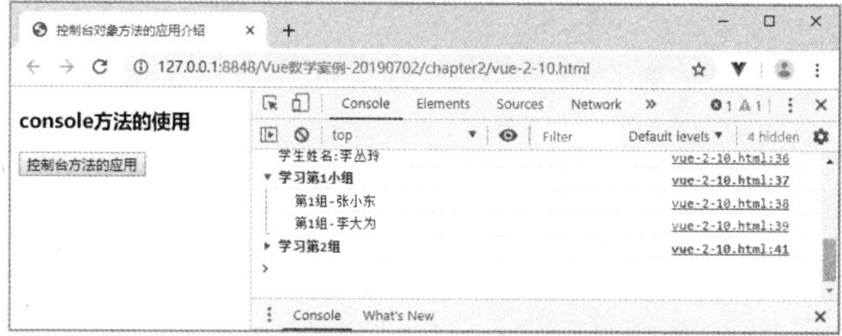

图 2-23　控制台对象分组信息折叠或展开

2.6.4 查看对象的信息

使用 console.dir()方法可以显示一个对象所有的属性和方法。显示效果如图 2-24 所示。

【基本语法】

```
console.dir(this.student);
```

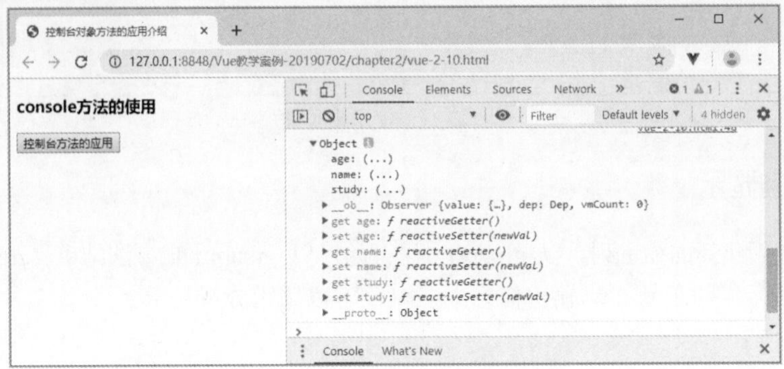

图 2-24 显示控制台对象信息

2.6.5 显示某个节点的内容

console.dirxml()方法用来显示网页的某个节点所包含的 HTML/XML 代码。例如，先获取一个节点，代码为 var newNode = document.getElementById("nodeId");，然后显示该节点包含的代码，相当于获取该节点的 innerHTML 属性值。显示效果如图 2-25 所示。

【基本语法】

```
console.dirxml(newNode);          //基本语法
console.dirxml(this.$el)          //获取$el 元素的 innerHTML 属性(id 为 vue210 的 div)
```

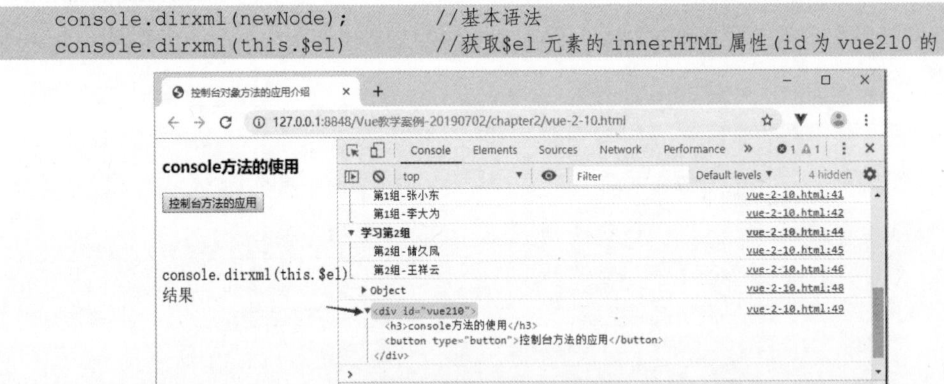

图 2-25 控制台对象显示节点内容

2.6.6 判断变量是否为真

console.assert()方法用来判断一个表达式或变量是否为真。若结果为 false，则在控制台输出一条相应信息，并且抛出一个异常。

【基本语法】

```
console.assert(expression, object[, object...]);      //基本语法
console.assert(false,"test");
console.assert(false,"test","test2");
```

```
console.assert(true,"test");                    //无输出
```

【语法说明】

console 对象的 assert() 方法可以有多个参数，第 1 个参数必不可少，后续参数可选。第 1 个参数必须是表达式，其值为逻辑值。若其值为 true，则什么都不做，即无输出；若为 false，则输入后续的参数值。显示效果如图 2-26 所示。

图 2-26 控制台对象判断变量是否为真

2.6.7 追踪函数的调用轨迹

console.trace() 方法用来追踪函数的调用轨迹。例如，定义一个 sum(n1,n2){return n1+n2;} 函数，若想知道此函数是如何被调用的，就可以在函数体内插入 console.trace() 方法。格式如下。

```
//在 methods 中定义方法
sum:function(n1,n2){
    console.trace();
    return n1+n2;
}
sum1:function(n1,n2){return this.sum( n1,n2)}
sum2:function(n1,n2){return this.sum1(n1,n2)}
console.log(this.sum2(100, 100)) //trace
```

图 2-27 所示为函数的调用轨迹，从上到下依次为 sum()、sum1()、sum2()。

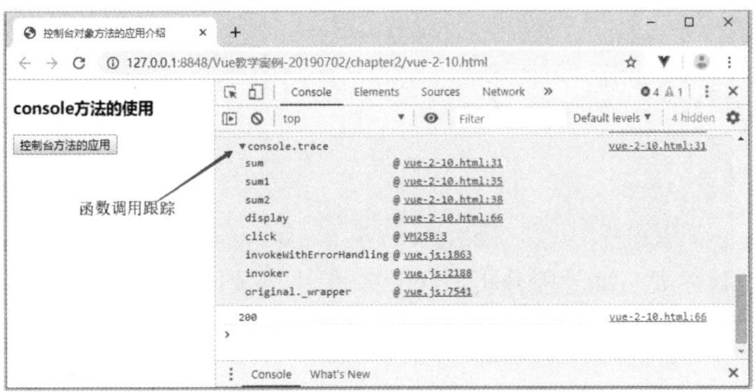

图 2-27 控制台对象追踪函数的调用轨迹

2.6.8 计时功能

console.time() 和 console.timeEnd() 方法用来显示代码的运行时间。在控制台引导符>后直接输入下列语句并按 Enter 键，可以查看效果，如图 2-28 所示。

```
console.time("运行计时");          //计时开始
for(var i=0;i<1000;i++){
    for(var j=0;j<1000;j++){}
```

```
}
console.timeEnd("运行计时");      //计时结束
```

console.time() 方法为计时器的起始方法。该方法一般用于测试程序执行的时长。

console.timeEnd() 方法为计时器的结束方法，并将执行时长显示在控制台。如果一个页面有多个地方需要使用到计时器，可以通过添加标签参数（如“运行计时”）设置。

图 2-28　控制台对象计时功能

2.6.9　性能分析

性能分析是分析程序各个部分的运行时间，找出瓶颈所在，使用的方法是 console.profile()。

【基本语法】

```
console.profile(profileName);
console.profileEnd(profileName);
```

可以选择提供一个参数用于命名需要记录的描述信息。console.profile() 方法中的 profileName 参数为描述信息的名字，可选。当在记录多个描述信息的时候，可以停止记录特定的描述信息。profileEnd() 方法会停止记录之前已经由 console.profile() 方法开始记录的性能描述信息。

定义一个数组，并通过循环为数组添加元素，代码如下。

```
//在<script>标记中定义
arr = new Array(10000000)
for (var i=0; i<10000; i++){
   arr.push(i)
}
console.profile("arr + arr")
arr + arr
console.profileEnd("arr + arr")
```

在 Vue Devtools 中要启动性能分析，必须先设置 JavaScript Profiler，如图 2-29 所示。

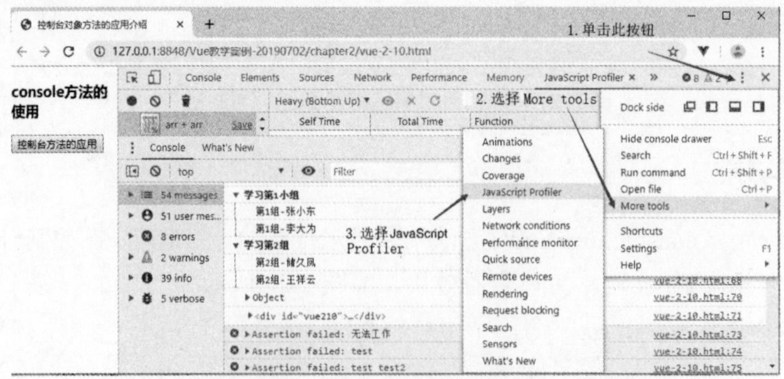

图 2-29　Vue Devtools 的控制台对象性能分析配置

具体操作步骤如下。

（1）单击 Vue Devtools 菜单栏右边的⋮按钮，如图 2-29 所示。

（2）选择 More tools 菜单。

（3）最后选择 JavaScript Profiler，如图 2-30 所示。此时出现 Profiles 显示区域，选择其中某一函数（如 sumB()）就可以查看具体的性能情况。

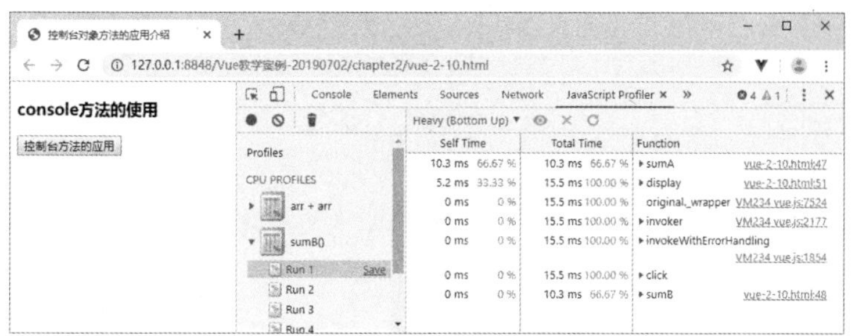

图 2-30　控制台对象性能分析

2.6.10　表格形式输出数组和对象

console.table()方法可以输出漂亮的格式化后的数组或对象，并且提供排序功能；有可选的第 2 个数组参数，过滤想要展示的 key。不过该方法仅能展示最多 1000 行，所以不适合处理数据量大的数组。使用该方法不能输出 Vue 实例中的 data 选项中的对象，但可以表格输出对象数组。

在控制台引导符>后输入下列语句，可以观察到表格输出的结果，如图 2-31 所示。

```
//定义对象并以表格形式输出
var myObject = {name:'储久良',age:50,sex:'男'};
console.log(myObject);
console.table(myObject);
//定义数组并以表格形式输出
var myArray = [100,200,-300,120,89 ];
console.log(myArray);
console.table(myArray);
```

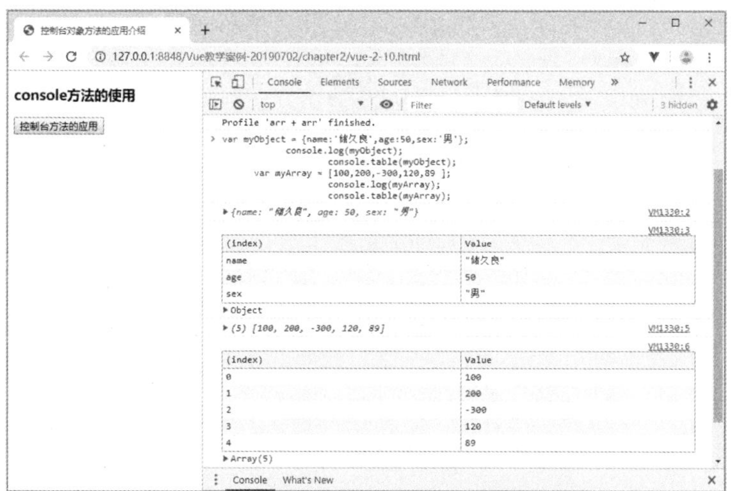

图 2-31　控制台对象表格形式输出对象和数组

【例 2-10】console 对象方法的综合应用。代码如下，运行效果如图 2-32 和图 2-33 所示。

由于前面已经详细介绍了每个方法的具体使用方法，且代码中也添加注释语句，所以不再进行解释。

```
<!-- vue-2-10.html -->
<!DOCTYPE html>
<html>
    <head>
        <meta charset="utf-8">
        <title>控制台对象方法的应用介绍</title>
        <script type="text/javascript" src="../vue/js/vue.js"></script>
    </head>
    <body>
        <div id="vue210">
            <h3>{{information}}</h3>
            <button type="button" @click="display()">控制台方法的应用</button>
        </div>
        <script type="text/javascript">
            arr = new Array(10000000)
            for (var i = 0; i < 10000; i++) {
                arr.push(i)
            }
            console.profile("arr + arr")
            arr + arr
            console.profileEnd("arr + arr")
            var myViewModel = new Vue({
                el: '#vue210',
                data: {
                    information: "console方法的使用",
                    number: 13.23455,
                    score: 0,
                    student: {
                        name: '李丛玲',
                        age: 21,
                        study: function() {
                            console.log('我喜欢学习Vue.js!')
                        }
                    }
                },
                methods: {
                    sum: function(n1, n2) {
                        console.trace();
                        return n1 + n2
                    },
                    sum1: function(n1, n2) {
                        return this.sum(n1, n2)
                    },
                    sum2: function(n1, n2) {
                        return this.sum1(n1, n2)
                    },
                    sumA: function(n) {
                        for (var j = 0; j < n; j++) {}
                    },
                    sumB: function() {
                        for (var i = 0; i < 100; i++) {
                            this.sumA(1000)
                        }
                    },
                    display: function() {
                        //显示信息——-5个方法
                        console.log("这是正常信息输出")
```

```
                console.info("这是 info")
                console.debug("这是 debug")
                console.warn("这是 warn")
                console.error("这是 error")
                //占位符应用——5 种
                console.log("%d 年%d 月%d 日", 2019, 09, 03);
                console.log("%i", this.number)
                console.log("圆周率是%f", Math.PI);
                console.log("学生信息:%o", this.student);
                console.log("学生姓名:%s", this.student.name);
                console.log("学生姓名:%c" + this.student.name, 'color:red'); //CSS 样式%c
                //分组显示信息（缩进格式）——两组
                console.group("学习第 1 小组");
                console.log("第 1 组-张小东");
                console.log("第 1 组-李大为");
                console.groupEnd();
                console.group("学习第 2 组");
                console.log("第 2 组-储久凤");
                console.log("第 2 组-王祥云");
                console.groupEnd();
                //显示对象的属性和方法
                console.dir(this.student)
                //显示对象的 innerHTML
                console.dirxml(this.$el);
                //判断表达式是否为真
                console.assert(this.number, '什么都不做'); //number=13.23455
                console.assert(this.score, '%s 工作', '无法'); //score=0
                console.assert(false, "test") //Assertion failed  test
                console.assert(false, "test", "test2") //Assertion failed test   test2
                console.assert(true, "test")
                //跟踪函数调用轨迹,sum()中调用 trace()方法
                console.log(this.sum2(100, 100))      //trace
                //计时功能
                console.time("运行计时");                //计时开始
                for (var i = 0; i < 1000; i++) {
                    for (var j = 0; j < 1000; j++) {}
                }
                console.timeEnd("运行计时");             //计时结束
                //性能分析
                console.profile("sumB()");
                this.sumB();
                console.profileEnd("sumB()");
                //表格形式输出对象和数组
                //定义对象并以表格形式输出
                var myObject = {
                    name: '储久良',
                    age: 50,
                    sex: '男'
                };
                console.log(myObject);
                console.table(myObject);
                //定义数组并以表格形式输出
                var myArray = [100, 200, -300, 120, 89];
                console.log(myArray);
                console.table(myArray);
            }
        }
    })
```

```
        </script>
    </body>
</html>
```

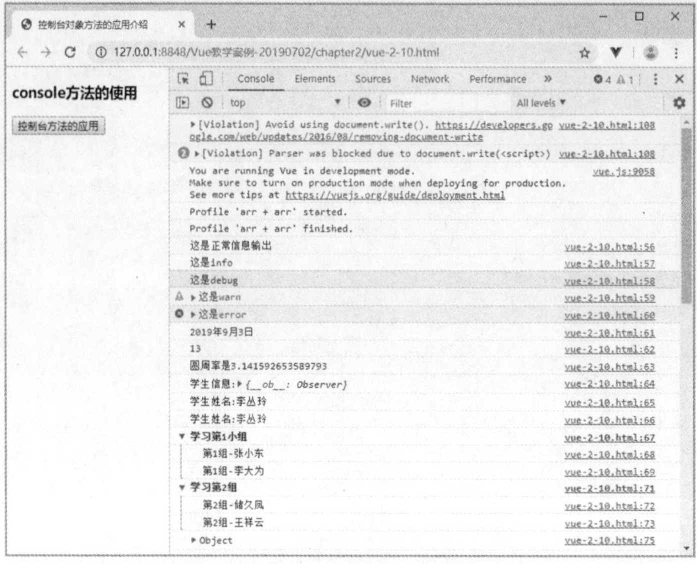

图 2-32　控制台对象方法调试页面（1）

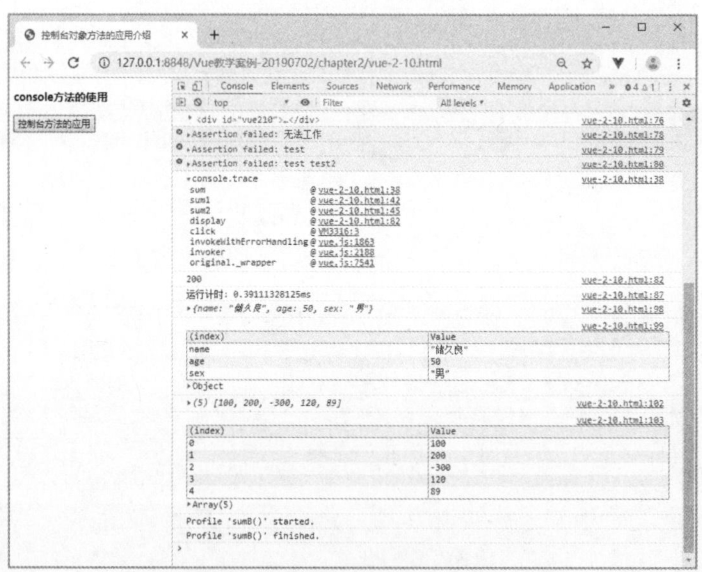

图 2-33　控制台对象方法调试页面（2）

当然，console 对象还有其他方法，如 console.count()、console.clear() 等，读者可自行查阅相关资料，此处不再介绍。

2.7　数据与方法

当一个 Vue 实例被创建时，会将数据（data）对象中的所有属性加入 Vue 的响应式系统。当其中的数据属性值发生改变时，视图会产生“响应”，即匹配更新为新的值。

2.7.1　数据对象的定义与使用

```
//定义数据对象
 var dataModel = { name: '储久良',   age: 55  };
//加入一个 Vue 实例
var myViewModel = new Vue({
   el: "#vue211",
   data: dataModel,
})
//获得这个实例的属性,返回源数据中对应的字段
console.log(myViewModel.name == dataModel.name );     //显示信息: true
//设置属性也会影响到原始数据
myViewModel.name ='陈起军';
console.log(dataModel.name);                          //显示信息: 陈起军
//设置源数据, 也会影响 data 中的属性
dataModel.age = 35;
console.log(myViewModel.age);                         //显示信息: 35
```

【例 2-11】数据对象的应用。代码如下，运行效果如图 2-34 所示。

```
<!-- vue-2-11.html -->
<!DOCTYPE html>
<html>
    <head>
        <meta charset="utf-8">
        <title>数据与方法的应用</title>
        <script type="text/javascript" src="../vue/js/vue.js"></script>
    </head>
    <body>
        <div id="vue211">
            {{name}},{{age}}
        </div>
        <script type="text/javascript">
            //定义数据对象,JavaScript 对象
            var dataModel = {
                name: '储久良',
                age: 55
            };
            //定义模型视图实例
            var myViewModel = new Vue({
                el: "#vue211",
                data: dataModel,
            });
            console.log(dataModel.name);       //储久良
            //修改 JavaScript 对象的属性, Vue 实例对象的数据属性同步发生变化
            dataModel.name = "陈起军";
            console.log(dataModel.name);       //陈起军
            //修改 Vue 实例的数据属性, 也同步修改 JavaScript 对象的属性
            myViewModel.name = "刘有军";
            console.log(dataModel.name);       //刘有军
            //错误的方法: 为 Vue 实例对象添加新属性,不能被渲染
            myViewModel.no = "20190910";
            console.log(myViewModel.no);       //20190910 ,但并没有写入 data 对象
            console.dir(myViewModel.$data);    //列出对象
            //正确方法 1:为 JavaScript 对象添加新属性 no 和 score
            dataModel.no = "20190909";
            this.dataModel.score = '96';
            console.dir(myViewModel.$data);
        </script>
    </body>
</html>
```

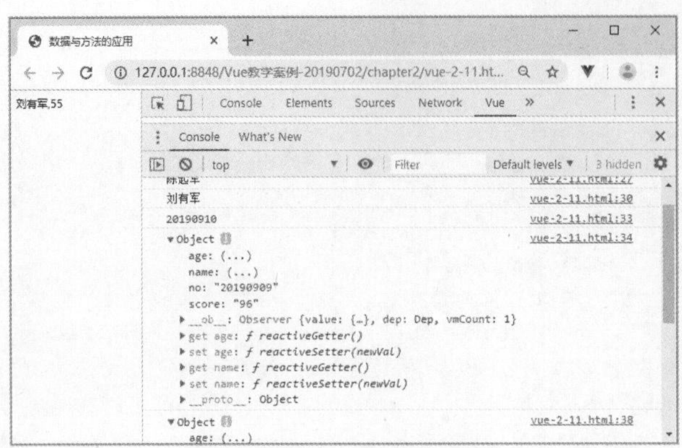

图 2-34 数据对象的应用

注意：不建议在 Vue 实例的 data 选项中直接引用 JavaScript 属性。

当这些数据改变时，视图会进行重渲染。值得注意的是，只有当 Vue 实例被创建时就已经存在于 data 中的数据属性才是响应式的。当为某个数据属性添加一个新的属性时，例如：

```
myViewModel. no = "20190909";  //赋值属性不触发视图更新
```

no 的变动不会触发任何视图的更新。若在后续业务逻辑中又需要添加一个新属性，但是开始时此属性为空或不存在，此时仅设置一些初始值即可。也可以通过 Vue.set() 方法和 Vue 实例 $set() 方法添加响应式属性。例如：

```
data: {
    score:0,
    isActive: false,
    arrayNumber: [],
    error: null
}
//可以使用 Object.freeze()方法阻止修改现有的属性
Object.freeze(dataModel);       //dataModel 为 JS 对象
```

2.7.2 Vue 实例属性与方法

除了数据属性，Vue 实例还有一些有用的实例属性与方法。它们都有前缀$，例如$el、$data、$slots、$props、$options、$set()、$mount()、$watch()、$destroy()等，以便与用户定义的属性区分开来。

1. Vue 实例属性

```
//定义 Vue 实例
var myViewModel= new Vue({
    el: '#vue212 ',
    data:{
        students: [
        { name: '李阳阳', no: '20190901', sex: '男' },
        { name: '张清华', no: '20190802', sex: '女'}
    ],
    display:true,
});
//Vue 实例观察的数据对象,查看对象
console.dir(myViewModel.$data)              //Object
new Vue({data:{}}).$mount('#app')           // 如果没有配置 el 属性，可以手动挂载
myViewModel.$destroy()                      // 销毁 Vue 实例
```

在控制台输入上述语句后，执行结果如图 2-35 所示。

```
//Vue 实例使用的根 DOM 元素
console.dir(myViewModel.$el)   //与 document.getElementById(' vue212') 相同
```

在控制台输入上述语句后，执行结果如图 2-36 所示。其余 Vue 实例属性可以参考官网介绍。

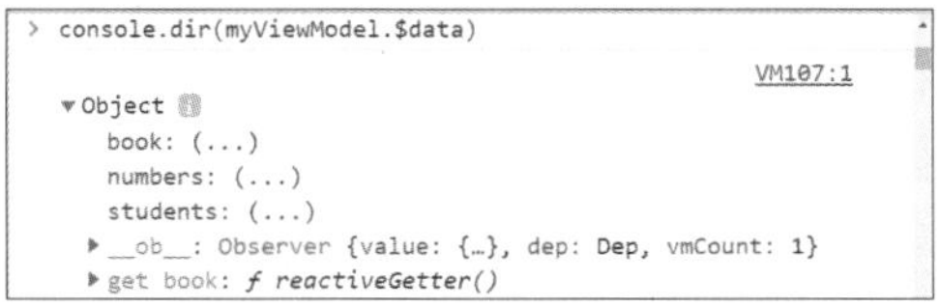

```
> console.dir(myViewModel.$data)
                                          VM107:1
  ▼Object
     book: (...)
     numbers: (...)
     students: (...)
   ▶__ob__: Observer {value: {…}, dep: Dep, vmCount: 1}
   ▶get book: ƒ reactiveGetter()
```

图 2-35　查看 Vue 实例属性$data

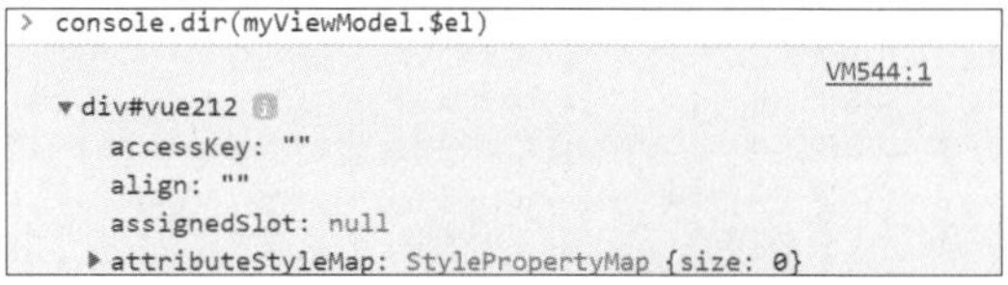

```
> console.dir(myViewModel.$el)
                                          VM544:1
  ▼div#vue212
     accessKey: ""
     align: ""
     assignedSlot: null
   ▶attributeStyleMap: StylePropertyMap {size: 0}
```

图 2-36　查看 Vue 实例属性$el

2. Vue 实例方法

【基本语法】

```
//Vue 的 set()方法
Vue.set( target, propertyName/index, value )
//Vue 实例对象的$set()
myViewModel.$set( target, propertyName/index, value )
myViewModel.$delete( target, propertyName/index )                //删除对象的某一属性
myViewModel.$set(myViewModel.book, "date", "2019-10-01");        //添加 date 属性
Vue.set(myViewModel.$data.book, "press", "清华大学出版社");       //添加 press 属性
//$watch 是一个实例方法
myViewModel.$watch(' display ', function (newValue, oldValue) {
    //这个回调将在 myViewModel.display 改变后调用
})
```

【语法说明】

target 可以是对象或数组；propertyName/index 可以是字符串或数值；value 可以是任意值。其他 Vue 实例属性与方法可以参考官网（https://cn.vuejs.org/v2/api/）介绍。

注意：*Vue.set() 方法向响应式对象中添加一个属性，并确保这个新属性同样是响应式的，且触发视图更新。它必须用于向响应式对象添加新属性，因为 Vue 无法探测普通的新增属性（如 this.myObject.newProperty = 'Vue is used'）。*

在 Vue.js 中，若需要渲染数据属性，必须先在 Vue 实例的 data 选项中声明，并给出初始值或为 null，然后在代码中动态更新。不建议动态地为 Vue 实例中的 data 对象添加新属性，通常通过此方式添加的新属性是不会被渲染的，也不能写入 data 对象中。只有使用 Vue.set() 方法或 myViewModel.$set() 方法才能被正确地添加和渲染，其中 myViewModel 为对象自定义的 Vue 实例。

【例 2-12】 data 对象的属性与方法的应用。代码如下，运行效果如图 2-37 所示。

```
<!-- vue-2-12.html -->
<!DOCTYPE html>
<html>
    <head>
        <meta charset="utf-8">
        <title>data 对象的属性与方法</title>
        <script type="text/javascript" src="../vue/js/vue.js"></script>
    </head>
    <body>
        <div id="vue212">
            <h3>添加对象数组元素:学生信息</h3>
            <ul>
```

```
            <li v-for="student in students">{{student.no}}-{{student.name}}-
            {{student.sex}}</li>
        </ul>
        <h3>添加对象属性：图书信息</h3>
        <p>{{book}}</p>
        <ul>
            <li v-for="(value,key,index) in book">{{index}}-{{key}}:{{value}}</li>
        </ul>
        <h3>添加普通数组：整数</h3>
        <p v-once>{{numbers}}</p>
        <p>{{numbers}}</p>
    </div>
    <script type="text/javascript">
        //定义模型视图实例
        var numberJs = [239, 345, -123, -256, 1];
        var myViewModel = new Vue({
            el: "#vue212",
            data: {
                students: [{
                    name: '李阳阳',
                    no: '20190901',
                    sex: '男'
                }, {
                    name: '张清华',
                    no: '20190802',
                    sex: '女'
                }],
                book: {
                    bookname: 'Web 前端开发技术-HTML5、CSS3、JavaScript',
                    ISSN: '978-7-302-48863-7',
                    author: '储久良'
                },
                numbers: [100, 300, 600, 120, -250, -678]
            }
        })
        console.dir(myViewModel.$data.students)
        //使用 Vue.set()方法向数组的尾部添加新元素
        Vue.set(myViewModel.$data.students, myViewModel.students.length, {
            name: '刘菲菲',
            no: '20190506',
            sex: '男'
        })
        //使用 Vue 实例对象的$set()方法向数组的尾部添加新元素
        myViewModel.$set(myViewModel.students, myViewModel.students.length, {
            name: '王天生',
            no: '20190507',
            sex: '男'
        })
        console.dir(myViewModel.students) //列出对象的属性
        //使用数组的 splice()方法在第 2 个元素的位置上添加新元素
        myViewModel.students.splice(1, 0, {
            name: '陈雨果',
            no: '20190703',
            sex: '女'
        })
        //直接向 data 中的数组赋值
        myViewModel.students[5] = {
            name: '超雨果',
            no: '20190103',
            sex: '女'
```

```
            }
            //为 book 对象添加新属性的方法——Vue 实例的$set()方法
            myViewModel.$set(myViewModel.book, "date", "2019-10-01");
            Vue.set(myViewModel.$data.book, "press", "清华大学出版社");
            //添加和删除普通数组元素
            myViewModel.numbers.push(567);    //向数组尾部添加
            myViewModel.numbers.splice(1, 1); //删除数组中从第 2 个元素开始的一个元素
        </script>
    </body>
</html>
```

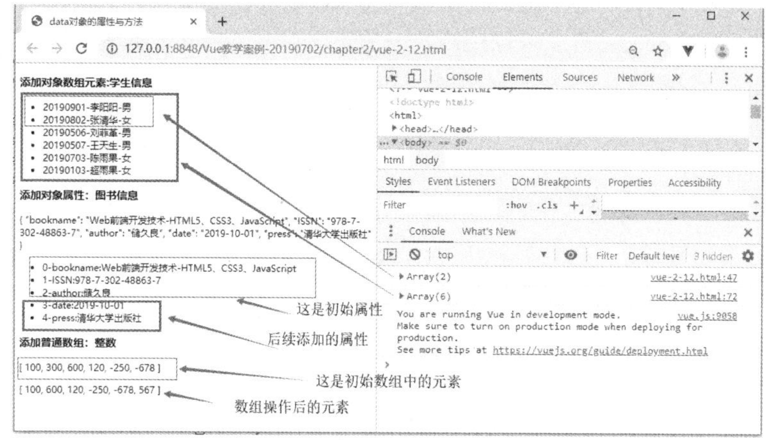

图 2-37　data 对象的属性和方法的应用

2.8　Vue 中的数组变动更新检测

在 Vue.js 实际工程项目中，经常会使用数组处理相关业务。当数组元素发生变化时，需要及时渲染到页面上，但不是所有方法都能触发视图更新，如直接为数组元素赋值、修改数组的长度等均不能触发视图更新。以下代码不能触发视图更新。

```
myViewModel.items[indexOfItem] = newValue     //利用索引赋值
myViewModel.items.length = newLength          //直接修改数组的长度
```

Vue.js 针对这两个问题给出了相应的解决办法，使用以下方法可以触发状态更新。

（1）使用 Vue.set() 全局方法或使用 myViewModel.$set() 实例方法。参见 2.7.2 节。

（2）使用数组变异方法，如 push()、unshift()、splice()、pop()、shift()、sort()、reverse()。

（3）使用非变异方法，如 filter()、concat()、slice()。

下面重点介绍变异方法和非变异方法。

2.8.1　变异方法

顾名思义，变异方法是能够让原始数组发生改变的方法，同时将触发视图更新。

```
//以下方法处理过的数组会触发视图更新
push()
unshift()
splice()
pop()
shift()
```

```
sort()
reverse()
//在 Vue 实例中的 methods 选项中使用方法
this.items.splice(this.items.length, 0, {name: 'splice'});
//在 JavaScript 中定义
myViewModel.items.push({   name: 'push'}); //向数组尾部添加
```

2.8.2 非变异方法

相比之下，非变异方法不会改变原始数组（所以不会触发视图更新），但总是返回一个新数组。当使用非变异方法时，可以用新数组替换旧数组，也可以用新数组触发视图更新。

```
//data 选项中的相关数组
numbers: ['aaaaa', 'fff', 'bbbb', 'ccccc', 'xxyyzz', 'ggss'],
items: [{name: '李民明'}, {name: ' 李诚信'}],
//非变异方法
filter()
concat()
slice()     //arrayObject.slice(start,end)
//使用方法
let newItems = myViewModel. Items.slice(1,3)
//在 methods 中定义过滤器
filter:function(){
     this.filterArr=this.numbers.filter(function (member){
         return member.length <= 4})
}
```

【例 2-13】更新数组元素方法的应用。代码如下，运行效果如图 2-38 所示。

```
<!-- vue-2-13.html -->
<!DOCTYPE html>
<html>
    <head>
        <meta charset="utf-8">
        <title>Vue 中数组更新方法的应用</title>
        <script type="text/javascript" src="../vue/js/vue.js"></script>
    </head>
    <body>
        <div id="vue213">
            <h3>更新数组元素的方法-变异方法:</h3>
            <p v-once>排序前数据: {{numbers}}</p>
            <button type="button" @click="sort()">排序数组元素</button>
            <button type="button" @click="reverse()">逆序数组元素</button>
            <p style="color:red;">【{{indexArr}}】后数据: {{numbers}}</p>
            <p v-once>原始数组元素{{items}}</p>
            <button type="button" @click="add()">添加数组元素 3 个</button>
            <ul>
                <li v-for="item in items">{{item.name}}</li>
            </ul>
            <button type="button" @click="deleteArr()">删除数组元素 2 个</button>
            <p>被删除的元素有: {{el1}}-{{el2}}</p>
            <h3>更新数组元素的方法-非变异方法: </h3>
            <p>原数组: {{numbers}}</p>
            <p>slice()-新数组: {{sliceArr}}</p>
            <p>concat()-新数组: {{concatArr}}</p>
            <p>filter()-新数组: {{filterArr}}</p>
            <p>filterM()匹配-新数组: {{filterArrM}}</p>
            <button type="button" @click="slice()">slice()生成新数组</button>
            <button type="button" @click="concat()">concat()生成新数组</button>
            <button type="button" @click="filter()">filter()过滤元素</button>
```

```
            <button type="button" @click="filterM()">filterM()匹配</button>
        </div>
        <script type="text/javascript">
            //定义模型视图实例
            var myViewModel = new Vue({
                el: "#vue213",
                data: {
                    indexArr: '排序',
                    numbers: ['aaaaa', 'fff', 'bbbb', 'ccccc', 'xxyyzz', 'ggss'],
                    items: [{
                        name: '李民明'
                    }, {
                        name: ' 李诚信'
                    }],
                    sliceArr: [],
                    concatArr: [],
                    filterArr: [],
                    filterArrM: [],
                    el1: '',
                    el2: '',
                },
                methods: {
                    add: function() {
                        this.items.push({
                            name: 'push'
                        }); //向数组末尾添加
                        this.items.unshift({
                            name: 'unshift'
                        }); //向数组头部添加
                        this.items.splice(this.items.length, 0, {
                            name: 'splice'
                        }); //向数组尾部添加
                    },
                    sort: function() {
                        this.indexArr = '排序';
                        this.numbers = this.numbers.sort()
                    },
                    deleteArr: function() {
                        this.el1 = myViewModel.items.pop();
                        this.el2 = myViewModel.items.shift();
                    },
                    reverse: function() {
                        this.indexArr = '逆序';
                        return this.numbers.reverse()
                    },
                    slice: function() {
                        if (this.numbers.length >= 2) {
                            this.sliceArr = this.numbers.slice(1, this.numbers.
                            length - 1)
                        }
                    },
                    concat: function() {
                        this.concatArr = this.numbers.concat(["vvrr", "ssee",
                        "kkkk"])
                    },
                    filter: function() {
                        this.filterArr = this.numbers.filter(function(member) {
                            return member.length <= 4
                        })
                    },
```

```
90.                 filterM: function() {
91.                     myViewModel.filterArrM = myViewModel.items.filter
                        (function(item) {
92.                         return item.name.match(/李/)
93.                     })
94.                 },
95.             }
96.         })
97.     </script>
98.     </body>
99. </html>
```

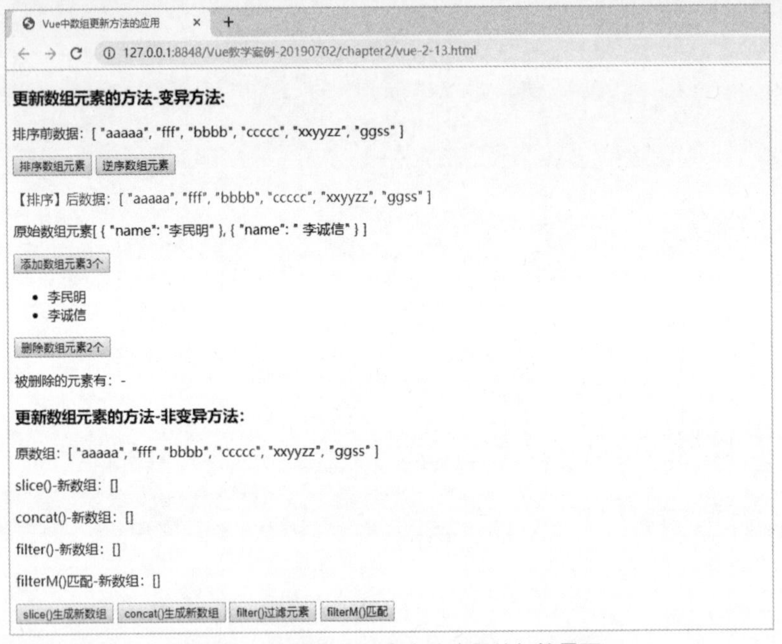

图 2-38　更新数组元素方法应用的初始界面

上述代码中，第 11～22 行为变异方法的应用。其中，第 12 行采用 v-once 指令显示排序前数组元素，不会再次被渲染；第 13 行采用 v-on 指令绑定 click 事件（@click 等价于 v-on:click，以下命令按钮与此相同），调用 sort() 方法，当单击“排序数组元素”按钮时，执行 methods 方法中的第 65～68 行代码，完成元素排序功能，如图 2-39 所示；第 14 行采用 v-on 指令绑定 click 事件，调用 reverse() 方法，当单击“逆序数组元素”按钮时，执行 methods 方法中的第 73～76 行代码，完成数组元素逆序排列功能，如图 2-40 所示；第 15 行利用文本插值区分输出排序/逆序数组的结果；第 16 行使用 v-once 指令输出原始数组 items 的元素，不会被再次渲染，并触发视图更新；第 17 行命令按钮通过 v-on 指令绑定 click 事件，调用 add() 方法，当单击“添加数组元素 3 个”按钮时，执行 methods 方法中的第 54～64 行代码，通过 push()、unshift() 和 splice() 等方法分别在数组的末尾、开头和末尾处插入新元素；第 18～20 行采用 for 循环遍历 items 数组，并触发视图更新，如图 2-41 所示；第 21 行命令按钮绑定 click 事件，调用 deleteArr() 方法，当单击“删除数组元素 2 个”按钮时，执行 methods 方法中的第 69～72 行代码，通过 pop()、shift() 等方法分别在数组的末尾、开头处删除元素；第 22 行采用文本插值方法输出被删除的两个元素，并触发视图更新，如图 2-42 所示。

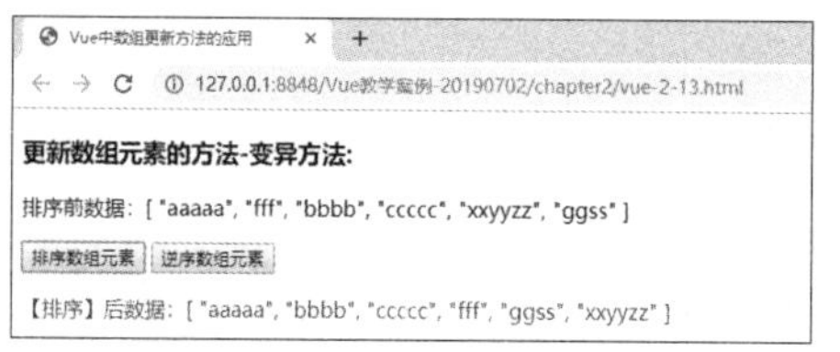

图 2-39　sort() 方法排序结果

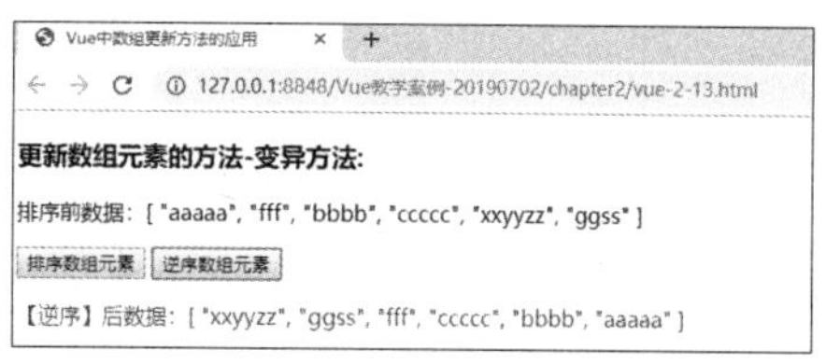

图 2-40　reverse() 方法逆序结果

原始数组元素[{ "name": "李民明" }, { "name": " 李诚信" }]
添加数组元素3个
- unshift
- 李民明
- 李诚信
- push
- splice

图 2-41　push()、unshift()、splice() 方法添加元素结果

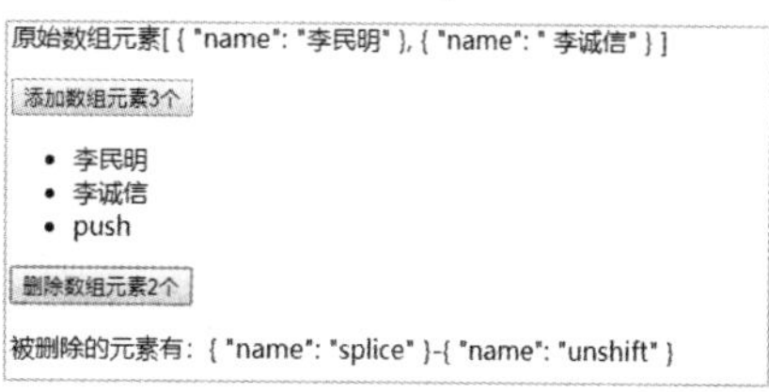

图 2-42　pop()、shift() 方法删除元素结果

代码第 23～32 行主要为非变异方法的应用，其中，第 24 行采用文本插值方法输出原数组 numbers 的元素；第 25～28 行分别采用文本插值方法输出新数组 sliceArr、concatArr、filterArrM；第 29 行命令按钮绑定 click 事件，调用 slice()方法，当单击“slice()生成新数组”按钮时，执行 methods 方法中的第 77～81 行代码，通过 slice()方法选取除开头和末尾元素外的其他元素，通过第 25 行<p>标记输出新数组元素，并触发视图更新，如图 2-43 所示；第 30 行命令按钮绑定 click 事件，调用 concat()方法，当单击“concat()生成新数组”按钮时，执行 methods 方法中的第 82～84 行代码，通过 concat()方法连接新元素组成新数组，通过第 26 行<p>标记输出新数组元素，并触发视图更新，如图 2-43 所示；第 31 行命令按钮绑定 click 事件，调用 filter()方法，当单击“filter()过滤元素”按钮时，执行 methods 方法中的第 85～89 行代码，通过 filter()方法过滤掉数组元素长度大于 4 的元素，组成新数组，通过第 27 行<p>标记输出新数组元素，并触发视图更新，如图 2-43 所示；第 32 行命令按钮绑定 click 事件，调用 filterM()方法，当单击“filterM()匹配”按钮时，执行 methods 方法中的第 90～94 行代码，通过 filter()方法选择 name 属性值中匹配“李”的元素，组成新数组，通过第 28 行<p>标记输出新数组元素，并触发视图更新，如图 2-43 所示。

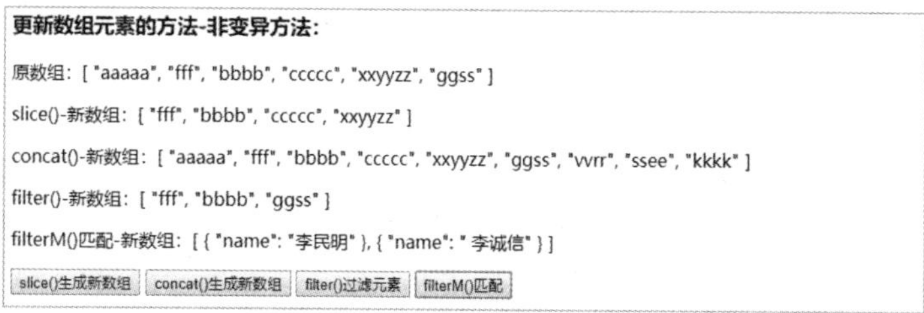

更新数组元素的方法-非变异方法:
原数组: ["aaaaa", "fff", "bbbb", "ccccc", "xxyyzz", "ggss"]
slice()-新数组: ["fff", "bbbb", "ccccc", "xxyyzz"]
concat()-新数组: ["aaaaa", "fff", "bbbb", "ccccc", "xxyyzz", "ggss", "vvrr", "ssee", "kkkk"]
filter()-新数组: ["fff", "bbbb", "ggss"]
filterM()匹配-新数组: [{ "name": "李民明" }, { "name": " 李诚信" }]
slice()生成新数组
concat()生成新数组
filter()过滤元素
filterM()匹配

图 2-43　非变异方法的结果

2.9　Vue 中的过滤器

在 Vue.js 中使用过滤器渲染数据是一种很有趣的方式。Vue.js 中的过滤器不能替代 methods、computed 或 watch，且过滤器不会改变真正的数据，而只是改变渲染的结果，并返回过滤后

的数据。

在很多情况下，过滤器非常有用，如尽可能保持 API 响应的干净，并在前端处理数据的格式。

Vue 2.0 中已经没有内置的过滤器了，用户可以自定义过滤器。过滤器常用于插值和 v-bind 表达式。过滤器应该添加在 JavaScript 表达式的尾部，由“管道”符号（|）指示。过滤器分为全局过滤器和局部过滤器。

全局过滤器定义必须始终位于 Vue 实例之上，使用 Vue.filter(){}注册，否则将得到一个 Failed to resolve filter: filterName 的错误信息。局部过滤器可以注册在 Vue 实例内部，使用 filters:{}属性定义一个或多个局部过滤器。

【基本语法】

```
<!--HTML 中使用过滤器 -->
<p>单个过滤器：{{message|filter}}</p>
<p>多过滤器使用：{{message|filtesrA|filterB|…}}</p>  <!--过滤器串联 -->
<p>多参数调用：{{message|filtesrC(arg1,arg2,…)}}</p>
//在<script>标记开始处定义全局过滤器
Vue.filter('filterName', function(value)  {
    //定义功能代码
});
//在 Vue 实例中定义局部过滤器
filters: {
    //局部过滤器,使用 filters
    filterName:function(value,agr1,arg2,…) {
        //定义功能代码
    }
},
//Vue 实例 data 选项中定义
data:{
    message: "this is a book.",
    value:1233.33
}
```

【语法说明】

定义全局过滤器时，过滤器名称一定要加上引号，使用 Vue.filter(){}定义。局部过滤器需要在 Vue 实例内部通过 filters 属性定义。局部过滤器和全局过滤器的名称相同时，Vue.js 会先调用局部过滤器。全局过滤器可以跨所有组件访问使用，而局部过滤器只允许在其定义的组件内部使用。

Vue.js 过滤器本质上就是一个有参数、有返回值的方法。在标记中，它由单个管道(|)表示，后面可以跟一个或多个参数，也可以同时使用多个管道，称为过滤器串联。

过滤器可以带参数，其中第 1 个参数是原始数据，第 2 个参数对应传入的第 1 个参数，以此类推。

【例 2-14】 过滤器应用。代码如下，运行效果如图 2-44 所示。

```
<!-- vue-2-14.html -->
<!DOCTYPE html>
<html>
    <head>
        <meta charset="utf-8">
        <title>过滤器的应用</title>
        <style type="text/css">
            .activea {font-size: 28px;color: red;}
```

```
        </style>
        <script type="text/javascript" src="../vue/js/vue.js"> </script>
    </head>
    <body>
        <div id="vue214">
            <h3>过滤器应用 1-大小写字母转换</h3>
            <hr>
            <p>原信息: {{message}}</p>
            <p>大写信息: {{message|upper}}</p>
            <p>先小写，再首字母大写信息: {{message|lower|capitalize}}</p>
            <h3>过滤器应用 2-人民币/美元符号转换</h3>
            <hr>
            <p>总量: {{total | toCNY()}}</p>
            <p>单价: {{money | toCNY()}}</p>
            <h1>总价: {{ price | toFixed(2) | toUSD }}</h1>
            <h3>过滤器应用 3-样式属性绑定</h3>
            <hr>
            <p v-bind:class="myClass|lower">绑定 class-{{myClass|lower}}字体大
            小 28px、颜色为红色</p>
        </div>
        <script>
            //定义全局过滤器使用 filter,位置在 Vue 实例之前
            Vue.filter('toCNY', function(money) {
                return '¥' + money;
            });
            Vue.filter('capitalize', function(value) {
                //每个单词首字母大写
                if (!value) return ''
                //按空格提取单词,再将每单词首字母大写
                value = value.toString().split(' ');
                for (var i = 0; i < value.length; i++) {
                    value[i] = value[i].charAt(0).toUpperCase() + value[i].
                    slice(1)
                }
                return value
            });
            var myViewModel = new Vue({
                el: '#vue214',
                data: {
                    message: "This is a Book.",
                    myClass: 'activeA',
                    money: 123.224,
                    total: 100,
                },
                computed: {
                    price: function() {
                        return this.money * this.total;
                    }
                },
                filters: {
                    //局部过滤器,使用 filters
                    upper: function(text) {
                        return text.toUpperCase()
                    },
                    lower: function(text) {
                        return text.toLowerCase()
                    },
                    toFixed: function(price, limit) {
                        return price.toFixed(limit)
                    },
```

```
67.                     toUSD: function(price) {
68.                         return '$${price}'
69.                     }
70.                 }
71.             });
72.         </script>
73.     </body>
74. </html>
```

图 2-44　过滤器的应用

上述代码中，第 14～18 行主要是单个过滤器和过滤器串联的应用。其中，第 17 行和第 18 行分别使用局部过滤器 upper、lower 和全局过滤器 capitalize，其中 upper、lower 过滤器主要实现英文单词统一转换为大写和小写；capitalize 过滤器主要实现将英文语句的单词转换为首字母大写的形式。第 19～23 行主要是单个过滤器、过滤器串联及带参数过滤器的应用。其中，第 21 行和第 22 行使用全局过滤器 toCNY()，主要实现带人民币符号输出数据；第 23 行使用局部过滤器 toFixed()和 toUSD，分别实现固定小数位数的数据和带美元符号输出数据。第 24～26 行主要是过滤器在属性绑定方面的应用。其中，第 26 行使用 v-bind 指令绑定 class 属性值 myClass|lower，其中 lower 为局部过滤器，主要将 myClass 数据属性的值转换为小写格式。第 30～32 行定义全局过滤器 toCNY。第 33～42 行定义全局过滤器 capitalize，将参数中所有单词转换为首字母大写格式。第 56～70 行分别定义局部过滤器 upper、lower、toFixed、toUSD。

本章小结

本章主要介绍了 MVC 与 MVVM 模式的工作机制，学会使用数据绑定编写 Vue.js 的简单应用程序。

本章重点讲解计算属性（computed）、方法（methods）、侦听属性（watch）及生命周期钩子函数的应用场景及基础编程方法。特别要注意，在 computed 和 methods 选项中定义方法时，执行的过程是不同的。在 watch 选项中可以定义数据发生变化的业务逻辑，完成相关事务的处理。在 watch 属性的高级用法中，会定义 handler() 方法，并根据业务需要设置 immediate 和 deep 属性，其值为 true 时，可以进行立即绑定数据和深度侦听数据。

为了方便程序设计人员调试应用程序，本章介绍了控制台（console）对象常用的方法，特别在 Chrome 浏览器上安装 Vue Devtools 工具后，充分运用 console 对象的 debug()、profile() 及 profileEnd() 等方法优化应用程序。

Vue 实例有自己的属性和方法。常用的属性有$el、$data、$props 等。常用的方法有$set()，它与 Vue.set() 方法具有同样的功能，可以更新对象的相关属性，并触发视图更新。

Vue.js 的过滤器本质上就是一个有参数、有返回值的方法。过滤器分为全局过滤器和局部过滤器。用户可以根据数据处理需要自定义全局或局部过滤器。过滤器还可以串联，也可以带多个参数。

练习 2

1. 选择题

（1）MVVM 模式中的 VM 是指（　　）。

A. View　　B. Model　　C. Controller　　D. ViewModel

（2）下列选项中插值不正确的是（　　）。

A. {{text}}　　B. {{message.join(",")}}

C. {{3*x+35}}　　D. {{var x=35}}

（3）下列选项中能够实现绑定 HTML 代码的指令是（　　）。

A. v-html　　B. v-model　　C. v-text　　D. v-bind

（4）下列选项中能够实现绑定属性的指令是（　　）。

A. v-html　　B. v-once　　C. v-bind　　D. v-model

（5）下列选项中能够动态渲染数据属性的是（　　）。

A. computed　　B. watch　　C. methods　　D. el

（6）下列选项中能够在控制台显示对象的方法是（　　）。

A. console.log()　　B. console.dir()　　C. console.error()　　D. console.table()

（7）下列选项中能够在控制台显示节点内容的方法是（　　）。

A. console.dirxml()　　B. console.warn()　　C. console.error()　　D. console.dir()

（8）下列选项中不能触发数组元素更新的方法是（　　）。

A. push()　　B. shift()　　C. reverse()　　D. slice()

2. 填空题

（1）Vue.js 中插值分为文本、______、属性、_________等多种形式。

（2）computed 属性默认只有_________，但 Vue 允许设计人员在需要时可以为其提供一个______。

（3）控制台显示信息的命令是_________，以表格形式输出数组和对象的命令是________________。

（4）定义方法需要在_________选项中进行设置。实时响应 data 对象中数据变化而做出一些处理，需要在________选项中进行设置。

（5）为对象添加新属性时使用_________方法，才能被实时响应。查看 Vue 实例中 data 对象可以使用________实例属性。

（6）Vue 数组变异方法中能够在数据任意位置插入新元素的方法是________；能够在数组末尾添加新元素的方法是________。

3. 简答题

（1）简述计算属性与方法的相同点和不同点。

（2）生命周期钩子函数有哪些？触发条件是什么？

（3）简述过滤器的本质、分类及定义方法。

视频讲解

实训 2

1. 侦听属性的综合实训——学生信息采集

【实训要求】

（1）学会引入 Vue.js，完成 Vue 视图中的定义表单。

（2）学会定义 Vue 实例对象，会配置 el 和 data 等选项。

（3）学会配置 methods 和 watch 等选项，并完成其中函数的设计。

（4）学会使用 v-model、v-bind、v-on 等指令完成表单绑定、属性绑定和事件绑定。

（5）学会使用 CSS 定义<fieldset>、<input>等标记的样式。

【设计要求】

按如图 2-45 所示的页面效果，完成项目实训。

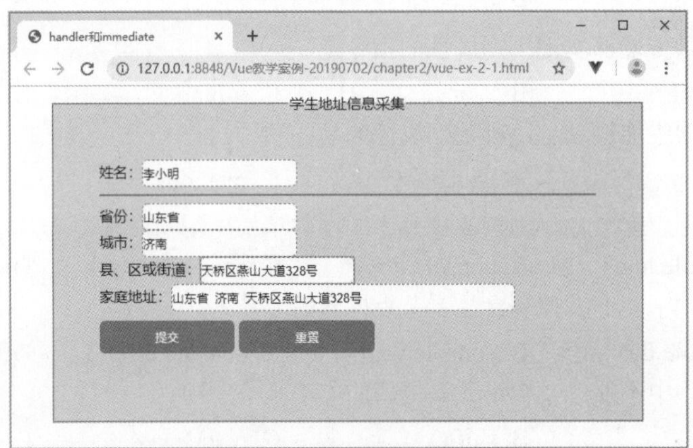

图 2-45　学生信息采集页面

【实训步骤】

（1）建立 HTML 文件。将项目文件命名为 vue-ex-2-1.html。正确引入 Vue.js 文件，完成“学生地址信息采集”表单内容的设计，使用 v-model 和 v-on 指令为表单元素绑定表单和事件。为<fieldset>标记绑定 class 属性，其值为 stuClass。

（2）定义 Vue 实例，分别完成 el、data、methods 和 watch 等选项的配置。

- 定义 el，挂载元素为#vue-ex-21。
- 定义 data，分别定义 name、province、city、street、address 等初始值（为空）。
- 定义 methods 选项。在 Vue 实例的 methods 选项中定义 getAddress() 方法，其功能是将变化的省份、城市、县、区或街道信息重新组合起来，赋值给家庭地址 this.address

属性。

- 定义 watah 选项。在 Vue 实例对象的 watch 选项中定义 handler() 方法，并使用 immediate、deep 等属性，设置它们的值为 true，立即触发视图更新，并深度侦听相关属性值的变化。分别定义 province、city、street 等属性，将新值赋给相关属性，立即渲染。

（3）信息采集。分别通过表单输入获取省份、城市、县、区或街道等信息，只要其中有一个域的值发生改变，都需要绑定 keyup 事件，调用 getAddress() 方法，触发更新“家庭地址”。

（4）定义相关标记的样式。

- <fieldset>标记中类 fields 的样式：宽度 550px，高度 250px，背景#ADFADA，填充 50px，边界（上下为 0，左右为自动）。
- <input>标记的样式：圆角边框（半径 6px），高度 25px，边框（1px、虚线、#44A1FF）。
- 命令按钮和重置按钮的样式：边界（上下 10px、左右自动），宽度 150px，高度 35px，背景#44A1FF，颜色为白色，填充（上下为 0、左右为 20px）。

（5）浏览器查看运行结果。打开浏览器，按 F12 键进入调试状态。在控制台状态下观察相关属性值的变化。

2. 计算属性、方法、过滤器的综合实训——邮购商品业务

视频讲解

【实训要求】

（1）学会定义 Vue 实例对象，会配置 el 和 data、methods、computed 等选项。

（2）学会引入 Vue.js，并完成 Vue 视图中表单的定义。

（3）学会使用 v-model、v-on、v-for 等指令完成表单绑定、事件绑定、遍历商品。

（4）学会使用 CSS 定义<table>、<tr>、<fieldset>、<input>等标记的样式。

（5）学会定义 filters 和 methods 属性。

【设计要求】

按图 2-46～图 2-48 所示的页面效果，完成项目实训。具体设计要求如下。

（1）按图 2-46 所示页面完成邮购商品业务初始化界面设计。分别为“客户姓名”“单价”“数量”“购买价”“总价”文本框绑定变量 name、price、count、total、sum，其中“购买价”和“总价”两个文本框设置为只读。添加两个普通按钮，分别为“记入流水”“重置”，绑定单击事件，分别调用 add() 和 clear() 方法。

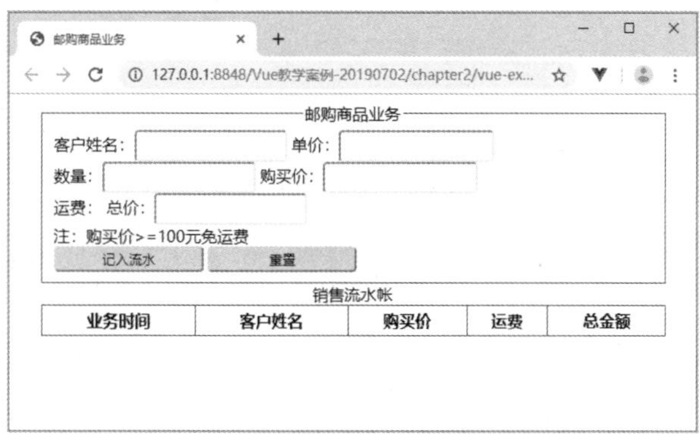

图 2-46　邮购商品业务初始页面

（2）当用户完整输入客户姓名、单价和数量后，自动计算购买价、运费和总价，并填充

在相应的文本框中。运费收取规则为：客户购买价大于 100 元时免收运费，否则收 10 元运费。然后单击“记入流水”按钮，将购买相关数据写入当日流水账中，页面效果如图 2-47 所示。

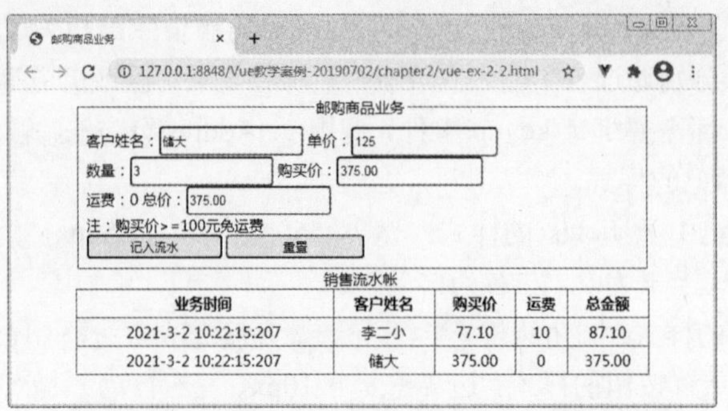

图 2-47　输入业务数据并单击“记入流水”按钮时页面

（3）当单击“重置”按钮时，将“客户姓名”“单价”和“数量”文本框清空，“购买价”和“总价”文本框自动清空，如图 2-48 所示。当用户未输入姓名时，单击“记入流水”按钮会提示告警信息，如图 2-49 所示。

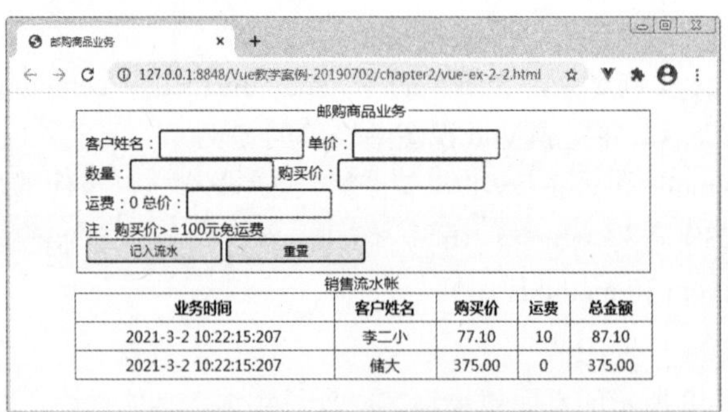

图 2-48　单击“重置”按钮时页面

图 2-49　未输入业务数据直接单击“记入流水”按钮时页面

（4）定义 add()、clear() 方法。

- add() 方法的功能是将商品购买信息添加到 business 数组中，并从数组的末尾插入。其中 business 数组的属性分别为 dateTime（业务时间）、name（客户姓名）、totalAll（购买价）、freight（运费）、sumTotal（总价）。
- clear() 方法的功能是分别清除“客户姓名”“单价”和“数量”文本框中的内容。

【实训步骤】

（1）建立 HTML 文件。将项目文件命名为 vue-ex-2-2.html。正确引入 Vue.js 文件，完成“邮购商品业务”表单内容的设计，使用 v-model 和 v-on 指令为表单元素绑定表单和事件。通过<table>标记展示销售流水账，在<tr>标记上使用 v-for 指令遍历所有销售记录。

（2）定义 Vue 实例，分别完成 el、data、methods 和 watch 等选项的配置。

- 定义 el，挂载元素为#vue-ex-22。
- 定义 data，分别定义 name、price、count、total、sum 和保存销售流水账的数组变量 business 等初始值（为空）。
- 定义 methods 选项。按照设计要求（4）定义 add() 和 clear() 方法。
- 定义 computed 选项。购买价=单价×数量，计算结果保留两位小数。总价=购买价+运费，计算结果保留两位小数。
- 定义全局过滤器 dateFormat，使用 Vue. filter(‘dateFormat’,function(date)){...}，功能为完成当前系统日期的格式化处理，输出结果形式为“2019-9-21 16:23:38:641”。

（3）定义相关样式。

- <table>标记样式：宽度 626px，边框宽度 1px，单线边框，边框颜色#008000，表格内容居中对齐，边界（上下为 0、左右自动）。
- <input>标记样式：宽度 150px，高度 25px，圆角边框（半径 4px）。
- <tr>标记样式：高度 30px。
- <fieldset>标记样式：边界（上下为 0、左右自动），填充 10px，宽度 600px，边框（1px、双线、颜色#008000）。

第 3 章

Vue.js 指令

本章学习目标

通过本章的学习，能够理解 Vue.js 指令的定义与分类，掌握 Vue.js 的内置指令使用方法，掌握自定义指令的注册方式，学会使用自定义指令完成相关工程项目的需要。

Web 前端开发工程师应知应会以下内容。

- 理解 Vue.js 指令的定义与分类。
- 掌握条件渲染指令的使用与注意事项。
- 掌握列表渲染指令 v-for 的多种定义方法以及与 key 属性配合使用的方法。
- 掌握数据绑定的多种方式。
- 掌握事件处理指令及事件修饰符的使用方法。
- 掌握其他内置指令的作用与使用方法。
- 掌握 Vue 自定义指令注册与定义方法。

指令（directive）本质是模板中出现的特殊符号，让处理模板的 JavaScript 库能够知道对相关的DOM元素进行一些相应的处理。Vue.js的指令概念相比AngularJS要简单得多。Vue.js中的指令只会以带前缀的 HTML 属性（attribute）的形式出现。指令是 Vue 对 HTML 标记新增加的、拓展的属性，这些属性不属于标准的 HTML 属性，只有 Vue.js 认为是有效的，能够处理它。

指令的作用是当表达式的值改变时，将其产生的连带影响响应式地（reactive）作用于DOM 上，也就是双向数据绑定。指令既可以用于普通标记，也可以用在<template>标记上。

Vue.js 指令分为内置指令和自定义指令两种类型。

3.1 Vue.js 内置指令

Vue.js 的指令是以 v-开头的。Vue 提供的指令有 v-if、v-else、v-else-if、v-show、v-for、v-bind、v-on、v-model、v-text、v-html、v-pre、v-cloak、v-once 等。

【基础语法】

```
<element prefix-directiveId[:argument]= "expression [| filters...]"></element>
<!-- 以下是示例 -->
<div v-html="message"></div>
<div v-on:click="clickHandler"></div>          <!-- 接收参数的指令 -->
<span v-text="msg"></span>                     <!-- 等价于<span>{{msg}}</span> -->
<p v-if="greeting">Hello</p>
<p v-show="greeting">Hello2</p>
<a v-bind:href="url">...</a>
```

【语法说明】

element 表示标记名称；prefix-directiveId 表示通用的指令格式，如 v-if 中 v 是前缀，if 是指令 ID；expression 表示表达式；filters 表示设置过滤器。一些指令能够接收一个 argument（参数），在指令名称之后以冒号表示。

指令的值是表达式，指令的值和文本插值表达式{{}}的写法是一样的。

下面分别介绍各个指令的使用方法。

3.1.1 条件渲染

（1）v-if：用于条件性地渲染一块内容。当指令的表达式为 true 时，内容被渲染。

（2）v-else：必须搭配 v-if 使用，需要紧跟在 v-if 或 v-else-if 后面，否则不起作用。可以用 v-else 指令为 v-if 添加一个 else 块。

（3）v-else-if：充当 v-if 的 else-if 块，可以链式使用多次，以实现 switch 语句的功能。

【基本语法】

```
<!-- 以下是 v-if、v-else 指令的示例-->
<标记名称 v-if="flag">v-if 指令：当 flag 为真时，我闪亮登场！</标记名称>
<标记名称 v-else>v-else 指令：当 flag 为假时，哎呀！我暴露了！</标记名称>
<!--以下是 v-if、v-else-if、v-else 指令的示例，替代 switch 结构-->
<标记名称 v-if="expressionA">成绩等级为优秀！</标记名称>
<标记名称 v-else-if=" expressionB">成绩等级为良好！</标记名称>
<标记名称 v-else>成绩等级为不合格！</标记名称>
```

【语法说明】

v-if 指令必须赋值为逻辑值，为真时渲染，为假时不会渲染。与 v-if 配套使用的 v-else 指令不需要指定属性值，只需要给指定的标记添加此属性即可。条件渲染时，满足条件的标记才能被渲染出来，所以包含 v-if 和 v-else 指令的标记只能有一个被渲染。v-else-if 指令与 v-if 指令必须赋值，否则不会有效果。expressionA、expressionB 表达式的值为逻辑值。

【例 3-1】条件渲染综合应用。代码如下，运行效果如图 3-1 和图 3-2 所示。

```
<!-- vue-3-1.html -->
<!DOCTYPE html>
<html>
    <head>
        <meta charset="utf-8">
        <title>Vue 条件渲染相关指令的使用</title>
```

```
        <script src="../vue/js/vue.js" type="text/javascript"></script>
    </head>
    <body>
        <h3>条件渲染综合应用</h3>
        <div id="vue31">
            <div>
                <h4>1.使用 v-if、v-else 指令显示现隐藏信息</h4>
                <button type="button" v-on:click="changeFlag()">{{flag}}显示/
                隐藏</button>
                <p v-if="flag">1.v-if 指令：当 flag 为{{flag}}时，我闪亮登场！</p>
                <p v-else>2.v-else 指令：当 flag 为{{flag}}时，哎呀！我暴露了！</p>
                <template v-if="flag">
                    <h4>模板内容</h4>
                    <p>Vue.js 易学易用！</p>
                </template>
            </div>
            <div id="">
                <h4>2.使用 v-if、v-else-if、v-else 指令实现成绩百分制转五级制</h4>
                输入成绩：<input type="text" name="" v-model="number" />
                <p v-if="number>=90">成绩等级为优秀！</p>
                <p v-else-if="number>=80">成绩等级为良好！</p>
                <p v-else-if="number>=70">成绩等级为中等！</p>
                <p v-else-if="number>=60">成绩等级为合格！</p>
                <p v-else>成绩等级为不合格！</p>
            </div>
        </div>
        <script type="text/javascript">
            var myViewModel = new Vue({
                el: '#vue31',
                data: {
                    flag: true,
                    number: 97,
                },
                methods: {
                    changeFlag() {
                        this.flag = (this.flag) ? false : true
                    }
                }
            })
        </script>
    </body>
</html>
```

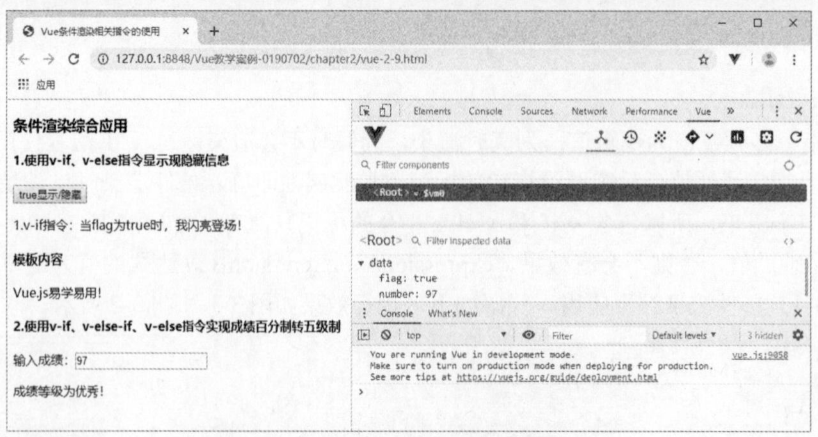

图 3-1　条件渲染综合应用初始渲染界面

图 3-2　单击按钮和控制台赋值后渲染的界面

上述代码中，第 11～31 行定义模板，<div>标记的 id 为 vue31。其中，第 14 行使用 v-on 指令绑定 click 事件，调用 changeFlag() 方法，实现根据 flag 的值决定显示/隐藏第 15 行或第 16 行的<p>标记的内容以及第 17～20 行模板的内容，flag 值为 true 时显示第 15 行<p>标记的内容和下面模板内的内容，否则显示第 16 行<p>标记的内容；第 22～30 行定义一个<div>标记，主要用于多分支 if-else-if 结构的逻辑判断，根据第 24 行文本框中输入的数值，将成绩百分制转换为五级制的形式，条件为 true 时显示第 25～29 行中的某行内容，即百分制成绩对应的等级。

3.1.2　用 key 管理可复用的元素

Vue 会尽可能高效地渲染元素，通常会复用已有元素而不是从头开始渲染。这么做除了使 Vue 变得非常快之外，还有其他一些好处，那就是在切换 input 时不会清除其中的数据。

在 Vue 中使用 key 管理可复用元素。为元素（如 input）添加 key 属性，则两个元素相互独立，不再复用。当用户切换 input 时，其中的数据会被清除。

【基本语法】

```
<template v-if="type === 'userName'">
    <label>用户名称</label>
    <input placeholder="输入您的姓名" key="userName">
</template>
```

【语法说明】

模板中<template>标记添加了 v-if 指令，其值为逻辑值，为 true 时渲染到页面上，为 false 时不渲染。<input>标记添加唯一属性值的 key 属性，用于表明两个独立的标记，这样就不会被复用。

【例 3-2】 使用 key 属性管理可复用的元素。代码如下，运行效果如图 3-3 和图 3-4 所示。

```
<!-- vue-3-2.html -->
<!DOCTYPE html>
<html>
    <head>
        <meta charset="utf-8">
        <title>Vue 用 key 管理可复用的元素</title>
        <script src="../vue/js/vue.js" type="text/javascript"></script>
```

```
    </head>
    <body>
        <div id="vue32">
            <h4>1.Vue 复用已有元素</h4>
            <template v-if="loginType === 'userName'">
                <label>用户名称：</label>
                <input placeholder="输入您的姓名">
            </template>
            <template v-else>
                <label>邮箱：</label>
                <input placeholder="使用您的邮箱">
            </template>
            <button type="button" v-on:click="changeLogin()">切换登录方式(无 key)
            </button>
            <h4>2.Vue 用 key 管理可复用的元素</h4>
            <template v-if="loginTypeKey === 'userName'">
                <label>用户名称：</label>
                <input placeholder="输入您的姓名" key="userName">
            </template>
            <template v-else>
                <label>邮箱：</label>
                <input placeholder="使用您的邮箱" key="email">
            </template>
            <button type="button" v-on:click="changeLoginKey()">切换登录方式(有 key)
            </button>
        </div>
        <script type="text/javascript">
            var myViewModel = new Vue({
                el: "#vue32",
                data: {
                    loginType: 'userName',
                    loginTypeKey: 'userName'
                },
                methods: {
                    changeLogin() {
                        if (this.loginType == 'userName') {
                            return this.loginType = 'email'
                        } else {
                            return this.loginType = 'userName'
                        }
                    },
                    changeLoginKey() {
                        if (this.loginTypeKey == 'userName') {
                            return this.loginTypeKey = 'email'
                        } else {
                            return this.loginTypeKey = 'userName'
                        }
                    }
                }
            })
        </script>
    </body>
</html>
```

上述代码中，第 12～19 行定义两个模板，使用 v-if 和 v-else 指令用于切换使用用户名称和邮箱登录的界面，v-if 属性的值是关系表达式的值。其中，在第 14 行和第 18 行中的<input>标记未定义 key 属性。第 20 行定义一个按钮，并使用 v-on 指令绑定 click 事件，调用 changeLogin() 方法，用于改变 loginType 的值。第 22～29 行定义两个模板，同样使用 v-if 和 v-else 指令用于切换使用用户名称和邮箱登录的界面，只是在第 24 行和第 28 行中的<input>标记定义 key 属性。第 30 行定义一个按钮，并使用 v-on 指令绑定 click 事件，调用 changeLoginKey() 方法，用于改变 loginTypeKey 的值。第 39～54 行定义 methods 选项，并在其中定义 changeLogin()、changeLoginKey() 方法，功能为切换变量 loginType、loginTypeKey 的值，用于切换登录方式。

图 3-3　未单击按钮之前的渲染效果

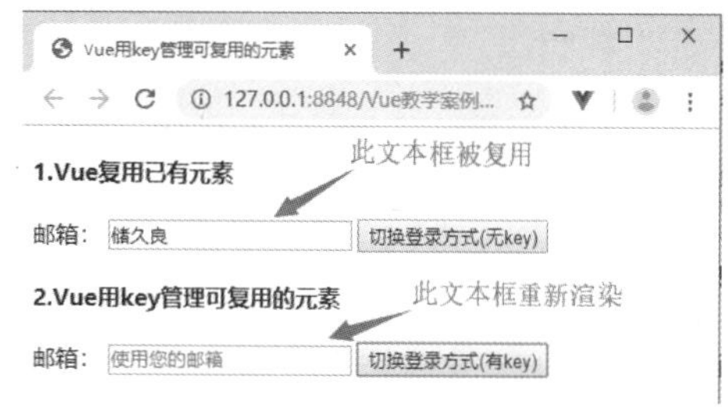

图 3-4　单击按钮之后的渲染效果

3.1.3　根据条件展示元素

v-show 指令用于根据条件展示元素，从而实现元素的隐藏与显示。

【基本语法】

```
<标记名称 v-show="true|false">标记的内容</标记名称>
<h1 v-show="ok">Hello!</h1>
```

【语法说明】

v-show 属性的值是逻辑值。其值为 true 时渲染到页面上；其值为 false 时不渲染到页面上。

带有 v-show 属性的元素始终会被渲染并保留在 DOM 中。v-show 只是简单地切换元素的 CSS 属性 display。

注意：v-show 不支持<template>标记，也不支持 v-else。

v-show 与 v-if 指令在使用上既有相同点，也有不同点。相同点为两者判断 DOM 节点是否要显示。不同点如下。

（1）实现方式不同。v-if 根据属性值的真假判断直接从 DOM 树上删除或重建元素；v-show 只是在修改元素的 display 属性值，无论 v-show 的值是什么，元素始终在 DOM 树上。

（2）编译过程不同。v-if 切换有一个局部编译/卸载的过程，切换过程中合适地销毁和重建内部的事件侦听和子组件；v-show 只是简单地基于 CSS 切换。

（3）编译条件不同。v-if 是惰性的，如果初始条件为 false，则什么都不做，只有在条件第 1 次变为真时才开始局部编译；v-show 是在任何条件下（首次条件是否为真）都被编译，然后被缓存，而且 DOM 元素始终被保留。

（4）性能消耗不同。v-if 有更高的切换消耗，不适合频繁切换；v-show 有更高的初始渲染消耗，适合频繁切换。

【例 3-3】v-if 与 v-show 指令的使用比较。代码如下，运行效果如图 3-5 和图 3-6 所示。

```
<!-- vue-3-3.html -->
<!DOCTYPE html>
<html>
    <head>
        <meta charset="utf-8">
        <title>v-if 与 v-show 指令在使用上的区别</title>
        <script type="text/javascript" src="../vue/js/vue.js"></script>
    </head>
    <body>
        <div id="vue33">
            <button type="button" v-on:click="changeStatus">切换状态为{{isDisplay}}</button>
            <h1 v-if="isDisplay">h1-这是 v-if</h1>
            <h3 v-show="isDisplay">h3-这是 v-show</h3>
            <div v-show="isDisplay" style="width: 240px;height: 100px;background: #CDCDCD">div</div>
        </div>
        <script type="text/javascript">
            var myViewModel = new Vue({
                el: "#vue33",
                data: {
                    isDisplay: true
                },
                methods: {
                    changeStatus() {
                        this.isDisplay = !this.isDisplay; //取反赋值
                    }
                }
            })
        </script>
    </body>
</html>
```

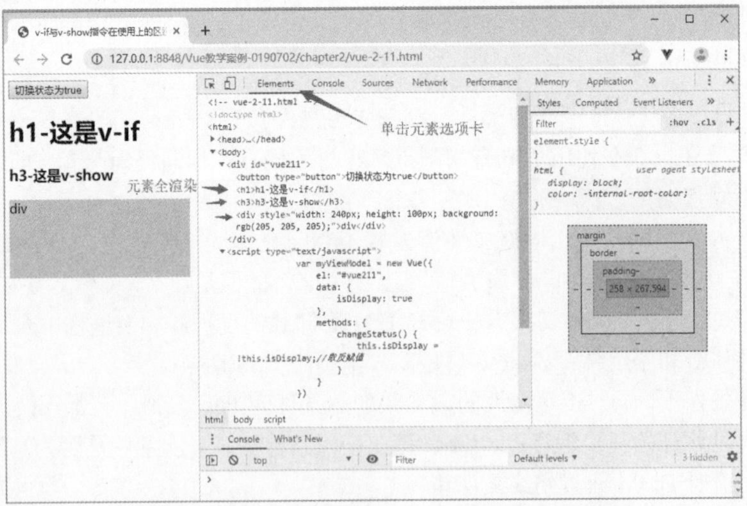

图 3-5 未单击按钮 isDisplay 为 true 时的渲染效果

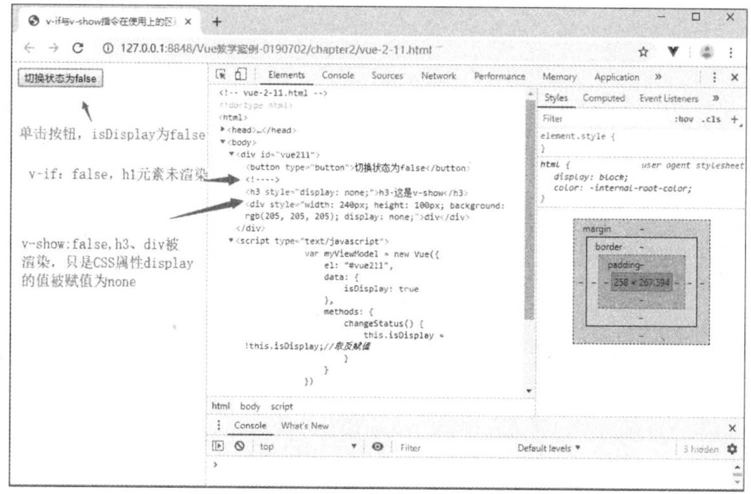

图 3-6 单击按钮 isDisplay 为 false 时的渲染效果

上述代码中，第 10～15 行定义一个 id 为 vue33 的<div>标记，包含一个按钮、两个标题字标记和一个子图层。其中，第 11 行定义一个按钮，并使用 v-on 指令绑定 click 事件，调用 changeStatus()方法，用于改变 isDisplay 的值，分别使用 v-if 和 v-show 指令用于切换 3 个标记是否被渲染并显示，v-if 和 v-show 的属性均为变量 isDisplay。当 isDisplay 值为 true 时，<h1>、<h3>、<div>等 3 个标记都一起被渲染并显示在页面上，如图 3-5 所示；当 isDisplay 值为 false 时，<h1>不会被渲染，而<h3>、<div>标记一起被渲染，但由于 display 属性的值被切换为 none，所以不显示在页面上，如图 3-6 所示。第 17～27 行定义 Vue 的根实例 myViewModel，分别定义 el、data 选项，其中，第 22～26 行定义 methods 选项，并在其中定义 changeStatus() 方法，功能为切换变量 isDisplay 的值，用于显示与隐藏元素。

3.1.4 列表渲染

可以用 v-for 指令基于一个数组渲染一个列表。v-for 指令可以使用 shopping in|of shoppings 形式的特殊语法，其中 shoppings 是源数据数组（可以是普通数组或对象数组），shopping 则是被迭代的数组元素的别名。v-for 指令的值中可以使用关键字 in 或 of；“|”表示或的意思。

1. 使用单一参数的 v-for 指令循环遍历对象数组

【基本语法】

```
<div id="vue34"
<ul>
    <li v-for="shopping in|of shoppings">
        {{shopping}}
    </li>
</ul>
</div>
<script type="text/javascript">
var myViewModel = new Vue({
    el: '#vue34',
    data: {
        shoppings: [{
            bookName: "Web 前端开发技术",
            issn: '9787302488637',
            author: "储久良"
```

```
        },
        {
           bookName: "Vue.js 实战",
           issn: '9787302484929',
           author: "梁灏"
        },
        {
           bookName: "Spring Boot+Vue 全栈开发实战",
           issn: '9787302517979',
           author: "王松"
        }
        ],
        student: {
           name: '储久良',
           class: '19 软件工程 3 班',
           age: 20
        },
        array:[100,200,300,205,110,96]
     }
  })
  </script>
```

【语法说明】

定义数组类型的数据 shoppings，数组中每个元素有 3 个属性，分别是 bookName、issn 和 author，用 v-for 对<li>标记循环渲染，如图 3-7 所示。

- { "bookName": "Web前端开发技术", "issn": "9787302488637", "author": "储久良" }
- { "bookName": "Vue.js实战", "issn": "9787302484929", "author": "梁灏" }
- { "bookName": "Spring Boot+Vue全栈开发实战", "issn": "9787302517979", "author": "王松" }

图 3-7 整个数组中的对象一次性渲染

从图 3-7 中可以看出，对象中的属性并没有分项列出，而是一次性列出。

2. 使用两个参数的 v-for 指令循环遍历对象数组

【基本语法】

```
<div id="vue34"
   <ul>
   <li v-for="(shopping, index) in shoppings">
     {{index+1}}-{{shopping.bookName}}-{{shopping.issn}}-{{shopping.author}}
   </li>
  </ul>
</div>
```

【语法说明】

v-for 属性值中支持第 2 个参数 index，作为当前项的索引。index 不可以放在第 1 个参数的位置上，否则渲染后不会出结果。多个参数必须使用括号包裹，并使用逗号分隔参数。依次访问数组中对象的属性 shopping.bookName、shopping.issn、shopping.author，渲染结果如图 3-8 所示。

- 1-Web前端开发技术-9787302488637-储久良
- 2-Vue.js实战-9787302484929-梁灏
- 3-Spring Boot+Vue全栈开发实战-9787302517979-王松

图 3-8 使用两个参数的 v-for 指令循环遍历对象数组的渲染结果

3. 使用 3 个参数的 v-for 指令循环遍历对象的属性

v-for 指令也可以对对象的属性进行遍历，使用（value,key,index）in student 的形式遍历数组元素。

【基本语法】

```
<div id="vue34">
  <ul>
    <li v-for="(value,key,index) in student">
       {{index}}-{{key}}-{{value}}
    </li>
  </ul>
</div>
```

【语法说明】

student 是一个对象，它有 3 个属性，分别为 name、class、age。采用 v-for 指令分别遍历对象的每个属性。3 个参数的位置顺序可以任意排列，默认第 1 参数为 value，第 2 参数为 key，第 3 参数为 index。渲染结果如图 3-9 所示。

- 0-name-储久良
- 1-class-19软件工程3班
- 2-age-20

图 3-9　遍历对象每个属性的渲染结果

4. v-for 指令循环遍历普通数组

【基本语法】

```
<div id="vue34>
  <ul>
    <li v-for="(value,index) in array">  <!--也可以用 value in array-->
       {{index}}-{{value}}      <!--也可以用{{value}}-->
    </li>
  </ul>
</div>
```

在 data 选项中增加定义普通数组 array，格式如下。

```
array: [100, 200, 300, 205, 110, 96],
```

【语法说明】

array 为普通数组，可以使用单一参数和带第 2 个参数（索引）的形式的 v-for 指令遍历普通数组元素，渲染结果如图 3-10 所示。

- 0-100
- 1-200
- 2-300
- 3-205
- 4-110
- 5-96

图 3-10　遍历普通数组的每个元素的渲染结果

5. v-for 指令循环遍历某一范围内的整数

【基本语法】

```
<div id="vue34">
    <span v-for="count in 20">{{count}} </span>
</div>
```

【语法说明】

使用 v-for 指令遍历某一范围内的整数，count 表示 20 以内的整数，然后在一行中输出所有整数，渲染结果如图 3-11 所示。

1 2 3 4 5 6 7 8 9 10 11 12 13 14 15 16 17 18 19 20

图 3-11　遍历某一范围内的整数的渲染结果

6. v-for 指令使用 key 关键字循环遍历数组

【基本语法】

```
<div id="">
   <h3>添加并显示学生名单</h3>
   <label>序号：</label><input type="text" v-model="id" placeholder="输入序号"/>
   <label>姓名</label><input type="text" v-model="name" placeholder="输入姓名"/>
    <button type="button" v-on:click="addStudent">添加学生名单</button>
    <p v-for="user in students" v-bind:key='user.id'><input type="checkbox" />
{{user.id}}--{{user.name}}</p>
</div>
```

在 data 选项中增加下列属性定义，格式如下。

```
data:{
    students: [{id:1,name:'张开民'}],
    id:'',
    name:''
},
methods: {
    addStudent: function() {
        this.students.unshift({id:this.id, name:this.name});//在数组开头处添加新元素
}
```

【语法说明】

通过 v-model 指令与表单元素实现双向绑定，其中序号绑定 id，姓名绑定 name。key 属性只能使用 number 或 string。使用段落标记绑定 key 属性，使段落<p>标记唯一被渲染，渲染结果如图 3-12 所示。若不绑定 key 属性，当添加数组元素采用从开头和中间位置插入元素时，会造成原来复选框的预选项位置发生改变，在实际工程项目中不允许出现这种情况。addStudent() 方法是将新对象从开头处插入数组，渲染结果如图 3-13 所示。

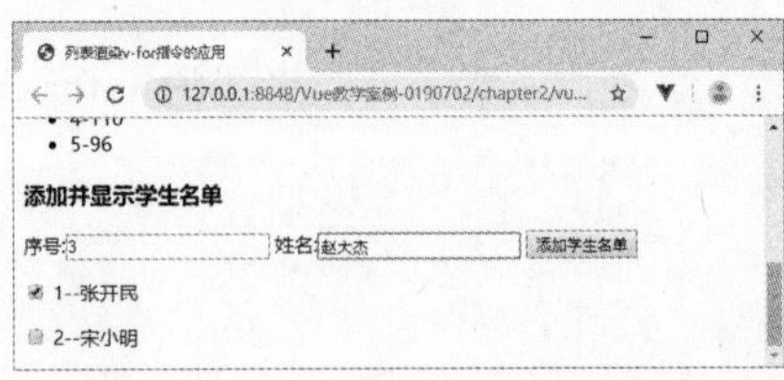

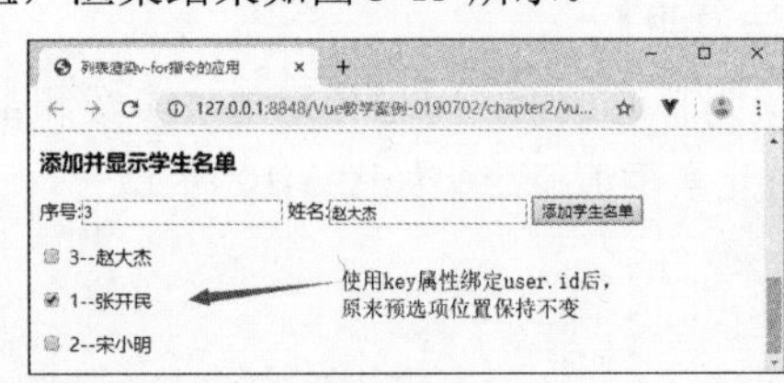

图 3-12　v-for 指令与 key 属性结合使用的渲染结果

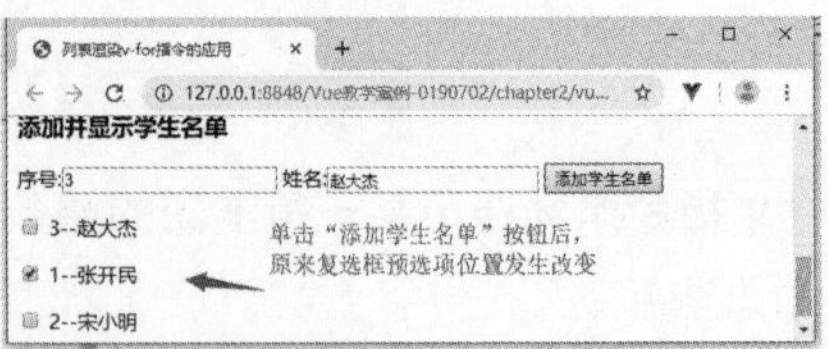

图 3-13　不绑定 key 属性的渲染结果

【例 3-4】v-for 指令的综合应用。代码如下，运行效果如图 3-14 所示。

```html
<!-- vue-3-4.html -->
<!DOCTYPE html>
<html>
    <head>
        <meta charset="utf-8">
        <title>列表渲染 v-for 指令的应用</title>
        <script type="text/javascript" src="../vue/js/vue.js"></script>
    </head>
    <body>
        <div id="vue34">
            <h3>数组对象遍历</h3>
            <ul>
                <li v-for="(shopping,index) in shoppings">
                    {{index+1}}-{{shopping.bookName}}-{{shopping.issn}}-{{shopping.author}}
                </li>
            </ul>
            <h3>数字遍历</h3>
            <span v-for="count in 20">{{count}} </span>
            <h3>对象的属性遍历</h3>
            <ul>
                <li v-for="(value,key,index) in student">
                    {{index}}-{{key}}-{{value}}
                </li>
            </ul>
            <h3>普通数组遍历</h3>
            <ul>
                <li v-for="(value,index) in array"><!--value in array -->
                    {{index}}-{{value}} <!--  {{value}}  -->
                </li>
            </ul>
            <div id="">
                <h3>绑定 key 对象数组遍历</h3>
                <label>序号:</label><input type="text" v-model="id" placeholder="输入序号" />
                <label>姓名:</label><input type="text" v-model="name" placeholder="输入姓名" />
                <button type="button" v-on:click="addStudent">添加学生名单</button>
                <p v-for="user in students" v-bind:key="user.id">
                    <input type="checkbox" /> {{user.id}}--{{user.name}}
                </p>
            </div>
        </div>
        <script type="text/javascript">
            var myViewModel = new Vue({
                el: "#vue34",
                data: {
                    shoppings: [{
                            bookName: "Web 前端开发技术",
                            issn: '9787302488637',
                            author: "储久良"
                        },
                        {
                            bookName: "Vue.js 实战",
                            issn: '9787302484929',
                            author: "梁灏"
                        },
                        {
                            bookName: "Spring Boot+Vue 全栈开发实战",
                            issn: '9787302517979',
```

```
                            author: "王松"
                        }
                    ],
                    student: {
                        name: '储久良',
                        class: '19 软件工程 3 班',
                        age: 20
                    },
                    array: [100, 200, 300, 205, 110, 96],
                    students: [{
                            id: 1,
                            name: '张开民'
                        },
                        {
                            id: 2,
                            name: '宋小明'
                        }
                    ],
                    id: '',
                    name: ''
                },
                methods: {
                    addStudent: function() {
                        //在数组末尾添加新元素
                        //this.students.push({id:this.id, name:this.name})
                        //在数组开头添加新元素
                        this.students.unshift({
                            id: this.id,
                            name: this.name
                        })
                    }
                }
            })
        </script>
    </body>
</html>
```

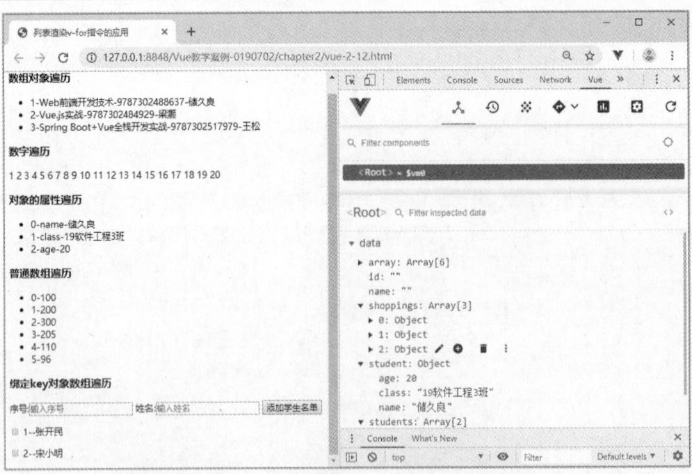

图 3-14　v-for 指令综合应用渲染结果

7. v-for 与 v-if 指令的执行优先级

当 v-if 与 v-for 指令一起使用时，即当它们处于同一节中，v-for 比 v-if 具有更高的优先级，这意味着 v-if 将分别重复运行于每个 v-for 循环中。所以，不推荐 v-if 和 v-for 同时使用。

以下两种常见的情况下，建议采用的做法如下。

为了过滤一个列表中的项目（如 v-for="user in users" v-if="user.isActive"），在这种情形下，将 users 替换为一个计算属性（如 activeUsers），使其返回过滤后的列表。

为了避免渲染本应该被隐藏的列表（如 v-for="user in users" v-if="isDisplayUsers"），在这种情形下，请将 v-if 移至容器元素上（ul 和 ol）。

【例 3-5】 v-for 与 v-if 指令同时出现的解决方案。代码如下，页面效果如图 3-15 所示。

```
<!-- vue-3-5.html -->
<!DOCTYPE html>
<html>
    <head>
        <meta charset="utf-8">
        <title>v-for 与 v-if 指令的优先级</title>
        <script src="../vue/js/vue.js" type="text/javascript"></script>
    </head>
    <body>
        <div id="vue35">
            <h3>通常做法：v-for 与 v-if 同时作用于同一元素上，显示活跃用户</h3>
            <ul>
                <li v-for="user in users" :key="user.id" v-if="user.isActive
                ===true">
                    {{user.id}}:{{ user.name }}--状态：{{user.isActive}}
                </li>
            </ul>
            <h3>最佳方法：v-for 与 v-if 不同时作用在一个元素上，显示所示用户</h3>
            <ul v-if="isDisplayUsers">
                <li v-for="user in users" :key="user.id">
                    {{user.id}}:{{ user.name }}--状态：{{user.isActive}}
                </li>
            </ul>
            <h3>最佳方法：v-for 与 v-if 不同时作用在一个元素上，仅显示活跃用户</h3>
            <ul v-if="isDisplayUsers">
                <li v-for="user in activeUsers" :key="user.id">
                    {{user.id}}:{{ user.name }}--状态：{{user.isActive}}
                </li>
            </ul>
        </div>
        <script type="text/javascript">
            var myViewModel = new Vue({
                el: '#vue35',
                data: {
                    users: [{
                            id: 1,
                            name: '张海涛',
                            isActive: true
                        },
                        {
                            id: 2,
                            name: '李世民',
                            isActive: false
                        },
                        {
                            id: 3,
                            name: '王大伟',
                            isActive: true
                        },
                        {
                            id: 4,
```

```
51.                                 name: '高主明',
52.                                 isActive: false
53.                             },
54.                             {
55.                                 id: 5,
56.                                 name: '赵大杰',
57.                                 isActive: true
58.                             },
59.                             {
60.                                 id: 6,
61.                                 name: '储忠山',
62.                                 isActive: false
63.                             },
64.                         ],
65.                         isDisplayUsers: true
66.                     },
67.                     computed: {
68.                         activeUsers: function() {
69.                             return this.users.filter(function(user) {
70.                                 return user.isActive
71.                             })
72.                         }
73.                     }
74.                 })
75.             </script>
76.         </body>
77.     </html>
```

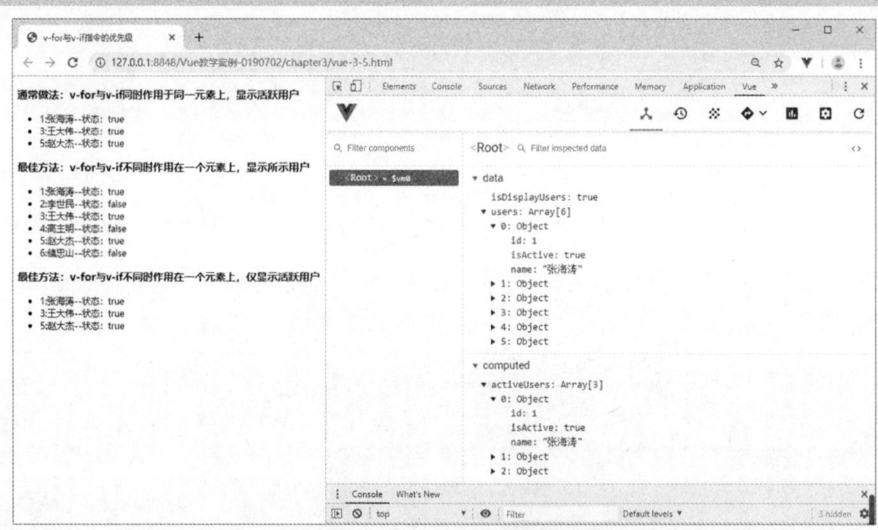

图 3-15　v-for 与 v-if 配合使用渲染结果

上述代码中，第 10～29 行定义一个 id 为 vue35 的<div>标记，包含 3 个<h3>标记、3 个子图层<div>标记。其中，第 12～16 行的<ul>标记中在列表标记<li>上使用 v-for 和 v-if 指令循环显示活跃用户；第 18～22 行的<ul>标记使用 v-if 指令判断是否显示列表，在列表标记<li>上使用 v-for 指令配合 key 循环显示所有用户；第 24～28 行的<ul>标记使用 v-if 指令判断是否显示列表，在列表标记<li>上使用 v-for 指令循环显示活跃用户。第 31～74 行定义 Vue 根实例 myViewModel，并在其中分别定义 el、data、computed 等选项。其中，第 33～66 行定义 data 选项，定义对象数组 users，每个对象具有 id、name、isActive 等属性；第 67～73 行定义计算属性，并在其中定义 activeUsers() 计算属性，功能是过滤非活跃用户，返回实际活跃用户，供第 25 行的<li>标记只渲染活跃用户。

3.1.5 绑定属性

在 Vue.js 中操作元素的 class 属性和内联样式是数据绑定的一个基本需求。v-bind 指令用于动态地、响应地更新 HTML 属性，从而实现与 class（形式为 v-bind:class 或:class）、style（形式为 v-bind:style 或:style）的绑定，只需要通过表达式计算出字符串结果即可。不过，字符串拼接麻烦且易错。因此，在将 v-bind 指令用于 class 和 style 时，Vue.js 做了专门的增强。表达式结果的类型除了字符串之外，还可以是对象或数组。

通常可以将“v-bind:attribute”形式缩写为“:attribute”形式，将“v-on:event”形式缩写为“@event”形式，这种形式称为语法糖。所谓语法糖，是指在不影响功能的情况下，添加某种方法实现同样的效果，从而方便程序开发。使用语法糖可以简化代码书写。

【基本语法】

```
    <!-- 以下在 HTML 中定义 -->
    <div v-bind:class="classObject"></div>  <!-- v-bind 基本语法 -->
    <div :class="classObject"></div>        <!-- v-bind 语法糖及绑定对象 -->
    <div v-bind:class="{active: isActive }"></div>
    <!-- v-bind:class 指令也可以与普通的 class 属性共存 -->
    <div class="static" v-bind:class="{active: isActive, 'text-danger': hasError }">
</div>
    <div v-bind:class="[classA, classB]"></div> <!--数组语法 -->
    <div v-bind:style="{ color: activeColor, fontSize: fontSize + 'px' }">对象</div>
    <div v-bind:style="[styleObjectA, styleObjectB]">style 数组</div>
    //以下在 data 选项中定义
    data: {
       classObject: {'class-a': true, 'class-b': false},
       isActive: true,
       hasError: false,
       classA: 'class-a',
       classB: 'class-b',
       styleObjectA:{ color:'blue'},
       styleObjectB:{ background:'#DFDFDF'},
    }
```

【语法说明】

v-bind 指令可以绑定 class，也可以绑定 style。需要将 v-bind 绑定到特定的元素上，从而动态地渲染元素的样式。其中，与 class 绑定时，其值可以是变量、对象、数组等；与 style 绑定时，其值可以是对象、数组。

在实际工程中分 3 步实现。

（1）在 HTML 元素上完成属性绑定，并定义其值的类型。

（2）在 Vue 根对象的 data 选项中定义相关属性的值。

（3）在 CSS 部分需要定义相关类的样式。

【例 3-6】 class 与 style 绑定综合应用。代码如下，运行效果如图 3-16 所示。

```
<!-- vue-3-6.html -->
<!DOCTYPE html>
<html>
    <head>
        <meta charset="utf-8">
```

```
        <title>class 与 style 绑定综合应用</title>
        <script src="../vue/js/vue.js"></script>
        <style type="text/css">
            .redP {color: red;font-size: 28px;font-weight: bold;}
            .class-a {color: green;font-size: 36px;font-weight: bolder;}
            .class-b {border: 1px dashed #0033CC;}
            .active {color: blue;text-decoration: underline;}
            .static {color: #667788;font-size: 24px;}
            .redText {color: red;background: #EDEDED;}
        </style>
    </head>
    <body>
        <div id="vue36">
            <p v-bind:class="myClass">普通变量：Vue 应用前景宽广！</p>
            <p :class="classObject">对象：Vue 应用前景宽广！</p>
            <div v-bind:class="{active: isActive }">对象：Vue 应用前景宽广！</div>
            <div v-bind:class="[classA, classB]">数组：Vue 非常好学！</div>
            <div class="static" v-bind:class="{active: isActive, redText:
            hasError }">
                v-bind:class 指令与普通的 class 属性共存。
            </div>
            <div v-bind:style="{color:activeColor,fontSize:fontSize+'px'}">
            绑定 style</div>
            <div :style="styleObject">style 对象</div>
            <div v-bind:style="[styleObjectA, styleObjectB]">style 数组</div>
        </div>
        <script type="text/javascript">
            var myViewModel = new Vue({
                el: '#vue36',
                data: {
                    myClass: 'redP',
                    classObject: {
                        'class-a': true,
                        'class-b': true,
                    },
                    classA: 'class-a',
                    classB: 'class-b',
                    isActive: true,
                    hasError: true,
                    activeColor: '#99DD33',
                    fontSize: 36,
                    styleObject: {
                        border:'2px' + ' solid' + '#99AA33',
                        fontSize:32 + 'px',
                    },
                    styleObjectA:{color:'blue',fontSize:36+'px'},
                    styleObjectB:{background:'#DFDFDF'}
                }
            })
        </script>
    </body>
</html>
```

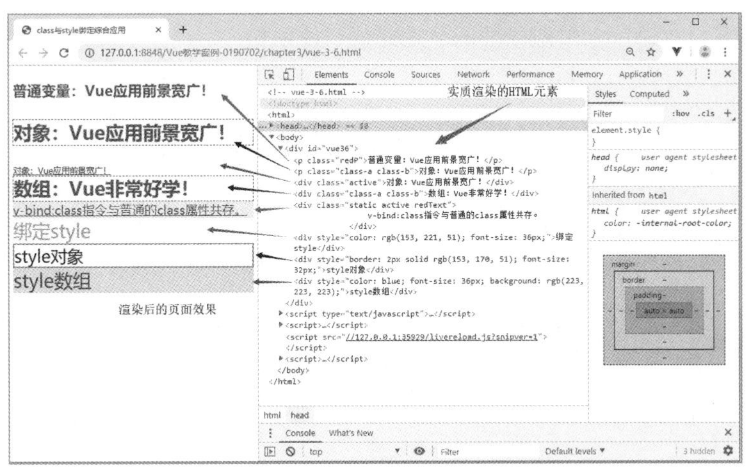

图 3-16　class 与 style 绑定综合应用渲染结果

上述代码中，第 8～15 行定义各个类样式。第 18～29 行定义 id 为 vue36 的<div>标记，在该标记中定义若干<p>标记和<div>标记，用于展示各种绑定形式所产生的渲染结果，其中各标记解析如下。

第 19 行<p>标记绑定属性值为 myClass，从 data 第 34 行得知其对应第 9 行的 redP 类样式。

第 20 行<p>标记绑定属性值为 classObject 对象，从 data 第 35～38 行得知其对应第 10 行和第 11 行类样式，但样式是否生效取决于 class-a、class-b 的值。若为 true 则生效，否则不生效。本例中其值均为 true，所以 class-a、class-b 类样式同时生效。

第 21 行<div>标记绑定属性值为{active: isActive}对象，其 active 属性所对应样式是否生效取决于 isActive 的值，为 true 则生效，否则不生效。从 data 第 41 行得知其值为 true，则 active 对应的第 12 行类样式生效。

第 22 行<div>标记绑定属性值为[classA,classB]数组，从 data 第 39～40 行得知其值分别为 class-a、class-b，对应第 10～11 行类样式，并立即生效。

第 23 行<div>标记绑定属性值为{active:isActive,redText:hasError}对象，同时还与普通的 class 属性共同作用于该标记上。从 data 第 40～41 行得知 active 和 redText 两个样式是否生效取决于 isActive 和 hasError 的值，其值为 true 时，对应样式生效，否则不生效。本例中 isActive 和 hasError 的值均为 true，所以对应的第 12 行和第 14 行类样式立即生效，同时 static 样式也生效。

第 26 行<div>标记绑定 style 属性值为{color:activeColor,fontSize:fontSize+‘px’}对象，从 data 第 43～44 行得知 activeColor 为‘#99DD33’，fontSize 为 36，渲染后生效。

第 27 行<div>标记绑定 style 属性值为 styleObject 对象，从 data 第 45～48 行得知 border 和 fontSize 数据属性的值，然后渲染生效。

第 28 行<div>标记绑定 style 属性值为[styleObjectA,styleObjectB]数组，从 data 第 49～50 行得知 styleObjectA 和 styleObjectB 数据属性的值，然后渲染生效。

3.1.6　事件处理

v-on 指令主要用于侦听 DOM 事件，并在触发时运行一些 JavaScript 代码。v-on 指令可以绑定事件处理函数、包含数据属性的表达式或赋值语句。

【基本语法】

```
<div id="vue37">
  <button v-on:click="sum+= 1">提示信息</button>
  <button v-on:click="functionName()">提示信息</button>
  <button @click="functionName">提示信息</button>
  <button v-on:click="functionName(arg1,arg2,…,argn)">提示信息</button>
  <button @click="functionName(message, $event)">提示信息</button>
<!-- $event 获取当前点击事件的事件对象-->
</div>
//在 Vue 根实例的 methods 中，使用 event 参数作为形参
showInfo1: function(message, event){}
showInfo2: function(event) {}
```

【语法说明】

v-on 指令绑定事件处理函数可以带参数，也可以不带参数。使用时需要注意以下 3 点。

（1）普通方法。不使用圆括号，event 被自动当作实参传入。

（2）内联处理器中的方法。即方法中调用其他方法，如 JavaScript 原生方法（如阻止冒泡）、自定义的方法。使用圆括号，必须显式地传入 event 对象。Vue 提供了一个特殊变量 $event，用于访问原生 DOM 事件。

（3）v-on 指令可以使用语法糖简写指令，格式为“@click”，等价于“v-on:click”。

【例 3-7】 v-on 指令综合应用。代码如下，页面效果如图 3-17 所示。

```
<!-- vue-3-7.html -->
<!DOCTYPE html>
<html>
    <head>
        <meta charset="utf-8">
        <title>事件监听与表单绑定应用</title>
        <script type="text/javascript" src="../vue/js/vue.js"> </script>
    </head>
    <body>
        <div id="vue37">
            <h3>v-on 属性值为一般表达式：计数器：{{sum}}</h3>
            <button type="button" v-on:click="sum+=1">点我开始计数-{{sum}}</button>
            <h3>v-on 属性值为方法：当前系统日期：{{now}}</h3>
            <button type="button" v-on:click="displayDate">显示时期</button>
            <h3>v-on 属性值为带参数的方法：计算区间的整数和={{sumInt}}</h3>
            <button type="button" @click=" displayNum (100,200)">计算累加和</button>
            <h3>v-on 属性值为带$event 的方法：访问原生的 event 对象：{{information}}</h3>
            <button type="button" @click="showInfo1('用$event 传入!',$event)">
            带$event 参数</button>
            <h3>v-on 属性值不带参数的方法：默认传入 event，类型：{{typeObject}}</h3>
            <button type="button" @click="showInfo2">不带参数</button>
        </div>
        <script type="text/javascript">
            var myViewModel = new Vue({
                el: '#vue37',
                data: {
                    sum: 0,
                    now: '',
                    sumInt: 0,
                    typeObject: '',
                    information:''
                },
```

```
32.                 methods: {
33.                     displayDate: function() {
34.                         this.now = (new Date()).toLocaleString();
35.                     },
36.                     displayNum: function(start, end) {
37.                         for (var i = start, intSum = 0; i <= end; i++) {
38.                             intSum += i;
39.                         }
40.                         this.sumInt = intSum;
41.                     },
42.                     showInfo1: function(message, event) {
43.                         //访问原生事件对象,用来阻止默认事件
44.                         if (event) event.preventDefault()
45.                         this.information=message;
46.                         //alert(event.target.tagName);
                            //$event 拿到当前点击事件的事件对象
47.                     },
48.                     showInfo2: function(event) {
49.                         //访问原生事件对象,用来阻止默认事件
50.                         if (event) event.preventDefault()
51.                         this.typeObject = typeof(event);
52.                     },
53.                 }
54.             })
55.         </script>
56.     </body>
57. </html>
```

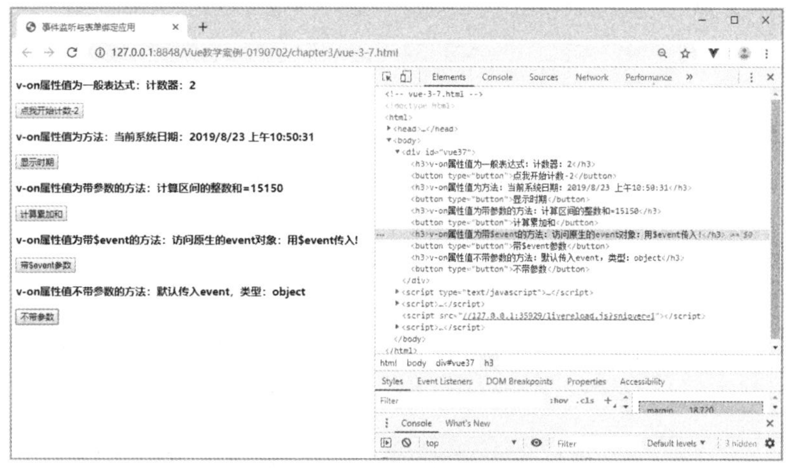

图 3-17　v-on 指令综合应用

上述代码中，第 12 行 v-on 指令绑定赋值语句。第 14 行 v-on 指令绑定不带参数的事件处理方法 displayDate()，完成显示系统当前日期。第 16 行 v-on 指令绑定带参数的事件处理方法 displayNum(100,200)，完成 100～200 所有整数累加和。第 18 行 v-on 指令绑定带参数的事件处理方法 showInfo1('用$event 传入!',$event)，传入特殊变量$event，用于访问原生 DOM 事件。第 20 行 v-on 指令绑定不带参数的事件处理方法 showInfo2()，在 methods 中定义时需要将 event 作为参数。

3.1.7　事件修饰符

在事件处理程序中调用 event.preventDefault() 或 event.stopPropagation() 方法是非常常见

的需求。尽管可以在方法中轻松实现它，但更好的方式是：方法只有纯粹的数据逻辑，而不处理 DOM 事件细节。

为了解决这个问题，Vue.js 为 v-on 指令提供了事件修饰符（Modifier）。修饰符是由以点开头的指令后缀表示的。在 Vue 中主要有以下事件修饰符。

（1）.stop：等价于 JavaScript 中的 event.stopPropagation() 方法，防止事件冒泡。

（2）.prevent：等价于 JavaScript 中的 event.preventDefault() 方法，防止执行预设的行为（如果事件可取消，则取消该事件，而不停止事件的进一步传播）。

（3）.capture：与事件冒泡的方向相反，事件捕获由外到内。

（4）.self：只触发自己范围内的事件，不包含子元素。

（5）.once：只触发一次。

（6）.passive：不检查是否默认事件被阻止，用于触发滚动时性能会更好。

下面分别介绍每个修饰符的作用。

1. .stop

```
<div v-on:click="divHandler">
    <input type="button" value="单击我一下" @click=" btnHandler">
</div>
//以下在 Vue 实例中定义方法选项
methods: {
    divHandler: function() {
        console.log('单击了 div!');
    },
    btnHandler: function() {
        console.log('单击了 button!');
},
```

在不使用任何修饰符时，单击“单击我一下”按钮，结果是先执行 btnHandler，然后执行 divHandler，如图 3-18 所示。这符合冒泡机制，从内向外一层一层地执行。

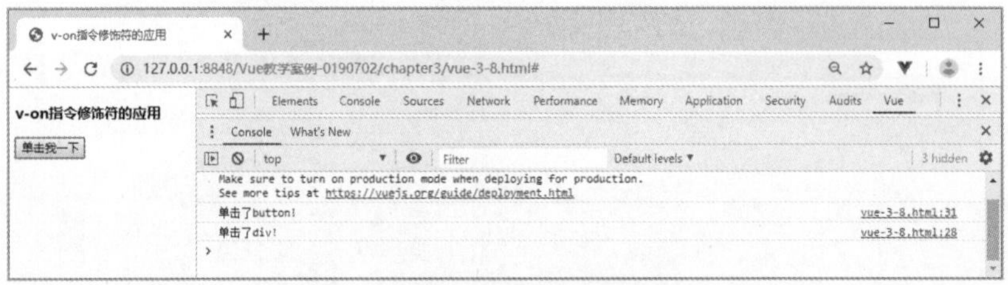

图 3-18 未使用.stop 修饰符的运行结果

如果在@click 后添加.stop，就会停止向外冒泡，只执行 btnHandler。代码如下，运行结果如图 3-19 所示。

```
<input type="button" value="单击我一下" @click.stop=" btnHandler">
```

图 3-19 使用.stop 修饰符的运行结果

2. .prevent

```
<a href="http://www.edu.cn" @click="atEdu">教育网</a>
<a href="http://www.edu.cn" @click.prevent="atEdu">教育网</a>
//以下在 Vue 实例中定义方法选项
atEdu:function(){
    console.log('中国教育和科研计算机网')
},
```

在<a>标记内，@click 后面不添加.prevent 修饰符时，控制台输出“中国教育和科研计算机网”，同时也访问教育网网站。添加.prevent 修饰符后，只在控制台显示提示信息，不能再访问教育网网站，如图 3-20 所示。

图 3-20 添加.prevent 修饰符阻止访问教育网

3. .capture

```
<div v-on: click.capture=" divHandler">
    <input type="button" value="单击我一下" @click.capture =" btnHandler">
</div>
```

在@click 后面添加.capture 修饰符，可以通过捕获机制触发事件，从外层向内层逐层深入。实际运行效果是先执行 divHandler，然后执行 btnHandler，如图 3-21 所示。

图 3-21 click 后添加.capture 捕获事件由外向内

4. .self

```
<div v-on:click.self=" divHandler">
<input type="button" value="单击我一下" @click=" btnHandler">
</div>
```

只有 event.target 为自身（非元素中的子元素）时才触发事件。通常情况下，event.target 总是指向最内层的元素，若父元素设置了.self 修饰符，则在单击子元素时，并不会触发被修饰的事件；只有单击没有子元素的空白区域时，才会触发被修饰的事件。当单击蓝色背景的空 div 时，才触发 divHandler，如图 3-22 所示。

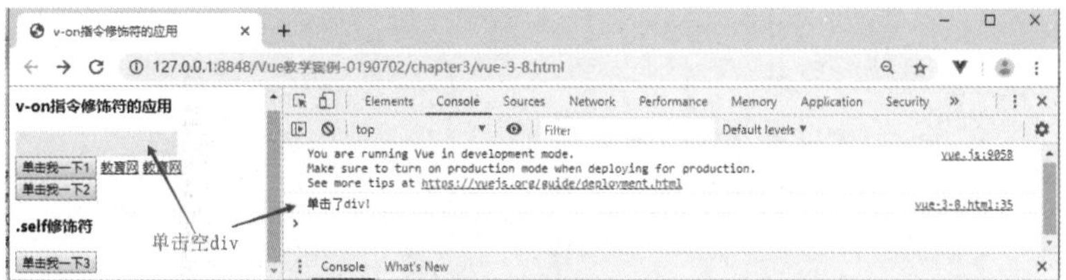

图 3-22 对父元素设置.self 修饰符后单击子元素不触发被修饰的事件

使用修饰符时，顺序很重要，相应的代码会以同样的顺序产生。因此，v-on:click.prevent. self会阻止所有的单击，而 v-on:click.self.prevent 只会阻止对元素自身的单击。

5. .once

```
<div v-on:click.self="divHandler">
   <input type="button" value="单击我一下" @click.once="btnHandler">
</div>
```

.once 修饰符使事件仅触发一次。所以，当用户再次单击“单击多次只执行一次”按钮时，控制台显示的“单击了 button!”的次数并未累加，如图 3-23 所示。

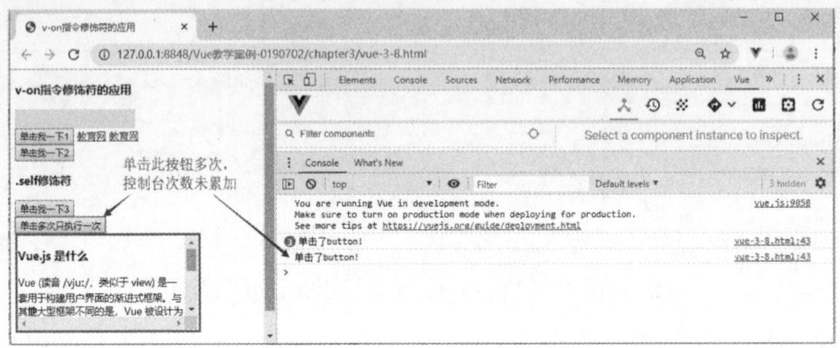

图 3-23　对<input>设计.once 修饰符后单击多次按钮只触发一次事件

6. .passive

.passive 修饰符会执行默认方法。通常情况下，每次事件产生，浏览器都会查询是否有preventDefault 阻止该次事件的默认动作。若在事件后面添加.passive 修饰符，直接告诉浏览器不用再查询，没有采用 preventDefault 阻止默认动作。

```
<div v-on:scroll.passive="onScroll">...</div>
  //以下在 Vue 实例中定义方法选项
onScroll:function(){                }
```

onScroll 不是 scroll 的默认行为。例如，单击<a>标记会跳转，这才是默认行为。如果对<a>标记使用 preventDefault 或.prevent，此时才会阻止<a>跳转。不要将.passive 和.prevent 一起使用，因为.prevent 会被忽略，同时浏览器可能会提示一个警告。请记住，.passive 会告诉浏览器不阻止事件的默认行为。

【例 3-8】事件修饰符的应用。代码如下，运行效果如图 3-24 所示。

```
<!-- vue-3-8.html -->
<!DOCTYPE html>
<html>
    <head>
        <meta charset="utf-8">
        <title>v-on 指令修饰符的应用</title>
        <script type="text/javascript" src="../vue/js/vue.js"> </script>
    </head>
    <body>
        <div id="vue38">
            <h3>v-on 指令修饰符的应用</h3>
            <div>
                <div v-on:click.prevent.self="divHandler" style="width:200px;height:30px;background: #EEEEEE;">
                </div>
                <div v-on:click.prevent.self="divHandler">
```

```
                    <input type="button" value="单击我一下 1" @click.stop="btnHandler">
                    <a href="http://www.edu.cn" @click.prevent.self="atEdu">教育网</a>
                    <a href="http://www.edu.cn" @click.prevent="atEdu">教育网</a><br>
                    <input type="button" value="单击我一下 2" @click.capture=
                    "btnHandler">
                    <h3>.self 修饰符</h3>
                    <input type="button" value="单击我一下 3" @click.self.prevent=
                    "btnHandler">
                    <form v-on:submit.prevent></form>
                    <button type="button" @click.once="btnHandler">单击多次只执行
                    一次</button>
                    <div v-on:scroll.passive="onScroll" style="width: 300px;height:
                    150px;border: 4px solid red;overflow: scroll;">
                        <h3>Vue.js 是什么</h3>
                        Vue（读音 /vjuː/，类似于 view）是一套用于构建用户界面的渐进式框架。与其他大型框架不同的是，Vue 被设计为可以自底向上逐层应用。Vue 的核心库只关注视图层，不仅易于上手，还便于与第三方库或既有项目整合。另外，当与现代化的工具链以及各种支持类库结合使用时，Vue 也完全能够为复杂的单页应用提供驱动。如果您想在深入学习 Vue 之前对它有更多了解，我们制作了一个视频，带您了解其核心概念和一个示例工程。
                    </div>
                    <p>滚动 <span id="demo">{{x}}</span> 次。</p>
                </div>
            </div>
        </div>
        <script type="text/javascript">
            var myViewModel = new Vue({
                el: '#vue38',
                data: {
                    x: 0,
                    count: 0,
                },
                methods: {
                    divHandler: function() {
                        console.log('单击了 div!');
                    },
                    btnHandler: function() {
                        console.log('单击了 button!');
                        this.count = this.count + 1
                    },
                    atEdu: function() {
                        console.log('中国教育和科研计算机网')
                    },
                    onScroll: function() {
                        for (var i = 0; i < 10; i++) {
                            console.log(i);
                        }
                        this.x += 1;
                    }
                }
            })
        </script>
    </body>
</html>
```

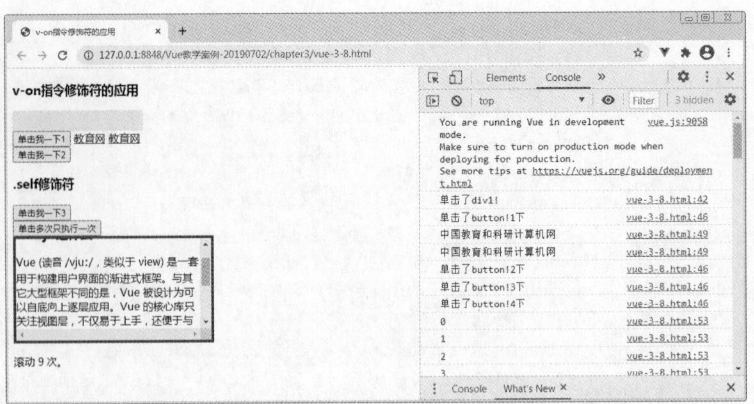

图 3-24　事件修饰符综合应用

3.1.8　按键修饰符

在侦听键盘事件时，经常需要检查详细的按键。Vue 允许为 v-on 指令在侦听键盘事件时添加按键修饰符。

【基本语法】

```
<!-- 在输入框按 Enter 键时调用方法 -->
<input type="text" v-on:keyup.13=" inputName " >
 <!--在输入框按 Shift 键时调用方法-->
<input type="text" v-on:keyup.16="inputAge"  >
```

【语法说明】

在按键事件名后面用“点号+按钮码”的方式，其中按钮码就是按键的 keyCode 值。例如，v-on.keyup.13 表示按 Enter 键，keyCode 的事件用法已经被废弃了，并可能不会被最新的浏览器支持。但这样很麻烦，所以 Vue.js 提供了按键别名，也称为快捷名称，如表 3-1 所示。

表 3-1　按键修饰符快捷名称

序　号	快捷名称	描　述	序　号	快捷名称	描　述
1	.enter	Enter 键	7	.down	↓键
2	.tab	Tab 键	8	.left	←键
3	.delete	删除和退格键	9	.right	→键
4	.esc	Esc 键	10	.ctrl	Ctrl 键
5	.space	空格键	11	.alt	Alt 键
6	.up	↑键	12	.shift	Shift 键

根据按键的快捷名称，可以对上述标记的定义进行优化，代码如下。

```
<!-- 按 Tab 键跳到此处时触发事件 -->
<input type="text" v-on:keyup.tab=" inputName ">
<input type="text" v-on:keyup.enter=" inputName ">
<input type="text" v-on:keyup.shift=" inputAge" >
```

【例 3-9】按键修饰符的综合应用。代码如下，运行效果如图 3-25 所示。

```
<!-- vue-3-9.html -->
<!DOCTYPE html>
<html lang="en">
```

```
4.     <head>
5.         <meta charset="UTF-8">
6.         <title>按键修饰符的应用</title>
7.         <script src="../vue/js/vue.js"></script>
8.     </head>
9.     <body>
10.        <div id="vue39">
11.            <!-- 在输入框按 Enter 键时调用方法 -->
12.            姓名：<input type="text" v-on:keyup.enter="inputName" placeholder="
               输入姓名" v-model="myName"><br>
13.            <!-- 在输入框按 shift 键时调用方法 -->
14.            密码：<input type="password" v-on:keyup.shift="inputPassword"
               placeholder="输入密码" v-model="myPassword"><br>
15.            <p>您的信息：{{myInformation}}</p>
16.        </div>
17.        <script>
18.            var myViewModel = new Vue({
19.                el: "#vue39",
20.                data: {
21.                    myInformation: '',
22.                    myName: '',
23.                    myPassword: '',
24.                },
25.                methods: {
26.                    inputName: function() {
27.                        console.log('按 enter:' + this.myName)
28.                        this.myInformation = this.myName + "-" + this.myPassword
29.                    },
30.                    inputPassword: function() {
31.                        console.log('按 shift: ' + this.myPassword)
32.                        this.myInformation = this.myName + "-" + this.myPassword
33.                    },
34.                }
35.            });
36.        </script>
37.    </body>
38. </html>
```

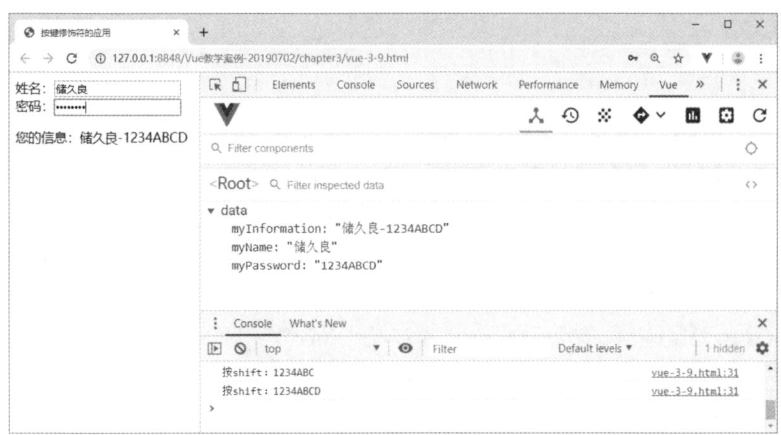

图 3-25　按键修饰符综合应用

上述代码中，第 12 行的文本框通过 v-on 指令绑定 keyup 事件，并且设置按键修饰符.enter，当在此文本框中按 Enter 键时，调用第 26～29 行定义的 inputName() 方法，在控制台输出相关信息，并将输入的姓名和密码回显到第 15 行<p>标记内。第 14 行的密码输入框通过 v-on

指令绑定 keyup 事件，并且设置按键修饰符.shift，当用户在密码输入框中输入 Shift+按键时，调用第 30～34 行的 inputPassword() 方法，在控制台输出相关信息，并将输入的姓名和密码回显到第 15 行<p>标记内。

3.1.9 表单输入绑定

在 Vue.js 中可以通过 v-model 指令在表单的 input、textarea 和 select 元素上创建双向数据绑定。它会根据控件类型自动选取正确的方法更新元素。尽管有些神奇，但 v-model 指令本质上不过是语法糖。它负责侦听用户的输入事件以更新数据，并对一些极端场景进行一些特殊处理。

```
<input type="text" v-model="message">
```

相当于：

```
<input type="text" v-on:input="message=$event.target.value" v-bind:value="message">
<!-- 以下是语法糖写法 -->
<input type="text" @input="message=$event.target.value" :value="message">
```

其中：$event 是一个特殊的变量，用于访问原生 DOM 事件。

v-model 会忽略所有表单元素的 value、checked、selected 属性的初始值，而总是将 Vue 实例的数据作为数据来源。程序设计人员可以通过 JavaScript 在组件的 data 选项中声明初始值。

v-model 在内部为不同的输入元素使用不同的属性，并抛出不同的事件。

（1）文本框和多行文本域元素使用 value 属性和 input 事件。

（2）复选框和单选按钮使用 checked 属性和 change 事件。

（3）下拉列表框将 value 作为 prop，并将 change 作为事件。

注意：对于需要使用输入法（如中文、日文、韩文等）的语言，v-model 不会在输入法组合文字的过程中得到更新。如果需要处理这个过程，可使用 input 事件。

【基本语法】

```
<!-- 1.文本框，绑定到 value -->
<input type="text" placeholder="输入姓名" v-model="myName">
<!-- 2.多行文本域，绑定到 value -->
<textarea  v-model="message" placeholder="请输入您的建议或意见"></textarea>
<!-- 3.单个复选框，绑定到布尔值 -->
<input type="checkbox" id="checkbox" v-model="checked">
<!-- 4.多个复选框，绑定到同一个数组(checkedNames 值为 [])  -->
<div>
  <input type="checkbox" id="jack" value="Jack" v-model="checkedNames">
  <label for="jack">Jack</label>
  <input type="checkbox" id="john" value="John" v-model="checkedNames">
  <label for="john">John</label>
  <input type="checkbox" id="mike" value="Mike" v-model="checkedNames">
  <label for="mike">Mike</label>
  <br>
  <span>Checked names: {{ checkedNames }}</span>
</div>
<!-- 5.多个单选按钮，绑定到同一个变量 -->
<input type="radio" id="man" value="男"  v-model="sex" />男
<input type="radio" id="woman" value="女"  v-model="sex" />女
```

```
<!--  6.列表框单选时，绑定到一个变量；多选时，绑定到一个数组 -->
<select name="" v-model="mySelected" multiple>
  <option disabled value="">请选择</option>
  <option value="Java 程序设计">Java 程序设计</option>
  <option value="算法设计与分析">算法设计与分析</option>
  <option value="计算机网络">计算机网络</option>
  <option value="数据挖掘与分析">数据挖掘与分析</option>
</select>
```

【语法说明】

在多行文本区域插值（<textarea>{{text}}</textarea>）并不会生效，应用 v-model 代替。

单个复选框绑定到布尔值；多个复选框绑定到同一个数组，同时给每个复选框设置不同的 id 值和 value 值，选择的结果将返回到数组中。

要实现一组单选按钮互斥的功能，就需要 v-model 指令配合 value 使用。为一组单选按钮设置不同的 id 值和 value 值，v-model 绑定同一个数据变量。

在下拉列表中，如果 v-model 表达式的初始值未能匹配任何选项，select 元素将被渲染为“未选中”状态。在 iOS 中，容易造成用户无法选择第 1 个选项，因为在此情况下 iOS 不会触发 change 事件。因此，推荐提供一个值为空的禁用选项。若下拉列表支持多选，请将 v-model 绑定到数组上，与复选框多选类似。

【例 3-10】表单绑定的综合应用。代码如下，运行效果如图 3-26 所示。

```
<!-- vue-3-10.html -->
<!DOCTYPE html>
<html>
    <head>
        <meta charset="UTF-8">
        <title>v-model 绑定表单</title>
        <script src="../vue/js/vue.js"></script>
        <style type="text/css">
            fieldset {width: 400px;height: 480px;border: 1px dashed #2C3E50;}
        </style>
    </head>
    <body>
        <div id="vue310">
            <fieldset>
                <legend align="center">信息调查表</legend>
                姓名：<input type="text" placeholder="输入姓名" v-model="myName">
                <p>您的姓名：{{myName}}</p>
                <p> 建议或意见：{{message}}</p>
                <textarea v-model="message" placeholder="请输入您的建议或意见">
                </textarea>
                <p>您的兴趣与爱好：{{checkMyLove}}</p>
                <input type="checkbox" id="music" value="音乐" v-model=
                "checkMyLove">音乐
                <input type="checkbox" id="network" value="网络小说" v-model=
                "checkMyLove">网络小说
                <input type="checkbox" id="game" value="网游" v-model="checkMyLove">
                网游
                <p>您的性别：{{ sex }}</p>
                <input type="radio" id="man" value="男" v-model="sex" />男
                <input type="radio" id="woman" value="女" v-model="sex" />女
                <p>您的选择：{{mySelected}}</p>
                <select name="" v-model="mySelected" multiple>
                    <option disabled value="">请选择</option>
                    <option value="Java 程序设计">Java 程序设计</option>
```

```
31.                 <option value="算法设计与分析">算法设计与分析</option>
32.                 <option value="计算机网络">计算机网络</option>
33.                 <option value="数据挖掘与分析">数据挖掘与分析</option>
34.             </select>
35.         </fieldset>
36.     </div>
37.     <script>
38.         var myViewModel = new Vue({
39.             el: "#vue310",
40.             data: {
41.                 myName: '',
42.                 message: '',
43.                 checkMyLove: [],
44.                 sex: '',
45.                 mySelected: [],
46.             },
47.         });
48.     </script>
49. </body>
50. </html>
```

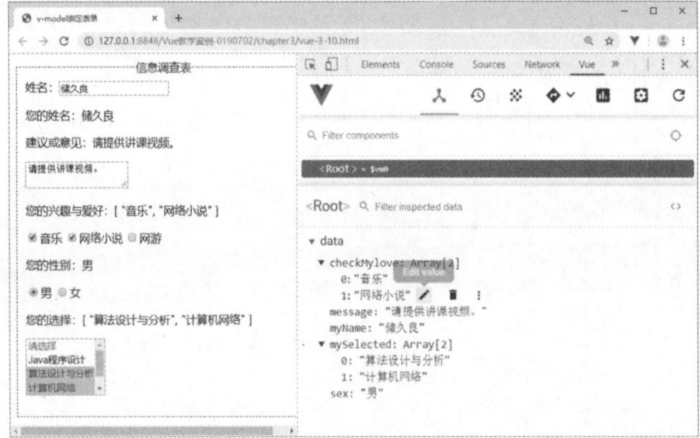

图 3-26　绑定表单综合应用

上述代码中，第 21～23 行定义一组复选框，用于选择兴趣与爱好，分别给 3 个复选框定义不同的 id 值和 value 值，使用 v-model 指令绑定 checkMyLove 数组，用于存放用户选择的选项。若用户选择所有选项，则 checkMyLove 数组的元素为 ["音乐", "网络小说", "网游"]。第 25～26 行定义一组单选按钮，用于表示性别，分别给每个单选按钮定义 id 值和 value 值，并通过 v-model 指令绑定 sex，sex 的值为选中的单选按钮的 value 值。第 28～34 行定义下拉列表框，用于显示选择的课程，支持多选，同时 v-model 指令绑定 mySelected 数组（若为单选，可以设为简单变量），其值为选中选项的 value 值。

【例 3-11】下拉列表框选项自动渲染。代码如下，运行效果如图 3-27 所示。

```
<!-- vue-3-11.html -->
<!DOCTYPE html>
<html>
    <head>
        <meta charset="utf-8">
        <title>下拉列表框选项自动渲染</title>
        <script src="../vue/js/vue.js"></script>
    </head>
    <body>
        <div id="vue311">
```

```
11.            <h3>电器产品选择：{{mySelected}}</h3>
12.            <select v-model="mySelected">
13.                <option v-for="(option,index) in options" v-bind:value="option.value">
14.                    {{option.text}}
15.                </option>
16.            </select>
17.        </div>
18.        <script>
19.            var myViewModel = new Vue({
20.                el: "#vue311",
21.                data: {
22.                    mySelected: '电视',
23.                    options: [
24.                        {
25.                            value: '电视',
26.                            text: '小米电视',
27.                        }, {
28.                            value: '电饭锅',
29.                            text: '金三角电饭锅',
30.                        }, {
31.                            value: '手机',
32.                            text: '华为 M10',
33.                        },
34.                    ]
35.                }
36.            });
37.        </script>
38.    </body>
39. </html>
```

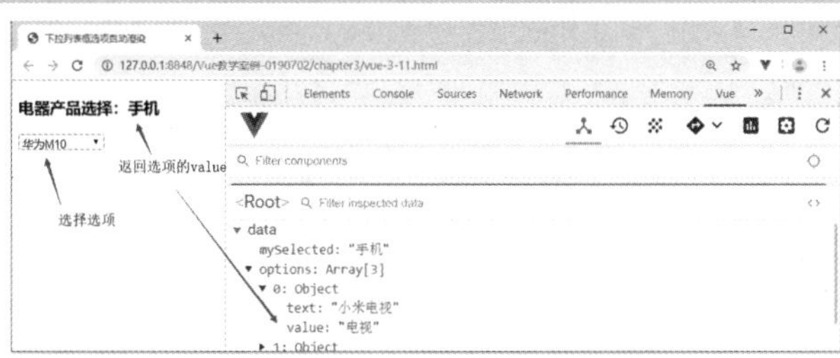

图 3-27　下拉列表框选项自动渲染

上述代码中，第 11 行文本插值{{ mySelected }}的值为用户选择相应选项的 value 值，而不是选项的内容。由于第 3 个选项为{value: '手机', text: '华为 M10'}，所以{{ mySelected }}的返回值为“手机”，而不是“华为 M10”。第 13 行<option>标记使用 v-for 指令动态渲染所有选项，同时还通过 v-bind 指令绑定 value，通过 {{option.text}} 显示整个选项的内容。

3.1.10　表单元素值绑定

对于单选按钮、复选框和下拉列表框的选项，v-model 指令绑定的值通常是静态字符串或布尔值。但是，有时需要把值绑定到 Vue 实例的一个动态属性上，就可以用 v-bind 指令实现，并且这个属性的值可以不是字符串。

【基本语法】

```
<input type="radio" v-model="myRadio" value=" radio " >
<input type="radio" v-model="myRadio" v-bind:value=" radio1 " >
<input type="checkbox" v-model="myChecked1">
<input type="checkbox" v-model="myChecked2"
```

```
:true-value="valueA" :false-value="valueB">
<select v-model="mySelected">
    <option value="html">HTML</option>
    <option :value="{valueC: 'js'}">JS</option>
</select>
//在 Vue 实例的 data 选项中定义
myChecked1:'',
myChecked2:'',
mySelected: '',
myRadio: '',
radio1: '123',
valueA: "A",
valueB: "B",
```

【语法说明】

当选中第 1 个单选按钮时，myRadio 的值为字符串" radio "；当选中第 2 个单选按钮时，myRadio 的值为字符串"123"。当选中第 1 个复选框时，myChecked1 的值为 true；当选中第 2 个复选框时，myChecked2 的值为"A"（动态绑定数据属性）。当选中下拉列表中第 1 个选项时，mySelected 的值为字符串"html"；当选中下拉列表中第 2 个选项时，mySelected 为对象{valueC: 'js'}。

【例 3-12】表单元素值的绑定。代码如下，运行效果如图 3-28 所示。

```
<!-- vue-3-12.html -->
<!DOCTYPE html>
<html>
    <head>
        <meta charset="utf-8">
        <title>表单元素的值绑定</title>
        <script src="../vue/js/vue.js"></script>
    </head>
    <body>
        <div id="vue312">
            <h3>单选按钮值绑定:
            <input type="radio" v-model="myRadio" value="radio">AAAAA
            <input type="radio" v-model="myRadio" v-bind:value=" radio1 "> BBBB
             </h3>
             <p>单选按钮 myRadio: {{myRadio}}</p>
             <h3>复选框值绑定:
            <input type="checkbox" v-model="myChecked1" value="checked">DDDDD
            <input type="checkbox" v-model="myChecked2"
            :true-value="valueA" :false-value="valueB">EEEEEE </h3>
            <p>复选框 1: {{myChecked1}}, 复选框 2: {{myChecked2}}</p>
            <h3>下拉列表框: {{mySelected}}</h3>
            <select v-model="mySelected">
                <option value="html">HTML</option>
                <option :value="{valueC: 'js'}">JS</option>
            </select>
        </div>
        <script type="text/javascript">
            var myViewModel = new Vue({
                el: "#vue312",
                data: {
                    myChecked1:'',
                    myChecked2:'',
                    mySelected: '',
                    myRadio: '',
                    radio1: '123',
```

```
                    valueA: "A",
                    valueB: "B",
                }
            });
        </script>
    </body>
</html>
```

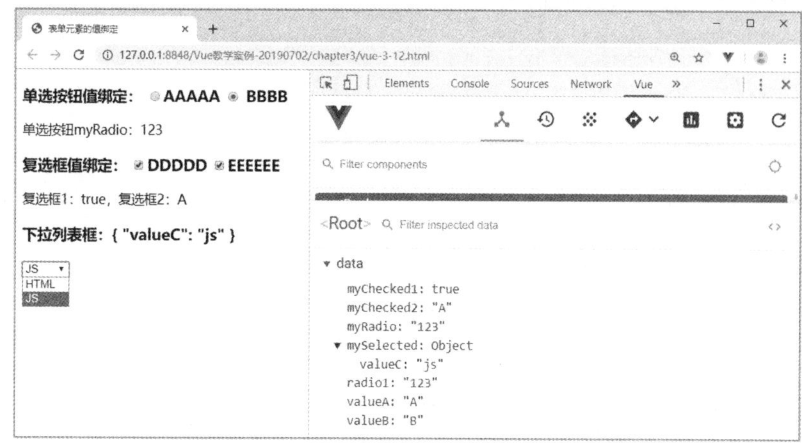

图 3-28 表单元素值的绑定

3.1.11 v-model 修饰符

v-model 修饰符一般用于控制数据同步的时机。Vue 内置的 v-model 修饰符如表 3-2 所示。

表 3-2 v-model 修饰符

修饰符	描述
.trim	自动过滤输入内容最开始和最后的空格，中间的会保留一个空格，多的会被过滤掉
.number	自动将输入的数据转换成 number 类型
.lazy	一般情况下，在 input 上使用 v-model 命令是一直同步输入与显示的内容，不过添加.lazy 修饰符后，就会变成在失去焦点或按 Enter 键时才更新数据

【基本语法】

```
<input v-model.lazy="myNo"  placeholder="输入学号">
<input v-model.number="myAge" type="number" placeholder="输入年龄">
<input v-model.trim="myIdea" placeholder="输入建议">
```

【语法说明】

v-model.lazy 修饰符表示在输入域失去焦点或按 Enter 键时数据才更新；v-model.number 修饰符表示将输入域中的内容转换为数值型数据；v-model.trim 修饰符表示将输入域中的内容的前后空格过滤掉，并将字符串中间的多个空格转换为一个空格。

【例 3-13】 v-model 修饰符的应用。代码如下，运行效果如图 3-29 所示。

```
<!-- vue-3-13.html -->
<!DOCTYPE html>
<html>
    <head>
        <meta charset="utf-8">
        <title>v-model 修饰符的应用</title>
```

```
7.          <script type="text/javascript" src="../vue/js/vue.js"></script>
8.      </head>
9.      <body>
10.         <div id="vue313">
11.             <h3>v-model 修饰符的应用</h3>
12.             学号<input v-model.lazy="myNo" placeholder="输入学号"><br>
13.             年龄<input v-model.number="myAge" type="number" placeholder=
                "输入年龄"><br>
14.             建议<input v-model.trim="myIdea" placeholder="输入建议"><br>
15.             <h4>输入信息:</h4>
16.             <p>学号:{{myNo}},年龄:{{myAge}}({{typeof(myAge)}}),建议:{{myIdea}}</p>
17.         </div>
18.         <script>
19.             var myViewModel = new Vue({
20.                 el: "#vue313",
21.                 data: {
22.                     myNo: '',
23.                     myAge: '',
24.                     myIdea: '',
25.                 },
26.             });
27.         </script>
28.     </body>
29.     </body>
30. </html>
```

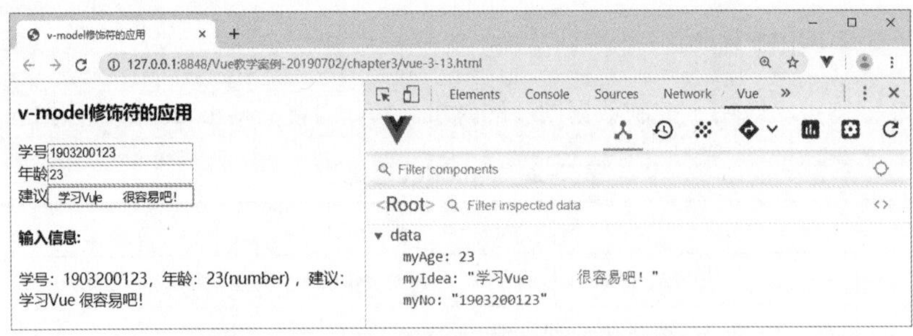

图 3-29 v-model 修饰符的应用（输入学号）

上述代码中，第 12 行在“学号”文本框中使用了 v-model.lazy 修饰符，输入学号时不会在第 16 行的<p>标记内立即更新，而是等待学号完全输入结束后才能更新。第 13 行在“年龄”文本框中使用了 v-model.number 修饰符，将文本框输入的字符串型数据转换为数值型数据，并在第 16 行的<p>标记内显示年龄和类型。第 14 行使用了 v-model.trim 修饰符，将用户输入的建议的开头和结尾处多余的空格全部删除，并将字符串中间输入的多个空格变成一个空格。

3.1.12 v-text 与 v-html 指令

使用{{message}}是有弊端的，当网速很慢或 JavaScript 出错时，会暴露{{message}}。所以推荐使用 v-text 指令，可以很好地解决这个问题。为了输出真正的 HTML，可以使用 v-html 指令。

【基本语法】

```
<p>{{myText}}</p>  <!-- 两种形式是等价的 -->
<p v-text="myText"></p>
<span v-html="varHtml"></span>      <!-- 解析为 HTML，并显示相关标记的样式效果 -->
<span v-text="varHtml"></span>      <!-- 解析为纯文本，HTML 标记也显示出来 -->
```

【语法说明】

v-text 指令更新元素的 textContent，读取文本不能读取<html>标记，解析文本。如果要更新部分的 textContent，需要使用{{ Mustache }}插值。v-text 指令会替代显示对应的数据对象上的值。当绑定的数据对象上的值发生改变时，插值处的内容也会随之更新。

v-html 指令更新元素的 innerHTML，可以读取并解析<html>标记。它与 v-text 的区别在于 v-text 输出的是纯文本，浏览器不会对其再进行 HTML 解析，但 v-html 会将其当<html>标记解析后输出。

注意：在正式环境中动态渲染 HTML 是很危险的，因为容易导致 XSS 攻击。

【例 3-14】v-text 与 v-html 指令的比较。代码如下，运行效果如图 3-30 所示。

```
<!-- vue-3-14.html -->
<!DOCTYPE html>
<html>
    <head>
        <meta charset="utf-8">
        <title>v-text 和 v-html 指令的比较</title>
        <script type="text/javascript" src="../vue/js/vue.js"> </script>
    </head>

    <body>
        <div id="vue314">
            <h3>v-text:</h3>
            <p>{{myText}}</p> <!-- 两种形式是等价的 -->
            <p v-text="myText"></p>
            <h3>v-html 与 v-text 区别: </h3>
            <p>使用 v-html 结果: <span v-html="varHtml"></span></p>
            <p>使用 v-text 结果: <span v-text="varHtml"></span></p>
        </div>
        <script type="text/javascript">
            var myViewModel = new Vue({
                el: document.getElementById("vue314"), //等同于'#vue314'
                data: {
                    myText: 'Vue 好学又简单! ',
                    varHtml: '<b style="color:red">Vue 好学又简单! </b>',
                }
            })
        </script>
    </body>
</html>
```

图 3-30　v-text 与 v-html 指令的比较

上述代码中，第 13 行和第 14 行显示结果是相同的。第 16 行和第 17 行显示结果是不相同的。其中，第 16 行使用 v-html 指令解析为 HTML，有样式，有内容；第 17 行使用 v-text 指令解析为文本，没有样式效果，并显示出相关的标记与属性设置。第 22～25 行定义 data 选项，并设置数据属性 myText 和 varHtml，其值分别为“'Vue 好学又简单!'”和“'<b style="color:red">Vue 好学又简单!</b>'”。

3.1.13 v-pre、v-once 和 v-cloak 指令

【基本语法】

```
<span  v-pre>{{message}}</span>
<p v-once>有 v-once: {{myInput}}</p>
<p><span v-cloak>{{information}} </span></p>
```

【语法说明】

v-pre 指令：在模板中跳过 Vue 的编译，直接输出原始值。这时并不会输出 message 值，而是直接在网页中显示{{message}}。

v-cloak 指令：保持在元素上直到关联实例结束编译。和 CSS 规则（[v-cloak] { display: none }）一起使用时，这个指令可以隐藏未编译的{{information}}，直到实例准备完毕。渲染时会出现变量闪烁。

v-once 指令：只执行一次 DOM 渲染，渲染完成后视为静态内容，跳出以后的渲染过程。

【例 3-15】 v-pre、v-once 和 v-cloak 指令的综合应用。代码如下，运行效果如图 3-31 所示。

```
<!-- vue-3-15.html -->
<!DOCTYPE html>
<html>
    <head>
        <meta charset="utf-8">
        <title>v-pre、v-once 和 v-cloak 指令的应用</title>
        <style type="text/css">
            [v-cloak]{display: none;}
        </style>
        <script type="text/javascript" src="../vue/js/vue.js"></script>
    </head>
    <body>
        <div id="vue315" v-cloak>
            <h3>v-once:</h3>
            <p v-once>有 v-once: {{myInput}}</p>
            <p >无 v-once: {{myInput}}</p>
            <div><input type="text" v-model="myInput"></div>
            <h3>v-pre 与 v-text 区别: </h3>
            <p>v-text: <span v-text="message"></span> </p>
            <p>v-pre: <span  v-pre>{{message}}</span> </p>
            <p><span v-cloak>{{information}} </span></p>
        </div>
        <script type="text/javascript">
            var myViewModel = new Vue({
                el: "#vue315",
                data: {
                message: 'Vue 好学又简单! ',
                myInput: 'Vue 做前端设计非常适用! ',
                information:'我就是喜欢 Vue, 没办法! ',
                },
            })
```

```
32.         </script>
33.     </body>
34. </html>
```

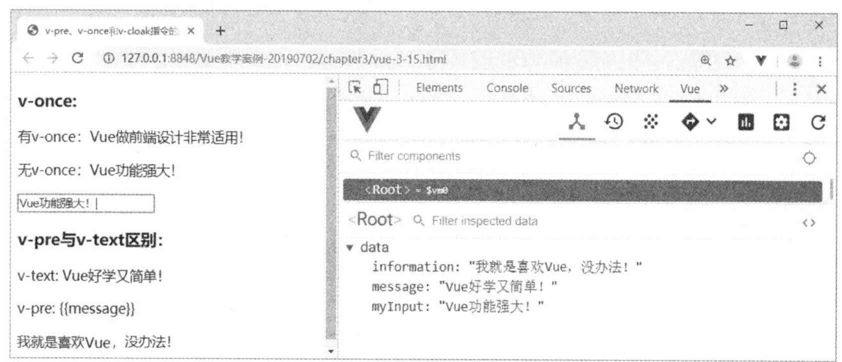

图 3-31　v-pre、v-once、v-cloak 指令渲染结果

上述代码中，第 15 行使用 v-once 指令实现只渲染一次。第 16 行未使用 v-once 指令，只要数据属性变化，就需要重新渲染。第 19 行使用 v-text 指令渲染 message。第 20 行使用 v-pre 指令实现标记内容原样输出，只显示 message 本身，不显示 message 的值。第 21 行使用 v-cloak 指令消除页面内闪烁，配合 CSS 样式，实现当{{information}}未渲染完成时隐藏，渲染结束时显示，实际上效果未体现。

3.2　Vue.js 自定义指令

除了核心功能默认的内置指令（如 v-model、v-show）外，Vue 也允许注册自定义指令。注意，在 Vue 2.x 中，代码复用和抽象的主要形式是组件。然而，有的情况下，仍然需要对普通 DOM 元素进行底层操作，这时就会用到自定义指令。

3.2.1　自定义指令注册

【基本语法】

```
<!-- 自定义指令使用方式 -->
<标记名称 v-my-directive>与内置指令的使用方式相同</标记名称>
//注册一个全局自定义指令 "v-my-directive ", 第 1 种定义方法
Vue.directive('my-directive', {
    bind: function () {},
    inserted: function () {},
    update: function () {},
    componentUpdated: function () {},
    unbind: function () {}
})
//第 2 种定义方法
Vue.directive('my-directive ', function(el, binding, vnode){}),
//其中 el 为 DOM, vnode 为 Vue 的虚拟 DOM, binding 为一个较复杂对象
//注册局部指令，组件中也接受一个 directives 的选项
directives: {
    my-directive: { }
}
```

【语法说明】

自定义指令的注册方式分为全局注册和局部注册。使用 Vue 的 directives 选项定义的指令为局部自定义指令，使用 Vue.directive() 方法定义的指令为全局自定义指令。注册为全局指令时，Vue.directive() 方法一定要在实例初始化之前定义，否则会报错。另外，定义的指令不支持驼峰式（如 myDirective）写法。

Vue.js 为自定义指令可以提供若干个钩子函数（均为可选），分别如下。

（1）bind：指令与元素第 1 次绑定时调用。只调用一次，在这里可以进行一次性的初始化设置。

（2）inserted：被绑定元素插入父节点时调用（父节点存在即可调用，不必存在于 document 中）。

（3）update：所在组件的 vnode 更新时调用，但是可能发生在其子 vnode 更新之前。指令的值可能发生了改变，也可能没有。但是可以通过比较更新前后的值忽略不必要的模板更新。

（4）componentUpdated：指令所在组件的 vnode 及其子 vnode 全部更新后调用。

（5）unbind：只调用一次，指令与元素解绑时调用。

在使用时，钩子函数也会传入以下参数。

（1）el：指令所绑定的元素，可以用来直接操作 DOM。

（2）binding：一个对象，包含以下属性。

- name：指令名称，不包括 v-前缀。
- value：指令的绑定值，如 v-my-directive="1*3" 中绑定值为 3。
- oldValue：指令绑定的前一个值，仅在 update 和 componentUpdated 钩子中可用，无论值是否改变都可用。
- expression：字符串形式的指令表达式，如 v-my-directive="1*3" 中表达式为 "1*3"。
- arg：传给指令的参数，可选，如 v-my-directive:valueA 中参数为 " valueA "。
- modifiers：一个包含修饰符的对象，如：v-my-directive.valueA.valueB 中修饰符对象为{ valueA: true, valueB: true }。

（3）vnode：Vue 编译生成的虚拟节点。

（4）oldVnode：上一个虚拟节点，仅在 update 和 componentUpdated 钩子中可用。

除了 el 之外，其他参数都应该是只读的，切勿进行修改。如果需要在钩子之间共享数据，建议通过元素的 dataset 进行。HTMLElement.dataset 属性允许无论是在读取模式和写入模式下访问在 HTML 或 DOM 中的元素上设置的所有自定义数据属性（data-*）集。

【例 3-16】 自定义指令的应用。设计要求：①采用全局注册方式定义元素自动获得焦点的指令 v-focus；②采用局部注册方式定义随机改变元素背景颜色的指令 v-color。代码如下，运行效果如图 3-32 所示。

```
<!-- vue-3-16.html -->
<!DOCTYPE html>
<html>
    <head>
        <meta charset="utf-8">
        <title>自定义指令全局注册与局部注册的应用</title>
        <script type="text/javascript" src="../vue/js/vue.js"></script>
    </head>
```

```
9.      <body>
10.         <div id="vue316">
11.             姓名：<input type="text" v-focus v-model="myName">
12.             <p v-color>输入的姓名为{{myName}}</p>
13.         </div>
14.         <script type="text/javascript">
15.             //注册一个全局自定义指令"v-focus"
16.             Vue.directive('focus', {
17.                 //当被绑定的元素插入 DOM 时
18.                 inserted: function(el) {
19.                     console.log(el); //就是 input 标记
20.                     el.focus() //聚焦元素
21.                 }
22.             })
23.             var myViewModel = new Vue({
24.                 el: '#vue316',
25.                 data: {
26.                     myName: '储久良'
27.                 },
28.                 directives: {
29.                     //注册一个局部指令,随机改变元素的背景颜色
30.                     color: {
31.                         inserted: function(el, binding) {
32.                             console.log(el)
33.                             var redColor = Math.floor(Math.random() * 256);
34.                             var greenColor = Math.floor(Math.random() * 256);
35.                             var blueColor = Math.floor(Math.random() * 256);
36.                             el.style.backgroundColor = "#" + redColor.toString(16)
                                + greenColor.toString(16) + blueColor.toString(16)
37.                         }
38.                     }
39.                 }
40.             })
41.         </script>
42.     </body>
43. </html>
```

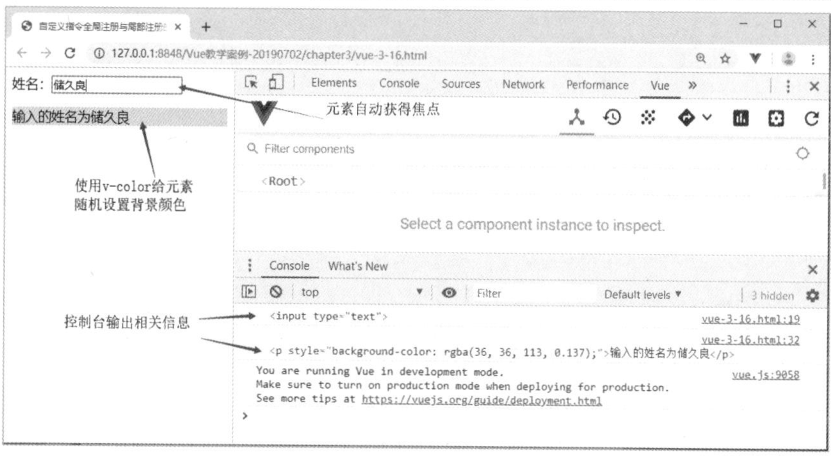

图 3-32　自定义指令的应用

上述代码中，第 11 行使用自定义全局指令 v-focus 实现绑定元素自动获得焦点。第 12 行使用自定义局部指令 v-color 实现绑定的元素自动随机添加背景颜色。第 16～22 行注册全局自定义指令 v-focus，当元素插入 DOM 时，采用元素的 focus() 方法，实现自动获得焦点。

第 23～40 行定义 Vue 根实例 myViewModel，其中第 28～39 行注册局部自定义指令 v-color，实现绑定元素随机改变背景颜色。

【例 3-17】 自定义指令钩子函数参数的应用。设计要求：①采用全局注册方式定义元素特定样式的指令 v-red-bold，样式效果为“加粗，红色显示，1px 黑色虚线边框”；②输出主要钩子函数的相关参数和值。代码如下，运行效果如图 3-33 所示。

```
<!-- vue-3-17.html -->
<!DOCTYPE html>
<html>
    <head>
        <meta charset="utf-8">
        <title>钩子函数参数的应用</title>
        <script src="../vue/js/vue.js" type="text/javascript"></script>
    </head>
    <body>
        <h3>输出钩子函数的相关参数值 </h3>
        <div id="vue317" v-red-bold:myarg.x.y="message"></div>
        <script type="text/javascript">
            Vue.directive('red-bold', {
                bind: function(el, binding, vnode) {
                    el.style.fontWeight = 'bold';
                    el.style.color = 'red';
                    el.style.border = '1px dashed #000000'
                    var s = JSON.stringify
                    el.innerHTML =
                        'name: ' + s(binding.name) + '<br>' +
                        'value: ' + s(binding.value) + '<br>' +
                        'expression: ' + s(binding.expression) + '<br>' +
                        'argument: ' + s(binding.arg) + '<br>' +
                        'modifiers: ' + s(binding.modifiers) + '<br>' +
                        'vnode keys: ' + Object.keys(vnode).join(', ')
                }
            })
            var myViewModel=new Vue({
                el: '#vue317',
                data: {
                    message: '钩子函数参数的应用'
                }
            })
        </script>
    </body>
</html>
```

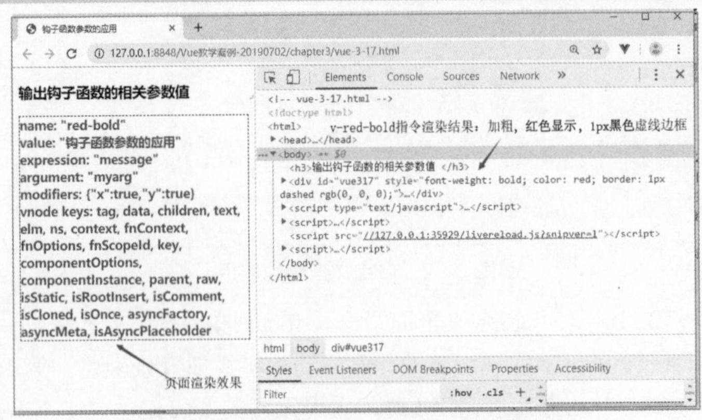

图 3-33 自定义 v-red-bold 指令的渲染效果

上述代码中，第 11 行使用自定义全局指令 v-red-bold 实现绑定元素特定样式“红色，加粗，1px 黑色虚线边框”，元素渲染结果如图 3-33 所示。第 13～27 行全局注册自定义指令 v-red-bold。其中，第 15 行实现绑定元素的字体加粗；第 16 行实现绑定元素的内容显示为红色；第 17 行实现绑定元素的边框样式为 '1px dashed #000000'；第 19～25 行输出钩子函数相关参数和值。

3.2.2　对象字面量

在计算机科学中，字面量（Literal）是用于表达源代码中一个固定值的表示法（Notation）。字面量表示如何表达这个值，一般除去表达式，给变量赋值时，等号右边都可以认为是字面量。字面量分为字符串字面量（String Literal）、数组字面量（Array Literal）和对象字面量（Object Literal），另外还有函数字面量（Function Literal）。

对象字面量是封闭在花括号（{}）中的一个对象的零个或多个“属性名:值”列表。

若自定义指令需要多个值，可以传入一个 JavaScript 对象字面量。指令可以使用任意合法的 JavaScript 表达式。

【基本语法】

```
<div v-my-directive ="{color: 'red', text: 'Vue 简单易学！' }"></div>
Vue.directive('my-directive', function (el,binding) {
    console.log(binding.value.color)          //"red"
    console.log(binding.value.text)           //" Vue 简单易学！"
})
```

【语法说明】

花括号内的属性-值对之间用逗号分隔，与 CSS 规则的声明部分不同，不能使用分号分隔。

3.2.3　动态指令参数

指令的参数可以是动态的。例如，在 v-my-directive:[argument]="value"中，argument 参数可以根据组件实例数据进行更新，使自定义指令可以在应用中灵活使用。

【例 3-18】动态指令参数的应用。设计要求：①定义全局自定义指令 v-move-top，功能是通过固定布局方式将元素固定在离顶部一定像素的位置；②定义全局自定义指令 v-move，功能是通过固定布局方式将元素固定在离顶部或左边一定像素的位置。代码如下，运行效果如图 3-34 所示。

```
<!-- vue-3-18.html -->
<!DOCTYPE html>
<html>
    <head>
        <meta charset="utf-8">
        <title>固定元素的位置的自定义指令</title>
        <script type="text/javascript" src="../vue/js/vue.js"> </script>
    </head>
    <body>
        <div id="vue318">
            <h3>根据输入的偏移量固定元素</h3>
            <label>输入偏移量: </label><input type="text" v-model.number.lazy=
            "valueA" />
            <p v-move-top="valueA">移动位置: 将我从页面顶部下移{{valueA}}px</p>
            <p v-move:[direction]="valueA">移动位置: 将我从页面左边右移{{valueA}}px</p>
```

```
15.         </div>
16.         <script type="text/javascript">
17.             Vue.directive('move-top', {
18.                 bind: function(el, binding, vnode) {
19.                     el.style.position = 'fixed'
20.                     el.style.border = '1px solid #FF44DD'
21.                     el.style.top = binding.value + 'px'
22.                 },
23.                 update: function(el, binding, vnode) {
24.                     el.style.position = 'fixed'
25.                     el.style.border = '1px solid #FF44DD'
26.                     el.style.top = binding.value + 'px'
27.                 },
28.             });
29.             Vue.directive('move', {
30.                 bind: function(el, binding, vnode) {
31.                     el.style.position = 'fixed'
32.                     el.style.backgroundColor = '#ADADAD'
33.                     var leftortop = (binding.arg == 'left' ? 'left' : 'top')
34.                     el.style[leftortop] = binding.value + 'px'
35.                 },
36.                 update: function(el, binding, vnode) {
37.                     el.style.position = 'fixed'
38.                     el.style.backgroundColor = '#ADADAD'
39.                     var leftortop = (binding.arg == 'left' ? 'left' : 'top')
40.                     el.style[leftortop] = binding.value + 'px'
41.                 }
42.             })
43.             var myViewModel = new Vue({
44.                 el: '#vue318',
45.                 data: {
46.                     valueA: 150,
47.                     direction: 'left'
48.                 }
49.             })
50.         </script>
51.     </body>
52. </html>
```

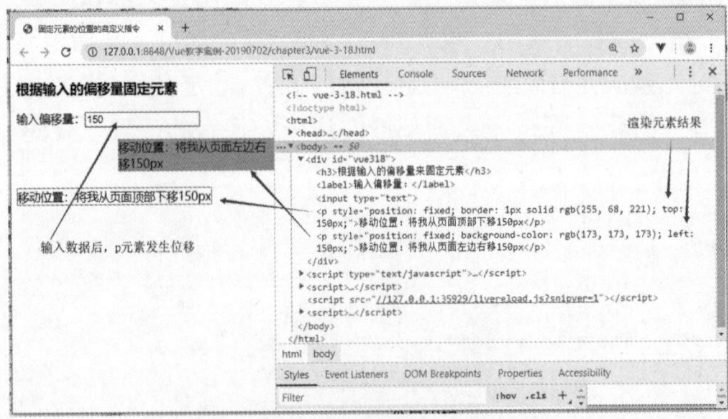

图 3-34　动态指令参数的应用

上述代码中，第 12 行定义文本框，使用 v-model 指令绑定 valueA，并设置修饰符.number.lazy，将输入字符型数据转换为数值型数据，并在数据输入完成后才触发数据更新，元素渲染结果如图 3-34 所示。第 13 行使用全局注册方式自定义 v-move-top 指令，该指令实现绑定元素采用固定布局方式，从顶部向下移动 valueA 像素。第 14 行使用全局注册方式自定义 v-move

指令，并设置动态参数:[direction]，绑定 valueA，动态参数可以赋值为 left 或 top，默认为 left，该元素向右移 valueA 像素。第 17～28 行全局注册 move-top 指令，定义 bind 和 update 两个钩子函数，实现绑定元素以固定布局方式、有边框效果、顶部下移 valueA 像素。第 29～42 行全局注册 move 指令，定义 bind 和 update 两个钩子函数，根据动态参数实现该元素以固定布局方式、有边框效果、左边/右移 valueA 像素。当对象的属性以变量的形式出现时，通常使用数组的方式（如代码第 40 行）来设置或返回对象的属性值。

3.2.4　自定义指令实际应用

自定义指令主要用来操作 DOM。虽然 Vue 推崇数据驱动视图的理念，但并非所有情况都适合数据驱动。自定义指令就是一种有效的补充和扩展，不仅可用于定义任何 DOM 操作，还可以实现组件复用。

在页面图像加载的过程中可以做一个过渡效果（非 CSS 3 动画效果）。例如，在图像未完成加载前，用随机的背景色填充，等待图像加载完成后，再渲染出图像。用自定义指令可以非常方便地实现这个功能。

【例 3-19】自定义 v-img 指令，功能为使用 v-img 指令为被绑定的元素设置背景颜色、背景图像、背景不重复及元素自身的宽度和高度。代码如下，元素渲染结果如图 3-35 所示，页面渲染效果图 3-36 所示。

```
<!-- vue-3-19.html -->
<!DOCTYPE html>
<html>
  <head>
    <meta charset="utf-8" />
    <title>自定义 v-img 指令的应用</title>
    <script type="text/javascript" src="../vue/js/vue.js"></script>
  </head>
  <body>
    <div id="vue319" v-bind:style="style">
      <div v-img="image.url" v-for="image in images"></div>
    </div>
    <script type="text/javascript">
      Vue.directive("img", {
        inserted: function (el, binding) {
          var redColor=Math.floor(Math.random()*256).toString(16);
          var greenColor=Math.floor(Math.random()*256).toString(16);
          var blueColor=Math.floor(Math.random()*256).toString(16);
          el.style.backgroundColor='#'+redColor+greenColor+blueColor;
          console.log(el.style.backgroundColor);
          el.style.width = 300 + "px";
          el.style.height = 300 + "px";
          el.style.display = "inline-block";
          el.style.margin = "0 10px";
          el.style.padding = "0 20px";
          // 设置背景图像代码片断
          el.style.backgroundImage = "url(" + binding.value + ")";
          el.style.backgroundRepeat = "no-repeat";
          // 加载图像代码片断
          // var img = new Image();
          // img.src = binding.value;
          // img.style.width = "300px";
          // img.style.height = "300px";
          // el.appendChild(img);
```

```
35.         },
36.       });
37.       var myViewModel = new Vue({
38.         el: "#vue319",
39.         data: {
40.           style: {
41.             textAlign: "center",
42.             margin: "0 auto",
43.           },
44.           images: [
45.             { url: "image319-1.jpg" },
46.             { url: "image319-2.jpg" },
47.             { url: "image319-3.jpg" },
48.           ],
49.         },
50.       });
51.     </script>
52.   </body>
53. </html>
```

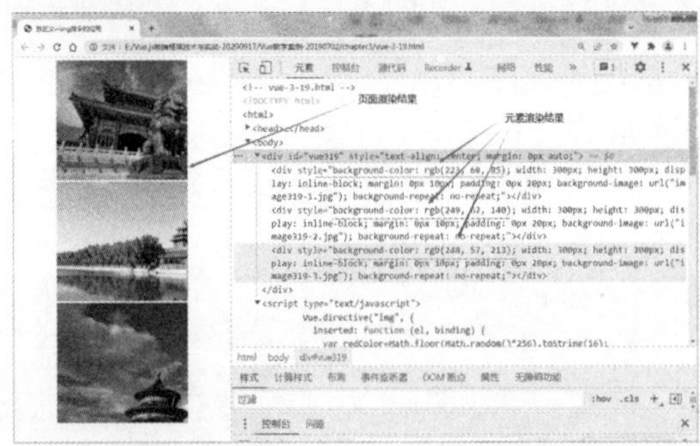

图 3-35 用自定义 v-img 指令渲染元素结果

（a）加载背景图像效果页面

（b）加载图像效果页面

图 3-36 自定义 v-img 指令的渲染效果

上述代码第 14～36 行定义全局自定义指令 v-img，在钩子函数 inserted 中 function(el,binding) 中定义 el 的样式，样式要求为宽度 300px、高度 300px、显示方式为行内块、边界（上下 0、左右 10px）、填充（上下 0、左右 20px）。第 27～28 行定义 el 的样式为有背景图像且不重复。第 30～34 行定义在 el 中加载 img 标记（需要将注释的代码启用，将设置背景图像的代码（第 27～28 行）注释掉）。第 44～48 行在 data 选项中定义 images 数组，数组中每个元素均为对象，每个对象只定义 url 属性和值。正常条件下渲染时是看不到过渡的效果的。

本章小结

本章主要介绍了 Vue.js 指令的定义与分类。

Vue.js 指令分为内置指令与自定义指令。自定义指令注册方式分为全局注册与局部注册。

Vue.js 内置指令主要有条件渲染指令（v-if、v-else-if、v-else、v-show）、列表渲染指令 v-for、事件绑定指令 v-on、表单元素值绑定指令 v-model、输出元素内容指令 v-text、输出元素 HTML 指令 v-html、隐藏元素指令 v-cloak、原样输出元素内容指令 v-pre、只执行一次的指令 v-once。事件修饰符有.stop、.prevent、.capture、.self、.passive、.once；v-model 指令有修饰符，分别为.trim、.lazy、.number。键盘事件也可以设置按键修饰符。

Vue.js 自定义指令主要是对 Vue.js 内置指令功能的补充。自定义指令全局注册时必须定义在 Vue 根实例前，否则会报错。定义时根据需要选择不同的钩子函数，包括 bind、inserted、update、componentUpdated、unbind；并能够熟练地使用相关参数，主要参数有 el、binding、vnode、oldVnode，其中 binding 是一个复杂的对象，包含 name、value、oldValue、expression、arg、modifiers 等属性。

Vue.js 自定义指令还支持动态参数，格式为 v-my-directive:[argument]="value"，argument 参数可以根据组件实例数据进行更新。

练习 3

1. 选择题

（1）下列选项表示绑定属性的语法糖定义正确的是（　　）。

A. :value='valueA'　　B. v-bind:key='user-name'

C. @value='valueA'　　D. v-on:click='adds'

（2）下列按键修饰符中表示按 Enter 键的是（　　）。

A. .tab　　B. .enter　　C. .ctrl　　D. .shift

（3）下列事件修饰符中能够阻止事件冒泡的是（　　）。

A. .passive　　B. .capture　　C. .stop　　D. .once

（4）下列 v-model 修饰符中能够将字符型数据转换为数值型数据的是（　　）。

A. .number　　B. .trim　　C. .lazy　　D. 所有选项都是

（5）下列指令中能够实现标记内容原样输出的是（　　）。

A. v-bind　　B. v-html　　C. v-text　　D. v-pre

（6）下列指令中只渲染一次的是（　　）。

A. v-html　　B. v-pre　　C. v-once　　D. v-on:click.once

（7）下列指令中能够捕获事件的是（　　）。

A. v-on　　B. v-for　　C. v-if　　D. v-model

（8）下列指令中能够与元素的属性进行绑定的是（　　）。

A. v-html　　B. v-bind　　C. v-model　　D. v-cloak

2. 填空题

（1）Vue.js 中的条件渲染指令有 v-if、________、________和________。

（2）Vue 实例中用于定义挂载元素的选项是_____；用于定义模型数据的选项是______。

（3）内置指令中能够隐藏未编译的元素的指令是__________；能够输出 HTML 标记和内容的指令是________；能够实现与表单元素进行绑定的指令是_________；能够输出元素内

容的指令是________，它等价于使用________显示数据属性的值。

（4）自定义指令的注册方式有两种，分别是________、________。自定义指令仍然使用________作为指令的前缀。

3. 简答题

（1）简述所有的条件渲染指令，并说明它们的差异性。

（2）简述列表渲染常用的几种循环格式，它们分别在什么场合使用？

（3）简述自定义全局指令的方法。

视频讲解

实训 3

1. 内置指令实训——人员添加并输出

【实训要求】

（1）学会引入 Vue，完成简易表单设计。

（2）学会定义 Vue 实例对象，会配置 el、data 和 methods 等选项。

（3）学会使用 v-on 、v-model、v-bind 及 v-for 等内部指令。

【设计要求】

按图 3-37 所示的页面效果，完成项目实训，具体设计要求如下。

（1）设计表单。表单中有两个文本框，分别输入识别号和姓名，使用 v-model 指令绑定 id 和 name。另外还有一个普通按钮和一个清空按钮，value 值分别为“添加”和“清空”，绑定单击事件，分别调用 add() 和 clear() 方法。表单的外面使用一个<div>标记包裹，并在此 div 上绑定 style 属性，值为“divStyle”。

（2）人员列表清单显示。人员信息主要包含识别号（id）和姓名（name）。在<p>标记上采用 v-for 指令遍历所有人员信息。人员信息保存在 users 对象数组中，并用“[{id:1,name:‘张清华’},{}…{}]”形式初始化 4 个人员信息，id 号分别为 1、2、3、4，姓名分别为“张清华”“袁振兴”“赵小燕”“李阳阳”，并以复选框的形式输出所有人员清单。

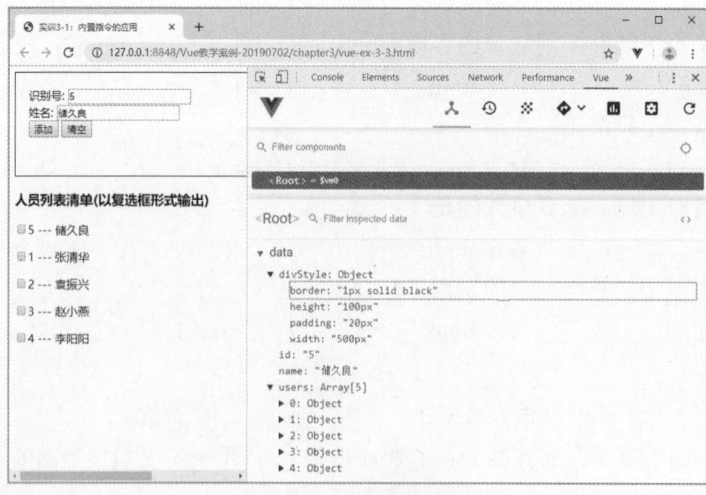

图 3-37　人员管理页面

（3）定义相关方法。在 methods 选项中定义 add()、clear() 方法。其中，add() 方法的功能是将添加人员的信息从数组的开头插入人员数组；clear() 方法的功能是清除识别号和姓名文本框中的内容。

（4）div 的样式：边框宽度为 1px，线型为实线，颜色为黑色，宽度和高度均为 100px，填充为 20px。必须通过 v-bind 绑定 style 属性的方式实现。

【实训步骤】

（1）建立 HTML 文件。将项目文件命名为 vue-ex-3-1.html，在<head>标记中引入 Vue.js 文件，按设计要求（1）完成表单内容的设计。

（2）定义 Vue 实例。分别完成 el、data、methods 等选项的配置。

- 定义 el，挂载元素为#vue-ex-31。
- 定义 data，分别定义 divStyle、id、name 等变量，按设计要求（2）完成 users 的初始化工作。
- 配置 methods 选项。定义 add() 和 clear() 方法，形式如下。

```
functionName(){…}
functionName: function(){…}
```

（3）项目调试并运行。在浏览器中打开 HTML 文件，并按 F12 键进入调试模式，输入识别号和姓名后，单击“添加”按钮，查看人员信息是否添加在所有人员信息的最前面，如果是，则程序设计正确。再单击“清空”按钮，查看两个文本框中的内容是否清空，如果有错，可根据错误信息进行修改。

2. 自定义指令实训——自定义字符装饰

视频讲解

【实训要求】

（1）学会引入 Vue，完成 HTML 文档基本结构的定义。

（2）学会在一个文件中同时定义两个 Vue 实例对象，分别解决不同的应用需求，并配置 el、data 和 directives 等选项。

（3）学会自定义指令的注册方法，会用全局注册和局部注册的方式定义相关的指令。

（4）学会使用 v-bind 指令绑定 style，为 div 设置相应的样式。

【设计要求】

按图 3-38 所示的页面效果，完成项目实训，具体设计要求如下。

（1）在 body 中的插入两个<div>标记，作为视图展示区，id 分别为 vue-ex-32-1 和 vue-ex-32-2，<div>标记内包含一个<h3>、一个<p>和一个<div>标记，子<div>用于展示自定义指令执行的文字装饰效果。在<script>标记内定义两个实例对象，分别为 myViewModel1 和 myViewModel2，并在其中定义相关的选项属性。其中，myViewModel1 对应的视图完成英文字母转换为带下画线的全大写格式；myViewModel2 对应的视图完成英文字母转换为带上画线的全小写格式。两个视图均绑定 style 样式属性值为“comStyle”。其中，视图 1 对应的样式为宽度 450px、高度 150px、边框（1px、虚线、#333333）；视图 2 对应的样式为宽度 450px、高度 150px、背景颜色#333333。

（2）视图中对应的英文字符串分别为 Vue.js Components Fundamentals!和 Vue.js is very Good!（innerText）。

（3）定义全局自定义指令，分别为 v-line 和 v-upper-text。其中，v-line 指令的作用是设置字符装饰（underline 或 overline）；v-upper-text 指令的作用是将英文字符串转换为全大写格式，并在控制台输出 el 和 binding 属性值。在 myViewModel2 实例中定义局部自定义指令 v-lower-text，作用是英文字符串转换为全小写格式。

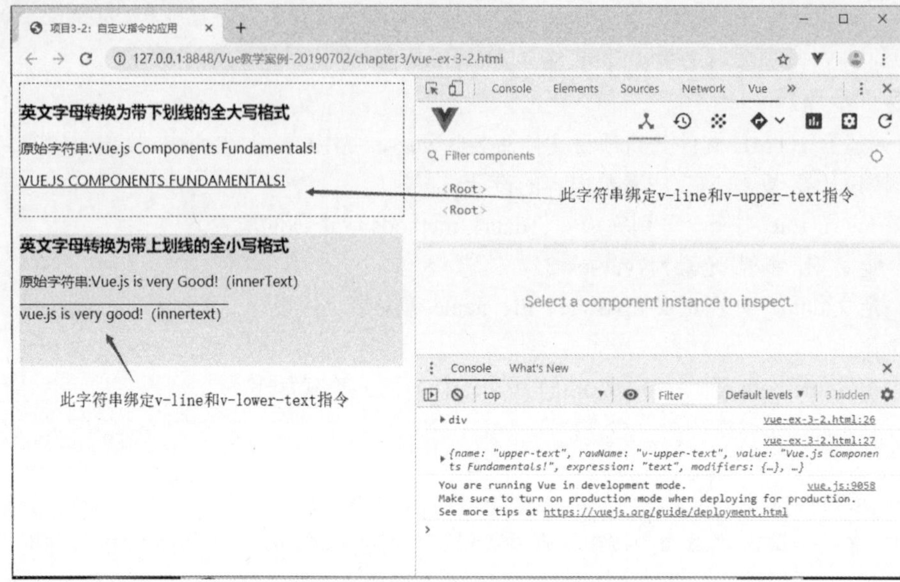

图 3-38　自定义指令实训渲染页面

（4）视图 HTML 代码参考结构如下。

```
<div id="vue-ex-32-1" v-bind:style="comStyle">
    <h3>英文字母转换为带下画线的全大写格式</h3>
    <p>原始字符串:{{text}}</p>
    <div v-line="lineStyleA" v-upper-text="text"></div>
</div>
```

【实训步骤】

（1）建立 HTML 文件。将项目文件命名为 vue-ex-3-2.html，在<head>标记中引入 Vue.js 文件，按设计要求（1）完成页面基本内容的设计。

（2）定义两个 Vue 实例，分别完成 el、data 等选项的配置。

- 定义 el，挂载元素分别为#vue-ex-32-1 和#vue-ex-32-2。
- 定义 data。在第 1 个实例中分别定义 text、lineStyle、comStyle 等变量，在第 2 个实例中分别定义 innerText、lineStyle、comStyle 等变量，按设计要求（1）和（2）完成相关变量的初始化工作。

（3）定义自定义指令。

全局注册自定义指令 v-line 和 v-upper-text，格式如下。

```
Vue.directive("line", function(el, binding) {
    el.style.textDecoration = binding.value;
});
Vue.directive("upper-text", function(el, binding) {
    console.log(el);
    console.log(binding);
    el.textContent = binding.value.toUpperCase();
});
```

局部注册自定义指令 v-lower-text，格式如下。

```
directives: { //局部指令，只在当前 Vue 中有效
    "lower-text": function(el, binding) {
        el.textContent = binding.value.toLowerCase();
    }
}
```

（4）项目调试并运行。在浏览器中打开 HTML 文件，并按 F12 键进入调试模式，选择 Console 选项卡，查看控制台输出信息，如图 3-38 所示。

第 4 章

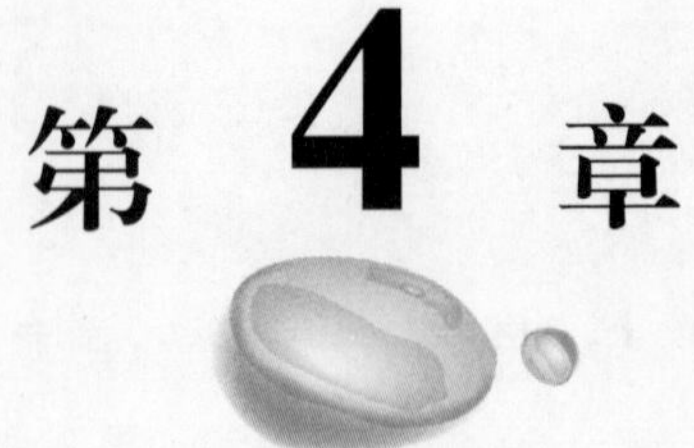

Vue.js 基础项目实战

本章学习目标

通过本章的学习，能够了解 Vue 简易项目实现的基本方法，学会使用 Vue 指令完成相关业务逻辑的设计；掌握 Vue 项目的基本组成，学会使用 HTML、CSS、JavaScript 等脚本开发 Vue 项目。

Web 前端开发工程师应知应会以下内容。

- 掌握 Vue 简易项目的基本组成。
- 学会在项目中引入 Vue.js。
- 掌握 v-for、v-bind、v-on、v-model、v-show 等常用指令的使用方法。
- 掌握 Vue 过滤器的定义方法。

4.1 简易图书管理

4.1.1 项目需求

简易图书管理项目包含基本的图书信息添加、删除与搜索功能；需要使用 Vue 的过滤器和 Vue 实例的 methods 属性定义相关过滤器和方法；借助 HTML5 和 CSS3 的新特点完成单页面功能设计。按图 4-1 所示的效果，完成页面设计。具体功能如下。

（1）图书添加功能。使用 HTML5 表单元素，设计图书信息添加界面，图书信息包含图书序号、图书名称、出版社、作者、时间等字段。将合法数据添加到数组中，并通过表格输出。

（2）图书搜索功能。在输入文本框中输入相关信息，可以进行模糊查询，并通过表格展示查询到的图书信息。

（3）图书删除功能。在表格最右侧的“操作”栏目中，当单击“删除”按钮时，可以将此条图书信息删除，表格内容同步更新。“编辑”按钮的功能暂不要求设计。

图 4-1　简易图书管理页面设计

4.1.2　项目实现

具体实现工程项目时，一般不建议将所有代码均放在一个文件中，建议分开存放。例如，页面展示的内容放在 HTML 文件中，样式定义放在 CSS 文件中，Vue 的实现放在 JS 文件中，将文件分别命名为 index-4-1.html、index-4-1.css、index-4-1.js。按图 4-1 所示要求，构建展示页面。

1. 设计 index-4-1.html

使用 HTML5 表单元素构建图书添加和检索页面；采用 Vue.js 的 v-for 指令借助表格标记显示添加图书信息，并能够动态更新，代码如下。

```
<!-- index-4-1.html -->
<!DOCTYPE html>
<html lang="en">
    <head>
        <meta charset="UTF-8">
        <title>实战-简易图书管理</title>
        <link rel="stylesheet" type="text/css" href="index-4-1.css" />
        <script type="text/javascript" src="../vue/js/vue.js"></script>
    </head>
    <body>
        <div id="vue41">
            <div class="div1">
                <h5>简易图书管理</h5>
                <p>
                    <label>id: <input type="text" placeholder="请输入序号"
                    v-model="id"required> </label>
                    <label>图书名称: <input type="text" placeholder="请输入图书名称"
                    v-model="bookname" required > </label>
                    <label>出版社: <input type="text" placeholder="请输入出版社"
                    v-model="press"required> </label>
                    <label>作者: <input type="text" placeholder="请输入作者"
                    v-model="author"required> </label>
                    <button @click="add">添加</button><br>
```

```
                </p>
                <p>
                    <label>请输入搜索关键字:
                        <input type="text" placeholder="请输入搜索关键字" v-model=
                        "keyword">
                    </label>
                    <button @click="search(keyword)">搜索</button>
                </p>
                <table border="1">
                    <thead>
                        <tr v-bind:class="trClass">
                            <th>序号</th>
                            <th>图书名称</th>
                            <th>出版社</th>
                            <th>作者</th>
                            <th>时间</th>
                            <th>操作</th>
                        </tr>
                    </thead>
                    <tbody>
                        <tr v-for="(item,i) in queryLists" :key="item.id"
                        v-bind:class="trClass">
                            <td>{{item.id}}</td>
                            <td>{{item.bookname}}</td>
                            <td>{{item.press}}</td>
                            <td>{{item.author}}</td>
                            <td>{{item.ptime|dateFormat}}</td>
                            <td>
                                <a href="#" class="btn-success" @click.prevent="">
                                {{item.operation[0]}}</a>
                                <a href="#" class="btn-success" @click.prevent=
                                "deleteBook(i)">{{item.operation[1]}}</a>
                            </td>
                        </tr>
                    </tbody>
                </table>
            </div>
        </div>
        <script type="text/javascript" src="index-4-1.js"></script>
    </body>
</html>
```

2. 设计 index-4-1.css

使用 CSS3 圆角边框修饰表单元素，定义<div>、<table>、<h5>、<tr>、<th>、<a>等标记的样式，代码如下。

```
/* index-4-1.css */
/* 定义图层的样式  */
.div1 {margin: 0 auto;width: 950px;border: 1px dashed #55ed89;}
/* 设置表格样式 */
table {
    border: 1px solid #42B983;text-align: center;
    width: 950px;border-collapse: collapse;
}
/* 定义表格表头样式 */
th {background: #ABB983;}
/* 定义表格行的样式 */
```

```
.tr1 {height: 50px;padding: 5px auto;}
/*定义 h5 样式 */
h5 {
    text-align: center;color: #0033CC;padding: 15px;
    background: #AFAFAF;font-size: 28px;height: 58px;
}
/*定义 input 样式 */
input {
    border-radius: 8px;width: 140px;
    height: 35px;border: 1px dashed #008000;
}
/*定义 button 和超链接样式 */
button,
.btn-success {
    border-radius: 8px;width: 80px;height: 35px;
    background: #008000;color: white;
}
/* 定义超链接样式 */
a {padding: 8px 10px;}
```

3. 设计 index-4-1.js

定义全局过滤器 dateFormat，用于将系统时间格式化为形如“2019-9-23 15:4:59”的格式。定义 Vue 实例，并定义 el、data、methods 等选项属性。在 methods 方法属性中需要定义 add()、deleteBook(i)、search(bname) 方法。3 个方法的功能要求分别如下。

（1）add()：当图书所有信息填写完成后，才能执行添加功能，否则提示数据输入不完整。

（2）deleteBook(i)：删除当前第 i 个图书信息。

（3）search(bname)：将满足搜索条件的图书赋值给 queryLists 数组。参数 bname 为搜索关键字。当不输入任何搜索关键字时，返回的图书数组就是初始化时的图书数组。代码如下：

```
search(bname) {
   this.queryLists = this.bookLists.filter(function(book) {
    return book.bookname.indexOf(bname) != -1;
  });
},
```

其中，filter()方法用于过滤数组的每个元素，并将元素的 bookname 中包含 bname 子串的元素传递给回调函数。图书对象的属性分别为 id、bookname、press、authoe、ptime、operation。初始化图书信息如表 4-1 所示。

表 4-1　初始化图书信息

序号	图 书 名 称	出 版 社	作　　者
1	Web 前端开发技术	清华大学出版社	储久良
2	Java 的程序设计	电子工业出版社	耿祥义
3	JavaScript 的高级程序设计	高等教育出版社	张路路

代码如下：

```
/* -- index-4-1.js  */
//定义全局过滤器
Vue.filter("dateFormat", function (date) {
   return date.toLocaleString().split("/").join("-");
});
var myViewModel = new Vue({
  el: "#vue41",
```

```
    data: {
      trClass: "tr1",
      keyword: "",
      id: "",
      bookname: "",
      press: "",
      author: "",
      bookLists: [
        {
          id: 1,
          bookname: "Web 前端开发技术",
          press: "清华大学出版社",
          author: "储久良",
          ptime: new Date(),
          operation: ["编辑", "删除"],
        },
        {
          id: 2,
          bookname: "Java 程序设计",
          press: "电子工业出版社",
          author: "耿祥义",
          ptime: new Date(),
          operation: ["编辑", "删除"],
        },
        {
          id: 3,
          bookname: "JavaScript 高级程序设计",
          press: "高等教育出版社",
          author: "张路路",
          ptime: new Date(),
          operation: ["编辑", "删除"],
        },
      ],
      queryLists: [],
    },
    methods: {
      add() {
        //数据不为空，才能添加
        if (this.id != "" && this.bookname != "" && this.press != "" && this.author != ""){
          this.bookLists.push({
            id: this.id,
            bookname: this.bookname,
            press: this.press,
            author: this.author,
            ptime: new Date(),
            operation: ["编辑", "删除"],
          });
        } else {
          alert("图书数据不完整！，请补充！！");
        }
        this.id = "";
        this.bookname = "";
      },
      deleteBook(i) {
         this.queryLists.splice(i, 1);
```

```
      },
      search(bname) {
        this.queryLists = this.bookLists.filter(function (book) {
          return book.bookname.indexOf(bname) != -1;
        });
      },
    },
    mounted() {
      this.queryLists = this.bookLists;
    },
  });
```

4.2 我的待办事项

根据 https://cn.vuejs.org/v2/examples/todomvc.html 官网提供的 TodoMVC 项目（Evan You 设计并开源），设计一个简单的待办事项应用程序。TodoMVC 项目的页面效果如图 4-2 和图 4-3 所示。模仿 Evan You 设计的 TodoMVC 项目，开发一个“我的待办事项”项目 MyToDos。

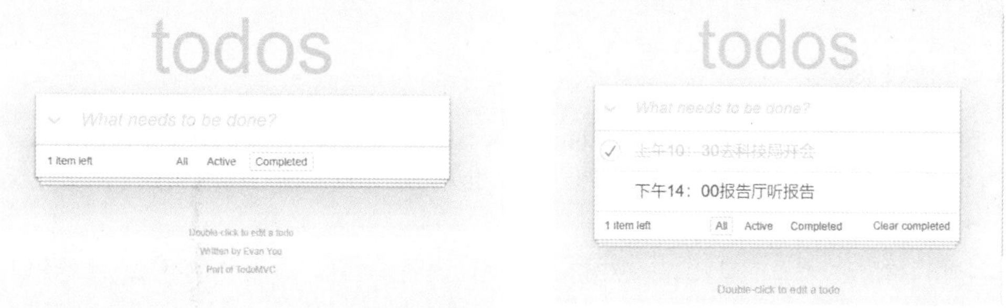

图 4-2 Vue 官网上 TodoMVC 实现的效果　　图 4-3 在 TodoMVC 添加待办后的效果

4.2.1 项目需求

设计一个方便用户使用的简易待办事项提醒应用程序，页面效果如图 4-4 所示。该程序主要具有以下功能。

（1）使用 HTML5 表单完成界面设计。表单实现输入待办事项后单击“添加”按钮，可以将待办事项添加到展示项目中。

图 4-4 模仿 TodoMVC 实现 MyToDos 页面效果

（2）待办事项处理。对已经完成的待办事项打上“√”标记一下，同时也可以通过×按钮删除该事项，如图 4-5 所示。待办项目使用复选框进行展示，并在每个待办项目后面添加一个×按钮，用于删除该事项。

图 4-5　待办事项处理

（3）状态显示栏设置。实现剩余项目数、“全部”按钮、“待完成”按钮、“已完成”按钮、“清除完成”按钮等功能。

4.2.2　项目实现

MyToDos 项目主要包括 index-4-2.html、index-4-2.css、index-4-2.js 3 个文件，分别完成页面内容展示、页面样式表现、Vue 实例定义及相关方法、过滤器等功能设计。

1. 设计 index-4-2.html

使用 HTML5 表单元素构建 MyToDos 页面，如图 4-4 所示，主要使用域、域标题、文本输入框、按钮布局，使用复选框和有序列表显示添加的待办事项，然后根据待办事项的状态激活相应的命令按钮，代码如下。

```
<!-- index-4-2.html -->
<!doctype html>
<html lang="en">
    <head>
        <meta charset="UTF-8">
        <title>待办事项助手-MyToDos</title>
        <script type="text/javascript" src="../vue/js/vue.js"></script>
        <link rel="stylesheet" type="text/css" href="index-4-2.css" />
    </head>
    <body>
        <div class="container" id="vue42">
            <h3 align="center">MyToDos</h3>
            <fieldset id="">
                <legend>待办事项管理助手</legend>
                <input type="text" v-model.trim='newTodo' @keyup.enter=' appendItem' autofocus placeholder="请输入待办事项">
                <button id="append" @click='appendItem' class="btn1">添加</button>
                <ol>
                    <!-- for 循环遍历待办事项数组中的数据 -->
                    <li v-for='(item,index) of itemArray' :key=item.id>
                        <!-- 通过复选框区分设置待办事项是否完成 -->
                        <input type="checkbox" @click="completed(index)" :checked='item.state==false' />
                        <!-- 通过 CSS 样式区分显示完成的待办事项 -->
```

```
23.                 <span class="itemClass" :class='item.state ? "not" :
                    "doneClass"'> {{item.content}} </span>
24.                 <!-- 设置单击"×"删除该待办事项 -->
25.                 <span class="cancelClass" @click='delOne(index)'>×</span>
26.             </li>
27.         </ol>
28.         <footer>
29.             <!-- 动态切换显示项目总数/剩余待完成事项数 -->
30.             <div id="inlineDiv" v-show="total==notDoneCount">
31.                 <span>共有</span><span v-text="total"></span><span>项
                    </span>
32.             </div>
33.             <div id="inlineDiv" v-show="total!=notDoneCount">
34.                 <span>剩余</span><span v-text="notDoneCount"> </span>
                    <span>项</span>
35.             </div>
36.             <!-- 设置分类显示不同待办事项的按钮,也可以使用超链接完成同样的功能-->
37.             <div id="inlineDiv">
38.                 <button @click='all' class="btn2">全部</button>
39.                 <button @click='isActive' class="btn2">待完成</button>
40.                 <button @click='isCompleted' class="btn2">已完成</button>
41.                 <button @click='clearDone' class="btn2" v-show="total-
                    notDoneCount>0">清除完成</button>
42.             </div>
43.         </footer>
44.     </fieldset>
45. </div>
46. <script type="text/javascript" src="index-4-2.js"></script>
47. </body>
48. </html>
```

上述代码中，包含 Vue 实例的 index-4-2.js 文件一定放在模板后面和</body>结束标记之前，如代码第 46 行所在的位置，否则不能创建 Vue 实例。第 15 行采用 v-model 和 v-on 指令绑定表单文本框，并使用按键修饰符和 v-model 修饰符，输入信息后按 Enter 键或单击“添加”按钮即可完成待办信息添加工作。第 17～27 行代码实现有序列表显示待办事项，其中列表项的内容由 3 部分组成：复选框、待办事项具体内容和×按钮，如图 4-6 所示。第 28～43 行代码动态显示提示信息和命令按钮。当有待办事项完成，即用户单击勾选复选框时，状态栏通过 v-show 指令实现动态变化，提示信息变为“剩余*项”，增加一个“清除完成”按钮，如图 4-7 所示。

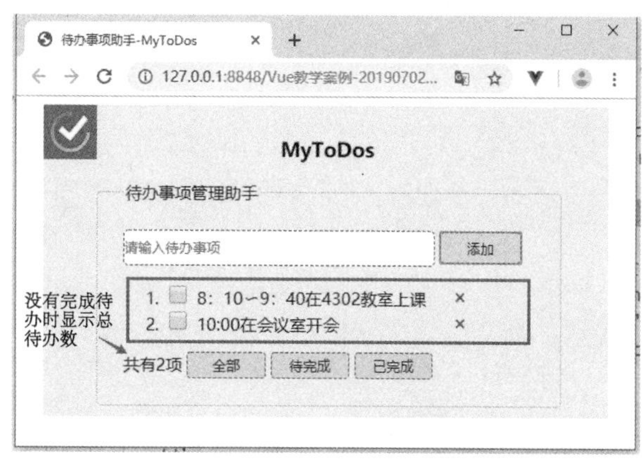

图 4-6　MyToDos 状态栏设置

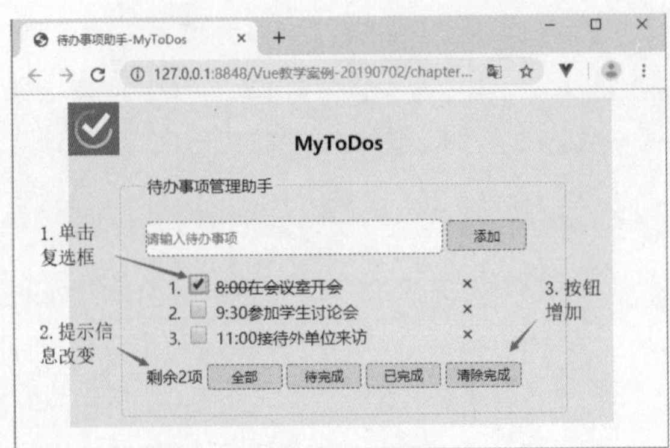

图 4-7　MyToDos 状态栏动态变化

2. 设计 index-4-2.css

使用 CSS3 圆角边框修饰表单元素，定义<div>、<fieldset>、<input>、<h3>、<button>等标记的样式，代码如下。

```
/* index-4-2.css */
/* 定义 MyToDos 项目中标记及相关属性的样式 */
h3 {
    text-align: center;text-shadow: 3px 3px #2C3E50;
    font-size: 36px;padding: 10px auto;color: #0000FF;
}
.container {
    width: 450px;
    background: #EDEDED url('todo-done-small.jpg') no-repeat top left;
    padding: 10px 50px;margin: 0 auto;
}
.cancelClass {
    font-weight: bolder;width: 20px;color: #f00;
    font-size: 18px;cursor: pointer;float: right;
    /* ×号居右边显示*/
}
.cancelClass:hover {font-weight: bold;}
li {width: 300px;/*定义列表项样式 */}
/* 定义完成事项的样式 */
.doneClass {text-decoration: line-through;}
.not {text-decoration: none;}
/* 定义圆角虚线边框的文件框样式 */
input {
    border-radius: 5px;border: 1px dashed #008000;
    width: 300px;height: 30px;
}
/* 定义域的样式 */
fieldset {
    border-radius: 5px;border: 1px dotted #ADAFAE;
    width: 400px;padding: 25px;
}
/* 添加按钮的样式 */
.btn1 {
    border-radius: 5px;border: 1px dashed #008000;
    width: 80px;height: 30px;
}
/* 添加按钮盘旋时的样式 */
.btn1:hover {background: #0000FF;color: white;}
/* 定义底部 4 个按钮的样式及盘旋时的样式 */
.btn2 {
```

```
    border-radius: 4px;border: 1px dashed #008000;
    width: 76px;height: 25px;
}
.btn2:hover {background: #00EEEE;color: white;}
/* 定义复选框的样式 */
[type="checkbox"] {width: 20px;height: 18px;background: #008000;}
/* 定义列表项的样式 */
.itemClass {width: 200px;height: 20px;}
/* 定义底部用于区分显示提示信息的 div 样式 */
#inlineDiv {display: inline;}
```

3. 设计 index-4-2.js

定义 Vue 实例，并定义 el、data、methods、computed 等数据属性。在 methods 方法属性中需要定义 appendItem、clearDone、completed、isActive、isCompleted、delOne、all 方法，其功能分别如下。

（1）appendItem：添加新的待办信息。待办事项对象的属性有 id、content、state。新添加的待办事项 state 默认值为 true。

（2）clearDone：清除已完成待办事项。过滤掉 state 属性值为 false 的事项。

（3）completed：完成待办事项。将待办事项对象的 state 属性值设置为 false，同时匹配新的样式，加删除线效果。

（4）isActive：设置待办事项状态为 isActive。

（5）isCompleted：设置待办事项状态为 isCompleted。

（6）delOne：删除指定的待办事项。

（7）all：设置待办事项状态为 all。

在计算属性中定义 total、notDoneCount、itemArray 方法，其功能分别如下。

（1）total：计算待办事项总数。

（2）notDoneCount：计算未完成待办事项数。

（3）itemArray：根据待办事项的状态（all、isCompleted、isActive）返回满足特定条件的待办事项集。

```
/* index-4-2.js */
//定义 MyToDos 项目中相关方法、过滤器、计算属性等
//定义 Vue 实例
var myViewModel = new Vue({
    el: '#vue42',
    data: {
        newTodo: '',
        newID: 1,
        list: [],
        itemState: "",
    },
    computed: {
        total: function() {            //统计待办事项总数
            return this.list.length
        },
        notDoneCount: function() {     //统计未完成事项数据
            return this.list.filter(function(item) {
                return item.state
            }).length
        },
        itemArray: function() {        //根据待办事项的状态筛选待办事项,用于分类显示
```

```
            if (this.itemState == "") {                 //返回所有待办事项
                return this.list;
            } else if (this.itemState == "all") {       //返回未完成的待办事项
                return this.list.filter(function(item) {
                    return true;
                })
            } else if (this.itemState == "isCompleted") {   //已完成的待办事项
                return this.list.filter(function(item) {
                    return item.state ? false : true;
                })
            } else if (this.itemState == "isActive") {  //返回未完成的待办事项
                return this.list.filter(function(item) {
                    return item.state ? true : false;
                })
            }
        },
    },
    methods: {
        appendItem: function() {            //添加待办事项
            if (this.newTodo != "") {       //文本框内容不为空时可添加
                this.list.push({
                    id: this.newID++,
                    content: this.newTodo,
                    state: true,
                });
            } else {                        //文本框中未输入内容,告警提示
                alert("请输入待办信息! ")
            }
            this.newTodo = '';
            this.itemState = "";
        },
        clearDone: function() {             //清除已完成待办事项,更新待办数组
            this.list = this.list.filter(function(item) {
                return item.state;
            })
        },
        completed: function(index) {        //切换复选框的状态,并更新待办状态
            this.list[index].state = !this.list[index].state;
        },
        //设置 itemState,分类统计
        all: function() {
            this.itemState = "all";
        },
        isActive: function() {
            this.itemState = "isActive";
        },
        isCompleted: function() {
            this.itemState = "isCompleted";
        },
        //删除已完成待办事项,更新视图
        delOne: function(index) {
            this.itemArray.splice(index, 1);
        }
    }
});
```

本章小结

本章主要介绍了两个实战案例。“简易图书管理”项目主要完成图书采集与查询功能，通过表单绑定获取数据，然后绑定事件将图书信息保存到对象数组中，通过表格展示出来，通过搜索框可以查询相关图书。“我的待办事项”项目主要完成待办事项添加、待办事项状态（全部项目、待完成、已完成、剩余项目等）统计，采用表单绑定获取待办内容，然后存入对象数组中，再通过 v-for 循环遍历无序列表显示所有待办事项，并在列表项前面添加一个复选框，勾选复选框表示已完成，默认未完成，单击待办事项后面的×按钮删除该待办事项。

实训 4

视频讲解

1. Vue.js 基础案例实训——简易图书管理

按照 4.1 节方法与步骤自行编程，完成实训，并补充实现在线“编辑”的功能。

视频讲解

2. Vue.js 基础案例实训——我的待办事项

按照 4.2 节方法与步骤，采用不同的方法自行编程，完成实训。

第 5 章

Vue.js 组件开发

本章学习目标

通过本章的学习，能够熟悉组件的命名规范，掌握组件的注册方法；掌握组件间通信的常用方法，熟悉单文件组件的构成，掌握插槽的分类和定义方法；能够在实际工程中使用插槽传递数据。

Web 前端开发工程师应知应会以下内容。

- 熟悉组件的命名规范。
- 掌握全局、局部注册组件的方法。
- 掌握组件间通信的多种方法。
- 掌握插槽的分类和定义方法。
- 理解单文件组件的构成。

5.1 组件基础

组件（Component）是 Vue.js 最强大的功能之一。组件可以扩展 HTML 元素，封装可重用的代码。组件也可以看作自定义的 HTML 元素。可以使用独立可复用的小组件构建大型应用，几乎任意类型的应用界面都可以抽象为一棵组件树，如图 5-1 所示。

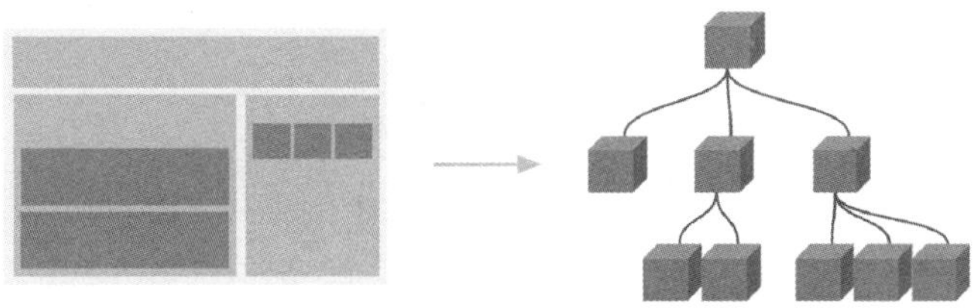

图 5-1　组件树

5.1.1　组件命名

所有的 Vue 组件同时也都是 Vue 实例，所以可接受相同的选项对象（除了一些根级特有的选项）并提供相同的生命周期钩子。

注册前必须为组件命名，除根组件 vue51（见例 5-1 中 div 的 id 属性值）外，组件名应该采用多个单词构成，以免与现有或未来的 HTML 元素发生冲突（所有 HTML 元素名称都是由单个单词构成）。Vue 组件通常采用 kebab-case（短横线分隔式）命名法或 camelCase（驼峰式）命名法。

（1）kebab-case 命名法

当使用 kebab-case（短横线分隔式）命名法定义一个组件时，必须在引用这个自定义元素时使用 kebab-case。Vue props 最好直接使用 kebab-case 命名，如 my-name、my-component-name 等。

（2）camelCase 命名法

驼峰式（骆驼式）命名法就是当组件名是由一个或多个单词构成时，第 1 个单词以小写字母开始；从第 2 个单词开始以后的每个单词首字母都大写。例如，myFirstName、myLastName、myComponent 等这样的变量名看上去就像骆驼峰一样此起彼伏，故而得名。注意，尽管如此，直接在 DOM（即非字符串的模板）中使用时，只有 kebab-case 形式是有效的。

与 camelCase 相近的还有 PascalCase（帕斯卡命名法），两者的区别是使用 PascalCase 命名时，第 1 个单词的首字母大写；而 camelCase 命名时，第 1 个单词的首字母小写。当使用 PascalCase 命名法定义一个组件时，在引用这个自定义元素时两种命名法都可以使用。也就是说，<my-component-name>和 <MyComponentName>都是可接受的。

以上都是官方文档所述，因为 HTML 不区分大小写，所以不管是用 kebab-case 还是 camelCase 命名的组件在写入 HTML 后都要改写为 kebab-case 格式。

【基本语法】

```
//在组件定义中
components: {
    //使用 kebab-case 注册
    'kebab-cased-component': { /* ... */ },
    //使用 camelCase 注册
    'camelCasedComponent': { /* ... */ },
    //使用 PascalCase 注册
    'PascalCasedComponent': { /* ... */ }
}
```

在 HTML 模板中，请使用 kebab-case 命名法。

```
<!-- 在 HTML 模板中始终使用 kebab-case -->
<kebab-cased-component></kebab-cased-component>
<camel-cased-component></camel-cased-component>
<pascal-cased-component></pascal-cased-component>
```

当使用字符串模式时，可以不受大小写的限制。也就是说，实际上在模板中，可以使用以下方式引用这些组件。

（1）kebab-case。

（2）camelCase 或 kebab-case（如果组件已经被定义为 camelCase）。

（3）kebab-case、camelCase 或 PascalCase （如果组件已经被定义为 PascalCase）。

```
components: {
    'kebab-cased-component': { /* ... */ },
    'camelCaseComponent': { /* ... */ },
    'PascalCasedComponent': { /* ... */ }
}
// 在字符串模板中可以采用以下格式引用
Vue.component('MyCom',{
    template:`<div>
      <kebab-cased-component></kebab-cased-component>
      <camel-cased-component></camel-cased-component>
      <camelCaseComponent></camelCaseComponent>
      <pascal-cased-component></pascal-cased-component>
      <pascalCasedComponent></pascalCasedComponent>
      <PascalCasedComponent></PascalCasedComponent>
    </div>`
})
```

5.1.2 组件注册

组件注册通常分为全局注册和局部注册。全局组件适用于所有实例，局部组件仅供本实例使用。

1. 全局注册

【基本语法】

```
//全局组件注册
Vue.component(tagName, options)
Vue.component('myComponet', {
    //data 必须定义为函数，并通过 return 返回相关数据
    template: 'HTML 元素定义'
})
```

【语法说明】

tagName 为组件名；options 为配置选项，选项是一个对象，通过模板选项 template 定义组件的外观。当模板中包含多个 HTML 元素时，必须使用一个根元素包裹其他 HTML 元素，否则定义的组件不会生效。一个组件的 data 选项必须是一个函数，因此，每个实例可以维护一份被返回对象的独立的副本。与 Vue 实例中 data 选项的定义方法不同，在组件中定义 data 选项时，必须定义为函数，其中的数据通过 return 返回。也可以使用 data(){return{}}格式来定义，具体格式如下。

```
data: function () {
    return {
        //定义相关数据属性
    }
}
```

注册后，可以调用组件，调用方式如下。

```
<tagName></tagName>
```

必须在 Vue 实例中通过 components 选项定义自己的组件。也可以使用普通的 JavaScript 对象定义组件，然后在全局注册和局部注册时直接引用。

2. 局部注册

【基本语法】

```
//定义方式 1
var componentA = {template: '<h1>h1-Js 自定义局部组件-A 组件</h1>'};
//定义方式 2
var tmp1 = Vue.extend({
    template: "<p>通过 Vue.extend 创建的 tmp1 组件</p>"
});
//定义 Vue 实例
var myViewModel = new Vue({
    el: '#vue51',
    components: {
        mybutton1: componentA,
    }
})
```

【语法说明】

局部注册时，需要在 components 选项下定义组件，mybutton1 为组件名，componentA 为组件对应的 JavaScript 对象或选项对象。在 Vue 中，一个组件本质上是一个拥有预定义选项的 Vue 实例，在 Vue 中注册组件非常简单。

【例 5-1】 组件基础。代码如下，运行效果如图 5-2 所示。

```
<!-- vue-5-1.html -->
<!DOCTYPE html>
<html>
    <head>
        <meta charset="utf-8">
        <title>组件基础</title>
        <script type="text/javascript" src="../vue/js/vue.js"></script>
        <style type="text/css">
            button {
                border: 1px dotted blue;border-radius: 4px;
                width: 100px;height: 40px;margin: 5px 10px;
            }
        </style>
    </head>
    <body>
        <div id="vue51">
            <h3>定义全局组件与复用</h3>
            <my-com></my-com>
            <my-com></my-com>
            <my-com></my-com>
            <mybutton2></mybutton2>
            <h3>定义局部组件</h3>
            <mybutton1></mybutton1>
        </div>
        <script type="text/javascript">
            //通过一个普通的 JavaScript 对象定义组件
            var componentA = {
                template: '<h1>h1-JS 自定义局部组件-A 组件</h1>'
```

```
29.            };
30.            var componentB = {
31.                data: function() {
32.                    return {
33.                        title: "我自己定义的标题信息！"
34.                    }
35.                },
36.                template: '<div><p>多个 HTML 元素时，使用根元素 div</p><h3 v-bind:
                   title="title" >h3-JS 自定义全局组件-B 组件，盘旋会有提示</h3></div>'
37.            };
38.            //全局注册组件,定义一个计算器的按钮
39.            Vue.component('my-com', {
40.                data: function() {
41.                    return {
42.                        count: 0,
43.                    }
44.                },
45.                template: '<button v-on:click="count++">单击{{count}}次按钮
                   </button>',
46.            })
47.            Vue.component('mybutton2', componentB)
48.            var myViewModel = new Vue({
49.                el: '#vue51',
50.                data: {},
51.                methods: {},
52.                components: {
53.                    mybutton1: componentA,
54.                }
55.            })
56.        </script>
57.    </body>
58. </html>
```

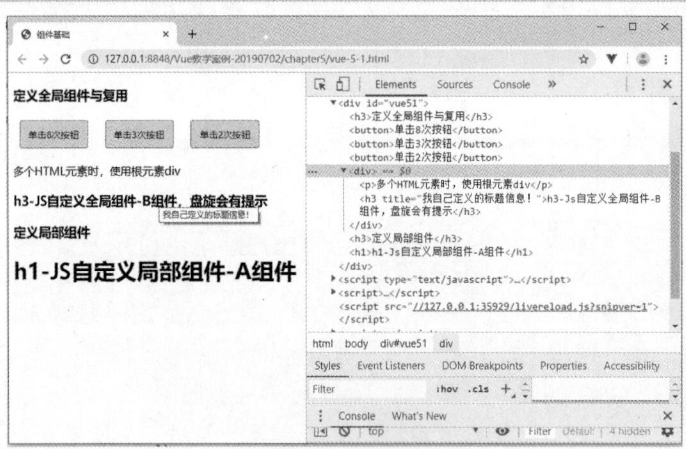

图 5-2　组件基础

上述代码中，第 16～24 行定义视图内容，主要用于展示全局注册和局部注册组件的使用。第 27～37 行定义 componentA、componentB 两个 JavaScript 组件对象，供组件注册时引用，其中第 36 行模板中使用多个 HTML 元素，必须使用根元素 div 包裹，否则组件不会生效。第 39～46 行定义全局注册组件 my-com，其中第 45 行模板中按钮绑定单击事件，实现 count 变量累加，并同时修改按钮的提示信息。第 47 行同样定义全局注册组件 mybutton2。第 52～54 行定义局部注册组件 mybutton1。

5.2　组件间通信

组件实例的作用域是孤立的，这意味着不能并且不应该在子组件的模板内直接引用父组件的数据。父组件可以使用 props 把数据传给子组件。

在 Vue 中，父子组件的关系可以总结为 props 向下传递，事件向上传递。父组件通过 props 向子组件下发数据，子组件通过事件向父组件发送消息，如图 5-3 所示。子组件需要显式地用 props 选项声明 props。props 的值可以有两种：一种是字符串数组；一种是对象。

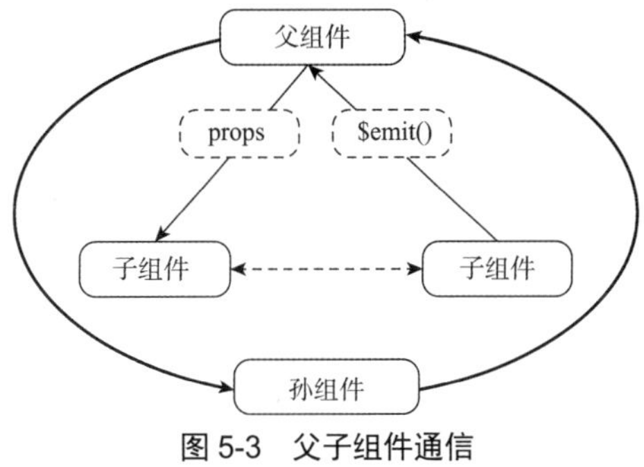

图 5-3　父子组件通信

5.2.1　父组件向子组件传值

1. 使用 props 传递数据

【基本语法】

```
<!-- HTML 模板部分 -->
<div id="vue52">
    <my-component message="父组件通过 props 传递参数"></my-component>
</div>
<!-- JavaScript 部分 -->
<script type="text/javascript">
    //组件定义
    Vue.component('my-component',{
        props: ['message'] ,
        template: '<div>{{ message }}</div>'
    });
    const vm = new Vue({
        el: '#vue52'
    })
</script>
```

【语法说明】

<my-component>为自定义组件，采用 kebab-case 格式命名，相当于一个 HTML 元素；message 为组件的属性，其值作为传递给子组件的内容。props 属性为字符串数组（用[]括起），其中的属性必须使用引号包围（如 'message'），可以在模板中通过文本插值的方式使用。这种父子组件通信是单向的。组件中的数据共有 3 种形式：data、props、computed。

注意组件中 data 与 props 属性的区别。data 和 props 都可以为组件提供数据，但它们是有区别的。data 选项的类型为对象，对象中返回的数据属于组件内部数据，只能用于组件本身。props 选项的类型可以是字符串数组，也可以是对象，用来声明组件从外部接收的数据。

这两种数据都可以在 template 模板、计算属性（computed）和方法（methods）中使用。

【例 5-2】props 语法的应用。代码如下，运行效果如图 5-4 所示。

```
<!-- vue-5-2.html -->
<!DOCTYPE html>
<html>
    <head>
        <meta charset="utf-8" />
        <script src="../vue/js/vue.js" type="text/javascript" charset="utf-8">
        </script>
        <title>props 语法</title>
    </head>
    <body>
        <!--  HTML 模板部分 -->
        <div id="vue52">
            <my-component message="父组件通过 props 传递参数"></my-component>
        </div>
        <!--  JavaScript 部分 -->
        <script type="text/javascript">
            //组件定义
            Vue.component('my-component', {
                data: function() {
                    return {
                        title: '这是组件的内部数据！'
                    }
                },
                props: ['message'],
                template: '<div>{{ message }}-{{title}}</div>'
            });
            var myViewModel = new Vue({
                el: '#vue52'
            })
        </script>
    </body>
</html>
```

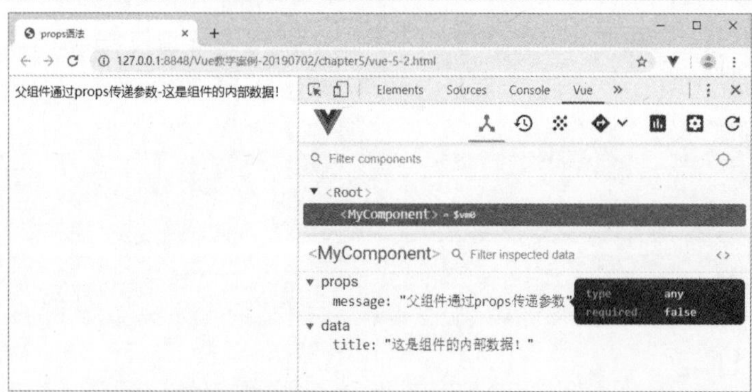

图 5-4　props 语法的应用

2. 静态 props 传递数据

HTML 中的属性名是大小写不敏感的，所以浏览器会把所有大写字母解释为小写字母。这意味着当使用 DOM 中的模板时，camelCase 格式的 props 名称需要使用其等价的 kebab-case 格式名称。

通常父组件单向（正向）传递数据给子组件，需要以下 3 个步骤。

（1）创建父、子组件构造器。通过 Vue.extend() 方法构建组件。

（2）注册父、子组件。可以全局或局部注册各类组件。

（3）在 Vue 实例范围内使用组件。

【例 5-3】 静态 props 传递数据。代码如下，运行效果如图 5-5 所示。

```
<!-- vue-5-3.html -->
<!DOCTYPE html>
<html>
    <head>
        <meta charset="utf-8">
        <title>props-父组件将数据传递给子组件</title>
        <script type="text/javascript" src="../vue/js/vue.js"></script>
    </head>
    <body>
        <!-- vue53 是 Vue 实例挂载的元素，在挂载元素范围内使用组件-->
        <div id="vue53">
            <h3>我的待办事项-日期：{{today}}</h3>
            <mytodo :todo-data="myToDos"></mytodo>
        </div>
    </body>
    <script>
        /*调用 extend()方法创建组件（组件构造器），非具体的组件实例*/
        //构建一个子组件,使用字符串模板（反引号表示）
        var todoChild = Vue.extend({
            template: ` <li> {{ text }} </li> `,
            props: {
                text: {type: String,default: ''}
            }
        })
        //构建一个父组件,使用字符串模板（反引号表示）
        var todoParent = Vue.extend({
            template: `
        <ul>
            <todo-item
                v-for="(item, index) in todoData"
                v-text="item.text"
                                 v-bind:key="item.id">
            </todo-item>
        </ul>
    `,
            props: {
                todoData: {type: Array,default: []}
            },
            //注册局部子组件
            components: {todoItem: todoChild}
        })
        //注册全局组件 mytodo
        Vue.component('mytodo', todoParent)
        //定义 Vue 实例
        var myViewModel = new Vue({
            el: '#vue53',
            data: {
                today: (new Date()).toLocaleDateString(),
                myToDos: [
                    {id: 0,text: '8:00~10:00 上课'},
                    {id: 1,text: '10:20-11:00 开会'},
                    {id: 2,text: '11:10~11:55 技术讨论会'}
                ]
            }
        })
```

```
56.     </script>
57. </html>
```

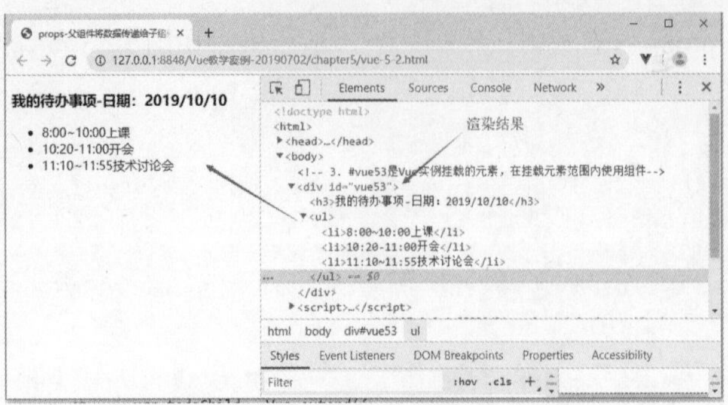

图 5-5 父组件传递数据给子组件

上述代码中，第 19～41 行定义两个组件，分别为 todoChild 和 todoParent，并在 todoParent 组件中局部注册子组件 todoChild 为 todoItem。第 43 行将组件 todoParent 注册为全局组件 mytodo。第 45～55 行定义 Vue 实例，并设置 el、data 选项，myToDos 对象数组准备数据。

3. 动态 props 传递数据

要动态地绑定父组件的数据到子组件的 props，与绑定到任何普通的 HTML 属性类似，就是用 v-bind 指令。每当父组件的数据发生变化时，都会实时地将变化后的数据传递给子组件。

【例 5-4】动态 props 传递数据。代码如下，运行效果如图 5-6 和图 5-7 所示。

```
<!-- vue-5-4.html -->
<!DOCTYPE html>
<html>
    <head>
        <meta charset="utf-8">
        <title>props-父组件将动态传递数据</title>
        <script type="text/javascript" src="../vue/js/vue.js"></script>
    </head>
    <body>
        <div id="vue54">
            <h3>1.父组件动态 props 传递数据给子组件(v-model)</h3>
            <input type="text" v-model="parentInputText" placeholder="请输入...">
            <h3>2.子组件接收动态数据(v-bind)</h3>
            <my-component :message="parentInputText"></my-component>
            <h3>3.子组件修改其值(computed),但不影响父组件数据</h3>
            <my-component :message="changeParentInputText"></my-component>
            <h3>4.子组件使用 v-model 绑定值时控制台会报错，也不会改变父组件的数据</h3>
            <my-component-1 :message="parentInputText"></my-component-1>
        </div>
    </body>
    <script>
        //全局注册组件 my-component,组件内直接使用 message
        Vue.component('my-component', {
            props: ['message'],
            template: '<div>{{ message }}</div>'
        });
        //全局注册组件 my-component-1,组件内通过 v-model 指令绑定 message
        Vue.component('my-component-1', {
            props: ['message'],
            template: '<div> <input type="text" v-model="message" /></div>',
        });
        //定义 Vue 实例
```

```
33.         var myViewModel = new Vue({
34.             el: '#vue54',
35.             data: {
36.                 parentInputText: ''
37.             },
38.             computed: {
39.                 //通过计算属性修改子组件数据
40.                 changeParentInputText: function() {
41.                     return "子组件修改其值了! " + this.parentInputText
42.                 }
43.             }
44.         })
45.     </script>
46. </html>
```

上述代码中，第 14 行 my-component 子组件的 message 参数通过 v-bind 指令与外部的父组件动态数据 parentInputText 绑定，parentInputText 与文本框使用 v-model 指令进行值绑定，当父组件数据变化时，父组件的值会传递给子组件，更新组件模板。第 18 行引用组件 my-component-1，此时在组件中修改 props 传递过来的数据，Vue 会发出警告，如图 5-7 所示。所以，通常采用计算属性 computed 修改 props 传递过来的值。本地定义属性，并将 props 作为初始值，props 传入之后需要进行转换，此时使用第 38～43 行的定义实现此功能。第 28～31 行注册全局组件 my-component-1，在组件内的模板属性中定义文本框，采用 v-model 指令绑定 message 属性。

图 5-6　使用 v-model 传递动态数据

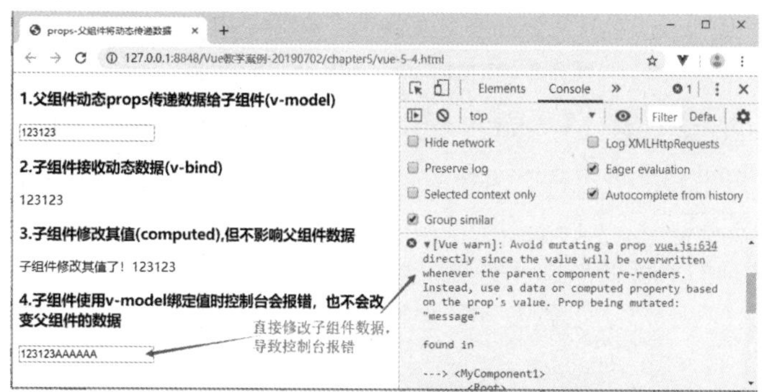

图 5-7　直接修改子组件数据控制台警告

注意： 在使用 props 向子组件传值时，如果不使用 v-bind 指令传递数字、布尔、数组、对象类型的数据，此时传递的数据都是字符串类型，由于模板中未使用 v-bind 指令绑定属性，不会被编译。

【例 5-5】传值时 v-bind 指令的使用问题。代码如下，运行效果如图 5-8 所示。

```
1.  <!-- vue-5-5.html -->
2.  <!DOCTYPE html>
3.  <html>
4.      <head>
5.          <meta charset="utf-8">
6.          <script src="../vue/js/vue.js" type="text/javascript" charset="utf-8">
            </script>
7.          <title>传值时 v-bind 的使用问题</title>
8.      </head>
9.      <body>
10.         <div id="vue55">
11.             <h3>使用 v-bind 时,将['A','B','C','D']作为数组类型</h3>
12.             <my-component :message="['A','B','C','D']"></my-component>
13.             <h3>未使用 v-bind 时, 将['A','B','C','D']作为字符串</h3>
14.             <my-component message="['A','B','C','D']"></my-component>
15.         </div>
16.         <script type="text/javascript">
17.             Vue.component('my-component', {
18.                 props: ['message'],
19.                 template: '<div>message.length={{ message.length }}</div>'
20.             });
21.             var myViewModel = new Vue({
22.                 el: '#vue55'
23.             })
24.         </script>
25.     </body>
26. </html>
```

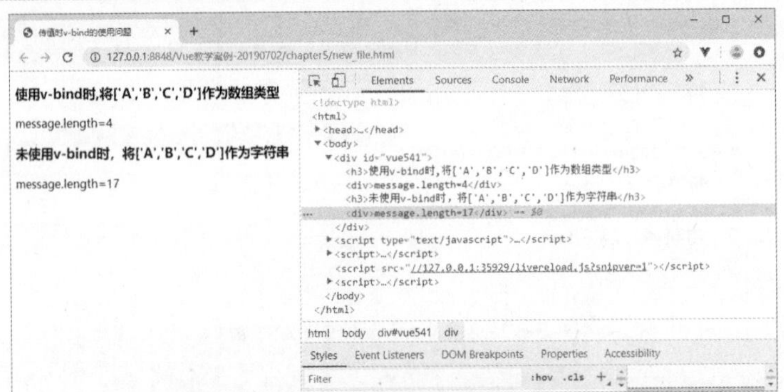

图 5-8　传值时 v-bind 指令的使用问题

上述代码中，第 12 行通过 v-bind 指令绑定 message，将属性值作为数组，所以长度为 4。第 14 行未通过 v-bind 指令绑定 message，将属性值作为字符串，所以长度为 17。

4. props 数据验证

组件 props 选项的值可以是数组类型，也可以是对象类型。props 选项的对象类型可以用于对外部传递进来的参数进行数据验证。当封装了一个组件时，对于内部接收的参数进行校验是非常必要的。部分代码如下。

```
<script>
  Vue.component('my-comp',{
    props:{
      //必须是数字类型
      propA: Number,
      //必须是字符串或数字类型
```

```
      propB:[String, Number],
      //布尔值，如果没有定义，默认值就是 true
      propC:{
        type: Boolean,
        default: true
      },
      //数字，而且是必选
      propD: {
        type: Number,
        required: true
      },
      //如果是数组或对象，默认值必须由一个函数返回
      propE: {
        type: Array,
        default: function () {
          return {};
        }
      },
      //自定义验证函数
      propF: {
        viladator: function (value) {
          return value > 10;
        }
      }
    }
  });
</script>
```

其中，default 表示默认值；required 表示必选。

验证的 type 类型可以是 String、Number、Boolean、Object、Array、Function。type 也可以是一个自定义构造器，使用 instanceof 检测。props 验证失败时，会在控制台抛出一条警告。

【例 5-6】 props 数据验证。代码如下，运行效果如图 5-9 和图 5-10 所示。

```
<!-- vue-5-6.html -->
<!DOCTYPE html>
<html>
    <head>
        <meta charset="utf-8">
        <title>props 数据验证</title>
        <script src="../vue/js/vue.js" type="text/javascript"></script>
        <style type="text/css">
            .person{width:250px;height: 200px;border:1px dashed black;}
        </style>
    </head>
    <body>
        <div id="app">
            <h1>学生信息展示</h1>
          <my-self no='1904020122' name='储运恺' :age='20' ></my-self>
        </div>
        <script>
            Vue.component('my-self', {
                props: {
                    no:{
                        type:String,
                        required:true,
                    },
                    name: {
                        type: String,
                        required: true,  //必选，不选会报错
```

```
27.                     },
28.                     age: {
29.                         type: Number,
30.                         validator: function(value) {
31.                             //年龄为 0~130
32.                             return value >= 0 && value <= 130;
33.                         }
34.                     },
35.                     detail: {
36.                         type: Object,
37.                         default: function() {
38.                             return {
39.                                 className: '19 大数据科学与技术 1 班',
40.                                 department: '移动互联网学院',
41.                             };
42.                         }
43.                     }
44.                 },
45.                 template:`
46.                  <div class="person">
47.                  <p>学号: {{this.no}}</p>
48.                  <p>姓名: {{this.name}}</p>
49.                  <p>年龄: {{this.age}}岁</p>
50.                  <p>班级: {{this.detail.className}}</p>
51.                  <p>单位: {{this.detail.department}}</p>
52.                  </div>
53.                  `
54.             });
55.             var myViewModel = new Vue({
56.                 el: '#app'
57.             });
58.         </script>
59.     </body>
60. </html>
```

上述代码中，第 15 行插入组件 my-self，设置 no、name 两个必选属性和 age 属性，并赋值。第 18～54 行全局注册组件 my-self，定义 props 为对象，其中，定义 no、name 为字符串，必选；定义 age 为数字型，取值范围为 0～130；定义 detail 为对象，包含两个属性：className 和 department。

将第 15 行代码中的 no 属性设置项取消，同时将“:age=20”改为“:age=135”，将报错，如图 5-10 所示。

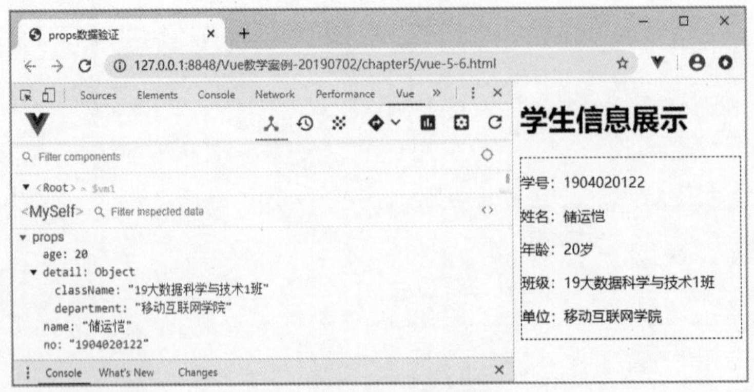

图 5-9　props 数据验证

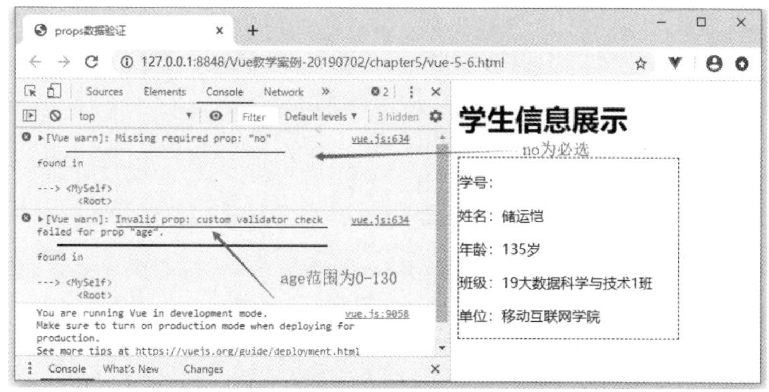

图 5-10　组件属性设置不符合验证要求报错页面

5.2.2　子组件向父组件传值

1. 自定义事件

当子组件需要向父组件传递数据时，需要使用自定义事件。子组件用$emit() 函数触发自定义事件，父组件用$on() 函数侦听子组件的事件。父组件也可以直接在子组件的自定义标记上使用 v-on 指令侦听子组件触发的自定义事件，数据就通过自定义事件传递。

（1）父组件 v-on 指令侦听自定义事件，传递数据。

```
<child-comp v-on: eventName ="functionName"></child-comp>
//父组件中的 Vue 实例中定义 methods 选项
methods:{
    functionName(postdata){
        //将传递来的数据 postdata 进行处理，并对父组件的数据进行运算
    }
}
```

（2）子组件$emit() 函数触发自定义事件，传递数据。

```
<button @click='increase'>增加 1</button>
methods: {
    'increase': function() {
        this.$emit(' eventName ', data);
    },
    …
}
```

子组件通过 this.$emit("eventName",data) 方式调用父组件中的 functionName() 方法，同时子组件传递数据给父组件。父组件使用 v-on:xxx(@xxx) 侦听自定义事件。需要注意，$emit() 函数的第 1 个参数为自定义事件的名称，第 2 个参数为数据，数据可以有多个。

【例 5-7】子组件向父组件传值。代码如下，运行效果如图 5-11 所示。

```
<!-- vue-5-7.html -->
<!DOCTYPE html>
<html>
    <head>
        <meta charset="utf-8">
        <title>Vue 子组件向父组件传值$emit()+v-on</title>
        <script src="../vue/js/vue.js"></script>
        <style type="text/css">
            button{width:100px;height: 35px;border:1px dashed red;border-radius:
            10px;}
```

```
        .childClass{width:250px;height: 100px;border:1px dotted green;}
        #app{margin:0 auto;width:280px;height:200px;border:1px dotted green;
        padding:10px}
      </style>
    </head>
    <body>
      <div id="app">
        <h3>计数器调整--这是父组件</h3>
        <p>子组件传值: 总数 total={{total}} </p>
        <my-comp @increase='changeTotal' @reduce='changeTotal'></my-comp>
      </div>
      <script>
        //定义子组件
        Vue.component('my-comp', {
          template: `
         <div class='childClass'>
                <h4>这是子组件:计数器 counter={{counter}}</h4>
          <button @click='increase'>增加 1</button>
          <button @click='reduce'>减少 1</button>
         </div> `,
          data() {//子组件的数据
            return {counter: 0}
          },
          methods: {
            increase() {//计数器加 1
              this.counter++;
              this.$emit('increase', this.counter);
            },
            reduce() {//计数器减 1
              this.counter--;
              this.$emit('reduce', this.counter);
            },
          }
        })
        var myViewModel = new Vue({
          el: '#app',
          data: {//父组件的数据
            total: 0
          },
          methods: {
            changeTotal(total) {//total 为子组件传过来的数据
              this.total = total;
            }
          }
        })
      </script>
    </body>
</html>
```

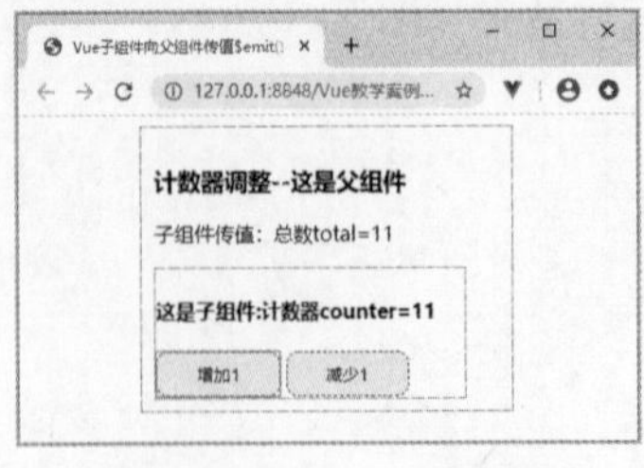

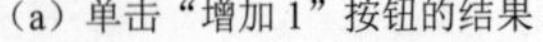
（a）单击“增加 1”按钮的结果

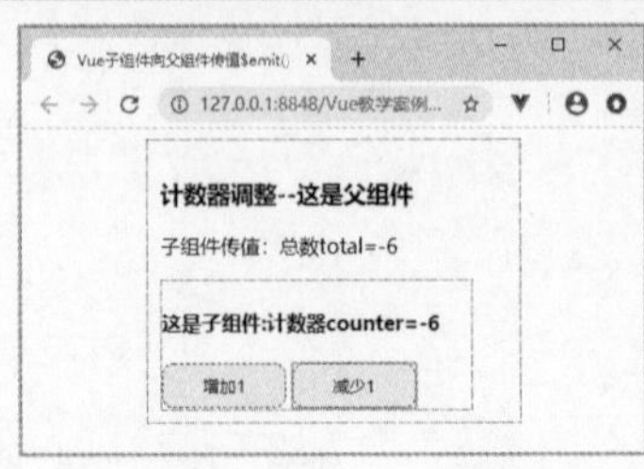

（b）单击“减少 1”按钮的结果

图 5-11　子组件向父组件传值

上述代码中，第 15～19 行定义父组件，并通过子组件<my-comp>侦听自定义事件 increase 和 reduce，当事件发生时调用 changeTotal()方法实现传值。第 22～42 行定义子组件，在子组件<template>标记内定义两个按钮，定义单击事件处理子组件的数据，并将子组件的数据传出。

2. 使用 v-model 指令

在父组件中使用 v-model 指令，在子组件中使用 this.$emit('input',this.子组件属性)。

（1）父组件通过 v-model 指令绑定数据 total。

```
<div id="app">
<my-comp v-model='total'></my-comp>
</div>
```

（2）子组件通过事件触发$emit(‘input’,data)。

```
Vue.component('my-comp', {
template: `
    <div class='childClass'>
        <button @click='increase'>增加 1</button>
    </div> `,
    methods: {
        increase() { //计数器加 1
            this.counter++;
            this.$emit('input', this.counter);
        },
    }
})
```

【例 5-8】v-model 指令传递数据。代码如下，运行效果如图 5-12 所示。

```
<!-- vue-5-8.html -->
<!DOCTYPE html>
<html>
    <head>
        <meta charset="utf-8">
        <title>使用 v-model 指令动态传递数据</title>
        <script type="text/javascript" src='../vue/js/vue.js'></script>
        <style type="text/css">
            button {
                width: 100px;height: 35px;
                border: 1px dashed red;border-radius: 10px;
            }
            .childClass {
                width: 280px;height: 120px;margin: 0 auto;
                border: 1px dotted green;text-align: center;
            }
            #app {
                margin: 0 auto;width: 350px;height: 220px;
                border: 1px dotted green;padding: 10px
            }
        </style>
    </head>
    <body>
        <div id="app">
            <h3>计数器调整--这是父组件 v-model</h3>
            <p>子组件传值：总数 total={{total}} </p>
            <my-comp v-model='total'></my-comp>
        </div>
        <script>
```

```
30.             //定义子组件
31.             Vue.component('my-comp', {
32.                 template: `
33.               <div class='childClass'>
34.                 <h4>这是子组件:计数器 counter={{counter}}</h4>
35.                 <button @click='increase'>增加 1</button>
36.                 <button @click='reduce'>减少 1</button>
37.               </div> `,
38.                 data() { //子组件的数据
39.                     return {
40.                         counter: 0
41.                     }
42.                 },
43.                 methods: {
44.                     increase() { //计数器加 1
45.                         this.counter++;
46.                         this.$emit('input', this.counter);
47.                     },
48.                     reduce() { //计数器减 1
49.                         this.counter--;
50.                         this.$emit('input', this.counter);
51.                     },
52.                 }
53.             })
54.             var myViewModel = new Vue({
55.                 el: '#app',
56.                 data: { //父组件的数据
57.                     total: 0
58.                 },
59.             })
60.         </script>
61.     </body>
62. </html>
```

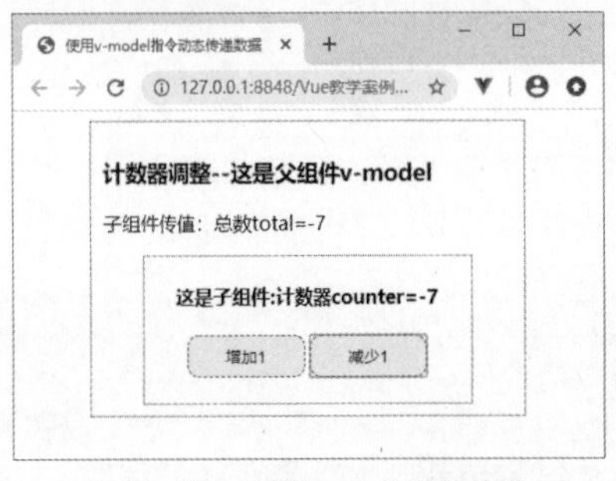

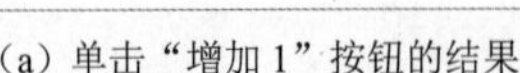
(a) 单击“增加 1”按钮的结果

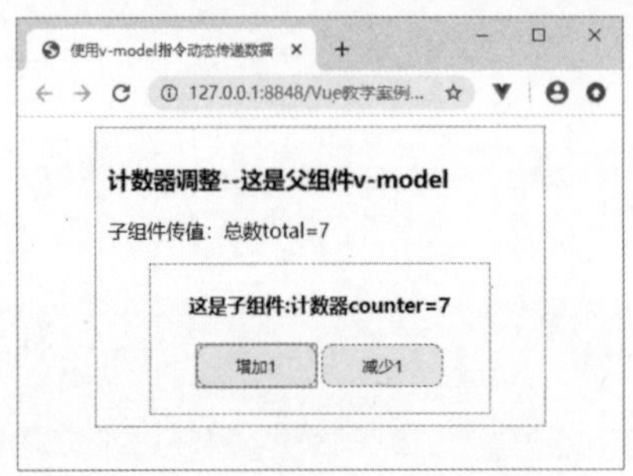

(b) 单击“减少 1”按钮的结果

图 5-12　V-model 指令动态传递数据

上述代码中，第 24～28 行定义父组件，并通过子组件 my-comp 设置 v-model 指令绑定父组件的 total 属性处理 input 事件发生，接收来自子组件的数据 this.counter（相当于 total=this.counter）。第 31～53 行定义子组件，在子组件<template>标记内定义两个按钮，定义单击事件，处理子组件的数据，并将子组件的数据传出。

注意：虽然 Vue 允许子组件修改父组件数据，但是在实际业务中，子组件应该尽量避免依赖父组件的数据，更不应该主动修改它的数据。由于父子组件属于紧耦合，如果仅从父组件来看，很难理解父组件的状态，因为它可能被任意组件修改。所以，通常情况下，组件自己能修改它的状态。父子组件最好还是通过 props 和$emit() 通信。

5.2.3 兄弟组件之间的通信

在 Vue 中实现兄弟组件之间的通信有几种方法，一是使用父组件作为两个子组件之间的中间件（中继）；二是使用 EventBus（事件总线），它允许两个子组件之间直接通信，而不需要涉及父组件。在 Vue 2.x 中，推荐使用一个空的 Vue 实例作为中央事件总线（bus）（类似于邮差），也就是一个中介。

兄弟组件之间通信的基本语法如下。

```
var bus=new Vue()                        //定义空 Vue 实例，作为中介
//子组件中使用下列方法实现发送消息和接收消息
bus.$emit('事件名称','传入参数')         //发送消息，在事件绑定的方法中使用
bus.$on('事件名称','回调函数')           //接收消息，在 mounted 或 created 钩子函数中使用
```

事件名称由用户自定义，一个组件通过自定义事件发送消息，另一组件通过同名自定义事件接收消息。传入参数即为发送的消息。bus.$on() 方法一般用在 mounted 和 created 钩子函数中，回调函数可以使用 function(data){…}，也可以使用箭头函数（data=>{…}），推荐使用箭头函数。

注意：箭头函数和普通函数中的 this 指向是有区别的（作用域不同）。普通函数中的 this 表示调用此函数时的对象，箭头函数中的 this 会继承自外部的 this; 普通函数中的 this 并不会向上继续找对象，箭头函数中会向上寻找 this，直到找到所代表的 this 为止; 箭头函数的 this 永远指向其父作用域，任何方法都改变不了，普通函数的 this 指向调用它的那个对象。所以，在普通函数中经常使用 var _this=this 语句，主要是用_this 存储父对象的引用。

【例 5-9】兄弟组件之间的通信。代码如下，运行效果如图 5-13 和图 5-14 所示。

```
<!-- vue-5-9.html -->
<!DOCTYPE html>
<html>
    <head>
        <meta charset="utf-8">
        <title>任意组件间传值</title>
        <script type="text/javascript" src="../vue/js/vue.js"></script>
        <style type="text/css">
            .comp {
                width: 300px;height: 200px;
                border: 1px dotted black;border-radius: 10px;
                padding: 10px;text-align: center;display: inline-block;
            }
            button {
                border-radius: 10px;
                border: 1px dotted green;background-color: #EFEFEF;
                color: #111111;width: 130;height: 35px;
            }px
        </style>
    </head>
    <body>
        <div id="app">
            <p>兄弟组件之间任意通信</p>
            <my-comp1></my-comp1>
            <my-comp2></my-comp2>
        </div>
        <script type="text/javascript">
            var bus = new Vue(); //定义事件总线
            const Comp1 = {
```

```
30.                 data() {
31.                     return {
32.                         comp1Message: '这是组件 1 的初始信息！'
33.                     }
34.                 },
35.                 template: '<div class="comp"><h3>我是组件 1</h3><button @click=
                    "changeMessage">发送消息给组件 2</button><h3>{{comp1Message}}
                    </h3></div>',
36.                 methods: {
37.                     changeMessage() {
38.                         //利用中介 bus 传播事件
39.                         bus.$emit('updateComp1', '组件 1 说：今天不上班！');
40.                     }
41.                 },
42.                 created() {
43.                 //_this = this //这一步赋值必须有
44.                 bus.$on('updateComp2',(data)=> { //利用中介 bus 接收事件
45.                         this.comp1Message = data;
46.                     })
47.                 }
48.             }
49.             const Comp2 = {
50.                 data() {
51.                     return {
52.                         comp2Message: '这是组件 2 的初始信息！'
53.                     }
54.                 },
55.                 template: '<div class="comp"><h3>我是组件 2</h3><button @click=
                    "changeMessage">发送消息给组件 1</button><h3>{{comp2Message}}
                    </h3></div>',
56.                 methods: {
57.                     changeMessage() {
58.                         //利用中介 bus 传播事件
59.                         bus.$emit('updateComp2', '组件 2 说:今天我们一起去玩吧！');
60.                     }
61.                 },
62.                 created() {
63.                     //_this = this; //这一步赋值必须有
64.                     bus.$on('updateComp1', (data)=> { //利用中介 bus 接收事件
65.                         this.comp2Message = data;
66.                     })
67.                 }
68.             }
69.             var myViewModel = new Vue({
70.                 el: '#app',
71.                 components: {
72.                     'my-comp1': Comp1,
73.                     'my-comp2': Comp2,
74.                 }
75.             })
76.             </script>
77.     </body>
78. </html>
```

上述代码中，第 22～26 行定义父组件，插入子组件 my-comp1 和 my-comp2。第 28 行定义事件总线，即空 Vue 实例 bus。第 29～48 行定义 Comp1 组件，分别定义了 data、template、methods、created 等选项。在 changeMessage() 方法中使用 bus.$emit() 函数发送数据给 Comp2 组件（第 39 行）。在 created() 钩子函数中使用 bus.$on() 函数接收来自 Comp2 组件的数据（第

44 行），回调函数使用了箭头函数，并在其中使用 this 关键字代表组件 Comp1。第 49～68 行定义 Comp2 组件，其代码结构与 Comp1 类似。第 69～75 行定义 Vue 实例 myViewModel，分别定义了 el、components 等选项，并在 components 选项中注册组件 my-comp1 和 my-comp2。

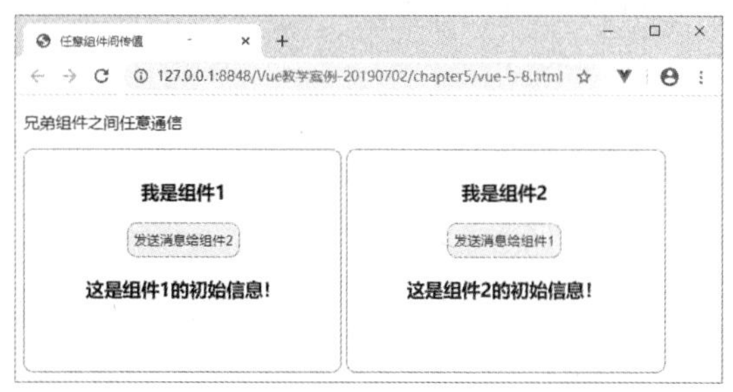

图 5-13　组件 1 与组件 2 通信的初始页面

（a）组件 1 向组件 2 传值

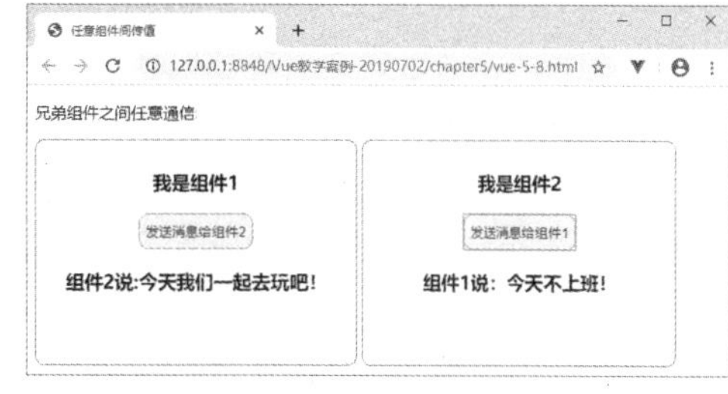

（b）组件 2 向组件 1 传值

图 5-14　组件 1 与组件 2 相互传值

5.2.4　父链与子组件索引

除了上述方法外，采用父链与子组件索引同样可以实现组件间的通信。

在子组件中，使用 this.$parent 可以直接访问该组件的父实例或组件，父组件也可以通过 this.$children（返回值为数组类型）通过索引值访问它所有的子组件，而且可以递归向上或向下无限访问，直到根实例或最内层的组件。

（1）父链（this.$parent）实现修改父组件数据，部分代码如下。

```
...
<div id="app">
  <p>{{message}}</p>
  <my-comp></my-comp>
</div>
...
Vue.component('my-comp',{
    template: '<button @click="changeMessage">通过父链直接修改数据</button>',
    methods: {
        changeMessage: function(){
            //通过 this.$parent 直接修改父组件的数据
           this.$parent.message = '消息：组件 my-comp 修改数据'
        }
    }
});
var myViewModel = new Vue({
    el: '#app',
    data:{
        message: ''
```

```
20.     }
21. });
```

上述代码中，第 4 行定义组件 my-comp。第 12 行在子组件中通过方法调用 this.$parent 访问父组件，修改父组件的数据。

（2）子组件索引（this.$refs.indexName）修改组件数据，部分代码如下。

```
1.  ...
2.  <div id="app">
3.    <p>{{message}}</p>
4.    <my-comp1 ref="comp1"></my-comp1>
5.    <my-comp2 ref="comp2"></my-comp2>
6.    <button @click="handleRef">通过 ref 获取子组件实例</button>
7.  </div>
8.  ...
9.  Vue.component('my-comp1',{
10.     template: '<div>子组件</div>',
11.     data(){
12.         return { message: '子组件内容' }
13.     }
14. });
15. var myViewModel = new Vue({
16.     el: '#app',
17.     data:{
18.         message: ''
19.     },
20.     methods: {
21.         handleRef: function(){
22.         //通过$refs 获取子组件实例
23.           this.message = this.$refs.comp1.message;
24.         }
25.     }
26. });
```

上述代码中，第 4 行和第 5 行通过 ref 属性值为组件指定索引名称，分别为 comp1、comp2。第 23 行在父组件中通过方法调用 this.$refs 访问指定名称的子组件，修改父组件的数据。

注意：$refs 只在组件渲染完成后才填充，并且它是非响应式的。它仅作为一个直接访问子组件的应急方案，应当尽量避免在模板或计算属性中使用$refs。

5.3 单文件组件

在 Vue 项目中，经常使用 Vue.component() 方法定义全局组件，紧接着用 new Vue({ el: '#app'}) 在每个页面内指定一个容器元素。这种方式在众多中小规模的项目中运行效果还不错，在这些项目中 JavaScript 只被用来加强特定的视图。但在比较复杂的项目中，这种方式的缺点很多，具体有以下几点。

（1）全局定义强制要求每个组件中的命名不得重复。

（2）字符串模板缺乏语法高亮，在 HTML 有多行的时候，需要用到丑陋的“\”。

（3）不支持 CSS，意味着当 HTML 和 JavaScript 组件化时，CSS 明显被遗漏。

（4）没有构建步骤限制，只能使用 HTML 和 ES5 JavaScript，而不能使用预处理器，如 Pug(Formerly Jade)和 Babel。

Vue 提供了单文件组件（Single File Components），很好地解决了上述问题。单文件组件的扩展名为.vue，需要使用 vue-loader（解析和转换.vue 文件，提取出其中的逻辑代码 script、样式代码 style 以及 HTML 模板 template，再分别把它们交给对应的加载器去处理）进行解析，所以通常使用 webpack 或 Browserify 等构建工具实现项目的编译和打包。

Vue 单文件组件的构成语法如下。

```
<template>
  <div id="app"></div>
</template>
<script>
  export default {      }
</script>
<style>
  #app {}
</style>
```

可见，一个 Vue 单文件组件是由<template>、<script>、<style>等 3 个标记构成的。

【例 5-10】Vue 单文件组件的应用。代码如下，运行效果如图 5-15 和图 5-16 所示。

在命令行状态下，切换到项目的根文件夹下，使用以下命令创建 Vue 项目。

```
vue init webpack vue-5-10
```

运行一段时间，项目初始化配置完成后，切换到项目 vue-5-10 文件夹下，在命令行输入下列命令，本地化编译后，打开浏览器（http://localhost:8080）查看页面效果，如图 5-15 所示。

```
cd vue-5-10
npm run dev
```

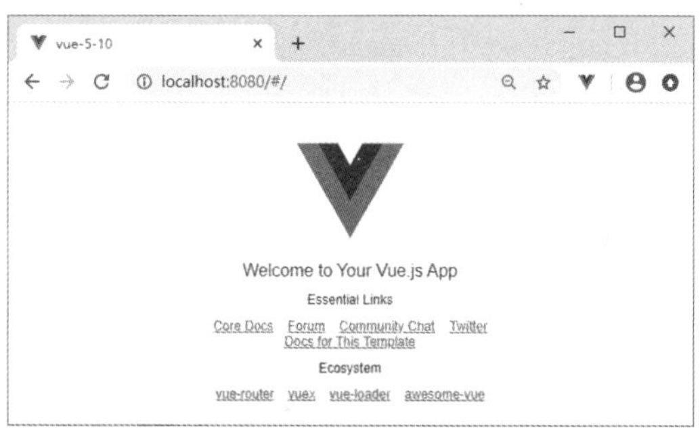

图 5-15　Vue 初始化项目生成的默认页面

（1）创建 vue-5-10.vue 文件，代码如下。

```
<!-- vue-5-10.vue -->
<template>
    <div id="myVue">
        <h3>自定义组件</h3>
        <p>自定义组件由 3 部分构成：模板、脚本和样式。</p>
        <p>这是组件中的数据：{{message}}</p>
    </div>
</template>
<script>
    export default {
        data() {
            return {
                message: '今天天气真好！可以出行啦'
```

```
            }
        }
    }
</script>
<style>
    #myVue {
        width: 350px;
        height: 150px;
        border: 1px double blue;
    }
</style>
```

（2）编辑 App.vue 文件，代码如下。

```
<template>
    <div id="app">
        <my-comp></my-comp>
    </div>
</template>
<script>
    import test from './components/vue-5-10.vue'
    export default {
        name: 'App',
        components: {
            'my-comp': test
        }
    }
</script>
<style>
    #app {text-align: center;color: #2c3e50;margin-top: 60px;}
</style>
```

（3）编辑 main.js 文件，代码如下。

```
import Vue from 'vue'
import App from './App'
Vue.config.productionTip = false

/* eslint-disable no-new */
new Vue({
  el: '#app',
  components: { App },
  template: '<App/>'
})
```

（4）在命令行重新执行 npm run dev 命令后，刷新浏览器，查看页面效果，如图 5-16 所示。

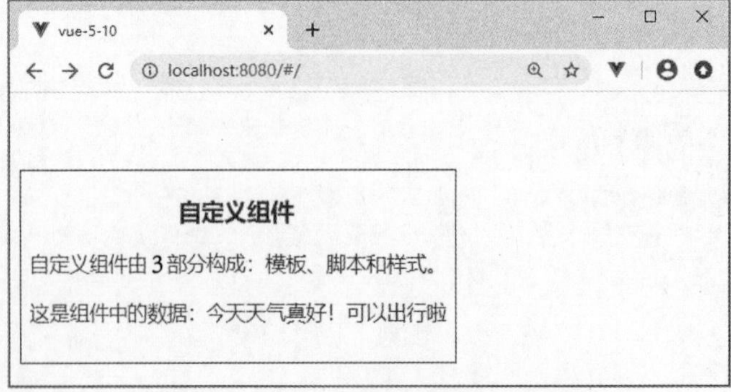

图 5-16　vue-5-10 项目修改后运行页面

5.4　插槽

在开发组件时，组件内的一些子元素希望由调用者定义，组件只负责核心功能，其他非核心功能由用户自由定义，可以提高组件的灵活性和可扩展性。这种场景非常适合使用插槽。插槽（Slot）是 Vue 提出来的一个概念，用于决定将所携带的内容插入指定的某个位置，从而使模板分块，具有模块化的特点和更高的重用性。

插槽是否显示、怎样显示是由父组件控制的，而插槽在哪里显示就由子组件进行控制，组件标记内插入任意内容，子组件内插槽控制摆放位置（匿名插槽、具名插槽）。

插槽分类如下。

（1）匿名插槽：也称为默认插槽。 没有命名，有且只有一个。

（2）具名插槽：相对于匿名插槽，组件<slot>标记带 name 命名的。

（3）作用域插槽：子组件内的数据可以被父组件拿到（解决了数据只能从父组件传递给子组件的问题）。

5.4.1　匿名插槽

匿名插槽通常也称为默认插槽。使用<slot>标记为需要传递的内容占个位置，类似于内容占位符。

【基础语法】

（1）父组件中使用子组件标记，并携带传递的内容。

```
<child><p>父组件需要分发给子组件的内容...</p></child>
```

（2）在子组件的模板中插入插槽标记。

```
const Comp1 = {
    template: `
        <div class="comp">
            <h3>这是子组件...</h3>
            <slot></slot>
            <slot></slot>
            …
        </div>
    `
}
//Vue 实例注册子组件
components: {'child': Comp1,}
```

【语法说明】

子组件渲染时，会将<slot>标记替换为父组件中子组件标记的内容。子组件中如果有多个匿名插槽，将同时被父组件传递的内容所替换。如果在子组件的模板中没有插入<slot>标记，则父组件中使用子组件标记的内容将被忽略。

【例 5-11】 匿名插槽的应用。代码如下，页面效果如图 5-17 和图 5-18 所示。

```
<!-- vue-5-11.html -->
<!DOCTYPE html>
<html>
    <head>
        <meta charset="utf-8">
        <title>匿名插槽的应用</title>
```

```
7.         <script type="text/javascript" src="../vue/js/vue.js"></script>
8.         <style type="text/css">
9.             .comp {width: 300px;border: 1px dotted black;padding: 10px;}
10.            #app {border: 1px dotted green;width: 350px;padding: 10px;}
11.        </style>
12.    </head>
13.    <body>
14.        <div id="app">
15.            <h2>这是父组件...</h2>
16.            <child><p>父组件需要分发给子组件的内容...</p></child>
17.        </div>
18.        <script type="text/javascript">
19.            const Comp1 = {
20.                template: `
21.                <div class="comp">
22.                <h3>这是子组件...</h3>
23.                  <slot></slot>
24.                  <slot></slot>
25.                  <slot>这是子组件插槽默认的内容。父组件中无内容传递时，显示该内容，否则
                     会被替代。</slot>
26.                </div>
27.                `
28.            }
29.            var myViewModel = new Vue({
30.                el: '#app',
31.                components: {
32.                    'child': Comp1,
33.                }
34.            })
35.        </script>
36.    </body>
37. </html>
```

上述代码中，第 14～17 行定义父组件，并在父组件中使用子组件<child>，在子组件标记内添加一个<p>标记，将显示在子组件的匿名插槽中（替换第 23～25 行位置上的内容）。第 19～28 行定义子组件 Comp1，并在 Vue 实例的 components 选项中进行注册（第 32 行）。在子组件中使用多个匿名插槽，前两个插槽为空元素，最后一个为有内容的插槽。如果将第 23～25 行中的插槽元素均删除，则父组件中子组件<child>标记中的内容将被抛弃，如图 5-18（a）所示。如果将父组件中子组件标记内的<p>标记删掉，则子组件被渲染时，有默认内容的插槽元素的内容将显示出来（第 25 行），如图 5-18（b）所示。

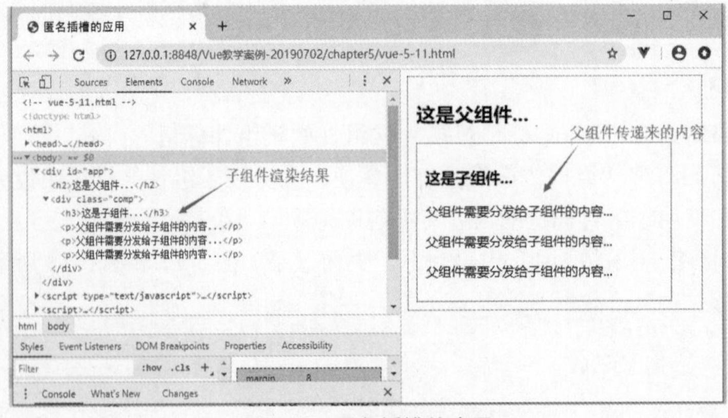

图 5-17 匿名插槽的应用

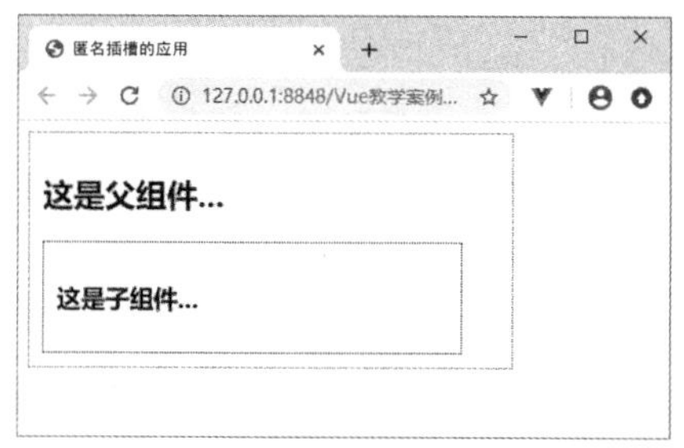

（a）父组件有传递内容，子组件中无插槽

（b）父组件无传递内容，子组件显示插槽自身内容

图 5-18　匿名插槽的异常应用

5.4.2　具名插槽

插槽元素可以用一个特殊的属性 name 配置如何分发内容，多个插槽可以有不同的名字，根据具名插槽的 name 属性进行匹配，显示内容。如果有匿名插槽，那么没有匹配到的内容将显示到匿名插槽中；如果没有匿名插槽，那么没有匹配到的内容将被抛弃。在向具名插槽提供内容的时候，也可以在一个 template 元素上使用 v-slot 指令，并以 v-slot 的参数的形式提供其名称（如 v-slot:slotname）。template 元素中的所有内容都将被传入相应的插槽中。任何没有被包裹在带有 v-slot 的 template 元素中的内容都会被视为匿名插槽的内容。当然，也可以在一个 template 元素中包裹匿名（默认）插槽的内容。

【基本语法】

（1）在父组件中的子组件标记内，使用带 slot 属性的标记或带 v-slot 指令参数的 template 元素携带传递的内容。

```
<child>
   <p>该内容将显示在匿名插槽中。</p>
   <template>
     <p>使用匿名插槽--该内容将显示在匿名插槽中。</p>
   </template>
   <template v-slot:slot1 | #slot1>
     <p>使用 v-slot 指令--该内容将显示在具名插槽 slot1 中。</p>
   </template>
   <p slot='slot2'>使用 slot 属性--该内容将显示在具名插槽 slot2 中。</p>
</child>
```

具名插槽可以采用缩写的方式。与 v-on 和 v-bind 一样，v-slot 也有缩写，即把参数之前的所有内容（v-slot:）替换为字符#。例如，v-slot:slot1 可以缩写为#slot1。

（2）在子组件的模板中插入具名插槽标记（使用 name 属性）。

```
const Comp1 = {
   template: `
      <div class="comp">
         <h3>这是子组件...</h3>
         <slot name='slot1'></slot>
         <slot name='slot2'></slot>
         <slot></slot>
      </div>
   `
}
//Vue 实例中注册子组件
components: {'child': Comp1,}
```

【语法说明】

父组件中使用子组件标记，并在其中插入多个带 slot 属性的标记，其属性值为子组件中定义 slot 元素所指定的 name 属性值。子组件渲染时，匹配到 slot 元素（name 属性值）会被父组件中子组件标记的具有相应的 slot 属性值的标记内容所替换。在父组件中可以使用带 v-slot:slotname 参数的 template 元素携带传递内容，同样会匹配带 name 属性的具名插槽。

注意：v-slot 一般添加在<template></template>元素上，这一点与已经废弃的 slot 属性不同。

【例 5-12】 具名插槽与匿名插槽混合使用。代码如下，运行效果如图 5-19 所示。

```
<!-- vue-5-12.html -->
<!DOCTYPE html>
<html>
    <head>
        <meta charset="utf-8">
        <title>具名插槽的应用</title>
        <script type="text/javascript" src="../vue/js/vue.js"></script>
        <style type="text/css">
            .comp {width: 450px;border: 1px dotted black;padding: 10px;}
            #app {border: 1px dotted green;width:500px;padding: 10px;}
        </style>
    </head>
    <body>
        <div id="app">
            <h2>这是父组件...</h2>
            <child>
                <p>使用匿名插槽--该内容将显示在匿名插槽内。</p>
                <template v-slot:slot1>
                    <h3>使用 v-slot 指令--该内容将显示在具名插槽 slot1 内。</h3>
                </template>
                <h3 slot='slot2'>使用 slot 属性--该内容将显示在具名插槽 slot2 内。</h3>
            </child>
        </div>
        <script type="text/javascript">
            //子组件中设有 3 个 slot，其中两个为具名插槽，一个为匿名插槽
            const Comp1 = {
                template: `
                <div class="comp">
                <h3>这是子组件...</h3>
                  <slot name='slot1'></slot>
                  <slot name='slot2'></slot>
                  <slot></slot>
                    <p>以上是具名插槽与匿名插槽的使用区别。</p>
                </div>
                `

            }
            var myViewModel = new Vue({
                el: '#app',
                components: {'child': Comp1,}
            })
        </script>
    </body>
</html>
```

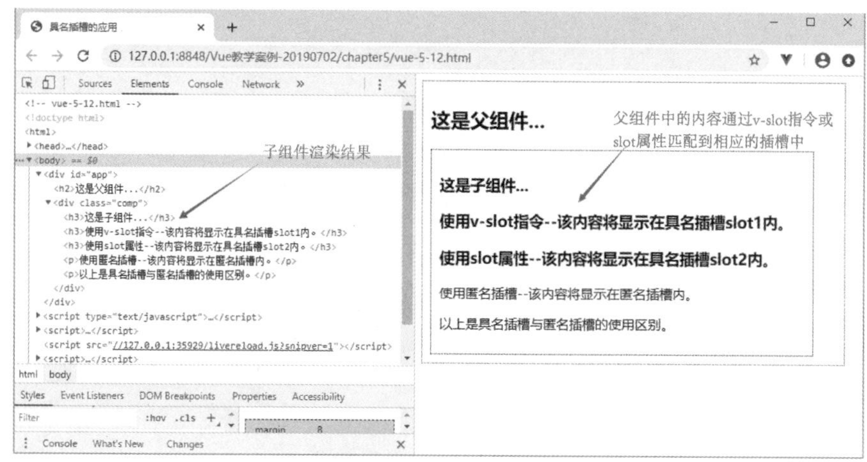

图 5-19　具名插槽的应用

上述代码中，第 14～23 行定义父组件，并在父组件中使用子组件 child，在子组件标记内添加<p>、<template>、<h3>等标记。其中，<p>标记用作匹配匿名插槽；<template>和<h3>标记用作匹配两个不同的具名插槽。第 26～36 行定义子组件 Comp1，并在 Vue 实例的 components 选项中进行注册（第 39 行）。在子组件中使用了两个具名插槽和一个匿名插槽。

5.4.3　作用域插槽

Vue 2.6.0 引入 v-slot 指令，提供更好地支持 slot 和 slot-scope 属性的 API 替代方案[①]。在接下来所有的 Vue 2.x 版本中，slot 和 slot-scope 属性仍会被支持，但它们已经被官方废弃且不会出现在 Vue 3.0 中。作用域插槽可用作一个能传递数据的可重用模板。

匿名插槽和具名插槽的内容和样式皆由父组件决定，即显示什么内容和怎样显示都由父组件决定；作用域插槽的样式由父组件决定，内容却由子组件控制。简单来说，前两种插槽不能绑定数据，作用域插槽是一个带绑定数据的插槽。

获取子组件插槽中携带的数据的关键步骤如下。

（1）在 slot 元素上使用 v-bind 指令绑定一个特定属性，这个属性称为插槽 prop。

```
<slot v-bind: customAttribute=" childDataOptions"></slot>
```

其中，customAttribute 为用户自定义的属性，为父组件提供数据对象；childDataOptions 为子组件 data 中的属性或对象。

（2）在父组件上访问绑定到插槽上的 prop 对象。

```
<template v-slot:default|slotname="slotProps">
    <p>来自父组件的内容</p>
    <p>{{slotProps. customAttribute }}</p>
</template>
```

使用 v-slot 指令时可以绑定相应的具名插槽或匿名插槽（默认名称为 default，也可以省略）。slotProps 为子组件上绑定的数据（插槽的 prop 对象）。如果自定义属性 customAttribute 是对象，可以通过 slotProps. customAttribute.xxx 使用绑定的数据。

也可以使用 slot-scope 属性访问绑定到插槽上的 prop 对象（也称为 slotProps）。

① https://github.com/vuejs/rfcs/blob/master/active-rfcs/0001-new-slot-syntax.md

```
<template slot-scope="slotProps">
    <p>来自父组件的内容</p>
    <p>{{slotProps. customAttribute }}</p>
</template>
```

slot-scope 属性也可以直接用于非<template>元素（包括组件）。部分示例代码如下。

```
<slot-example>
  <span slot-scope="slotProps">
    {{ slotProps.msg }}
  </span>
</slot-example>
```

【例 5-13】作用域插槽的应用。代码如下，运行效果如图 5-20 所示。

```
<!-- vue-5-13.html -->
<!DOCTYPE html>
<html lang="en">
    <head>
        <meta charset="UTF-8">
        <title>作用域插槽的应用</title>
        <script type="text/javascript" src="../vue/js/vue.js"></script>
        <style type="text/css">
            .mylist {width: 500px;border: 1px dashed black;padding: 10px;}
        </style>
    </head>
    <body>
        <div id="app">
            <p>作用域插槽的应用：来自父组件的内容</p>
            <h3>使用 v-slot 指令-获取子组件数据</h3>
            <child>
                <template v-slot:default="props">
                    <span>{{props.item.id}}--{{props.item.name}}--{{props.item.age}} </span>
                </template>
            </child>
            <h3>使用 slot-scope 属性-获取子组件数据</h3>
            <child>
                <template slot-scope="props">
                    <span>{{props.item.id}}--{{props.item.name}}--{{props.item.age}} </span>
                </template>
            </child>
        </div>
        <script>
            Vue.component('child', {
                data() {
                    return {
                        items: [{id: 1,name: '储久良',age: 50},
                            {id: 2,name: '张晓兵',age: 40},
                            {id: 3,name: '王大伟',age: 35},
                            {id: 4,name: '陈小娟',age: 28},
                        ]
                    }
                },
                template: '
                  <div class='mylist'>
                      <slot  v-for='item in items' :item='item'></slot>
                </div>
                '
            });
            var myViewModel = new Vue({
```

```
46.                 el: '#app',
47.             });
48.         </script>
49.     </body>
50. </html>
```

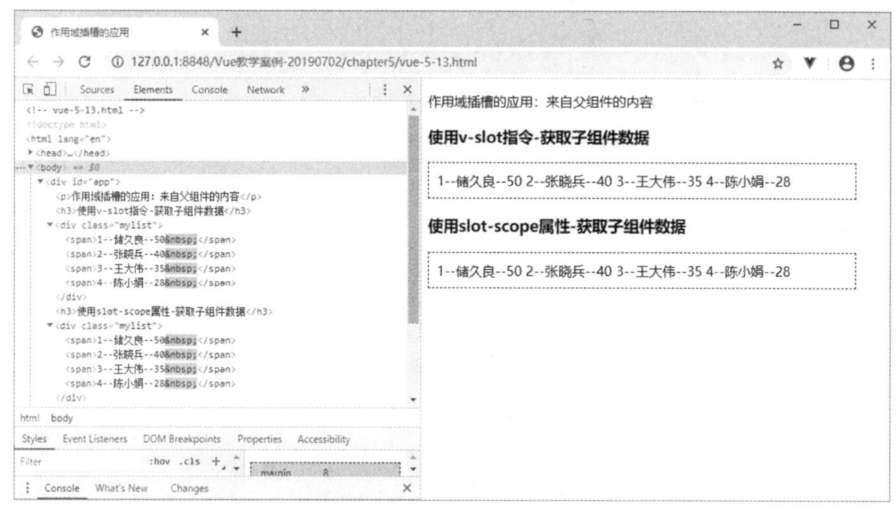

图 5-20　作用域插槽的应用

上述代码中，第 16～20 行使用子组件 child，并在该组件内使用带 v-slot 指令的 template 元素作为作用域插槽。在其中，选择将包含所有插槽 prop 的对象命名为 props（临时变量），也可以使用任意的名字，并使用 props.item.xxx 的形式获取子组件提供的数据。第 22～26 行使用子组件 child，并在该组件内使用带 slot-scope 属性的 template 元素使用作用域插槽。第 29～44 行全局定义子组件 child，在 template 选项中插入插槽，绑定 item 属性，循环遍历 items 数组变量中的所有数据，其中，v-for='item in items'中的 item 为临时变量。而绑定在插槽元素上的 item 属性称为“插槽 prop”，在父级作用域中，可以使用带值的 v-slot 指令定义子组件提供的插槽 prop 的名字，方法如第 18 行中{{props.item.id}}等。

5.4.4　动态插槽名

动态指令参数也可以用在 v-slot 指令上，来定义动态的插槽名。部分示例代码如下。

```
<my-child>
  <template v-slot:[dynamicSlotName]>
    ...
  </template>
</my-child>
```

动态插槽名需要使用[]包裹，dynamicSlotName 是一个变量，然后在 Vue 实例的 data 选项中定义动态插槽名，并给其赋初值。通过其他事件改变动态插槽名，动态渲染子组件。

【例 5-14】动态插槽名的应用。代码如下，运行效果如图 5-21 和图 5-22 所示。

```
<!-- vue-5-14.html -->
<!DOCTYPE html>
<html>
    <head>
        <meta charset="utf-8">
        <title>动态插槽名的应用</title>
```

```
7.          <script src="../vue/js/vue.js" type="text/javascript"></script>
8.      </head>
9.      <body>
10.         <div id="app">
11.             <h3>插槽名动态更新</h3>
12.             <child>
13.                 <template v-slot:[dynslot]>
14.                     <p>这是需要传递的内容</p>
15.                 </template>
16.             </child>
17.             <button @click="changeSlot">更新插槽名称</button>
18.         </div>
19.         <script>
20.             var child = {
21.                 data() {
22.                     return {
23.                         message: '这是组件中的数据！'
24.                     }
25.                 },
26.                 template: `
27.                 <div>
28.                     <slot name='slot1'>插槽 1 默认内容-大家好！</slot>
29.                     <slot name='slot2'>插槽 2 默认内容-下午 15：00 开会！</slot>
30.                 </div>
31.            `,
32.             }
33.             var myViewModel = new Vue({
34.                 el: '#app',
35.                 data: {
36.                     dynslot: '',
37.                     count:1,
38.                 },
39.                 components: {
40.                     child,
41.                 },
42.                 methods: {
43.                     changeSlot() {
44.                         this.dynslot =(this.count%2==0)?'slot1':'slot2',
45.                         this.count++
46.                     }
47.                 }
48.             })
49.         </script>
50.     </body>
51. </html>
```

上述代码中，第 12～16 行使用子组件 child，在 template 元素上使用动态指令参数定义动态插槽名[dynslot]（名称要求全小写）。第 17 行定义按钮，并绑定单击事件，调用 changeSlot() 方法，该方法的功能是根据 count 值为偶数/奇数的情况给动态插槽名变量赋值（第 43～47 行）。第 20～32 行定义子组件 child，在 template 选项中定义了两个带默认信息的具名插槽，分别为 slot1 和 slot2。运行后，由于动态插槽名初始值为空串，所以两个具名插槽的默认内容被显示在插槽中，而父组件的传递内容被忽略，如图 5-21 所示。

当第 1 次单击“更新插槽名称”按钮时，count 值为 1，是奇数，将 slot2 赋给了 dynslot，此时插槽 2 的默认内容被父组件传递的内容替换，而插槽 1 还是显示默认信息，如图 5-22（a）所示。当第 2 次单击“更新插槽名称”按钮时，count 值为 2，是偶数，将 slot1 赋给了 dynslot，此时插槽 1 的默认内容被父组件传递的内容替换，而插槽 2 还是显示默认信息，如图 5-22（b）

所示。继续单击按钮，会继续进行动态赋值。

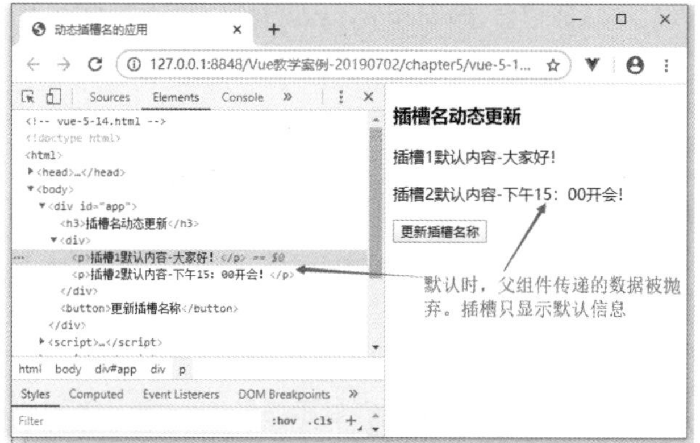

图 5-21　动态插槽名默认为空时的页面

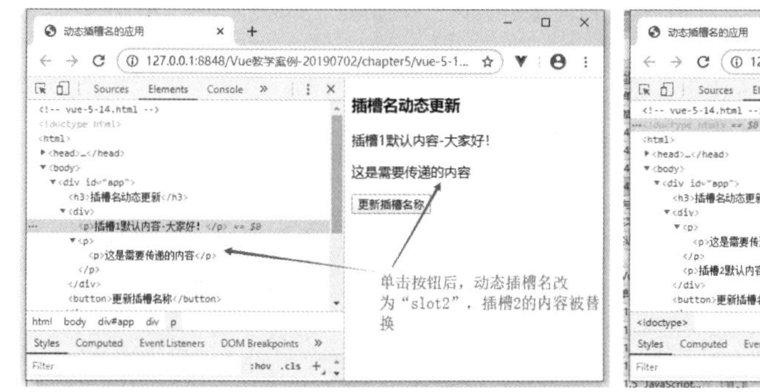

（a）第 1 次单击按钮时显示的页面

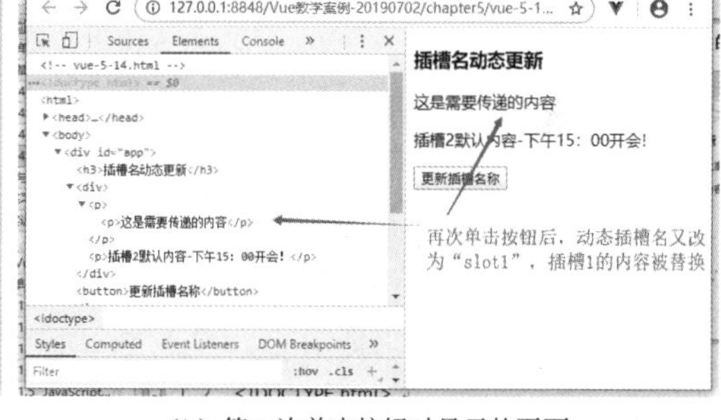

（b）第 2 次单击按钮时显示的页面

图 5-22　单击按钮，动态插槽名被重新赋值时的页面

本章小结

本章主要介绍了组件基础、组件间通信、单文件组件和插槽的基础概念和使用方法。

组件基础中，重点介绍了组件的命名规范和注册方法。Vue 组件通常采用 camelCase（驼峰式）或 kebab-case（短横线分隔式）命名方式。组件可以全局注册（使用 Vue.component() 方法），也可以局部注册（在 components 选项中注册）。局部注册的组件可以使用 var 或 const 直接定义，也可以使用 Vue.extend({…}) 方法定义。

组件间通信部分主要讲解了父组件向子组件传值、子组件向父组件传值和兄弟组件之间的通信等。在子组件中使用 props 接收父组件传递过来的数据，这个过程是单向的，只能从父组向子组件传递。子组件用 $emit() 函数触发自定义事件，父组件通过 $on() 函数或 v-on:eventname 侦听子组件的事件，父组件也可以使用 v-model 指令通过 input 事件传递数据。兄弟组件间通过事件总线（var bus=new Vue()）实现数据传递，一个组件在事件中通过 bus.$emit('事件名称', '传入参数')发送消息，另一个组件在 mounted() 或 created() 钩子函数中通过 bus.$on('事件名称', '回调函数')接收消息。除了上述方法外，采用父链（this.$parent）和子组件索引（this.$refs.indexName）同样可以实现组件间的通信。

关于插槽，重点讲解了匿名插槽、具名插槽、作用域插槽和动态插槽名的应用场景和基本语法，并讲解了匿名插槽、具名插槽（设置 name 属性）、作用域插槽（v-slot:slotname 或 slot-scope='Props'）以及动态插槽名（v-slot:[dynslot]）等方面的父子组件数据传递的方法。

练习 5

1. 选择题

（1）父组件中绑定 message="['A','B','C','D']"传递给子组件，在子组件中显示 message.length 的值为（　）。

A. 8　　B. 4　　C. 15　　D. 17

（2）父组件向子组件传递数据时，子组件可以通过（　）属性声明使用父组件的变量。

A. data　　B. name　　C. message　　D. props

（3）在父组件中使用（　）指令侦听事件，子组件中可以使用 this.$emit('input',this.子组件属性)。

A. v-model　　B. v-on　　C. v-for　　D. v-bind

（4）具名插槽是通过给 slot 元素设置（　）属性进行设置。

A. class　　B. slot-scope　　C. name　　D. slot

（5）父组件通过某个元素的（　）属性可以将数据信息传递至指定的具名插槽中。

A. name　　B. slot　　C. v-slot　　D. slot-scope

（6）一个单文件组件由（　）、<script>、<style>等 3 个标记（元素）组成。

A. <slot>　　B. <p>　　C. <div>　　D. <template>

2. 填空题

（1）组件注册分为________和________两种方式。全局注册必须使用________________指令实现，局部注册组件必须在 Vue 实例中的________________选项中注册。

（2）组件中的 data 选项必须定义为____________形式，格式如____________________。

（3）单组件文件的扩展名是______________，需要使用 vue-loader 解析。

（4）插槽通常分为匿名（默认）插槽、____________、作用域插槽等。在父组件可以使用 slot 属性将信息插入指定的具名插槽中，也可以通过____________指令使用指定的插槽。

3. 简答题

（1）组件中 data 属性与 props 属性在使用上有什么区别？

（2）兄弟组件间通信常用的方法有哪些？

实训 5

视频讲解

1. 组件间通信实训——友谊聊吧

【实训要求】

（1）学会定义 Vue 组件，并注册组件。

（2）学会使用 CSS 定义<div>、<button>、<input>和<img>标记的样式。

（3）学会使用事件总线实现任意组件间的通信，能够使用$emit() 和$on() 函数发送和接收消息。

（4）学会定义 Vue 实例和配置相关选项，会定义相关方法。学会定义 HTML5 表单。

【设计要求】

参照如图 5-23 所示的“友谊聊吧”页面，完成项目设计。具体设计要求如下。

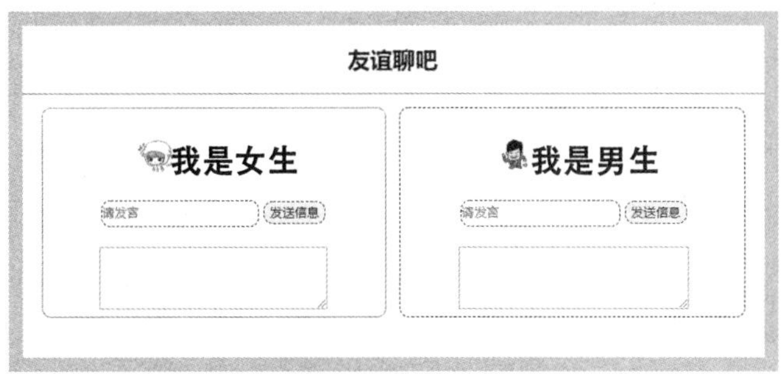

图 5-23 友谊聊吧初始界面

（1）定义两个组件，组件名称分别为 girl 和 boy，组件的内容如图 5-23 所示。

（2）在 girl 组件中，在文本框中输入内容（必填项）后，单击“发送信息”按钮，将在 boy 组件的文本域中显示带时间的消息，每条信息单独换行，如图 5-24 所示。

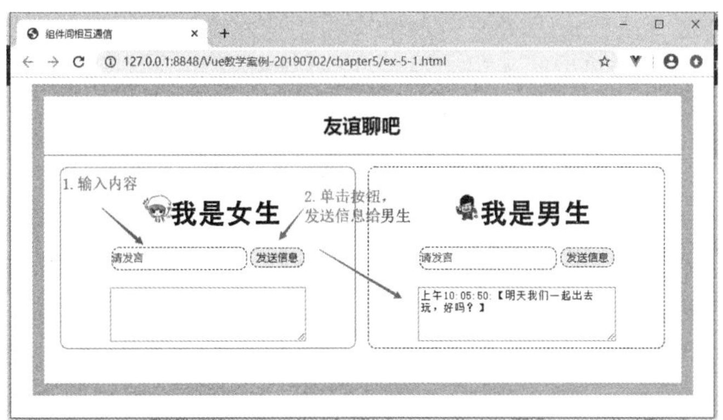

图 5-24 女生给男生发送信息

（3）在 boy 组件中，在文本框中输入内容（必填项）后，单击“发送信息”按钮，将在 girl 组件的文本域中显示带时间的消息，每条信息单独换行，如图 5-25 所示。

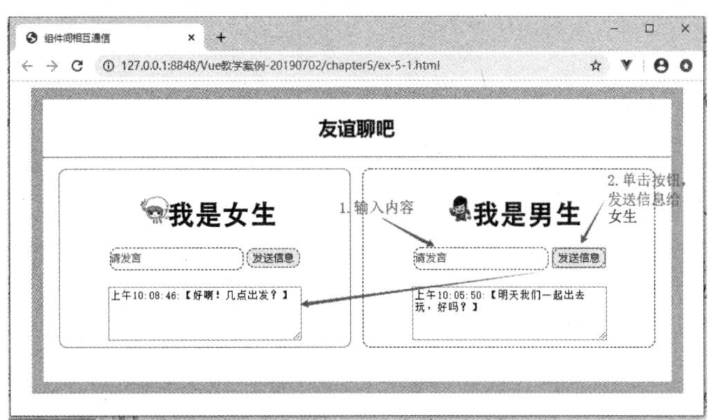

图 5-25 男生给女生发送信息

（4）页面样式要求。girl 组件的 childGirl 类样式为：有边框（1px、点画线、黑色）、宽度 350px、高度 200px、填充 10px、圆角边框（半径 10px）、有边界（5px）、行内块显示。boy 组件的 childBoy 类样式为：有边框（1px、虚线、黑色）、宽度 350px、高度 200px、填充 10px、圆角边框（半径 10px）、有边界（5px）、行内块显示。父组件#app 样式为：有边界（上下为 0、左右自动）、宽度 800px、高度为 350px、有边框（15px、实线、颜色# CACACA）、内容居中对齐。button 和 input 的样式为：高度 24px、圆角边框（半径 10px）、有边框（1px、虚线、颜色#0000EE）。img 的样式为：宽度 36px、高度 36px。

【实训步骤】

（1）建立 HTML 文件。项目文件命名为 ex-5-1.html，引入 Vue.js，设置标题和初始页面效果。在<body>标记中插入两个子组件，分别为<girl>和<boy>。

（2）定义事件总线。

```
var bus = new Vue();//空 Vue 实例
```

（3）定义组件。

定义<girl>组件。可以采用 Vue.component() 或 Vue.extend() 方法定义组件。

定义模板 template 元素。按图 5-23 所示的效果在模板中添加<div>、<h1>、<img>、<input>、<button>、<textarea>等相关标记，并设置父元素 div 的 class 为 childGirl。其中插入图像文件 ex-5-1-kt-girl.jpg。文本框要求必填项和占位符为“请发言”。按钮绑定 click 事件，调用 sendToBoy() 方法。文本域设置为 4 行 32 列，并设置 id 为 girl。

定义 data(){}。定义变量 girlInput 作为文本框绑定的属性，初始值为空。

定义 sendToBoy() 方法。自定义事件为 msgToBoy，信息为 girlInput。

```
bus.$emit("msgToBoy", this.girlInput);
```

侦听男生发送消息。可以在 mounted() 或 created() 钩子函数中定义$on() 方法。

```
bus.$on("msgToGirl", function(msg) {   })
```

在此方法中同时处理接收数据，将其显示在文本域中，格式如图 5-24 所示。

定义 boy 组件的方法同上。

（4）组件通信测试。在 girl 和 boy 组件中分别输入相关内容后，单击“发送信息”按钮，查看信息能否成功地按指定格式写入对象的文本域。如果正确，说明代码能够正常运行；如果不正确，在浏览器中按 F12 键，进入调试状态，根据错误信息提示解决错误。

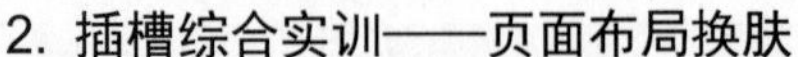

视频讲解

2. 插槽综合实训——页面布局换肤

【实训要求】

（1）学会全局定义 Vue 组件，并完成组件的设计。

（2）学会使用 CSS 定义<div>、<button>、<h3>和<slot>等标记的样式。

（3）利用 props 属性实现父组件向子组件传值。

（4）学会定义具名插槽展示传递信息，利用动态插槽名的变更实现内容和样式的更新传递。

（5）学会定义 Vue 实例和配置相关选项，会定义相关方法实现相关功能。

【设计要求】

参照如图 5-26 所示的页面完成项目设计。具体设计要求如下。

图 5-26　页面布局换肤初始页面

（1）在父组件中定义使用子组件标记<my-slot>，并在其中定义 3 个带动态指令参数的 template 模板，让每个模板动态匹配插槽名，实现内容的更新。每个模板中插入一个<h3>标记，并设置内容居中显示的效果，其内容分别为“这是新的头部”“这是新的中间”“这是新的尾部”。为了实现子组件中布局背景颜色发生变化，需要在 my-slot 组件中绑定相关参数，实现父组件向子组件传递数据。

（2）在子组件的模板中完成页面布局的初始页面效果的设计。设计 3 个具名插槽，其 name 属性值分别为 header、content、footer，3 个具名插槽的内容分别为“这是默认的头部”“这是默认的中间”“这是默认的尾部”。3 个具名插槽分别被 3 个 div 包裹，3 个 div 均设有 class 属性，其值分别为 header、content、footer，根据图 5-26 所示效果定义 3 个 class 的样式。

（3）“更新内容”按钮的功能。单击“更新内容”按钮后能够实现页面布局背景颜色由浅变深，其内容也发生相应变化。背景颜色分别由“#FAFBFC”“#CECECE”“#E3E3E3”变为“#55FF00”“#FF55FF”“#FBEB06”。更新后的页面效果如图 5-27 所示。

（4）“还原原样”按钮的功能。单击“还原原样”按钮后能够实现页面布局背景颜色由深变浅，其内容恢复为原样。

图 5-27　单击“更新内容”按钮后的页面

【实训步骤】

（1）建立 HTML 文件。项目文件命名为 ex-5-2.html，引入 Vue.js，设置标题为“页面布局调整和换肤”。在<body>标记中分别插入<div>和<script>标记，并在 div 中插入子组件 my-slot。

（2）定义父组件。按照设计要求（1）完成父组件的设计。在父组件中插入两个按钮，并用一个 div 包裹。两个按钮的功能参照设计要求（3）和（4）实现。提示：通过动态插槽名实现（v-slot:[synslot]），并完成相关元素样式的设置。

- div 的样式：内容居中显示、填充为 10px。
- button 的样式：宽度 120px、高度 35px、边界 10px、圆角边框（半径 10px）。

（3）定义子组件。要求使用全局注册子组件 my-slot。当然也可以局部注册，用户可以自行选择，按照设计要求（2）完成子组件的设计，并进行注册。同时，通过父组件向子组件传值控制 slot 样式的改变。

（4）调试页面并运行。代码设计完成后，通过浏览器运行查看页面效果，并启用调试功能辅助页面调试。单击“更新内容”和“还原原样”按钮，查看页面效果。

第 6 章

Vue.js 过渡与动画

本章学习目标

通过本章的学习，能够了解 Vue.js 过渡与动画的实现方法，掌握单元素/单组件、多元素/多组件以及列表的过渡方法，在实际项目中学会使用过渡与动画渲染页面效果。

Web 前端开发工程师应知应会以下内容。

- 熟悉过渡类名的含义和命名规范。
- 掌握单元素/单组件的过渡方法。
- 掌握初始渲染过渡的方法。
- 掌握列表进入/离开、排序和交错过渡的实现方法。
- 学会编写带有 Vue.js 过渡和动画效果的页面。

6.1 单元素/单组件的过渡

Vue 在插入、更新或移除 DOM 时，提供多种不同方式的应用过渡效果，包括以下工具。

（1）在 CSS 过渡和动画中自动应用 class 属性。

（2）可以配合使用第三方 CSS 动画库，如 Animate.css。

（3）在过渡钩子函数中使用 JavaScript 直接操作 DOM。

（4）可以配合使用第三方 JavaScript 动画库，如 Velocity.js。

Vue 提供了内置的过渡封装组件，该组件用于包裹要实现过渡效果的组件。Vue 提供了 transition 封装组件，可以给任何元素和组件添加进入/离开过渡，使用情形如下。

（1）条件渲染（使用 v-if 指令）。

（2）条件展示（使用 v-show 指令）。

（3）动态组件。

（4）组件根节点。

Vue 的<transition>标记的语法如下。

```
<transition name="slide-fade">
  <div>
    <p v-if="flag"><img src="image-6-1.jpg"></p>
    ...
  </div>
</transition>
```

当插入或删除包含在 transition 组件中的元素时，Vue 将做以下处理。

（1）自动嗅探目标元素是否应用了 CSS 过渡或动画，如果是，在恰当的时机添加/删除CSS 类名。

（2）如果过渡组件提供了 JavaScript 钩子函数，这些钩子函数将在恰当的时机被调用。

（3）如果没有找到 JavaScript 钩子函数并且也没有检测到 CSS 过渡/动画，DOM 操作（插入/删除）在下一帧中立即执行。

【例 6-1】 单元素（图像）过渡的应用。代码如下，运行效果如图 6-1 所示。

```
<!-- vue-6-1.html -->
<!DOCTYPE html>
<html>
    <head>
        <meta charset="utf-8">
        <title>Vue 单元素或单组件过渡</title>
        <script src="../vue/js/vue.js" charset="utf-8"></script>
        <style type="text/css">
            .fade-enter-active,.fade-leave-active {transition: opacity 1s;}
            .fade-enter,.fade-leave-to {opacity: 0;}
        </style>
    </head>
    <body>
        <div id="app">
            <button type="button" v-on:click="changeFlag">单击（隐藏/显示）
            </button><br>
            <transition name="fade">
                <img src='image-6-1.jpg' v-if="flag">
            </transition>
        </div>
        <script type="text/javascript">
            var myViewModel= new Vue({
                el: '#app',
                data: {
                    flag: true,
                },
                methods: {
                    changeFlag() {
                        this.flag = !this.flag
                    }
                }
            })
        </script>
    </body>
</html>
```

（a）未单击按钮之前的状态

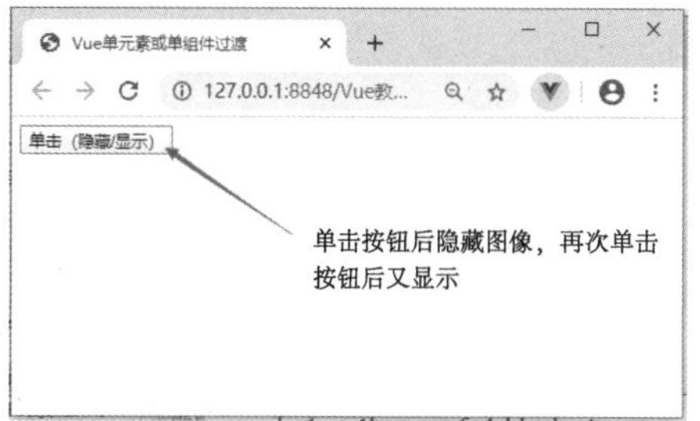

（b）单击按钮后隐藏图像的状态

图 6-1　单元素过渡

上述代码中，第 15 行定义 button 按钮，绑定 click 事件，调用 changeFlag() 方法，用于修改 flag 的值（逻辑值求反），决定代码第 17 行中<img>标记条件渲染，在 flag 值为 true 时渲染且产生过渡效果（第 9 行和第 10 行的样式生效）。其中，opacity 属性规定不透明度，取值从 0.0（完全透明）到 1.0（完全不透明）。

6.1.1　过渡的类名

在进入/离开过渡中，会有 6 个类（class）切换（以下的 v 代表在没有 transition name 的时候调用），如图 6-2 所示。

（1）v-enter：定义进入过渡的开始状态。在元素被插入之前生效，在元素被插入后的下一帧移除。

（2）v-enter-active：定义进入过渡生效时的状态。在整个进入过渡的阶段中应用，在元素被插入之前生效，在过渡/动画完成之后移除。这个类可以用来定义进入过渡的过程时间、延迟和曲线函数。

（3）v-enter-to：Vue 2.1.8 及以上版本中定义进入过渡的结束状态。在元素插入之后的下一帧生效（与此同时 v-enter 被移除），在过渡/动画完成之后移除。

（4）v-leave：定义离开过渡的开始状态。在离开过渡被触发时立刻生效，下一帧被移除。

（5）v-leave-active：定义离开过渡生效时的状态。在整个离开过渡的阶段中应用，在离开过渡被触发时立刻生效，在过渡/动画完成之后移除。这个类可以用来定义离开过渡的过程时间、延迟和曲线函数。

（6）v-leave-to：Vue 2.1.8 及以上版本中定义离开过渡的结束状态。在离开过渡被触发之后的下一帧生效（与此同时 v-leave 被删除），在过渡/动画完成之后移除。

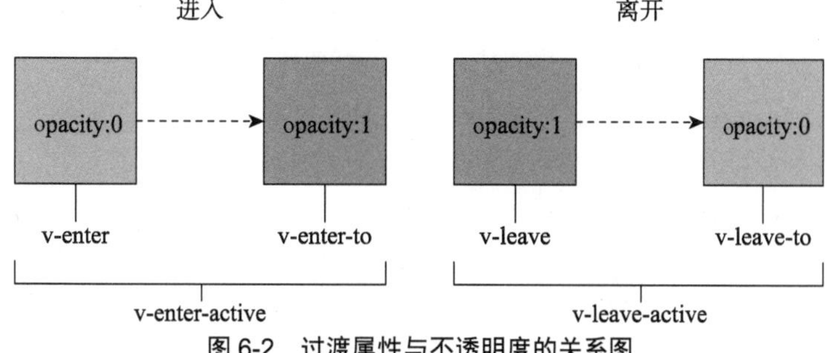

图 6-2　过渡属性与不透明度的关系图

对于这些在过渡中切换的类名，如果使用不带 name 属性的<transition>标记，则“v-”将作为这些类名的默认前缀。如果使用了<transition name="my-transition"></transition>标记，那么 v-enter 会替换为 my-transition-enter。

v-enter-active 和 v-leave-active 可以控制进入/离开过渡的不同的缓和曲线，详见例 6-2。

6.1.2 CSS 过渡

常用的过渡都是使用 CSS 过渡，同时可以设置持续时间和动画函数。

【例 6-2】CSS 过渡。代码如下，运行效果如图 6-3 所示。

```
<!-- vue-6-2.html -->
<!DOCTYPE html>
<html>
    <head>
        <meta charset="utf-8">
        <title>CSS 过渡</title>
        <script src="../vue/js/vue.js" type="text/javascript"></script>
        <style type="text/css">
            /* 可以设置不同的进入和离开动画 */
            /* 设置持续时间和动画函数 */
            .slide-fade-enter-active {transition: all .3s ease;}
            .slide-fade-leave-active {
              transition: all .8s cubic-bezier(1.0, 0.5, 0.8, 1.0);
            }
            .slide-fade-enter, .slide-fade-leave-to{
              transform: translateX(30px);  /* 在 X 轴向右位移 30px */
              opacity: 0;
            }
            /* 为不带 name 属性的 transition 组件定义过渡样式 */
            .v-enter,.v-leave-to{
                transform: skewX(30deg);
              opacity: 0; }
            .v-enter-active,.v-leave-active{
                transition: all 0.5s ease-in-out;
            }
            img{width:200px;height: 200px;}
        </style>
    </head>
    <body>
        <div id="app">
              <button @click="changeFlag">隐藏与显示</button><br>
              <transition name="slide-fade">
                <p v-if="flag"><img src="image-6-1.jpg"></p>
              </transition>
                <transition>
                  <p v-if="flag"><img src="image-6-2.jpg"></p>
                </transition>
        </div>
        <script type="text/javascript">
            var myViewModel=new Vue({
                el:"#app",
                data:{
                    flag:true,
                },
                methods:{
                    changeFlag(){
                        this.flag=!this.flag
```

```
48.                     }
49.                 }
50.             })
51.         </script>
52.     </body>
53. </html>
```

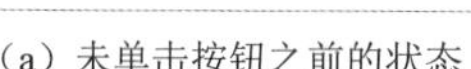

（a）未单击按钮之前的状态

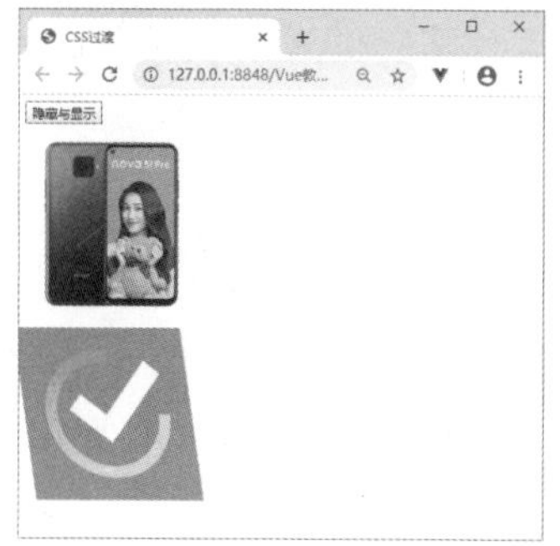

（b）单击按钮后显示图像逐渐过渡的状态

（c）单击按钮后隐藏图像的状态

图 6-3　CSS 过渡效果

例 6-2 与例 6-1 有些类似，只是在使用 CSS 过渡时定义动画函数。上述代码中，第 11 行定义了类名为 slide-fade-enter-active 的样式为在所有属性上过渡 0.3s，使用动画函数 ease（实现以慢速开始，变快，慢速结束的效果）。第 12～14 行定义类名为 slide-fade-leave-active 的样式为在所有属性上过渡 0.8s，使用贝塞尔曲线作为动画函数。第 15～18 行定义类名为 slide-fade-enter 和 slide-fade-leave-to 的样式为在 X 轴上右移 30px，不透明度为 0。由于使用了带 name 属性的<transition>标记，所以类名的前缀由默认的“v-”改为“slide-fade”。第 20～25 行给不带 name 属性的<transition>标记定义进入/离开的过渡效果。注意类名在使用上的区别。

6.1.3　CSS 动画

所谓动画，就是让一个元素从一个状态逐渐向另一个状态转变的过程，可以在这个过程中改变元素的 CSS 属性。动画可以反复播放。CSS 动画（CSS Animations）用法与 CSS 过渡相同，区别是动画中的 v-enter 类名在节点插入 DOM 后不会立即删除，而是在 animationend 事件触发时删除。

【例 6-3】 CSS 动画。代码如下，运行效果如图 6-4 所示。

```
<!-- vue-6-3.html -->
<!DOCTYPE html>
<html>
    <head>
        <meta charset="utf-8">
        <title>Vue-CSS 动画</title>
        <script src="../vue/js/vue.js"></script>
        <style>
```

```
9.             /* 在类样式上绑定动画 */
10.            .animation-enter-active {animation: myAnimations 2s;}
11.            .animation-leave-active {animation: myAnimations 3s reverse;}
12.            /* 定义关键帧，并指定动画名称 myAnimations */
13.            @keyframes myAnimations {
14.               0% {transform: scale(0);}       /* 缩放 0 倍*/
15.             50% {transform: scale(1.5);}     /* 缩放 1.5 倍 */
16.               100% {transform: scale(1);}    /* 缩放 1.0 倍 */
17.            }
18.         </style>
19.     </head>
20.     <body>
21.         <div id="app">
22.         <button v-on:click="showAnimation">显示 CSS 动画</button>
23.            <transition name="animation">
24.               <p v-if="flag">Vue.js 的 CSS 动画,效果真棒！！！</p>
25.            </transition>
26.         </div>
27.         <script type="text/javascript">
28.             var myViewModel=new Vue({
29.               el: '#app',
30.               data: {flag:true},
31.               methods:{
32.                   showAnimation(){this.flag=!this.flag}
33.               }
34.            })
35.         </script>
36.     </body>
37. </html>
```

（a）未单击按钮之前的状态

（b）单击按钮后显示动画效果的状态

图 6-4　CSS 动画效果

上述代码中，第 10 行和第 11 行定义类名为 animation-enter-active（入场动画的时间段）和 animation-leave-active（离场动画的时间段）的样式，绑定动画 myAnimations，并设置延时和反转效果。第 13～17 行中定义关键帧，指定动画名称为 myAnimations，在其中定义 3 个过渡状态，分别为 0%、50%、100%，并设置转换效果（缩放一定的倍数）。

6.1.4　自定义过渡的类名

可以通过以下属性（attribute）自定义过渡类名。

- enter-class
- enter-active-class
- enter-to-class（Vue 2.1.8 及以上版本）
- leave-class
- leave-active-class
- leave-to-class（Vue 2.1.8 及以上版本）

它们的优先级高于普通的类名，这对于 Vue 的过渡系统和其他第三方 CSS 动画库（如 animate.css）结合使用十分有用。

animate.css 是一个来自国外的 CSS3 动画库，它预设了抖动（shake）、闪烁（flash）、弹跳（bounce）、翻转（flip）、旋转（rotateIn/rotateOut）、淡入淡出（fadeIn/fadeOut）等 60 多种动画效果，几乎包含了所有常见的动画效果。

【例 6-4】自定义过渡的类名。代码如下，运行效果如图 6-5 所示。

```
1.  <!-- vue-6-4.html -->
2.  <!DOCTYPE html>
3.  <html>
4.      <head>
5.          <meta charset="utf-8" />
6.          <title>自定义过渡的类名</title>
7.          <script src="../vue/js/vue.js"></script>
8.          <!-- 链入外部样式表 animate.css -->
9.          <link href="https://cdn.jsdelivr.net/npm/animate.css@3.5.1" rel=
            "stylesheet" type="text/css">
10.         <style type="text/css">
11.             #app {
12.                 margin: 0 auto;width: 500px;height: 200px;
13.                 border: 1px dashed #333333;text-align: center;
14.             }
15.             button {width: 120px;height: 40px;border-radius: 10px;}
16.         </style>
17.     </head>
18.     <body>
19.         <div>
20.             <div id="app">
21.                 <h1>自定义过渡的类名</h1>
22.                 <br><button @click="flag = !flag">切换渲染</button><br>
23.                 <transition name="custom-classes-transition"
24.                  enter-active-class="animated tada"
25.                  leave-active-class="animated bounceOutRight">
26.                     <p v-if="flag">自定义过渡的类名，动画</p>
27.                 </transition>
28.             </div>
29.             <script>
30.                 //Vue 根实例
31.                 var myViewModel = new Vue({
32.                     el: '#app',
33.                     data: {
34.                         flag: true
35.                     }
36.                 })
37.             </script>
38.         </div>
39.     </body>
40. </html>
```

上述代码中，第 9 行定义了链接特定版本的外部样式表文件 animate.css。第 23～25 行为<transition>标记定义 name 属性，值为 custom-classes-transition，并为该标记添加自定义 enter-active-class、leave-active-class 属性，其值分别为 animated tada（晃动效果）、animated bounceOutRight（动画从右侧弹跳）。

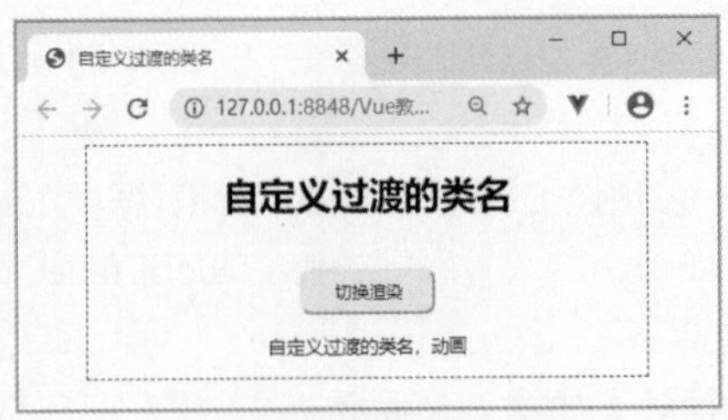

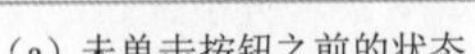
（a）未单击按钮之前的状态

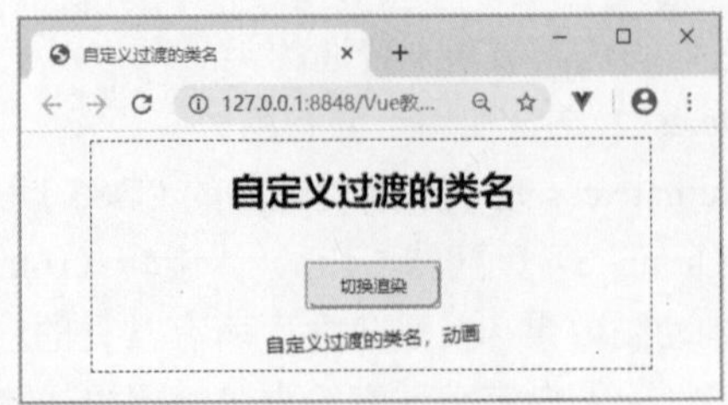

（b）单击按钮后显示动画效果的状态

图 6-5　自定义过渡类的动画效果

6.1.5　同时使用过渡和动画

Vue 通过设置相应的事件监听器了解过渡完成情况，可以是 transitionend 或 animationend 事件，这取决于给元素应用的 CSS 规则。使用其中任何一种，Vue 都能自动识别类型并设置侦听。

但是，在一些场景中，可能需要为同一个元素同时设置两种过渡效果，如动画很快被触发并完成了，而过渡效果还没结束。在这种情况中，就需要使用 type 属性并设置 animation 或 transition 明确声明所需要 Vue 侦听的类型。

6.1.6　显性的过渡持续时间

在大多情况下，Vue 可以自动得出过渡效果的完成时机。默认情况下，Vue 会等待其在过渡效果的根元素的第 1 个 transitionend 或 animationend 事件。然而，也可以不这样设定。例如，可以精心编排一系列过渡效果，其中一些嵌套的内部元素相比于过渡效果的根元素有延迟的或更长的过渡效果。

在这种情况下，可以用<transition>标记上的 duration prop 定制一个显性的过渡持续时间（以毫秒计），代码如下。

```
<transition :duration="1000">...</transition>
```

也可以定制进入和移出的持续时间，代码如下。

```
<transition :duration="{ enter: 500, leave: 800 }">...</transition>
```

6.1.7　JavaScript 钩子

可以在属性中声明 JavaScript 钩子。参考代码如下所示。

```
<transition
  v-on:before-enter="beforeEnter"
  v-on:enter="enter"
  v-on:after-enter="afterEnter"
  v-on:enter-cancelled="enterCancelled"

  v-on:before-leave="beforeLeave"
  v-on:leave="leave"
  v-on:after-leave="afterLeave"
  v-on:leave-cancelled="leaveCancelled"
>
  <!-- ... -->
</transition>
```

```
//...
methods: {
  //--------
  //进入中
  //--------

  beforeEnter: function (el) {
    //...
  },
  //当与 CSS 结合使用时
  //回调函数 done 是可选的
  enter: function (el, done) {
    //...
    done()
  },
  afterEnter: function (el) {
    //...
  },
  enterCancelled: function (el) {
    //...
  },

  //--------
  //离开时
  //--------

  beforeLeave: function (el) {
    //...
  },
  //当与 CSS 结合使用时
  //回调函数 done 是可选的
  leave: function (el, done) {
    //...
    done()
  },
  afterLeave: function (el) {
    //...
  },
  //leaveCancelled 只用于 v-show 中
  leaveCancelled: function (el) {
    //...
  }
}
```

上述钩子函数可以结合 CSS transitions/animations 使用，也可以单独使用。

注意：当只用 JavaScript 过渡的时候，在 enter 和 leave 函数中必须使用 done 进行回调。否则，它们将被同步调用，过渡会立即完成。推荐对于仅使用 JavaScript 过渡的元素添加 v-bind:css="false"，Vue 会跳过 CSS 的检测。这也可以避免过渡过程中 CSS 的影响。

6.2 初始渲染的过渡

可以通过 appear 属性设置节点初始渲染的过渡。这里默认与进入/离开过渡一样，同样也可以自定义 CSS 类名，标记语法如下。

```
<transition
  appear
```

```
  appear-class="custom-appear-class"
  appear-to-class="custom-appear-to-class"
  appear-active-class="custom-appear-active-class"
>
  <!-- ... -->
</transition>
```

也可以自定义 JavaScript 钩子，标记语法如下。

```
<transition
  appear
  v-on:before-appear="customBeforeAppearHook"
  v-on:appear="customAppearHook"
  v-on:after-appear="customAfterAppearHook"
  v-on:appear-cancelled="customAppearCancelledHook"
>
  <!-- ... -->
</transition>
```

在上面的例子中，无论是 appear 属性还是 v-on:appear 钩子，都会生成初始渲染过渡。

6.3 多个元素的过渡

后面会讨论多个组件的过渡，对于原生标记，可以使用 v-if/v-else 指令。最常见的多个元素的过渡是一个列表和描述这个列表为空消息的元素。标记语法如下。

```
<transition>
  < ul v-if="items.length > 0">
    <!-- ... -->
  </ ul >
  <p v-else>对不起，没有发现列表项.</p>
</transition>
```

注意：当有相同标记名的元素切换时，需要通过 key 属性设置的唯一值进行标识，从而让 Vue 区分它们，否则 Vue 为了效率只会替换相同标记内部的内容。即使在技术上没有必要，为<transition>标记中的多个元素设置 key 是一个更好的实践。

例如，有两个<button>标记，分别设置为不同的 key 值，以示区别。

```
<transition>
  <button v-if="isEditing" key="save">
    保存
  </button>
  <button v-else key="edit">
    编辑
  </button>
</transition>
```

在一些场景中，也可以通过为同一个元素的 key 属性设置不同的状态来代替 v-if 和 v-else 指令。上面的例子可以改写为以下格式。

```
<transition>
  <button v-bind:key="isEditing">
    {{ isEditing ? '保存' : '编辑' }}
  </button>
</transition>
```

使用多个 v-if 指令的多个元素的过渡可以重写为绑定了动态 property 的单个元素过渡。

例如：

```
<transition>
  <button v-if="docState === 'saved'" key="saved">编辑</button>
  <button v-if="docState === 'edited'" key="edited">保存</button>
  <button v-if="docState === 'editing'" key="editing">取消</button>
</transition>
```

这种形式也可以重写为以下格式。

```
<!-- HTML 部分 -->
<transition>
  <button v-bind:key="docState">
    {{ buttonMessage }}
  </button>
</transition>
…
//JavaScript 部分
computed: {
  buttonMessage: function () {
    switch (this.docState) {
      case 'saved': return '编辑'
      case 'edited': return '保存'
      case 'editing': return '取消'
    }
  }
}
```

在下列部分代码中，在 on 按钮和 off 按钮的过渡中，两个按钮都被重绘了，一个离开过渡的时候，另一个开始进入过渡。这是<transition>标记的默认行为（进入和离开同时发生）。

```
<transition name="no-mode-fade">
  <button v-if="on" key="on" @click="on = false">on</button>
  <button v-else key="off" @click="on = true">off</button>
</transition>
<style>
  .no-mode-fade-enter-active,
  .no-mode-fade-leave-active {transition: opacity .5s}
  .no-mode-fade-enter,.no-mode-fade-leave-to {opacity: 0}
</style>
```

但同时生效的进入和离开的过渡不能满足所有要求，所以 Vue 提供了过渡模式，通过 mode 属性设置，其值为 in-out/out-in。其作用和部分样例代码如下。

- in-out：新元素先进行过渡，完成之后当前元素过渡离开。
- out-in：当前元素先进行过渡，完成之后新元素过渡进入。

```
<transition name="with-mode-fade" mode="out-in">
  <button v-if="on" key="on" @click="on = false"> on </button>
  <button v-else key="off" @click="on = true"> off </button>
</transition>
```

只要添加一个简单的 mode 属性，就解决了之前的过渡问题，而无需任何额外的代码。其中，in-out 模式不经常使用，但对于一些稍微不同的过渡效果还是很有用的。

【例 6-5】多元素过渡。代码如下，运行效果如图 6-6 所示。

```
<!-- vue-6-5.html -->
<!DOCTYPE html>
<html>
    <head>
        <meta charset="utf-8" />
```

```
        <title>多元素过渡</title>
        <script src="../vue/js/vue.js"></script>
        <style type="text/css">
            button {
                border: 1px dashed #010101;border-radius: 10px;
                width: 70px;height: 40px;font-size: 20px;
            }
        </style>
    </head>
    <body>
        <div>
            <h3>过渡模式(进入和离开同时发生)</h3>
            <div id="app1">
                <transition name="no-mode-fade">
                    <button v-if="on" key="on" @click="on = false">on</button>
                    <button v-else key="off" @click="on = true">off</button>
                </transition>
            </div>
            <script>
                var myViewModel1 = new Vue({
                    el: '#app1',
                    data: {
                        on: false
                    },
                })
            </script>
            <style>
                .no-mode-fade-enter-active,
                .no-mode-fade-leave-active {transition: opacity .5s}
                .no-mode-fade-enter,
                .no-mode-fade-leave-to {opacity: 0}
            </style>
        </div>
        <div>
            <h3>过渡模式(元素绝对定位在彼此之上)</h3>
            <div id="app2">
                <div class="no-mode-absolute-demo-wrapper">
                    <transition name="no-mode-absolute-fade">
                        <button v-if="on" key="on" @click="on = false"> on </button>
                        <button v-else key="off" @click="on = true"> off </button>
                    </transition>
                </div>
            </div>
            <script>
                var myViewModel2 = new Vue({
                    el: '#app2',
                    data: {
                        on: false
                    },
                })
            </script>
            <style>
                .no-mode-absolute-demo-wrapper {
                    position: relative;height: 18px;
                }
                .no-mode-absolute-demo-wrapper button {position: absolute;}
                .no-mode-absolute-fade-enter-active,
                .no-mode-absolute-fade-leave-active {transition: opacity .5s}
                .no-mode-absolute-fade-enter,
                .no-mode-absolute-fade-leave-to {opacity: 0}
```

```
        </style>
    </div>
    <div>
        <h3>过渡模式(加上 translate 滑动)</h3>
        <div id="app3">
            <div class="no-mode-translate-demo-wrapper">
                <transition name="no-mode-translate-fade">
                    <button v-if="on" key="on" @click="on = false"> on </button>
                    <button v-else key="off" @click="on = true"> off </button>
                </transition>
            </div>
        </div>
        <script>
            var myViewModel3 = new Vue({
                el: '#app3',
                data: {
                    on: false
                },
            })
        </script>
        <style>
            .no-mode-translate-demo-wrapper {
                position: relative;height: 18px;}
            .no-mode-translate-demo-wrapper button {position: absolute;}
            .no-mode-translate-fade-enter-active,
            .no-mode-translate-fade-leave-active {transition: all 1s;}
            .no-mode-translate-fade-enter,
            .no-mode-translate-fade-leave-to {opacity: 0;}
            .no-mode-translate-fade-enter {transform: translateX(31px);}
            .no-mode-translate-fade-leave-active {
                transform: translateX(-31px);
            }
        </style>
    </div>
    <div>
        <h3>过渡模式(out-in 模式)</h3>
        <div id="app4">
            <transition name="with-mode-fade" mode="out-in">
                <button v-if="on" key="on" @click="on = false"> on </button>
                <button v-else key="off" @click="on = true"> off </button>
            </transition>
        </div>
        <script>
            var myViewModel4 = new Vue({
                el: '#app4',
                data: {
                    on: false
                },
            })
        </script>
        <style>
            .with-mode-fade-enter-active,
            .with-mode-fade-leave-active {transition: opacity .5s;}
            .with-mode-fade-enter,
            .with-mode-fade-leave-to {opacity: 0;}
        </style>
    </div>
    <div>
        <h3>过渡模式(in-out 模式)</h3>
        <div id="app5">
```

```
126.                <div class="in-out-translate-demo-wrapper">
127.                    <transition name="with-mode-fade" mode="in-out">
128.                        <button v-if="on" key="on" @click="on = false"> on </button>
129.                        <button v-else key="off" @click="on = true"> off </button>
130.                    </transition>
131.                </div>
132.            </div>
133.            <script>
134.                var myViewModel5 = new Vue({
135.                    el: '#app5',
136.                    data: {
137.                        on: false
138.                    },
139.                })
140.            </script>
141.            <style>
142.                .in-out-translate-demo-wrapper {
143.                    position: relative;height: 18px;
144.                }
145.                .in-out-translate-demo-wrapper button {position: absolute;}
146.                .in-out-translate-fade-enter-active,
147.                .in-out-translate-fade-leave-active {transition: all 5s;}
148.                .in-out-translate-fade-enter,
149.                .in-out-translate-fade-leave-to {opacity: 0;}
150.                .in-out-translate-fade-enter {
151.                    transform: translateX(31px);
152.                }
153.                .in-out-translate-fade-leave-active {
154.                    transform: translateX(-31px);
155.                }
156.            </style>
157.        </div>
158.    </body>
159. </html>
```

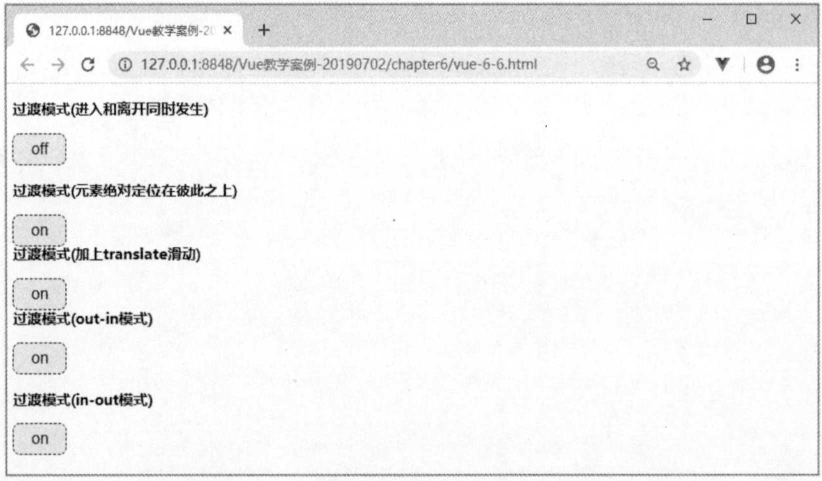

图 6-6　多元素过渡

本例中采用 5 个 Vue 实例分别解决 5 种不同的多个元素过渡效果。上述代码中，第 9～12 行定义所有按钮的外观样式。第 16～38 行定义“过渡模式（进入和离开同时发生）”的应用场景，根据 on 属性的取值（true/false）不同，决定哪个按钮进行过渡并展示。第 39～67 行定义“过渡模式（元素绝对定位在彼此之上）”的应用场景，根据 on 属性的取值不同，决定哪个按钮进行过渡并展示，但不同于第 1 种情形的是，这两个按钮通过 CSS 样式实现在同一位置上层叠显示，会产生新按钮覆盖旧按钮的过渡效果。第 68～99 行定义“过渡模式（加上 translate 滑动）”的应用场景，根据 on 属性的取值不同，决定哪个按钮进行过渡并展示。其中，第 94～97 行定义类开始进场和离场的转换样式（右移、左移的过渡效果）。第 100～122 行定义“过渡模式（out-in 模式）”的应用场景，页面元素与前面相同，过渡效果不同，旧元素先离场，新元素再进场。第 123～157 行定义“过渡模式（in-out 模式）”的应用场景，页面元素与前面相同，过渡效果不同，新元素先进场，旧元素再离场。

6.4　多个组件的过渡

多个组件的过渡简单很多，一般不需要使用 key 属性。相反，可以只使用动态组件。使用“内置组件+v-bind:is”可以实现动态组件。部分代码如下。

```
<transition name="component-fade" mode="out-in">
    <component v-bind:is="display"></component>
</transition>
```

component 是 Vue 的一个内置组件。使用 is 属性（需要通过 v-bind 指令给 is 绑定一个值）绑定的值（display）传入一个组件名，就会切换到这个组件。

【例 6-6】多组件过渡。代码如下，运行效果如图 6-7 所示。

```
<!-- vue-6-6.html -->
<!DOCTYPE html>
<html>
    <head>
        <meta charset="utf-8" />
        <script src="../vue/js/vue.js"></script>
        <title>多组件过渡</title>
    </head>
    <body>
        <div>
            <h3>多个组件的过渡</h3>
            <div id="app">
                <input id="teacher" type="radio" checked value="my-teachers" name=
                "person" @click="display = 'my-teachers'">
                <label for="teacher">教师组件</label>
                <input id="student" type="radio" value="my-students" name=
                "person" @click="display = 'my-students'">
                <label for="student">学生组件</label>
                <transition name="component-fade" mode="out-in">
                    <component v-bind:is="display"></component>
                </transition>
            </div>
            <script>
                var myViewModel = new Vue({
                    el: '#app',
                    data: {
                        display: 'my-teachers'
                    },
                    components: {
                        'my-teachers': {
                            template: `
                                <div class='info-class'>
```

```
31.                             <h3>教师信息</h3>
32.                             <p>李明轩，女，1975.12,北京大学软件工程专业硕士，
                                移动互联网学院专职教师。</p>
33.                         </div>
34.                         `
35.                   },
36.                   'my-students': {
37.                       template: `
38.                         <div class='info-class'>
39.                           <h3> 学生信息 </h3>
40.                             <p> 张小峰， 男， 1990.10，移动互联网学院大数据科学与
                                技术专业， 2019 级学生。 </p>
41.                           </div>
42.                           `
43.                   }
44.                 }
45.             })
46.         </script>
47.         <style>
48.             .info-class{border:1px dashed #020304;width: 400px;
49.  height: 150px;border-radius: 10px;}
50.             p{text-indent: 2em;}
51.             input{width:16px;height: 16px;}
52.             .component-fade-enter-active,
53.             .component-fade-leave-active {transition: opacity .3s ease;}
54.             .component-fade-enter,
55.             .component-fade-leave-to{opacity: 0;}
56.         </style>
57.     </div>
58.   </body>
59. </html>
```

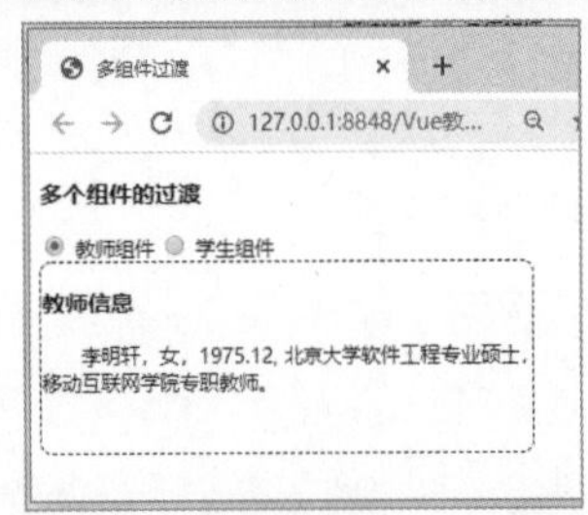

（a）初始效果

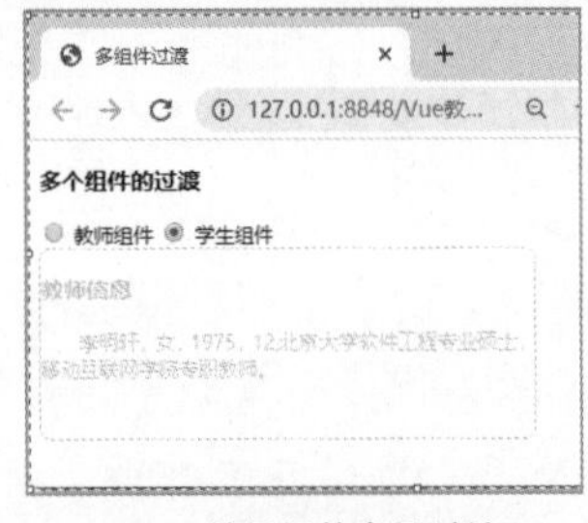

（b）教师组件离场过渡

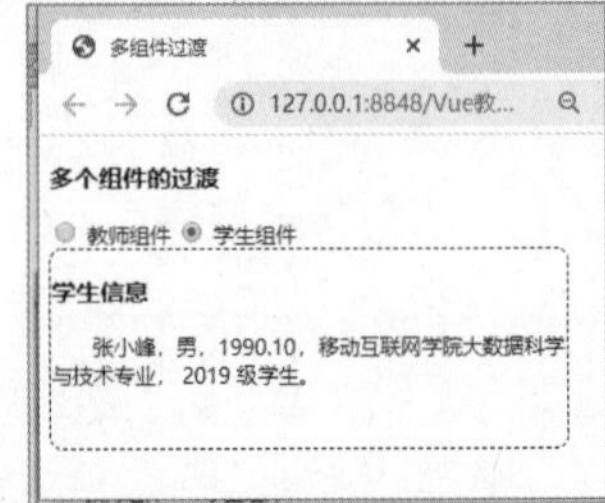

（c）学生组件过渡进场

图 6-7　多组件过渡

上述代码中，第 12～20 行定义组件的主要内容。其中，第 17～19 行定义动态组件，使用 component 内置组件并绑定 is 属性（值为 display）动态渲染组件。第 22～45 行定义 Vue 实例，在该实例中局部注册两个子组件，分别为 my-teachers 和 my-students，在 data 选项中定义 display 属性，初始值为 my-teachers。第 47～56 行定义子组件、<input>、<p>和<transition>等标记的样式。

6.5　列表过渡

前面已经讲到单个节点、同一时间渲染多个节点中的一个过渡/动画的方法。如果需要动态渲染整个列表，如使用 v-for 指令遍历所有的列表项呢？在这种场景中，不能使用

transition 组件，需要使用 transition-group 组件。在深入案例之前，先了解关于这个组件的一些特点。

（1）不同于 transition 组件，它会以一个真实元素呈现，默认为一个<span>标记。可以通过 tag 属性更换为其他元素。代码举例如下。

```
<transition-group name="list" tag="p">
   <span v-for="item in items" v-bind:key="item" class="list-item"> {{ item }}</span>
</transition-group>
```

（2）过渡模式不可用，因为不再相互切换特有的元素。

（3）内部元素总是需要提供唯一的 key 属性值。

（4）CSS 过渡的类将应用在内部的元素中，而不是这个组/容器本身。

6.5.1　列表的进入/离开过渡

使用 transition-group 组件渲染列表，通过 name 属性定义过渡的 CSS 类名，其语法如下。

```
<ul>
  <transition-group name="myList">
     <li v-for="(student,index) in students" :key="student.name">
        {{index}}------{{student.name}}---------{{student.age}}
     </li>
   </transition-group>
</ul>
```

【例 6-7】 列表的进入/离开过渡。代码如下，运行效果如图 6-8～图 6-10 所示。

```
<!-- vue-6-7.html -->
<!DOCTYPE html>
<html>
    <head>
        <meta charset="utf-8">
        <title>列表的进入/离开过渡</title>
        <script type="text/javascript" src="../vue/js/vue.js"></script>
        <style type="text/css">
            li {border: 1px dashed #55ff7f;height: 30px;
                width: 300px;margin: 10px;}
            ul {text-align: center;margin: 0 auto;list-style: none;}
            fieldset {width: 450px;text-align: center;}
            /* 定义进入过渡过程/离开过渡过程时的样式 */
            .myList-enter-active, .myList-leave-active {transition: all 1s;}
            .myList-enter, .myList-leave-to{
                /* 定义进入过渡开始/离开过渡结束时的样式 */
              opacity: 0;
              transform: translateY(30px);/* 转换效果-Y 轴移动 30px */
            }
        </style>
    </head>
    <body>
        <div id="app">
            <div id="">
                <h3>学生名单</h3>
                <fieldset id="">
                    <legend>学生信息管理</legend>
                    <label>姓名: </label><input type="text" placeholder="请输入姓名"
                    id="" v-model="name" />
```

```
                    <label>年龄：</label><input type="number" min="15" max="120"
                    value="15" v-model="age" />
                    <br><br><button type="button" @click="addStudent">增加学生
                    </button>
                    <button type="button" @click="deleteStudent">删除学生</button>
                </fieldset>
                <h3>--------------------学生列表-------------------------</h3>
                <ul>
                    <transition-group name="myList">
                        <li v-for="(student,index) in students" :key="student.name">
                            {{index}}------{{student.name}}---------{{student.age}}
                        </li>
                    </transition-group>
                </ul>
            </div>
        </div>
        <script type="text/javascript">
            var myViewModel = new Vue({
                el: '#app',
                data: {
                    name: '',
                    age: 15,
                    randomInt:0,
                    students: [
                        {name: '储久良',age: 55},
                        {name: '井小川',age: 45},
                        {name: '张明轩',age: 35}
                    ]
                },
                methods: {
                    /* 增加学生，把学生信息添加到数组中 */
                    addStudent() {
                        this.students.push({
                            name: this.name,
                            age: this.age
                        })
                    },
                    /* 产生 0~this.students.length-1 的随机整数 */
                    randomNum(){
                        this.randomInt=Math.floor(Math.random()*this.students.
                        length)
                        alert(this.randomInt)
                    },
                    /* 随机删除某个学生 */
                    deleteStudent(){
                        this.randomNum()    /* 产生随机整数 */
                        this.students.splice(this.randomInt,1)
                                            /* 删除指定位置上的一个数组元素 */
                    }
                }
            })
        </script>
    </body>
</html>
```

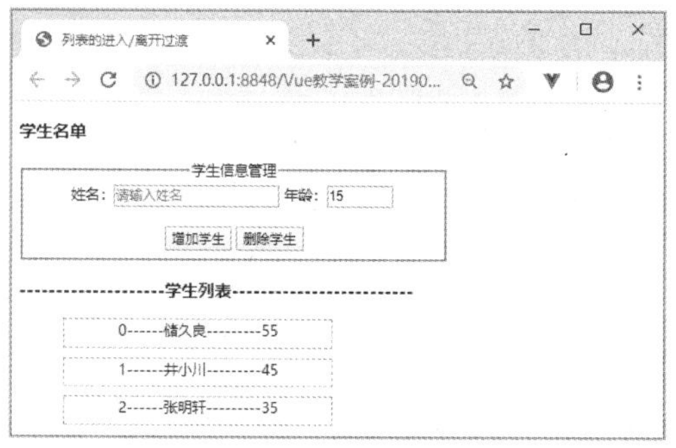

图 6-8　列表过渡初始效果

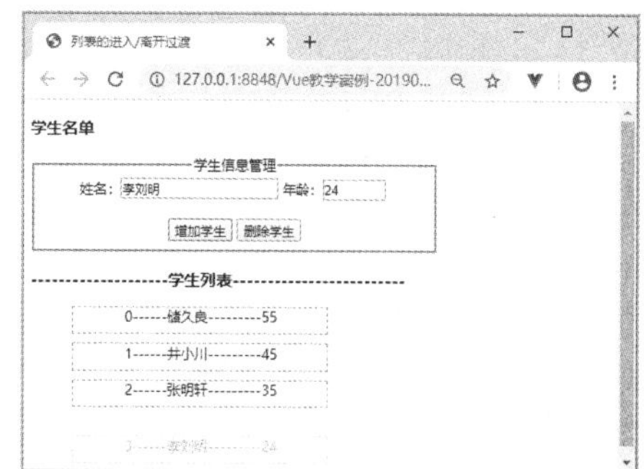

图 6-9　增加列表成员（李刘明）时进场过渡效果

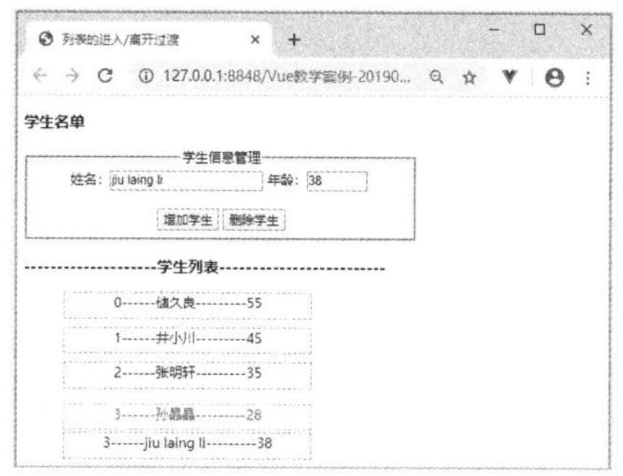

图 6-10　删除列表成员（孙晶晶）时离场过渡效果

6.5.2　列表的排序过渡

transition-group 组件不仅可以实现列表的进入和离开过渡，还可以改变定位。要使用这个新功能，只要了解新增的类 v-move（如.v-move{transition:all 0.5s;}），它会在元素改变定位的过程中应用。与之前的类名一样，可以通过 name 属性自定义前缀，也可以通过 move-class 属性手动设置（如<span move-class= “className” ></span>）。

v-move 对于设置过渡的切换时机和过渡曲线非常有用。需要借助 lodash.min.js 实现数组切换的各种效果。

1. Lodash.js 简介

Lodash.js 是一个一致性、模块化、高性能的 JavaScript 实用工具库。通过降低 array、number、objects、string 等的使用难度，从而让 JavaScript 变得更简单。

Lodash 的模块化方法非常适用于以下场景。

（1）遍历 array、objects 和 string。

（2）对值进行操作和检测。

（3）创建符合功能的函数。

2. 引入 Lodash.js

使用 Lodash.js 时需要引入 Lodash.js 开发包，一般有 3 种方式，具体如下。

（1）JavaScript 本地引入。直接在官网上下载相关的 Lodash.js 包，放在自己的开发项目中，然后在需要使用的文件中引入：<script src="lodash.js"></script>。

（2）CDN 加速引入。一般使用 bootcdn 直接在线引入，通过 CDN 加速文件下载访问：<script src="https://cdn.bootcss.com/lodash.js/4.17.15/lodash.core.min.js"></script>。

（3）直接通过依赖包注入。使用 webpack 或 glup 的打包模式，可以直接在自己的项目中挂载 Lodash 的依赖包，具体方法可参考官网（https://www.lodashjs.com/）。

【例 6-8】列表的排序过渡。代码如下，运行效果如图 6-11 所示。

```
<!-- vue-6-8.html -->
<!DOCTYPE html>
<html>
    <head>
        <meta charset="utf-8">
        <title>列表排序过渡</title>
        <script type="text/javascript" src="../vue/js/vue.js"></script>
        <script type="text/javascript" src="../vue/js/lodash.min.js"></script>
        <style type="text/css">
            /* 设置带 name 属性的*-move 的样式  */
            .myList-move {transition:all 1s;}
        </style>
    </head>
    <body>
        <div id="app" class="demo">
            <button v-on:click="shuffle">打乱排序</button>
            <button v-on:click="newSort">重新排序</button>
            <transition-group name="myList" tag="ul">
                        <li v-for="item in items" v-bind:key="item">
                    {{ item }}
                </li>
            </transition-group>
        </div>
        <script type="text/javascript">
            var myViewModel = new Vue({
                el: '#app',
                data: {
                    items: [1, 2, 3, 4, 5, 6, 7, 8, 9],
                },
                methods: {
                    /* 重新排序,调用 lodash.js 中的 shuffle()方法, 格式为: "_."+方法名 */
                    shuffle() {
                        this.items = _.shuffle(this.items);
                    },
                    newSort(){
                    this.items.sort();
                    }
                }
            })
        </script>
    </body>
</html>
```

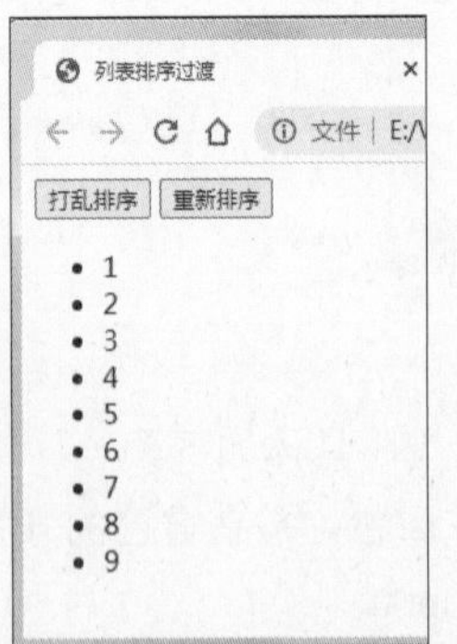

（a）初始和单击“重新排序”后状态

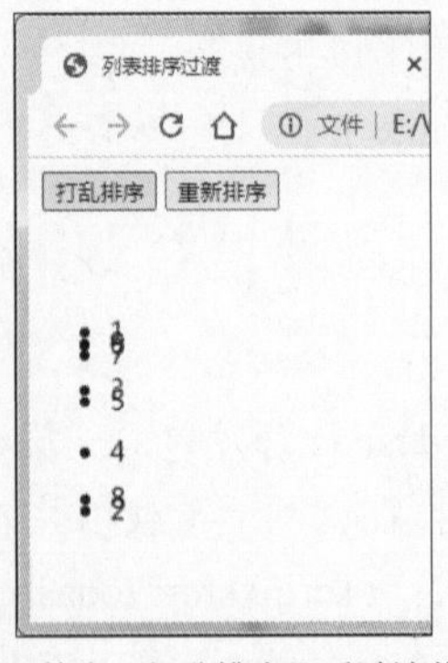

（b）单击“打乱排序”后过渡状态

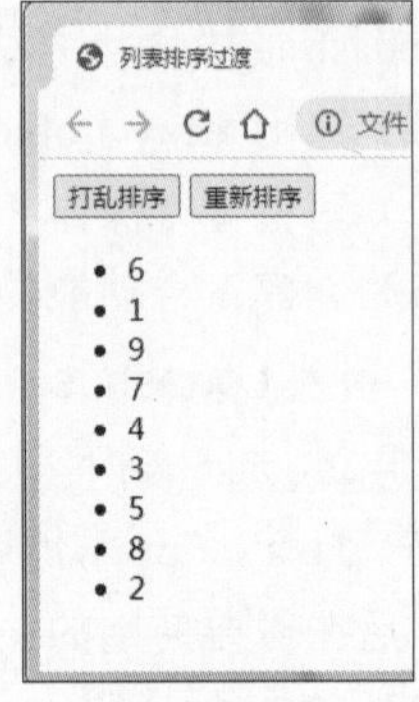

（c）打乱排序结束状态

图 6-11　列表排序过渡效果

上述代码中第 8 行采用本地引入 lodash.min.js。第 11 行通过定义 myList-move 类样式为转换过渡 1 秒的效果。第 32～34 行定义方法 shuffle()实现打乱数组顺序（洗牌），该方法调用 lodash.min.js 的内部方法_.shuffle(array)，完成数组元素重新排序。第 35～37 行定义方法 newSort()实现数组重新排序。

6.5.3　列表的交错过渡

通过 data 属性与 JavaScript 通信，就可以实现列表的交错过渡。

用 Velocity.js 实现 JavaScript 动画是一个很棒的选择。

1. Velocity.js 简介

Velocity.js（http://velocity.apache.org/）是一个简单易用、高性能、功能丰富的轻量级 JavaScript 动画库。它能与 jQuery 完美协作，并与$.animate()有相同的 API，但它不依赖 jQuery，可单独使用。Velocity.js 不仅包含了$.animate()的全部功能，还拥有颜色动画、转换动画（Transforms）、循环、缓动、SVG 动画和滚动动画等特色功能。

2. Velocity.js 的使用

Velocity.js 的引入方法如下。

```
<script src="/vue/js/velocity.min.js"></script>
<script src="https://cdnjs.cloudflare.com/ajax/libs/velocity/1.2.3/velocity.min.js"></script>
```

【基本语法】

```
Velocity(element, {property: value}, {option: optionvalue});
```

【语法说明】

element 表示 DOM 元素；{}表示属性值对，可以有多个属性值对。

要在同一个元素上链接另一个动画，只需在之前的 Velocity 后再添加一个动画。

```
Velocity(element1, {property: value}, {option: optionValue});
Velocity(element1, {property: value}, {option: optionValue});
```

要将动画同时应用于多个元素，只需将所有元素存储到变量中，并将 Velocity 应用于该变量，不需要通过循环实现。

```
const elements = document.querySelectorAll('<div>');
Velocity(elements, {property: value}, {option: optionValue});
```

对于选项值单位，可以使用 px、%、rem、em 或 deg。如果不添加单位，Velocity 默认为 px。

【例 6-9】使用 Velocity.js 实现列表的交错过渡。代码如下，运行效果如图 6-12～图 6-14 所示。

```
<!-- vue-6-9.html -->
<!DOCTYPE html>
<html>
    <head>
        <meta charset="utf-8">
        <title>列表的交错过渡</title>
        <!-- 引用 vue.js 和 velocity.min.js -->
      <script src="../vue/js/vue.js" charset="utf-8"></script>
        <script src="../vue/js/velocity.min.js"></script>
        <style type="text/css">
            li{margin: 5px 10px;font-size: 20px;}
```

```
        </style>
    </head>
    <body>
        <div id="app">
            <h3>按姓名匹配查询</h3>
          <input v-model="query" placeholder="请输入查询字符串">
          <!-- 定义 transition-group 组件的若干属性 -->
            <transition-group
            name="staggered-fade"
            tag="ul"
            v-bind:css="false"
            v-on:before-enter="beforeEnter"
            v-on:enter="enter"
            v-on:leave="leave"
          >
            <!-- 遍历满足查询条件的列表，绑定 key 和 data-index -->
            <li
              v-for="(item, index) in searchList"
              v-bind:key="item.name"
              v-bind:data-index="index"
            >{{item.className}}------{{item.name }}</li>
          </transition-group>
            </div>
            <script type="text/javascript">
                var myViewModel=new Vue({
                  el: '#app',
                  data: {
                    query: '',
                    list: [
                      { name: 'Chu Jiu liang',className:"2019 计算机 1 班"},
                      { name: 'Chen Qun',className:"2019 电子信息 1 班" },
                      { name: 'Zhang Xia Qiun',className:"2018 计算机 2 班" },
                      { name: 'Li Pin',className:"2018 电子信息 3 班" },
                      { name: 'Sun Zhi yue',className:"2019 大数据 1 班" },
                      { name: 'Huan Chen' ,className:"2019 大数据 2 班"}
                    ]
                  },
                  computed: {
                    searchList() {
                      var vm = this
                      return this.list.filter(function (item) {
                        //返回 name 中包含输入字符串的所有列表项，查找时字符串和 name 不区分大小写
                        return item.name.toLowerCase().indexOf(vm.query.
                        toLowerCase()) !== -1
                      })
                    }
                  },
                  methods: {
                    beforeEnter(el) {
                      el.style.opacity = 0
                      el.style.height = 0
                    },
                    enter(el, done) {
                      var delay = el.dataset.index * 150
                      setTimeout(function () {
                        Velocity(
                          el,
                          { opacity: 1, height: '1.6em' },
                          { complete: done }
                        )
```

```
                        }, delay)
                    },
                    leave(el, done) {
                      var delay = el.dataset.index * 150
                      setTimeout(function () {
                        Velocity(
                          el,
                          { opacity: 0, height: 0 },
                          { complete: done }
                        )
                      }, delay)
                    }
                }
            })
        </script>
    </div>
  </body>
</html>
```

列表的交错过渡
127.0.0.1:8848/Vue教学案例-20190702/chapter6/vue-6-9.html
按姓名匹配查询
请输入查询字符串
- 2019计算机1班------Chu Jiu liang
- 2019电子信息1班------Chen Qun
- 2018计算机2班------Zhang Xia Qiun
- 2018电子信息3班------Li Pin
- 2019大数据1班------Sun Zhi yue
- 2019大数据2班------Huan Chen

图 6-12　列表初始展示效果

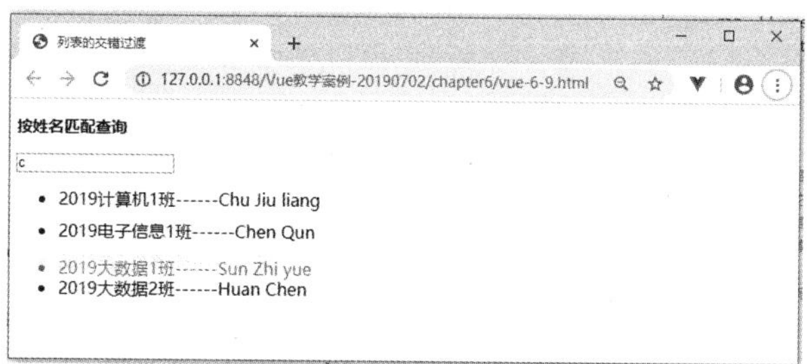

图 6-13　输入查询字符串后列表开始交错过渡效果

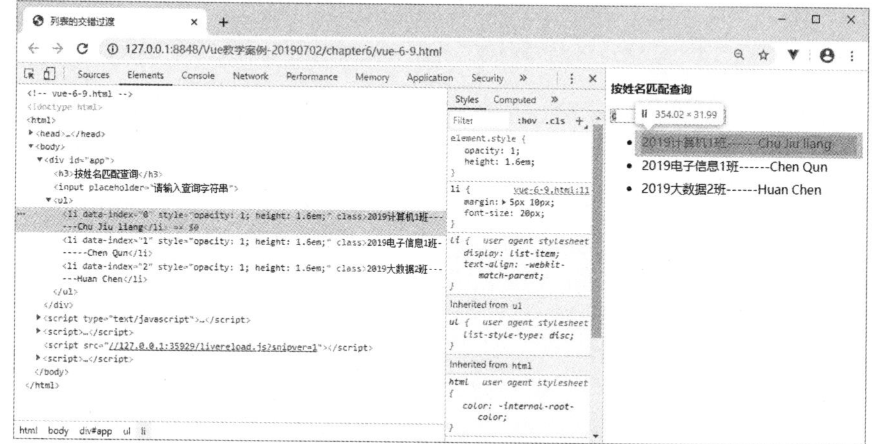

图 6-14　输入查询字符串后列表交错过渡终止时元素渲染结果

上述代码中，第 19～33 行定义 transition-group 组件，用于动态渲染列表，并定义 name 属性，同时在属性中声明了 3 个 JavaScript 钩子，分别为 beforeEnter、enter、leave（第 23～25 行）。第 59～62 行定义 beforeEnter(el) 方法，参数为 el，设置 opacity 和 height 的初始值均为 0。第 63～72 行定义 enter(el,done) 方法，参数分别为 el 和 done（回调），该方法通过 setTimeout() 方法延时执行 Velocity() 方法，在该方法中重新设置 opacity 和 height 的属性值，作为过渡的另一种状态，当 Velocity() 方法执行完动画之后，complete 属性对应的内容会被自动执行，接下来的钩子周期继续执行。第 73～83 行定义 leave(el,done) 方法，结构和功能与 enter(el,done) 类似，只是将 opacity 和 height 改为另一种状态。

本章小结

本章主要介绍了 Vue.js 过渡与动画，重点讲解了单元素/单组件的过渡、初始渲染的过渡、多个元素的过渡、多个组件的过渡及列表过渡。

单元素/单组件的过渡可以使用 transition 组件结合 v-if/v-show 指令实现渲染元素。通常采用过渡的类名（name 属性值为 v-enter、v-enter-active、v-enter-to、v-leave、v-leave-to、v-leave-active）、CSS 动画、自定义过渡类名和自定义 JavaScript 钩子设置过渡效果。

初始渲染的过渡可以通过为 transition 组件添加 appear 属性、自定义 appear-*-class 属性和自定义 JavaScript 钩子渲染元素。

多个元素的过渡可以借助 v-if/v-else 指令条件渲染元素，再配置上相应的 CSS 过渡样式效果，并通过设置 mode 属性（in-out/out-in）解决进入/离开同时发生的现象。

多个组件的过渡中使用“内置组件 component+v-bind:is”实现动态组件。同时，为 transition 组件设置 name 和 mode 属性实现过渡效果。

列表过渡中重点介绍列表的进入/离开过渡、列表的排序过渡（借助 Lodash.js）、列表的交错过渡（借助于 Velocity.js）。使用 transition-group 组件渲染列表的成员，可以带 name 属性，也可以不带 name 属性，在类名定义上有一些区别。

带 name 属性时，CSS 类名命名规则为：name 的属性值+“-”+“enter|enter-active|enter-to|leave|leave-to|leave-active”。

CSS 过渡样式格式如下（name 的属性值为 myList）。

```
.myList-enter-active, .myList-leave-active {transition: all 1s;}
.myList-enter, .myList-leave-to{ /* 定义进入过渡开始/离开过渡结束时的样式 */
   opacity: 0;… }
```

不带 name 属性时，CSS 类名命名规则为：“v-”+“enter|enter-active|enter-to|leave|leave-to|leave-active”。通常过渡样式定义的格式如下。

```
.v-enter-active, .v-leave-active {transition: all 1s;}
.v-enter, .v-leave-to{/* 定义进入过渡开始/离开过渡结束时的样式 */
   opacity: 0; …}
```

练习 6

1. 选择题

（1）单元素/单组件的过渡可以使用的标记是（　　）。

A. <transition></ transition >　　B. < transition-group></ transition-group >

C. <button></ button>　　D. <template></ template >

（2）列表进入/离开过渡可以使用的标记是（　　）。

A. <transition></ transition >　　B. < transition-group></ transition-group >

C. <router-link></ router-link>　　D. <style></ style >

（3）初始渲染的过渡可以设置的属性是（　　）。

A. name　　B. style　　C. appear　　D. mode

（4）同一种标记被多次渲染时，必须设置（　　）属性进行区分，否则 Vue 会利用已有的元素，不重新渲染同类标记。

A. name　　B. style　　C. mode　　D. key

（5）下列选项中表示离开过渡结束的类名是（　　）。

A. v-leave-to　　B. v-leave　　C. v-leave-active　　D. v-enter-to

（6）下列选项中表示进入过渡过程（生效）的类名是（　　）。

A. v-leave-active　　B. v-enter-active　　C. v-enter　　D. v-enter-to

2. 填空题

（1）在定义 CSS 动画时，需要通过________________规则创建动画，并在其中至少定义_________和_______两种样式。

（2）CSS 过渡类名中，通常在定义.v-enter 和.v-leave-to 的样式时，将 opacity 属性值设置为____________。

（3）在过渡模式中通常将 mode 属性的值设置为________时表示“新元素先进行过渡，完成之后当前元素过渡离开”；将 mode 属性的值设置为________时表示“当前元素先进行过渡，完成之后新元素过渡进入”。

（4）在自定义 JavaScript 钩子时，需要使用__________指令绑定事件（如 before-enter、enter 等），定义特定的过渡效果；然后在 Vue 实例中的__________选项中定义绑定的方法（beforeEnter、enter 等），定义样式效果。

3. 简答题

（1）transition 组件与 transition-group 组件在使用场合上有什么区别？

（2）过渡类名有几个？分别代表什么意思？并举例说明。

实训 6

视频讲解

1. 多组件过渡实训——京东-智能生活部分菜单仿真设计

【实训要求】

（1）学会定义 Vue 实例，并完成相关选项的配置。

（2）学会使用 CSS 定义超链接等标记的样式，学会使用过渡类名，并完成多个组件的过渡样式定义。

（3）学会 transition 组件及动态组件实现多个组件切换显示。

【设计要求】

参照如图 6-15 所示的“京东-智能生活”（https://smart.jd.com/）页面中的部分菜单，利用多组件过渡设计选项卡式导航菜单，页面效果如图 6-16 所示。

图 6-15 “京东-智能生活”页面截图

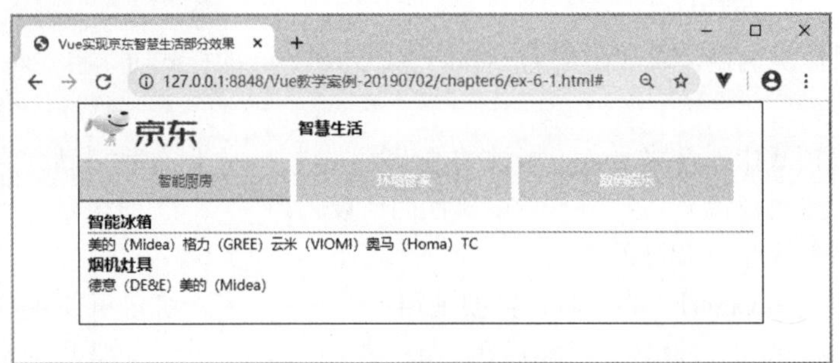

图 6-16 初始页面效果

【实训步骤】

（1）建立 HTML 文件。项目文件命名为 ex-6-1.html，引入 Vue.js，通过 v-for 指令动态渲染无序列表，并通过超链接实现导航菜单，超链接标记绑定 class，监控 click 事件（tabsChangeComp(index)），实现单击超链接时，标题变红色并带红色下画线，同时组件开始切换过渡显示。

（2）初始化 Vue 实例中 data 选项的相关属性。

选项卡数组 tabsArray：用于存放导航菜单标题信息和激活状态，内容为 name: "智能厨房"，isActive: true、name: "环境管家"，isActive: false 和 name: "数码娱乐"，isActive: false。

定义显示组件变量 displayComp：初始值为 my-comp1。通过单击超链接改变其值，以便实现组件更新显示。

（3）定义 3 个组件。名称分别为 Kitchen（智能厨房）、Housekeeper（环境管家）和 Entertainment（数码娱乐）。其模板中主要含有<div>、<h3>、<hr>、<p>等标记，用来展示相关信息，相关信息如图 6-16～图 6-19 所示。定义组件参考代码如下。

```
const Housekeeper = {
```

```
  template: `
    <div class='comp'>
      <h3>智能空调</h3><hr>
      <p>奥克斯（AUX）格兰仕（Galanz）格力（GREE）美的（Midea）志高（CHIGO）。</p>
      <h3>电风扇</h3>
      <p>格力（GREE）澳柯玛（AUCMA）。</p>
    </div>
  `
}
```

（4）注册组件。在 Vue 实例 data 选项中通过 components 属性注册所有组件。参考代码如下。

```
components: {
  'my-comp1': Kitchen,
  'my-comp2': Housekeeper,
  'my-comp3': Entertainment
},
```

（5）定义多组件过渡样式效果。分别定义 v-enter、v-leave-to、v-enter-active、v-leave-active 等过渡类名样式。设置 transition 组件的 mode 属性，使其效果达到“当前元素先进行过渡，完成之后新元素过渡进入”。设置过渡动画 0.5s，过渡函数为 ease()。旧元素离场效果如图 6-17 所示，新元素进场效果如图 6-18 所示。

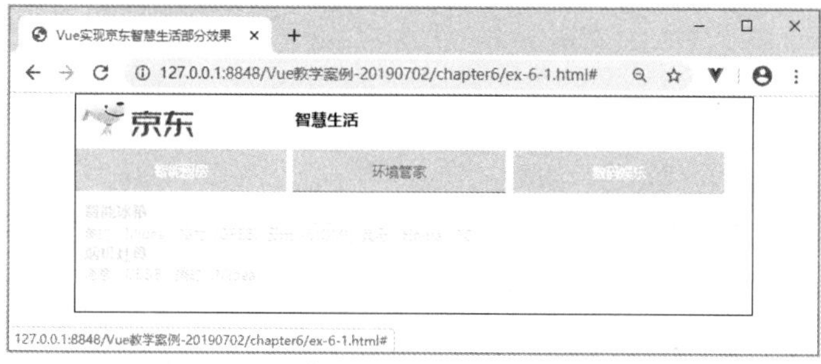

图 6-17　单击“环境管家”选项卡旧元素先过渡离场

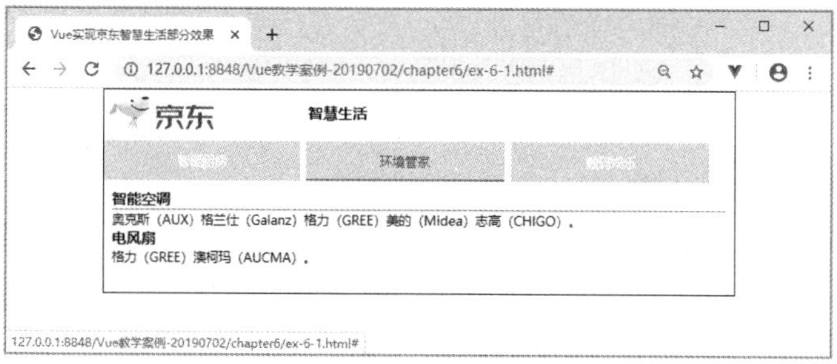

图 6-18　单击“环境管家”选项卡新元素过渡进场

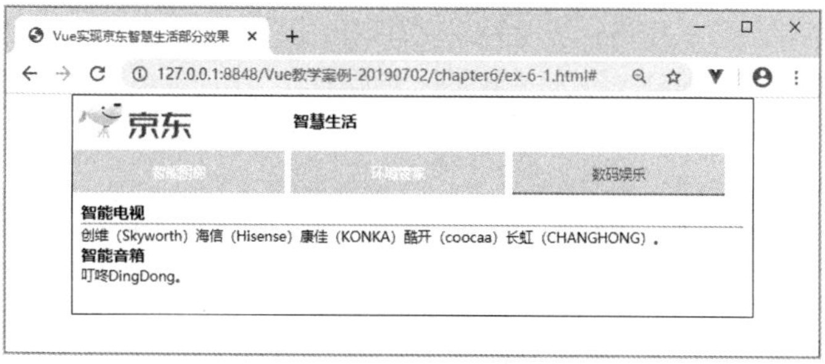

图 6-19　单击“数码娱乐”选项卡按钮过渡后的页面效果

视频讲解

2. 列表过渡实战——列表添加、删除及重新排序

【实训要求】

（1）学会定义 Vue 实例，并完成相关选项的配置。

（2）学会使用 CSS3 定义按钮、列表及列表项的样式效果。

（3）学会使用 Lodash.js（_.shuffle(arrayName) 方法）定义列表项弹跳式动画（洗牌）效果。

（4）学会使用 transition-group 组件实现列表的进入/离开过渡、排序过渡的效果。

【实训步骤】

（1）建立 HTML 文件，项目文件命名为 ex-6-2.html。初始化 items 数组时元素为 1～9，将数组中的元素放在<span>标记中展示，并使用<p>标记包裹。“随机添加”“随机删除”“打乱排序”3 个按钮对应的方法分别为 add()、remove()、shuffle()。再定义一个随机产生索引位置的方法为 randomIndex()，产生索引位置范围为[0，items.length-1]。页面效果如图 6-20 所示，定义相关样式如下。

- 按钮的样式：圆角边框（1px、虚线、#0000FE、半径 10px）、宽度 120px、高度 30px。
- <p>标记样式：字体大小 24px、字体颜色红色。
- <span>标记样式：圆周边框（1px、虚线、绿色、半径 10px）、背景颜色#FCF2F3、宽度 35px、高度 35px、文本居中对齐。

图 6-20 数字列表过渡初始页面

（2）定义“随机添加”按钮。功能为顺序产生下一个数 nextNum（初始值为 10），并使用随机产生索引位置方法 randomIndex() 产生一个索引位置，将 nextNum 数插入此处。单击该按钮将顺序产生下一个数，插入 randomIndex() 方法所指定的位置上，并设置进入过渡的效果（由下往上移动过渡），页面效果如图 6-21 所示。

图 6-21 数字列表随机添加元素过渡效果

（3）定义“随机删除”按钮。功能为从现有数组中随机删除某一位置上的数，并设置离开过渡的效果（由上往下移动过渡），页面效果如图 6-22 所示。

图 6-22 删除数字 9 离开过渡效果

（4）定义“打乱排序”按钮。功能为使用 Lodash.js 的_.shuffle(items) 方法打乱数组，重新排序（简称“洗牌”）。页面效果如图 6-23 所示。

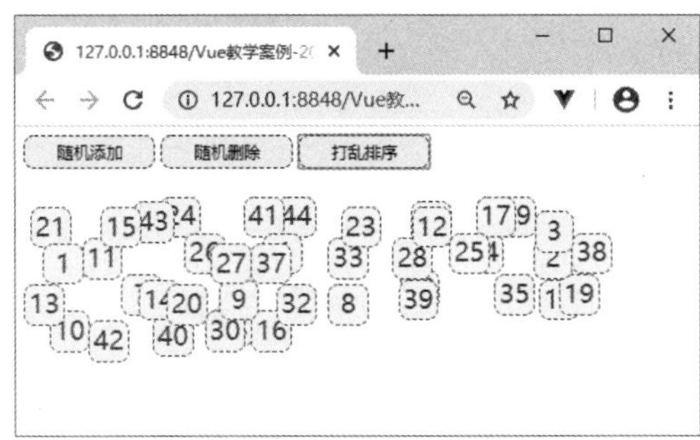

图 6-23　数字打乱排序过渡效果

数组元素循环渲染部分代码如下，仅供参考。

```
<transition-group name="my-list" tag="p">
  <span v-for="item in items" v-bind:key="item" class="my-list-item">
     {{ item }}
  </span>
</transition-group>
```

第 7 章

Vue 项目开发环境与辅助工具部署

本章学习目标

通过本章的学习，能够了解 Vue 项目开发的基本环境和常用的辅助工具，学会配置开发和生产环境，以提高项目的开发效率和开发质量。掌握 Node.js 部署方法和熟悉模块系统组成，掌握常用的 npm 包管理器命令，学会使用 webpack 工具完成项目的打包，掌握常用的 Vue CLI 的基本命令。

Web 前端开发工程师应知应会以下内容。

- 熟悉 Vue 项目基本开发环境和常用的辅助工具。
- 掌握常用 npm 包管理器命令。
- 学会 webpack 安装和配置。
- 学会 Vue CLI 安装与项目创建。

7.1 部署 Node.js

7.1.1 Node.js 简介

1. 什么是 Node.js

简单地说，Node.js 就是运行在服务器端的 JavaScript。Node.js 是一个基于 Chrome V8 引擎的 JavaScript 运行环境，用于快捷地构建响应速度快、易于扩展的网络应用。它摒弃了传统平台依靠多线程实现高并发的设计思路，采用了单线程、非阻塞 I/O、事件驱动式的程序设计模式。Chrome V8 引擎执行 JavaScript 的速度非常快，性能非常好，非常适合在分布式设备上运行数据密集型的实时应用。

Node.js 内建了 HTTP 服务器，可以向用户提供服务。与 PHP、Python、Ruby on Rails 相比，它跳过了 Apache、Nginx 等 HTTP 服务器，直接面向前端开发。Node.js 的许多设计理念与经典架构（如 LAMP）有着很大的不同，具有强大的伸缩能力。

2. Node.js 的优点及应用领域

Node.js 作为一个新兴的前端框架后台语言，它实现网站和服务器的整合。它适用于 I/O 密集型应用，如在线多人聊天、多人在线小游戏、实时新闻、博客、微博等；不适用于 CPU 密集型（计算密集型）的应用，如高性能计算、计算圆周率、视频解码等业务。Node.js 的优点如下。

1）RESTful API

表述性状态转移（Representational State Transfer，REST）是一组架构约束条件和原则。满足这些约束条件和原则的应用程序或设计就是 RESTful。需要注意的是，REST 是设计风格而不是标准。

2）单线程

Node.js 可以在不新增额外线程的情况下，依然对任务进行并发处理。它通过事件轮询（Event Loop）实现并发操作。因此，可以简单地理解为：Node.js 本身是一个多线程平台，而它对 JavaScript 层面的任务处理是单线程的。

3）非阻塞 I/O

Node.js 通过事件驱动的方式处理请求时，不需要为每个请求创建额外的线程。在事件驱动的模型当中，每个 I/O 工作被添加到事件队列中，线程循环地处理队列中的工作任务，当执行过程中遇到堵塞（读取文件、查询数据库）时，线程不会停下来等待结果，而是留下一个处理结果的回调函数，转而继续执行队列中的下一个任务。这个传递到队列中的回调函数在堵塞任务运行结束后才被线程调用。

整个 Node.js 的工作原理如图 7-1 所示，Node.js 被分为 4 层，分别是应用层、V8 引擎层、Node API 层和 libuv 层。

- 应用层：即 JavaScript 交互层，常见的就是 Node.js 的模块，如 http、fs。
- V8 引擎层：即利用 V8 引擎解析 JavaScript 语法，进而与下层 API 交互。
- Node API 层：为上层模块提供系统调用，一般由 C/C++语言实现，与操作系统进行交互。
- libuv 层：是跨平台的底层封装，实现了事件循环、文件操作等，是 Node.js 实现异步的核心。

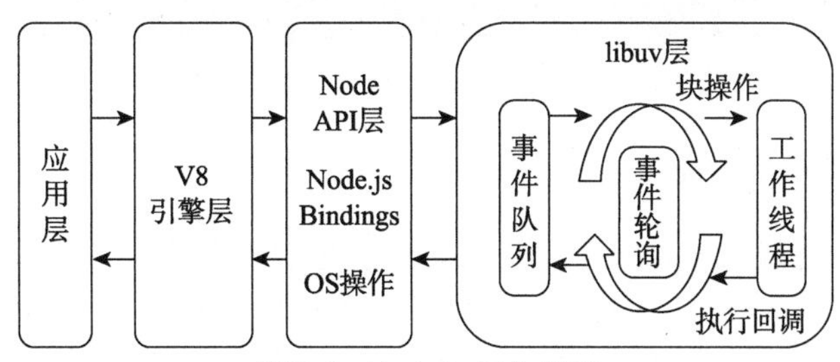

图 7-1　Node.js 工作原理

4）事件驱动

在 Node.js 中，客户端请求建立连接，提交数据等行为，会触发相应的事件。在一个时刻，Node.js 只能执行一个事件回调函数，但是在执行一个事件回调函数的中途，可以转而处理其他事件（例如，又有新用户连接了），然后返回继续执行原事件的回调函数，这种处理机制，称为“事件环或事件轮询/事件循环”机制。

7.1.2 Node.js 部署

从 https://nodejs.org/zh-cn/网站导航至下载页面，如图 7-2 所示。根据用户的操作系统类型选择相应的安装包。推荐多数用户使用长期支持版（LTS），本书选择 64 位的 Windows 安装包 node-v12.16.1-x64.msi（需要注意的是，Node.js v12.16.2 以上版本不支持 Windows 7）。由于安装过程比较简单，用户可以自行安装。在安装 Node.js 的同时也完成了 npm 包管理器的安装。

图 7-2 Node.js 下载页面

安装完成后，进入命令行（CMD）状态，输入相关命令查看安装的软件版本信息，如有版本信息提示，说明 Node.js 环境安装就绪，如图 7-3 所示。

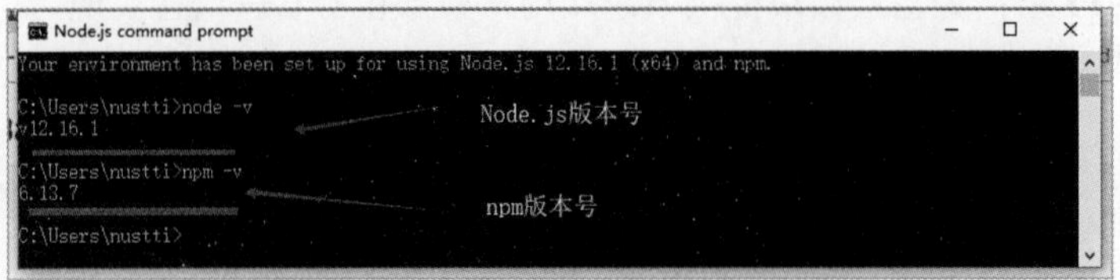

图 7-3 查看 Node.js 与 npm 版本信息

7.1.3 Node.js 模块系统

Node.js 通过实现 CommonJS 的 Modules/1.0 标准引入了模块（Module）概念，模块是 Node.js 的基本组成部分。一个 Node.js 文件就是一个模块，也就是说，文件和模块是一一对应的关系。这个文件可以是 JavaScript 代码、JSON 或编译过的 C/C++扩展。

Node.js 的模块分为两类：原生（核心）模块和文件模块。其中，文件模块又分为 3 类，通过它们的扩展名区分，Node.js 会根据扩展名决定加载方法。文件模块的分类如下。

（1）.js。通过 fs 模块同步读取.js 文件并编译执行。

（2）.node。通过 C/C++进行编写的插件，通过 dlopen() 方法进行加载。

（3）.json。读取.json 文件，调用 JSON.parse 解析加载。

Node.js 提供了 exports 和 require 两个对象，exports 是模块公开的接口，require 用于从外部获取一个模块接口，即所获取模块的 exports 对象。

1. require 对象

Node.js 使用 CommonJS 模块规范，内置的 require 命令用于加载模块文件，扩展名默认为.js。require 命令的基本功能为读入并执行一个 JavaScript 文件，然后返回该模块的 exports 对象。如果没有发现指定模块，会报错。

require() 方法接受以下几种参数的传递。

（1）原生模块，如 http、fs、path 等。

（2）相对路径的文件模块，如./mod 或../mod。

（3）绝对路径的文件模块，如/a/mod。

（4）非原生模块的文件模块，如 mod。

例如，编写 JavaScript 代码，并保存在 vue-7-require.js 文件中，代码如下。

```
module.exports = function () {
  console.log("hello world")
}
require('./ vue-7-require.js')()   //调用自身
```

上述代码中，require 命令调用自身，等于是执行 module.exports，因此会输出 hello world。

【例 7-1】 使用 require 导入模块。在命令行状态下的执行结果如图 7-4 所示。

首先创建 vue-7-1.js 文件，代码如下。

```
//vue-7-1.js
console.log("来自 vue-7-1.js");
var message="欢迎使用 require 导入模块! ";
for (var i = 0; i <4; i++) {
    console.log(message);
}
```

然后，创建 vue-7-1-main.js 文件，使用 require 导入 vue-7-1.js 文件，代码如下。

```
//vue-7-1-main.js
require("./vue-7-1");  //导入文件模块
```

代码 require("./ vue-7-1") 引入了当前目录下的 vue-7-1.js 文件，其中./表示当前目录，Node.js 默认扩展名为.js，所以扩展名可以省略。

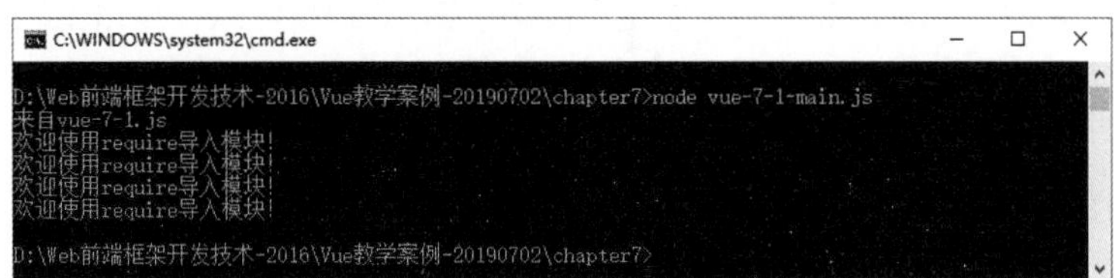

图 7-4　使用 require 导入模块

2. exports 对象

为了方便，Node.js 为每个模块提供一个 exports 变量，指向 module.exports。这等同在每个模块头部有一行这样的命令：

```
var exports = module.exports;
```

造成的结果是，在对外输出模块接口时，可以向 exports 对象添加方法。代码示例如下。

```
exports.add = function (a,b) {
  return a+b;
};
exports.sum = function (n) {
    for (var i = 1,sum1=0; i < =n; i++) {
        sum1=sum1+i;
    }
  return sum1;
};
```

注意：不能直接将 exports 变量指向一个值，因为这样等于切断了 exports 与 module.exports 的联系。例如：

```
exports = function(x) {console.log(x)};
```

这样的写法是无效的，因为 exports 不再指向 module.exports 了。同样，下面的代码也是无效的。

```
exports.hello = function() {
    return 'hello';
};
module.exports = 'Hello world';
```

此时，hello 函数是无法对外输出的，因为 module.exports 被重新赋值了。

exports 对象是当前模块的导出对象，用于导出模块的公有方法和属性。其他模块通过 require 函数使用当前模块得到的就是当前模块的 exports 对象。

【例 7-2】使用 exports 导出对象的变量和方法。在命令行状态下的执行结果如图 7-5 所示。

首先，创建 vue-7-2.js 文件，代码如下。

```
1.  //vue-7-2.js
2.  var arrNum = new Array(23, 34, 55, 66, 89, 100);
3.  var sum = function(arrNum) {
4.      for (var i = 0, sum = 0; i < arrNum.length; i++) {
5.          sum = sum + arrNum[i];
6.      }
7.      console.log('数组元素的累加和=' + sum);
8.  }
9.  exports.arrNum = arrNum;   //导出变量
10. exports.sum = sum;         //导出方法
```

vue-7-2.js 文件的功能是定义一个数组变量和计算数组元素累加和的方法 sum()，同时导出变量和方法，提供给 vue-7-2.main.js 使用。代码中第 10 行也可以将导出方法与定义方法同步进行（将第 3～6 行代码与第 10 行代码合并），如下所示。

```
exports.sum = function(arrNum) {
    for (var i = 0, sum = 0; i < arrNum.length; i++) {
        sum = sum + arrNum[i];
    }
    console.log('数组元素的累加和=' + sum);
}
```

然后，创建 vue-7-2-main.js 文件，代码如下。

```
//vue-7-2-main.js
```

```
//在 vue-7-2-main.js 中使用 vue-7-2.js 中定义的方法和变量
var computer = require('./vue-7-2');    //导入文件模块
//使用导出的变量
console.log('1.使用导入模块中 exports 对象的变量 arrNum');
console.log(computer.arrNum);              //输出数组对象
console.log('2.使用导入模块中 exports 对象的函数 sum()');
computer.sum(computer.arrNum);             //调用导出对象的方法
```

vue-7-2-main.js 文件的功能是导入文件模块 vue-7-2.js，共享其中定义的数组变量和计算数组元素累加和的方法 sum()。

在命令行输入 node vue-7-2-main.js，执行结果如图 7-5 所示。

```
选择C:\WINDOWS\system32\cmd.exe
D:\Web前端框架开发技术-2016\Vue教学案例-20190702\chapter7>node vue-7-2-main.js
1.使用导入模块中exports对象的变量arrNum
[ 23, 34, 55, 66, 89, 100 ]
2.使用导入模块中exports对象的函数sum()
数组元素的累加和=367

D:\Web前端框架开发技术-2016\Vue教学案例-20190702\chapter7>
```

图 7-5　共享 exports 对象中的变量和函数

3. module 对象和 module.exports 属性

1）module 对象

Node.js 内部提供一个 module 构建函数，所有模块都是 module 的实例。通过 module 对象可以访问当前模块的一些相关信息，但最多的用途是替换当前模块的导出对象。每个模块内部都有一个 module 对象，代表当前模块，它具有以下属性。

（1）module.id：模块的识别符，通常是带有绝对路径的模块目录名。

（2）module.filename：模块的文件名，带有绝对路径。

（3）module.loaded：返回一个布尔值，表示模块是否已经完成加载。

（4）module.parent：返回一个对象，表示调用该模块的模块。

（5）module.children：返回一个数组，表示该模块要用到的其他模块。

（6）module.exports：表示模块对外输出的值。

2）module.exports 属性

module.exports 属性表示当前模块对外输出的接口，其他文件加载该模块，实际上就是读取 module.exports 变量。

【例 7-3】使用 module.exports 导出一个对象。在命令行状态下的执行结果如图 7-6 所示。

首先，创建 vue-7-3.js 文件，代码如下。

```
//vue-7-3.js
module.exports = function(no, name, address) {
    this.no = no;
    this.name = name;
    this.address = address;
    this.about = function() {
        console.log('学生基本信息');
        console.log('姓名: '+this.name);
        console.log('学号: ' + this.no);
        console.log('家庭住址: ' + this.address);
    }
}
//sayHello 方法是无法对外输出的，因为 module.exports 被重新赋值了，引用时会报错
exports.sayHello = function() {
```

```
    console.log("Hello Chu jiuliang!");
}
```

vue-7-3.js 作为文件模块主要使用 module.exports 导出完整的对象，该对象是一个函数，有 3 个属性（no、name、addres）和一个方法 about()。同时也给 exports 对象添加 sayHello 方法，但 sayHello 是无法对外输出的，因为 module.exports 属性被重新赋值了。

然后，创建 vue-7-3-main.js 文件，代码如下。

```
1.  //vue-7-3-main.js
2.  var Student = require('./vue-7-3');
3.  console.log('1.列出模块中的module对象中的所有属性');
4.  console.log(module);        //列出模块的module对象的所有属性
5.  console.dir(Student);       //是一个函数
6.  var stu = new Student('储久良','2020012911','江苏省苏州市云山诗意99幢1单元1405室');
7.  stu.about();
8.  //stu.sayHello();
```

vue-7-3-main.js 作为主文件模块，主要功能是通过 require 导入模块 vue-7-3.js，同时列出模块中 module 对象的所有属性，实例化变量 stu 并使用该对象的 about() 方法。

什么是主模块？通过命令行参数传递给 Node.js 以启动程序的模块称为主模块。主模块负责调度组成整个程序的其他模块完成工作。

在命令行状态下，切换到当前项目文件所在的目录，输入 node vue -7-3-main.js，执行结果如图 7-6 所示。此处的 vue-7-3-main.js 就是主模块。

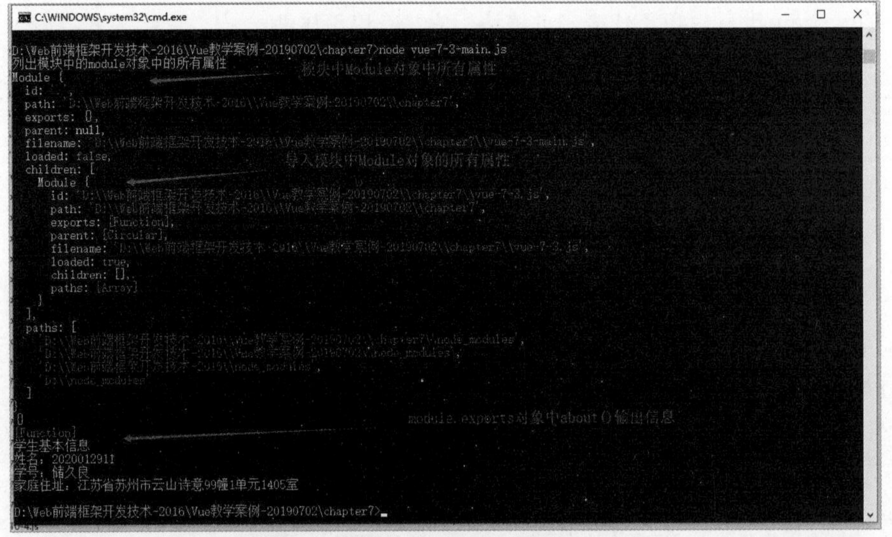

图 7-6　使用 module.exports 导出对象

若将 vue-7-3-main.js 中的第 8 行代码取消注释，让它能够执行，同样在命令行输入 node vue-7-3-main.js，执行结果如图 7-7 所示。引用实例化对象变量 stu.sayHello() 时会报错（stu.sayHello is not a function），这说明 exports 对象导出的方法不生效，被 module.exports 对象导出的对象所屏蔽。

为什么会出现这种现象呢？其实，exports 是 module.exports 的一个引用，exports 的地址指向 module.exports。而 vue-7-3.js 中给 module.exports 属性重新赋值了，这就导致 exports 指向为空。

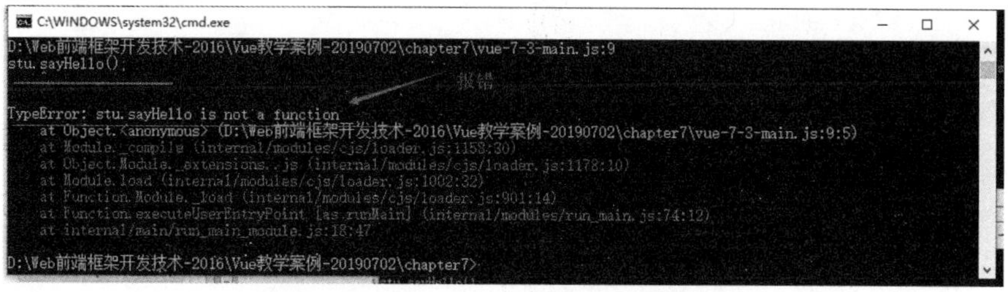

```
C:\WINDOWS\system32\cmd.exe
D:\Web前端框架开发技术-2016\Vue教学案例-20190702\chapter7\vue-7-3-main.js:9
stu.sayHello();
                                         报错
TypeError: stu.sayHello is not a function
    at Object.<anonymous> (D:\Web前端框架开发技术-2016\Vue教学案例-20190702\chapter7\vue-7-3-main.js:9:5)
    at Module._compile (internal/modules/cjs/loader.js:1158:30)
    at Object.Module._extensions..js (internal/modules/cjs/loader.js:1178:10)
    at Module.load (internal/modules/cjs/loader.js:1002:32)
    at Function.Module._load (internal/modules/cjs/loader.js:901:14)
    at Function.executeUserEntryPoint [as runMain] (internal/modules/run_main.js:74:12)
    at internal/main/run_main_module.js:18:47

D:\Web前端框架开发技术-2016\Vue教学案例-20190702\chapter7>
```

图 7-7　共享 exports 对象中的变量和函数

综上所述，如果一个模块的对外接口就是一个单一的值，不能使用 exports 导出，只能使用 module.exports 导出。

当想让模块导出的是一个对象时，使用 exports 和 module.exports 都可以（但 exports 也不能重新覆盖为一个新的对象），而当想导出非对象接口时，就必须也只能覆盖 module.exports。如果还是觉得 exports 与 module.exports 之间的区别很难分清，一个简单的处理方法就是放弃使用 exports，只使用 module.exports。

4. http 模块

通常用 ASP、JSP、PHP 等语言编写后端的代码时，需要 Apache 或 Nginx 的 HTTP 服务器，并配上相关模块和网关。Node.js 提供了 http 模块，http 模块主要用于搭建 HTTP 服务器端和客户端，使用 HTTP 服务器或客户端功能必须调用 http 模块。

【基本语法】

导入（加载）http 模块，代码如下。

```
var http = require('http');
```

创建服务器，监听客户端的请求，代码如下。

```
var server=http.createServer(function(request, response));
server.listen([port[, host[, backlog]]][, callback])
                                        //参数形式仅仅是其中一种，用于 TCP 服务器
server.listen(port, function () {});    //举例中参数仅仅使用端口和回调函数
```

【语法说明】

Node.js 通过 createServer() 方法创建 HTTP 服务器，同时返回一个对象。http.createServer() 方法中，可以使用一个可选参数，参数值是一个回调函数，用于指定当接收到客户端请求时需要执行的处理。在该回调函数中，使用两个参数，第 1 个参数是一个 http.IncommingMessage 对象，代表一个客户端请求；第 2 个参数是一个 http.ServerResponse 对象，代表一个服务器端响应对象。

Server() 方法用于新建一个服务器实例。创建 Server 对象的方法如下。

```
var http = require('http');
var fs = require('fs');
var server = new http.Server();
server.listen(8080);
```

listen() 方法用于启动服务器，它可以接收多种参数。

```
var server = new http.Server();
server.listen(8080);                  //端口
server.listen(8080, 'localhost');     //端口，主机
server.listen({
  port: 8080,
```

```
    host: 'localhost',
})  //对象
```

request() 方法用于发出 HTTP 请求，格式如下。

```
http.request(options[, callback])
```

request() 方法的 options 参数可以是一个对象，也可以是一个字符串。如果是字符串，就表示这是一个统一资源定位符（Uniform Resource Locator，URL），Node.js 内部就会自动调用 url.parse() 方法处理这个参数。

request 对象具有以下属性。

（1）url：发出请求的网址。

（2）method：HTTP 请求的方法。

（3）headers：HTTP 请求的所有 HTTP 头信息。

options 对象可以设置以下属性。

（1）host：HTTP 请求所发往的域名或 IP 地址，默认为 localhost。

（2）hostname：该属性会被 url.parse() 方法解析，优先级高于 host。

（3）port：远程服务器的端口，默认为 80。

（4）localAddress：本地网络接口。

（5）socketPath：UNIX 网络套接字，格式为 host:port 或 socketPath。

（6）method：指定 HTTP 请求的方法，格式为字符串，默认为 get。

（7）path：指定 HTTP 请求的路径，默认为根路径（/）。可以在这个属性中指定查询字符串，如/index.html?page=12。如果这个属性中包含非法字符（如空格），就会抛出一个错误。

（8）headers：一个对象，包含了 HTTP 请求的头信息。

（9）auth：一个代表 HTTP 基本认证的字符串 user:password。

（10）agent：控制缓存行为，如果 HTTP 请求使用了 agent，则 HTTP 请求默认为 Connection: keep-alive，其可选值及含义如下。

- undefined（默认）：对当前 host 和 port，使用全局 agent 属性。
- Agent：一个对象，会传入 agent 属性。
- false：不缓存连接，默认 HTTP 请求为 Connection: close。
- keepAlive：一个布尔值，表示是否保留 socket 供未来其他请求使用，默认等于 false。
- keepAliveMsecs：一个整数，当使用 keepAlive 的时候，设置多久发送一个 TCP keepAlive 包，使连接不要被关闭。默认值为 1000，只有 keepAlive 设为 true 的时候，该设置才有意义。

request 方法的 callback 参数是可选的，在 response 事件发生时触发，而且只触发一次。

【例 7-4】 request 对象的属性及选项的应用，代码如下所示。

```
//vue-7-4.js
var http = require("http");
var server = http.Server();
//定义 options 对象
var options = {
    host: 'localhost',
    path: '/',
    port: 8080,
```

```
9.  };
10. var request = http.request(options, function(response) {
11.     response.setEncoding("utf-8");
12.     response.on("data", function(chunk) {
13.         //将页面上所有响应数据输出到命令行窗口上
14.         console.log("BODY:" + chunk.toString())
15.     });
16.     console.log(response.statusCode); //输出 HTTP 状态码
17.     console.log("method:" + request.method);
18.     console.log(JSON.stringify(response.headers));
19. });
20. request.on("error", function(err) {
21.     console.log(err.message);
22. });
23. request.end();
24. //服务器监听 request 事件
25. server.on("request", function(request, response) {
26.     response.writeHead(200, {
27.         "content-type": "text/html;charset=utf-8"
28.     });
29.     response.write("页面响应数据会显示在 CMD 窗口上");
30.     response.end();
31. });
32. server.listen(8080); //服务器启动监听
```

在命令行输入 node vue-7-4.js，执行结果如图 7-8 所示。同时在浏览器的地址栏中输入 localhost:8080，访问页面效果如图 7-9 所示。

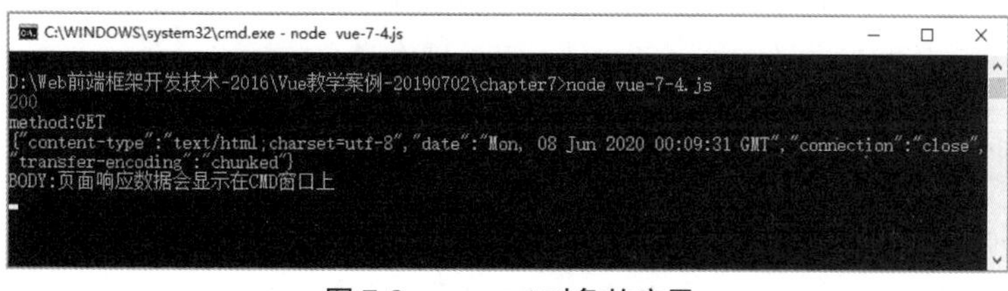

图 7-8　request 对象的应用

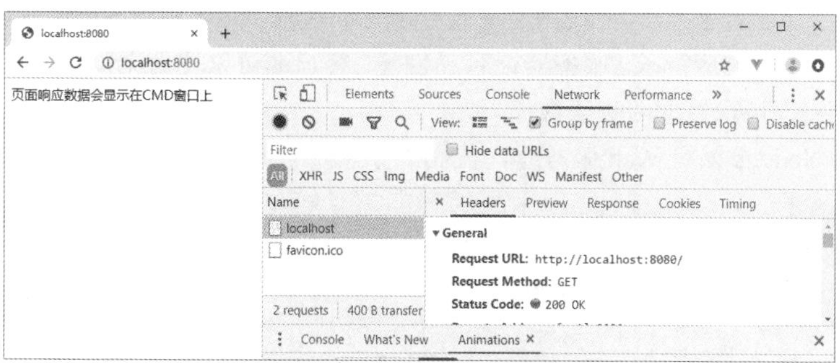

图 7-9　响应请求信息页面

上述代码中，第 2 行导入 http 模块。第 3 行通过 http 对象的 Server() 方法创建服务器，这是一个简易的创建方法，与 http.createServer(function(request,response){}均返回了一个 http.Server 对象。第 5～9 行定义选项对象，涉及 host、path、port 等 3 个属性。第 10～19 行创建 request 对象，通过 http.request()方法定义两个参数，分别是 options 和回调函数 function(response){}，在回调函数中，设置编码方式和响应数据发生时将响应数据输出到命令行窗口。其中，第 16 行输出响应 HTTP 状态码；第 17 行输出请求对象的方法；第 18 行通过 JSON.stringify() 方法将 JavaScript 值转换为 JSON 字符串输出。第 20～22 行请求发生错误时输出错误信息。第 23 行请求结束。第 25～31 行服务器侦听 request 事件，完成写响应头和响应数据，并结束响应。第 32 行服务器在 8080 端口启动侦听。

response 对象的常用方法如下。

【基本语法】

```
response.setHeader(name, value)                              //设置头文件信息
response.setHeader("Content-Type", "text/html");      //应用举例
```

【语法说明】

name 为响应头的类型，注意这个名字是不区分大小写的；value 为响应头的值。

```
response.writeHead(statusCode, [statusMessage], [headers]) //向请求的客户端发送响应头
response.writeHead(200, {'Content-Length': body.length, 'Content-Type': 'text/plain' });
```

statusCode 为 HTTP 状态码，如 200（请求成功）、404（未找到）等；statusMessage 为可选的状态描述；headers 表示响应头的每个属性。

```
response.write(chunk[,encoding][,callback])              //向请求的客户端发送响应内容
response.write('Welcome to use Node.js 来创建应用 APP! ');
```

chunk 为要写入的数据，可以是字符串或二进制数据，必填；encoding 为编码方式，默认为 UTF-8，可选；callback 为回调函数，可选。

```
response.end([data][,encoding][,callback])               //结束响应
response.end("Welcome to use Node.js 来创建应用 APP! ") //应用举例
```

data 为结束响应前要发送的数据，可选；其余两个参数解释与 response.write() 方法相同。

7.1.4 Node.js 创建第 1 个应用

创建 Node.js 应用需要经过以下步骤。

（1）引入 require 模块。可以使用 require() 方法引入 Node.js 模块。

（2）创建服务器。服务器可以监听客户端的请求，类似于 Apache、Nginx 等 HTTP 服务器。

（3）接收请求与响应请求。服务器很容易创建，客户端可以使用浏览器或终端发送 HTTP 请求，服务器接收请求后返回响应数据。

【例 7-5】 Node.js 编写 Web 服务器，代码如下。

```
//程序名:
//引入 require 模块  vue-7-5-server.js
var http = require('http');
//创建服务器
http.createServer(function(request, response) {
    //HTTP 状态码: 200 : OK
    //Content Type: text/html
    response.writeHead(200, {
        'Content-Type': 'text/html;charset=utf-8'
    });
    //响应文件内容
    response.write('<h3>这些是响应数据-Node.js 很好学，应用面很广！</h3>');
    // 发送响应数据
    response.end("<h2>欢迎使用 Node.js!</h4>");
}).listen(8080);
//控制台会输出以下信息
console.log('Server running at http://127.0.0.1:8080/');
```

以上代码编写完成后，使用 node 命令执行以上的代码，就可以创建一个 HTTP 服务器。具体操作时，先切换到项目所在的目录下，然后在命令行状态下输入 node 命令，启动 HTTP 服务器，格式如下。

```
node vue-7-5-server.js
```

执行结果如图 7-10 所示，提示查看页面的 URL 信息为 Server running at http://127.0.0.1:8080/。

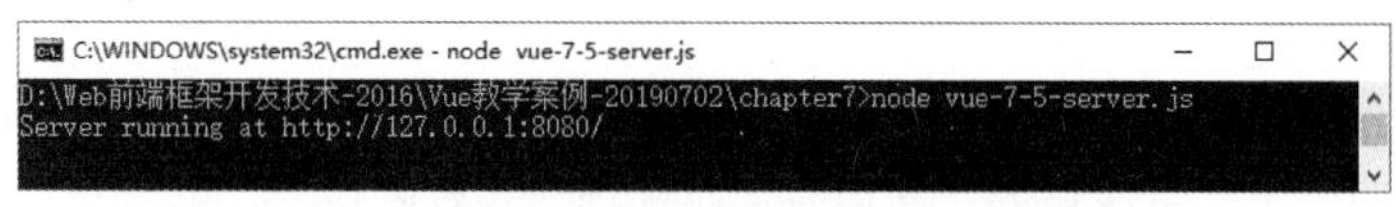

图 7-10　使用 node 命令运行 JavaScript 文件

然后在浏览器地址栏中输入提示的 URL，即可查看到如图 7-11 所示的页面效果。

图 7-11　第 1 个 Node.js 应用程序页面

上述代码中，第 3 行使用 require() 方法引入 http（原生）模块，并将实例化的 HTTP 赋值给 http 变量。第 5 行使用 http.createServer() 方法创建服务器，返回一个对象，该对象有一个 listen() 方法，使用 listen() 方法绑定 8080 端口，通过 request、response 参数接收和响应数据。第 8 行响应对象通过 writeHead() 方法发送 HTTP 报文头部，该方法在一个请求内最多只能调用一次，如果不调用，则会自动生成一个响应头。第 12 行写响应数据。第 14 行中 response.end() 方法结束响应，告诉客户端所有消息已经发送。第 15 行使用 listen() 方法绑定 8080 端口，为访问页面提供指定端口。第 17 行在控制台输出信息，告诉用户如何访问页面。

7.2　Node 包管理器 npm

7.2.1　npm 简介

npm 是 Node 官方提供的包管理工具，是 Node 包的标准发布平台，专门用于 Node 包的发布、传播、依赖控制。npm 提供了命令行工具，可以方便地下载、安装、升级、删除包，也可以作为开发者发布与维护包。

npm 是随 Node.js 一起安装的包管理工具，解决了 Node 代码部署上的很多问题，经常用于以下 3 种场景。

（1）允许用户从 npm 服务器下载别人编写的第三方包到本地使用。

（2）允许用户从 npm 服务器下载并安装别人编写的命令行程序到本地使用。

（3）允许用户将自己编写的包或命令行程序上传到 npm 服务器供别人使用。

npm 的背后有一个 CouchDB（开源的面向文档的数据库管理系统）支撑，详细记录了每个包的信息，包括作者、版本、依赖、授权信息等。它的作用是将开发者从烦琐的包管理工作中解放出来，更加专注于功能的开发。

npm 由 3 个独立的部分组成：npm 官方网站（仓库源）、注册表（Registry）、命令行工具（Command-Line Interface，CLI）。网站是开发者查找包（Package）、设置参数以及管理NPM使用体验的主要途径；注册表是一个巨大的数据库，保存了每个包的信息；CLI通过命令行或终端运行，开发者通过CLI与npm打交道。

下面就来体验一下npm为开发者带来的便利。

7.2.2 npm常用命令

1. 查看帮助命令

```
npm help或 npm h
```

命令中带“[]”表示可选参数，使用时不加“[]”。不带参数-g表示项目模块安装路径。带参数-g表示全局模块安装路径。以下命令中用法类似。

2. 查看模块信息命令

（1）查看全局或项目下已安装的各模块之间的依赖关系图。

```
npm list/ls/la/ll [-g]
```

list表示列出所有模块的依赖关系。ls、la、ll是list的别名，功能类似。

（2）查看模块安装路径。

```
npm root [-g]
```

（3）查看模块信息（名称、版本号、依赖关系等）。

```
npm view <name>[package.json属性名称]
npm view webpack author                      //查看webpack的作者信息示例
```

name表示所需查找的模块名称。package.json属性名称：可以指定特定的属性，模块和属性之间至少空一个空格。不指定属性参数默认查看所有信息。

3. 安装模块命令

```
npm install [<name>@<version>] [-g][--save][-dev]
npm install vue-cli@2.9.7 -g --save -dev    //示例
```

<name>@<version>表示安装指定的版本，通用格式为“模块@版本”。例如，vue-cli@2.9.7为安装v2.9.7版本的vue-cli。如果不指定版本默认安装最新版本，实际使用时模块名称和版本号不需要加<>。

-g或--global表示全局安装。

--save或-S表示将安装包信息记录在package.json文件中的dependencies（生产阶段的依赖）属性中。

-dev表示将安装包信息记录在package.json文件中的devDependencies（开发阶段的依赖）属性中，所以开发阶段一般都使用这个参数。

--save-dev或-D表示将安装包信息记录在package.json文件中的devDependencies属性中。以下命令中类似参数设置功能与此相同。

4. 卸载模块命令

```
npm uninstall  [<name>@<version>] [-g][--save][-dev]
```

一般在安装新版本时，可以先卸载旧版本，然后再用npm install命令重新安装新版本，也可以用npm update命令升级安装。

5. 更新模块命令

```
npm update  [<name>@<version>] [-g][--save][-dev]
```

6. 搜索模块命令

```
npm search [<name>@<version>] [-g][--save][-dev]
```

7. 创建一个 package.json 文件命令

```
npm init [--force|-f|--yes|-y|--scope]
npm init <@scope>
npm init [<@scope>/]<name>
```

--yes 或-y、--force 或-f 表示无须回答任何问题，全部使用默认值。创建的文件内容如图 7-12 所示。

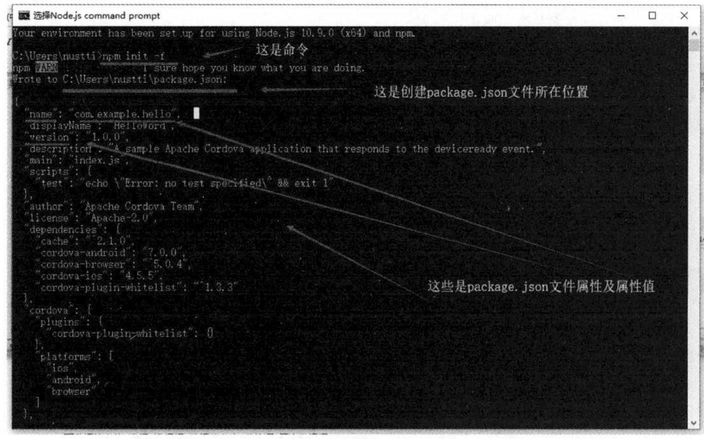

图 7-12　npm init 命令创建 package.json 文件的界面

Node 在调用某个包时，会首先检查包中 package.json 文件的 main 属性，将其作为包的接口模块，如果 package.json 或 main 属性不存在，会尝试寻找 index.js 或 index.node 作为包的接口。

package.json 是 CommonJS 规定的用来描述包的文件。完全符合规范的 package.json 文件应该含有以下属性。

（1）name：包的名字，必须是唯一的，由小写英文字母、数字和下画线组成，不能包含空格。

（2）description：包的简要说明。

（3）version：符合语义化版本识别规范的版本字符串。

（4）keywords：关键字数组，通常用于搜索。

（5）maintainers：维护者数组，每个元素要包含 name、email（可选）、web（可选）字段。

（6）contributors：贡献者数组，格式与 maintainers 相同。包的作者应该是贡献者数组的第 1 个元素。

（7）bugs：提交 bug 的地址，可以是网址或电子邮件地址。

（8）licenses：许可证数组，每个元素要包含 type（许可证的名称）和 url（链接到许可证文本的地址）字段。

（9）repositories：仓库托管地址数组，每个元素要包含 type（仓库的类型，如 git）、url（仓库的地址）和 path（相对于仓库的路径，可选）字段。

（10）dependencies：包的依赖，一个关联数组，由包名称和版本号组成。

（11）devDependencies：包的开发依赖模块，即别人要在这个包上进行开发。

8. 查找过时的模块命令

```
npm outdated [-g]
```

通过此命令可以列出系统中所有过时的模块，然后根据需要进行适当的更新。

9. 安装淘宝镜像

```
npm install cnpm --registry=https://registry.npm.taobao.org -g
```

--registry 表示注册处 URL。安装同样的模块速度会快些。

其余 npm 命令的使用方法，用户可以通过 npm 官方网站（https://npmjs.org/）和官方文档网站（https://docs.npmjs.com）自行查阅。

7.3 Node.js 环境配置

安装完成后，进行环境设置。环境配置主要是为 npm 配置全局模块安装的路径和缓存的路径。由于在执行类似 npm install vue-cli [-g]（-g 为可选参数，g 代表 global 全局安装）的安装语句时，会将模块安装到类似“C:\Users\用户名\AppData\Roaming\npm”这样的路径中，如图 7-13 所示，占用 C 盘资源。

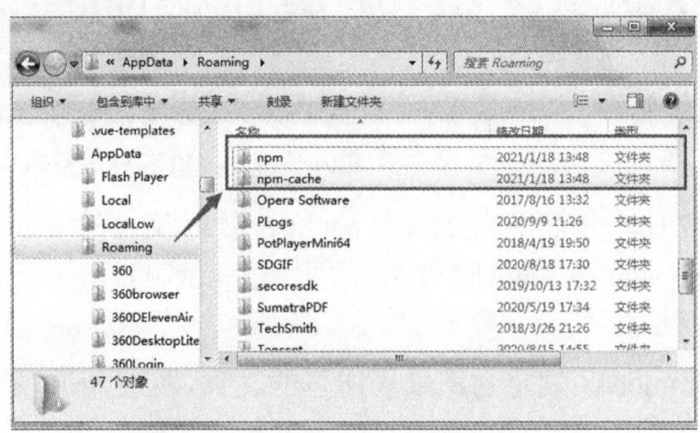

图 7-13　默认 npm 安装的路径

具体配置步骤如下。

（1）在指定位置（如 F:\nodejs）新建文件夹 node_global 和 node_cache，用于存放安装的全局模块和缓存，如图 7-14 所示。F:\nodejs\node_global 为安装全局模块所在的路径，F:\nodejs\node_cache 为缓存的路径。

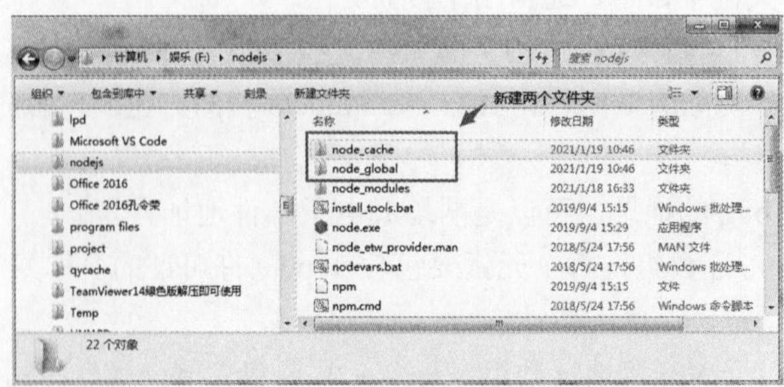

图 7-14　新建 npm 安装全局模块和缓存的路径

（2）在命令行执行 npm 相关配置设置命令。命令如下，执行效果如图 7-15 所示。

```
npm config set prefix " F:\nodejs\node_global "
npm config set cache " F:\nodejs\node_cache "
```

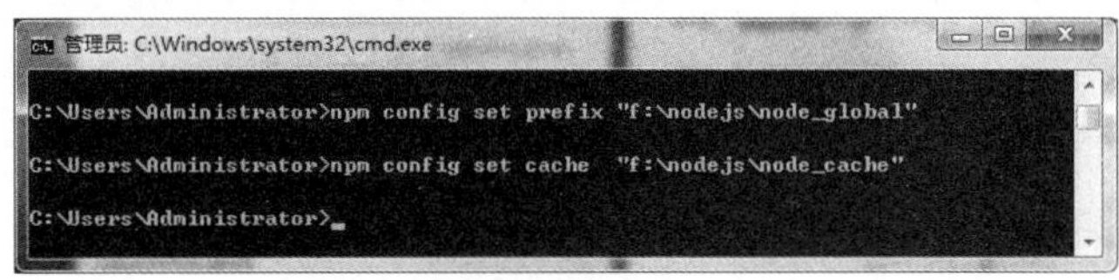

图 7-15　npm 配置命令执行界面

（3）设置环境变量。右击“计算机”，依次选择“属性”→“高级系统设置”→“高级”→“环境变量”。在“系统变量”列表中，单击“新建”按钮，在弹出的“编辑系统变量”对话框中设置变量名为 NODE_PATH，变量值为 F:\nodejs\node_global\node_modules，如图 7-16 所示。

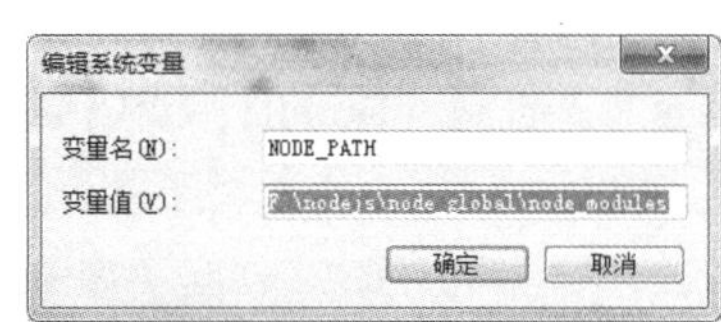

图 7-16　设置系统变量

在“Administrator 的用户变量”列表中，选择变量 Path 后，单击“编辑”按钮，将变量值中的 C:\Users\Administrator\AppData\Roaming\npm 修改为 F:\nodejs\node_global，如图 7-17 所示。

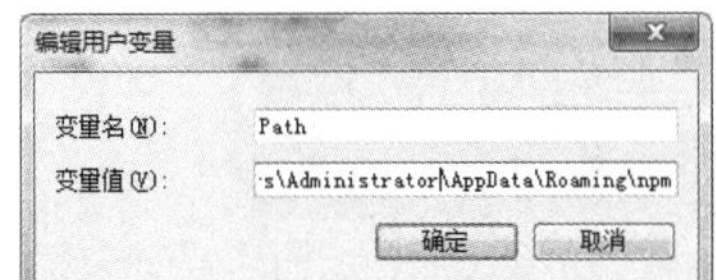

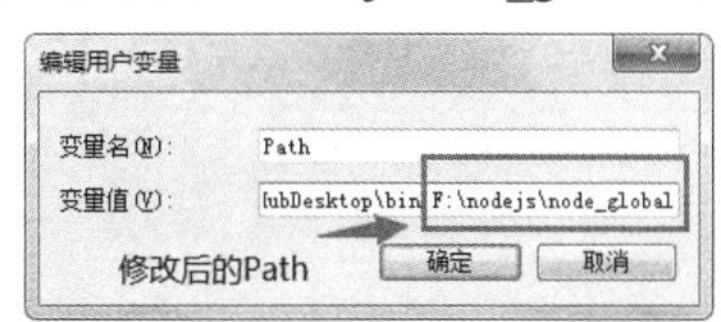

图 7-17　设置用户变量

配置完成后，单击“确定”按钮，就可以进行测试了。以全局安装 express 模块为例验证模块存放的位置。安装命令如下。

```
npm install -g express
```

执行效果如图 7-18 所示，表明 express 模块添加成功。然后在设置的全局模块路径下查看安装前后文件夹的变化，如图 7-19 所示。

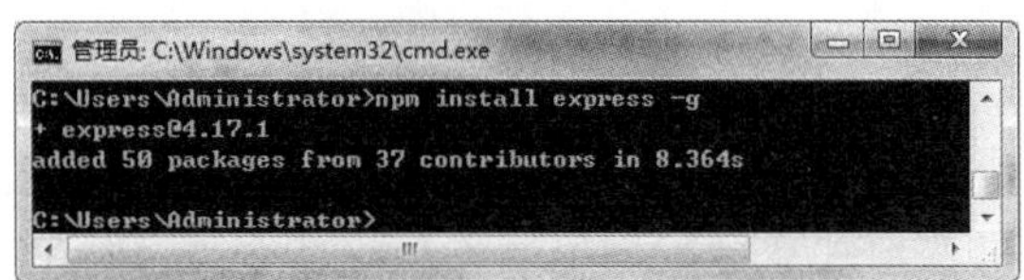

图 7-18　全局安装 express 模块界面

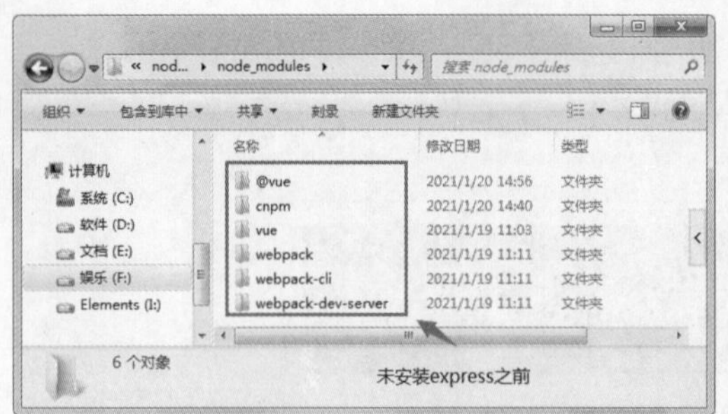

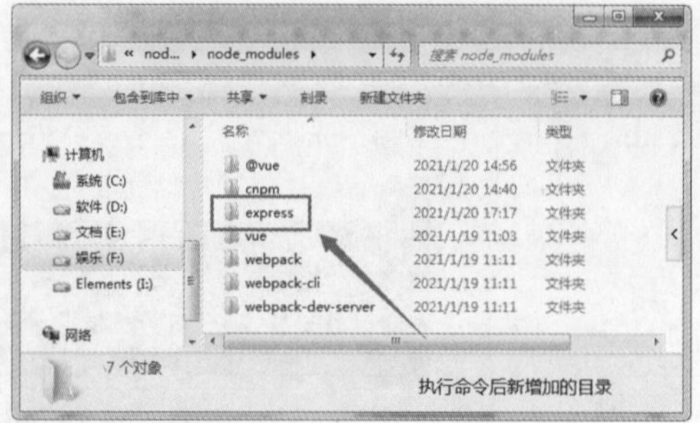

图 7-19 执行命令前后模块文件夹数量对比

7.4 webpack 打包工具

7.4.1 webpack 简介

1. webpack 是什么

webpack 是一个模块打包器（Module Bundler）工具。

2. webpack 工作原理

分析项目结构，找到 JavaScript 模块以及其他浏览器不能直接运行的模块（如 scss、TypeScript 等），转换并打包为浏览器可以识别并运行的格式，让浏览器能够使用。它能够转换（Transform）、打包（Bundle）或包裹（Package）任何资源，如图 7-20 所示。

图 7-20 webpack 官方页面

通俗地说，webpack 将用户的项目当作一个整体，通过一个给定的主文件（如 index.js）查找到用户项目的所有依赖文件，然后使用加载器（Loaders）处理它们，最后打包为一个（或多个）浏览器可识别的 JavaScript 文件。

3. 工作流程

（1）通过配置文件 webpack.config.js 找到给定的入口文件（如 index.js）。

（2）从入口文件开始分析并处理项目所有的依赖模块，并递归地构建一个依赖关系图（Dependency Graph）。webpack 把所有的文件都当作模块。

- JavaScript 模块：webpack 本身就可以识别并处理。
- 其他模块：通过使用加载器将浏览器不认识的模块分析和转译为浏览器认识的格式。

（3）把所有的模块打包为一个或多个浏览器可识别的 JavaScript 文件，默认叫作 bundle.js，根据给定的输出地址，输出到指定目录，一般称为 dist。

7.4.2　webpack 使用与基本配置

在开始之前，必须确保安装了 Node.js 的最新版本，并同步安装完 npm，再安装 webpack。

（1）全局安装 webpack。

```
npm install  webpack -g
```

（2）全局安装 webpack-cli。

```
npm install webpack-cli -g
```

（3）编写 webpack.config.js 配置文件和相关资源文件，执行 webpack 进行打包，生成 bundle.js。通过 HTML 页面引用 bunde.js 文件即可。

首先，需要了解一下 webpack.config.js 配置的框架结构。一般包含 entry、output、module、plugins 和 devServer 等几个部分的配置。空配置框架结构如下。

```
//webpack.config.js 空配置框架结构
module.exports = {
    entry:{},       //入口文件的配置项
    output:{},      //出口文件的配置项
    module:{},      //模块：如解读 CSS、图片如何转换压缩
    plugins:[],     //插件：用于生产模板和各项功能
    devServer:{}    //配置 webpack 开发服务功能
}
```

然后，根据项目需要进行基础阶段配置。在基础阶段配置时，需要定义 mode、entry 和 output 3 个配置项，它们分别代表模式、入口和输出。基础阶段配置文件如下。

```
//webpack.config.js
var path = require('path');
module.exports = {
    mode: 'development',
    entry: './main.js',
    output: {
        path: path.resolve(__dirname, 'dist'),
        filename: 'bundle.js',
        publicPath: './dist/'
        },
}
```

下面就 mode、entry 及 output 3 个配置项进行具体论述。

1. mode（模式）

提供 mode 配置选项，告知 webpack 使用相应模式的内置优化。模式定义并区分了 webpack 的执行环境，可以区分为开发环境和生产环境。在使用 webpack 打包项目时，必须设置 mode 配置项，否则命令行控制台会报错。

```
module.exports = {
    mode: 'production'
};
```

当然，也可以使用命令行方式设置，格式如下。

```
webpack --mode=production
```

2. entry（入口）

entry 表示入口起点（Entry Point），指示 webpack 应该使用哪个模块，作为构建其内部依赖图的开始。进入入口起点后，webpack 会找出有哪些模块和库是入口起点（直接和间接）依赖的。根据实际工程需要，可以配置单入口和多入口。

1）单入口简单用法

```
entry: string|Array<string>
```

2）多入口用法

```
entry: {[entryChunkName: string]: string|Array<string>}  //entry 为键值对形式的对象
```

注意：当 entry 是一个键值对形式的对象时，包名就是键名，output 属性的 filename 不能是一个固定的值，因为每个包的名字不能一样。

webpack.config.js 配置中 entry 配置项常用的配置实例如下。

```
module.exports = {
   entry: './src/main.js',   //默认值为字符串"
   entry: ['./src/page2/index.js', './src/main.js'], //值为数组，多个文件一起打包
   entry: {   //多页面入口
      page1: './src/page1/index.js',
      page2: ['./src/page2/index.js', './src/main.js'],
      page3: './src/page3/index.js'
  }
}
```

webpack 入口文件从这里开始执行，webpack 可以从这里开始读取 webpack.config.js 的相关配置进行项目开发打包。

3. output（输出）

output 属性指明 webpack 所创建的 bundles 文件的输出位置和命名这些文件的规则，默认路径为./dist。通常情况下，整个应用程序结构都会被编译到所指定的输出路径的文件夹中。可以通过 output 配置项完成 path、publicPath 和 filename 等属性的设置。

（1）path 表示 webpack 所有文件的输出路径，必须是绝对路径。例如，output 输出的 JavaScript 文件、url-loader 解析的图像、HtmlWebpackPlugin 生成的 HTML 文件，都会存放在以 path 为基础的目录下。

（2）publicPath 表示公共路径。该配置能为项目中的所有资源指定一个基础路径。

注意：所有资源的基础路径是指项目中引用 CSS、JavaScript、图像等资源时的一个基础路径，这个基础路径要配合具体资源中指定的路径使用，所以实际打包后资源的访问路径可以表示为：

静态资源最终访问路径 = output.publicPath+资源 loader 或插件等配置路径

若 publicPath 为./dist/，filename: js/[name]-bundle.js，[name]为占位符，与多入口 entry 值中的属性名称相对应，则引用 JavaScript 文件路径应为./dist/js/[name]-bundle.js。

（3）filename 表示输出的 JavaScript 文件名称。在单入口和多页面入口配置情况下，生成的 JavaScript 文件命名不同。通常，单入口生成的文件名为 bundle.js；多页面入口生成多个 JavaScript 文件，文件名命名通常形式为“子目录/[name]-[指定字符].js”，name 的值与多页面入口配置中的属性名相同，[指定字符]为可选。子目录也可以根据需要设置。

webpack.config.js 配置中 output 配置项常用的配置实例如下。

```
var path = require('path');
module.exports = {
    output: {
        path: path.resolve(__dirname, 'dist'),    //输出的文件路径，默认为./dist
        filename: 'bundle.js',        //默认单入口输出为 bundle.js
        filename: 'js/[name]-bundle.js'//针对多页面入口，在js子目录下输出不同的JavaScript 文件
        publicPath: './dist/',        //指定资源文件引用的目录
    }
};
```

【例 7-6】 webpack 项目简易实战——多个 JavaScript 文件打包。

在当前目录下新建项目文件夹 webpackproject-1，在其下新建 src 子文件夹，并依次创建下列文件，步骤如下。

（1）创建 src/index.js。

```
//index.js  --定义函数并输出
export default function computer(n1,n2){
    document.write("<h3>计算累加和</h3>");
    for (var i = n1,sum=0; i <=n2; i++) {
        sum=sum+i;
    }
    document.write(n1+"-"+n2+"的累加和为"+sum+"<br>");
}
```

（2）创建 src/main.js。

```
//main.js  --导入 index.js
import computer from './index'      //输入 index.js
computer(1,100);                    //调用模块定义的方法
```

（3）创建 index.html。

```
<!-- index.html -->
<!DOCTYPE html>
<html>
    <head>
        <meta charset="utf-8">
        <title>webpack 项目初战</title>
    </head>
    <body>
        <script type="text/javascript" src="dist/bundle.js"></script>
    </body>
</html>
```

（4）创建 webpack.config.js。

```
1.  //webpack.config.js
2.  var path = require('path');
3.  module.exports = {
4.      mode: 'development',
5.      entry: './src/main.js',                         //入口文件
6.      output: {
7.          path: path.resolve(__dirname, 'dist'),      //输出路径
8.          filename: 'bundle.js'                       //输出文件名
9.      },
10. };
```

上述代码中，第 2 行定义 path 变量，并通过 require 导入 path 模块为其赋值。第 3～10 行定义 module.exports 属性，此属性的值为对象。基本配置时，只需要配置 mode、entry 和 output 3 个属性。

（5）在命令行状态下运行 webpack，进行项目打包。在输出目录 dist 下生成 bundle.js 文件，执行结果如图 7-21 所示，项目文件结构如图 7-22 所示。命令格式如下。

```
webpack
```

此时 webpack 会根据 webpack.config.js 配置文件的内容自动完成打包工作。当然，也可以手动输入相关参数完成打包工作。命令格式如下（webpack 4.x 以上版本）。

```
webpack ./src/main.js --output-filename bundle.js --output-path ./dist --mode development
```

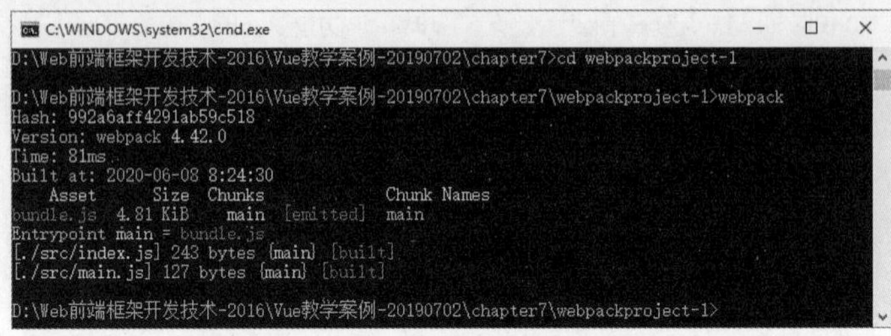

图 7-21 webpack 编译打包结果界面

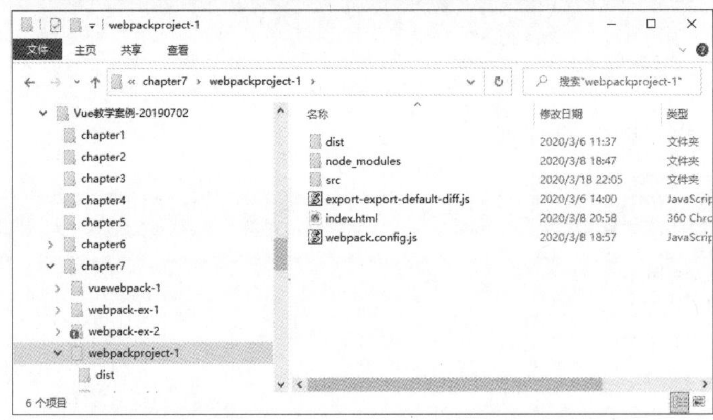

图 7-22 webpack 项目文件结构

（6）在浏览器中打开 index.html 文件查看页面效果，如图 7-23 所示。

图 7-23 浏览 index.html 的页面效果

注意：如果想在 Web 服务器上打开 index.html，可以全局安装 webpack-dev-server 自动启动 Web 服务，然后命令行启动，此时服务器可以自动打开默认的 index.html 文件。

启动 webpack-dev-server 分两步进行，命令格式如下。

第 1 步，全局或本地安装 webpack-dev-server。

```
npm install webpack-dev-server -g
```

第 2 步，命令行启动 Web 服务器。

```
webpack-dev-server --open --port 8080 --contentBase src --hot
```

Web 服务器启动后会自动打开与 HTTP 协议关联的浏览器，并显示默认的 index.html 页面。参数含义如下。

--open：自动打开浏览器；--port 8080：指定端口 8080；--contentBase src：内容的根路径；--hot：热重载，热更新。

打补丁，实现浏览器的无刷新。

执行 webpack-dev-server --open 命令后的效果如图 7-24 所示，自动打开浏览器并查看 index.html 页面，效果与图 7-23 一样，URL 为 http://localhost:8080。

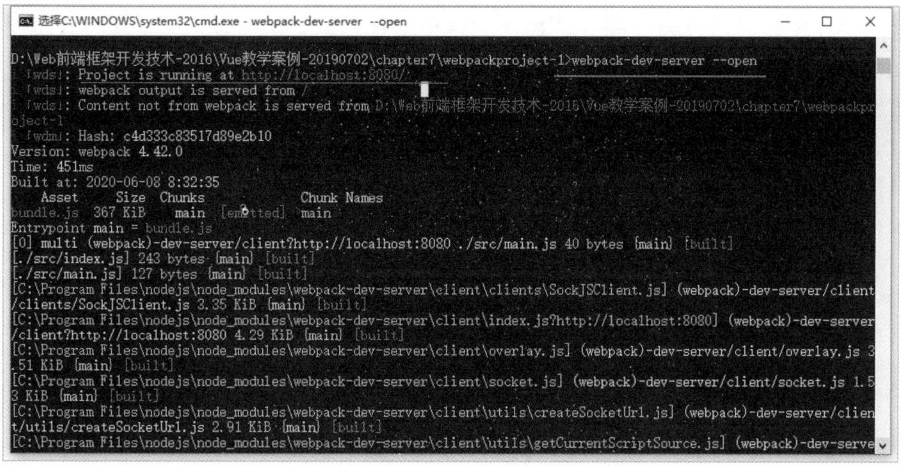

```
选择C:\WINDOWS\system32\cmd.exe - webpack-dev-server --open
D:\Web前端框架开发技术-2016\Vue教学案例-20190702\chapter7\webpackproject-1>webpack-dev-server --open
｢wds｣: Project is running at http://localhost:8080/
｢wds｣: webpack output is served from /
｢wds｣: Content not from webpack is served from D:\Web前端框架开发技术-2016\Vue教学案例-20190702\chapter7\webpackpr
oject-1
｢wdm｣: Hash: c4d333c83517d89e2b10
Version: webpack 4.42.0
Time: 451ms
Built at: 2020-06-08 8:32:35
    Asset     Size  Chunks             Chunk Names
bundle.js  367 KiB    main  [emitted]  main
Entrypoint main = bundle.js
[0] multi (webpack)-dev-server/client?http://localhost:8080 ./src/main.js 40 bytes {main} [built]
[./src/index.js] 243 bytes {main} [built]
[./src/main.js] 127 bytes {main} [built]
[C:\Program Files\nodejs\node_modules\webpack-dev-server\client\clients\SockJSClient.js] (webpack)-dev-server/client
/clients/SockJSClient.js 3.35 KiB {main} [built]
[C:\Program Files\nodejs\node_modules\webpack-dev-server\client\index.js?http://localhost:8080] (webpack)-dev-server
/client?http://localhost:8080 4.29 KiB {main} [built]
[C:\Program Files\nodejs\node_modules\webpack-dev-server\client\overlay.js] (webpack)-dev-server/client/overlay.js 3
.51 KiB {main} [built]
[C:\Program Files\nodejs\node_modules\webpack-dev-server\client\socket.js] (webpack)-dev-server/client/socket.js 1.5
3 KiB {main} [built]
[C:\Program Files\nodejs\node_modules\webpack-dev-server\client\utils\createSocketUrl.js] (webpack)-dev-server/clien
t/utils/createSocketUrl.js 2.91 KiB {main} [built]
[C:\Program Files\nodejs\node_modules\webpack-dev-server\client\utils\getCurrentScriptSource.js] (webpack)-dev-serve
```

图 7-24　webpack-dev-server 启动界面

index.js 中的 export default function functionname{…}表示定义模块默认导出，使用关键字 export default，每个模块有且仅有一个默认模块。

注意：使用时要注意 export 与 export default 的区别。具体有以下几点：①export 与 export default 均可用于导出常量、函数、文件、模块等；②在一个文件或模块中，export、import 可以有多个，export default 仅有一个；③通过 export 方式导出，在 import 导入时要加{}，export default 则不需要；④输出单个值，使用 export default；输出多个值，使用 export；⑤export default 与普通的 export 不要同时使用。

以下案例用于说明 export 与 export default 的使用区别。

使用 export 导出，代码如下。

```
//export-1.js
export const str1 = "Welcome to You!";        //字符串常量
export function display(info) {               //函数
  return info;
}
```

对应的导入方式如下。

```
//import-1.js
import {str1, display } from 'export-1';     //也可以分开写两次，导入的时候带花括号
//import {str1 } from 'export-1';
//import { display } from 'export-1';
```

使用 export default 导出，代码如下。

```
//export-df.js
const str1 = "Welcome to You!";  //单个值
export default str1;
```

其实此处相当于为 str1 变量值“Welcome to You!”起了一个系统默认的变量名为 default，当然 default 只能有一个值，所以一个文件内不能有多个 export default。

对应的导入方式如下。

```
//import-1.js
import str1 from 'import-1'; //导入的时候没有花括号
```

其实，export-df.js 文件的 export default 输出一个叫作 default 的变量，然后系统允许为它取任意名字。所以，可以为 import 的模块起任何变量名，且不需要用大括号包含。

【例 7-7】 webpack 项目简易实战——多入口 JavaScript 文件打包。

在当前目录下新建项目文件夹 webpackproject-2，在其下新建 src 子文件夹，并在子文件夹下分别新建 index.html、main1.js、main2.js 等文件，然后在根文件夹下新建 webpack.config.js 文件。具体步骤如下。

（1）新建 main1.js 文件。

```
//main1.js-从 n1 累加到 n2
function sum(n1,n2){
    for (var i =n1,sum1=0; i<=n2; i++) {
        sum1=sum1+i;
    }
    document.write("main1.js--从"+n1+"累加到"+n2+"的和="+sum1+"<br />");
}
sum(100,200);//调用
```

（2）新建 main2.js 文件。

```
//main2.js-产生 10 个随机两位整数
 function createRanInt(){
    var intArray=new Array();//定义空数组
    for (var i = 0; i < 10; i++) {
         intArray[i]=Math.floor(Math.random()*90+10);
    }
    document.write("main2.js--10 个随机两位整数: "+intArray.join()+"<br />");
}
createRanInt();//调用
```

（3）新建 index.html 文件。

```
1.  <!-- index.html -->
2.  <!DOCTYPE html>
3.  <html>
4.      <head>
5.          <meta charset="utf-8">
6.          <title>webpack 项目初战之二——多入口打包</title>
7.      </head>
8.      <body>
9.          <script type="text/javascript" src="../dist/main1-bundle.js"> </script>
10.         <script type="text/javascript" src="../dist/main2-bundle.js"> </script>
11.         </body>
12. </html>
```

上述代码中，第 9 行和第 10 行分别引用两个打包文件。

（4）新建 webpack.config.js 文件。

```
//webpackproject-2 webpack.config.js
var path = require('path');
module.exports = {
    mode:'development',
    entry: {   //其值为对象，通过键值对表示多入口
        main1: './src/main1.js',      //main1 与 filename 属性中的[name]对应
```

```
        main2: './src/main2.js'      //main2 与 filename 属性中的[name]对应
    },
    output: {
        path: path.resolve(__dirname, 'dist'),
        filename: '[name]-bundle.js',     //多个输出文件
        publicPath: './dist/',            //公共路径
    }
}
```

（5）在命令行状态下运行 webpack，进行项目打包。在输出目录 dist 下生成 main1-bundle.js、main2-bundle.js 两个文件，执行结果如图 7-25 所示，项目文件结构如图 7-26 所示。命令格式如下。

```
webpack
```

此时，webpack 会根据 webpack.config.js 配置文件的内容自动完成打包工作。

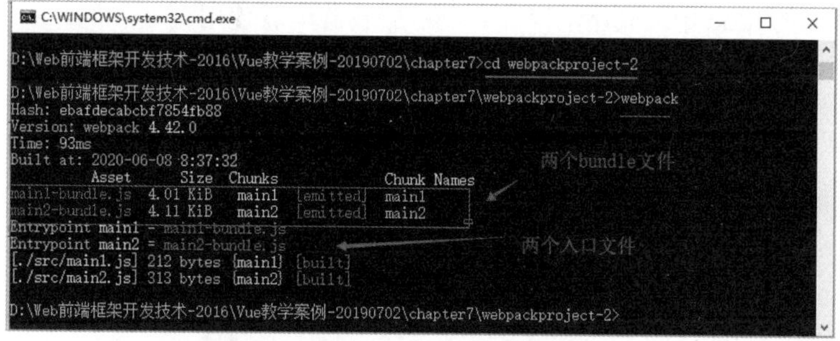

图 7-25　执行 webpack 打包结果界面

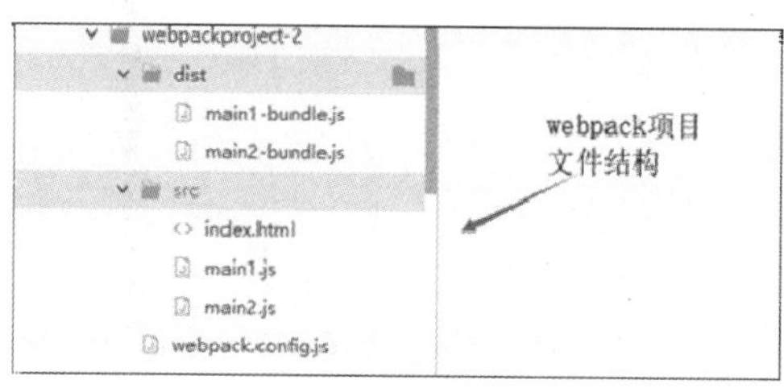

图 7-26　webpackproject-2 项目文件结构面

（6）在浏览器中打开 index.html 文件查看页面效果，如图 7-27 所示。

图 7-27　浏览 index.html 页面效果

7.4.3　webpack 配置加载器

webpack 默认只能识别 JavaScript 模块，不识别其他模块，如 CSS 文件、less 文件、Vue 文件、图片、视频等。webpack 使用加载器识别和解析除了 JavaScript 以外的其他模块，并为不同的模块提供不同的加载器。

加载器是一个声明式函数，用以转换或操作特定类型的文件。当 webpack 中包含非 JavaScript 模块时，就需要为其配置对应的加载器。加载器的配置主要通过 module 中的 rules 进行读取和解析，规则的类型是一个数组，数组中每项都描述了如何去处理部分文件。

1. 加载器命名方法

加载器通常以 xxx-loader 的格式命名，xxx 是上下文名称，如 file、url、css 等，加载器命名如 file-loader、url-loader、css-loader、style-loader 等。

2. 加载器安装方法

```
npm install xxx-loader --save-dev
```

3. 加载器使用方法

加载器有 3 种使用方法，分别如下。

（1）在 require 中显式指定。

```
require('style!css!./index.css');
```

将 index.css 文件内容先经过 css-loader 处理，然后经过 style-loader 处理，以<style>标记的形式注入页面的 head 中。其中，“！”表示加载器串联使用。

（2）在配置项（webpack.config.js）中指定（推荐）。

```
module.exports = {
module: {
    rules: [ {
        test: /\.css$/,
        use: [{
            loader: 'style-loader'
        }, {
            loader: 'css-loader'
        }]
    },
    ]
}
```

（3）在命令行中指定。

```
webpack --module-bind jade --module-bind 'css=style!css'
```

使用--module-bind 指定加载器，如果后缀和加载器一样，直接写就好了，如 jade 表示.jade 文件用 jade-loader 处理；如果不一样，则需要显式指定，如 css=style!css 表示分别使用 css-loader 和 style-loader 处理.css 文件。

4. 常用的加载器类型

常用的加载器分为模板、样式、脚本转换编译、JSON 加载、文件、加载框架等 6 类。常用加载器名称及功能如表 7-1 所示。

表 7-1 常用加载器名称及功能一览表

序号	名称	功能
1	raw-loader	加载文件原始内容（UTF-8）
2	val-loader	将代码作为模块执行，并将 exports 转为 JavaScript 代码
3	url-loader	像 file-loader 一样工作，但如果文件小于限制，可以返回 DataURL
4	file-loader	将文件发送到输出文件夹，并返回（相对）URL
5	json-loader	加载 JSON 文件（默认包含）
6	json5-loader	加载和转译 JSON 5 文件
7	cson-loader	加载和转译 CSON 文件

续表

序　号	名　称	功　能
8	script-loader	在全局上下文中执行一次 JavaScript 文件（如在<script>标记中），不需要解析
9	babel-loader	加载 ES2015+ 代码，然后使用 Babel 转译为 ES5
10	buble-loader	使用 Buble 加载 ES2015+ 代码，并且将代码转译为 ES5
11	traceur-loader	加载 ES2015+ 代码，然后使用 Traceur 转译为 ES5
12	ts-loader 或 awesome-typescript-loader	像 JavaScript 一样加载 TypeScript 2.0+
13	coffee-loader	像 JavaScript 一样加载 CoffeeScript
14	html-loader	导出 HTML 为字符串，需要引用静态资源
15	pug-loader	加载 Pug 模板并返回一个函数
16	jade-loader	加载 Jade 模板并返回一个函数
17	markdown-loader	将 Markdown 转译为 HTML
18	react-markdown-loader	使用 markdown-parse parser（解析器）将 Markdown 转译为 React 组件
19	posthtml-loader	使用 PostHTML 加载并转换 HTML 文件
20	handlebars-loader	将 Handlebars 转译为 HTML
21	markup-inline-loader	将内联的 SVG/MathML 文件转换为 HTML。在应用于图标字体，或将 CSS 动画应用于 SVG 时非常有用
22	style-loader	将模块的导出作为样式添加到 DOM 中
23	css-loader 解析	CSS 文件后，使用 import 加载，并且返回 CSS 代码
24	less-loader	加载和转译 less 文件
25	sass-loader	加载和转译 sass/scss 文件
26	postcss-loader	使用 PostCSS 加载和转译 css/sss 文件
27	stylus-loader	加载和转译 Stylus 文件
28	mocha-loader	使用 mocha 测试（浏览器/NodeJS）
29	eslint-loader PreLoader	使用 ESLint 清理代码
30	jshint-loader PreLoader	使用 JSHint 清理代码
31	jscs-loader PreLoader	使用 JSCS 检查代码样式
32	coverjs-loader PreLoader	使用 CoverJS 确定测试覆盖率
33	vue-loader	加载和转译 Vue 组件
34	polymer-loader	使用选择预处理器（Preprocessor）处理，并且 require() 类似一等模块（first-class）的 Web 组件
35	angular2-template-loader	加载和转译 Angular 组件

5. 加载器配置

配置加载器需要在 webpack.config.js 中进行，主要通过 module.rules 属性进行配置，rules 属性的值为对象数组，用[]表示，里面包含若干个{}对象。配置时需要注意以下几点。

（1）条件匹配。通过 test、include（包括）、exclude（排除）3 个配置项命中加载器要应用规则的文件，如 test:/\.css$/，匹配所有 CSS 文件。

（2）应用规则。对选中后的文件通过 use 配置项应用加载器，可以应用一个加载器或按照从后往前的顺序应用一组加载器，同时还可以分别给加载器传入参数。

（3）重置顺序。在 use:['loader3', 'loader2', 'loader1']配置项中，一组加载器的执行顺序默认是从右到左执行，但通过 enforce 选项可以让某个加载器的执行顺序排在最前（pre）或最后（post）。例如，在某条规则中的 use 配置项后面添加“,enforce: 'pre'”（逗号分隔），则该条规则执行权限前置。

6. 常用加载器配置

1）图像加载器的配置

页面中的图像和 CSS 文件中的背景图像可以通过 file-loader 或 url-loader 进行加载。在实际配置加载器时，可以使用 name、limit、fallback、mimetype 等选项。选项语法如下。

（1）name：String 类型，指定生成资源名称格式，格式如“[name].[hash:n].[ext]”。[name]占位符表示资源原来的文件名；[hash:n]中 n 表示 hash 值的位数，作用是产生 n 位 hash 值；[ext]表示文件扩展名。当然也可以不使用 hash 值构建文件名，同样可以指定其他字符串，如[name]-chu.[ext]。

（2）limit：Number|Boolean|String 类型，无默认值。根据工程应用的需要，可以设置为 1024 的倍数，如“limit:8192|(8*1024)”。当资源的大小小于限制值时，会采用 base64 编码进行转换，返回 DataUrl，以尽可能地减少网络请求次数；当资源的大小大于或等于限制值时，使用 file-loader 处理文件，并且所有的查询参数都会传递给 file-loader。

（3）fallback：String 类型，默认值为 file-loader。用于指定当目标文件的大小超过限制选项中设置的限制时要使用的替代加载程序。

（4）mimetype：String 类型，默认值为文件扩展名，如 image/png。

实际使用选项时，可参考下面的格式进行配置。

```
module: {
    rules: [{
        test: /\.(gif|jpg|jpeg|png|svg)$/,
        use: [{
            loader: 'url-loader',
            options: {
                name: ' [name]-[ [hash:n].[ext] ',
                limit: 8192,
                fallback: require.resolve('responsive-loader'),
            }
        }]
    }]
}
```

2）样式加载器的配置

安装不同的加载器，就可以对不同扩展名的文件进行处理，处理 CSS 样式文件，就要用到 style-loader 和 css-loader。Webpack.config.js 中处理 CSS 样式的模块配置如下。

```
module.exports = {
    module:{
        rules: [ {
            test: /\.css$/,
```

```
            use: [{
                loader: 'style-loader'     //loader2，优先级其次
            }, {
            loader: 'css-loader'           //loader1，优先级高
        }]
    },
  ]
}
```

注意：use 属性也可以使用 use:['style-loader','css-loader']这个简化形式。记住 css-loader 在后，style-loader 在前，这个顺序不能颠倒。

使用 css-loader 和 style-loader 时需要定义若干选项，以满足实际应用的需要。具体使用方法可参考 webpack 官网（https://webpack.js.org/loaders/）。

如果加载和转义 less、sass/scss 文件，需要使用 less-loader、 sass-loader。若使用 postcss 加载和转义 css/sss 文件，需要使用 postcss-loader 加载器。

加载 less、sass/scss 文件的配置如下。

```
module.exports = {
    module: {                        //模块
        rules: [{                    //规则数组
            test: /\.css|scss|less$/,
            use: ['style-loader', 'css-loader', 'less-loader', 'sass-loader',
            'postcss-loader'],
        }]
    },
}
```

3）JavaScript 文件加载器配置

```
module: {
    rules: [
    {
        test: /\.js$/,      //es6 => es5
        include: [ path.resolve(__dirname, 'src') ],
        exclude: /(node_modules|bower_components)/,
        //(不处理 node_modules 和 bower_components 下的 JavaScript 文件) 优化处理加快速度
        use: {
            loader: 'babel-loader',
            options: {
                presets: ['@babel/preset-env'] //presets 设置的就是当前 JavaScript 的版本
                plugins: [require('@babel/plugin-transform-object-rest-spread')]
                //需要的插件
            }
        }
    }
    ]
}
```

【例 7-8】 webpack 项目简易实战——加载器的使用与配置（有 JavaScript 文件、CSS 文件和图像文件）。

（1）安装相关加载器。

安装样式加载器，命令如下。

```
npm install style-loader css-loader --save-dev|-D
```

css-loader 的作用是加载 CSS 文件。style-loader 的作用是使用<style>标记将 css-loader 内部样式注入 HTML 页面的 head 中。

安装图像加载器，命令如下。

```
npm install url-loader file-loader --save-dev|-D
```

url-loader 加载器的作用是把图像编码成 base64 格式写入页面，从而减少服务器请求。file-loader 的作用是帮助 webpack 打包处理一系列的图像文件，如 PNG、JPG、JPEG 等格式的图像。

注意：也可以一次性将所有加载器安装上。使用下面的命令即可执行。

```
npm install babel-loader babel babel-core css-loader style-loader url-loader file-loader less-loader less  --save-dev |-g
```

（2）创建 css/index.css 文件。

```
1.  /* index.css */
2.  body {
3.      background: #E3E3E3 url(../images/vue-logo.png) no-repeat top right;
4.      font-size: 24px;
5.  }
6.  img {width: 300px;border: 1x solid blue;}
```

上述代码中，第 3 行通过背景属性加载背景图像文件../images/vue-logo.png。

（3）创建 src/main.js 文件。

```
1.  //main.js
2.  import '../css/index.css';                      //导入 CSS 文件
3.  import myimg from '../images/webpack.jpg';   //导入外部图像文件
4.  var p=document.createElement('p');
5.  var txt=document.createTextNode('webpack 打包资源——图像、样式等文件');
6.  p.appendChild(txt);
7.  document.body.appendChild(p);
8.  var img1=document.createElement('img');
9.  img1.src=myimg;
10. document.body.appendChild(img1);
```

上述代码中，第 4～7 行创建一个<p>标记，并给<p>标记添加文本，然后添加到 body 中。第 8～10 行创建<img>标记，并给<img>标记的 src 属性赋值，然后添加到 body 中。

（4）创建 index.html 文件。

```
1.  <!-- index.html -->
2.  <!DOCTYPE html>
3.  <html>
4.      <head>
5.          <meta charset="utf-8">
6.          <title>webpack 项目初战之三——CSS、IMAGE、JS 等文件</title>
7.      </head>
8.      <body>
9.          <script type="text/javascript" src="dist/bundle.js"></script>
10.     </body>
11. </html>
```

上述代码中，第 9 行引用 webpack 打包后的 bundle.js 文件，路径为 dist。

（5）创建 webpack.config.js 文件。

```
//webpack.config.js
var path = require('path');
module.exports = {
    mode: 'development',
    entry: './src/main.js',                               //入口文件
    output: {
```

```
7.          path: path.resolve(__dirname, 'dist'),     //输出路径
8.          filename: 'bundle.js',                     //输出文件名
9.      },
10.     module: {
11.         rules: [{
12.                 test: /\.(gif|jpg|jpeg|png|svg)$/,
13.                 use: [{
14.                     loader: 'url-loader',
15.                     //限制开始转译的大小，小的图片则不用转译，减少 HTTP 请求
16.                     options: {
17.                         limit: 13312,
18.                         name: '[name]-moira.[ext]'
                                //自定义转译的文件名称，ext 表示文件的扩展名
19.                     }
20.                 }, ]
21.             },
22.             {
23.                 test: /\.css$/,
24.                 use: [{
25.                     loader: 'style-loader'
26.                 }, {
27.                     loader: 'css-loader'
28.                 }]
29.             },
30.             {
31.                 test: /\.(html)$/,
32.                 use: {
33.                     loader: 'html-loader',
34.                     options: {
35.                         attrs: [':data-src']
36.                     }
37.                 }
38.             },
39.         ]
40.     },
41. }
```

上述代码中，第 2 行导入 Node.js 的 path 模块，主要提供处理文件路径的一系列工具。第 3～41 行是 webpack.config.js 文件中最重要的部分，主要完成 module.export 属性的设置，这个属性的值是一个对象，设置入口（entry）、输出（output）、模式（mode）、模块（module）等。

（6）命令行状态下执行 webpack 命令，进行项目打包。执行结果如图 7-28 所示。

```
webpack
```

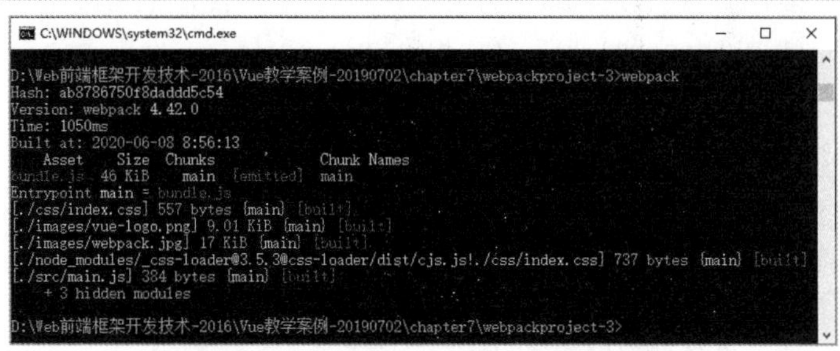

图 7-28 执行 webpack 打包结果界面

（7）在浏览器中打开 index.html 文件。查看页面时，会看到背景颜色、背景图像、字号和 HTML 页面中的<img>标记的 src 属性加载的图像均生效，页面效果如图 7-29 所示。

图 7-29 浏览 index.html 的页面效果

（8）按 F12 键进入浏览器调试状态。查看 Elements 选项卡，页面中的<img>标记的 src 属性加载的图像和 CSS 中设置的背景图像均已被 base64 编码，如图 7-30 所示。

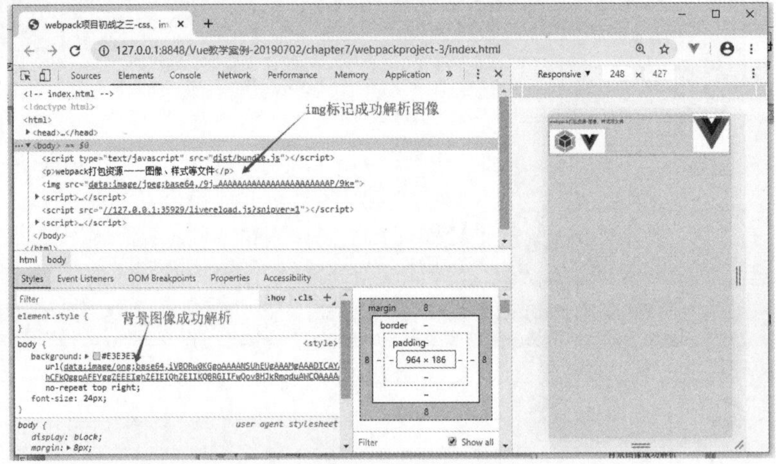

图 7-30 调试界面下查看页面元素解析结果

7.4.4 webpack 配置插件

webpack 有着丰富的插件接口。webpack 自身的多数功能都使用这个插件接口。插件接口使 webpack 变得极其灵活。加载器被用于转换某些类型的模块，而插件则可以用于执行范围更广的任务。插件的范围从打包优化和压缩，一直到重新定义环境中的变量。插件接口功能极其强大，可以用来处理各种各样的任务。

想要使用一个插件，需要通过 require() 方法调用此插件，然后把它添加到 plugins 数组中。多数插件可以通过选项（options）自定义。也可以在一个配置文件中因为不同目的而多次使用同一个插件，这时需要通过使用 new 操作符创建它的一个实例。

1. HtmlWebpackPlugin 插件配置

HtmlWebpackPlugin 插件的功能是简单创建 HTML 文件，用于服务器访问。其实现的原理很简单，将 webpack 中 entry 配置的相关入口 chunk 和 extract-text-webpack-plugin 抽取的 CSS 样式插入该插件提供的 template 或 templateContent 配置项指定的内容基础上生成一个 HTML 文件，具体插入方式是将样式<link>标记插入<head>标记中，<script>标记插入<head>标记或<body>标记中。

1）安装插件

```
npm install html-webpack-plugin --save-dev|-D
```

2）配置插件

在 webpack.dev.config.js 的 module.exports 属性中增加以下配置。

```
var HtmlWebpackPlugin = require('html-webpack-plugin')
plugins: [
    //所有的插件都是对象，需要通过 new 运算符创建
    new HtmlWebpackPlugin({
        template: './template/index.html',
        filename: 'demo.html',
        inject: 'body',    //插入 body 标记底部
        minify: {
            removeComments:true,
            collapseWhitespace: true,
        },
        hash: true
    }),
    new ExtractTextPlugin({ filename: 'style.css', allChunks: false }),
    new CleanWebpackPlugin(pathsToClean)
],
```

3）语法说明

该插件提供一个承载 JavaScript 的模板，若对提供的默认模板不满意，可以自定义一个模板。常见的配置选项（options）如下。

- title：配置模板的标题。
- filename：配置模板的文件名。
- template：指定模板文件的路径（选择一个用户自定义的 HTML 文件作为模板）。
- favicon：指定网站图标的路径。
- hash：给模板中包含的所有 CSS 和 JavaScript 文件设置一个唯一的 hash 字符串插入文件名中。
- inject：该属性决定了脚本文件插入的位置。属性值可以是字符串，也可以是布尔值，默认为 true，字符串值可以为 head（插入<head>标记）和 body（插入<body>标记底部）。
- minify：压缩 HTML，默认为 true，值也可以为对象。

2. MiniCssExtractPlugin 插件配置

MiniCssExtractPlugin 插件的功能是将 CSS 提取为独立的文件。对每个包含 CSS 的 JavaScript 文件都会创建一个 CSS 文件，支持按需加载 CSS 和 sourceMap。但该插件只能用在 webpack 4 中，与 extract-text-webpack-plugin 插件相比，具有异步加载、不重复编译、性能更好、更容易使用、只针对 CSS 的特点。

1）安装插件

```
npm mini-css-extract-plugin --save-dev|-D
```

2）配置插件

在 webpack.config.js 的 module.exports 属性中增加以下配置。

```
var MiniCssExtractPlugin = require('mini-css-extract-plugin');  //第 1 步，导入

```

```
module.exports = {
  plugins: [  //第2步，添加实例对象
    new MiniCssExtractPlugin({
      //Options similar to the same options in webpackOptions.output
      //both options are optional
      filename: '[name].css',
      chunkFilename: '[id].css',
    }),
  ],
  module: {
    rules: [
      {
        test: /\.css$/,
        use: [
          {
            loader: MiniCssExtractPlugin.loader,   //第3步，配置加载器
            options: {
              publicPath: '/public/path/to/',
            },
          },
          'css-loader',
        ],
      },
    ],
  },
};
```

3）语法说明

在 module.rules 属性中使用 use 选项时，加载两个加载器处理 CSS，分别为 MiniCssExtractPlugin.loader 和 css-loader。配置 MiniCssExtractPlugin.loader 时可以同时设置 options，其中 publicPath 重写公共路径。

3. ExtractTextWebpackPlugin 插件配置

ExtractTextWebpackPlugin 插件的功能是从 bundle 中提取文本（CSS）到单独的文件。它会将所有的入口 chunk(entry chunks) 中引用的*.css 模块移动到独立分离的 CSS 文件。因此，样式将不会内嵌到 JavaScript bundle 中，而是会放到一个单独的 CSS 文件（即 styles.css）当中。如果样式文件较大，会做更快的提前加载，因为 CSS bundle 会与 JavaScript bundle 并行加载。

1）安装插件

```
npm install extract-text-webpack-plugin --save-dev|-D
```

2）配置插件

```
var ExtractTextPlugin = require('extract-text-webpack-plugin');  //第1步，导入
module.exports = {
    module: {
        rules: [{
            test: /\.css$/,
            use: ExtractTextPlugin.extract({       //第2步，使用抽取方法
                fallback: 'style-loader',
                use: [{
                    loader: 'css-loader',
                    options: {                      //配置选项
                        sourceMap: true,
                        importLoaders: 1,
                        modules: true,
                        localIdentName: "[local]---[hash:base64:5]",
                        camelCase: true
```

```
                    }
                }]
            })
        }]
    },
    plugins: [                          //第 3 步，添加插件
        new ExtractTextPlugin(({     //对象实例化
            filename: '[name].css',   //使用模块名命名
            allChunks: true
        })]
    }
}
```

3）语法说明

通过加入 ExtractTextWebpackPlugin，每个模块的 CSS 都会生成一个新文件，此时可以作为一个单独标记添加到 HTML 文件中。ExtractTextWebpackPlugin 插件的抽取函数的使用方法如下。

```
ExtractTextPlugin.extract (options: loader | object)
```

extract() 方法中的 options 是一个对象，有 3 个参数，分别为 use、fallback 和 publicPath。其中，use 表示加载器被用于将资源转换成一个 CSS 导出模块（必填），此处由于源文件是 CSS 文件，所以选择 css-loader；fallback 表示加载器（如 style-loader）应用于当 CSS 没有被提取时（也就是一个额外的 chunk，当 allChunks: false 时）；publicPath 表示重写此加载器的 publicPath 配置。

注意： ExtractTextPlugin 对每个入口 chunk 都生成一个对应的文件，所以当配置多个入口 chunk 的时候，必须使用 [name]、[id]或 [contenthash]，类似于多入口的 output 属性的设置。

如果有多于一个 ExtractTextPlugin 实例的情形，请使用此方法调用每个实例上的 extract() 方法。多实例的配置如下。

```
var ExtractTextPlugin = require('extract-text-webpack-plugin');
//创建多个实例
var extractCSS = new ExtractTextPlugin('stylesheets/[name]-one.css');
var extractLESS = new ExtractTextPlugin('stylesheets/[name]-two.css');

module.exports = {
  module: {
    rules: [
      {
        test: /\.css$/,
        use: extractCSS.extract([ 'css-loader', 'postcss-loader' ])
      },
      {
        test: /\.less$/i,
        use: extractLESS.extract([ 'css-loader', 'less-loader' ])
      },
    ]
  },
  plugins: [ //添加多实例
    extractCSS,
    extractLESS
  ]
};
```

需要使用其他的 webpack 插件时，可以参考 https://www.webpackjs.com/plugins/。

关于更多第三方插件，可参考 https://github.com/webpack-contrib/awesome-webpack#

webpack-plugins。

【例 7-9】webpack 项目简易实战——插件的使用与配置。要求分别使用 HtmlWebpackPlugin 和 MiniCssExtractPlugin 插件自动生成 HTML 文件和抽离 CSS 文件。

创建项目文件夹 webpackproject-4，并在该文件夹下创建 3 个子文件夹，分别命名为 dist、src、images。

（1）安装相关插件。

```
npm install html-webpack-plugin -D
npm install mini-css-extract-plugin -D
```

（2）安装相关加载器。

```
npm install css-loader style-loader -D
npm install url-loader -D
```

（3）创建 src/main.js 文件。

```
//src/main.js
//导入两个 CSS 文件和一个图像文件
import './index.css'
import './div.css'
import img4 from '../images/img4.jpg'
var div1=document.createElement('div');      //创建 div 元素
var img1=document.createElement('img');      //创建 img 元素
img1.src=img4;                               //给 img 的 src 属性赋值
div1.appendChild(img1);                      //将 img 元素插入 div 元素
document.body.appendChild(div1);             //将 div 添加到 body 中
```

（4）创建 src/index.css 文件。

```
/* index.css */
body{
    font-size: 18px;
    background:#EEDDAA;
}
```

（5）创建 src/div.css 文件。

```
/* div.css */
div{
    border:1px dashed black;
    margin: 50px auto;
    width:600px;
    height: 380px;
    text-align: center;
}
```

（6）创建 webpack.config.js 文件。

```
//wp4-webpack.config.js
var path = require('path');
var HtmlWebpackPlugin = require('html-webpack-plugin')
var MiniCssExtractPlugin = require('mini-css-extract-plugin');
module.exports = {
    mode: 'development',
    entry: './src/main.js',
    output: {
        path: path.resolve(__dirname, 'dist'),
        filename:'bundle.[chunkhash:8].js',
    },
    module: {
        rules: [{
                test: /\.css$/i,
                use: [MiniCssExtractPlugin.loader, 'css-loader'],
```

```
            },
            {
                test: /\.(png|jpg|jpeg|gif)$/,
                use: {
                    loader: 'url-loader',
                    options: {
                        limit: 5 * 1024,
                        name: '[name].[hash:8].[ext]',
                    }
                },
            },
        ],
    },
    plugins: [
        new HtmlWebpackPlugin({
            filename: 'index.html',
            inject: 'body',
        }),
        new MiniCssExtractPlugin({
            filename: '[name].[contenthash:8].css',
            chunkFilename:'[name].[id].css',
        }),
    ],
}
```

（7）运行 webpack 命令，进行项目打包。执行结果如图 7-31 所示。

```
webpack
```

```
管理员: C:\WINDOWS\system32\cmd.exe
D:\Web前端框架开发技术-2016\Vue教学案例-20190702\chapter7\webpackproject-4>webpack
Hash: 1bc16f72508fb6632ef8
Version: webpack 4.42.0
Time: 625ms
Built at: 2020-06-08 11:35:36
              Asset       Size  Chunks                         Chunk Names
 bundle.7b3cca53.js   5.97 KiB    main  [emitted] [immutable]  main
  img4.fce20a28.jpg   41.9 KiB          [emitted]
         index.html  239 bytes          [emitted]
 main.d6d97046.css  192 bytes    main  [emitted] [immutable]  main
Entrypoint main = main.d6d97046.css bundle.7b3cca53.js
[./images/img4.jpg] 61 bytes {main} [built]
[./src/div.css] 39 bytes {main} [built]
[./src/index.css] 39 bytes {main} [built]
[./src/main.js] 423 bytes {main} [built]
    + 2 hidden modules
Child html-webpack-plugin for "index.html":
     1 asset
    Entrypoint undefined = index.html
    [C:\Program Files\nodejs\node_modules\webpack\buildin\global.js] (webpack)/buildin/global.js 472 bytes {0} [built]
    [C:\Program Files\nodejs\node_modules\webpack\buildin\module.js] (webpack)/buildin/module.js 497 bytes {0} [built]
        + 2 hidden modules
Child mini-css-extract-plugin node_modules/_css-loader@3.5.3@css-loader/dist/cjs.js!src/div.css:
    Entrypoint mini-css-extract-plugin = *
    [./node_modules/_css-loader@3.5.3@css-loader/dist/cjs.js!./src/div.css] 393 bytes {mini-css-extract-plugin} [built]
        + 1 hidden module
Child mini-css-extract-plugin node_modules/_css-loader@3.5.3@css-loader/dist/cjs.js!src/index.css:
    Entrypoint mini-css-extract-plugin = *
    [./node_modules/_css-loader@3.5.3@css-loader/dist/cjs.js!./src/index.css] 326 bytes {mini-css-extract-plugin} [built]
        + 1 hidden module

D:\Web前端框架开发技术-2016\Vue教学案例-20190702\chapter7\webpackproject-4>
```

图 7-31　webpack 执行结果

（8）在浏览器中打开自动生成的 index.html 文件。查看页面，如图 7-32 所示。

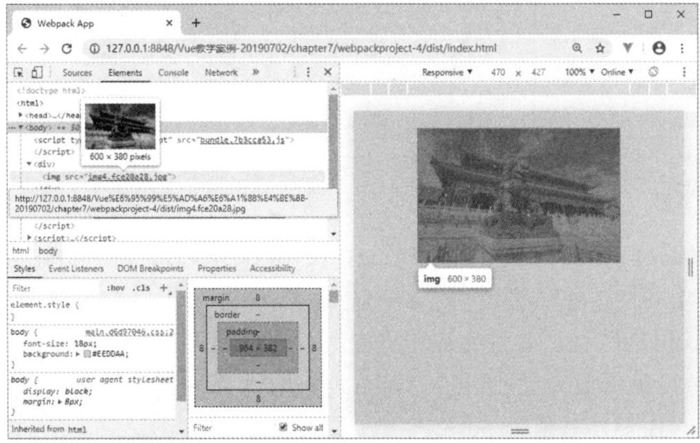

图 7-32　浏览器中查看 index.html 页面结果

（9）在 Chrome 浏览器中打开自动生成的 index.html 文件并按 F12 键进入调试状态。查看 Elements 选项卡，页面渲染结果如图 7-33 所示。在<head>标记中插入<link>标记链接外部样式表 main.86140841.css（MiniCssExtractPlugin 插件抽离出来的独立的 CSS 文件）。在<body>标记中自动插入<script>标记，引入 bundle.2e080d05.js 文件。在<div>标记中插入<img>标记，其 src 属性的值为 webpack 编译转换过来的图像 img4.fce20a28.jpg。

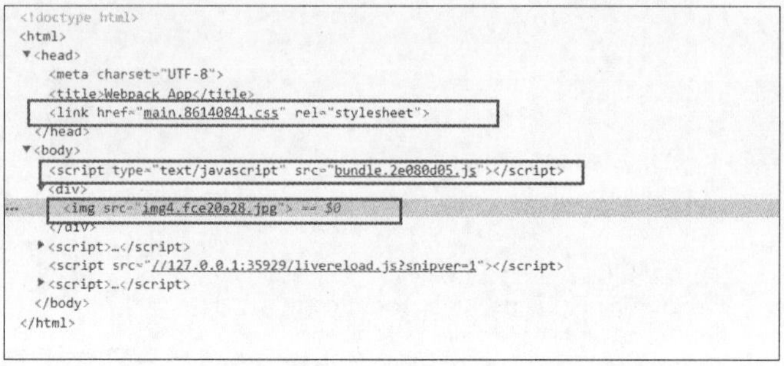

```
<!doctype html>
<html>
▼<head>
    <meta charset="UTF-8">
    <title>Webpack App</title>
    <link href="main.86140841.css" rel="stylesheet">
  </head>
▼<body>
    <script type="text/javascript" src="bundle.2e080d05.js"></script>
  ▼<div>
...   <img src="img4.fce20a28.jpg"> == $0
    </div>
  ▶<script>…</script>
    <script src="//127.0.0.1:35929/livereload.js?snipver=1"></script>
  ▶<script>…</script>
  </body>
</html>
```

图 7-33　调试状态下查看页面元素渲染的结果

7.4.5　webpack 配置开发服务器

webpack-dev-server 是 webpack 官方提供的一个小型 Express 服务器。使用它可以为 webpack 打包生成的资源文件提供 Web 服务。

webpack-dev-server 主要提供以下两个功能。

（1）为静态文件提供服务。

（2）自动刷新和热替换（Hot Module Replacement，HMR）。

要启动 webpack-dev-server 服务，需要安装 webpack-dev-server 模块，然后配置 webpack，最后在命令行启动服务。

（1）安装 webpack-dev-server 模块，命令如下。

```
npm install --save-dev webpack-dev-server
```

（2）在 webpack.config.js 中配置 devServer 属性。

```
devServer: {
    contentBase: path.join(__dirname, "dist"),
    compress: true,
    port: 9000,
    compress: true,
    historyApiFallback: true,
    hot: true,
    https: false,
    noInfo: true,
    //...
},
```

其中，contentBase 的值为 Boolean、String、Array 类型，告诉服务器提供内容的目录，推荐使用绝对路径，不要使用相对路径。只有在想要提供静态文件时才需要。devServer.publicPath 用于确定提供 bundle 的路径，并且此选项优先。默认情况下，将使用当前工作目录作为提供内容的目录，但是可以修改为其他目录。以下为常用设置举例。

- 禁用 contentBase，其值为 false。

```
contentBase: false
```

- 修改为其他目录，其值为 string。

```
contentBase: path.join(__dirname, "public")。
```

- 设置多个目录提供服务，其值为数组。

```
contentBase: [path.join(__dirname, "public"), path.join(__dirname, "assets")]
```

- 使用命令行。

```
webpack-dev-server --contentBase /path/to/content/dir
```

historyApiFallback 的值为 Boolean、Object 类型。当使用 HTML5 History API 时，任意的 404 响应都可能需要被替代为 index.html。通过传入以下属性值启用。

```
historyApiFallback: true
```

通过传入一个对象，如使用 rewrites 这个选项，此行为可进一步地控制，配置如下。

```
historyApiFallback: {
    rewrites: [
        { from: /^\/$/, to: '/views/landing.html' },
        { from: /^\/subpage/, to: '/views/subpage.html' },
        { from: /./, to: '/views/404.html' }
    ]
}
```

host 的值为 String 类型，设置服务器的主机号，默认为 localhost。如果希望服务器外部可访问，可以设置为任意一个公网 IP 地址，如 host:“127.0.0.1”。

port 的值为 Number 类型，指定服务器的端口号，webpack-dev-server 默认的端口号为 8080。

hot 的值为 Boolean 类型，表示热模块替换机制，如 hot:true。注意，如果项目中使用了热模块替换机制，则 HotModuleReplacementPlugin 插件会自动添加到项目中，不需要再在配置文件中添加。

compress 取值为 true 或 false。设置为 true 时，对所有的服务器资源采用 gzip 压缩。优点是对 JavaScript、CSS 资源的压缩率很高，可以极大地提高文件传输速率，从而提升 Web 性能；缺点是服务器端要对文件进行压缩，而客户端要进行解压，增加了两边的负载。

overlay 的值为 Boolean、Object 类型。当出现编译器错误或警告时，在浏览器中显示全屏覆盖。默认情况下禁用。

如果只想显示编译器错误（值为 Boolean 类型），设置为

```
overlay: true。
```

如果想显示警告和错误（值为 Object 类型），设置为

```
overlay: { warnings: true, errors: true }
```

stats 的值为 String、Object 类型，用于精确控制显示的捆绑信息。如果想要一些捆绑信息，但不是全部信息，这可能是一个很好的中间点。配置信息如下。

```
stats: "errors-only"。
```

open 的值为 Boolean 类型。当 open 选项被设置为 true 时，devServer 将直接打开浏览器。

proxy 的值为 Object 类型。重定向是解决跨域的好办法，当后端的接口拥有独立的 API，而前端想在同一个域名下访问接口的时候，可以通过设置代理实现。

- 在 localhost:3000 上有后端服务时，配置如下。

```
proxy: {
```

```
    "/api": "http://localhost:3000"
}
```

- 不想始终传递/api，需要重写路径，配置如下。

```
proxy: {
    "/api": {
        target: "http://localhost:3000",
        pathRewrite: {"^/api" : ""}
    }
}
```

- 默认情况下，不接受运行在 HTTPS 上，且使用了无效证书的后端服务器。如果想要接受，修改配置如下。

```
proxy: {
  "/api": {
    target: "https://other-server.example.com",
    secure: false
  }
}
```

- 有时不需要代理所有的请求，可以基于一个函数的返回值绕过代理。在函数中可以访问请求体、响应体和代理选项。必须返回 false 或路径，来跳过代理请求。对于浏览器请求，想要提供一个 HTML 页面，但是对于 API 请求则保持代理，配置如下。

```
proxy: {
  "/api": {
    target: "http://localhost:3000",
    bypass: function(req, res, proxyOptions) {
      if (req.headers.accept.indexOf("html") !== -1) {
        console.log("Skipping proxy for browser request.");
        return "/index.html";
      }
    }
  }
}
```

- 如果要将多个特定路径代理到同一目标，可以使用一个或多个具有上下文属性的对象数组，配置如下。

```
proxy: [{
  context: ["/auth", "/api"],
  target: "http://localhost:3000",
}]
```

publicPath 的值为 String 类型，用于设置编译后文件的路径，此路径下的打包文件可在浏览器中访问。假设服务器的地址为 http://localhost:8080，输出文件名设置为 bundle.js，那么默认情况下 publicPath 为/，因此文件地址为 http://localhost:8080/bundle.js 。如果想要设置为别的路径，配置如下。

```
publicPath: "/assets/"
```

设置后文件地址为 http://localhost:8080/assets/bundle.js。

【例 7-10】 webpack 项目简易实战——devServer 的使用与配置。要求使用 HtmlWebpackPlugin 插件自动生成 HTML 文件，同时完成 contentBase、host、port、open、hot、historyApiFallback、overlay、stats 等 devServer 常用属性的设置。

创建项目文件夹 webpackproject-5，并在该文件夹下创建两个子文件夹，分别命名为 dist、src。

（1）创建 src/index.css 文件。

```
/* index.css  */
body{
    color:#010203;
    background-color: #DEDEDE;
}
div{
    border:1px dotted red;
    margin: 10px;
    background-color: #EFEFEF;
    padding: 20px;
}
```

（2）创建 src/main.js 文件。

```
//main.js
import './index.css'
import createDiv from './createDiv.js'
createDiv();
document.write("使用 webpack-dev-server 调试项目十分方便！")
```

（3）创建 src/createDiv.js 文件。

```
//createDiv.js
export default function createDiv(){
    var div1=document.createElement('div');
    div1.innerHTML="<h3>devServer 配置与使用</h3><p>欢迎启动 Webpack-dev-server！</p>"
  document.body.appendChild(div1);
}
```

（4）创建 webpack.config.js 文件。

```
//wp-5  webpack.config.js
var path = require('path');
var HtmlWebpackPlugin = require('html-webpack-plugin');
module.exports = {
    mode: 'development',
    entry: './src/main.js',
    output: {
        filename: 'bundle.js',
        path: path.resolve(__dirname, 'dist'),
    },
    module: {
        rules: [{
            test: /\.css$/,
            use: [{
                    loader: 'style-loader',
                },
                {
                    loader: 'css-loader'
                }
            ]
        }]
    },
    plugins: [
        new HtmlWebpackPlugin({
            filename: 'index.html',
            inject: 'body',
        })
    ],
    devServer: {
        contentBase: path.join(__dirname, 'dist'),
        port: 8090,
```

```
        host: '127.0.0.1',
        open: true,
        historyApiFallback: {
            rewrites: [{
                from: /./, //.表示当前路径
                to: '/index404.html'
            }]
        },
        hot: true,
        overlay: true,
        stats: "errors-only",
    }
}
```

（5）安装相关模块和插件。

```
npm install html-webpack-plugin --save-dev|-D
npm install css-loader style-loader --save-dev|-D
npm install webpack webpack-cli webpack-dev-server --save-dev|-D
```

（6）生成 package.json，并安装相关依赖模块。

```
npm init
npm install
```

（7）命令行执行 webpack。

```
webpack
```

执行结果如图 7-34 所示。编译后在 dist 子文件夹下会生成两个真实的文件，分别是 bundle.js 和 index.html。

```
C:\WINDOWS\system32\cmd.exe
D:\>cd D:\Web前端框架开发技术-2016\Vue教学案例-20190702\chapter7\webpackproject-5

D:\Web前端框架开发技术-2016\Vue教学案例-20190702\chapter7\webpackproject-5>webpack
Hash: 157701b44baf713c3431
Version: webpack 4.43.0
Time: 255ms
Built at: 2020-06-08 14:41:47
     Asset       Size  Chunks             Chunk Names
 bundle.js   17.4 KiB    main  [emitted]  main
index.html  227 bytes          [emitted]
Entrypoint main = bundle.js
[./node_modules/css-loader/dist/cjs.js!./src/index.css] 426 bytes {main} [built]
[./src/createDiv.js] 227 bytes {main} [built]
[./src/index.css] 519 bytes {main} [built]
[./src/main.js] 175 bytes {main} [built]
    + 2 hidden modules
Child HtmlWebpackCompiler:
     1 asset
    Entrypoint HtmlWebpackPlugin_0 = __child-HtmlWebpackPlugin_0
       1 module

D:\Web前端框架开发技术-2016\Vue教学案例-20190702\chapter7\webpackproject-5>
```

图 7-34　webpack 执行后编译结果

查看项目 output 指定的文件夹下的资源，如图 7-35 所示。通过浏览器手动打开 index.html，页面效果如图 7-36 所示。

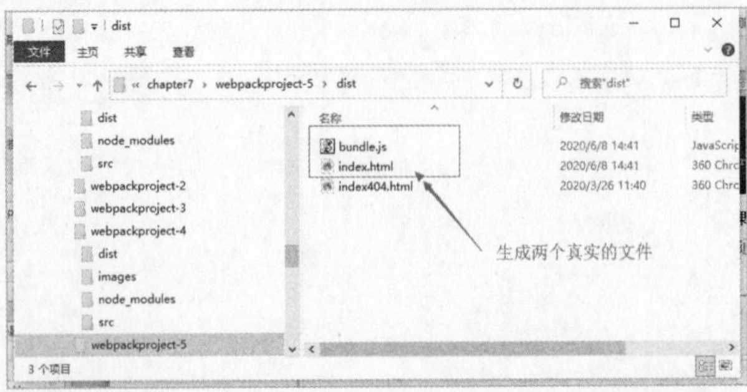

图 7-35　执行 webpack 后 dist 子文件夹下生成的资源列表

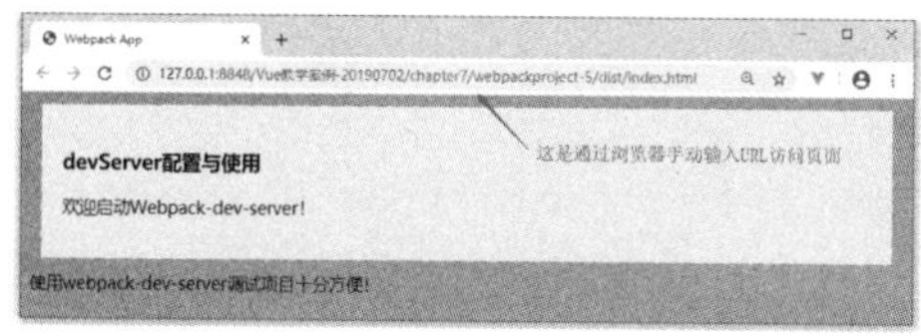

（a）手动打开的页面

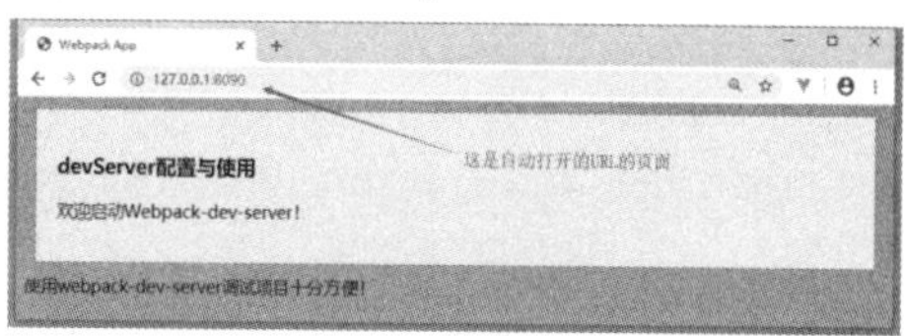

（b）自动打开的页面（URL 不同）

图 7-36　配置 devServer 属性后手动/自动打开页面的效果

（8）暂时将 dist 子文件夹下的 bundle.js 和 index.html 文件删除，命令行启动 webpack-dev-server，执行结果如图 7-37 所示。可以看出，devServer 中配置的 host、port、stats、contentBase、open 属性生效了。

```
C:\WINDOWS\system32\cmd.exe - webpack-dev-server
D:\Web前端框架开发技术-2016\Vue教学案例-20190702\chapter7\webpackproject-5>webpack-dev-server
｢wds｣: Project is running at http://127.0.0.1:8090/
｢wds｣: webpack output is served from /
｢wds｣: Content not from webpack is served from D:\Web前端框架开发技术-2016\Vue教学案例-20190702\chapter7\webpackproject-5\dist
｢wds｣: 404s will fallback to /index.html
｢wdm｣: Hash: 82d027f8f57730d69b5b
Version: webpack 4.43.0
Time: 758ms
Built at: 2020-06-08 14:46:28
     Asset      Size  Chunks             Chunk Names
 bundle.js   408 KiB    main  [emitted]  main
index.html  227 bytes          [emitted]
Entrypoint main = bundle.js
[0] multi (webpack)-dev-server/client?http://127.0.0.1:8090 (webpack)/hot/dev-server.js ./src/main.js 52 bytes {main} [built]
[./node_modules/strip-ansi/index.js] 161 bytes {main} [built]
[./node_modules/webpack-dev-server/client/index.js?http://127.0.0.1:8090] (webpack)-dev-server/client?http://127.0.0.1:8090 4.29 KiB {main} [built]
[./node_modules/webpack-dev-server/client/overlay.js] (webpack)-dev-server/client/overlay.js 3.51 KiB {main} [built]
[./node_modules/webpack-dev-server/client/socket.js] (webpack)-dev-server/client/socket.js 1.53 KiB {main} [built]
[./node_modules/webpack-dev-server/client/utils/createSocketUrl.js] (webpack)-dev-server/client/utils/creat
```

图 7-37　配置 webpack-dev-server 属性后自动打开浏览器的效果

由于配置 open: true 后，webpack-dev-server 自动打开浏览器，并默认打开 dist/index.html，效果图 7-38 所示。

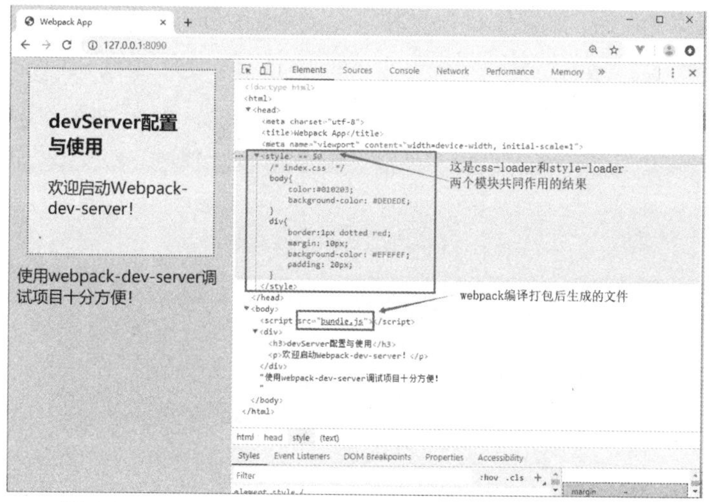

图 7-38　webpack-dev-server 启动后自动打开浏览器的效果

此时，再查看 dist 子文件夹下的资源，并没有生成 bundle.js 和 index.js，文件保存在内存中，如图 7-39 所示。

由图 7-35 和图 7-39 可以看到，webpack 打包和 webpack-dev-server 开启服务是有区别的。webpack 输出真实的文件，而 webpack-dev-server 输出的文件只存在于内存中，不输出真实的文件。

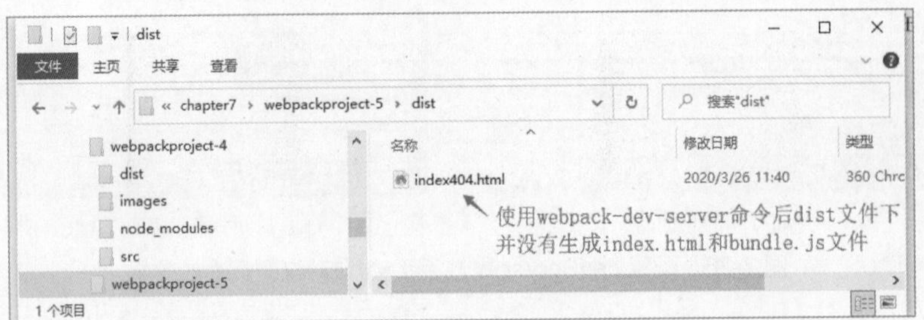

图 7-39 webpack-dev-server 启动后子文件夹 dist 资源列表

（9）将 devServer 中的 stats:'errors-only'语句注释掉，并在 main.js 中第 2 行代码前插入一行代码，内容为：'const overlay1'，人为地制造一个编译错误（在未配置 babel-loader 的项目中使用 ES6 语法）。终止 webpack-dev-server 后，再重新运行，控制台和浏览器页面上显示错误信息，分别如图 7-40 和图 7-41 所示。

图 7-40 重新启动 webpack-dev-server 控制台错误信息

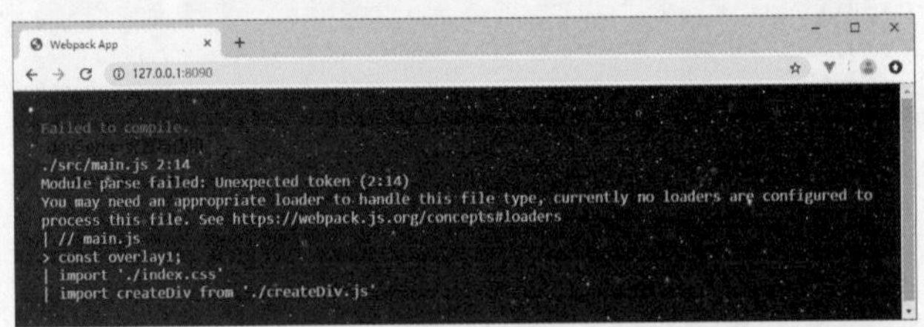

图 7-41 重新启动 webpack-dev-server 浏览器页面错误信息

然后，在 main.js 中将刚才添加的代码再次注释掉，控制台显示编译成功，并进行热更新，结果如图 7-42 所示。

（10）修改 index.css 文件，将<body>标记的“background: #DEDEDE”改为“background-color: #ADADAD;”。保存文件后，控制台显示重新编译的结果，并引发热更新，如图 7-43 所示。页面实时刷新，如图 7-44 所示。

图 7-42　纠错后动态编译结果

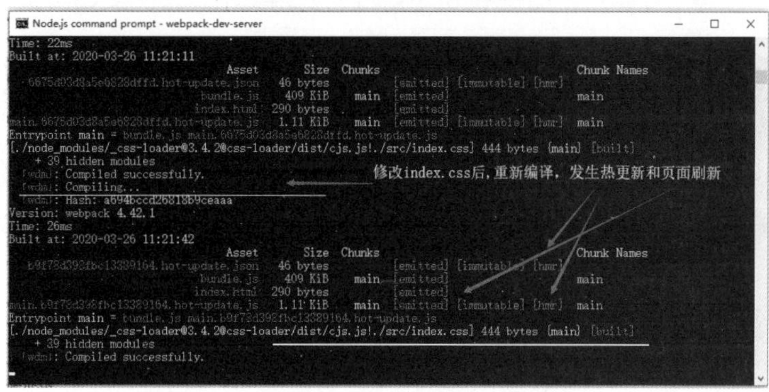

图 7-43 纠错后动态编译并热更新的结果

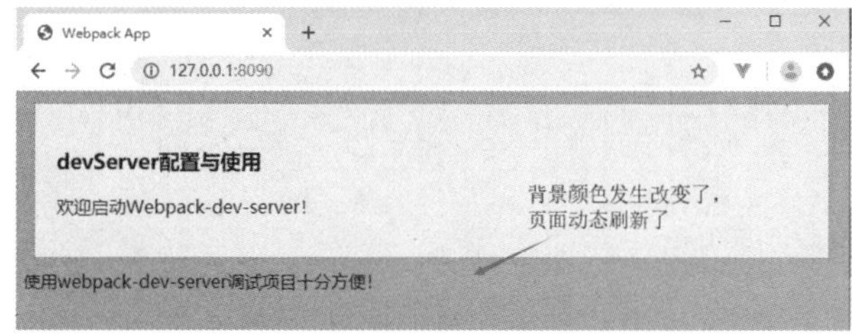

图 7-44　纠错后动态编译并热更新的页面

（11）测试将 historyApiFallback 属性设置为对象后，将发生 404 错误的请求转向/index404.html，页面效果如图 7-45 所示。

图 7-45　404 错误转向指定的页面效果

7.5　Vue CLI

Vue CLI（Vue 脚手架）这个构建工具大大降低了 webpack 的使用难度，支持热更新，有 webpack-dev-server 的支持，相当于启动了一个请求服务器，为用户搭建了一个测试环境，让用户专注于项目的开发。

Vue CLI 的作用是构建目录结构，完成本地调试，实现代码部署、热加载、单元测试。

利用 Vue CLI 搭建 Vue 项目，前提是必须先安装好 Node.js 和 npm（详见 1.2.2 节）。在命令行输入相关命令，进行全局安装。

7.5.1 Vue CLI 安装

全局安装 vue-cli（1.x 或 2.x）的命令如下。

```
npm install --global vue-cli
npm install -g vue-cli
```

命令执行后，命令行显示如图 7-46 所示，可以看到版本号为 vue-cli@2.9.6。

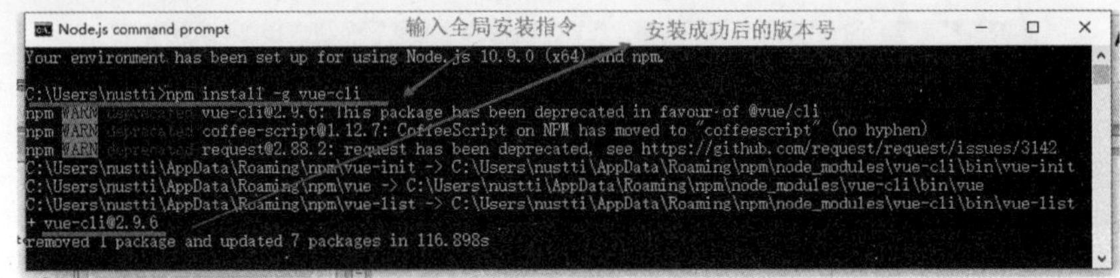

图 7-46 安装 vue-cli 的界面

全局安装@vue/cli 的命令如下。

```
npm install -g @vue/cli
```

命令执行后，命令行效果如图 7-47 所示。

```
选择Node.js command prompt
安装3.0以上版本的命令
C:\Users\nustti>npm install -g @vue/cli
npm WARN deprecated request@2.88.2: request has been deprecated, see https://github.com/request/request/issues/3142
npm WARN deprecated @apollo/federation@0.12.0: Regression with the @deprecated directive, fixed in v0.12.1
npm WARN deprecated core-js@2.6.11: core-js@<3 is no longer maintained and not recommended for usage due to the number
 of issues. Please, upgrade your dependencies to the actual version of core-js@3.
C:\Users\nustti\AppData\Roaming\npm\vue -> C:\Users\nustti\AppData\Roaming\npm\node_modules\@vue\cli\bin\vue.js

> @apollo/protobufjs@1.0.3 postinstall C:\Users\nustti\AppData\Roaming\npm\node_modules\@vue\cli\node_modules\@apollo\
protobufjs
```

图 7-47 安装@vue/cli 的界面

全局卸载 vue-cli 的命令如下。

```
npm uninstall -g vue-cli
```

查看 vue-cli 或@vue/cli 版本号的命令如下。

```
vue -version 或 vue -V(V 需要大写。)
```

命令执行后，命令行效果如图 7-48 所示，可以看到版本号为@vue/cli 4.2.2。

图 7-48 查看版本信息界面

7.5.2 Vue CLI 创建 Vue 项目

使用 Vue CLI 创建 Vue 项目，通常需要经过以下几个步骤。

```
npm install -g webpack-cli
npm install -g webpack --save-dev
```

```
npm install -g webpack-dev-server
vue init <template-name> <project-name>
```

上述命令分别安装 webpack、webpack-cli、webpack-dev-server 等模块，然后使用 vue init 初始化项目。在初始化项目时，默认需要在对话状态下完成若干设置。其中，template-name 表示选用的模板名称，如 webpack；project-name 表示需要创建的 Vue 项目名称，也是子文件夹名称。

【例 7-11】 Vue CLI+webpack 创建 Vue 项目实战。要求使用 Vue CLI 和 webpack 创建 Vue 项目 vuewebpack-1。

（1）安装 vue-cli 和 webpack 相关模块。

```
npm install -g webpack-cli webpack webpack-dev-server --save-dev|-D
npm install -g @vue/cli --save-dev|-D
```

（2）使用 webpack 模板初始化 Vue 项目 vuewebpack-1。

```
vue init webpack vuewebpack-1
```

在命令行状态下执行命令后，进入对话界面，依次回答问题（也可以直接按 Enter 键）。回答结束后，提示创建了 Vue 项目 vuewebpack-1，接下来开始安装项目所需的各种依赖，如图 7-49 所示。

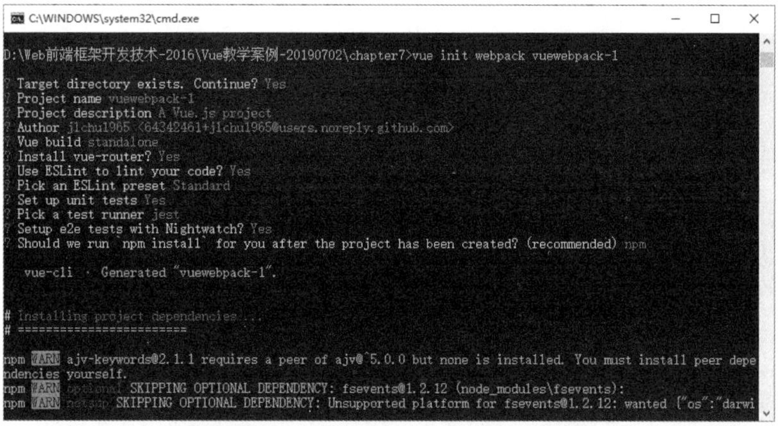

图 7-49　使用 webpack 模板创建 Vue 项目 vuewebpack-1（1）

由于安装各种依赖，需要等待一会儿，提示 vuewebpack@1.0.0 项目初始化工作完成，并提示用户完成以下两步操作，即可编译结束，如图 7-50 所示。

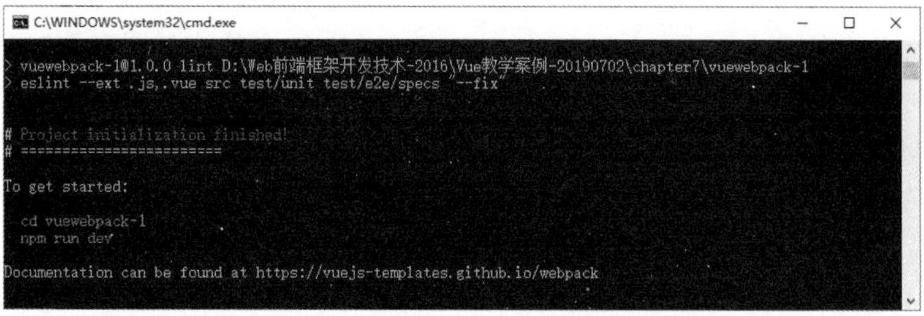

图 7-50　使用 webpack 模板创建 Vue 项目 vuewebpack-1（2）

（3）继续在命令行状态下依次输入启动项目命令，直到提示 Your application is running here: http://localhost:8080，如图 7-51 所示。

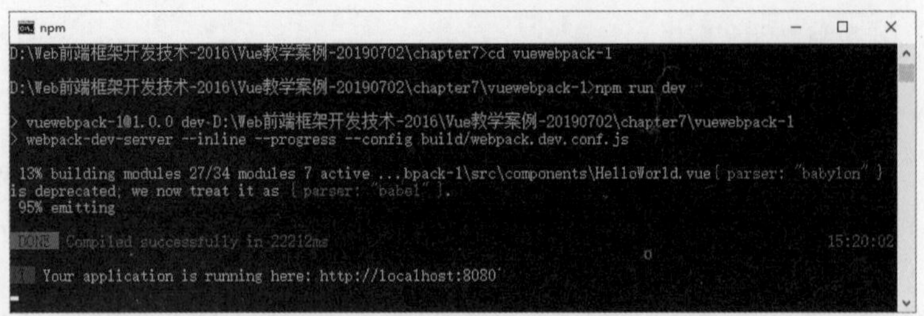

图 7-51　项目初始化工作完成

（4）在浏览器的地址栏中输入 http://localhost:8080，即可访问 Vue 项目的主页面，如图 7-52 所示。

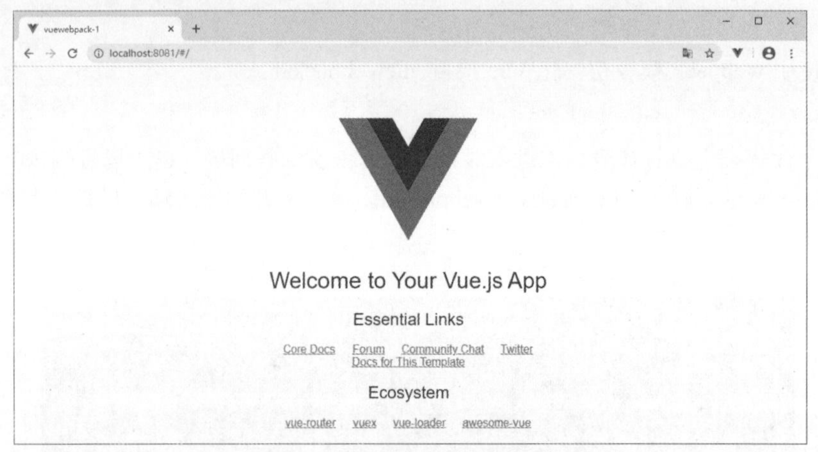

图 7-52　在浏览器打开服务地址页面

（5）如果需要停止运行 Vue 项目，可以在命令行状态下按 Ctrl+C 组合键，然后再按 Y 键终止批处理操作；也可以连续按两次 Ctrl+C 组合键直接终止，如图 7-53 所示。

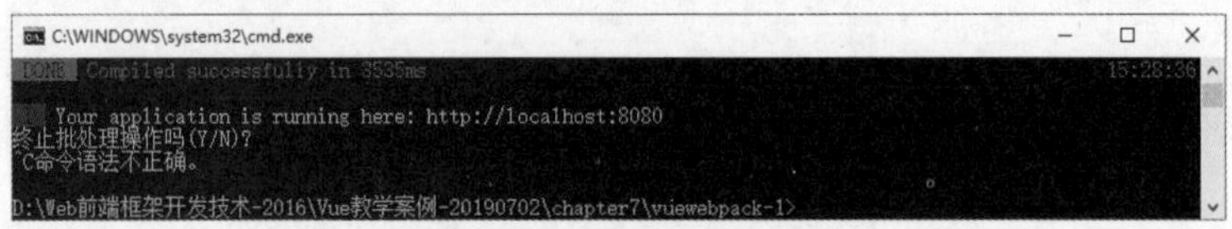

图 7-53　终止批处理

7.5.3　Vue CLI 可视化创建 Vue 项目

除了通过命令行方式创建 Vue 项目外，也可以通过 vue 命令启动图形化界面创建项目。启动 Vue 图形化界面的命令如下。

```
vue ui
```

执行命令后，启动 GUI，界面效果如图 7-54 所示，然后自动打开关联的浏览器并访问 http://localhost:8000/，首页展示项目依赖，如图 7-55 所示。

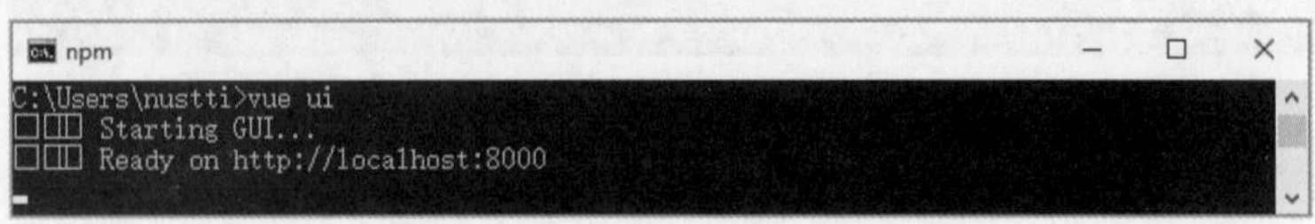

图 7-54　执行 vue ui 命令的界面

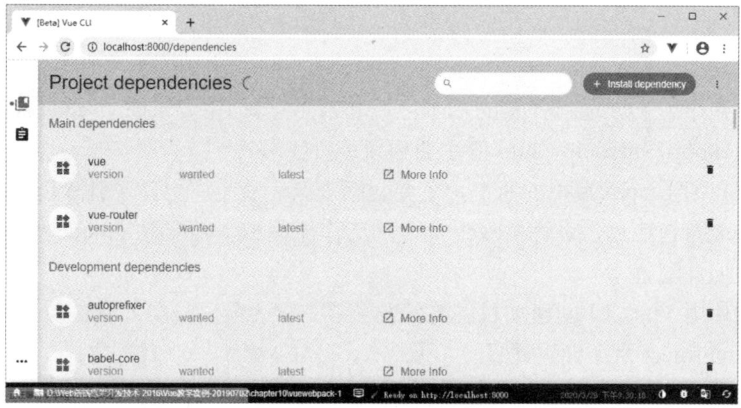

图 7-55　Vue CLI 图形化界面创建项目（项目依赖）

单击左侧菜单中的图标，进入项目任务页面，如图 7-56 所示。

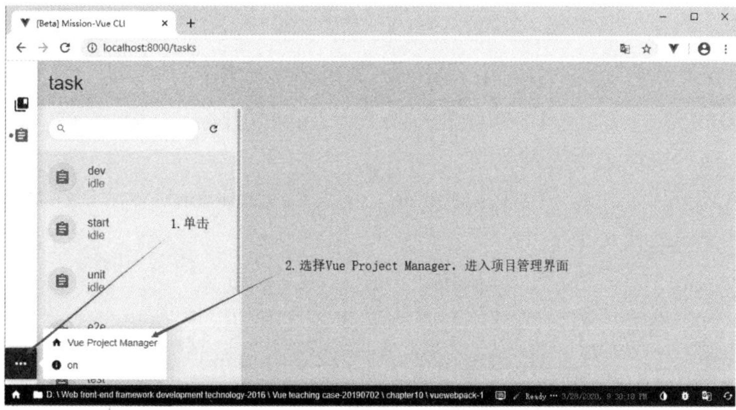

图 7-56　Vue CLI 图形化界面创建项目（项目任务）

单击左下角图标，从弹出的菜单中选择 Vue Project Manager 进入 Vue 项目管理页面，如图 7-57 所示。单击 Projects（项目）、Create（创建）、Import（导入）选项卡分别完成项目管理、项目创建和项目导入等操作，具体的操作步骤比较简单，根据导航提示完成即可，不再赘述。

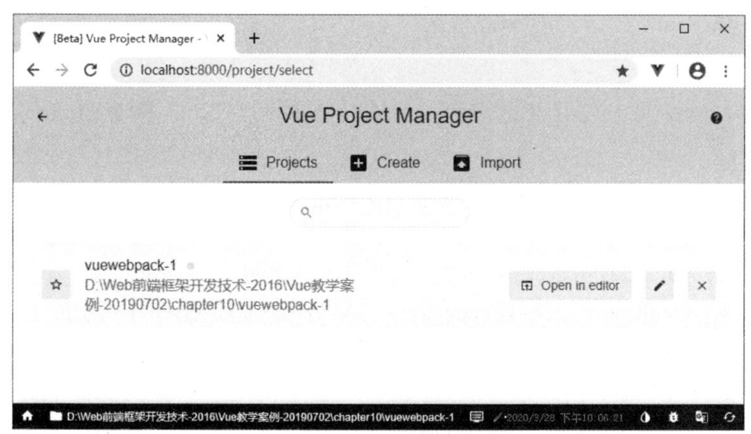

图 7-57　Vue 项目管理页面

本章小结

本章主要介绍了 Vue 项目开发的基本环境和常用工具。主要讲解了 node.js 部署与环境配置和 require、export、module、http 等主要模块。

本章重点介绍了 npm 常用的命令，主要包括安装、查看、更新、删除模块等命令。同时介绍了 webpack 打包工具，讲解了 webpack 的工作流程和基础配置（mode、entry、output）、加载器配置及插件配置。

最后介绍使用 Vue CLI 创建项目的方法与步骤。学会全局与局部安装 Vue CLI，使用 vue init webpack myProject 命令创建项目。

练习 7

1. 选择题

（1）Node.js 在执行 JavaScript 任务时一般采用处理方式是（　　）。

A. 多线程　　B. 单线程　　C. 多进程　　D. 单进程

（2）Node.js 的模块采用的规范是（　　）。

A. AMD　　B. ES Module　　C. CommonJS　　D. 以上都不是

（3）Node.js 导入模块是（　　）。

A. require　　B. exports　　C. path　　D. url

（4）Node.js 中能够用来搭建 HTTP 服务器和客户端的模块是（　　）。

A. path　　B. exports　　C. require　　D. http

（5）http 模块中写响应头的方法是（　　）。

A. response.writeHead()　　B. response.write()

C. response.end()　　D. request.end()

（6）npm 中查看已安装各模块之间的依赖关系图的命令是（　　）。

A. npm -v　　B. npm list　　C. npm init　　D. npm install

（7）npm 中用于卸载模块的指令是（　　）。

A. npm　-v　　B. npm init　　C. npm uninstall　　D. npm update

2. 填空题

（1）检查 Node.js 的安装版本信息可使用的命令是________；检查 npm 的安装版本信息可使用的命令是___________。

（2）检查 webpack 的安装版本信息的命令是_______________。为项目生成 package.json 文件的命令是______________。

（3）启动 webpack-dev-server 服务时，必须先安装模块，命令是____________________；然后在命令行执行 webpack-dev-server 命令；然后通过浏览器打开指定的 URL，如 http：//localhost：8080。如果想在执行命令时自动打开关联的浏览器，并打开指定的 URL，需要在命令行中增加________参数。

（4）使用 Vue CLI+webpack 创建 Vue 项目时，在完成项目初始化后，通常还需要再执行两条命令，它们分别是____________和______________。

3. 简答题

（1）简述 export default 与 export 在使用上的区别。

（2）配置 devServer 常用的属性有哪些？

（3）简述使用 Vue CLI 和 webpack 创建 Vue 项目的步骤。

实训 7

视频讲解

1. webpack 打包资源实训——“溱潼会船甲天下”简易页面

【实训要求】

（1）学会使用 Vue 创建工程项目。

（2）学会编写 index.html、main.js、webpack.config.js 等文件。

（3）学会使用 DOM 操作创建、添加新元素。

（4）学会导入 CSS 样式文件、图像文件到 JavaScript 文件中。

（5）学会使用 webpack 编译和打包工程文件，并能在调试状态下运行项目。

【实训步骤】

（1）项目结构初始化。按图 7-58 所示的项目文件结构构建项目 webpack-ex-1。分别建立子文件夹 dist、images。

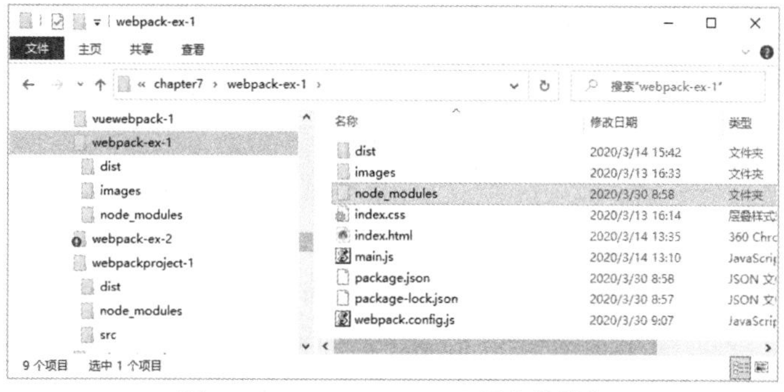

图 7-58　webpack-ex-1 项目文件结构

（2）新建 index.html 文件。在<body>标记中引用 dist/bundle.js，其中 bundle.js 即为使用 webpack 打包后生成的 JavaScript 文件。

（3）新建 index.css 文件。分别定义<img>和<p>标记的样式。

```
img {width: 300px;margin:10px;}
p{text-indent:2em;text-shadow:3px 3px 3px blue;font-size:36px;color: red;}
```

（4）新建 main.js 主文件。文件中需要导入 index.css，然后通过 DOM 操作创建一个<p>标记，内容为：姜堰区会船节有着“溱潼会船甲天下”之称，被专家誉为“民俗文化之大观，水乡风情之博览”。创建 3 个<img>标记，使用 Node.js 的 require() 方法导入模块分别给<img>标记的 src 属性赋值，3 幅图像在子文件夹 images 中，名称分别为 qthc-0.jpg、qthc-1.jpg、qthc-2.jpg。

（5）新建 webpack.config.js 文件。这个文件是非常重要的配置文件，需要定义 module.exports 属性，该属性的值是一个对象，包含 mode、entry、output、module 等属性。

（6）在命令行窗口完成 webpack 项目配置等一系列操作，直到在控制台看到如图 7-59 所示的效果，说明项目打包成功。

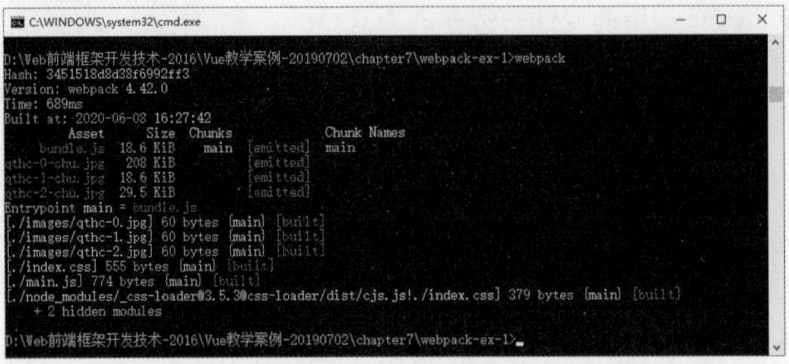

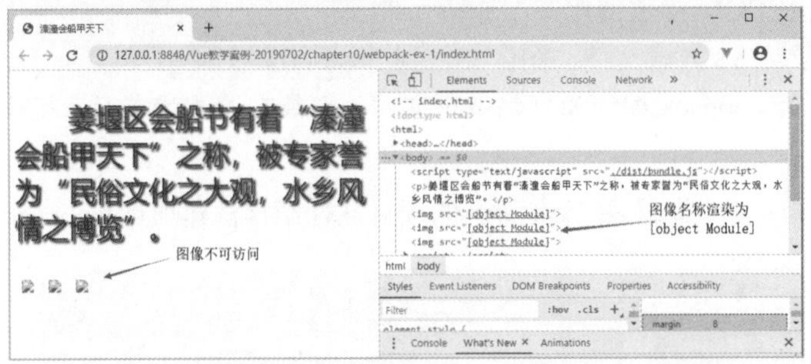

图 7-59 webpack-ex-1 项目打包成功后的界面

在浏览器中打开 index.html 文件，并按 F12 键进入调试状态，如图 7-60 所示。

图 7-60 在调试状态下查看页面中<img>标记的 src 属性界面

在调试状态下，渲染图像变成[Object Module]，原因是使用 require() 方法导入外部图像资源，易造成图像资源不能访问。解决方法如下：在 webpack.config.js 配置文件中，可以从两处入手。①在 output 属性中增加 publicPath 属性正确指明生成的资源文件的路径，为浏览器访问资源提供正确的文件路径；②在 module 属性的加载器中为 options 属性增加设置项 esModule：false，生成的资源类型默认不使用 es Module 语法，而使用 CommonJS 模块语法。

重新执行 webpack 命令后，再次查看 index.html，页面显示正常，效果如图 7-61 所示。

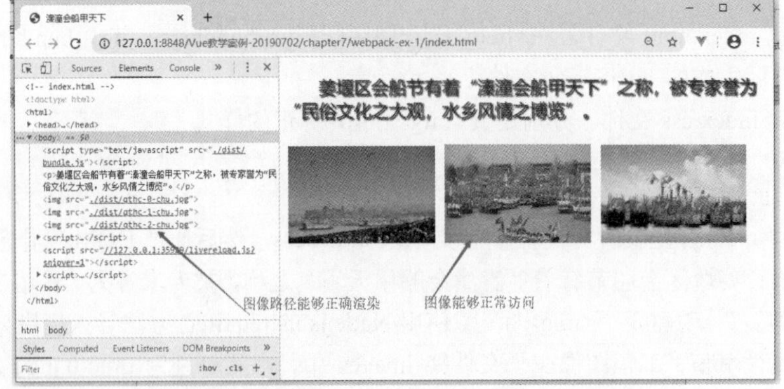

图 7-61 webpack-ex-1 项目的 index.html 页面

【拓展训练】

若想在服务器端自动打开默认 index.html 文件，还需要如何配置？执行什么命令可以实现？

2. Vue CLI 可视化创建项目实训——创建 webpack-ex-2 项目

视频讲解

【实训要求】

（1）学会使用 Vue UI 启动图形化界面创建工程项目。

（2）学会使用 Vue UI 创建与管理 Vue 项目（创建、预设、配置等）。

【实训步骤】

（1）命令行状态下启动 Vue UI。在用户指定的目录下，使用 vue ui 命令创建 Vue 项目，名称为 webpack-ex-2。同时自动打开关联的浏览器，默认 URL 为 http://localhost:8000/，如图 7-62 所示。

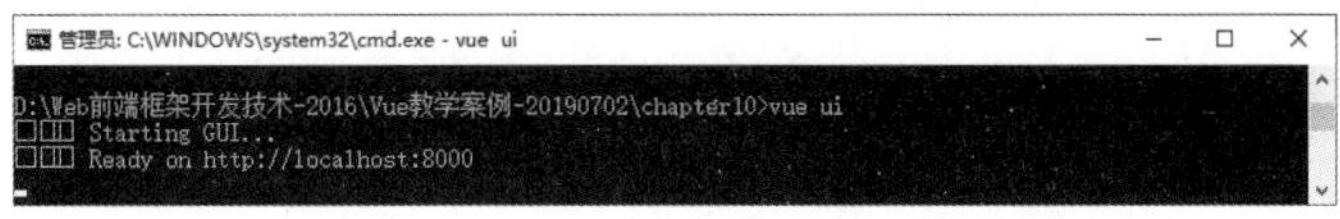

图 7-62　Vue CLI 可视化创建项目初始界面

（2）创建新项目。

启动 GUI 后，自动打开关联的浏览器，默认 URL 为 http://localhost:8000/，如图 7-63 所示。指定项目创建所在的文件夹，并单击“在此创建新项目”按钮。

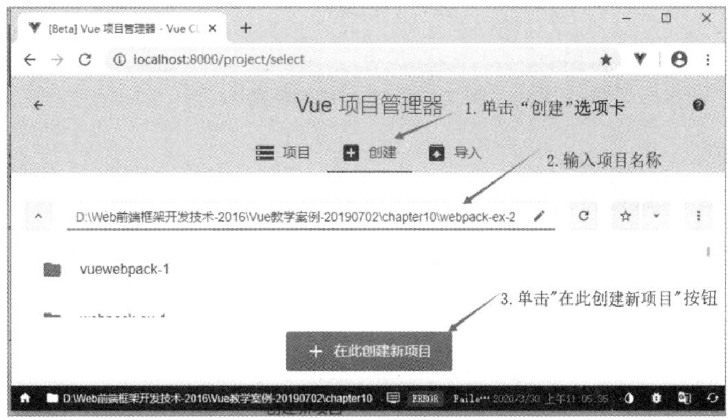

图 7-63　Vue CLI 可视化创建新项目

创建新项目初始化。输入项目名称 webpack-ex-2，单击“下一步”按钮，如图 7-64 所示。

图 7-64　开始创建项目

切换至“预设”选项卡，选择“默认”选项，再单击“创建项目”按钮，如图 7-65 所示。等待一段时间后，项目创建完成，进入“项目仪表盘”页面，如图 7-66 所示。

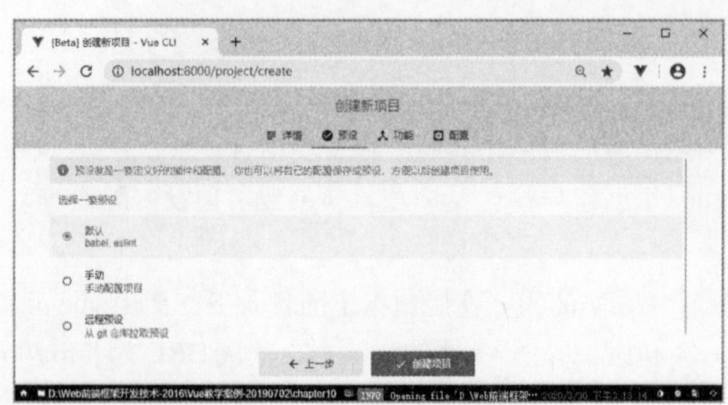

图 7-65　开始创建配置（默认）

图 7-66　完成初始创建

（3）任务设置。

从左侧菜单栏中选择“任务”→build，单击“运行”按钮，进行项目编译，此时按钮提示信息由“运行”变为“停止”。当右侧显示“编译成功”状态和“√”图标时，表示编译完成，如图 7-67 所示。

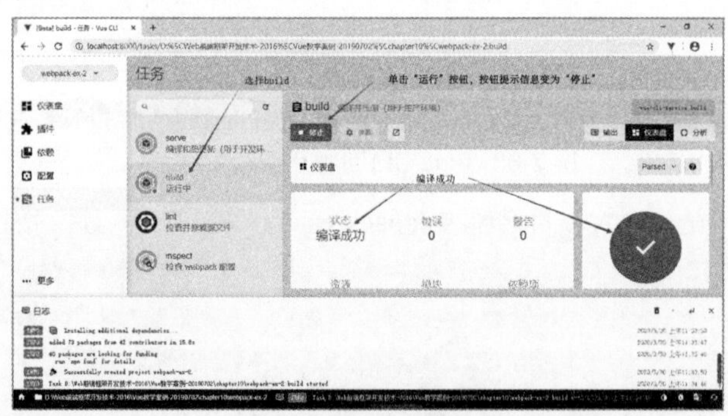

图 7-67　编译成功

在任务中配置 serve。在左侧菜单栏中选择“任务”→serve，单击“参数”按钮，准备配置相关参数，如图 7-68 所示。

配置 serve 相关参数，在“参数”页面中单击“在浏览器中启动”单选按钮，然后单击“保存”按钮，如图 7-69 所示。

单击“运行”按钮，等待编译完成后，在“仪表盘”区域中的“启动 app”按钮将由不可用状态变为可用状态，如图 7-70 所示。

（4）单击“启用 app”按钮，在浏览器中会默认打开 http://localhost:8000/页面，效果如图 7-71 所示。

图 7-68　配置 serve

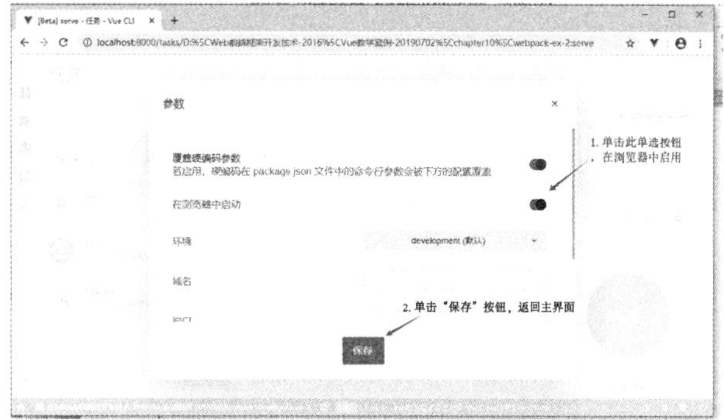

图 7-69　配置 serve 相关参数界面

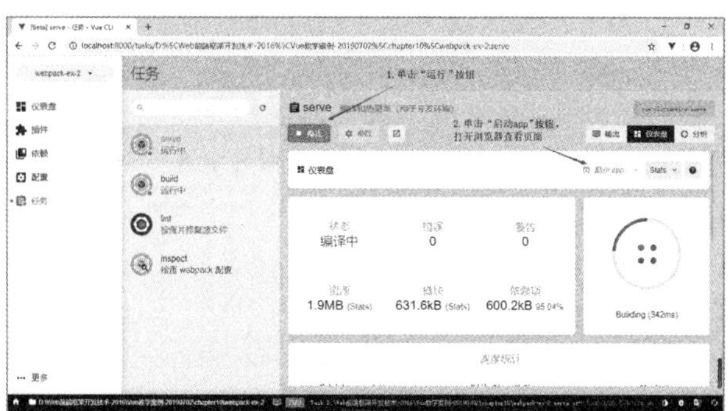

图 7-70　再次单击“运行”按钮

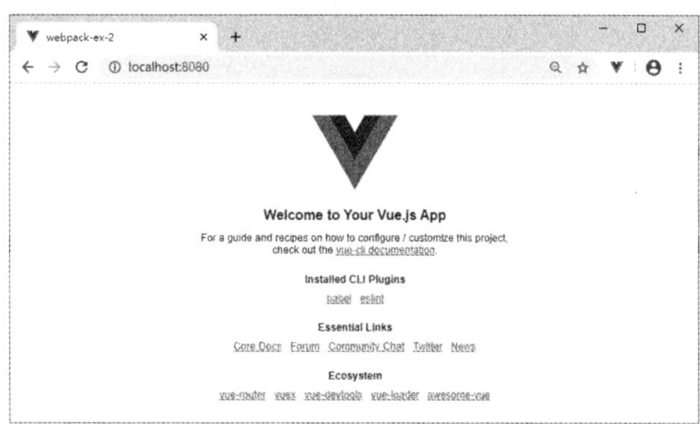

图 7-71　自动打开默认页面

至此，Vue CLI 可视化创建项目全部结束。

第 8 章

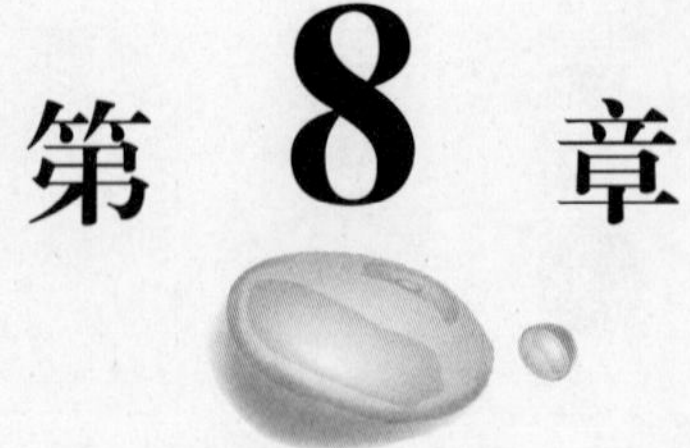

前端路由 Vue Router

本章学习目标

通过本章的学习，能够了解 Vue Router 的本质，学会安装和配置 Vue Router。掌握路由（Route）、路由表（Routes）和路由器（Router）的基本概念，在实际工程项目中采用 Vue Router 实现 URL 与页面之间的映射关系。

Web 前端开发工程师应知应会以下内容。

- 学会安装和配置 Vue Router。
- 学会定义路由表和路由。
- 掌握<router-link>和<router-view>标记的基本语法。
- 理解 Vue Router 的各种高级应用。
- 学会使用 Vue Router 实现单页应用中的导航。

8.1 Vue Router 概述

传统的 Web 项目开发中，往往采用超链接实现页面之间的切换和跳转。而 Vue 开发的是单页面应用（Single Page Application，SPA），不能使用超链接<a>标记实现切换和跳转，因为项目准备打包（运行 npm run dev|build）时，就会产生 dist 文件夹，该文件夹中只有静态资源和一个 index.html 文件，所以使用<a>标记是不会生效的，此时必须使用 Vue Router 进行管理。

Vue Router 是 Vue.js 官方的路由管理器。它与 Vue.js 的核心深度集成，使构建单页面应用变得易如反掌。在 Vue Router 单页面应用中，路径之间的切换就是组件的切换。

路由模块的本质就是建立起 URL 和页面之间的映射关系。Vue 的单页面应用是基于路由和组件的，路由用于设定访问路径，并将路径和组件映射起来。

Vue Router 包含的功能如下所示。

（1）嵌套的路由/视图表。

（2）模块化的、基于组件的路由配置。

（3）路由参数、查询、通配符。

（4）基于 Vue.js 过渡系统的视图过渡效果。

（5）细粒度的导航控制。

（6）带有自动激活的 CSS Class 的链接。

（7）HTML5 历史模式或 Hash 模式，在 IE 9 中自动降级。

（8）自定义的滚动条行为。

8.1.1　Vue Router 的安装与使用

1. 直接下载或使用 CDN 资源

可以访问 https://unpkg.com/vue-router/dist/vue-router.js，在页面上右击，在弹出的快捷菜单中选择“另存为”，或在当前页面上按 Ctrl+S 组合键，将 vue-router.js 保存在自己开发的文件夹下。也可以直接使用 CDN 资源，然后在项目中引用它，引用格式如下。

```
<script src="/path/to/vue.js"></script>
<script src="/path/to/vue-router.js"></script>
<script src="https://unpkg.com/vue-router/dist/vue-router.js"></script>
```

2. 使用 npm 安装

```
npm install vue-router --save-dev|-D
```

在模块化工程项目中使用 Vue Router，必须通过 Vue.use() 方法明确地安装路由功能。在 router/index.js 文件中添加以下语句。

```
import Vue from 'vue'
import Router from 'vue-router'
Vue.use(Router)
```

8.1.2　Vue Router 基础应用

使用 Vue.js 和 Vue Router 创建单页应用是非常简单的。使用 Vue.js 已经可以通过组合组件组成应用程序，当需要把 Vue Router 添加进来时，需要将组件（Components）映射到路由（Routes），然后告诉 Vue Router 在哪里渲染它们。

1. 路由页面的实现

在 App.vue 的模板中常用 Vue Router 的组件有 router-link、router-view，使用语法如下。

1）router-link 组件

在 App.vue 文件中通常需要使用 router-link 组件设计导航，并通过传入 to 属性指定链接。组件语法如下。

```
<router-link to="/home">首页</router-link>
<router-link to="/about">关于我们</router-link>
```

```
<router-link to="/download">资源下载</router-link>
```

<router-link>标记用于设计导航，默认会被渲染成一个<a>标记。to 表示可以跳转页面。

2）router-view 组件

```
<router-view></router-view>
```

router-view 表示路由出口。该组件用于将匹配到的组件（相当于链接的页面）渲染在这里。

2. <script>标记中配置路由

通常路由配置一般在工程项目中的 src/router/index.js 中进行。首先需要导入 vue、vue-router 模块，并执行 Vue.use(Router)，再定义路由组件、定义路由、创建路由实例、传入路由参数等。具体配置步骤如下。

（1）定义/导入路由组件。

当组件内容比较简单时，可以直接在 index.js 中进行定义；当组件内容比较复杂时，建议单独建立组件文件，然后导入。组件定义方法如下。

```
const Home = {
   template: '<div><h3>首页</h3><p>…</p></div>'
}
//或者使用 Vue.extend()方法创建的组件构造器
var Home1 = Vue.extend({
   template: '<ul> <li> </li></ul> ',
})
//导入组件
import Home from './home'
import Home1 from './home1'
```

（2）定义路由。

在 index.js 文件中必须定义 routes（路由组合），它是数组变量，每条路由（也是一个对象{path:‘’,component:‘’}）就是其中的成员之一。每条路由通常包含两个属性，分别是 path（路径）和 component（组件）属性。路由定义格式如下。

```
const routes = [
   {path: '/home',component: Home},
   {path: '/about',component: About},
   {path: '/download',component: Download}
]
```

（3）创建 router 实例，然后传入 routes 配置。

创建 router 对路由进行管理，它是由构造函数 new Router() 创建的，接收 routes 参数。

```
export default new Router({
   routes: routes   //简写 routes
})
```

（4）在根实例中注册路由。

通常在 main.js 文件中创建根实例，并将 router 注册进来，这样就可以使用路由。参考代码如下。

```
import router from './router'  //导入路由组件
new Vue({
   el: '#app',
   router,
   components: { App },
```

```
    template: '<App/>'
})
```

按上述步骤配置完成后，当用户单击<router-link>标记上的标题时，会去寻找它的 to 属性，按 to 属性的值到路由表中匹配路由，匹配成功后，将组件渲染到<router-view>标记所在的位置。

【例 8-1】 Vue Router 实战——3 个组件之间的切换与跳转。

（1）项目初始化。

在命令行输入以下命令，完成 vue-router-1 项目的初始化构建工作。

```
vue init webpack vue-router-1
cd vue-router-1
npm install vue vue-router -D
npm run dev
```

（2）项目初始化完成后，可以查看项目默认的 router/index.js 文件的内容，代码如下。

```
1.  import Vue from 'vue'
2.  import Router from 'vue-router'                        //导入路由
3.  import HelloWorld from '@/components/HelloWorld'       //导入组件
4.  Vue.use(Router)                                         //使用路由
5.  export default new Router({                             //创建路由对象，传入路由
6.    routes: [                                             //定义路由
7.      {
8.        path: '/',
9.        name: 'HelloWorld',
10.       component: HelloWorld
11.     }
12.   ]
13. })
```

上述代码中，第 6～12 行仅定义了一条路由记录，path 指向根路径，映射组件为 HelloWorld。后面需要按项目要求进行改造，即删除原有路由记录，添加 3 条路由记录。

（3）重新编辑 App.vue 文件。设计 3 个导航，并实现路由渲染，代码如下。

```
<!-- vue-router-1 App.vue -->
<template>
    <div id="app">
        <h1>Vue Router 简易应用</h1>
        <p>
            <!-- 使用 router-link 组件导航。通过传入 to 属性指定链接 -->
            <router-link to="/home">首页</router-link>
            <router-link to="/about">关于我们</router-link>
            <router-link to="/download">资源下载</router-link>
        </p>
        <router-view></router-view>
    </div>
</template>

<script>
    export default {
        name: 'App'
    }
</script>

<style>
    #app {
        text-align: center;color: #2c3e50;margin-top: 60px;
    }
```

```
25.
26.     div div {
27.         width: 400px;height: 150px;border: 4px double #A0B0C0;
28.         margin: 0 auto;text-indent:2em;text-align: left;
29.     }
30. </style>
```

上述代码中，第 2～13 行定义了组件中的模板部分，在其中需要设计 3 个导航，分别为“首页”“关于我们”“资源下载”（第 7～9 行），以及定义路由出口（第 11 行）。第 15～19 行定义脚本部分，在其中暴露出 App 为导出接口。第 21～30 行定义了样式。

（4）重新编辑 index.js 文件，代码如下。

```
1.  //vue-router-1 index.js
2.  import Vue from 'vue'
3.  import Router from 'vue-router'
4.  Vue.use(Router)
5.  //1. 定义（路由）或导入组件
6.  const Home = {
7.      template: '<div><h3>首页</h3><p>用 Vue.js + Vue Router 创建单页应用，是非常简单的。</p></div>'
8.  }
9.  const About = {
10.     template: '<div><h3>关于我们</h3><p>Vue Router 是 Vue.js 官方的路由管理器。它与 Vue.js 的核心深度集成，使构建单页面应用变得易如反掌。</p></div>'
11. }
12. const Download = {
13.     template: '<div><h3>资源下载</h3><p>Unpkg.com 提供了基于 npm 的 CDN 链接。上面的链接会一直指向在 npm 发布的最新版本。你也可以像 https://unpkg.com/vue-router@2.0.0/dist/vue-router.js 这样指定版本号或 Tag。</p></div>'
14. }
15. //2. 定义路由，每个路由应该映射一个组件
16. const routes = [
17.     {path: '/home',component: Home},
18.     {path: '/about',component: About},
19.     {path: '/download',component: Download}
20. ]
21. //3. 创建 router 实例，然后传入 routes 配置
22. export default new Router({
23.     routes: routes
24. })
```

上述代码中，第 2～4 行分别导入 vue、App 和 router。第 6～14 行定义了 3 个简单的路由组件，分别为 Home、About、Download。第 16～20 行定义路由表（组合）routes，在其中定义了 3 个路由记录对象（完成路由与组件的映射关系）。第 21～24 行定义路由的默认导出接口 Router()，同时将已定义的 routes 传入（其中“routes:routes”也可以简写为“routes”）。

（5）重新编辑 main.js 文件，代码如下。

```
//vue-router-1 main.js
//The Vue build version to load with the 'import' command
//(runtime-only or standalone) has been set in webpack.base.conf with an alias.
import Vue from 'vue'
import App from './App'
import router from './router'
Vue.config.productionTip = false
/* eslint-disable no-new */
new Vue({
  el: '#app',
  router,
```

```
12.    components: { App },
13.    template: '<App/>'
14.  })
```

上述代码中，第 4～6 行分别导入 vue 和 vue-router，并使用 Vue.use(Router)。第 9～14 行定义根实例，在其中定义 el、components、template，并将导入的 router 注册进来，即可使用路由。

（6）完成上述步骤后，可以切换到浏览器界面，刷新页面，效果如图 8-1 所示。可以看到<router-link>标记被渲染为<a>标记。

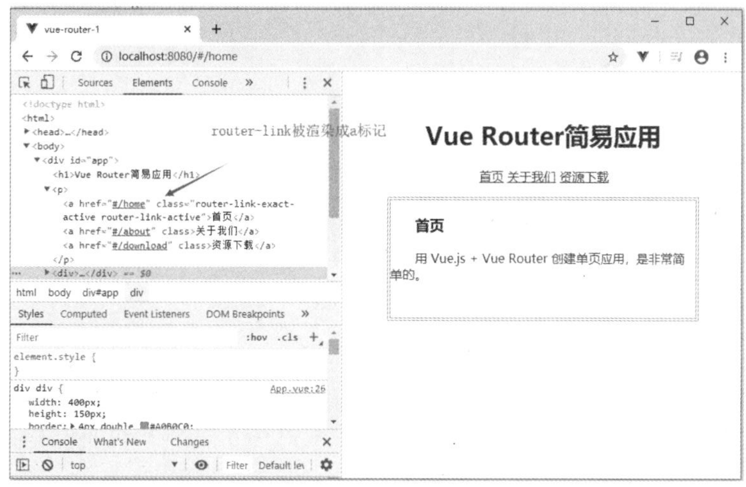

图 8-1　vue-router-1 项目初始化页面效果

（7）分别单击导航链接，实现路由切换，会看到路由组件被渲染出来了，同时在 URL 后面会加上相应的路由（如“/download”），切换到“资源下载”链接，如图 8-2 所示。

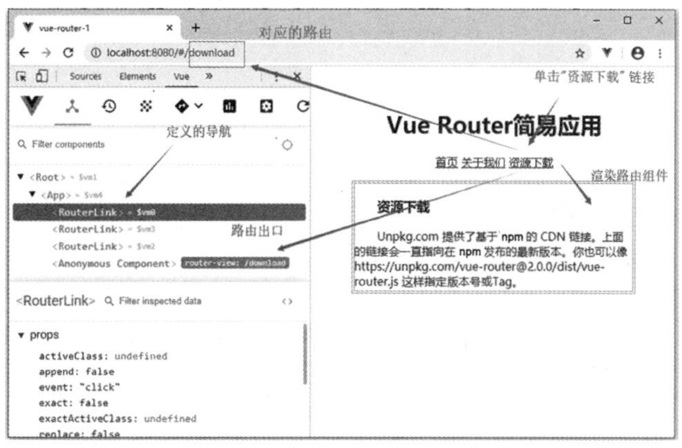

图 8-2　vue-router-1 项目切换导航链接页面效果

注意：路由中有 3 个基本的概念，分别是 route、routes 和 router。route 是一条路由，使用{...}定义，内含两个属性，分别是 path 和 component，实现路由与组件的映射；routes 是一组路由，把每条路由组合起来，形成一个数组，类似于[route1,route2,⋯]；router 是路由管理器，用来管理路由。当用户单击导航链接时，路由器会到 routes 中去查找对应的路由组件，页面中就显示对应组件的内容。

8.2 Vue Router 高级应用

8.2.1 动态路由匹配

我们经常需要把某种模式匹配到的所有路由全部映射到同一个组件。例如，有一个 User 组件，对于所有 username 各不相同的用户，都要使用这个组件进行渲染。那么，可以在 Vue Router 的路由路径中使用动态路径参数（Dynamic Segment，如 path: '/user/:username'）达到这个效果。部分代码如下。

```
const User = {
  template: '<div>User</div>'
}

const router = new VueRouter({
  routes: [
    //动态路径参数 以冒号:开头
    { path: '/user/:username', component: User }
  ]
})
```

这样定义后，/user/chujiulang 和/user/liyiang 等用户都将映射到相同的路由。一个动态路径参数使用冒号（:）标记。当匹配到一个路由时，参数值会被设置到 this.$route.params 中，可以在每个组件内使用。于是，可以更新 User 的模板，输出当前用户的 username。

在一个路由中还可以设置多段路径参数，对应的值都会设置到$route.params 中。例如，在路由中定义路径 path 为/user/:username/post/:post_id，则对应的访问路径为/usr/evan/post/123，此时$route.params 中保存对象为{ username: 'evan', post_id: '123' }。

$route 路由信息对象表示当前激活的路由的状态信息，每次成功地导航后都会产生一个新的对象。除了$route.params 外，$route 对象还提供其他有用的信息，如$route.query（如果 URL 中有查询参数）、$route.hash 等，如表 8-1 所示。

表 8-1 $route 路由信息对象的属性

序　号	属 性 名 称	说　明
1	$route.path	字符串，对应当前路由的路径，总是解析为绝对路径，如/user/chu
2	$route.params	一个 key/value 对象，包含了动态片段和全匹配片段，如果没有路由参数，就是一个空对象
3	$route.query	一个 key/value 对象，表示 URL 查询参数。例如，对于路径/foo?user=1，则有 $route.query.user == 1；如果没有查询参数，则是空对象
4	$route.hash	当前路由的哈希值(不带#)，如果没有哈希值，则为空字符串。也称为锚点
5	$route.fullPath	完成解析后的 URL，包含查询参数和哈希的完整路径
6	$route.matched	数组，包含当前匹配的路径中包含的所有片段所对应的配置参数对象
7	$route.name	当前路径名称
8	$route.meta	路由元信息

【例 8-2】Vue Router 实战——动态路径参数设置。

（1）将 vue-router-1 项目完整复制为 vue-router-2 项目，然后分别在 index.html（将

<title>vue-router-1</title>改为<title>vue-router-2</title>）、package.json（将"name": "vue-router-1"改为"name": "vue-router-2"）文件中修改项目名称信息。修改后保存，页面会自动刷新。

（2）修改 App.vue 文件，在 vue-router-1 项目的基础上增加动态路由配置。分别进行单段动态路径参数和多段动态路径参数的设置。在<template>标记中增加部分代码：

```
<!-- 以下为动态路由配置，使用不同的 to 属性，单段动态路径-->
<router-link to="/user/储久良">用户(储久良)</router-link>
<router-link to="/user/陈云">用户(陈云)</router-link>
<!-- 多段动态路径 -->
<router-link to="/userA/李阳春/post/1100001">用户(多段)</router-link>
<router-link to="/userA/李阳春/post/1100002">用户(多段)</router-link>
```

（3）修改 router/index.js 文件，增加两个组件，分别为 User 和 UserA。然后在路由组合中新增加两条路由记录。

新增加的组件代码如下。

```
1.  //增加用户组件
2.  const User = {
3.      template: '<div><h3>用户组件</h3><p>用户{{this.$route.params.username}},
        欢迎您! </p><p> 路由的路径: {{this.$route.path}} </p></div > ',
4.      watch: {
5.          $route(to, from) {
6.              //to 表示要去的目标组件, from 表示从哪个组件来, 它们的值都是对象
7.              console.log(to)
8.              console.log(from)
9.          }
10.     }
11. }
12. const UserA = {
13.     template: '<div><h3>用户组件</h3><p>用户{{this.$route.params.username}},
        欢迎您! </p><p> 路由的路径: {{this.$route.path}} </p></div > '
14. }
```

上述代码中，第 4～10 行定义侦听属性$route，用于控制台输出 to 和 from 对象。

新增的路由记录代码如下。

```
const routes = [
        ...
    /*新增 user 路径，配置了动态的 username*/
    {
        path: '/user/:username',
        component: User,
        name:'User'
    },
    //多段动态参数路由
    {
        path: '/userA/:username/post/:id',
        component: UserA,
        name:'UserA'
    },
]
```

（4）上述文件修改完毕后，刷新页面，效果如图 8-3 所示。

图 8-3　vue-router-2 项目初始化页面效果

（5）分别切换每个导航链接，匹配到的路由组件被渲染出来，如图 8-4 所示。

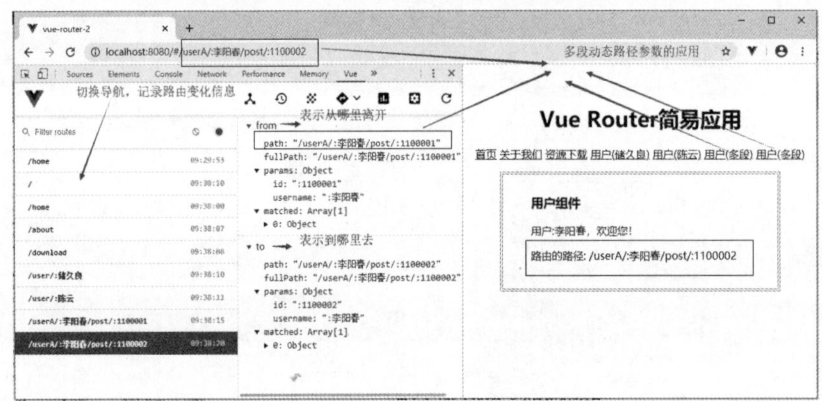

图 8-4　vue-router-2 项目切换导航链接后页面效果

当单击“用户（储久良）”和“用户（陈云）”导航链接时，由于在路由组件 User 中配置了 watch 选项，可以动态侦听$route 的变化，如图 8-5 所示。

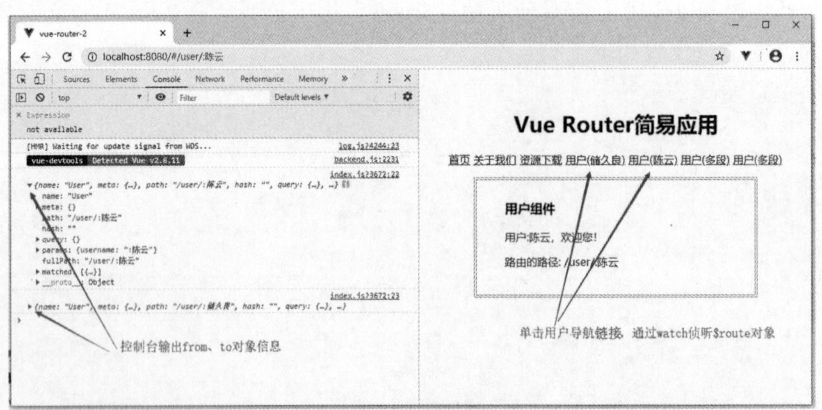

图 8-5　vue-router-2 项目单击用户导航链接侦听$route 对象的页面效果

8.2.2　嵌套路由

嵌套路由顾名思义就是路由的多层嵌套，也称为子路由。实际生活中的应用界面，通常由多层嵌套的组件组合而成。同样地，URL 中各段动态路径也按某种结构对应嵌套的各层组件。嵌套路由就相当于多层菜单，一级菜单下有二级菜单，二级菜单下还有三级菜单，等等。从京东官网上截取部分导航菜单，左侧为一级菜单（父路由），右侧为二级菜单（子路由），如图 8-6 所示。

图 8-6　京东官网首页部分菜单截图

创建嵌套路由的步骤如下。

（1）首先，在 App.vue 中定义基础路由（父路由）导航，部分代码如下。

```
<!-- vue-router-3 App.vue -->
<template>
    ...
    <p>
      <!-- 使用 router-link 组件导航，通过传入 to 属性指定链接-->
      <router-link to="/home" class="r-link1">首页</router-link>
       <router-link to="/about" class="r-link1">关于我们</router-link>
      <router-link to="/product" class="r-link1">产品介绍</router-link>
    </p>
    <router-view class="r-view"></router-view>
    ...
</template>
```

（2）其次，在 router/index.js 中定义路由（含子路由）组件。复杂的路由组件可以在 router 文件夹下创建 view 子文件夹，并在 view 子文件夹下创建所有的路由组件或仅需要创建复杂的路由组件。下面定义 Product 路由组件（产品介绍），其中包含嵌套路由，部分代码如下。

```
1.  const Product = {
2.    template: `
3.      <div>
4.        <h3> 产品介绍 </h3>
5.        <p>
6.          <router-link class="r-link1" to = "/product/phone" > 智能手机 </router-link>
7.          <router-link class="r-link1" to = "/product/appliances" > 家用电器
            </router-link>
8.          <router-link class="r-link1" to = "/product/electronics" > 数码产品
            </router-link>
9.        </p>
10.       <router-view > </router-view>
11.     </div >
12.     `
13. }
```

上述代码中，第 6～8 行为“产品介绍”定义了嵌套路由。在模板中定义子路由导航和子路由出口（第 10 行）。

（3）最后，完成所有路由组件的定义，并在 router/index.js 文件中定义 routes，其中需要使用定义嵌套路由。在基础路由表中，使用 children 属性定义嵌套的子路由。部分代码如下。

```
1.  const routes = [{
2.      ...
3.          path: '/product',
4.          component: Product,
5.          //以下定义子路由
6.          children: [
7.          { //默认的空子路由
8.                  path: '',
9.                  component: Phone
10.             },
11.             {
12.                 path: 'phone',
13.                 component: Phone
14.             },
15.             {
16.                 path: 'appliances',
17.                 component: Appliances
18.             },
19.             ...
20.         ]
21.     },
22. ]
```

子路由的定义格式与基础路由相同，只是在 path 属性值中不需要使用“/”。进入嵌套路由，通常什么都不显示。可以定义一个空子路由，在不单击任何子路由时，让其默认显示某个子路由（上述代码中第 7～10 行设置默认显示 Phone 子组件的内容）。

注意： 以“/”开头的嵌套路径会被当作根路径。可以充分地使用嵌套组件而无须设置嵌套的路径。

（4）创建路由实例，并将 routes 传入，然后通过 export default 暴露出来。通常还需要定义匹配不到任何路由时，设置重定向到某个路由（如 home）。路由记录格式如下。

```
//匹配不到路由时重定向到首页
{
  path: '/',
  redirect: '/home'
}
```

【例 8-3】 Vue Router 实战——嵌套路由的应用。实现步骤参照例 8-2，代码如下。

（1）定义 App.vue 文件。

```
<!-- vue-router-3 App.vue -->
<template>
    <div id="app" class="div1">
        <h1>Vue Router 高级应用——嵌套路由</h1>
        <p>
            <!-- 使用 router-link 组件导航，通过传入 to 属性指定链接-->
            <router-link to="/home" class="r-link1">首页</router-link>
            <router-link to="/about" class="r-link1">关于我们</router-link>
            <router-link to="/product" class="r-link1">产品介绍</router-link>
        </p>
            <router-view class="r-view"></router-view>
    </div>
```

```
</template>

<script>
    export default {
        name: 'App'
    }
</script>

<style>
    #app {text-align: center;color: #2c3e50;margin-top: 60px}
    .r-view{
        width: 500px;margin: 0 auto;text-indent:2em;
        text-align: left;padding:5px 0;border:1px dashed #969696;
    }
    .r-link1{text-decoration: none;padding:5px 10px;}
    .r-link1:hover{;background-color: #F0F0F0;padding:5px 10px;}
    img{margin:5px;}
</style>
```

（2）定义 router/index.js 文件。

```
//vue-router-3 index.js
import Vue from 'vue'
import Router from 'vue-router'
Vue.use(Router)
//1. 定义（路由）或导入组件
const Home = {
    template: `<div><h3>首页</h3><p>欢迎访问网上商城！</p></div>`
}
const About = {
    template: `<div><h3>关于我们</h3><p>网上商城</p><address>地址：南京市北京西路80号</address></div>`
}
const Product = {
    template: `<div><h3> 产品介绍 </h3><p><router-link class="r-link1" to = "/product/phone" > 智能手机 </router-link><router-link class="r-link1" to = "/product/appliances" > 家用电器 </router-link><router-link class="r-link1" to = "/product/electronics" > 数码产品 </router-link></p><router-view > </router-view></div >`
}
const Phone = {
    template: `
    <div>
        <h3>智能手机</h3>
        <img :src="img5" /> <img :src="img6" />
    </div>
    `,
    data() {
        return {
            img5: require('./images/phone-1.jpg'),
            img6: require('./images/phone-2.jpg'),
        }
    }
}
const Appliances = {
    template: `<div><h3>家用电器</h3><img :src="img1"/><img :src="img2"/></div>`,
    data() {
        return {
```

```
            img1: require('./images/appliance-1.jpg'),
            img2: require('./images/appliance-2.jpg')
        }
    }
}
const Electronics = {
    template: `<div><h3>数码产品</h3><img :src="img3"/><img :src="img4"/></div>`,
    data() {
        return {
            img3: require('./images/electronic-1.jpg'),
            img4: require('./images/electronic-2.jpg')
        }
    }
}
//2. 定义路由，每个路由应该映射一个组件
const routes = [{
        path: '/home',
        component: Home,
        name: 'Home'
    },
    {
        path: '/about',
        name: 'About',
        component: About
    },
    {
        path: '/product',
        component: Product,
        //以下定义子路由
        children: [{ //默认的空子路由
                path: '',
                component: Phone
            },
            {
                path: 'phone',
                component: Phone
            },
            {
                path: 'appliances',
                component: Appliances
            },
            {
                path: 'electronics',
                component: Electronics
            },
        ]
    },
    { //匹配不到路由时重定向到首页
        path: '/',
        redirect: '/home'
    }
]
//3. 创建 router 实例，然后传入 routes 配置
export default new Router({
    routes: routes,
    mode: 'history', //去掉 URL 中的#
})
```

（3）定义 main.js 文件。

```
//vue-router-3 main.js
//The Vue build version to load with the 'import' command
//(runtime-only or standalone) has been set in webpack.base.conf with an alias.
import Vue from 'vue'
import App from './App'
import router from './router'
Vue.config.productionTip = false
/* eslint-disable no-new */
new Vue({
    el: '#app',
    router,
    components: {
        App
    },
    template: '<App/>',
})
```

（4）在命令行状态下切换到项目所在的文件夹 vue-router-3，执行 npm run dev 命令，然后打开浏览器，输入 URL 为 http://localhost:8081，页面效果图 8-7 所示。

图 8-7　vue-router-3 项目初始化页面效果

（5）切换导航链接到“产品介绍”，在路由出口中会显示出 3 个子路由，默认显示第 1 个子路由，嵌套路由出口中显示对应的标题和两张关联的图像。页面效果图 8-8 所示。

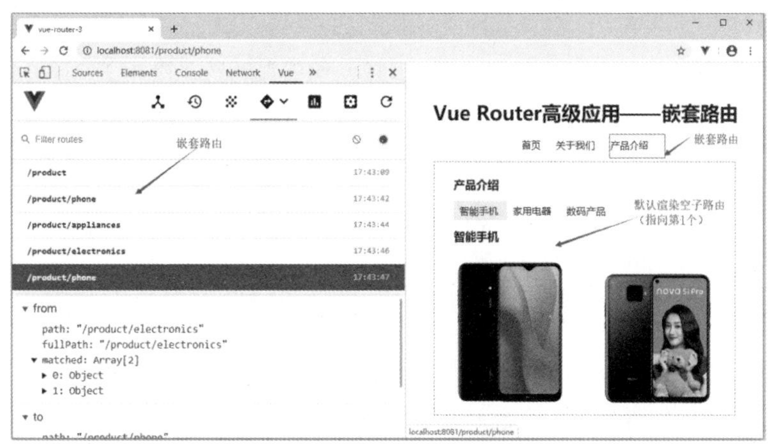

图 8-8　导航到“产品介绍”查看嵌套路由页面效果

（6）在子路由上切换导航链接，可以查看子路由组件的信息。导航到“数码产品”，页面效果图 8-9 所示。

图 8-9　导航到嵌套路由中“数码产品”时页面效果

8.2.3　编程式导航

除了使用<router-link :to="..."></router-link>创建<a>标记定义导航链接，也可以借助 router（或 this.$router）的实例方法，通过编写代码来实现。常用的 router 实例方法如表 8-2 所示。

表 8-2　常用的 router 实例方法

序　号	方 法 名 称	使 用 说 明
1	router.push()	跳转到新的路由地址，在历史记录中添加一条新的记录
2	router.replace()	跳转到新的路由地址，替换当前的历史记录
3	router.go(n)	n 为整数，在历史记录中向前或后退 n 步
4	router.forward()	在历史中前进一步,相当于 router.go(1)
5	router.back()	在历史中后退一步,相当于 router.go(-1)

1. router.push() 方法

router.push() 方法的参数有字符串、对象、命名路由、带查询参数等多种形式。基本语法如下。

```
//字符串
router.push('home')
//对象
router.push({ path: 'home' })
//命名路由
router.push({ name: 'user', params: { userId: '123' }})
//带查询参数，变成 /register?plan=private
router.push({ path: 'register', query: { plan: 'private' }})
```

注意：在 router.push() 方法中，参数中如果提供了 path，则 params 会被忽略。可以将 name 与 params 配对使用，path 与 query 配对使用。

2. router.replace()方法

该方法与 router.push() 方法相似，唯一不同是它不会向历史记录添加新记录，而是替换当前的历史记录。

```
<router-link :to="..." replace>声明式导航</router-link>      //声明式导航
this.$router.replace(...)                                   //组件外编程式导航
router.replace(…)                                           //编程式导航
```

3. 其他 router 实例方法

```
router.go(n)            //跳转 n 步
router.forward()        //前进一步
router.back()           //后退一步
```

【例 8-4】Vue Router 实战——编程式导航的应用。实现步骤参照例 8-3，仅修改 App.vue 文件，其他文件与例 8-3 相同。代码如下，页面效果如图 8-10 和图 8-11 所示。

```
<!-- vue-router-4 App.vue -->
<template>
    <div id="app" class="div1">
        <h1>Vue Router 高级应用——编程式导航（嵌套路由）</h1>
        <!-- 编程式导航 -->
        <p>
            <button @click="go1">前进</button>
            <button @click="back1">后退</button>
            <button @click="goHome">回首页</button>
            <button @click="goProduct">跳转“产品介绍”</button>
            <button @click="repAbout">代替“关于我们”</button>
        </p>
        <p>
            <!-- 使用 router-link 组件导航，通过传入 to 属性指定链接-->
            <router-link to="/home" class="r-link1">首页</router-link>
            <router-link to="/about" class="r-link1">关于我们</router-link>
            <router-link to="/product" class="r-link1">产品介绍</router-link>
        </p>
        <router-view class="r-view"></router-view>
    </div>
</template>

<script>
    export default {
        name: 'App',
        methods: {//给 router 实例的 push()、replace()方法增加空回调函数解决路由重复
            go1() {
                this.$router.forward() //this.$router.go(1);
            },
            back1() {
                this.$router.back() //this.$router.go(-1)
            },
            goHome() {
                this.$router.push('Home').catch(() => { })
            },
            goProduct() {
                this.$router.push({
                    path: '/product'
                }).catch(() => { })
            },
            repAbout() {
                this.$router.replace({path:'/home'}).catch(() => { })
            },
        },
    }
</script>

<style>
```

```
49.     #app {text-align: center;color: #2c3e50;margin-top: 60px}
50.     .r-view {
51.        width: 500px;margin: 0 auto;text-indent: 2em;
52.        text-align: left;padding: 5px 0;
53.        border: 1px dashed #969696;
54.     }
55.     .r-link1 {text-decoration: none;padding: 5px 10px;}
56.     .r-link1:hover {background-color: #F0F0F0;padding: 5px 10px;}
57.     img {margin: 5px;}
58. </style>
```

上述代码中，第 6～12 行在<p>标记中定义了 5 个按钮，通过 v-on:click 绑定 5 个方法，分别为 go1、back1、goHome、goProduct、repAbout。第 26～46 行在 methods 选项中分别定义了上述 5 个方法，完成 router 实例方法的功能。

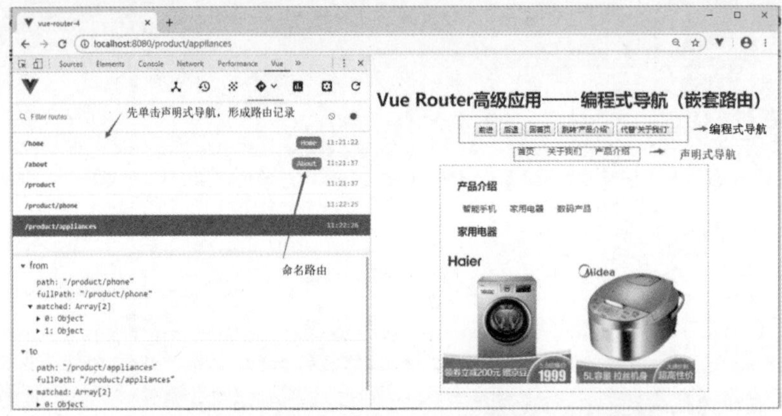

图 8-10　单击声明式导航时路由信息变化页面效果

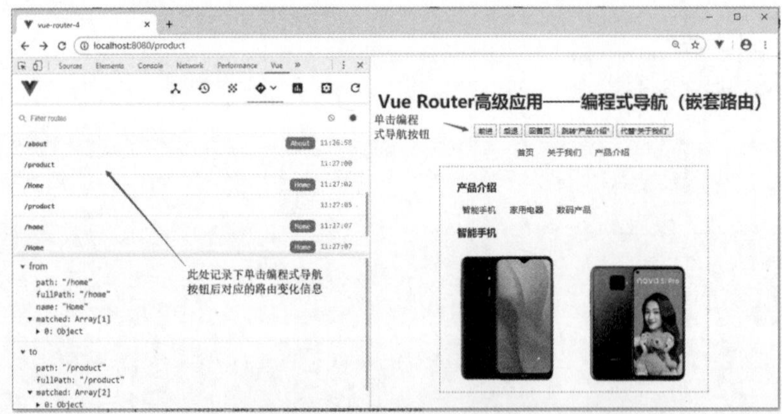

图 8-11　单击编程式导航时路由信息变化页面效果

8.2.4 命名路由

通过一个名称（name）标识一个路由通常会显得方便一些，特别是在链接一个路由或执行一些跳转时。可以在创建 router 实例时，在 routes 配置中为某个路由设置名称。部分代码如下。

```
const router = new VueRouter({
  routes: [
    {
```

```
      path: '/user/:userId',
      name: 'user',
      component: User
    }
  ]
})
```

如果需要链接到一个命名路由，可以给 router-link 的 to 属性传一个对象，格式如下。

```
<router-link :to="{ name: 'user', params: { userId: 1200034 }}">User</router-link>
```

这与编程式导航调用 router.push() 方法功能相同，格式如下。

```
router.push({ name: 'user', params: { userId: 1200034 }})
```

以上两种方式都会把路由导航到/user/1200034 路径。

8.2.5　命名视图

有时我们想同时（同级）展示多个视图，而不是嵌套展示。例如，创建一个布局，有 sidebar（侧导航）和 main（主内容）两个视图，这时命名视图就会派上用场。可以在界面中设置多个单独命名的视图，而不是只有一个单独的出口。如果 router-view 没有设置名字，那么默认为 default。代码如下。

```
<router-view class="view one"></router-view>
<router-view class="view two" name="s"></router-view>
<router-view class="view three" name="t"></router-view>
```

一个视图使用一个组件渲染，因此对于同一个路由，多个视图就需要多个组件。确保正确使用 components 配置（带上 s），代码如下。

```
const router = new VueRouter({
  routes: [
    {
      path: '/',
      components: {
        default:User,    //User 组件的名字
        s: Students,     //Students 是组件的名字
        t: Teachers      //Teachers 是组件的名字
      }
    }
  ]
})
```

有时可能会使用命名视图创建嵌套视图的复杂布局，这时需要用到嵌套 router-view 组件。以设置一个面板为例，如图 8-12 所示。

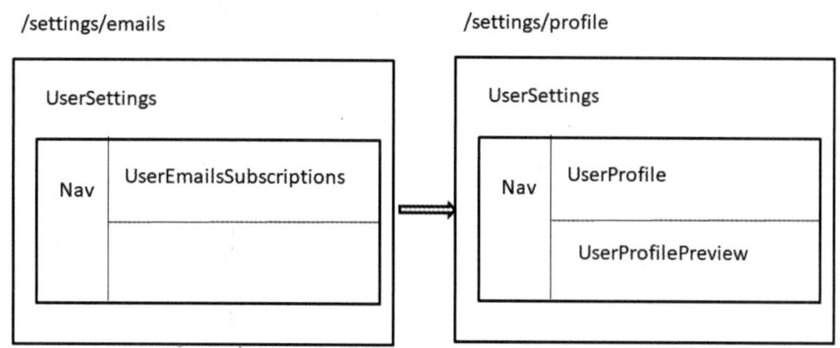

图 8-12　使用嵌套命名视图布局面板

其中，Nav 只是一个常规组件；UserSettings 是一个视图组件；UserEmailsSubscriptions、UserProfile 和 UserProfilePreview 是嵌套的视图组件。不使用 HTML/CSS 实现具体的布局，而是专门使用组件来实现。

在 UserSettings 组件的 <template> 部分，代码如下。

```
<!-- UserSettings.vue -->
<div>
  <h1>User Settings</h1>
  <NavBar/>
  <router-view/>
  <router-view name="helper"/>
</div>
```

然后可以用这个路由配置完成该布局，部分代码如下。

```
{
  path: '/settings',
  //可以在顶级路由就配置命名视图
  component: UserSettings,
  children: [{
    path: 'emails',
    component: UserEmailsSubscriptions
  }, {
    path: 'profile',
    components: {
      default: UserProfile,
      helper: UserProfilePreview
    }
  }]
}
```

这样即可以完成使用嵌套命名视图设置一个面板。

8.2.6 重定向和别名

1. 重定向

重定向也是通过 routes 配置来完成，下面的例子是实现从/a 重定向到/b。部分代码如下。

```
const router = new VueRouter({
  routes: [
    { path: '/a', redirect: '/b' }
  ]
})
```

重定向的目标也可以是一个命名的路由，部分代码如下。

```
const router = new VueRouter({
  routes: [
    { path: '/a', redirect: { name: 'foo' }}
  ]
})
```

重定向的目标甚至也可以是一个方法，动态返回重定向目标，部分代码如下。

```
const router = new VueRouter({
  routes: [
    { path: '/a', redirect: to => {
      //方法接收目标路由作为参数
      //返回重定向的字符串路径/路径对象
    }}
```

```
    ]
})
```

注意：导航守卫并没有应用在跳转路由上，而仅应用在其目标上。可以为 /a 路由添加一个 beforeEach（router.beforeEach((to, from, next) => {...})）或 beforeLeave 守卫，并不会有任何效果。

2. 别名

重定向是指当用户访问/a 时，URL 将会被替换成/b，然后匹配路由为/b，那么别名又是什么呢？/a 的别名是/b，意味着当用户访问/b 时，URL 会保持为/b，但是路由匹配则为/a，就像用户访问/a 一样。将上面对应的路由配置修改如下。

```
const router = new VueRouter({
  routes: [
    { path: '/a', component: A, alias: '/b' }   //alias 属性作用是起别名
  ]
})
```

别名的功能可以自由地将 UI 结构映射到任意的 URL，而不受限于配置的嵌套路由结构。

8.2.7　路由组件传参

在组件中使用$route 会使之与其对应路由形成高度耦合，从而使组件只能在某些特定的 URL 上使用，限制了其灵活性，但可以通过 props 配置解除这种行为。以解耦的方式使用 props 进行参数传递，主要是在路由配置中进行操作。

使用 props 将组件与路由解耦，有以下两种方式。

（1）取代与$route 的耦合。

```
const User = {  //组件内使用$route 获取参数
  template: '<div>User {{ $route.params.id }}</div>'
}
const router = new VueRouter({
  routes: [
    { path: '/user/:id', component: User }
  ]
})
```

（2）通过 props 解耦。

```
const User = {  //组件中使用 props 传值
  props: ['id'],
  template: '<div>User {{ id }}</div>'
}
const router = new VueRouter({
  routes: [
    { path: '/user/:id', component: User, props: true },//设置 props 属性值为 true

    //对于包含命名视图的路由，必须分别为每个命名视图添加 props 选项
    {
      path: '/user/:id',
      components: { default: User, sidebar: Sidebar },
      props: { default: true, sidebar: false }
    }
  ]
})
```

这样便可以在任何地方使用该组件，使该组件更易于重用和测试。

1. 布尔模式

如果 props 被设置为 true，route.params 将会被设置为组件 props。

例如，通过 $route 的方式获取动态字段 id，代码如下。

```
const User = {
 template: '<div>User {{ $route.params.id }}</div>'
}
const routes = [{ path: '/user/:id', component: User }]
```

将上面的代码替换成 props 的形式，代码如下。

```
const User = {
  props: ['id'], //组件中通过 props 获取 id
  template: '<div>User {{ id }}</div>'
}
//路由配置中，增加 props 字段，并将值设置为 true
const routes = [{ path: '/user/:id', component: User, props: true }]
```

注意：对于有命名视图的路由，必须为每个命名视图定义 props 配置，代码如下。

```
const routes = [
 {
  path: '/user/:id',
  components: { default: User, sidebar: Sidebar },
  //为 User 提供 props
  props: { default: true, sidebar: false }
 }
]
```

2. 对象模式

如果 props 是一个对象，它会被按原样设置为组件属性。当 props 是静态的时候有用。

1）路由配置

```
const routes = [
 {  path: '/hello',  component: Hello, props: { name: 'World' }  }
]
```

2）组件中获取数据

```
const Hello = {
  props: {
    name: { type: String,  default: 'Vue' }
  },
  template: '<div> Hello {{ name }}</div>'
}
```

Hello 组件默认显示 Hello Vue，但路由配置了 props 对象，当路由跳转到/hello 时，会显示传递过来的 name，页面会显示为 Hello World。

3. 函数模式

可以创建一个返回 props 的函数。这允许将参数转换为其他类型、将静态值与基于路由的值相结合等。

使用函数模式时，返回 props 的函数接收的参数为路由记录 route。

1）路由配置

```
//创建一个返回 props 的函数
const dynamicPropsFn = (route) => {
   return { name: route.query.say + "!" }
}
```

```
const routes = [
  {
    path: '/hello', component: Hello, props: dynamicPropsFn
  }
]
```

2）组件获取数据

当 URL 为 /hello?say=World 时，将传递 {name: 'World!'} 作为 props 传给 Hello 组件。

```
const Hello = {
  props: {
    name: {type: String, default: 'Vue'}
  },
  template: '<div> Hello {{ name }}</div>'
}
```

此时页面渲染的结果如图 8-13 所示。

Hello World!

图 8-13　Hello World!页面渲染效果

注意：请尽可能保持 props 函数为无状态的，因为它只会在路由发生变化时起作用。如果需要状态来定义 props，请使用包装组件，这样 Vue 才可以对状态变化作出反应。

8.2.8　HTML5 History 模式

Vue Router 默认 Hash 模式——使用 URL 的 Hash 值模拟一个完整的 URL，当 URL 改变时，页面不会重新加载。

如果不想使用 Hash 模式，可以使用路由的 History 模式，这种模式充分利用 history.pushState API 完成 URL 跳转而无须重新加载页面。

```
const router = new VueRouter({
  mode: 'history',
  routes: [...]
})
```

当使用 History 模式时，URL 就像正常的 URL，如 http://yoursite.com/user/id，也很好看！

不过要使用好这种模式，还需要后台配置支持。因为我们的应用是单页客户端应用，如果后台没有正确的配置，当用户在浏览器直接访问 http://yoursite.com/user/id，就会返回 404 信息。

综上所述，要在服务器增加一个覆盖所有情况的候选资源，如果 URL 匹配不到任何静态资源，则应该返回同一个 index.html 页面，这个页面就是 App 依赖的页面。

本章小结

本章主要介绍了 Vue Router 路由插件的工作原理及具体的应用场景；重点介绍 Vue Router 安装与使用、路由的基础应用与高级应用。

在 Vue Router 基础应用中，重点讲解 router-link 和 router-view 两个组件。其中，router-link 组件用来设计页面导航，渲染时会生成<a>标记；router-view 组件用来定义路由出口，是渲染路由组件的场所。在开发 Vue Router 项目时，需要在 src/router/index.js 中导入 vue、vue-router 插件，并执行 Vue.use（Router），然后定义路由组件、定义路由、创建路由器实例、传入路由参数等。

在项目设计过程中，一定要理解 route、routes 以及 router 三者的概念及关系。route 是一条路由记录，就是一个对象，它至少包含 path 和 component 两个属性，当然根据工程应用的需要，还可以使用 name、redirect、children 等属性；routes 是由若干条路由记录构成的路由组合（也称为路由表）；router 是路由管理器，是一个实例，将 routes 传入实例中，所定义的路由即可使用。

在 Vue Router 的高级应用中，主要包括动态路由匹配、嵌套路由、编程式导航、命名路由、命名视图、重定向和别名、路由组件转变和 HTML5 History 模式等方面的应用。重点要学会动态路由匹配（如/XXX/：XX）、嵌套路由（使用 children 属性定义子路由）和编程式导航（$router.push() 方法）等高级应用。

练习 8

1. 选择题

（1）下列选项中能够设置页面导航的标记是（　　）。

A. <router-link>　　B. <router-view>　　C. <a>　　D. <template>

（2）下列选项中能够显示或渲染匹配到的路由信息的标记是（　　）。

A. <router-link>　　B. <router-view>　　C. <a>　　D. <template>

（3）在 Vue Router 中必须显式地使用 Router，下列选项中正确的使用方法是（　　）。

A. Vue.use(Vuex)　　B. Vue.use()　　C. Vue.use(Router)　　D. Vue.use(axios)

（4）下列选项中，能够正确表达跳转到/user/chu 的路由是（　　）。

A. {path: ‘user/’,component:User}　　B. {path: ‘/’,component:User}

C. {path: ‘user/:chu’,component:User}　　D. {path: ‘user/:id‘,component:User}

（5）定义命名路由，使用的属性名称是（　　）。

A. name　　B. path　　C. query　　D. components

（6）在编程式导航中，能够跳转到新的路由且在历史记录中添加一条新记录的方法是（　　）。

A. router.back()　　B. router.push()　　C. router.replace()　　D. router.go(n)

2. 填空题

（1）在<router-link to= ‘/home’ ></router-link>中 to 属性的值可以是________________，也可以是一个描述地址的________________。

（2）在使用<router-view>标记定义命名视图时，可以使用的属性是____________。在嵌套视图的应用中，定义路由时需要将 component 属性改为______________。

（3）在 Vue Router 项目中，可以通过________________属性获取路由信息对象的完整路径；可以通过________________属性获取当前路由的路径。

（4）定义嵌套路由时，可以在某路由下使用________属性定义子路由。定义子路由时，path 属性值可以不加________符号，直接写路径名称。

（5）路由传参时，可以在一条路由记录中使用__________属性，并且设置其值为 true，然后在路由组件中使用_________选项说明参数。

（6）Vue Router 默认路由模式为___________，此时 URL 会包含#号。如果将模式设置为___________，URL 才像正常的 URL。

3. 简答题

（1）简述 route、routes、router 的区别。

（2）如何定义一条命名路由对象？如何在导航中使用命名路由？请举例说明。

实训 8

视频讲解

1. Vue+Vue Router+webpack 组合实训——天猫“服饰主会场”部分仿真

【实训要求】

（1）学会使用 webpack 模板创建 Vue 项目。

（2）学会在项目中安装和导入 vue-router 插件。

（3）学会使用 Vue Router 设置导航、定义路由、定义路由组件、定义路由管理器实例。

（4）参照天猫“服饰主会场”部分页面效果（见图 8-14），使用 Vue+Vue Router+webpack 完成项目实训，项目最终页面效果如图 8-15 所示。

图 8-14　天猫“服饰主会场”页面

图 8-15　项目更新后的页面效果

【实训步骤】

（1）使用 webpack 模板，通过 vue init 命令创建项目 vue-router-ex-1，命令如下。

```
vue init webpack vue-router-ex-1
```

（2）在项目文件下，局部安装 Vue 和 Vue Router 组件，并将软件信息写入 package.json 文件，启动本地化编译打包，命令如下。

```
npm install vue vue-router  -D
npm run dev
```

（3）完成本地化编译打包，在浏览器中打开初始页面（http://localhost:8080），出现页面说明项目初始化工作已经完成，后面需要在此基础上进行工程应用适应性修改。

（4）重新修改 src 子文件夹下的 App.vue 和 main.js 文件。其中，App.vue 文件中的组件需要进行改造，页面布局效果如图 8-16 所示。在<template>标记中使用<router-link>和<router-view>标记定义导航和路由出口。

图 8-16　vue-router-ex-1 项目页面布局效果

- 导航内容与样式要求。导航名称分别为“国潮精选”“大牌女装”“大牌男装”“时尚配饰”；导航默认样式为“字体大小 22px、填充（上下 10px、左右 30px）、字符装饰效果空”；盘旋状态样式为“背景#E2E2E2、填充（上下 10px、左右 30px）、圆角边框（水平/垂直半径 4px）、边框（1px、虚线、红色）”；导航区域占页面宽度的 30%。
- 路由组件内容与样式要求。每个路由组件中包含 4 个 div，每个 div 包含一个图像、一个段落和<h4>标题字标记；图像样式为“宽度 120px、高度 120px、边界 10px”；段落样式为“边界（上下 0、左右自动）”；<h4>标记样式为“边界（上下 0、左右自动）、红色”；div 样式为“行内块显示方式、宽度 140px、高度 200px、边界 10px、内容居中、背景#FEFEFE、圆角边框（水平/垂直半径 4px）”；路由组件显示区域占页面宽度的 70%。

（5）在 src 子文件夹下创建 router 子文件夹，在其中分别创建 images 子文件夹和 index.js 文件。将项目中所需要的图像复制到 images 文件夹中。参照以下代码的框架，补充并完善 index.js 文件。

```
import Vue from 'vue'
import Router from 'vue-router'
Vue.use(Router)
const Shoes = {}
const Women_dress = {}
const Men_clothing = {}
const Accessories = {}
export default new Router({
```

```
    routes: [{path: '/shoes',name: 'shoes', component: Shoes},
        {path: '/women_dress', name: 'women_dress',component: Women_dress},
        ...
        {path: '/',redirect: '/shoes'}
    ],
    mode: 'history', //去掉 URL 中的#
})
```

2. Vue Router+webpack 项目实训——“百度推广”首页导航仿真项目

视频讲解

【实训要求】

（1）学会使用 webpack 模板创建 Vue 项目。

（2）学会在项目中安装和导入 Vue Router 组件。

（3）学会使用 Vue Router 设置导航、定义路由及嵌套路由、定义路由组件、定义路由管理器实例。

（4）参照“百度推广”首页导航，如图 8-17 和图 8-18 所示，使用 Vue+Vue Router+webpack 完成项目实训。

图 8-17　“百度推广”官方网站首页效果图

图 8-18　“广告类型”二级导航效果图

【实训步骤】

（1）使用 webpack 模板通过 vue init 命令创建项目 vue-router-ex-2，命令如下。

```
vue init webpack vue-router-ex-2
```

（2）在项目文件下，局部安装 Vue、Vue Router 组件，并将软件信息写入 package.json

文件，启动本地化编译打包，命令如下。

```
npm install vue vue-router  -D
npm run dev
```

（3）执行完上述命令后，打开浏览器，输入 http://localhost:8080，看到页面上有 Vue 的图标，说明项目初始化工作已经完成，下面需要在此基础上进行项目适应性修改。

（4）按照图 8-17 所示的页面效果重新定义 src/App.vue 文件。子文件夹 src 下的 main.js 文件不需要修改，src 子文件夹结构如图 8-19 所示。在 router 子文件夹下新建 images 子文件夹，用于存储项目中所需要的图像资源，如图 8-20 所示。在 App.vue 组件中，在<template>标记中使用<router-link>和<router-view>标记定义一级导航和一级路由出口。

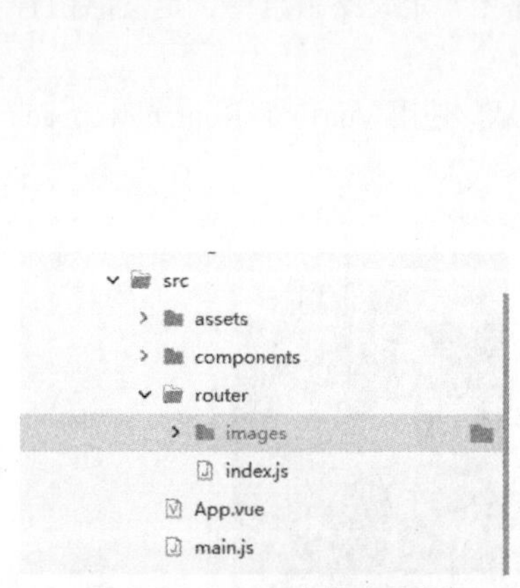

图 8-19　src 子文件夹结构

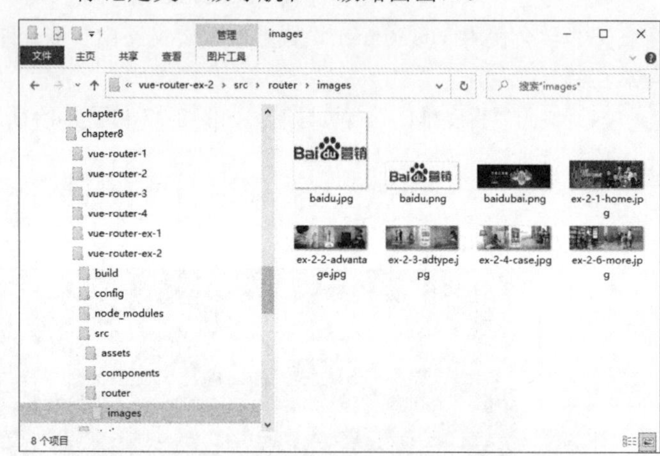

图 8-20　vue-router-ex-2 项目 images 子文件下图像资源

- 导航标题分别为“首页”“平台优势”“广告类型”“成功案例”“公益推广”“了解更多”。导航中 to 属性对应值分别为/home、/advantage、/product、/case、超链接 http://e.baidu.com/gongyi/index.html、/help。其中“公益推广”导航可使用<a>标记实现，定义在新窗口中打开，href 属性值为 http://e.baidu.com/gongyi/index.html。
- 页面底部信息为“©Baidu 使用百度前必读　国家药监局：（京）-经营性-2012-0009”。
- 完成 App.vue 组件开发后，页面效果如图 8-21 所示。

图 8-21　vue-router-ex-2 项目“百度推广”首页效果图

（5）根据项目需要重新定义 src/router/index.js 文件。在该文件中需要定义路由组件（包含对应的大图名称），分别为 Home（首页，ex-2-1-home.jpg）、Advantage（平台优势，ex-2-2-advantage.jpg）、Product（广告类型）、Case（成功案例，ex-2-4-case.jpg）、More（了解更多，ex-2-6-more.jpg）等。定义 Product（广告类型）的子路由组件，分别为 Gaiyao（概要）、Sousuo（搜索推广，ggsearch2.jpg）、Feed（信息流推广，infoFlow.jpg）、Juping（聚屏推广，screen.jpg）、Kaiping（开屏推广，openScreen.jpg）、Ivy（百青藤推广，baidubai.png）。然后定义路由组合 routes，并在 Product 路由中定义嵌套路由，再定义路由管理器 router，将 routes 注册进来。

（6）完成上述步骤后，依次单击相关导航链接，对应的页面效果如图 8-22～图 8-31 所示。

图 8-22　“平台优势”导航页面效果

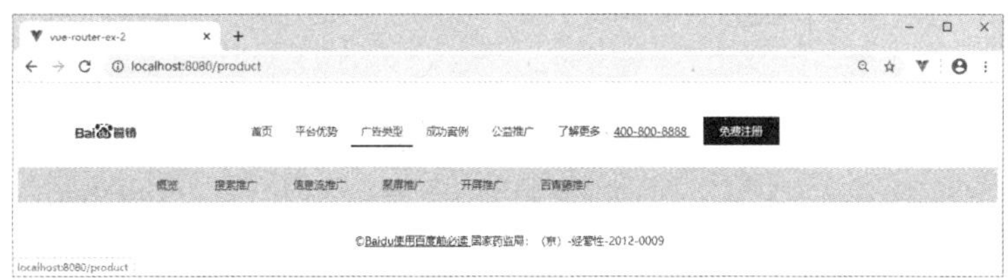

图 8-23　“广告类型”嵌套路由页面效果（1）

图 8-24　“广告类型”嵌套路由页面效果（2）

图 8-25　“广告类型”嵌套路由页面效果（3）

图 8-26“广告类型”嵌套路由页面效果（4）

图 8-27　“广告类型”嵌套路由页面效果（5）

图 8-28　“广告类型”嵌套路由页面效果（6）

图 8-29　“公益推广”导航页面效果

图 8-30　“成功案例”导航页面效果

图 8-31　“了解更多”导航页面效果

第 9 章

状态管理模式 Vuex

本章学习目标

通过本章的学习，能够了解状态管理模式 Vuex 的基本用途，掌握 Vuex 的 state、getters、mutations、actions 等核心概念。学会定义 store 对象，在其中定义 state 对象，用于保存共享数据。学会定义 mutations 和 actions。

Web 前端开发工程师应知应会以下内容。

- 掌握 Vuex 的工作原理。
- 掌握 Vuex 的 5 个核心概念。
- 掌握 Vuex 中 mutations 和 actions 的定义与使用方法。
- 熟悉多模块的应用场景。

9.1 Vuex 概述

在实际工程项目中，经常会出现多个组件之间需要共享一些状态数据的问题。例如，多个视图依赖于同一状态、来自不同视图的行为需要变更同一状态等。在以往的工程项目中，常用的解决办法有两种：①将数据以及操作数据的行为都定义在父组件；②将数据以及操作数据的行为传递给需要的各个子组件（有可能需要多级传递）。但这样的解决在组件嵌套层次太多时，会十分麻烦，极易导致数据不一致。为了解决这一问题，Vue.js 提供 Vuex，很好地解决了多组件之间状态，保证数据的一致性。

9.1.1 Vuex 定义

1. 状态管理模式

Vuex 是一个专为 Vue.js 应用程序开发的状态管理模式。它采用集中式存储管理应用的所有组件的状态，并以相应的规则保证状态以一种可预测的方式发生变化。Vuex 也集成到 Vue 的官方调试工具 Devtools extension，提供了诸如零配置的 time-travel 调试、状态快照导入导出等高级调试功能。

状态自管理应用通常包含 state、view 和 action 3 部分，如图 9-1 所示。它们的作用分别如下。

（1）state（状态）：驱动应用的数据源。数据源就是组件中的 data。

（2）view（视图）：以声明方式将 state 映射到视图。例 9-1 中代码第 21 行中的{{count}}即为声明方式，数据就可以显示出来。

（3）action（行为）：响应在 view 上的用户输入导致的状态变化。action 其实就是多个函数。

以 Vue 实现的简单计数器程序为例，说明单向数据流应用。

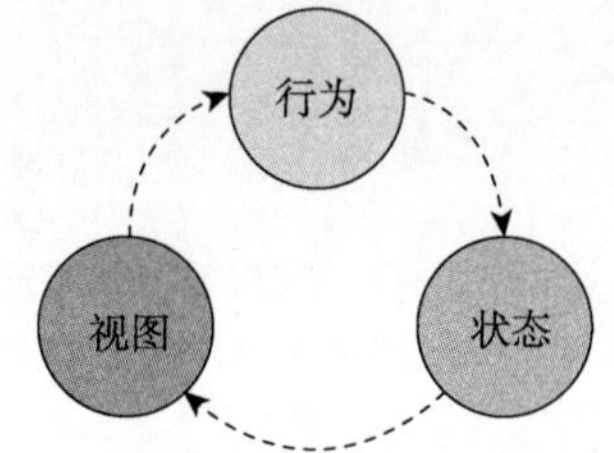

图 9-1 Vuex 单向数据流应用示意图

【例 9-1】用 Vue.js 实现简易的单向数据流应用。代码如下，页面效果如图 9-2 所示。

```
1.  <!-- vuex-9-1.html -->
2.  <!DOCTYPE html>
3.  <html>
4.      <head>
5.          <meta charset="utf-8">
6.          <title>Vue 展示单向数据流应用</title>
7.          <script src="../vue/js/vue.js" type="text/javascript"></script>
8.      </head>
9.      <body>
10.         <div id="app">
11.         </div>
12.         <script type="text/javascript">
13.             new Vue({
14.                 el: '#app',
15.                 //state
16.                 data: {
17.                         count: 0
18.                 },
19.                 //view
20.                 template: `
21.                 <div>计数器: {{ count }}
22.                     <button type="button" v-on:click="increment()">递增</button>
23.                     </div>
24.                 `,
25.                 //actions
26.                 methods: {
27.                     increment() {
28.                         this.count++
29.                     }
30.                 }
31.             })
```

```
32.          </script>
33.      </body>
34.  </html>
```

上述代码中，第 10～11 行定义一个 id 为 app 的<div>标记，作为视图，用于显示 Vue 实例中的 template 属性所定义的内容。第 12～32 行定义 Vue 实例，并定义 4 个属性，分别是 el、data、template、methods。其中，第 14 行定义挂载元素 el 为#app；第 15～18 行定义 date 属性，作为数据源，在其中定义了一个 count 属性，初始值为 0；第 19～24 行定义 template 属性，使用反单引号定义<div>标记，该标记包含文本插值和一个按钮，用于触发递增行为改变 count 的值，并显示在视图上；第 25～30 行定义 methods 属性，其中定义 increment() 方法实现 count 值加 1。

view 初始读取 data 中的 count，显示为 0。通过事件触发调用 actions 中的 increment() 方法，然后 actions 更新 state 的状态数据。state 更新之后，view 的界面也会随之改变。

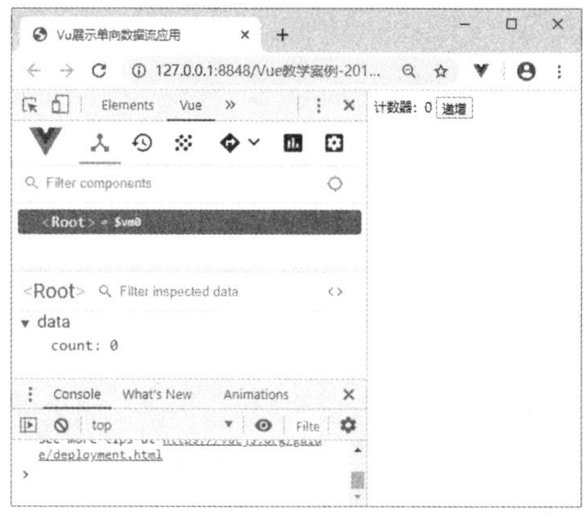

（a）运行初始状态

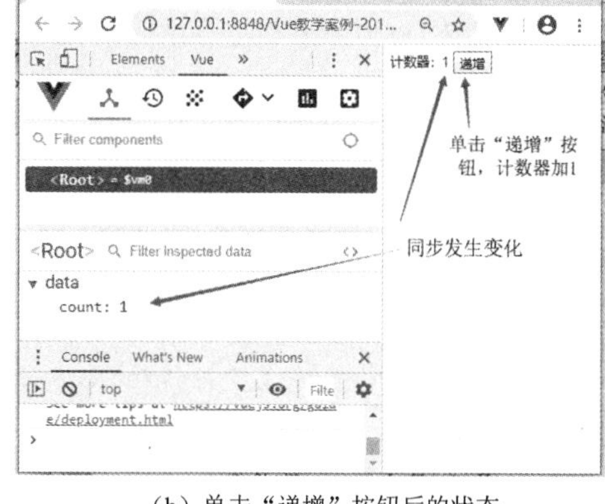

（b）单击“递增”按钮后的状态

图 9-2　Vue 实现单向数据流应用

2. Vuex 数据流向及适用场景

在实际工程应用中经常会遇到多组件间共享状态，此时单向数据流的简洁性很容易被破坏，主要来源于以下两种应用场合。

（1）多个视图依赖于同一状态（使用数据）。

（2）来自不同视图的行为需要变更同一状态（更新数据）。

针对第 1 种场合，在多层嵌套的组件中采用参数传递的方法会非常烦琐，尤其是兄弟组件间的状态传递更显得无能为力；针对第 2 种场合，经常会采用父子组件直接引用或通过事件变更和同步状态的多份副本。以上这些模式非常脆弱，通常会导致代码无法维护。

如果不打算开发大型单页应用，使用 Vuex 可能是烦琐冗余的。也就是说，如果工程应用比较简单，就没有必要使用 Vuex。一个简单的 store 模式就足够满足需求了（如例 9-2）。但是，如果需要构建一个中大型单页应用，此时很可能会考虑如何更好地在组件外部管理状态，Vuex 自然而然将成为最好的选择。

9.1.2　简单状态管理——store 模式

我们经常忽略了 Vue 应用程序的真实来源是原始数据对象——Vue 实例仅代理对其的访问。所以，若有一个状态需要被多个实例共享，可以简单地通过维护一份数据实现共享，这就是 store 模式。

【例 9-2】简单状态管理——store 模式应用。代码如下，页面效果如图 9-3～图 9-5 所示。设计要求：设置两个 Vue 实例分别共享 store 中的 state，同时管理自身的私有数据，通过全局声明一个 store 对象变量，封装一个 state 属性以及 setMessageAction(newValue) 和 clearMessageAction() 两个方法。再定义两个 Vue 实例，分别为 vmA 和 vmB，并给每个实例分别定义 el、data、methods 等属性。data 属性中分别定义私有数据属性 privateState 和共享数据属性 sharedState，并将 sharedState 属性的值设置为 store.state。

```
<!-- vuex-9-2.html -->
<!DOCTYPE html>
<html>
    <head>
        <meta charset="utf-8">
        <title>简单状态管理——store 模式</title>
        <script src="../vue/js/vue.js" charset="utf-8"></script>
    </head>
    <body>
        <h1>两个 Vue 实例对象共享 store</h1>
        <div id="app1">
            <p> app1:共享状态数据-{{sharedState.message}},私有数据-{{privateState.name}} </p>
            <button type="button" v-on:click="setMessage()">改变共享信息</button>
        </div>
        <div id="app2">
            <p> app2:共享状态数据-{{sharedState.message}},私有数据-{{privateState.name}} </p>
            <button type="button" @click="clearMessage()">清空共享信息</button>
        </div>
        <script type="text/javascript">
            //定义共享 store
            var store = {
                state: {
                    message: '初始信息——大家好！'
                },
                //所有 store 中 state 的改变，都放置在 store 自身的 action 中去管理,mutation
                setMessageAction(newValue) {
                    console.log('setMessageAction 触发 with', newValue);
                    this.state.message = newValue;
                },
                clearMessageAction() {
                    console.log('clearMessageAction 触发');
                    this.state.message = '';
                }
            }
            //定义两个实例
            var vmA = new Vue({
                el: '#app1',
                data: {
                    privateState: {
                        name: 'vmA',
                        age: 10,
                    },
                    sharedState: store.state
                },
                //actions
```

```
                methods: {
                    setMessage() {
                        store.setMessageAction('变更信息——大家辛苦啦! ');
                    }
                }
            })
            var vmB = new Vue({
                el: '#app2',
                data: {
                    privateState: {
                        name: 'vmB',
                        age: 15,
                    },
                    sharedState: store.state
                },
                //actions
                methods: {
                    clearMessage() {
                        store.clearMessageAction();
                    }
                }
            })
        </script>
    </body>
</html>
```

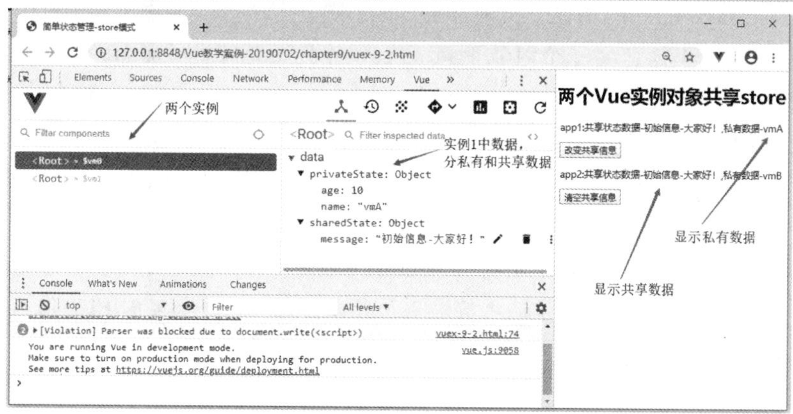

图 9-3　store 模式应用初始页面效果

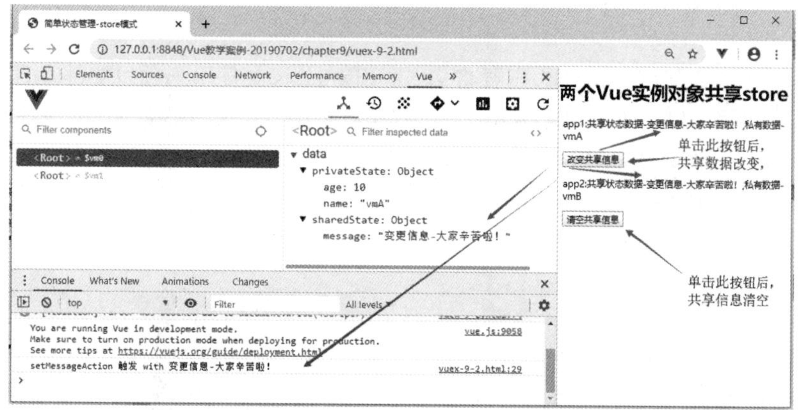

图 9-4　store 模式应用单击“改变共享信息”按钮页面效果

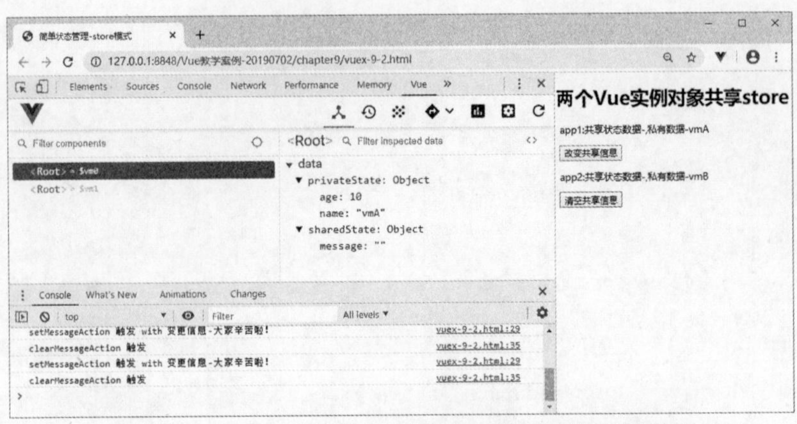

图 9-5 store 模式应用单击“清空共享信息”按钮页面效果

上述代码中，第 7 行引用 vue.js。第 11～14 行定义一个 id 为 app1 的<div>标记，作为视图，显示共享数据和私有数据，同时增加一个按钮用于改变共享数据，单击该按钮时执行 setMessage()方法（第 47～49 行），调用 store 对象的 setMessageAction（‘变更信息——大家辛苦啦！’）方法，此时 store.state 值发生改变，视图也同步发生变化（响应式更新）。第 15～18 行定义一个 id 为 app2 的<div>标记，作为视图，显示共享数据和私有数据，同时增加一个按钮用于清空共享数据，单击该按钮时执行 clearMessage() 方法（第 63～65 行），调用 store 对象的 clearMessageAction() 方法，此时 store.state 值发生改变，视图也同步发生变化（响应式更新）。第 21～34 行定义一个对象变量 store，并为其定义一个 state 属性（在其中定义 message 属性，作为状态数据）以及 setMessageAction(newValue)（功能为改变状态）和 clearMessageAction()（功能为清空状态）两个方法。

两个 Vue 实例的 data 属性中均定义了 privateState（私有数据）和 sharedState（共享数据）。

注意： 所有 store 中 state 的改变，都放置在 store 自身的 action 中去管理。这种集中式状态管理能够被更容易地理解哪种类型的 mutation 将会发生，以及它们如何被触发。当出现错误时，现在也会有一个日志记录错误之前发生了什么。此外，每个实例/组件仍然可以拥有和管理自己的私有状态（数据）。

9.2 Vuex 基本应用

在工程项目需要使用 Vuex 时，需要将 vue.js 和 vuex.js 文件引入项目文件，可以通过 CDN 或 Script 脚本引用（https://Unpkg.com），然后在项目中安装 vuex 模块，并在项目主文件中导入 vue 和 vuex，再显式地使用 Vue.use(Vuex) 即可。具体的操作步骤如下。

（1）直接下载/CDN 引用。

HTML 中使用<script>标记引入，代码如下。

```
<script src="vue.js"></script>
<script src="vuex.js"></script>
```

CDN 引用代码如下。

```
<script src="https://unpkg.com/vuex@3.1.3/dist/vuex.js"></script>
```

（2）项目目录下载安装模块。

```
npm install vuex --save-dev|-D
```

（3）项目文件中导入并显式地使用 Vuex。

```
//index.js
import Vue from 'vue'
import Vuex from 'vuex'
Vue.use(Vuex)   //显式地通过 Vue.use() 来安装 Vuex
```

（4）自己构建。

```
git clone https://github.com/vuejs/vuex.git node_modules/vuex
cd node_modules/vuex
npm install
npm run build
```

9.3　Vuex 核心概念

Vuex 应用的核心就是 store（仓库）。store 就是一个容器，它包含用户应用中大部分的状态（数据），如图 9-6 所示。但 Vuex 和单纯的全局对象不同，主要有以下两点区别。

（1）Vuex 的状态存储是响应式的。当 Vue 实例/组件从 store 中读取状态的时候，若 store 中的状态发生变化，那么相应的实例/组件也会高效更新。

（2）用户不能直接改变 store 中的状态。改变 store 中的状态的唯一途径就是显式地提交 mutation。这样可以方便地跟踪每个状态的变化，从而可以通过一些工具帮助用户更好地了解自己的应用。

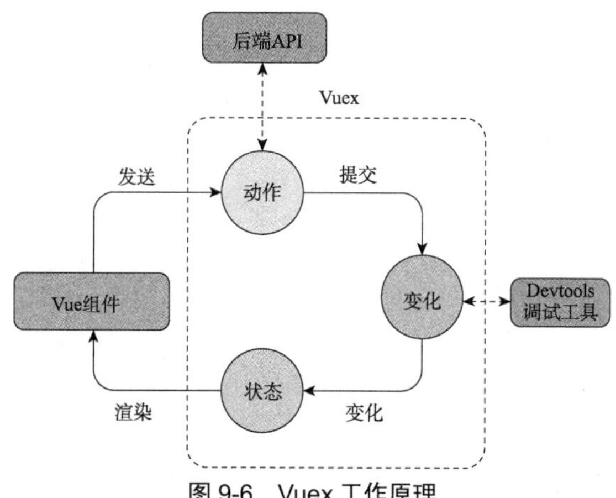

图 9-6　Vuex 工作原理

因此，需要把组件的共享状态抽取出来，以一个全局单例模式管理它。在这种模式下，组件树构成了一个巨大的“视图”，不管在树的哪个位置，任何组件都能获取状态或触发行为。

这就是 Vuex 背后的基本思想，与其他模式不同的是，Vuex 是专门为 Vue.js 设计的状态管理库，以利用 Vue.js 的细粒度数据响应机制进行高效的状态更新。

9.3.1　一个完整的 store 结构

一个完整的 store 包含 state、getters、mutations、actions、modules 五大组成部分。精简

的代码如下所示。

```
const store = new Vuex.Store({
  state: {
     //存放状态
  },
  getters: {
     //state 的计算属性
  },
  mutations: {
     //更改 state 中状态的逻辑，同步操作
  },
  actions: {
     //提交 mutation，异步操作
  },
     //如果将 store 分成一个个模块的话，则需要用到 modules
     //然后在每个 module 中写 state、getters、mutations、actions 等。
  modules: {
    a: moduleA,
    b: moduleB,
     //...
  }
});
```

然后使用 export default store 命令将 store 导出，在 main.js 文件可以导入，并挂载到 Vue 根实例中，其他子组件即可以使用 store 中的 state 状态。

9.3.2 最简单的 store

安装 Vuex 之后，就可以创建一个 store。创建过程比较简单，仅需要提供一个初始 state 对象和一些 mutation，部分代码如下。

```
import Vue from 'vue'
import Vuex from 'vuex'
Vue.use(Vuex)
const store = new Vuex.Store({
  state: {
    count: 0
  },
  mutations: {
    increment (state) {
      state.count++
    }
  }
})
```

接下来就可以通过 store.state 属性获取状态对象，以及通过 store.commit() 方法触发状态变更，并通过控制台输出状态数据。代码如下。

```
store.commit('increment')            //increment 触发 mutation
console.log(store.state.count)       //count 值为 1
```

注意：通过提交 mutation 的方式，而非直接改变 store.state.count，是因为想要更明确地追踪到状态的变化。这样可使用户的意图更加明显，在阅读代码的时候能更容易地解读应用内部的状态改变。由于 store 中的状态是响应式的，在组件中调用 store 中的状态简单到只要在计算属性中返回即可。触发变化也仅仅是在组件的 methods 中提交 mutation。

Vuex 是为解决 Vue 组件间相互通信而存在的。Vuex 的理解稍微复杂，可以通过以下 5

个核心概念了解并学会使用。

（1）state：定义状态（变量），辅助函数 mapState()。

（2）getters：获取状态（变量的值），同时可以对状态进行处理，辅助函数 mapGetters()。

（3）mutations：修改状态（修改变量的值），辅助函数 mapMutations()。

（4）actions：触发 mutation() 函数，从而修改状态，支持异步。

（5）modules：在状态很多时，把状态分开管理。

接下来，将深入地探讨一些核心概念。先从 state 概念开始。

9.3.3　Vuex 中的 state

Vuex 使用单一状态树，即用一个对象包含了全部的应用层级状态，它作为一个“唯一数据源”而存在。这也意味着，每个应用将仅包含一个 store 实例。单一状态树让用户能够直接地定位任意特定的状态片段，在调试的过程中也能轻易地取得整个当前应用状态的快照。

单状态树和模块化并不冲突，在后面的章节中会讨论如何将状态和状态变更事件分布到各个子模块中。

存储在 Vuex 中的数据和 Vue 实例中的数据遵循相同的规则，如状态对象必须是纯粹的对象（含有零个或多个的键值对）。

1. 在 Vue 组件中通过 computed 计算属性获得 Vuex 状态

在 Vue 组件中如何展示状态呢？由于 Vuex 的状态存储是响应式的，从 store 实例中读取状态最简单的方法就是在 computed 计算属性中返回某个状态。部分代码如下。

```
//创建一个 Counter 组件
const Counter = {
  template: `<div>{{ count }}</div>`,
  computed: {
    count () {
      return store.state.count
    }
  }
}
```

每当 store.state.count 变化的时候，都会重新求取计算属性，并且触发更新相关联的 DOM。然而，这种模式导致组件依赖全局状态单例。在模块化的构建系统中，在每个需要使用 state 的组件中需要频繁地导入，并且在测试组件时需要模拟状态。

Vuex 通过 store 选项提供了一种机制，将状态从根组件“注入”每个子组件中（须调用 Vue.use(Vuex)）。部分代码如下。

```
const app = new Vue({
  el: '#app',
  //把 store 对象提供给 store 选项，这可以把 store 的实例注入所有的子组件
  store,  //store 等同于'store:store' 注入 Vue 实例中
  components: { Counter },
  template: `
    <div class="app">
      <counter></counter>
    </div>
  `
})
```

通过在根实例中注册 store 选项，该 store 实例会注入根组件下的所有子组件中，且子组

件能通过 this.$store 访问到。更新 Counter，代码如下。

```
const Counter = {
  template: `<div>{{ count }}</div>`,
  computed: {
    count () {
      return this.$store.state.count
    }
  }
}
```

2. 在 Vue 组件中通过 mapState() 辅助函数获得 Vuex 状态

当一个组件需要获取多个状态的时候，将这些状态都声明为计算属性会有些重复和冗余。为了解决这个问题，Vuex 通过使用 mapState() 辅助函数帮助生成计算属性，减少用户按键的次数。

mapState() 函数返回的是一个对象，用来获取多个状态。mapState() 函数可以接收{}或[]作为参数。{}为键值对形式，即 key:value，key 为计算属性，value 为函数，参数为 store.state，返回需要的 state；当映射的计算属性的名称与 state 的子节点名称相同时，可以向 mapState() 传一个字符串数组。部分代码如下。

```
//1.在单独构建的版本中辅助函数为 Vuex.mapState
 computed: mapState({
    //箭头函数可使代码更简练
    count: state => state.count,
    //传字符串参数 'count' 等同于 'state => state.count'
    countAlias: 'count',
    //为了能够使用 'this' 获取局部状态，必须使用常规函数
    countPlusLocalState (state) {
      return state.count + this.localCount
    }
  })
  //2.当映射的计算属性的名称与 state 的子节点名称相同时
  computed: mapState([
  //映射 this.count 为 store.state.count
  'count'     //可以有多个 state 对象中属性(key),用逗号分隔
])
```

3. 对象展开运算符

如何将 Vuex 状态与局部计算属性混合使用呢？通常，需要使用一个工具函数将多个对象合并为一个，然后将最终对象传给 computed 属性。但自从有了对象展开运算符（...），可以极大地简化写法。部分代码如下。

```
computed: {
  localComputed () { /* ... */ },
  //使用对象展开运算符将此对象混入外部对象中
  ...mapState({
    //...
  })
}
```

4. 组件自有局部状态

使用 Vuex 并不意味着需要将所有的状态均放入 Vuex。虽然将所有的状态放到 Vuex 会使状态变化更显式和易调试，但也会使代码变得冗长和不直观。如果有些状态严格属于单个组件，最好还是作为组件的局部状态。可以根据具体应用开发需要进行权衡和确定。

【例 9-3】Vuex 核心概念实战——state 的使用。

（1）在当前目录下，通过命令创建 Vue 项目，并进入项目文件夹，安装 Vuex 完成项目配置。命令如下，执行结果如图 9-7 所示。

```
vue init webpack vuex-1-state
cd vuex-1-state
npm install vuex --save-dev|-D
npm run dev
```

```
DONE  Compiled successfully in 3524ms

I  Your application is running here: http://localhost:8080
```

图 9-7　vuex-1-state 项目初始化控制台界面

（2）在浏览器中打开 http://localhost:8080，查看页面，效果如图 9-8 所示。

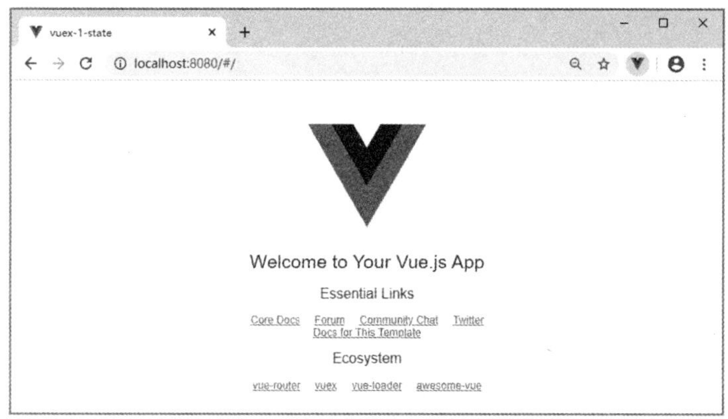

图 9-8　vuex-1-state 项目初始化页面

（3）如看到图 9-8 这个界面，则说明项目启动成功，然后在项目的 src 文件夹下新建一个子文件夹 store，在该目录下新建一个 index.js 文件，用来创建 Vuex 实例，然后在该文件中引入 Vue 和 Vuex，显式地使用 Vuex，创建 Vuex.Store 实例并保存到变量 store 中，最后使用 export default 命令导出 store。具体代码如下。

```
//index.js
import Vue from 'vue'
import Vuex from 'vuex'
Vue.use(Vuex)
//创建 Vuex 对象
const store = new Vuex.Store({
   state: {
      name : '储久良',
      weeklyPay: 5000,
      week:6,
   },
   getters: {},
   mutations: {},
   actions: {}
})
export default store //导出 store
```

（4）将原来的 src/app.vue 内容清空，重新编辑，其中包含 template、script、style 等三大组成部分，代码如下。

```
1.  <!--App.vue  -->
2.  <template>
3.      <div id="app">
4.          <h2>使用 store 中的数据</h2>
5.          <h3>{{entry}}-周薪管理-直接获取$store</h3>
6.          <p>姓名:{{$store.state.name}},第{{$store.state.week}}周,周薪:{{$store.
            state.weeklyPay}}元</p>
7.          <h3>周薪管理-mapState、计算属性获取</h3>
8.          <p>姓名:{{name}},第{{week}}周,周薪:{{weeklyPay}}元</p>
9.      </div>
10. </template>
11. <script>
12.     import {mapState} from 'vuex';
13.     export default {
14.         name: 'App',
15.         data(){//组件私有数据
16.           return {
17.                 entry:'Vue.js 学堂在线'
18.             }
19.         },
20.         methods: {},
21.         //使用计算属性获取 Vuex 状态
22.         computed: {
23.             weeklyPay() {
24.                 return this.$store.state.weeklyPay;
25.             },
26.             ...mapState(['week','name'])
27.         }
28.     }
29. </script>
30. <style>
31.     #app {
32.         margin-top: 10px;
33.         padding: 10px;
34.         border: 1px dashed #112233;
35.     }
36. </style>
```

该文件中，<template>标记中既使用组件私有数据 entry（代码第 5 行），也使用 store 中的 state（代码第 6 行和第 8 行）。组件中可采用$store.state 方式使用 store 中的数据；也可以采用计算属性和 mapState() 函数等多种方法获取。

注意：一个组件的 data 选项必须是一个函数，定义格式如 data(){ return {a:1, b:5, c: 'abc'} }。

（5）在 src 子文件夹下创建 main.js 文件，代码如下。

```
//main.js
import Vue from 'vue'
import App from './App.vue'
import store from './store'
Vue.config.productionTip = false
new Vue({
    el: '#app',
    store, //store:store,注入
    components: { //局部注册组件
        App
    },
```

```
    template: '<App/>',
})
```

在该文件中，先导入 Vue、App 和 store 组件，创建 Vue 实例，将 store 注入，供所有组件共享。同时将组件 App 局部注册到该 Vue 实例中。

注意：在进行项目编译时，控制台和调试状态会报出很多 ESLint 语法规范检查错误，可以将 webpack.base.conf.js 文件中的 “...(config.dev.useEslint ? [createLintingRule()] : []),” 这一行代码注释掉，不使用 ESLint 语法，就不会报错。

（6）切换到浏览器并刷新页面，效果如图 9-9 所示。

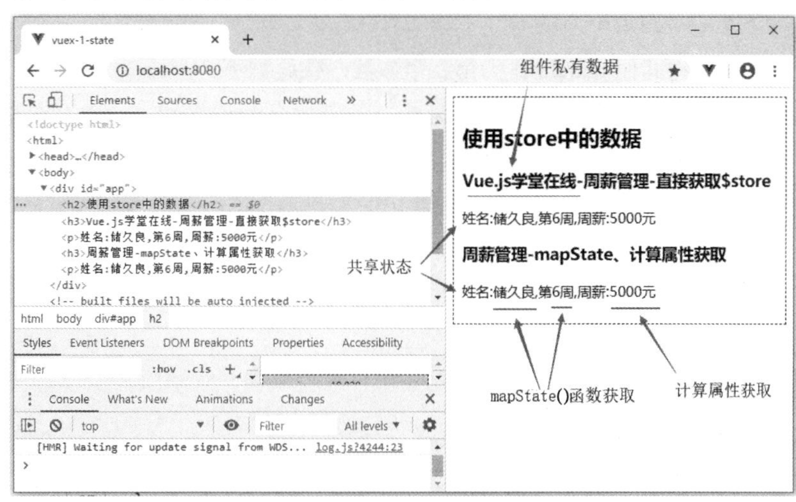

图 9-9　vuex-1-state 项目完成后的页面效果

9.3.4　Vuex 中的 getters

1. Vuex 中 getters 的需求背景

工程项目中有时候需要从 store.state 中派生出一些状态，如对列表进行过滤并计数，可以通过计算属性来实现，代码如下。

```
computed: {
    doneTodosCount () {//统计待办项目中已经完成的项目数
        return this.$store.state.todos.filter(todo => todo.done).length
    }
}
```

如果有多个组件需要用到此属性，要么复制这个函数，要么抽取到一个共享函数，然后在多处导入它，但无论哪种方式使用起来均不是很理想。

Vuex 允许在 store 中定义 getters（可以认为是 store 的计算属性）。就像计算属性一样，getters 的返回值会根据它的依赖被缓存起来，且只有当它的依赖值发生改变才会被重新计算。

getters 可以接受第 1 个参数为 state，部分代码如下。

```
const store = new Vuex.Store({
  state: {
    todos: [
      { id: 1, text: '...', done: true },
      { id: 2, text: '...', done: false }
    ]
```

```
  },
  getters: {
    doneTodos: state => {
      return state.todos.filter(todo => todo.done)
    }
  }
})
```

2. getters 的使用方法

常用的方法可通过属性、方法和 mapGetters() 辅助函数访问。

（1）通过属性访问。getters 会暴露为 store.getters 对象，可通过属性的形式访问这些值。

```
store.getters.doneTodos //返回已完成项目 [{ id: 1, text: '...', done: true }]
```

getters 可以接受将其他 getters 作为第 2 个参数，代码如下。

```
getters: {
  //...
  doneTodosCount: (state, getters) => {
    return getters.doneTodos.length
  }
}
//使用 doneTodosCount
Store.getters.doneTodosCount    //返回 1
```

在其他组件中可以很容易地使用它，代码如下。

```
computed: {
  doneTodosCount () {
    return this.$store.getters.doneTodosCount   //使用方法 this.$store
  }
}
```

注意：通过属性访问时，getters 作为 Vue 的响应式系统的一部分缓存在其中。

（2）通过方法访问，代码如下。

```
getters: {
  //...
  getTodoById: (state) => (id) => {
    return state.todos.find(todo => todo.id === id)
  }
}
//使用方法
store.getters.getTodoById(2) //返回 { id: 2, text: '...', done: false }
```

（3）通过 mapGetters() 辅助函数访问，代码如下。

```
import { mapGetters } from 'vuex'
export default {
  //...
  computed: {
  //使用对象展开运算符将 getters 混入 computed 对象中
    ...mapGetters([
      'doneTodosCount',
      'anotherGetter',
      //...
    ])
  }
}
```

如果想为一个 getters 属性另取一个名字，使用对象形式来定义，代码如下。

```
mapGetters({
  //把 'this.doneCount' 映射为 'this.$store.getters.doneTodosCount'
  doneCount: 'doneTodosCount'
})
```

【例 9-4】Vuex 核心概念实战——getters 的使用。

（1）在当前目录下，新建 vuex-2-getter 项目，依次执行以下命令，完成项目创建与配置工作。

```
vue init webpack vuex-2-getter
cd vuex-2-getter
npm install vuex --save-dev|-D
npm run dev
```

（2）将 vuex-1-state 项目下 src 文件夹和 App.vue、main.js 和 src/store/index.js 等文件复制到 vuex-2-getter 相应的文件夹下。刷新浏览器页面，进入 vuex-2-getter 项目文件夹，然后分别根据项目需要修改 main.js、index.js 和 App.vue 文件。

编辑 main.js 文件，代码如下。

```
//main.js
import Vue from 'vue'
import App from './App.vue'
import store from './store'
Vue.config.productionTip = false
new Vue({
    el: '#app',
    store, //store:store,注入
    components: { //局部注册组件
        App
    },
    template: '<App/>',
})
```

编辑 index.js 文件，代码如下。

```
//index.js
import Vue from 'vue'
import Vuex from 'vuex'
Vue.use(Vuex)
//创建 VueX 对象
const store = new Vuex.Store({
    state: {
        name: '储久良',
        weeklyPay: 5000,
        week: 6,
    },
    getters: {
        //单个参数
        getName: function(state) {
            return state.name;
        },
        getWeeklyPay: function(state) {
            return state.weeklyPay
        },
        //两个参数
        getDoubleWeeklyPay: function(state, getters) {
            return getters.getWeeklyPay * 2
        }
    },
    mutations: {},
```

```
26.     actions: {}
27. })
28. export default store //导出 store
```

上述代码中，第 12～24 行为新增的 getters 部分代码。getName 和 getWeeklyPay 仅接收第 1 个参数 state，用于获取 name 和 weeklyPay 的值；getDoubleWeeklyPay 接收第 2 个参数 getters，用于获取自身的 getWeeklyPay，再进行计算。

编辑 App.vue 文件，代码如下。

```
1.  <!-- App.vue -->
2.  <template>
3.      <div id="app">
4.          <h2>使用 store 中的数据</h2>
5.          <h3>{{entry}}-周薪管理-直接获取$store</h3>
6.          <p>姓名:{{$store.state.name}},第{{$store.state.week}}周,周薪:{{$store.
            state.weeklyPay}}元</p>
7.          <h3>周薪管理-mapState、计算属性获取</h3>
8.          <p>姓名:{{name}},第{{week}}周,周薪:{{weeklyPay}}元</p>
9.          <h3>周薪管理-getter 获取</h3>
10.         <p>姓名:{{this.$store.getters.getName}},第{{week}}周,周薪:
            {{getDoubleWeeklyPay}}元</p>
11.     </div>
12. </template>
13. <script>
14.     import {mapState} from 'vuex';
15.     import {mapGetters} from 'vuex';
16.     export default {
17.         name: 'App',
18.         data() { //组件私有数据
19.             return {
20.                 entry: 'Vue.js 学堂在线'
21.             }
22.         },
23.         methods: {},
24.         //使用计算属性获取 Vuex 状态
25.         computed: {
26.             weeklyPay() {
27.                 return this.$store.state.weeklyPay;
28.             },
29.             ...mapState(['week', 'name']), //混入计算属性
30.             ...mapGetters(['getWeeklyPay', 'getDoubleWeeklyPay']), //混入计算属性
31.         }
32.     }
33. </script>
34. <style>
35.     #app {
36.         margin-top: 10px;
37.         padding: 10px;
38.         border: 1px dashed #112233;
39.     }
40. </style>
```

上述代码中，第 5 行的{{entry}}插值使用的是私有数据。第 6 行和第 8 行分别使用 $store.state、计算属性和 mapState() 辅助函数获取状态。第 10 行分别使用 this.$store.getters、mapState()和 mapGetters()辅助函数获取并计算相关状态值。第 30 行将 getWeeklyPay 和 getDoubleWeeklyPay 方法通过 mapGetters() 辅助函数映射为计算属性，供其他组件使用。

（3）切换到浏览器界面，刷新页面，效果如图 9-10 所示。

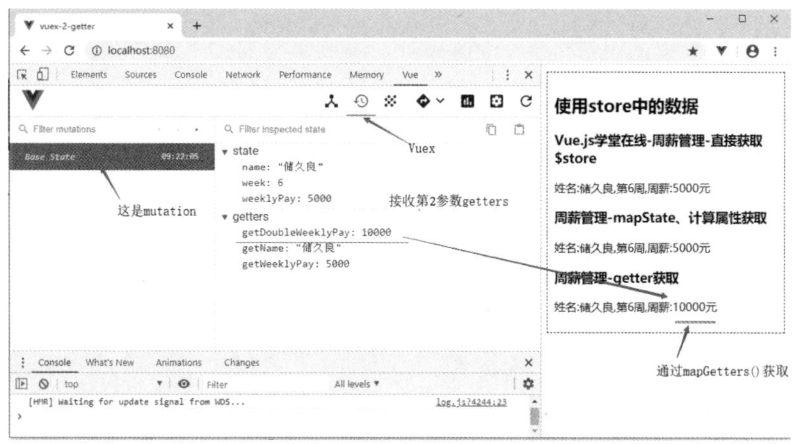

图 9-10　vuex-2-getter 项目完成后的页面效果

9.3.5　Vuex 中的 mutations

更改 Vuex 的 store 中的状态的唯一方法是提交 mutations。Vuex 中的 mutations 非常类似于事件：每个 mutation 都有一个字符串的事件类型（type）和一个回调函数（handler）。这个回调函数就是实际进行状态更改的地方，并且它会接收 state 作为第 1 个参数。代码如下。

```
const store = new Vuex.Store({
  state: {
    count: 1
  },
  mutations: {
    increment (state) {   //increment 为事件类型 type，state 为参数
      //变更状态
      state.count++
    }
  }
})
```

用户不能直接调用一个 mutation handler。这个选项更像是事件注册：当触发一个类型为 increment 的 mutations 时，调用此函数。要唤醒一个 mutation handler，需要以相应的 type 调用 store.commit() 方法，代码如下。

```
store.commit('increment')
```

1）提交载荷

可以向 store.commit() 方法传入额外的参数，即 mutations 的载荷（payload）。部分代码如下。

```
//...
mutations: {
  increment (state, n) {
    state.count += n
  }
}
```

要唤醒这样的 mutation handler，仍需要以相应的类型调用 store.commit() 方法，代码如下。

```
store.commit(type,[payload])    //[]表示可选参数
store.commit('increment', 10)
```

在多数情况下，载荷应该是一个对象，这样可以包含多个字段并且记录的 mutations 会更易读。部分代码如下。

```
//...
mutations: {
  increment (state, payload) {
    state.count += payload.amount     //累加
  }
}
```

相应的唤醒方法如下。

```
//把 payload 和 type 分开提交
store.commit('increment', {
   amount: 10
})
```

2）对象风格的提交方式

提交 mutations 的另一种方式是直接使用包含 type 属性的对象{}，代码如下。

```
//整个对象都作为载荷传给 mutation 函数
store.commit({
  type: 'increment',
  amount: 10
})
```

3）修改 state 对象的方法

项目实施过程中，有时会动态修改 state 对象，如增加对象的属性，如何才能正确地实施呢？有两种方法可以修改 state 对象中的属性，代码如下。

```
Vue.set(obj, 'newProp', 123)                        //Vue.set()方法
state.obj = { ...state.obj, newProp: 123 }          //以新对象替换老对象
```

例如，state 对象中的 student 对象原来有 name 和 sex 两个属性，现在需要增加 age 属性，正确的添加方法如下。

```
const store = new Vuex.Store({
  state: {
    student: {
      name: '张兰英',
      sex: '女'
    }
  }
})
//以下为 state 添加一个 age 属性
mutations: {
  addAge (state) {
    Vue.set(state.student, 'age', 20)  //这是第 1 种方法，新增属性需要使用引号
     //state.student = { ...state.student, age: 18 }  //这是第 2 种方法
  }
}
```

4）使用常量替代 mutations 事件类型

在工程项目中，可以使用常量替代 mutations 事件类型。通常将这些常量放在单独的文件中，可以让项目中所包含的 mutations 一目了然，方便项目合作者查看使用。具体代码如下。

（1）新建 mutation-types.js 文件。

```
//mutation-types.js
export const SOME_MUTATION = 'SOME_MUTATION'
```

（2）新建 store.js 文件。

```
//store.js
import Vuex from 'vuex'
import { SOME_MUTATION } from './mutation-types'

const store = new Vuex.Store({
  state: { ... },
  mutations: {
    //使用 ES2015 风格的计算属性命名功能，使用一个常量作为函数名
    [SOME_MUTATION] (state) {
      //mutation state
    }
  }
})
```

注意：函数名必须是带[]的类型常量（如[SOME_MUTATION]）。建议多人合作的大项目最好用常量的形式处理 mutations。小项目不需要这样做。

5）mutations 必须是同步函数

一条重要的原则就是 mutations 必须是同步函数。为什么？要通过提交 mutations 的方式改变状态数据，才能更明确地追踪到状态的变化。

6）在组件中提交 mutations

在组件中，可以使用 this.$store.commit('xxx') 提交 mutations，或者使用 mapMutations() 辅助函数将组件中的 methods 映射为 store.commit() 方法调用（需要在根节点注入 store）。具体实现的部分代码如下。

```
import { mapMutations } from 'vuex'

export default {
  //...
  methods: {
    ...mapMutations([
      'increment', //将 'this.increment()' 映射为 'this.$store.commit('increment')'
      //'mapMutations' 也支持载荷：
      'incrementBy' //将 'this.incrementBy(amount)' 映射为 'this.$store.commit('incrementBy', amount)'
    ]),
    ...mapMutations({
      add: 'increment' //将 'this.add()' 映射为 'this.$store.commit('increment')'
    })
  }
}
```

9.3.6　Vuex 中的 actions

actions 类似于 mutations，又不同于 mutations，具体有以下两点。

（1）actions 提交的是 mutations，而不是直接变更状态。

（2）actions 可以包含任意异步操作。

actions 对象中的方法需要使用 store.dispatch() 方法调用。action 函数接收一个与 store 实例具有相同方法和属性的 context 对象，因此可以调用 context.commit() 方法提交 mutations，或者通过 context.state 和 context.getters 获取 state 和 getters。

下面来注册一个简单的 actions。

```
1.  const store = new Vuex.Store({
2.    state: {
3.      count: 0
4.    },
5.    mutations: {
6.      increment (state) {
7.        state.count++
8.      }
9.    },
10.   actions: {
11.     increment (context) {
12.       context.commit('increment')
13.     }
14.   }
15. })
```

上述代码中，第 10～14 行在 actions 中注册 increment() 函数，其参数为 context 对象，然后使用该对象的 commit() 方法执行一个 mutations（如 increment）。在项目实践中，也可以使用 ES2015 的参数解构来简化代码（特别是需要多次调用 commit() 时）。简化格式如下。

```
1.  actions: {
2.    increment ({commit }) {        //{commit}相当于{commit:context.commit}
3.      commit('increment')          //由原来的 context.commit()简化为 commit()
4.    }
5.  }
```

上述代码中第 2 行参数采用的是对象形式{commit}，使用参数解构赋值后{commit}的 commit= context.commit。

注意：解构赋值允许使用类似数组或对象字面量的语法将数组和对象的属性赋给各种变量。这种赋值语法极度简洁，同时还比传统的属性访问方法更为清晰。对象解构示例如下。

```
var { foo, bar } = { foo: "lorem", bar: "ipsum" };  //当属性名与变量名一致时，可以简写
console.log(foo);//"lorem"
console.log(bar);//"ipsum"
```

actions 通过 store.dispatch() 方法触发 mutations，代码如下。

```
store.dispatch('increment')
```

由于 mutations 必须同步执行，但 actions 就没有这个约束。可以在 actions 内部执行异步操作，部分代码如下。

```
actions: {
  incrementAsync ({ commit }) {
    setTimeout(() => {    //=>表示箭头函数
      commit('increment')
    }, 1000)     //1000ms 后执行
  }
}
```

actions 支持同样的载荷形式和对象形式进行分发。

```
//以载荷形式分发
store.dispatch('incrementAsync', {
  amount: 10
})
//以对象形式分发
store.dispatch({
```

```
    type: 'incrementAsync',
    amount: 10
  })
```

在组件中使用 this.$store.dispatch('xxx') 方法分发 actions，或者使用 mapActions() 辅助函数将组件的 methods 映射为 store.dispatch() 方法调用（需要先在根节点注入 store）。

```
import { mapActions } from 'vuex'
export default {
  //...
  methods: {
    ...mapActions([
      'increment', //将 'this.increment()' 映射为 'this.$store.dispatch('increment')'
       //'mapActions' 也支持载荷:
      'incrementBy' //将 'this.incrementBy(amount)' 映射为 'this.$store.dispatch
      ('incrementBy', amount)'
    ]),
    ...mapActions({
      add: 'increment' //将 'this.add()' 映射为 'this.$store.dispatch('increment')'
    })
  }
}
```

【例 9-5】 Vuex 核心概念实战——mutations 和 actions 的使用。

（1）在当前目录下，新建 vuex-3-mutation-action 项目，依次执行下列指令，完成项目创建与配置工作。

```
vue init webpack vuex-3-mutation-action
cd vuex-3-mutation-actionr
npm install vuex --save-dev|-D
npm run dev
```

（2）将 vuex-2-getter 项目下 src 文件夹以及 App.vue、main.js 和 src/store/index.js 等文件复制到 vuex-3-mutation-action 相应的子文件夹下。刷新浏览器页面，进入 vuex-3-mutation-action 项目文件夹，然后分别根据项目需要修改 main.js、index.js 和 App.vue 文件。

在项目中不使用 ESLint 语法检查。将 config 子文件夹下的 index.js 文件中的第 26 行代码 useEslint: true 注释掉或将其值设置为 false。切换到命令行窗口，终止批处理操作，然后重新执行 npm run dev 命令，此时控制台和浏览器调试界面就不会出现报错信息了。

修改 App.vue 文件，代码如下。

```
<!-- vuex-3-mutation-action App.vue -->
<template>
    <div id="app">
        <h2>{{company}}-周薪管理-调增-mutation</h2>
        <my-add></my-add>
        <hr />
        <h2> {{company}}-周薪管理-调减-action</h2>
        <my-reduce></my-reduce>
    </div>
</template>
<script>
    import add from './components/addWeeklyPay.vue'
    import reduce from './components/reduceWeeklyPay.vue'
    import {mapGetters} from 'vuex';

    export default {
        name: 'App',
```

```
18.         props: ['company'],
19.         //使用计算属性获取 Vuex 状态
20.         computed: {
21.             weeklyPay() {
22.                 return this.$store.state.weeklyPay;
23.             },
24.         },
25.         components: {
26.             'my-add': add,
27.             'my-reduce': reduce
28.         }
29.     }
30. </script>
31. <style>
32.     #app {
33.         margin-top: 10px;
34.         padding: 10px;
35.         border: 1px dashed #112233;
36.     }
37. </style>
```

在该文件中使用 my-add、my-reduce 两个子组件，需要经过 3 个步骤：①导入子组件（第 12～13 行）；②注册子组件（第 25～28 行）；③使用子组件（第 5 行和第 8 行）。在父组件中通过 name 属性(其值为 App)导出。App.vue 组件接受传值(第 18 行传递参数 company)。代码第 31～37 行定义的 style 样式在所有组件中均生效（全局样式）。

编辑 index.js 文件，代码如下。

```
//vuex-3-mutation-action  index.js
import Vue from 'vue'
import Vuex from 'vuex'
Vue.use(Vuex)
//创建 Vuex 对象
const store = new Vuex.Store({
    state: {
        name: '储久良',
        weeklyPay: 5000,
        week: 6,
    },
    mutations: {
        add(state) {
            state.weeklyPay = state.weeklyPay + 100
        },
        addNum(state, num) {              //带第 2 个参数 num(幅度)
            state.weeklyPay = state.weeklyPay + num
        },
        reduce(state) {
            state.weeklyPay = state.weeklyPay - 100
        },
        reduceNum(state, num) {           //带第 2 个参数 num(幅度)
            state.weeklyPay = state.weeklyPay - num
        }
    },
    actions: {
        addWeeklyPay(context) {
            context.commit('add');
        },
        reduce(context){
            context.commit('reduce')      //同步减少
        },
```

```
33.         reduceAsync(context) {
34.             setTimeout(() => {              //异步
35.                 context.commit('reduce');
36.             }, 1000)
37.         },
38.         reduceNumAsync(context,step){      //异步带参数
39.             setTimeout(()=>{
40.                 context.commit('reduceNum',step)
41.             },1000)
42.
43.         }
44.     }
45. })
46. export default store                          //导出 store
```

该文件是定义 Vuex 对象的主要场所。正确使用 Vuex 需要经过以下几个步骤：①导入 Vue 和 Vuex（第 2～3 行）；②使用 Vue.use(Vuex)（第 4 行）；③显式创建 Vuex.store()，并定义其主要选项，如 state、mutations、actions（第 6～45 行）。在 state 选项中定义 name、weeklyPay、week 等属性（第 7～11 行）。在 mutations 属性中分别定义 add（周薪增加 100 元）、addNum（周薪增加 num 元）、reduce（周薪减少 100 元）、reduceNum（周薪减少 num 元）等 4 个 mutations（第 12～25 行），通过 mutations 修改 Vuex 状态值，其中 addNum、reduceNum 两个 mutations 带第 2 个参数 num，第 1 个参数必须为 state。在 actions 属性中定义 addWeeklyPay（直接触发的 mutations 为 add）、reduce（直接触发的 mutations 为 reduce）、reduceAsync（异步，延时 1s 触发 mutations 为 reduce）、reduceNumAsync（异步，延时 1s 触发 mutations 为 reduce，并传递第 2 个参数 step）等 4 个 actions，4 个 actions 的第 1 个参数均为 context，只有 reduceNumAsync 带第 2 个参数 step。最后将 index.js 默认导出为 store（第 46 行）。

编辑 main.js 文件，代码如下。

```
1.  //vuex-3-mutation-action
2.  //The Vue build version to load with the 'import' command
3.  //(runtime-only or standalone) has been set in webpack.base.conf with an alias.
4.
5.  import Vue from 'vue'
6.  import App from './App'
7.  import router from './router'
8.  import store from './store'
9.
10. Vue.config.productionTip = false
11.
12. /* eslint-disable no-new */
13. new Vue({
14.   el: '#app',
15.   router,
16.   store,
17.   components: { App },
18.   template: '<App company="Vue 学堂在线"/>'
19. })
```

该文件作为入口文件，完成 Vue 实例的定义，并启动 Vuex。在此文件中需要导入 Vue、store、App 组件和 router（本例中暂未使用路由，见第 5～8 行）。然后实例化 Vue（第 13～19 行）。在其中需要配置 el、router、components 和 template 选项。关键是注册 store，供其他子组件使用，即共享状态数据。在 template 选项中设置 company 属性，将其值传递给子组件。

（3）在 components 子文件夹下创建两个子组件，分别为 addWeeklyPay.vue 和 reduceWeek.vue 文件。然后分别编辑它们。

编辑 addWeeklyPay.vue 子组件文件，代码如下。

```
1.  <!-- addWeeklyPay.vue -->
2.  <template>
3.     <div>
4.        <p v-once>姓名:{{$store.state.name}},第{{$store.state.week}}周,周薪:{{$store.state.weeklyPay}}元</p>
5.        <p>姓名:{{name}},第{{week}}周,周薪:{{$store.state.weeklyPay}}元</p>
6.        <button @click="addWeeklyPay">增薪(100元)</button>
7.        <button @click="add">mapMutations 增薪(100元)</button>
8.        <button @click="addWeeklyPayNum">增薪(Num元)</button>
9.     </div>
10. </template>
11. <script>
12.    import {mapMutations} from 'vuex';
13.    import {mapState} from 'vuex';
14.    export default {
15.       name: 'add',
16.       methods: {
17.          addWeeklyPay() {
18.             this.$store.commit('add')
19.          },
20.          addWeeklyPayNum() {
21.             this.$store.commit('addNum', 150)
22.          },
23.          ...mapMutations(
24.             ['add']
25.          )
26.       },
27.       computed: {
28.          ...mapState(['week', 'name']), //混入计算属性
29.       }
30.    }
31. </script>
32. <style scoped="scoped">
33.    button {
34.       border-radius: 4px 4px;
35.       border: 1px solid #FFBB66;
36.       height: 28px;
37.       background-color: #0000FE;
38.       color: white;
39.    }
40. </style>
```

组件通常包括 3 个标记：<template>、<script>和<style>。该组件主要完成周薪调增的功能。在<template>标记中，需要完成 Vuex 状态数据的获取，并通过 3 个按钮完成调增周薪的功能。上述代码中，第 4 行显示 Vuex 中 state 的初始值，只渲染一次。第 5 行<p>标记的内容中所包含的数据会响应式更新，其中 name、week 通过计算属性...mapState() 辅助函数获取（第 28 行），weeklyPay 通过$store.state 直接获取。第 6 行定义“增薪（100 元）”按钮，当单击时触发 addWeeklyPay() 方法（第 17～19 行），调用 add 这个 mutations。第 7 行定义“mapMutations 增薪（100 元）”按钮，单击该按钮时触发 add 这个 mutations（第 23～25 行）。第 8 行定义“增薪（Num 元）”按钮，单击该按钮时触发 addWeeklyPayNum（第 20～22 行），调用 addNum 这个 mutations，并同时传递第 2 个参数 150。第 32～40 行定义私有化 CSS 样

式，因为使用 scoped 属性，这个<style>标记仅对该组件生效，属于局部生效。

注意：在 Vue 组件中，为了使样式私有化（模块化），不对全局造成污染，可以在<style>标记上添加 scoped 属性（<style scoped></style>）以表示它只属于当下的模块，这是一个非常好的举措，但是要慎用，因为在需要修改公共组件（第三方组件库或定制开发的组件）的样式的时候，scoped 往往会造成更多的困难，需要增加额外的复杂度。

添加了 scoped 属性的组件，为了达到组件样式模块化，会做以下两个处理：①给 HTML 的 DOM 节点加一个不重复 data 属性（形如 data-v-2311c06a）以表示它的唯一性；②在每句 CSS 选择器的末尾（编译后的生成的 CSS 语句）加一个当前组件的 data 属性选择器（如[data-v-2311c06a]）私有化样式。在浏览器中按 F12 键进入调试状态，查看 Elements 选项卡，如图 9-11 所示。

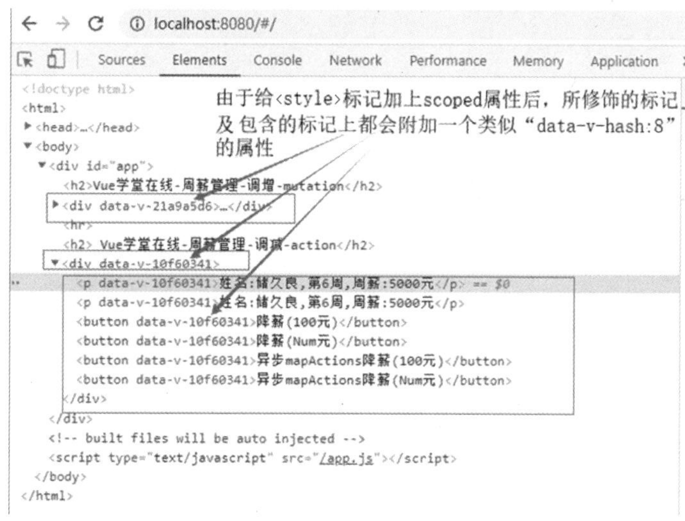

图 9-11 vuex-3-mutation-action 项目组件中私有化样式后元素的渲染结果

编辑 reduceWeek.vue 子组件文件，代码如下。

```
<!--  reduceWeek.vue -->
<template>
    <div>
        <p v-once>姓名:{{$store.state.name}},第{{$store.state.week}}周,周薪:{{$store.state.weeklyPay}}元</p>
        <p>姓名:{{$store.state.name}},第{{$store.state.week}}周,周薪:{{$store.state.weeklyPay}}元</p>
        <button @click="reduceWeeklyPay">降薪(100 元)</button>
        <button @click="reduceWeeklyPayNum">降薪(Num 元)</button>
        <button @click="reduceAsync">异步 mapActions 降薪(100 元)</button>
        <button @click="reduceNumAsync(300)">异步 mapActions 降薪(Num 元)</button>
    </div>
</template>
<script>
    import {mapActions} from 'vuex';
    export default {
        name:'reduce',
        methods: {
            reduceWeeklyPay() {
```

```
18.                 this.$store.commit('reduce');
19.             },
20.             reduceWeeklyPayNum() {
21.                 this.$store.commit('reduceNum', 300);
22.             },
23.             ...mapActions(['reduceAsync','reduceNumAsync'])
24.         }
25.     }
26. </script>
27. <style scoped>
28.     button {
29.         border: 1px solid #774477;
30.         border-radius: 4px 4px;
31.         height: 28px;
32.         background-color: #EBEBEB;
33.     }
34. </style>
```

该组件主要完成周薪调减的功能。在<template>标记中，需要完成 Vuex 状态数据的获取，并通过 4 个按钮完成调减周薪的功能。上述代码中，第 4 行显示 Vuex 中 state 的初始值，只渲染一次。第 5 行<p>标记的内容中所包含的数据会响应式更新，其中 state 中 name、week 和 weeklyPay 状态值均通过$store.state 直接获取。第 6 行定义“降薪（100 元）”按钮，单击该按钮时触发 reduceWeeklyPay() 方法（第 17～19 行），调用 reduce 这个 mutations。第 7 行定义“降薪（Num 元）”按钮，单击该按钮时触发 reduceWeeklyPayNum() 方法，调用 reduceNum 这个 mutations（第 20～22 行），并传递第 2 个参数为 300。第 8 行定义“异步 mapActions 降薪（100 元）”按钮，单击该按钮时触发 reduceAsync 方法（第 23 行），通过...mapActions() 辅助函数映射为调用 index.js 中 reduceAsync 这个 actions，该 actions 延时 1s 后执行 reduce 这个 mutations。第 9 行定义“异步 mapActions 降薪（Num 元）”按钮，单击该按钮时触发 reduceNumAsync(300) 方法（第 23 行），通过...mapActions() 辅助函数映射为调用 index.js 中 reduceNumAsync 这个带第 2 个参数为 300 的 actions，该 actions 延时 1s 后执行 reduceNum 这个 mutations。

（4）切换到浏览器，刷新页面，效果如图 9-12 所示。两个子组件中定义的按钮样式是不同的。然后依次单击各个组件中的各个按钮，页面效果如图 9-13 所示。

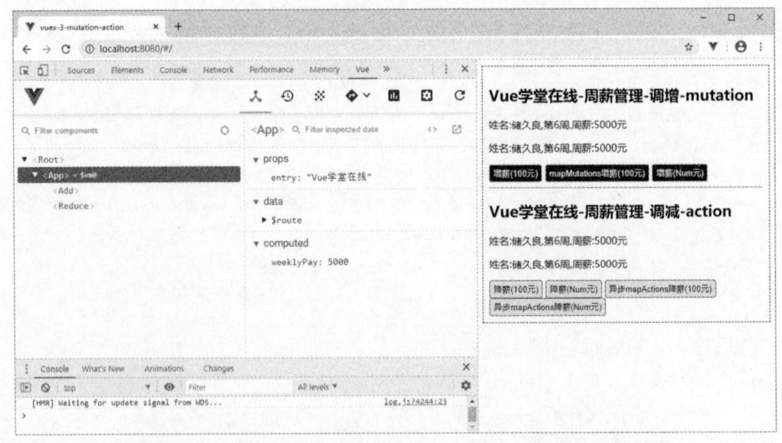

图 9-12　vuex-3-mutation-action 项目完成后的页面效果

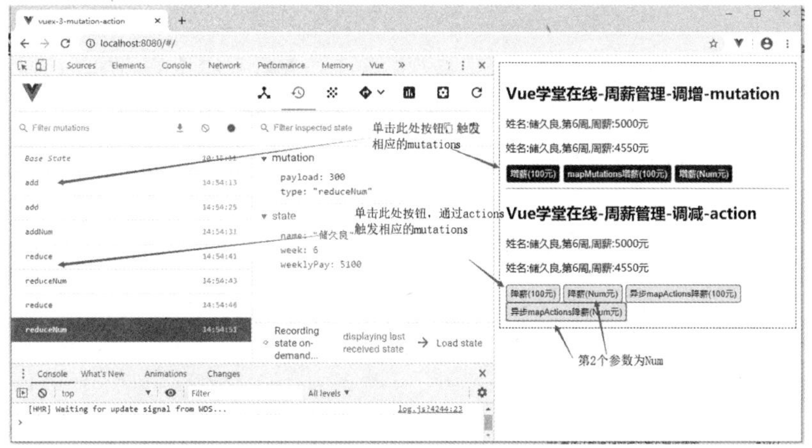

图 9-13　vuex-3-mutation-action 项目响应视图上事件后的页面效果

9.3.7　Vuex 中的 modules

由于使用单一状态树，应用的所有状态会集中在一个比较大的对象中。当工程应用变得非常复杂时，store 对象就有可能变得相当臃肿。为了解决以上问题，Vuex 允许将 store 分割成模块（modules）。每个模块拥有自己的 state、getters、mutations、actions，甚至是嵌套子模块——从上至下进行同样方式的分割。

1. 多模块定义方法

下面来定义两个模块，并注册到 Vuex 的 store 对象中。部分代码参考如下。

```
1.  const module1 = {
2.    state: { ... },
3.    mutations: { ... },
4.    actions: { ... },
5.    getters: { ... }
6.  }
7.
8.  const module2 = {
9.    state: { ... },
10.   mutations: { ... },
11.   actions: { ... }
12. }
13.
14. const store = new Vuex.Store({
15.   modules: {
16.     m1: module1,
17.     m2: module2
18.   }
19. })
20. store.state.m1   //调用 module1 的状态
21. store.state.m2    //调用 module2 的状态
```

上述代码中，第 1～6 行定义 module 1。第 8～12 行定义 module 2。第 14～19 行定义 Vuex 的 store 对象，并在其中定义 modules 选项，将 module1、module2 注册进来。组件内要可以通过 this.$store.state.m1 或 this.$store.state.m2 调用模块的状态。提交或发送某个方法，可以使用 this.$store.commit(‘add’) 或 this.$store.dispatch(‘add’) 触发 mutations。

2. 模块的局部状态及使用

对于模块内部的 mutations 和 getters，接收的第 1 个参数是模块的局部状态对象 state。同样，对于模块内部的 actions，局部状态通过 context.state 暴露出来，根节点状态则为 context.rootState。对于模块内部的 getters，根节点状态会作为第 3 个参数暴露出来。部分参考代码如下。

```
const module1= {
    state: {count: 0},
    mutations: {
        increment(state) {
            //这里的 state 对象是模块的局部状态
            state.count++
        }
    },

    getters: {
        doubleCount(state) {
            return state.count * 2
        },
        sumWithRootCount(state, getters, rootState,rootGetters) {
        //前两个为局部的，后两个为全局的
            return state.count + rootState.count
        }
    },
    actions: {
        incrementIfOddOnRootSum({state,commit,rootState}) {
            if ((state.count + rootState.count) % 2 === 1) {\
            //两个 count 属于不同的命名空间
                commit('increment')
            }
        }
    }
}
```

3. modules 的命名空间

默认情况下，模块内部的 actions、mutations 和 getters 是注册在全局命名空间的。这样会出现两种问题：①当不同模块中有相同命名的 mutations 和 actions 时，不同模块对同一 mutations 或 actions 作出响应；②当一个项目中 store 被分割为很多模块时，在使用辅助函数 mapState()、mapGetters()、mapMutations()、mapActions() 时，查询引用的 state、getters、mutations、actions 来自哪个模块将非常困难，而且不便于后期维护。

为了提高模块的封装度和复用性，可以通过添加 namespaced:true 的方式，将该模块变为带命名空间的模块。当模块被注册后，其中所有 getters、actions 和 mutations 都会自动根据模块注册的路径调整命名。部分参考代码如下。

```
const moduleA = {
  namespaced: true,
  state: { ... },
  mutations: { ... },
  actions: { ... },
  getters: { ... }
}
```

在命名空间中，要访问全局的 getters、mutations 和 actions，需要注意 getters 存在 4 个参数：state（局部）、 getters（局部）、rootState（全局）、 rootGetters（全局）。对于 mutations，

不存在 rootState 可以访问全局 state；对于 actions，同样存在 rootState 和 rootGetters 参数的使用。

设置命名空间后，mapState()、mapGetters()、mapActions() 函数会增加第 1 个参数，即模块名，用于限定命名空间，第 2 个参数为对象或数组中的属性，都映射到了当前命名空间中。

使用命名空间与不使用命名空间在编写 mapActions() 辅助函数时是有差异的。使用时需要增加第 1 个参数为模块名，不使用时不需要添加此参数。App.vue 中<script>标记内的部分代码如下。

```
1.  methods: {
2.      //1.不使用命名空间时，使用下列语句
3.      ...mapActions(['modifyResult', 'modifySalary', 'addTeacher']),
4.      //2.使用命名空间时，使用下列语句(增加模块参数)
5.      ...mapActions('Students', ['modifyResult']),
6.      ...mapActions('Teachers', ['modifySalary', 'addTeacher']),
7.      changeName() {
8.         this.$store.dispatch("Teachers/changeName", "Jason")
9.      },
10. }
```

上述代码中，第 5 行、第 6 行和第 8 行中的参数‘Students’和‘Teachers’均为模块名。使用命名空间后，若不指明模块名，所指定的方法将无法执行，且控制台会报错。

4. 在带命名空间的模块内访问全局内容

若需要使用全局 state 和 getters，rootState 和 rootGetters 将会作为第 3 和第 4 个参数传入 getters，也会通过 context 对象的属性传入 actions。

若需要在全局命名空间内分发 actions 或提交 mutations，将{root:true}作为第 3 个参数传给 dispatch() 或 commit() 方法即可。

```
modules: {
  foo: {
    namespaced: true,

    getters: {
      //在这个模块的 getters 中，getters 被局部化了
      //可以使用 getters 的第 4 个参数调用 rootGetters
      someGetter (state, getters, rootState, rootGetters) {
        getters.someOtherGetter          //-> 'foo/someOtherGetter'
        rootGetters.someOtherGetter      //-> 'someOtherGetter'
      },
      someOtherGetter: state => { ... }
    },

    actions: {
      //在这个模块中，dispatch 和 commit 也被局部化了
      //可以接受 root 属性以访问根 dispatch 或 commit
      someAction ({ dispatch, commit, getters, rootGetters }) {
        getters.someGetter               //-> 'foo/someGetter'
        rootGetters.someGetter           //-> 'someGetter'

        dispatch('someOtherAction')      //-> 'foo/someOtherAction'
        dispatch('someOtherAction', null, { root: true }) //-> 'someOtherAction'

        commit('someMutation')           //-> 'foo/someMutation'
        commit('someMutation', null, { root: true }) //-> 'someMutation'
      },
      someOtherAction (ctx, payload) { ... }
    }
```

```
  }
}
```

5. 在带命名空间的模块内注册全局 actions

若需要在带命名空间的模块注册全局 actions，可添加 root: true，并将这个 actions 的定义放在函数 handler(){...}中。部分代码如下。

```
1.  {
2.    actions: {
3.      someOtherAction ({dispatch}) {
4.        dispatch('someAction')
5.      }
6.    },
7.    modules: {
8.      foo: {
9.        namespaced: true,
10.       //在带命名空间的模块内，定义全局 actions
11.       actions: {
12.         someAction: {
13.           root: true,
14.           handler (namespacedContext, payload) { ... } //-> 'someAction'
15.         }
16.       }
17.     }
18.   }
19. }
```

上述代码中，第 11～16 行定义模块 foo 的 actions。将 someAction 定义为全局 actions。handler() 函数中的 namespacedContext 就相当于当前模块的上下文对象，payload 是调用时所传入的参数，也称为载荷。

6. 带命名空间的绑定函数

当使用 mapState()、mapGetters()、mapActions() 和 mapMutations() 等函数绑定带命名空间的模块时，写起来可能比较烦琐。例如下面的代码：

```
computed: {
  ...mapState({
    a: state => state.some.nested.module.a,
    b: state => state.some.nested.module.b
  })
},
methods: {
  ...mapActions([
    'some/nested/module/foo',   //-> this['some/nested/module/foo']()
    'some/nested/module/bar'    //-> this['some/nested/module/bar']()
  ])
}
```

对于这种情况，可以将模块的空间名称字符串作为第 1 个参数传递给上述函数，这样所有绑定都会自动将该模块作为上下文。于是上面的代码可以简化为：

```
computed: {
  ...mapState('some/nested/module', {
    a: state => state.a,
    b: state => state.b
  })
},
methods: {
  ...mapActions('some/nested/module', [
```

```
    'foo', //-> this.foo()
    'bar' //-> this.bar()
  ])
}
```

也可以使用 createNamespacedHelpers 创建基于某个命名空间的辅助函数。它返回一个对象，对象中有新的绑定在给定命名空间值上的组件绑定辅助函数。部分代码如下。

```
import { createNamespacedHelpers } from 'vuex'
const { mapState, mapActions } = createNamespacedHelpers('some/nested/module')
export default {
  computed: {
    //在 some/nested/module 中查找
    ...mapState({
      a: state => state.a,
      b: state => state.b
    })
  },
  methods: {
    //在 some/nested/module 中查找
    ...mapActions([
      'foo',
      'bar'
    ])
  }
}
```

7. 给插件开发者的注意事项

Vuex 插件就是一个函数，它接收 store 作为唯一参数，在 Vuex.Store 构造器选项 plugins 中引入。如果开发的插件提供了模块并允许用户添加 Vuex store，可能需要考虑模块的空间名称问题。对于这种情况，可以通过插件的参数对象允许用户指定空间名称。

（1）在 store/plugin.js 文件中写入代码。

```
//通过插件的参数对象得到空间名称
//然后返回 Vuex 插件函数
export function createPlugin (options = {}) {
  return function (store) {
    //把空间名字添加到插件模块的类型（type）中去
    const namespace = options.namespace || ''
    store.dispatch(namespace + 'pluginAction')
  }
}
```

（2）在 store/index.js 文件中写入代码。

```
import createPlugin from './plugin.js'
const plugin = createPlugin()
const store = new Vuex.Store({
  //...
  plugins: [myPlugin]
})
```

（3）在 Vuex 插件中侦听组件中提交 mutations 和 actions。

用 Vuex.Store 的实例方法 subscribe() 侦听组件中提交 mutations；用 Vuex.Store 的实例方法 subscribeAction() 侦听组件中提交 actions。部分代码如下。

在 store/plugin.js 文件中写入代码。

```
export default function createPlugin(param) {
    return store => {
        store.subscribe((mutation, state) => {
            console.log(mutation.type)
            console.log(mutation.payload)
            console.log(state)
        })
        //store.subscribeAction((action, state) => {
        //    console.log(action.type)
        //    console.log(action.payload) //提交 actions 的参数
        //})
        store.subscribeAction({
            before: (action, state) => {  //提交 actions 之前
                console.log('before action ${action.type}')
            },
            after: (action, state) => {   //提交 actions 之后
                console.log('after action ${action.type}')
            }
        })
    }
}
```

然后在 store/index.js 文件中写入代码。

```
import createPlugin from './plugin.js'
const plugin = createPlugin()
const store = new Vuex.Store({
  //...
  plugins: [myPlugin]
})
```

8. 模块的动态注册

在模块创建之后，可以使用 store.registerModule() 方法注册新模块。然后通过 store.state.myModule 和 store.state.nested.myModule 获取模块的状态。同样可以使用 store.unregisterModule(moduleName) 动态卸载模块，但是这种方法对于静态模块是无效的（即在创建 store 时声明的模块）。

```
import Vuex from 'vuex'

const store = new Vuex.Store({ /* 选项 */ })

//注册模块 'myModule'
store.registerModule('myModule', {
  //...
})
//注册嵌套模块 'nested/myModule'
store.registerModule(['nested', 'myModule'], {
  //...
})
store.unregisterModule(moduleName)  //动态卸载新添加的模块
```

注意：可以通过 store.hasModule(moduleName) 方法检查该模块是否已经被注册到 store。模块动态注册功能使其他 Vue 插件可以通过在 store 中附加新模块的方式使用 Vuex 管理状态。例如，vuex-router-sync（https://github.com/vuejs/vuex-router-sync）插件就是通过动态注册模块将 Vue Router 和 Vuex 结合在一起，实现应用的路由状态管理。

9.4　Vuex 多模块实战案例

【例 9-6】 Vuex 核心概念实战——modules 的使用。设计要求：综合运用 Vuex 的五大核心概念，使用多模块分割 store，同时使用命名空间区分使用不同模块的 actions。以“IT 管理学院信息管理系统”为例，简易实现教师和学生的管理。其中，教师端的主要功能是输入教师信息，并添加到教师列表中，然后能够为指定 ID 的教师增加薪酬，并将增加薪酬的教师信息高亮标识；学生端的主要功能是为学生增加成绩，每次递增 5 分，最高成绩为 100 分，成绩范围为 30～95。具体实现的步骤如下。

（1）在当前目录下，新建 vuex-4-module 项目，依次执行下列指令，完成项目创建与配置工作。

```
vue init webpack vuex-4-module
cd vuex-4-module
npm install vuex --save-dev|-D
npm run dev
```

（2）将 vuex-2-getter 项目中 src 下的 App.vue、main.js 和 src/store/index.js 等文件复制到 vuex-4-module 相应的子文件夹下。刷新浏览器页面，进入 vuex-4-module 项目文件夹，然后分别根据项目需要修改 main.js、index.js 和 App.vue 文件。

项目中不使用 ESLint 语法检查。将 config 子文件夹下的 index.js 中第 26 行代码 useEslint: true 注释掉或将其值设置为 false。切换到命令行窗口，终止批处理操作，然后重新执行 npm run dev 命令，此时控制台和浏览器调试界面就不会出现报错了。

（3）在 src 子文件夹下，创建 modules 子文件夹，在 modules 文件夹下分别创建 students.js 和 teachers.js 文件。

编辑教师模块 teachers.js 文件，代码如下。

```
//vuex-4-module  teachers.js
const teachers = {
    state: {
        t_list: [{
            id: 1,
            name: '李小英',
            age: 22,
            sex: '女',
            salary: 5500,
            changed: false
        }],
        count: 0
    },
    getters: {},
    mutations: {
        //传递多个参数时，需要封装为对象{key1,key2,...}，否则会报错
        add(state, {teacherId,amount}) {
            //找到该对象，并替换对象相关属性值
            state.t_list.filter(function(teacher) {
                if (teacher.id == teacherId) {
                    //需要将文本框输入的数据转换为数据类型
                    teacher.salary = teacher.salary + eval(amount);
                    teacher.changed = true; //变更标记
                }
            })
        },
```

```
27.         countAdd10(state, rootState) {
28.             state.count = state.count + 10;    //更新 teachers 模块的状态
29.             rootState.count += 10              //更新根状态 count
30.             console.log("Teacher.count="+state.count+"rootState.count="
                +rootState.count)
31.         },
32.         addOne(state, someone) {
33.             state.t_list.push(someone)
34.         }
35.     },
36.     actions: {
37.         //传递多个参数（教师 ID 和涨幅）时，需要封闭成对象，否则会报错
38.         modifySalary({commit}, {teacherId,amount}) {
39.             commit('add', {teacherId,amount});
40.         },
41.         addTeacher({commit,rootState}, someone) { //获取根状态
42.             commit('addOne', someone)
43.             commit('countAdd10', rootState)
44.         }
45.     }
46. }
47. export default teachers;
```

该文件的主要功能是完成 teachers 模块的定义（第 2～46 行），并导出默认接口（第 47 行）。在模块内分别定义自己的 state、getters、mutations、actions 和命名空间（根据需要定义命名空间）。

在 state 选项中定义数组 t_list，用于存放教师信息（第 4～11 行）。

在 mutations 中定义 add() 方法（查找指定 ID 的教师，并为其薪酬增长 amount 幅度，该 mutations 接收一个对象参数{teacherId,amount}，见第 17～26 行）、countAdd10() 方法（累增内部 count 和根状态中的 count，并在控制台输出各模块的内部的 count，见第 27～31 行）、addOne() 方法（添加一位教师信息，视图响应式更新，见第 32～34 行）。

在 actions 中定义 modifySalary() 方法，主要功能是触发 add 这个 mutations，有两个参数：第 1 个参数是采用参数解构形式；第 2 个参数是对象，用于传递 teacherId 和 amount 这两个参数（第 38～40 行）。定义 addTeacher() 方法，主要功能是触发 addOne 和 countAdd10 这两个 mutations，分别完成教师信息添加和各模块内部的 count 值累加 10，其中第 1 个参数{commit, rootState}是对象，采用参数解构形式，传递 commit 和 rootState 两个参数，第 2 个参数 someone 也是对象，封装了一个教师的信息（第 41～44 行）。

编辑学生模块 students.js 文件，代码如下。

```
//vuex-4-module students.js
const students = {
    state: {
        s_list: [{
            id: 210022,
            name: '张小英',
            age: 22,
            sex: '女',
            result: 60
        }],
        count: 0
    },
    getters: {},
    mutations: {
```

```
15.         modify(state) {
16.             var result = state.s_list[0].result
17.             //成绩限制在 30~100 分
18.             if (result + 5 <= 100 && result > 30) {
19.                 state.s_list[0].result = state.s_list[0].result + 5;
20.             }
21.         },
22.         countAdd10(state, rootState) {
23.             state.count = state.count + 10;
24.             rootState.count += 10
25.             console.log("Student.count=" + state.count + "rootState.count=" +
                rootState.count)
26.         },
27.     },
28.     actions: {
29.         modifyResult({commit,rootState}) {
30.             commit('modify');
31.         }
32.     }
33. }
34. export default students;
```

该文件的主要功能是完成 students 模块的定义（第 2～33 行），并导出默认接口（第 34 行）。在模块内分别定义自己的 state、getters、mutations、actions 和命名空间（根据需要定义命名空间）。

在 state 选项中定义数组 s_list，用于存放学生信息（第 4～10 行）。

在 mutations 中定义 modify() 方法，修改数组中第 0 个学生的成绩，每执行 1 次递增 5 分，最高分为 100 分，该 mutations 接收的第 1 个参数为 state，这个 state 是模块内部的状态（第 15～21 行）；定义 countAdd10() 方法，累增内部 count 和根 state 中的 count 值，并在控制台输出各模块的内部的 count 值（第 22～26 行）。

在 actions 中定义 modifyResult() 方法，主要功能是触发 modify 这个 mutations，有一个对象参数，其中包含两个解构参数：commit 和 rootState，第 1 个参数是 store 的 commit() 方法，第 2 个参数是根 store 的 rootState（第 28～32 行）。

（4）编辑 index.js 文件，分别导入 Vue、Vuex，同时导入学生模块、教师模块，使用 Vue.use(Vuex)，然后创建 store，并在 modules 选项中将学生和教师模块注册进来。

```
//vuex-4-module   index.js
import Vue from 'vue'
import Vuex from 'vuex'
import Students from './modules/students.js'
import Teachers from './modules/teachers.js'

Vue.use(Vuex)
//创建 VueX 对象
const store = new Vuex.Store({
    modules: {
        Students,
        Teachers
    },
    state: {
        company:'IT 管理学院',
        count:0
    },
    getters: {},
```

```
19.     //定义 mutations
20.     mutations: {},
21.     actions: {}
22. })
23. export default store //导出 store
```

该文件主要定义 store，需要经过 4 个步骤：①导入 Vue、Vuex 和两个模块（第 2～5 行）；②使用 Vuex（第 7 行）；③定义 Vuex.Store 对象（第 9～22 行），分别定义自己的 modules、state、getters、mutations、actions 等选项，然后将 Students、Teachers 两个模块注入 modules 中；④导出默认接口（第 23 行）。

（5）编辑 App.vue 文件，代码如下。

```
<!-- vuex-4-module  App.vue -->
<template>
    <div id="app">
            <fieldset>
                <legend>{{this.$store.state.company}}信息管理系统-教师端</legend>
                ID: <input type="text" v-model="id" value="1" readonly="" />
                姓名: <input type="text" v-model="name" /><br />
                年龄: <input type="number" min="0" max="120" step="
                1" value="18" v-model="age" />
                性别: <input type="radio" checked="checked" value="男" v-model="sex" name="xb">男
                <input type="radio" value="女" v-model="sex" name="xb" />女
                薪水: <input type="number" v-model="salary" min="2500" step="100" /><br />
                <button @click="addTeacher(one)">增加教师</button>
            </fieldset>
        <fieldset>
            <legend>教师一览表</legend>
            <h5>序号---ID---姓名---年龄---性别---工资</h5>
            <ul>
                <li v-for="(teacher,index) in teachersAll" v-bind:class="{active:teacher.changed}">
                    {{index+1}}---{{teacher.id}} ---{{teacher.name}}---
                    {{teacher.age}}--- {{teacher.sex}}--- {{teacher.salary}} </li>
            </ul>
            涨薪教师的 ID<input type="text" v-model="teacherId">
            涨幅<input type="number" step="100" min="100" max="500" v-model="amount" />元
            <button @click="modifySalary({teacherId,amount})">上调薪酬</button>
        </fieldset>
        <fieldset>
            <legend>{{this.$store.state.company}}信息管理系统-学生端</legend>
            <h5>序号---ID---姓名---年龄---性别---成绩</h5>
            <ul>
                <li v-for="(student,index) in $store.state.Students.s_list" >
                    {{index+1}}---{{student.id}} ---{{student.name}}---
                    {{student.age}}--- {{student.sex}}--- {{student.result}}
                    </li>
            </ul>
            <button @click="modifyResult">修改成绩(递增 5 分/次)</button>
        </fieldset>
    </div>
</template>
<script>
    import {mapActions} from 'vuex';
    export default {
        name: 'App',
        data() {
            return {
```

```
46.                 id: 1,
47.                 name: '',
48.                 age: 18,
49.                 sex: '',
50.                 salary: 2500,
51.                 teacherId: '',
52.                 amount: 100,
53.                 changed: false,
54.             }
55.         },
56.         //使用计算属性获取 Vuex 状态
57.         computed: {
58.             teachersAll() {
59.                 return this.$store.state.Teachers.t_list;
60.             },
61.             one() {
62.                 var some = {
63.                     id: this.$store.state.Teachers.count + 10,//从模块内获取
64.                     name: this.name,
65.                     age: this.age,
66.                     sex: this.sex,
67.                     salary: parseInt(this.salary),
68.                     changed: false
69.                 }
70.                 return some;
71.             }
72.         },
73.         methods: {
74.             ...mapActions(['modifyResult', 'modifySalary', 'addTeacher']),
75.         }
76.     }
77. </script>
78. <style>
79.     .active {background-color: #EAEBEC;}
80.     #app {margin-top: 10px;padding: 10px;}
81.     body {text-align: center;}
82.     ul {list-style-type: none;}
83.     fieldset {width: 650px;margin: 0 auto;}
84.     button {width: 160px;height: 28px;border: 1px dotted #EE99AA;}
85. </style>
```

该文件是一个单文件组件，用于展示视图，包含<template>、<script>、<style>等 3 个标记。在<template>标记内主要设计 3 个区域，分别用于教师信息输入（第 4～14 行）、教师信息列表（第 15～26 行）和学生信息列表（第 27～37 行）。在<script>标记内主要定义组件自身的一些选项，如 name、data、computed、methods 等。第 41 行从 Vuex 中导入 mapActions()辅助函数。第 42～76 行定义默认导出接口。其中，第 44～55 行定义组件的私有数据，用于表达教师基本信息的相关属性，供表单控件绑定使用；第 57～72 行定义两个计算属性，分别为 teachersAll（返回 Teachers 模块的 state 状态中 t_list 的全部教师信息，见第 58～60 行）和 one（封装一个完整的教师对象，作为参数传递，见第 61～71 行）；第 73～75 行定义 methods，使用 mapActions()辅助函数定义 modifyResult()、modifySalary()、addTeacher()等 3 个方法，在 mapActions() 辅助函数前需要添加...扩展运算符，否则会报错。

（6）编辑 main.js 文件，代码如下。

```
//vuex-4-module   main.js
//The Vue build version to load with the 'import' command
//(runtime-only or standalone) has been set in webpack.base.conf with an alias.

import Vue from 'vue'
```

```
6.  import App from './App'
7.  import store from './store'
8.  Vue.config.productionTip = false
9.  /* eslint-disable no-new */
10. new Vue({
11.   el: '#app',
12.   store,
13.   components: { App },
14.   template: '<App/>'
15. })
```

该文件是项目的主文件（入口文件），功能是完成组件导入，并定义根实例。分别导入Vue、App组件和store模块(第5～7行)。定义根实例，并定义相应选项，注入store、components和template等（第10～15行）。

（7）打开浏览器，在地址栏输入http://localhost:8080，查看页面初始页面，效果如图9-14所示。在“教师端”域中输入教师相关信息，单击“增加教师”按钮，调用addTeacher(one)方法，该方法调用Teachers模块下的addTeacher这个actions，并将参数one传递下去，通过commit()方法触发addOne和countAdd10这两个mutations。由于Teachers和Students两个模块中均定义了countAdd10这个mutations，所以每个模块中的同名mutations均被执行一次，各自更新所辖范围内的count属性，共有3个，分别位于根store和两个模块的状态中，且互不影响。执行完成后，在教师一览表中自动添加进去（视图响应式更新）。在教师一览表中可以选择给指定的ID的教师增加薪酬，输入完ID和涨幅后，单击“上调薪酬”按钮，会发现相应的教师薪酬自动更新，并且被更新的整个信息高亮显示。在“学生端”域中，单击“修改成绩（递增5分/次）”按钮后，会自动更新学生的成绩。以上所有执行的效果如图9-15所示。

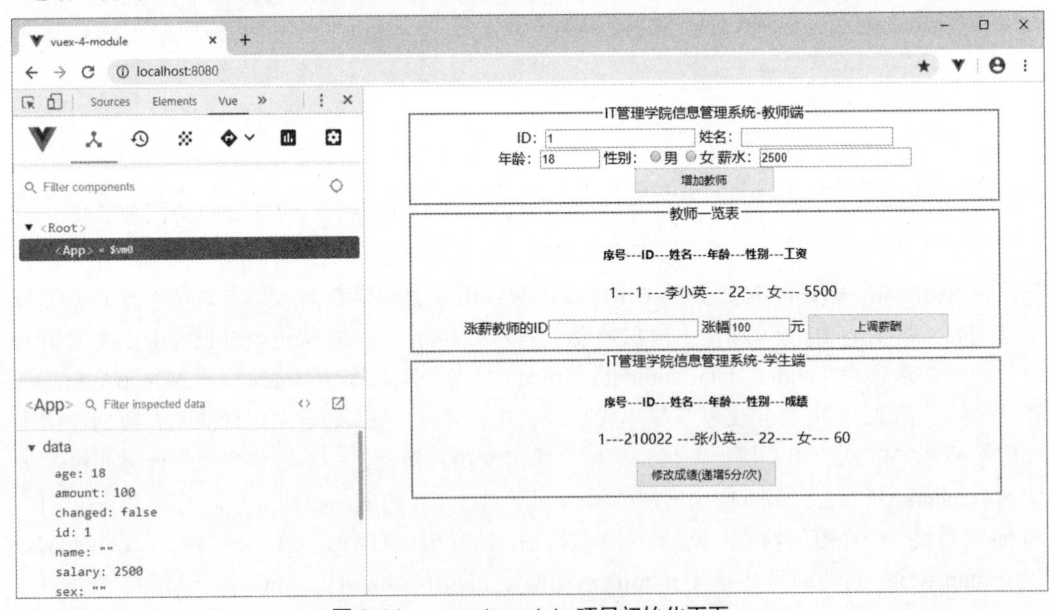

图9-14 vuex-4-module项目初始化页面

注意：在actions中传递多个参数时，可以将多个参数封装为对象，作为参数进行传递。例如，该例中modifySalary这个actions需要传递两个参数，分别为teacherId和amount，正常情况下，只能传递一个参数，所以将两个参数封装为对象{teacherId,amount}即可作为一个参数进行传递。使用形式如下。

```
someAction(context,{key1,key2}){…}
someAction({state,commit,rootState},{key1,key2}){…}
```

如果需要同时调用两个以上 mutations，不能在 mutations 中调用 mutations。需要在相应的 actions 中多次执行 commit() 方法。参考代码如下。

```
someAction ({commit,rootState}, someone) { //获取根状态
    commit('mutation1', someone)
    commit('mutation2', rootState)
}
```

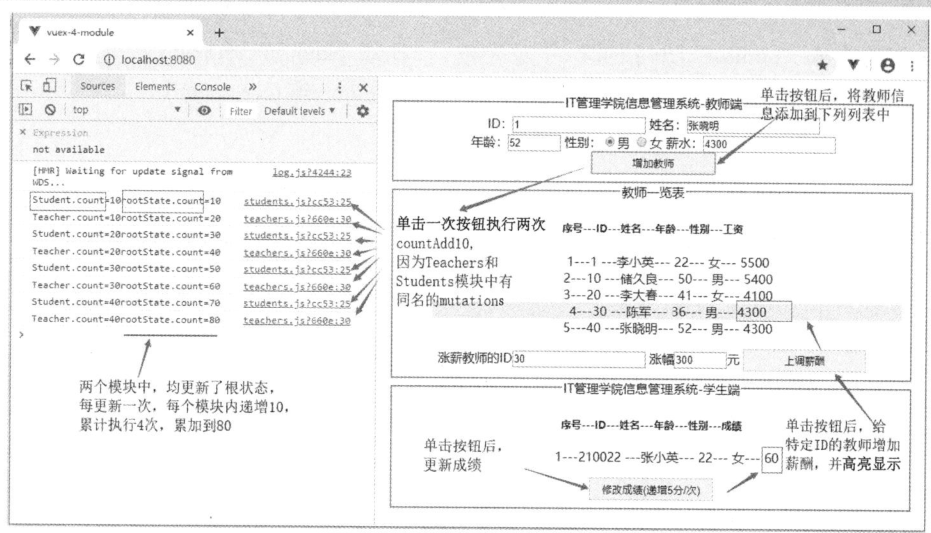

图 9-15　vuex-4-module 项目响应事件后视图页面效果

本章小结

本章主要介绍了 Vuex 工作原理，详细介绍了 Vuex 中的 state、getters、mutations、actions 等核心概念，并逐一讲解每个核心概念的定义与使用方法；结合实际工程案例讲解如何定义 store 对象、定义 mutations 和 actions；最后简单地介绍了多模块的定义与使用、模块命名空间等内容，用来解决复杂工程应用 store 对象臃肿的问题。

练习 9

1. 选择题

（1）下列选项中表示 Vuex 核心概念状态的是（　　）。

A. store　　B. state　　C. actions　　D. modules

（2）下列选项中表示 Vuex 核心概念模块的是（　　）。

A. store　　B. mutations　　C. modules　　D. actions

（3）Vuex 中相当于 state 的计算属性的核心概念是（　　）。

A. getters　　B. actions　　C. modules　　D. mutations

（4）在 store/index.js 中显式地使用 Vuex 的方法是（　　）。

A. Vue.use(Axios) B. Vue.use()

C. Vue.use(Router) D. Vue.use(Vuex)

（5）将默认导出的 store 对象注册到根实例中，可通过 Vue 的（　　）选项实现。

A. store B. el C. template D. components

（6）在辅助函数前面加上（　　），可以实现 Vuex 状态与局部计算属性混合使用。

A. / B. … C. + D. -

（7）下列选项中，能够正确分发 actions 触发 increment 这个 mutations 的指令是（　　）。

A. store.commit('increment') B. dispatch('increment')

C. store.dispatch('increment') D. commit('increment')

2. 填空题

（1）在项目中安装 Vue 的命令是________；在项目中安装 Vuex 的命令是___________。

（2）在 index.js 文件中导入 Vuex 的 JavaScript 语句是________________________。将定义好的 store 对象作为默认导出接口的语句是______________________。

（3）在 Vue 组件中通过__________________辅助函数可以获得 Vuex 的状态；也可以使用________________获取。

（4）定义一个 store 对象可使用的语句是________________________。在组件中定义 data 选项，只能定义为函数形式，格式为________________________。

（5）state 对象中的 teacher 对象原来有 name、sex 两个属性，现在需要增加 age 属性，初始值为 45。正确的添加方法有两种，第 1 种为使用 Vue.set()，语句为__________________，第 2 种为对象替代法，语句为____________________________。

（6）在使用命名空间的 Teachers 模块中定义一个名为 addOneTeachers 的 actions，在 App.vue 组件中的 methods 中使用 mapActions() 辅助函数定义 addOneTeachers 方法的正确的语句是________________________。

3. 简答题

（1）简述 Vuex 的五大核心概念。

（2）简述 store 对象的 mutations 与 actions 在定义和使用上的区别。

（3）举例说明在 App.vue 组件中的 methods 中使用 mapActions() 辅助函数映射方法时，带命名空间与不带命名空间在使用上的区别。

实训 9

视频讲解

1. Vuex 项目实训——计数器

【实训要求】

（1）学会使用 webpack 模板创建 Vue 项目。

（2）学会在项目中安装和导入 Vuex。

（3）学会使用 Vuex 的 state、getters、mutations、actions 等核心概念解决工程应用中的状态共享问题。

（4）学会使用计算属性和辅助函数获取 Vuex 状态。

（5）学会在组件中使用 this.$store.state 获取状态，使用 this.$store.commit 触发 mutations 及使用 this.$store.dispatch 分发 actions。

（6）学会编写 actions 和 mutations 函数，并习惯使用 actions 触发 mutations。

【实训步骤】

（1）使用 webpack 模板通过 vue init 命令创建项目 vuex-ex-1，命令如下。

```
vue init webpack vuex-ex-1
```

（2）在项目文件下，局部安装 Vue、Vuex 组件，并将软件信息写入 package.json 文件中，启动本地化编译打包，命令如下。

```
cd vuex-ex-1
npm install vue vuex -D
npm run dev
```

（3）完成本地化编译打包，在浏览器中打开初始页面（http://localhost:8080），如图 9-16 所示。这个页面是初始化项目自动完成的，下面需要在此基础上进行工程应用适应性修改。

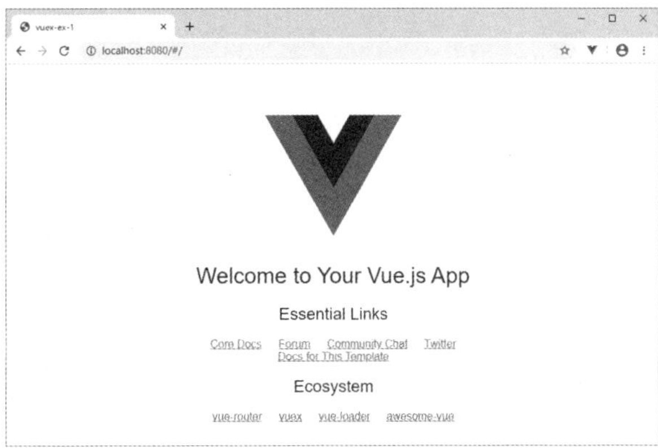

图 9-16　vuex-ex-1 项目初始化页面

（4）将 src 子文件夹下的 App.vue 和 main.js 文件重新进行修改。将两个文件中有关 router 的部分全部注释掉，暂不需要路由。

参照以下代码重新修改 App.vue 文件，在此基础上，补充代码实现所需要的功能。

```
<!--  App.vue  -->
<template>
    <div id="app">
        <h3>Vuex 实现的计数器增减功能</h3>
        <hr>
        <p>同步实现----计数器={{count}}</p>
        <button @click="add1">增加 1</button>
        <button @click="reduce1">减少 1</button>
        <button @click="addN(10)">增加 N</button>
        <button @click="reduceN(10)">减少 N</button>
        <hr>
        <p>异步实现----计数器={{count}}</p>
        <button @click="add1Async">异步增加 1</button>
        <button @click="reduce1Async">异步减少 1</button>
        <button @click="addNAsync(5)">异步增加 N</button>
        <button @click="reduceNAsync(5)">异步减少 N</button>
    </div>
</template>

```

```
<script>
    import {
       mapState,
       mapMutations,
       mapActions
    } from 'Vuex'
    export default {
       name: 'App',
       date() {},
       computed: {},                         //定义 count
       methods: {
          add1() {},                         //使用 this.$store.state 直接修改状态
          reduce1() {},                      //使用 this.$store.state 直接修改状态
          addN(n) {},                        //使用 this.$store.state 直接修改状态
          ...mapMutations(['reduceN']), //减少 n
          //以下均为异步（增 1、减 1、增 n、减 n）操作
          ...mapActions(['add1Async','reduce1Async','addNAsync','reduceNAsync']),
       }
    }
</script>

<style>
    #app {text-align: center;color: #1415B3;margin-top: 30px;}
    button {padding: 5px 10px;border: 1px dashed #9A9A9A;}
</style>
```

按照代码中注释的功能需求，完善 App.vue 文件中的代码。主要功能是利用 Vuex 的 mutations 和 actions 完成对状态 count 的获取和更新。通过相关按钮完成 count 值固定增加、减少和按一定幅度值增加和减少，同时能够实现延时 2s 使用 count 值按一定幅度值增加和减少。充分运用 Vuex 的 state、getters、mutations、actions 等核心概念和 mapState()、mapGetters()、mapMutations()、mapActions() 等辅助函数实现上述功能。

参照以下代码，修改 main.js 文件。

```
//The Vue build version to load with the 'import' command
//(runtime-only or standalone) has been set in webpack.base.conf with an alias.
import Vue from 'vue'
import App from './App'
//import router from './router'
import store from './store/index.js'
Vue.config.productionTip = false

/* eslint-disable no-new */
new Vue({
  el: '#app',
  //router,
  store,//注入
  components: { App },
  template: '<App/>'
})
```

（5）在 src 子文件夹下创建 store 子文件夹，并在此子文件夹下创建 index.js 文件，用于创建 store，并在其中定义 state、getters、mutations、actions 等选项。参考以下代码完成 mutations 和 actions 的定义。

```
//vuex-ex-1 index.js
import Vue from 'vue'
import Vuex from 'vuex'
Vue.use(Vuex);
```

```
const store = new Vuex.Store({
    state: {
        count: 0,
    },
    getters: {},
    mutations: {
        add1(state) {},                     //实现 count 加 1
        reduce1(state) {},                  //实现 count 减 1
        addN(state, n) {},                  //实现 count 加 n
        reduceN(state, n) {},               // 实现 count 减 n
    },
    actions: {                              //要求异步触发相应的 mutations
        add1Async(context) {},              //实现异步 count 加 1
        reduce1Async(context) {},           //实现异步 count 减 1
        addNAsync({commit}, n) {},          //实现异步 count 加 n
        reduceNAsync({commit}, n) {},       //实现异步 count 减 n
    }
})
export default store
```

（6）所有计算属性、方法、mutations 和 actions 都定义正确后，刷新页面，效果如图 9-17 所示。

图 9-17　Vuex 计数器项目实现的页面效果

（7）在浏览器界面按 F12 键进入调试状态，观察 Vuex 状态以及 mutations 的执行情况，如图 9-18 所示。

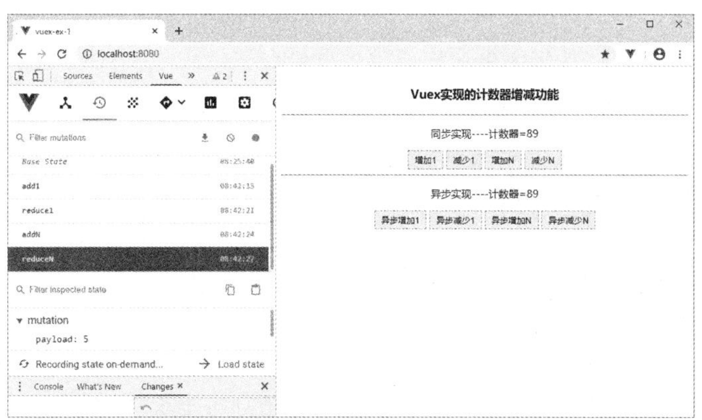

图 9-18　Vuex 计数器项目调试页面

2. Vuex 项目实训——IT 管理学院信息管理系统

视频讲解

实训要求和步骤参照例 9-6（Vuex 核心概念实战——modules 的使用）。

第 10 章

Vue UI 组件库

本章学习目标

通过本章的学习，能够了解常用的 Vue UI 组件库特点和组件类别，能够根据实际工程的需要选择适合的桌面端和移动端 UI 组件构建项目。重点掌握 Element、iView、Mint 和 Vant 等 UI 组件库的引入和使用方法。

Web 前端开发工程师应知应会以下内容。

- 掌握 Element 桌面端 UI 框架的引入与组件使用方法。
- 掌握 iView 桌面端 UI 框架的引入与组件使用方法。
- 掌握 Mint 移动端 UI 框架的引入与组件使用方法。
- 掌握 Vant 桌面端 UI 框架的引入与组件使用方法。

10.1 Vue PC 端组件库

Vue.js 是一个轻巧、高性能、可组件化的 MVVM 库，API 简洁明了，上手快。自 Vue.js 推出以来，得到众多 Web 开发者的认可。越来越多的公司在开发或重构 Web 前端项目中，逐渐转向采用基于 Vue 的 UI 组件框架开发，并投入正式使用。开发团队在使用 Vue.js 框架和 UI 组件库后，不仅开发效率高，而且代码编写量也减少很多，因为很多 UI 组件已经封装好，不需要自己重写。在选择 Vue 的 UI 组件库时，可以根据 GitHub 上相关 UI 组件的星级、文档丰富程度、更新的频率以及维护等因素选择项目所需的 Vue UI 组件库。

10.1.1　Element UI

Element 是由饿了么公司前端团队开源维护的 Vue UI 组件库，主要为开发者、设计师和产品经理提供一套基于 Vue 2.X 的桌面端组件库，官网首页如图 10-1 所示。Element 更新频率高（平均一周到半个月会发布一个新版本），组件齐全，涵盖后台所需的所有组件，文档讲解详细，项目案例丰富。详细文档可以参见官网（http://element.eleme.io/#/zh-CN）。

图 10-1　Element UI 官网首页

1. Element 安装与配置

1）npm 安装

推荐使用 npm 的方式进行安装，它能更好地与 webpack 打包工具配合使用，命令如下。

```
npm install  element-ui  --save-dev|-D
```

2）CDN 引用或本地引用

目前可以通过 unpkg.com/element-ui 获取到最新版本的资源，在页面上引入 JavaScript 和 CSS 文件即可开始使用。

```
<!-- 引入样式 -->
<link rel="stylesheet" href="https://unpkg.com/element-ui/lib/theme-chalk/index.css">
<link rel="stylesheet" href="../element-ui/index.css">
<!-- 引入组件库 -->
<script src="https://unpkg.com/element-ui/lib/index.js"></script>
<script src="../element-ui/index.js"></script>
```

建议使用 CDN 引入 Element 的用户在链接地址上锁定版本，以免将来 Element 升级时受到非兼容性更新的影响。锁定版本的方法请查看 https://unpkg.com。

2. Element 组件介绍

Element UI 组件主要包括 Basic（基础）、Form（表单）、Data（数据）、Notice（通知）、Navigation（导航）、Others（其他）等六大类。每类又包含很多组件。下面分别简单介绍每类的组成元素。

（1）Basic：Layout（布局）、Container（布局容器）、Color（色彩）、Typography（字体）、Border（边框）、Icon（图标）、Button（按钮）、Link（文字链接）。

（2）Form：Radio（单选框）、Checkbox（多选框）、Input（输入框）、InputNumber（计

数器）、Select（选择器）、Cascader（级联选择器）、Switch（开关）、Slider（滑块）、TimePicker（时间选择器）、DatePicker（日期选择器）、DateTimePicker（日期时间选择器）、Upload（上传）、Rate（评分）、ColorPicker（颜色选择器）、Transfer（穿梭框）、Form（表单）。

（3）Data：Table（表格）、Tag（标签）、Progress（进度条）、Tree（树形控件）、Pagination（分页）、Badge（标记）、Avatar（头像）。

（4）Notice：Alert（警告）、Loading（加载）、Message（消息提示）、MessageBox（弹框）、Notification（通知）。

（5）Navigation：NavMenu（导航菜单）、Tabs（标签页）、Breadcrumb（面包屑）、PageHeader（页头）、Dropdown（下拉菜单）、Steps（步骤条）。

（6）Others：Dialog（对话框）、Tooltip（文字提示）、Popover（弹出框）、Popconfirm（气泡确认框）、Card（卡片）、Carousel（走马灯）、Collapse（折叠面板）、Timeline（时间线）、Divider（分割线）、Calendar（日历）、Image（图片）、Backtop（回到顶部）、InfiniteScroll（无限滚动）、Drawer（抽屉）。

【例 10-1】Element 组件的初步应用——按钮和对话框。代码如下，页面效果如图 10-2 所示。

```
1.  <!-- vue-10-1.html -->
2.  <!DOCTYPE html>
3.  <html>
4.      <head>
5.          <meta charset="UTF-8">
6.          <!-- 引入 Vue.js 和 element 的 CSS 和 JS -->
7.          <link rel="stylesheet" href="../vue/element/index.css">
8.          <script src="../vue/js/vue.js"></script>
9.          <script src="../vue/element/index.js"></script>
10.     </head>
11.     <body>
12.         <div id="app">
13.             <!-- 使用基础组件-按钮 -->
14.             <el-button @click="visible = true">Button</el-button>
15.             <!-- 使用其他组件-对话框 -->
16.             <el-dialog :visible.sync="visible" width="30%" title="这是其他组件-对话框">
17.                 <p>初次使用 Element! </p>
18.             </el-dialog>
19.         </div>
20.     </body>
21.     <script>
22.         var myViewModel = new Vue({
23.             el: '#app',
24.             data: {
25.                 visible: false
26.             }
27.         })
28.     </script>
29. </html>
```

上述代码中，第 7～9 行分别引入 Vue.js 和 Element UI 的 index.js 和 index.css 文件。第 14 行使用 Element 基础组件中的<el-button>标记（默认），标记名以“el-”开头，表示是 Element

的 UI 组件。第 16 行使用 Element 其他组件中的<el-dialog>标记，绑定 visible 属性，接收布尔值，为 true 时打开对话框，同时使用修饰符 sync（实际上是一个语法糖）表示同步更新父组件中的数据（visible 实现了父子同步，父组件初始化 visible，子组件调用关闭事件，触发父组件 update 事件，父组件在 update 事件中更新 visible 变量，改变子组件可见的状态）。

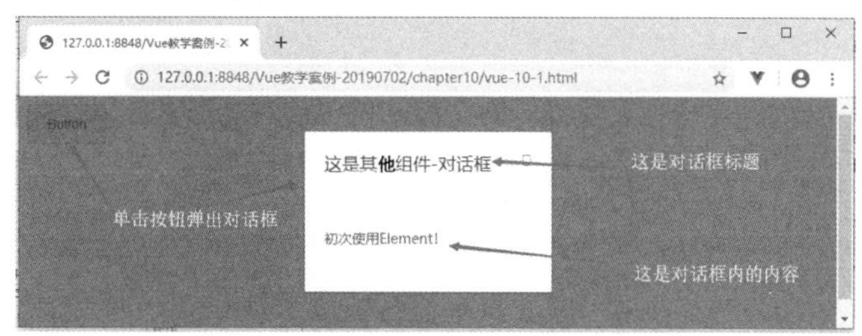

图 10-2　单击按钮弹出对话框页面效果

3. Element 常用组件的应用

1）布局容器

Container 布局容器用于布局的容器组件，方便快速搭建页面的基本结构。具体容器标记如下。

（1）<el-container>：外层容器。当子元素中包含<el-header>或<el-footer>时，全部子元素会垂直上下排列，否则会水平左右排列。布局容器组件及子元素属性如表 10-1 所示。

（2）<el-header>：顶栏容器。

（3）<el-aside>：侧边栏容器。

（4）<el-main>：主要区域容器。

（5）<el-footer>：底栏容器。

表 10-1　容器组件的子元素及属性一览表

容器子元素	参数（属性）	默 认 值	说　明
<el-container>	direction	horizontal/vertical	子元素中有<el-header>或<el-footer>时为 vertical，否则为 horizontal
<el-header>	height	60px	顶栏高度
<el-aside>	width	300px	侧边栏宽度，与<el-main>一起使用时均为水平排列
<el-main>	width		主要区域宽度，与<el-aside>一起使用时均为水平排列
<el-footer>	height	60px	底栏高度，与其他容器一起使用时为垂直排列

从官网上可以查阅相关组件的使用方法。例如，需要使用 Container 容器组件中的“实例”，只需要将鼠标移至“实例”的最下方下三角▼处，会显示“显示代码”超链接，单击超链接可以显示代码，然后将代码复制到自己的项目中，如图 10-3 所示。将鼠标移至代码的最下方上三角▲处，会出现“隐藏代码”超链接，单击超链接可以隐藏代码。

注意：以上组件采用了 flex 布局，使用前请确定目标浏览器是否兼容。此外，<el-container>的子元素只能是<el-header>、<el-aside>、<el-main>、<el-footer>，它们的父元素也只能是<el-container>。

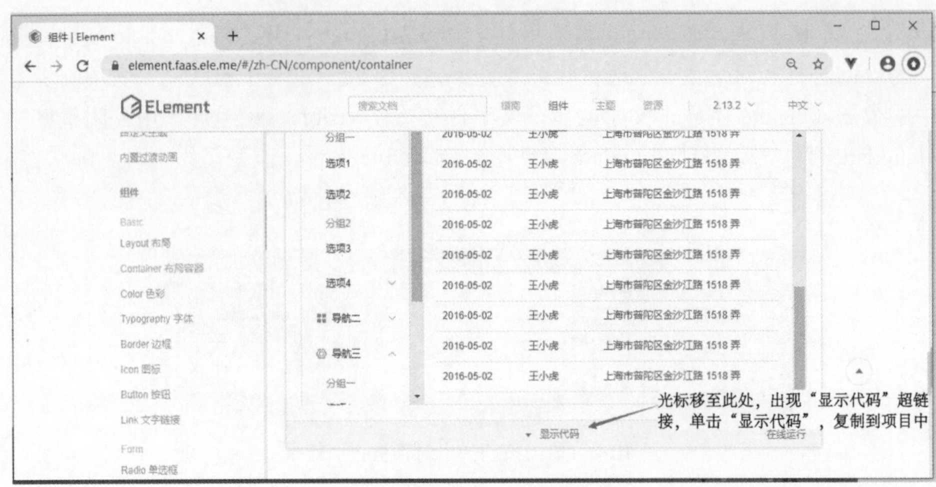

图 10-3　Element 组件使用方法

【例 10-2】Element 基础组件——布局容器。代码如下，页面效果如图 10-4 所示。

```
<!-- vue-10-2.html -->
<!DOCTYPE html>
<html>
    <head>
        <meta charset="utf-8">
        <title>布局容器组件的应用</title>
        <!-- 引入 Vue.js 和 element 的 CSS 和 JS -->
        <link rel="stylesheet" href="../vue/element/index.css">
        <script src="../vue/js/vue.js"></script>
        <script src="../vue/element/index.js"></script>
        <style>
            .el-header, .el-footer {
             background-color: #B3C0D1;color: #333;
             text-align: center;line-height: 60px;
           }
           .el-aside {
             background-color: #D3DCE6;color: #333;
             text-align: center;line-height: 200px;
           }
           .el-main {
             background-color: #E9EEF3;color: #333;
             text-align: center;line-height: 160px;
           }
           body > .el-container {margin-bottom: 40px;}
        </style>
    </head>
    <body>
        <div id="app">
            <!-- 3 个子元素垂直排列 -->
            <el-container>
                <el-header>Header</el-header>
                <el-main>Main-3 个子元素垂直排列</el-main>
                <el-footer>Footer</el-footer>
            </el-container>
            <hr>
            <!-- 4 个子元素：Aside 和 Main 水平排列，其余垂直排列 -->
            <el-container>
                <el-header>Header</el-header>
                <el-container>
```

```
40.                 <el-aside width="200px">Aside</el-aside>
41.                 <el-main>Main</el-main>
42.             </el-container>
43.         <el-footer>Footer</el-footer>
44.         </el-container>
45.         <hr>
46.         <el-container>
47.             <el-header>Header</el-header>
48.             <el-container>
49.                 <el-aside width="200px">Aside</el-aside>
50.                 <el-container>
51.                     <el-main>Main</el-main>
52.                     <el-footer>Footer</el-footer>
53.                 </el-container>
54.             </el-container>
55.         </el-container>
56.     </div>
57.     <script type="text/javascript">
58.         var myViewModel = new Vue({
59.             el: '#app',
60.         })
61.     </script>
62. </body>
63. </html>
```

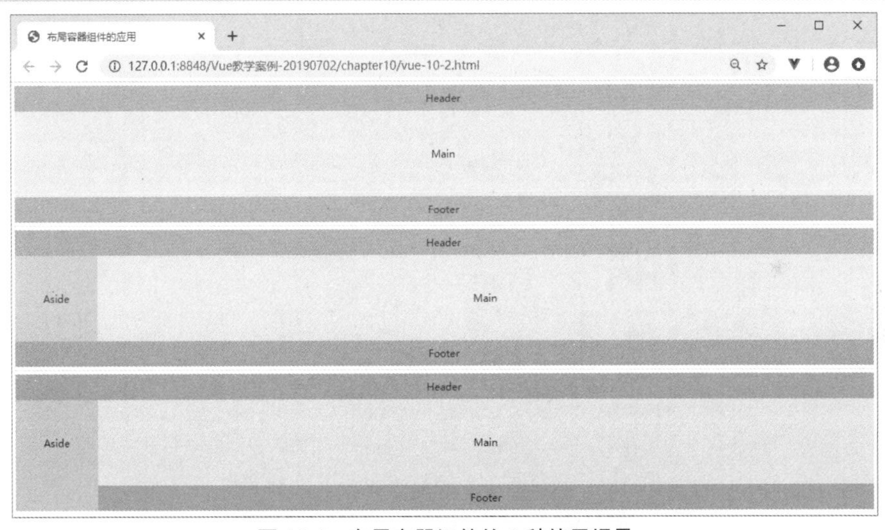

图 10-4　布局容器组件的 3 种使用场景

上述代码中，第 28～56 行在 div 中定义 3 个布局容器，分别表示 3 种不同的页面布局效果。其中，第 30～34 行定义一个包含 3 个垂直排列的子元素的布局容器；第 37～44 行定义一个包含一个子布局容器的布局容器，除子布局容器中的两个子元素水平排列外，其余子元素垂直排列；第 46～55 行定义一个布局容器多层嵌套的页面布局，最外层容器中的两个子元素垂直排列，中间容器中的两个子元素水平排列，最内层容器中的两个子元素垂直排列。

2）表单

Form（表单）组件由输入框、选择器、单选框、多选框等控件组成，用于收集、校验、提交数据。在 Form 组件中，每个表单域由一个 Form-Item 组件构成，表单域中可以放置各种类型的表单控件，包括 Input、Select、Checkbox、Radio、Switch、DatePicker、TimePicker 等。

表单组件使用的主要标记有表单标记<el-form>、表单域标记<el-form-item>，<el-form>和<el-form-item>两个标记分别具有不同的属性，可以根据需要进行选择设置。表单控件标记有<el-input>、<el-select>、<el-option>、<el-checkbox>、<el-radio>、<el-input-number>和<el-cascader>等，可以根据表单设计的需要进行选择。

注意：当一个 form 元素中只有一个输入框时，在该输入框中按 Enter 键应提交该表单。如果希望阻止这一默认行为，可以在<el-form>标记上添加@submit.native.prevent。

【例 10-3】Element 表单组件——表单验证。代码如下，页面效果如图 10-5～图 10-7 所示。

```
<!-- vue-10-3.html -->
<!DOCTYPE html>
<html>
    <head>
        <meta charset="utf-8">
        <title>Element 表单组件-表单验证</title>
        <!-- 引入 Vue.js 和 element 的 CSS 和 JS -->
        <link rel="stylesheet" href="../vue/element/index.css">
        <script src="../vue/js/vue.js"></script>
        <script src="../vue/element/index.js"></script>
        <style type="text/css">
            #app{width:800px;border:1px solid black;}
            .demo-ruleForm{width:700px;}
        </style>
    </head>
    <body>
        <div id="app">
            <el-form :model="ruleForm" :rules="rules" ref="ruleForm" label-width="100px" class="demo-ruleForm">
                <el-form-item label="活动名称" prop="name">
                    <el-input v-model="ruleForm.name"></el-input>
                </el-form-item>
                <el-form-item label="活动区域" prop="region">
                    <el-select v-model="ruleForm.region" placeholder="请选择活动区域">
                        <el-option label="上海" value="shanghai"></el-option>
                        <el-option label="北京" value="beijing"></el-option>
                        <el-option label="武汉" value="wuhan"></el-option>
                    </el-select>
                </el-form-item>
                <el-form-item label="活动时间" required>
                    <el-col :span="11">
                        <el-form-item prop="date1">
                            <el-date-picker type="date" placeholder="选择日期" v-model="ruleForm.date1" style="width: 100%;"></el-date-picker>
                        </el-form-item>
                    </el-col>
                    <el-col class="liniteme" :span="2">-</el-col>
                    <el-col :span="11">
                        <el-form-item prop="date2">
                            <el-time-picker type="fixed-time" placeholder="选择时间" v-model="ruleForm.date2" style="width: 100%;">
                            </el-time-picker>
                        </el-form-item>
                    </el-col>
                </el-form-item>
                <el-form-item label="即时配送" prop="delivery">
```

```
            <el-switch v-model="ruleForm.delivery"></el-switch>
        </el-form-item>
        <el-form-item label="活动性质" prop="type">
            <el-checkbox-group v-model="ruleForm.type">
                <el-checkbox label="美食/餐厅线上活动" name="type">
                </el-checkbox>
                <el-checkbox label="地推活动" name="type"></el-checkbox>
                <el-checkbox label="线下主题活动" name="type"></el-checkbox>
                <el-checkbox label="单纯品牌曝光" name="type"></el-checkbox>
            </el-checkbox-group>
        </el-form-item>
        <el-form-item label="特殊资源" prop="resource">
            <el-radio-group v-model="ruleForm.resource">
                <el-radio label="线上品牌商赞助"></el-radio>
                <el-radio label="线下场地免费"></el-radio>
            </el-radio-group>
        </el-form-item>
        <el-form-item label="活动形式" prop="desc">
            <el-input type="textarea" v-model="ruleForm.desc"></el-input>
        </el-form-item>
        <el-form-item>
            <el-button type="primary" @click="submitForm('ruleForm')">
            立即创建</el-button>
            <el-button @click="resetForm('ruleForm')">重置</el-button>
        </el-form-item>
    </el-form>
</div>
<script>
    var myViewModel = new Vue({
        el: '#app',
        data: {
            ruleForm: {
                name: '',
                region: '',
                date1: '',
                date2: '',
                delivery: false,
                type: [],
                resource: '',
                desc: ''
            },
            rules: {
                name: [
                    {required: true,message: '请输入活动名称',trigger: 'blur'},
                    {min: 3,max: 5,message: '长度在 3~5 个字符',trigger: 'blur'}
                ],
                region: [
                    {required: true,message: '请选择活动区域',trigger:
                    'change'},
                ],
                date1: [
                    {type: 'date',required: true,message: '请选择日期',trigger:
                    'change'},
                ],
                date2: [
                    {type: 'date',required: true,message: '请选择时间',trigger:
                    'change'},
```

```
                        ],
                        type: [
                            {type: 'array',required: true,message: '请至少选择一个
                            活动性质',trigger: 'change'},
                        ],
                        resource: [
                            {required: true,message: '请选择活动资源',trigger:
                            'change'},
                        ],
                        desc: [
                            {required: true,message: '请填写活动形式',trigger: 'blur'},
                        ]
                    }
                },
                methods: {
                    submitForm(formName) {
                        this.$refs[formName].validate((valid) => {
                            if (valid) {
                                alert('submit!');
                            } else {
                                console.log('error submit!!');
                                return false;
                            }
                        });
                    },
                    resetForm(formName) {
                        this.$refs[formName].resetFields();
                    }
                }
            })
        </script>
    </body>
</html>
```

图 10-5　表单验证初始页面效果

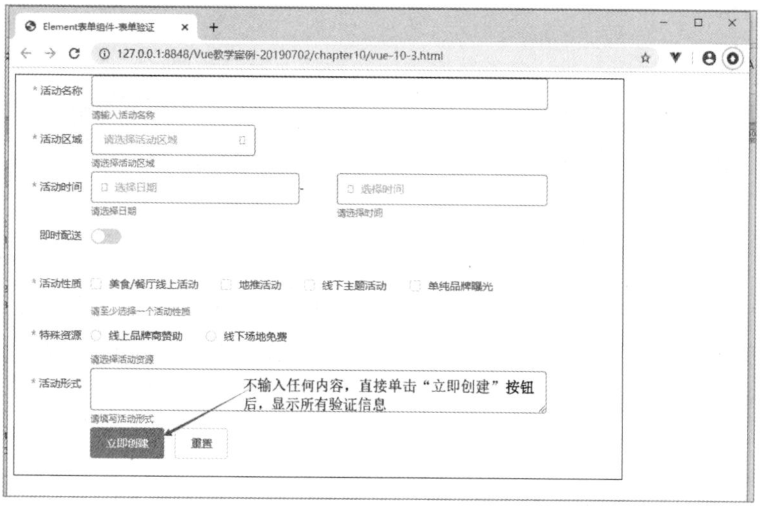

图 10-6　表单验证提示信息展示页面效果

上述代码中，第 18～66 行定义一个表单组件，并在其中定义 9 个<el-form-item>表单域，分别用于不同内容输入。其中，第 18 行定义<el-form>绑定表单数据对象 model（ruleForm），绑定验证规则 rules（rules）。每个表单域定义一项操作的内容，包括域的标题（label 定义）、域中的数据（prop 属性传入参数）和相关的表单控件，并通过 v-model 指令绑定表单控件。在 Vue 实例中，第 82～106 行定义 rules 对象变量，内含 name、region、date1、date2、type、resource、desc 等 7 个数组变量，用于存放每个变量对应的几条规则，每个{}内包含一条规则。例如，name 中包含两条规则：第 1 条规则的含义是必填项，提示信息为“请输入活动名称”，触发器是失去焦点时触发；第 2 条规则的含义是至少输入 3 个字符，最多输入 5 个字符，提示信息为“长度在 3～5 个字符”，触发器是失去焦点时触发。其余 6 个数组变量中定义规则类似，此处就不一一讲述。第 63 行使用了 type 为 primary 的按钮，绑定 click 事件调用 submitForm(‘ruleForm’) 判断验证是否正确，如果正确，则消息框提示“submit”，否则控制台输入“error submit!!”。其中 validate() 是验证函数，valid 是回调参数，为 true 表示验证成功，为 false 表示验证失败。

图 10-7　表单域输入正确的页面效果

3）表格

Table（表格）组件用于展示多条结构类似的数据，可对数据进行排序、筛选、对比或其他自定义操作。表格组件应用具有基础表格、带斑马纹表格、带边框表格、带状态表格、固定表头、固定列、固定列和表头、流体高度、多级表头、单选、多选、排序、筛选、自定义列模板、展开行、树形数据与懒加载、自定义表头、表尾合计行、合并行和列、自定义索引等各种效果，完全满足实际工程的需求。

表格组件常用的标记有<el-table>和<el-table-column>。

表格组件的使用方法如下。当<el-table>元素中注入 data 对象数组后，在<el-table-column>中用 prop 属性对应对象中的键名即可填入数据；用 label 属性定义表格的列名；使用 width 属性定义列宽。表格组件中默认文本居左显示，可能通过 align 属性设置文本居右或居中显示等。

表格组件的各种效果需要通过相关属性的设置才能体现出来，具体设置如下。

（1）设置带斑马纹表格。stripe 属性可以创建带斑马纹的表格。它接受一个布尔值，默认为 false，设置为 true 即为启用。

（2）设置带边框表格。默认情况下，表格组件是不具有竖直方向的边框的，如果需要，可以使用 border 属性，它接收一个布尔值，设置为 true 即可启用。

（3）设置表格行状态。可将表格内容高亮显示，方便区分“成功、信息、警告、危险”等内容。可以通过指定表格组件的 row-class-name 属性为表格中的某行添加 class，表明该行处于某种状态。

（4）设置流体高度。当数据量动态变化时，通过设置 max-height 属性为表格指定最大高度。若表格所需的高度大于最大高度，则会显示一个滚动条。

（5）设置固定表头。只要在<el-table>标记中定义了 height 属性，即可实现固定表头的表格，而不需要额外的代码。

（6）设置固定列。横向内容过多时，可选择固定列。固定列需要使用 fixed 属性，它接收布尔值或 left/right，表示左边固定还是右边固定。

（7）自定义列模板。若想在单元格中自定义，要用<template>标记包裹起来，slot-scope 属性传参，scope.row 取值。通过 scoped slot（作用域插槽）可以获取到 row、column、$index 和 store（table 内部的状态管理）的数据。

除上述的效果外，表格组件还有一些其他效果，如多级表头、单选/多选、排序、筛选、展开行、表尾合计行、合并行和列和自定义索引等，此处就不一一举例介绍了，用户可以根据项目需求选择合适的参数设置表格效果，也可以添加表格的事件完成特定的功能。

【例 10-4】Element 数据组件——表格的应用。代码如下，页面效果如图 10-8 所示。

```
<!-- vue-10-4.html -->
<!DOCTYPE html>
<html>
    <head>
        <meta charset="utf-8">
        <title>Element 数据组件-表格的应用</title>
        <!-- 引入 Vue.js 和 element 的 CSS 和 JS -->
        <link rel="stylesheet" href="../vue/element/index.css">
        <script src="../vue/js/vue.js"></script>
        <script src="../vue/element/index.js"></script>
        <style type="text/css">
```

```
            #app {margin: 0 auto;width: 800px;font-size: 24px;}
            el-table {font-size: 24px;}
        </style>
    </head>
    <body>
        <div id="app">
            <!-- 表格组件效果：带边框、带斑马纹、固定表头、固定列、自定义列模板 -->
            <h3 style="text-align: center;">学生信息一览表</h3>
            <el-table :data="tableData" style="width: 100%" stripe border
            height='300' max-height='200'>
                <el-table-column fixed prop="date" label="入学日期" width="180"
                align='center'>
                </el-table-column>
                <el-table-column prop="name" label="姓名" width="180" align=
                'center'>
                </el-table-column>
                <el-table-column prop="age" label="年龄" width='200'>
                </el-table-column>
                <el-table-column prop="province" label="省份" width='200'>
                </el-table-column>
                <el-table-column prop="className" label="班级">
                </el-table-column>
                <el-table-column fixed="right" label="操作" width="160">
                    <template slot-scope="scope">
                        <el-button @click="handleClick(scope.row)" type="text"
                        size="small">查看</el-button>
                        <el-button type="text" size="small">编辑</el-button>
                    </template>
                </el-table-column>
            </el-table>
        </div>
        <script>
            var myViewModel = new Vue({
                el: '#app',
                data: {
                    tableData: [{
                        date: '2019-04-02',
                        name: '王小双',
                        province: '江苏省',
                        className: '2019 计算机 1 班',
                        age: 21
                    }, {
                        date: '2019-05-08',
                        name: '李小龙',
                        province: '安徽省',
                        className: '2019 电子信息 2 班',
                        age: 20
                    }, {
                        date: '2019-07-01',
                        name: '张小明',
                        province: '山东省',
                        className: '2019 市场营销 3 班',
                        age: 20
                    }, {
                        date: '2019-08-03',
                        name: '陈小娟',
                        province: '山西省',
                        className: '2019 电气工程 5 班',
                        age: 19
                    }],
```

```
68.                 },
69.                 methods: {
70.                     handleClick(row) {
71.                         alert(row.name + '\n' + row.className)
72.                     }
73.                 },
74.             })
75.         </script>
76.     </body>
77. </html>
```

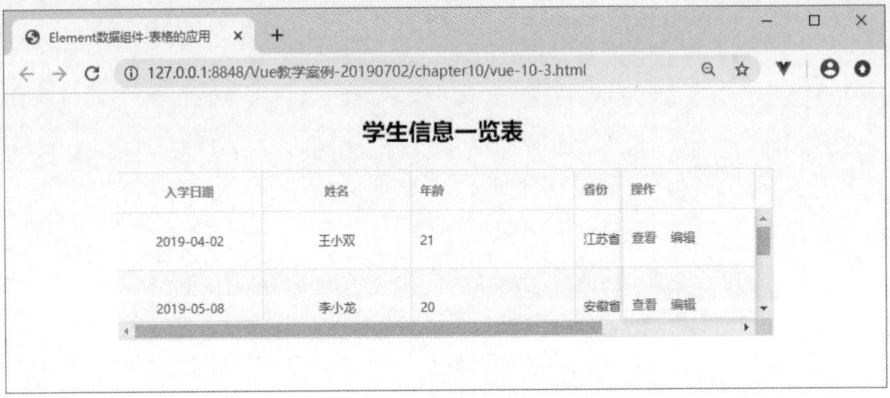

图 10-8 表格组件综合应用

上述代码中，第 17～38 行在 div 中定义一个表格组件。其中，第 20 行定义表格组件标记带边框、带斑马纹、固定表头等效果，同时给表格绑定 data 属性，获取 Vue 实例中定义的对象数据；第 21～36 行分别定义 6 个列，每列使用 label 属性定义表格的表头名称，通过 prop 属性获取对象中键名对应的数据。第 21 行、第 31 行<el-table-column>标记使用 fixed 属性定义固定列，其他列中的数据可以通过拖动水平滚动条查看。除第 5 个<el-table-column>标记外，其余列均定义宽度值。第 31～35 行定义一个自定义列模板，使用<template>标记通过作用域插槽传递数据，通过 scope.row 取值。在<template>标记中定义了两个基础组件中的按钮，第 1 个按钮绑定单击事件，调用 handleClick(scope.row)，通过消息框输出姓名和班级信息。

4）导航组件

导航组件中包含导航菜单 NavMenu、标签页 Tabs、面包屑 Breadcrumb、页头 PageHeader、下拉菜单 Dropdown、步骤条 Steps 等组件，为用户提供了丰富的导航方法，减轻设计人员的负担，提高开发效率和用户的体验度。

以 Tabs 标签页为例说明如何设计一个导航菜单。Tabs 标签页用于分隔内容上有关联但属于不同类别的数据集合。使用标签页容器<el-taps>标记和窗格 <el-tab-pane>标记实现标签页的效果。其中<el-tabs>标记具有 type 属性，可以定义不同的外观效果，如选项卡、卡片化，其属性值有 card 和 border-card。

【例 10-5】 Element 导航组件——Tabs 标签页应用。代码如下，页面效果如图 10-9 所示。

```
<!-- vue-10-5.html -->
<!DOCTYPE html>
<html>
    <head>
        <meta charset="utf-8">
        <title>导航组件-Tabs 标签页应用</title>
       <!-- 引入 Vue.js 和 element 的 CSS 和 JS -->
```

```
8.          <link rel="stylesheet" href="../vue/element/index.css">
9.          <script src="../vue/js/vue.js"></script>
10.         <script src="../vue/element/index.js"></script>
11.     </head>
12.     <body>
13.         <div id="app">
14.             <!-- 定义标签页的外观效果为选项卡风格 -->
15.             <el-tabs v-model="activeName" type="card" @tab-click= "handleClick">
16.                 <el-tab-pane label="用户管理" name="first">用户管理</el-tab-pane>
17.                 <el-tab-pane label="配置管理" name="second">配置管理</el-tab-pane>
18.                 <el-tab-pane label="角色管理" name="third">角色管理</el-tab-pane>
19.                 <el-tab-pane label="定时任务补偿" name="fourth">定时任务补偿</el-
                tab-pane>
20.             </el-tabs>
21.         </div>
22.         <script>
23.             var myViewModel = new Vue({
24.                 el: '#app',
25.                 data: {
26.                     activeName: 'first'
27.                 },
28.                 methods: {
29.                     handleClick(tab, event) {
30.                         console.log(tab, event);
31.                     }
32.                 }
33.             })
34.         </script>
35.     </body>
36. </html>
```

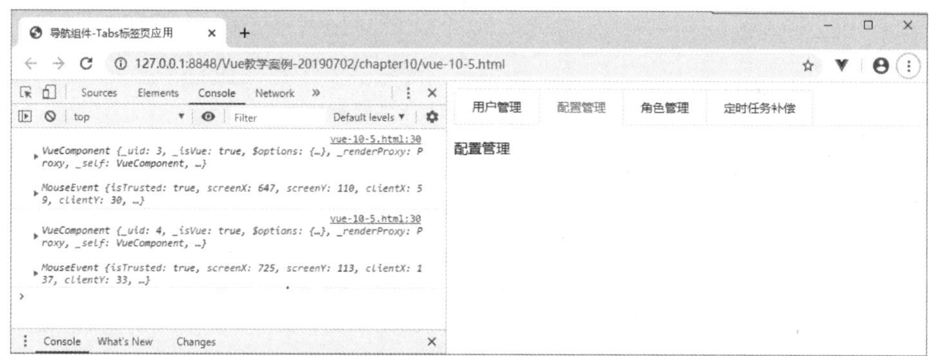

图 10-9　导航组件中标签页的应用

上述代码中，第 14～19 行在 div 中定义一个 Tabs 标签页导航组件，其外观为选项卡式，并监听 tab-click 事件，控制台输出 tab 对象和 event 对象。第 15～18 行分别定义了 4 个窗格，通过 label 属性定义选项的标题。

element-ui icon 图标显示方框问题解决办法。从 https://unpkg.com/browse/element-ui@2.10.1/lib/theme-chalk/fonts/下载 element-icons.ttf 和 element-icons.woff 文件，解决图标和字体显示问题。

10.1.2　iView UI

iView 是一套基于 Vue.js 的开源 UI 组件库，主要服务于 PC 界面的中后台产品。iView

的组件比较齐全，主要分为Basic、View、Form、Chart、Navigation、Custom、Other等几大类组件，如图10-10所示。iView不仅更新很快，而且文档详细，有公司团队维护。除此之外，iView生态也做得很好，还开源了一个iView Admin，非常便于后台管理。iView已经应用在TalkingData、阿里巴巴、百度、腾讯、今日头条、京东、滴滴出行、美团、新浪、联想等大型公司的产品中。详细文档可以参见iView官网https://www.iviewui.com/。

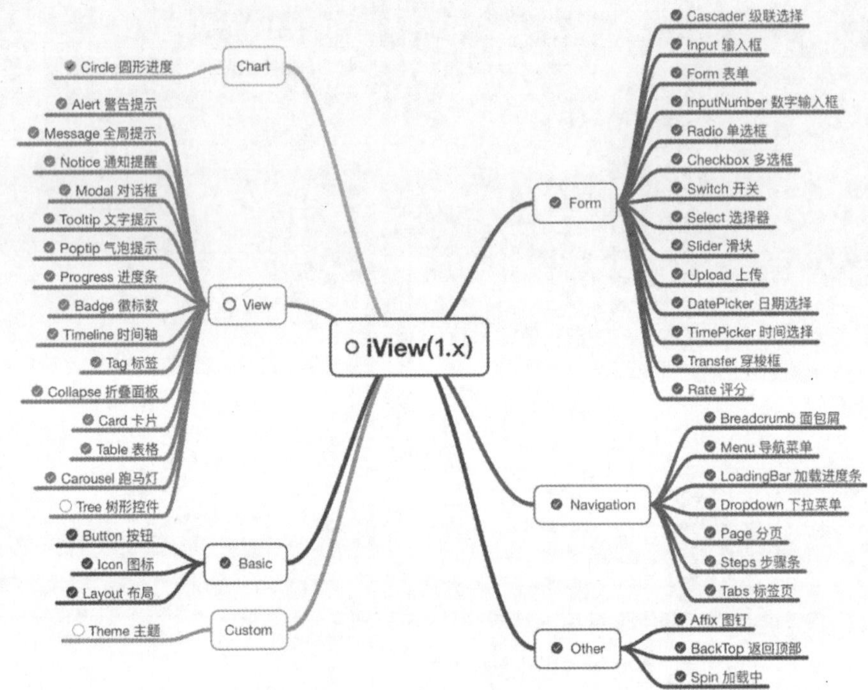

图10-10 iView UI组件概要

iView UI版本已经从v1.0升级到v3.5.4，2019年10月起正式更名为View UI，并使用全新的Logo。iView作者将在新仓库（https://github.com/view-design/ViewUI）继续开发iView 4.0和后续版本，以及维护工作，原仓库不再继续提交内容。北京视图更新科技有限公司发布View UI组件库（即iView 4.0），超过50项更新，该项目即为原先的iView。从4.0.0版本开始，原先的npm包将不再使用，需要替换为新包view-design，详细的升级指南请查看《升级 4.x指南》（https://www.iviewui.com/docs/update4）。

1. iView的安装与引用

通过https://unpkg.com/iview/可以找到iView最新版本的资源，也可以切换版本选择需要的资源，在页面上引入JavaScript和CSS文件，即可开始使用，格式如下。

```
<!-- 引入Vue -->
<script src="//v1.vuejs.org/js/vue.min.js"></script>
<!-- 引入样式 -->
<link rel="stylesheet" href="//unpkg.com/iview/dist/styles/iview.css">
<!-- 引入组件库 -->
<script src="//unpkg.com/iview@1.0.1/dist/iview.min.js"></script>
```

当然也可以下载到本地项目指定文件夹中，采用相对路径引用，方法类似。npm安装方法参照Element组件相应的安装方法即可。本节以View v4.0.0为例介绍一些简易的应用。View v4.0.0 的引用方法如下。

```
    <link href="http://unpkg.com/view-design/dist/styles/iview.css rel="stylesheet" type="text/css" ">
    <script src="http://vuejs.org/js/vue.min.js"></script>
    <script src="http://unpkg.com/view-design/dist/iview.min.js"></script>
```

注意：非 template/render 模式下（如使用 HTML 引入 iView UI 时），需要分别将<Menu>、<MenuItem>、<MenuGroup>标记改为<i-menu>、<Menu-Item>、<Menu-Group>。

2. iView 组件的应用

由于 iView 组件比较丰富，限于篇幅，此处仅以 Menu 导航菜单和 Tree 树形控件为例说明组件的应用。

（1）Menu 导航菜单为页面和功能提供导航的菜单列表，常位于网站顶部和左侧。

（2）Tree 树形控件。文件夹、组织架构、生物分类、国家地区等大多数结构都是树形结构。使用树形控件可以完整展现其中的层级关系，并具有展开收起选择等交互功能。

【例 10-6】iView 组件应用——Menu 导航菜单。代码如下，页面效果如图 10-11 和图 10-12 所示。

```
<!DOCTYPE html>
<html>
    <head>
        <meta charset="utf-8">
        <title>iview 菜单示例</title>
        <script type="text/javascript" src="../vue/js/vue.js"></script>
        <link rel="stylesheet" href="//unpkg.com/view-design/dist/styles/iview.css">
        <!-- <link rel="stylesheet" href='../vue/iView/iview.css'> -->
        <script type="text/javascript" src="../vue/iView/iview.min.js"></script>
        <style type="text/css">
        </style>
    </head>
    <body>
        <div id="app">
            <i-menu mode="horizontal" :theme="menuTheme" active-name="1" @on-select="onMenuSelect">
                <Menu-Item name="1">
                    <Icon type="ios-paper"></Icon>学院概况
                </Menu-Item>
                <Menu-Item name="2">
                    <Icon type="ios-people"></Icon>教学单位
                </Menu-Item>
                <Submenu name="3">
                    <template slot="title">
                        <Icon type="stats-bars"></Icon>师资队伍
                    </template>
                    <Menu-Group title="知名教授">
                        <Menu-Item name="3-1">张功峰</Menu-Item>
                        <Menu-Item name="3-2">周阁娟</Menu-Item>
                        <Menu-Item name="3-3">刘得住</Menu-Item>
                    </Menu-Group>
                    <Menu-Group title="教学名师">
                        <Menu-Item name="3-4">吴晓峰</Menu-Item>
                        <Menu-Item name="3-5">孙家旺</Menu-Item>
                    </Menu-Group>
                </Submenu>
            <Menu-Item name="4">
```

```
37.                <Icon type="ios-stats"></Icon>联系我们
38.            </Menu-Item>
39.            <Menu-Item name="5">
40.                <Icon type="ios-construct"></Icon>校友会
41.            </Menu-Item>
42.            </i-menu>
43.            <br>
44.            <p>修改主题</p>
45.            <Radio-Group v-model="menuTheme">
46.                <Radio label="light"></Radio>
47.                <Radio label="dark"></Radio>
48.                <Radio label="primary"></Radio>
49.            </Radio-Group>
50.        </div>
51.        <script type="text/javascript">
52.            var vue = new Vue({
53.                el: '#app',
54.                data: {
55.                    menuTheme: 'primary'
56.                },
57.                methods: {
58.                    onMenuSelect: function(name) {
59.                        console.log(name, " is clicked!");
60.                        if (name === "4") {
61.                            window.location.href = 'http://www.njust.edu.cn';
62.                        }
63.                    }
64.                }
65.            });
66.        </script>
67.    </body>
68. </html>
```

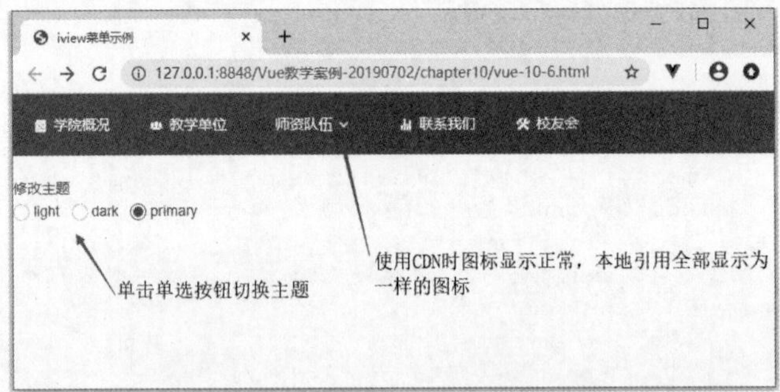

图 10-11　CDN 引用 iView 的 CSS 时 Menu 导航菜单页面效果

图 10-12　本地引用 iView 的 CSS 时 Menu 导航菜单页面效果

上述代码中，第 15～42 行通过<i-menu>标记定义含有 5 个一级水平菜单，其中“师资队伍”菜单含有下拉二级子菜单。第 45～49 行定义一个单选按钮组，包含 3 个单选按钮，用于切换主题的样式效果。

【例 10-7】iView 组件应用——Tree 树形控件。代码如下，页面效果如图 10-13 所示。

```
1.  <!-- vue-10-7.html -->
2.  <!DOCTYPE html>
3.  <html>
4.      <head>
5.          <meta charset="utf-8">
6.          <title>iView 组件：Tree 树形控件的应用</title>
7.          <script type="text/javascript" src="../vue/js/vue.js"></script>
8.          <link rel="stylesheet" href='../vue/iView/iview.css'>
9.          <script type="text/javascript" src="../vue/iView/iview.min.js"></script>
10.     </head>
11.     <body>
12.         <div id="app">
13.             <Tree :data="data4" show-checkbox multiple></Tree>
14.         </div>
15.         <script>
16.             var myViewModel = new Vue({
17.                 el: '#app',
18.                 data: {
19.                     data4: [{
20.                         title: '互联网学院',
21.                         expand: true,
22.                         selected: true,
23.                         children: [{
24.                                 title: '计算机类专业',
25.                                 expand: true,
26.                                 children: [{
27.                                         title: '计算机科学与技术',
28.                                         disabled: true
29.                                     },
30.                                     {title: '软件工程'},
31.                                     {title: '大数据科学与技术'}
32.                                 ]
33.                             },
34.                             {
35.                                 title: '电子类专业',
36.                                 expand: true,
37.                                 children: [{
38.                                         title: '电子信息工程',
39.                                         checked: true
40.                                     },
41.                                     {title: '电子科学技术'}
42.                                 ]
43.                             }
44.                         ]
45.                     }]
46.                 }
47.             })
48.         </script>
49.     </body>
50. </html>
```

上述代码中，第 13 行定义一个 Tree 树形控件，绑定 data 属性（可嵌套的节点属性的数组），通过 Vue 实例中 data 选项的 data4 获取数据，同时为树形控件设置支持多选框、多选的效果。第 21 行和第 22 行设置节点能够展开子节点和选中子节点。第 23、26 和 37 行通过 children 选项设置子节点，同时可以为子节点设置相关属性。

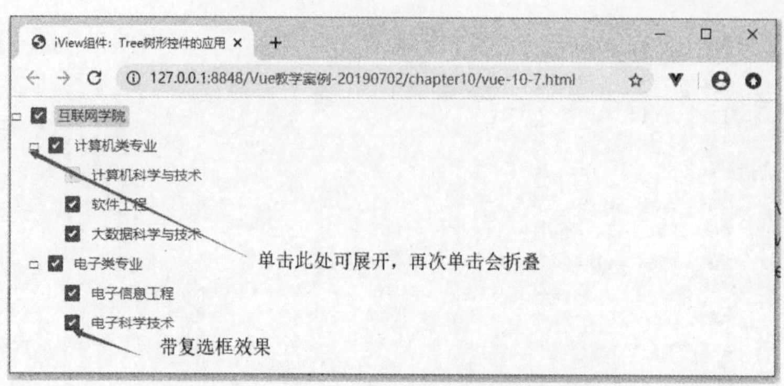

图 10-13　iView 的 Tree 树形控件页面效果

10.1.3　其他 PC 端 UI 组件库

1. AT-UI UI 组件库

AT-UI 是一款基于 Vue.js 2.x 的前端 UI 组件库，主要用于快速开发 PC 网站中的后台产品，支持现代浏览器和 IE9 及以上版本。AT-UI 更加精简，实现了后台常用的组件，主要包括基础、表单、视图、导航等组件。详细文档可以参见 AT-UI 官网 https://at-ui.github.io/at-ui/#/zh。

2. vue-beauty

vue-beauty 是一套基于 Vue.js 和 ant-design 样式的 PC 端 UI 组件库，主要帮助开发者提升产品体验和开发效率、降低维护成本。vue-beauty 包含丰富的组件，涵盖常用场景，基于 Vue 组件化开发，数据驱动视图，封装复杂性，提供简单友好的 API，基于 ant-design 样式优化。详细文档可以参见 vue-beauty 官网 https://fe-driver.github.io/vue-beauty。

除了上述简单介绍的 Vue 的 PC 端的 UI 组件库，还有 vue-element-admin、Vue Material 等其他的开源 UI 组件库，在此不再一一介绍，用户可以根据项目的需要，通过网络检索相关支持 Vue 的桌面端（PC 端）的 UI 组件库。

10.2　Vue 移动端 UI 组件库

10.2.1　Mint UI

Mint UI 是饿了么公司开源的移动端 UI 组件库，基于 Vue.js 的移动端 UI 框架，包含丰富的 CSS 和 JavaScript 组件，能够满足日常的移动端开发需求。详细文档可以参见 Mint UI 官网 http://mint-ui.github.io/#!/zh-cn。

1. Mint UI 的特性

Mint UI 包含丰富的 CSS 和 JavaScript 组件，能够满足日常的移动端开发需要。通过它，可以快速构建出风格统一的页面，提升开发效率。Mint UI 具有以下特点。

（1）真正意义上的按需加载组件。可以只加载声明过的组件及其样式文件，无须再纠结文件体积过大。

（2）考虑到移动端的性能门槛，Mint UI 采用 CSS3 处理各种动效，避免浏览器进行不必要的重绘和重排，从而使用户获得流畅顺滑的体验。

（3）依托 Vue.js 高效的组件化方案，Mint UI 做到了轻量化。即使全部引入，压缩后的文件体积也仅约 30kB(JS+CSS)。

2. Mint UI 组件简介

Mint UI 组件分为 JavaScript 组件、CSS 组件、Form 组件 3 类，每类组件内包含若干个子组件。

（1）JavaScript 组件：简短的消息提示框（Toast）、加载提示框（Indicator）、下拉/上拉刷新（Loadmore）、无限滚动指令（Infinite Scroll）、弹出式提示框（Message Box）、操作表（Action Sheet）、弹出框（Popup）、轮播图（Swipe）、图片懒加载指令（Lazy load）、滑块（Range）、进度条（Progress）、选择器（Picker）、日期时间选择器（Datetime picker）、索引列表（Index List）、调色板按钮（Palette Button）。

（2）CSS 组件：顶部导航栏（Header）、底部选项卡（Tabbar）、顶部选项卡（Navbar）、按钮（Button）、单元格（Cell）、可滑动的单元格（Cell Swipe）、加载动画（Spinner）、面板（Tab-container）、搜索框（Search）。

（3）Form 组件：开关（Switch）、复选框列表（Checklist）、单选框列表（Radio）、表单编辑器（Field）、徽章（Badge）。

3. Mint UI 安装

1）npm 安装

推荐使用 npm 的方式安装，它能更好地与 webpack 打包工具配合使用。

```
npm install mint-ui -S|D|--save-dev
```

2）CDN 引用和本地引入

目前可以通过 unpkg.com/mint-ui 获取到最新版本的资源，在页面上引入 JavaScript 和 CSS 文件即可开始使用。

```
<!-- 引入样式 -->
<link rel="stylesheet" href="https://unpkg.com/mint-ui/lib/style.css" type=
"text/css">
<!-- 引入组件库 -->
<script src=https://unpkg.com/mint-ui/lib/index.js type="text/javascript">
</script>
<!—本地引入样式和组件库 -->
<link rel="stylesheet" href="../vue/Mint/style.css" type="text/css">
<script src="../vue/Mint/index.js" type="text/javascript"></script>
```

4. Mint UI 组件的应用

【例 10-8】Mint UI 组件应用——Button 和 Toast。代码如下，页面效果如图 10-14 所示。

```
<!-- vue-10-8.html -->
<!DOCTYPE HTML>
<html>
    <head>
        <meta charset="UTF-8">
        <link rel="stylesheet" href="../vue/Mint/style.css" type='text/css'>
        <script src="../vue/js/vue.js"></script>
        <script src="../vue/Mint/index.js"></script>
    </head>
    <body>
        <div id="app">
            <mt-button @click.native="handleClick">单击弹出 Toast</mt-button>
```

```
13.            <mt-button type="default">default</mt-button>
14.            <mt-button type="primary">primary</mt-button>
15.            <mt-button type="danger">danger</mt-button>
16.         </div>
17.         <script>
18.            new Vue({
19.               el: '#app',
20.               methods: {
21.                  handleClick: function() {
22.                     //this.$toast('欢迎您使用 Mint UI 组件!')
23.                     this.$toast({
24.                        message: '操作成功',
25.                        iconClass: 'icon icon-success'
26.                     })
27.                  },
28.               }
29.            })
30.         </script>
31.      </body>
32.   </html>
```

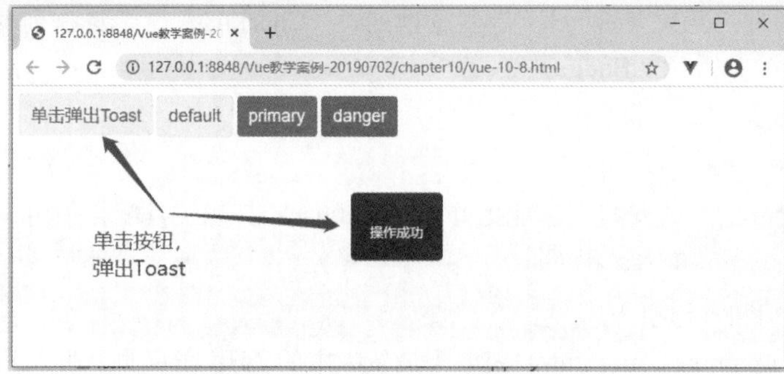

图 10-14　Mint UI 的按钮组件页面效果

上述代码中，第 11～16 行在 div 中定义 4 个按钮。其中，第 1 个按钮绑定 click 事件，并设置事件修饰符 native，用于侦听元素的原生事件，调用 handleClick 方法，弹出 Toast（简短消息提示框）消息；其余 3 个按钮均设置 type 属性，属性值分别为 default、primary、danger，分别展示出不同的外观。

【例 10-9】Mint UI 组件应用——表单编辑器。代码如下，页面效果如图 10-15 和图 10-16 所示。

```
<!-- vue-10-9.html -->
<!DOCTYPE html>
<html>
   <head>
      <meta charset="utf-8">
      <title>Mint UI 表单组件应用</title>
      <link rel="stylesheet" href="../vue/Mint/style.css" type='text/css'>
      <script src="../vue/js/vue.js"></script>
      <script src="../vue/Mint/index.js"></script>
   </head>
   <body>
      <div id="app">
         <mt-field label="用户名" placeholder="请输入用户名" v-model="username">
         </mt-field>
         <mt-field label="邮箱" placeholder="请输入邮箱" state="success"
         type="email" v-model="email"></mt-field>
         <mt-field label="密码" placeholder="请输入密码" type="password"
```

```
                v-model="password"></mt-field>
16.             <mt-field label="手机号" placeholder="请输入手机号" type="tel" v-model=
                "phone"></mt-field>
17.             <mt-field label="网站" placeholder="请输入网址" type="url" v-model=
                "website"></mt-field>
18.             <mt-field label="数字" placeholder="请输入数字" type="number" v-model=
                "number"></mt-field>
19.             <mt-field label="生日" placeholder="请输入生日" type="date" v-model=
                "birthday"></mt-field>
20.             <mt-field label="自我介绍" placeholder="自我介绍" type="textarea"
                rows="4" v-model="introduction"></mt-field>
21.             <mt-button type="primary">提交表单</mt-button>
22.             <mt-button type="danger">重置</mt-button>
23.         </div>
24.         <script type="text/javascript">
25.             var myViewModel = new Vue({
26.                 el: '#app',
27.                 data: {
28.                     username: '',
29.                     email: '',
30.                     password: '',
31.                     phone: '',
32.                     website: '',
33.                     number: 35,
34.                     birthday: '',
35.                     introduction: '',
36.                 }
37.             })
38.         </script>
39.     </body>
40. </html>
```

上述代码中，第 12～23 行在 div 中定义 8 个表单编辑器和两个按钮。使用<mt-field>标记，分别定义标记的 label、placeholder、v-model 等属性。定义两个按钮的 type 属性值分别为 primary、danger。第 25～37 行定义 Vue 实例，并在 data 选项中分别定义表单编辑器中绑定的变量。图 10-16 所展示的页面效果是采用工程化方法（vue init webpack vue-mint-1）创建项目，然后将 vue-10-9.html 中表单编辑器部分和 Vue 实例中定义的内容适当修改后移到 src/App.vue 的 template 和 export default 中，再通过 http://localhost:8080 查看得到的结果。

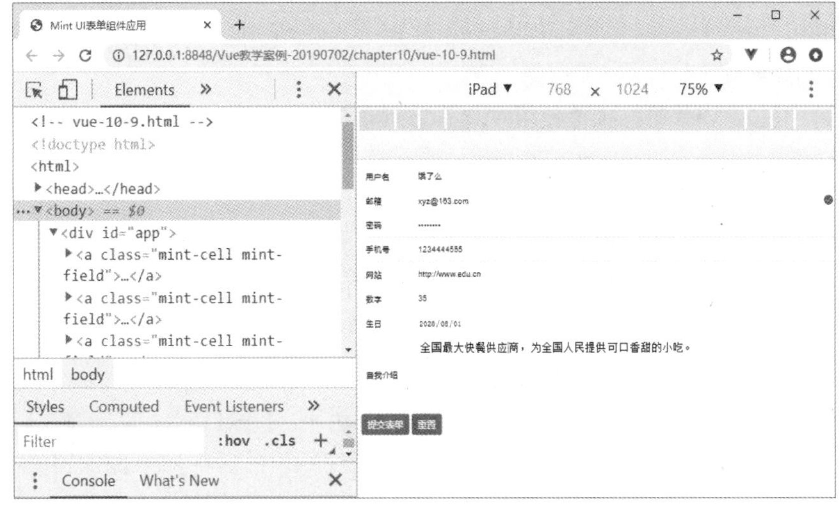

图 10-15　单页 HTML 下 Mint UI 表单编辑器页面效果

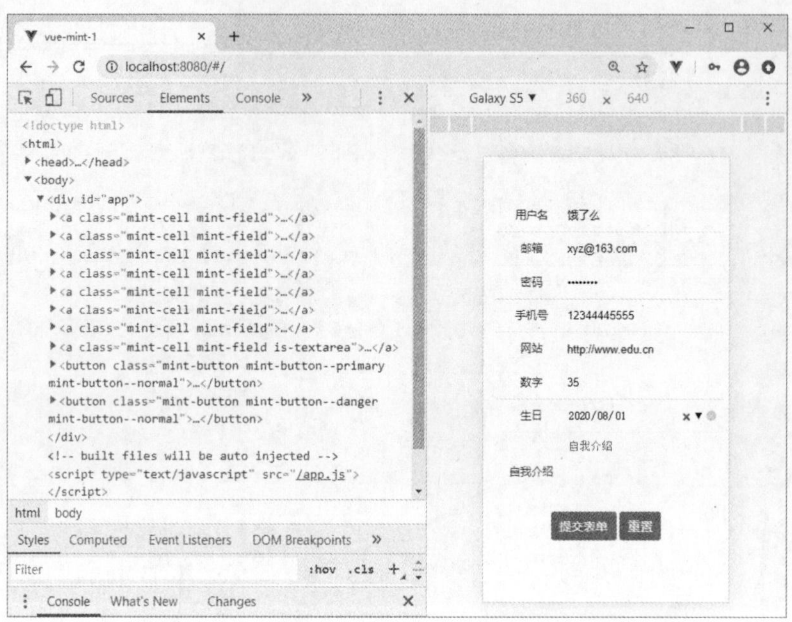

图 10-16　工程化后 Mint UI 表单编辑器页面效果

10.2.2　Vant

Vant 是有赞开源的一套基于 Vue 2.X 的移动 UI 组件库。通过 Vant，可以快构建出风格统一的页面，提升开发效率。Vant 目前已有近 60 个组件，主要分为基础组件、表单组件、反馈组件、展示组件、导航组件、业务组件等类，如 AddressEdit 地址编辑、AddressList 地址列表、Area 省市区选择、Card 卡片、Contact 联系人、Coupon 优惠券、GoodsAction 商品导航、SubmitBar 提交订单栏、Sku 商品规格等业务组件。这些组件被广泛应用于有赞的各个移动端业务中。 Vant 旨在更快、更简单地开发基于 Vue 的美观易用的移动站点。Vant Weapp 是有赞移动端组件库 Vant 的小程序版本，两者基于相同的视觉规范，提供一致的 API，帮助开发人员快速搭建小程序应用。详细文档可以参见 Vant 官网 https://youzan.github.io/vant/#/zh-CN/intro。

1. Vant 的安装

在项目中使用 Vant 时，推荐使用 Vue 官方提供的脚手架 Vue CLI 创建项目，命令格式如下。

（1）安装 Vue CLI，命令如下。

```
npm install -g @vue/cli
```

（2）创建一个项目（项目名为 myProject，不使用模板）。

```
vue create myProject
```

（3）创建完成后，可以通过命令打开图形化界面。

```
vue ui
```

在图形化界面中，执行“依赖”→“安装依赖”命令，然后将 Vant 添加到依赖中即可。

（4）通过 npm 安装。

```
npm install vant -S
```

引入组件的方法有多种，可以自动引入，也可以手动引入，还可以按需引入。

- 方式①：自动按需引入组件（推荐）

babel-plugin-import 是一款 babel 插件，它会在编译过程中将 import 的写法自动转换为按需引入的方式。

```
npm install babel-plugin-import -D|S|--save-dev
```

在项目根文件夹下的.babelrc 中添加适当配置，格式如下。

```
{
    "plugins": [
        ["import", {
            "libraryName": "vant",
            "libraryDirectory": "es",
            "style": true
        }]
    ]
}
```

对于使用 babel7 的用户，可以在 babel.config.js 中进行适当配置，格式如下。

```
module.exports = {
    plugins: [
        ['import', {
            libraryName: 'vant',
            libraryDirectory: 'es',
            style: true
        }, 'vant']
    ]
};
```

然后可以在代码中直接引入 Vant 组件。插件会自动将代码转化为按需引入形式，如下所示。

```
import { Button } from 'vant';
```

- 方式②：手动按需引入组件

在不使用插件的情况下，可以手动引入需要的组件，格式如下。

```
import Button from 'vant/lib/button';
import 'vant/lib/button/style';
```

- 方式③：导入所有组件

Vant 支持一次性导入所有组件，引入所有组件会增大代码包体积，因此不推荐这种做法。

```
import Vue from 'vue';
import Vant from 'vant';
import 'vant/lib/index.css';
Vue.use(Vant);
```

- 方式④：通过 CDN 引入

使用 Vant 最简单的方法是直接在 HTML 文件中引入 CDN 链接，之后可以通过全局变量 vant 访问到所有组件。

```
<!-- 引入样式文件 -->
<link rel="stylesheet" href="https://cdn.jsdelivr.net/npm/vant@2.9/lib/index.css"/>
<!-- 引入 Vue 和 Vant 的 JavaScript 文件 -->
<script src="https://cdn.jsdelivr.net/npm/vue/dist/vue.min.js"></script>
<script src="https://cdn.jsdelivr.net/npm/vant@2.9/lib/vant.min.js"></script>
```

```
<script>
  //在 #app 标记下渲染一个按钮组件
  new Vue({
      el: '#app',
      template: '<van-button>按钮</van-button>',
  });
  //调用函数组件，弹出一个 Toast
  vant.Toast('提示');
  //通过 CDN 引入时不会自动注册 Lazyload 组件
  //可以通过下面的方式手动注册
  Vue.use(vant.Lazyload);
</script>
```

2. Vant UI 的简单应用

【例 10-10】 Vant UI 组件应用——轮播、单元格及商品导航组件。

本例主要使用 Swipe 轮播（<van-swipe>、<van-swipe-item>等标记）、Cell 单元格（<van-cell-group>、<van-cell>等标记）、商品导航 GoodsAction（<van-goods-action>、<van-goods-action-icon>、<van-goods-action-button>等标记）组件，相关标记的属性设置可参考官方网站。页面效果如图 10-17 所示。

```
<!-- vue-10-10.html -->
<!DOCTYPE html>
<html>
    <head>
        <meta charset="utf-8">
        <meta http-equiv="X-UA-Compatible" content="IE=edge">
        <meta name="viewport" content="width=device-width, initial-scale=1.0, maximum-scale=1.0, minimum-scale=1.0, viewport-fit=cover">
        <title>Vant@2.2 组件的应用</title>
        <link rel="stylesheet" href="../vue/Vant/index.css" type="text/css" />
        <script src="../vue/js/vue.js"></script>
        <script src="../vue/Vant/vant.min.js"></script>
        <style>
            body {color: #333;background-color: #f8f8f8;}
            .goods {padding-bottom: 50px;}
            .goods-swipe img {width: 100%;display: block;}
            .goods-title {font-size: 16px;}
            .goods-price {color: #f44;}
            .goods-express {font-size: 12px;padding: 5px 15px;}
            .goods-cell-group {margin: 15px 0;}
            .goods-tag {margin-left: 5px;}
        </style>
    </head>
    <body>
        <div id="app">
            <div class="goods">
                <van-swipe class="goods-swipe" :autoplay="3000">
                    <van-swipe-item v-for="thumb in goods.thumb" :key="thumb">
                        <img :src="thumb">
                    </van-swipe-item>
                </van-swipe>
                <van-cell-group>
                    <van-cell>
                        <div class="goods-title">{{ goods.title }}</div>
                        <div class="goods-price">{{ formatPrice(goods.price) }}
                        </div>
                    </van-cell>
                    <van-cell class="goods-express">
```

```
                    <van-col span="10">运费：{{ goods.express }}</van-col>
                    <van-col span="14">剩余：{{ goods.remain }}</van-col>
                </van-cell>
            </van-cell-group>
            <van-cell-group class="goods-cell-group">
                <van-cell value="进入店铺" icon="shop-o" is-link @click="enterShop">
                    <template slot="title">
                        <span class="van-cell-text">有赞的店</span>
                        <van-tag class="goods-tag" type="danger">官方</van-tag>
                    </template>
                </van-cell>
                <van-cell title="查看商品详情" is-link @click="showGoodsDetail" />
            </van-cell-group>
            <van-goods-action>
                <van-goods-action-icon icon="chat-o" @click="showChat">
                    客服
                </van-goods-action-icon>
                <van-goods-action-icon icon="cart-o" @click="showCart">
                    购物车
                </van-goods-action-icon>
                <van-goods-action-button type="warning" @click="addCart">
                    加入购物车
                </van-goods-action-button>
                <van-goods-action-button type="danger" @click="buy">
                    立即购买
                </van-goods-action-button>
            </van-goods-action>
        </div>
    </div>
    <script>
        var myViewModel = new Vue({
            el: '#app',
            data() {
                return {
                    goods: {
                        title: '美国伽力果（约 680g/3 个）',
                        price: 2680,
                        express: '免运费',
                        remain: 19,
                        thumb: [
                            'https://img.yzcdn.cn/public_files/2017/10/24/e5a5a02309a41f9f5def56684808d9ae.jpeg',
                            'https://img.yzcdn.cn/public_files/2017/10/24/1791ba14088f9c2be8c610d0a6cc0f93.jpeg'
                        ]
                    }
                };
            },
            methods: {
                formatPrice() {
                    return '¥' + (this.goods.price / 100).toFixed(2);
                },
                enterShop() {
                    vant.Toast('进入店铺');
                },
                showGoodsDetail() {
                    vant.Toast('查看商品详情');
                },
                showChat() {
```

```
94.                     vant.Toast('进入客服页面');
95.                 },
96.                 showCart() {
97.                     vant.Toast('进入购物车页面');
98.                 },
99.                 addCart() {
100.                    vant.Toast('加入购物车');
101.                },
102.                buy() {
103.                    vant.Toast('立即购买');
104.                }
105.            }
106.        });
107.    </script>
108.  </body>
109. </html>
```

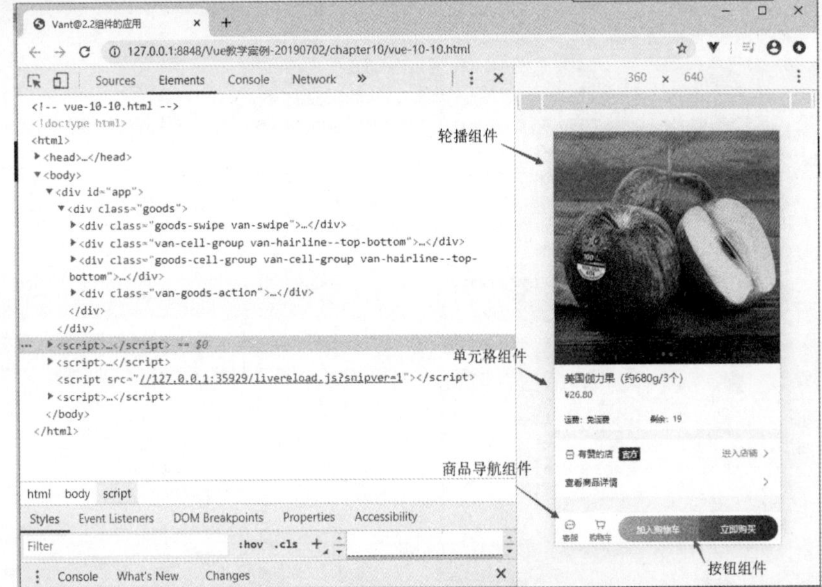

图 10-17　Vant UI 组件基础应用页面效果

上述代码中，第 7 行设置视口支持响应式布局。第 9～11 行引入 Vue 和 Vant（包括 CSS 和 JavaScript 文件）。第 12～21 行定义商品相关要素的样式。第 24～65 行在 div 中定义商品信息及商品导航相关组件，实现程序布局的基本功能。布局中包括 Swipe 轮播组件（通过 v-for 指令遍历 thumb 图像数组中所有图像，3s 自动轮播）、Cell 单元格组件（显示商品标题、价格、运费和剩余信息，以及进入店铺、查看商品详情等）、GoodsAction 商品导航组件（显示商品导航图标和按钮）。所有单击事件均使用 vant.Toast() 方法显示简易信息。

10.2.3　其他移动端组件库

1. Cube UI 组件库

Cube UI 组件库是基于 Vue.js 实现的精致移动端组件库。由滴滴内部组件库精简提炼而来，经历了业务一年多的考验，并且每个组件都进行充分的单元测试，为后续集成提供保障。Cube UI 在交互体验方面追求极致，遵循统一的设计交互标准，高度还原设计效果，接口标准化，统一规范使用方式，开发更加简单高效；支持按需引入和后编译，轻量灵活；扩展性强，可以方便地基于现有组件实现二次开发。详细使用文档可以参见官网 https://didi.github.io/cube-ui/#/zh-CN。

2. NutUI 组件库

NutUI 是一套京东风格的移动端 Vue 组件库，开发和服务于移动 Web 界面的企业级前中后台产品。NutUI 组件库支持跨平台和自动转微信小程序组件，30 多个京东移动端项目正在使用，基于京东 App7.0 视觉规范，支持按需加载，有详尽的文档和示例，支持定制主题、多语言（国际化）、TypeScript、服务端渲染（Vue SSR）和单元测试，提供基于 webpack 的构建工具，可快速创建已内置本组件库的 Vue 工程。详细使用文档参见 NutUI 官网 https://nutui.jd.com/#/index。

除了上述简单介绍的 Vue 移动端的 UI 组件库，还有 Vux UI（主要服务于微信页面）、vue-ydui、Mand-Mobile（主要用于金融场景）等其他的开源 UI 组件库，在此不再一一介绍，用户可以自行网络检索相关移动端 UI 组件库。

本章小结

本章主要介绍了 Vue 常用的 UI 组件库的特点、安装与初步应用，包含 PC 端 UI 和移动端 UI。其中，关于 PC 端（也称为桌面端）UI 组件库重点介绍了 Element UI 和 iView UI；关于移动端 UI 组件库重点介绍了 Mint UI 和 Vant UI。本章也对其余相关 UI 框架进行了简单的介绍。用户可以根据具体项目的实际需要按需选择相关 UI 框架，可以整体引入，也可以按需自动引入（使用 babel-plugin-import 插件）或手动引入。具体引入方法可以查看相关 UI 框架的官方开发指南。

练习 10

1. 填空题

（1）Element UI 组件分为 Basic、____________、Data、Notice、______________、Others 六大类。其中基础组件中的 Button 按钮使用______________标记，其他组件中的 Dialog 对话框使用____________标记。

（2）iView UI 组件比较齐全，主要分为 Basic、View、Form、__________、Navigation、__________、Other 等几大类。其组件标记一般采用________的标记名。

（3）Mint UI 组件分为____________、____________、Form 组件等 3 类，每类组件内包含若干个子组件。

（4）Vant UI 组件主要分基础组件、表单组件、____________、展示组件、导航组件、__________等。

2. 简答题

Vue UI 组件库的引入方法有哪些？

视频讲解

实训 10

1. Vant 官方示例合集实训——使用 Vant 搭建应用

【实训要求】

（1）学会从 GitHub（https://github.com/youzan/vant-demo）下载相关项目资源，并能够按照 README.md 提示的步骤进行项目部署。

（2）熟悉 Vant-Demo（vant-demo-master）项目中 vant/base 子项目所采用的技术栈（Vue、Vue CLI、Vue Router、Vant）。

（3）学会使用 Vue Router 定义路由、路由组件和路由管理器实例。

（4）熟悉使用 Vue+Vue Router+Vant 构建项目，了解项目文件构成结构。

【实训步骤】

（1）打开 https://github.com/youzan/vant-demo 网页，单击 Code 按钮，在弹出的窗口中单击 Download ZIP 链接下载 vant-demo-master.zip 文件，如图 10-18 所示。

（2）将下载的文件解压在指定的目录下（假设在 D 盘根目录下），项目文件结构如图 10-19 所示。

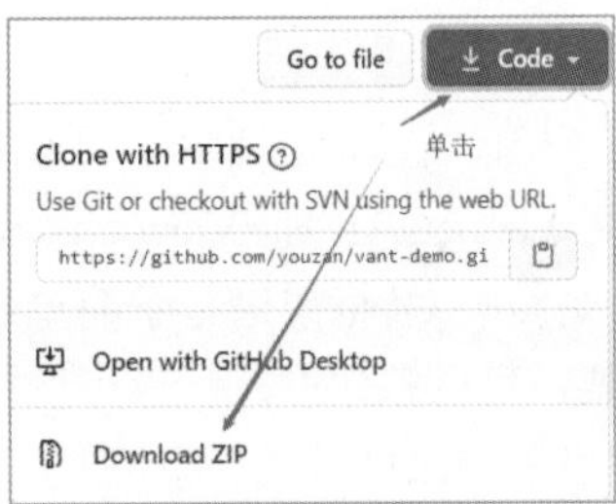

图 10-18　下载 GitHub 资源

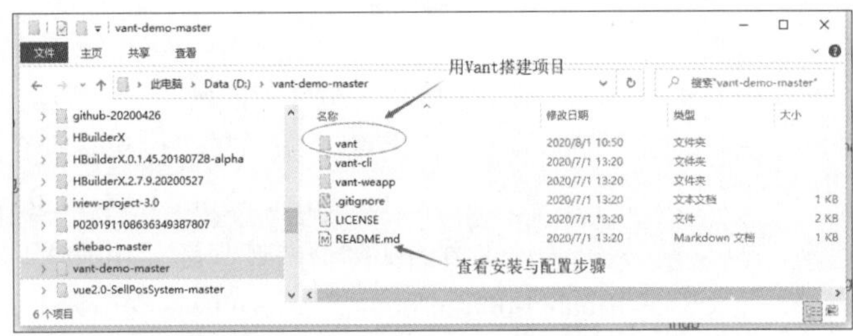

图 10-19　Vant-demo-master 项目文件结构

（3）在命令行状态下切换到 vant\base 目录，并安装项目依赖。命令如下。

```
cd d:\vant-demo-master\vant\base
npm install
```

（4）在 vant\base 文件夹下，查看 package.json 中脚本（scripts）选项的执行配置，然后选择执行相关脚本。一般脚本配置如下。

```
"scripts": {
    "serve": "vue-cli-service serve",          //本地开发环境
    "build": "vue-cli-service build",          //生产环境构建
    "lint": "vue-cli-service lint"             //代码格式检验
},
```

该配置中设置 3 个属性—值对，属性分别为 serve、build、lint。在开发模式下，输入如下命令时，其实执行的命令是对应的属性值（vue-cli-service serve），执行结果如图 10-20 所示。

```
npm run serve
```

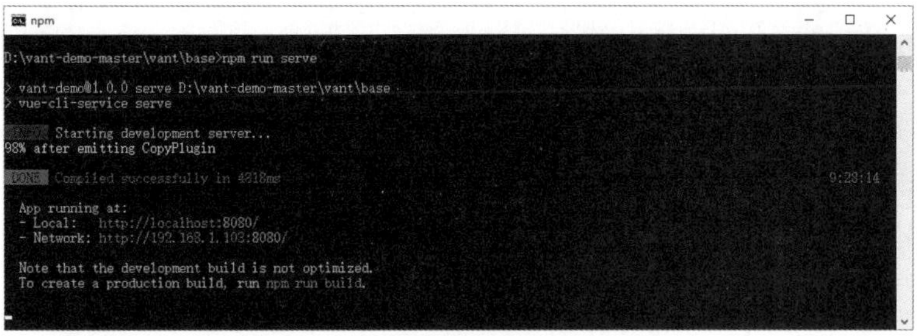

```
npm
D:\vant-demo-master\vant\base>npm run serve

> vant-demo@1.0.0 serve D:\vant-demo-master\vant\base
> vue-cli-service serve

 INFO  Starting development server...
98% after emitting CopyPlugin

 DONE  Compiled successfully in 4818ms                                9:23:14

  App running at:
  - Local:   http://localhost:8080/
  - Network: http://192.168.1.103:8080/

  Note that the development build is not optimized.
  To create a production build, run npm run build.
```

图 10-20　启动本地开发命令执行界面

（5）在本地可以打开 http://localhost:8080 访问页面，然后按 F12 键进入调试状态，并切换到移动设备工具栏，效果如图 10-21 所示。在网络环境下，可以打开 http://192.168.1.103:8080，其中 192.168.1.103 为本机对外的 IP，如图 10-22 所示。

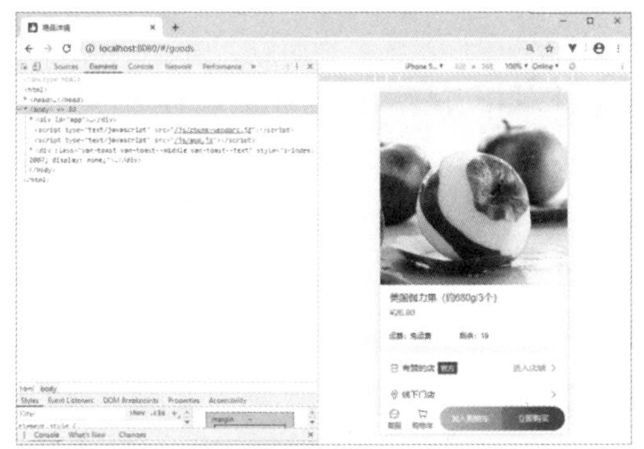

图 10-21　本地访问 Vant 项目页面效果

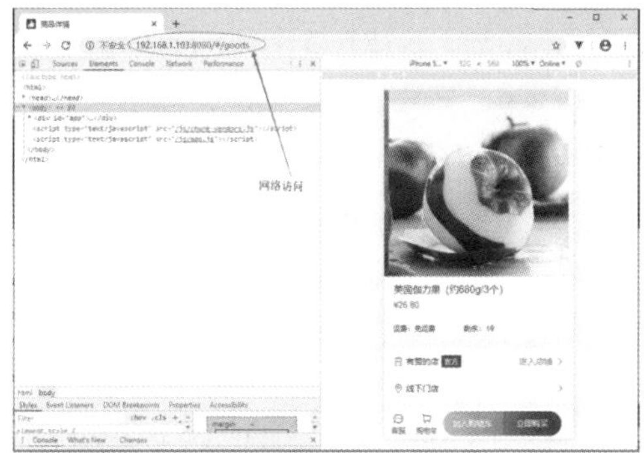

图 10-22　网络访问 Vant 项目页面效果

至此，项目安装和调试一切正常。用户可以在页面进行相关操作。例如，单击“购物车”按钮，可以查看购物车中的商品数量和单价，勾选商品左边的复选框，会自动计算并更新合计和结算数量，如图 10-23 所示。通过 IDE 进入项目，然后逐项查看每个文件下的资源，也可以对相关的 Vue 文件进行适当修改，以达到应有的功能。

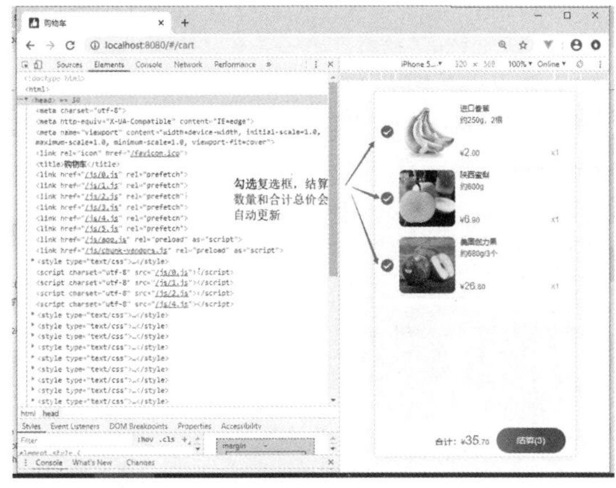

图 10-23　单击“购物车”按钮查看商品信息页面

2. Vue+Element 表格组件实训——带搜索功能的表格数据分页显示

【实训要求】

（1）学会使用 CDN 或本地引入 Vue 和 Element UI。

视频讲解

（2）熟悉 Element UI 组件库中组件的分类，重点掌握输入框（el-input）、表格（el-table、el-table-column）、行/列（el-row、el-col）和按钮（el-button）等组件的使用方法。

（3）掌握分页组件（el-pagination）layout、background、page-size、pager-count、total、small 等属性的含义与设置方法。

【实训步骤】

（1）建立 HTML 文件。项目文件命名为 ex-10-2.html，引入 Vue 和 Element 相关 JavaScript 和 CSS 文件，在<body>标记中分别插入 id 为 app 的<div>标记和<script>标记，构建基本的 HTML 文档结构。

（2）构建视图。在 div 中插入一个子 div，作为视图的窗器。视图由两部分构成：上面是搜索区，下面是表格展示区。

（3）搜索区设计。使用 Element 布局组件中的 el-row 行组件和 el-col 列组件（通过 span 属性灵活布局）构建搜索区（1 行 2 列）。在 el-col 组件中插入输入框组件 el-input 和按钮组件 el-button。需要使用下列组件标记（具体组件标记使用方法可以参考官网 https://element.eleme.cn/#/zh-CN/）。

```
<!-- 行/列组件 -->
<el-row>
   <el-col :span="12"><div class="grid-content bg-purple"></div></el-col>
   <el-col :span="12"><div class="grid-content bg-purple-light"></div></el-col>
</el-row>
<!-- 输入框和按钮组件 -->
<el-input v-model="input" placeholder="请输入内容"></el-input>
<el-button type="success">成功按钮</el-button>
<script>
export default {
   data() {
      return {
         input: ''
      }
   }
}
</script>
```

（4）表格展示区设计。使用 Element 的表格组件 el-table、el-table-column 等构建表格。当<el-table>标记中注入 data 对象数组后，在<el-table-column>标记中用 prop 属性对应对象中的键名即可填入数据，用 label 属性定义表格的列名，可以使用 width 属性定义列宽。

```
<template>
<el-table :data="tableData" style="width: 100%">
   <el-table-column prop="name" label="姓名" width="200"></el-table-column>
   <el-table-column prop="age"  label="年龄" width="200"></el-table-column>
   <el-table-column prop="classNo" label="班级"></el-table-column>
</el-table>
</template>
<script>
   export default {
      data() {
         return {
            tableData: [
            {name: '杜文斌',age: 35,classNo:'19 计算机 1 班'},
            {name: '储久良',age: 55,classNo:'18 电子信息 3 班'},
            ]
         }
```

```
        }
    }
</script>
```

使用 HTML 文件展示表格数据和分页效果时，需要将模板中内容移植到<body>标记中，将 export default 中的数据移植到 Vue 实例的 data 中。

表格数据展示。下面采用 Element 的分页组件 el-pagination 实现分页显示，显示风格通过 layout 属性实现，语法如下。

```
<el-pagination layout="prev, pager, next" :total="50"></el-pagination>
```

该项目中使用的属性说明如下。

- size：用于设置每页显示的页码数量（表格的尺寸）。取值类型为 string，可选值有 medium、small、mini。
- page-size：每页显示条目数，支持.sync 修饰符。取值类型为 number，默认值为 10。
- total：显示页码总条目数，取值类型为 number。
- page-count：总页数。total 和 page-count 设置任意一个就可以达到显示页码的功能。如果要支持 page-sizes 的更改，则需要使用 total 属性，取值类型为 number。
- pager-count：页码按钮的数量。当总页数超过该值时会折叠。取值类型为 number，可选值为[5，21]的奇数，默认值为 7。
- current-page：当前页数，支持 .sync 修饰符。取值类型为 number，默认值为 1。
- layout：组件布局，子组件名用逗号分隔。取值类型为 string，可能值有‘sizes，prev，pager，next，jumper，->，total，slot’。默认值为‘prev, pager, next, jumper, ->, total’。prev 表示上一页；next 表示下一页；pager 表示页码列表。除此以外，还提供了 jumper、total、size 和特殊的布局符号->，->后的元素会靠右显示，jumper 表示跳页元素。
- page-sizes：每页显示个数选择器的选项设置。取值类型为 number 数组，默认值为[10, 20, 30, 40, 50, 100]。本项目中设置为[1,2,5,10]，如图 10-24 所示。

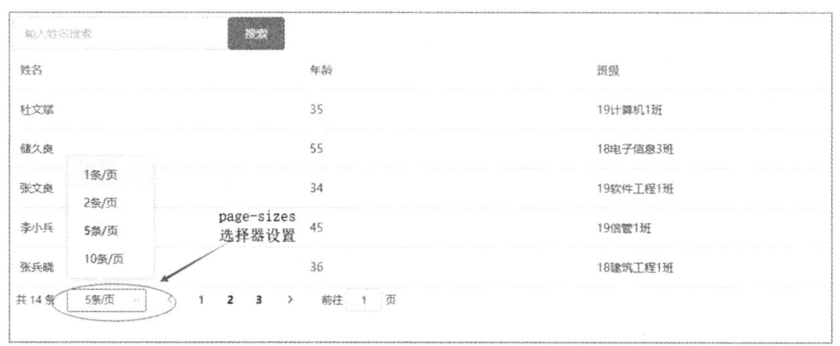

图 10-24　每页个数选择器（page-sizes=[1,2,5,10]）设置效果页面

项目分页显示部分代码如下。

```
    <el-pagination  :current-page="page"  @size-change="handleSizeChange"  @current-
change="handleCurrentChange" :page-sizes="[1, 2,5, 10]"  :page-size="limit"  layout=
"total, sizes, prev, pager, next, jumper" :total="total">
    </el-pagination>
```

为<el-pagination>标记绑定 size-change 和 current-change 事件，分别侦听 pageSize 和

currentPage 的改变，要求完成 handleSizeChange 和 handleCurrentChange 事件。常用分页事件如表 10-2 所示。

表 10-2　常用分页事件

事 件 名 称	说　　明	回 调 参 数
size-change	pageSize 改变时触发	每页条目数
current-change	currentPage 改变时触发	当前页
prev-click	用户单击“上一页”按钮改变当前页后触发	当前页
next-click	用户单击“下一页”按钮改变当前页后触发	当前页

完成上述步骤后，保存文件，通过浏览器查看页面，并按 F12 键进入调试状态，初始页面效果如图 10-25 所示。

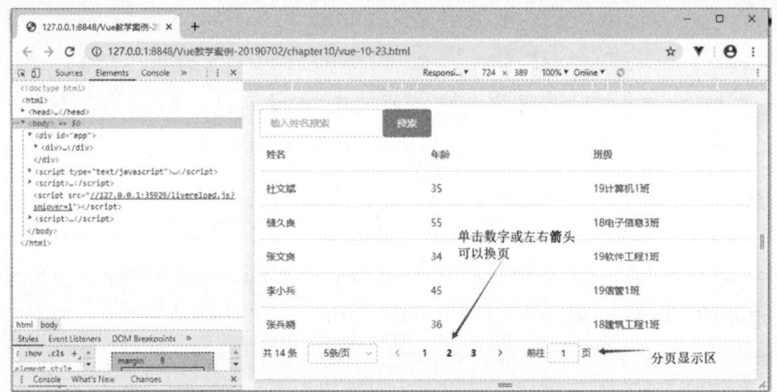

图 10-25　Element 分布组件页面效果

当用户单击布局组件上的分页选择器时，表格数据会同时发生改变。当在文本框中输入页码时，会显示指定页面上的数据。当单击下拉列表框时，可以改变每页显示指定的条目数（本项目中使用 limit 变量保存每页指定的条目数）。

在文本框中输入特定的字符串，单击“搜索”按钮，表格中仅显示满足条件的数据，如图 10-26 所示。

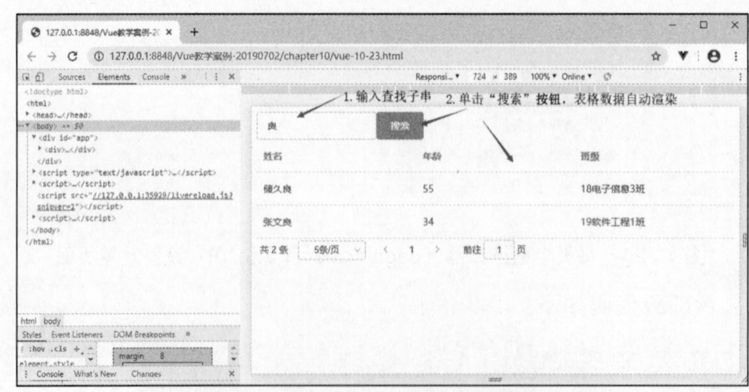

图 10-26　搜索功能表格数据更新页面效果

第 11 章

Vue 高级项目实战

本章学习目标

通过本章的学习，能够了解常用的 Vue 前后端分离项目的开发流程，学会搭建前后端分离项目环境，整合多项技术栈解决实际工程中的基础应用问题。灵活运用 Vue-Router 和 Element UI 组件实现页面导航，开发 Vue 应用程序。

Web 前端开发工程师应知应会以下内容。

- 学会 Vue-Router 安装与路由的配置方法。
- 掌握 WebStorage 对象的常用方法。
- 学会使用 Element UI 相关组件解决实际工程问题。
- 学会安装与配置 MySQL、Express、axios、body-parser 等模块。

11.1 友联通讯录

11.1.1 项目需求

（1）具有用户注册和登录功能，用户注册表单需要进行验证。

（2）具有导航菜单功能，菜单分为通讯录、新增联系人、个人中心。通讯录模块要求能够分类（所有人、亲人、朋友、同事、同学等）显示不同的联系人；选择某一联系人可以修改姓名或删除该联系人；并提供搜索功能。新建联系人模块要求输入联系人姓名、手机号、分类。个人中心模块要求能够显示和修改个人基本信息，包括姓名、手机号、密码。

整个项目业务流程如图 11-1 所示。

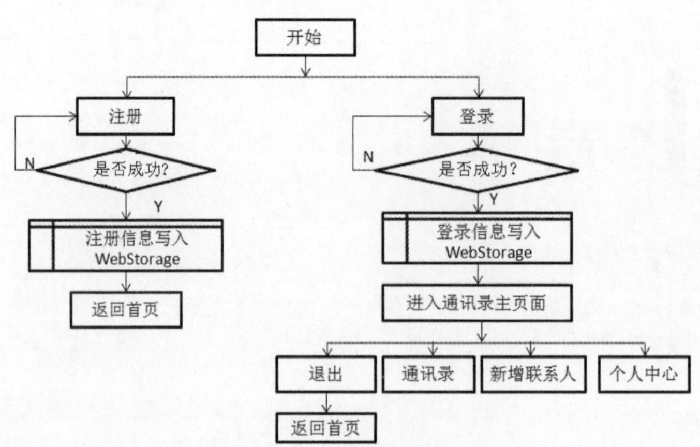

图 11-1 友联通讯录业务流程

11.1.2 实现技术

本项目可以采用 Vue、Vue-Router、WebStorage、webpack 等技术。每项技术主要完成的功能如下。

（1）sessionStorage：存储注册状态、登录状态并保存用户登录信息。

（2）localstorage：存储已注册用户信息和通讯录信息。

（3）Vue:完成整个项目前端框架的设计与展示。

（4）Vue-Router：完成首页导航（注册、登录）、通讯录主页面的导航（通讯录、新增联系人、个人中心及退出）。

（5）qs 插件：主要完成安全性的查询字符串（querystring）解析和序列化字符串。

（6）webpack：主要完成项目的基础配置文件构建，提高项目打包和编译速度。

11.1.3 环境配置

1. 安装基础环境

Vue 项目开发需要基础的运行环境是 Vue、Vue CLI、webpack 和 webpack-dev-server 等。具体配置命令如下。

```
npm install vue vue-cli -D -g
npm install webpack webpack-dev-server -D -g
```

2. 项目初始化准备

Vue 项目创建可以使用模板，也可以不使用模板。但建议使用 webpack 模板创建项目，这样可以省去很多的配置过程。命令行执行情况如图 11-2 所示。

```
vue init webpack vue-11-address-book
cd vue-11-address-book
npm run dev
```

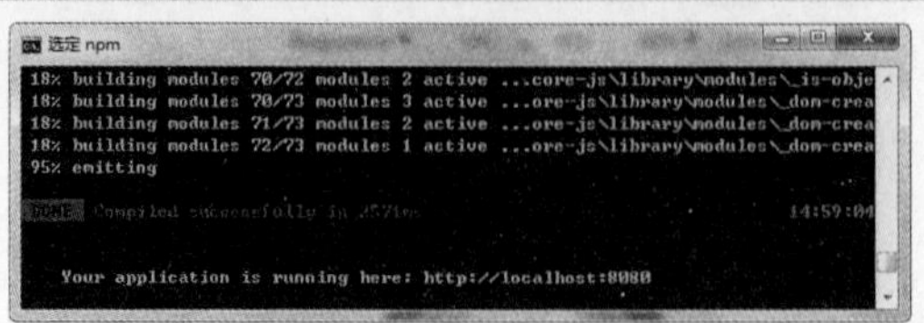

图 11-2 vue-11-address-book 项目初始化界面

3. qs 插件的安装与使用

qs 是一个增加了一些安全性的查询字符串解析和序列化字符串的库。

（1）安装插件。

```
npm install qs -D   //qs 插件
```

（2）需要使用的插件的导入。

```
import qs from 'qs'
```

（3）常用的方法如下。

qs.parse()：将 URL 解析成对象的形式。

qs.stringify()：将对象序列化成 URL 的形式，以&进行拼接。

4. 项目相关加载器安装

```
npm install css-loader style-loader file-loader url-loader -D
```

在 Vue 项目执行 npm run dev 命令之前，需要安装 qs 和相关加载器（loader），然后再启动整个项目运行。在浏览器的地址栏中输入 http://localhost:8080，查看页面效果如图 11-3 所示，项目整体结构如图 11-4 所示。

图 11-3　vue-11-address-book 项目初始化界面

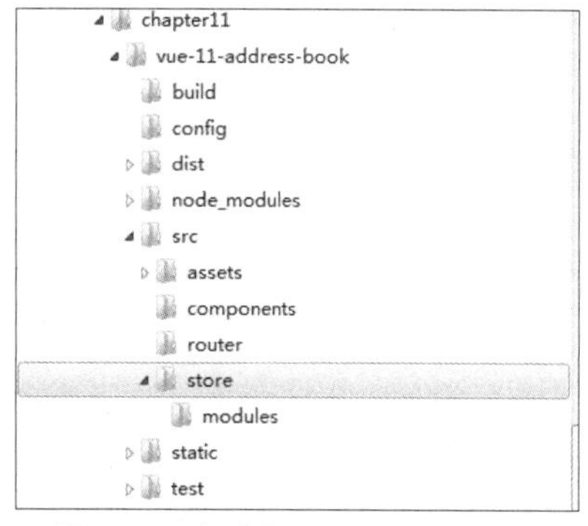

图 11-4　友联通讯录项目文档结构

在 src 子文件夹下新建 store 子文件夹。在该文件夹下新建 modules 子文件夹和 index.js 文件，用于存放状态管理器的多个模块和启用 Vuex。

11.1.4　项目实现

1. 导航守卫实现登录

Vue Router 提供的导航守卫（Navigation Guards）主要用来通过跳转或取消的方式守卫导航。有多种方式植入路由导航过程中，如全局的、单个路由独享的或组件级的。但参数或查询的改变并不会触发进入/离开的导航守卫。可以通过观察$route 对象应对这些变化，或使用 beforeRouteEnter、beforeRouteUpdate、beforeRouteLeave 实现组件内的守卫①。

路由跳转前做一些验证，如登录验证（未登录去登录页），是网站中的普遍需求。为此，Vue Router 提供的 beforeRouteUpdate 可以方便地实现组件内导航守卫。Vue Router 的 beforeEach 实现全局前置守卫（路由跳转前验证登录）。

例如，使用 router.beforeEach() 方法注册一个全局前置守卫。部分代码如下。

① https://router.vuejs.org/zh/guide/advanced/navigation-guards.html

```
const router = new VueRouter({ ... })
router.beforeEach((to, from, next) => {
   //...
})
```

当一个导航触发时，全局前置守卫按照创建顺序调用。守卫是异步解析执行，此时导航在所有守卫解决之前一直处于等待中。

每个守卫方法接受 3 个参数，其作用分别如下。

（1）to：即将要进入的目标路由对象。

（2）from：当前导航正要离开的路由。

（3）next：是一个函数，一定要调用该方法解析这个钩子。执行效果依赖 next 函数的调用参数，如下所示。

- next()：进行管道中的下一个钩子。如果全部钩子执行完了，则导航的状态就是 confirmed（确认的）。
- next(false)：中断当前的导航。如果浏览器的 URL 改变了（可能是用户手动改变或触发浏览器后退按钮），那么 URL 地址会重置到 from 路由对应的地址。
- next('/') 或 next({path:'/'})：跳转到一个不同的地址。当前的导航被中断，然后进行一个新的导航。用户向 next 传递任意位置对象，且允许设置诸如 replace: true、name: 'home'之类的选项以及任何用在 router-link 的 to prop 或 router.push 中的选项。
- next(error)：（Vue 2.4.0 以上版本）如果传入的参数是一个 error 实例，则导航会被终止且该错误会被传递给 router.onError() 注册过的回调。

确保 next() 函数在任何给定的导航守卫中都被严格调用一次。它可以出现多于一次，但是只能在所有的逻辑路径都不重叠的情况下，否则钩子永远都不会被解析或报错。

（1）项目的入口文件 main.js，完成全局前置导航守卫工作。

```
//项目入口文件--main.js
import Vue from 'vue'
import App from './App'
import router from './router'
import store from './store/index.js'
Vue.config.productionTip = false
/* eslint-disable no-new */
//导航守卫，根据是否登录而路由
router.beforeEach((to, from, next) => {
   //检查路由元信息字段，需要登录 logined 为 true
   if (to.meta.logined) {
      if (sessionStorage.login == 1) {       //若登录状态为 1
         next();                              //进行管道中的下一个钩子
      } else {                                //否则确保能够返回首页
         next({
            path: '/home/login',
         });
      }
   } else {
      next();                                 //确保一定要调用 next() 函数
   }
});
//定义 Vue 实例，注册路由、组件和仓库
var myViewModel = new Vue({
   el: '#app',
   router,
```

```
27.     store,
28.     template: '<App/>',
29.     components: {
30.         App
31.     },
32. })
```

上述代码中，第 1～4 行分别导入 Vue、App、router 和 store（多个模块）。第 9～22 行设置全局前置导航守卫，根据 to 路由对象的 meta 元信息中的 logined 的值执行分支结构。logined 值为 false 时，则执行 next() 函数进入管道中的下一个钩子；logined 值为 true 时，再判断会话存储中的 login 的值是否为 1，若为 1 说明登录成功，则执行 next() 函数进入管道中的下一个钩子（进入通讯录主页面），否则执行 next({path:‘/home/login’}) 中断当前导航，进入下一个导航（首页登录页面）。

（2）路由器主文件 index.js，完成 Vue、Vue Router 导入、各业务组件按需加载（懒加载）和路由记录定义并创建路由器。

```
//路由器主文件 index.js
import Vue from 'vue'
import Router from 'vue-router'
//懒加载-按需加载
const app = () => import('@/components/app.vue');
const login = () => import('@/components/login.vue');
const register = () => import('@/components/register.vue');
const addressBook = () => import('@/components/addressBook.vue');
const notes = () => import('@/components/notes.vue');
const addCon = () => import('@/components/addCon.vue');
const own = () => import('@/components/own.vue');
Vue.use(Router)
export default new Router({
    routes: [{
            path: '/',
            redirect: '/home/register'
        },
        {
            path: '/home',
            component: app,
            children: [{
                    path: 'login',
                    component: login
                },
                {
                    path: 'register',
                    component: register
                },
            ]
        },
        {
            path: '/contacts',
            component: addressBook,
            children: [{
                    path: '',
                    component: notes,
                    meta: {logined: true}
                },
                {
                    path: 'add',
                    component: addCon
```

```
42.                 },
43.                 {
44.                     path: 'own',
45.                     component: own
46.                 },
47.             ]
48.         }
49.     ]
50. })
```

上述代码中，第 1～4 行分别导入 Vue、Vue Router。第 5～11 行按需加载各业务组件，即懒加载（也称为延迟加载，即在需要的时候进行加载，随用随载）。路由懒加载使用方法可以参阅官方网站 https://router.vuejs.org/zh/guide/advanced/lazy-loading.html。第 13 行定义默认暴露路由器对象，定义路由表 routes，内含 3 个路由记录，分别为根路由/、首页路由/home（内含‘login’和‘register’两个子路由记录）、联系人路由/contacts（内含‘’‘add’和‘own’3 个子路由记录）。第 37 行在子路由‘’中定义元信息字段 meta 对象，其中属性值对为‘logined:true’，logined 为自定义名称，用来标识此路由信息是否需要检测，true 表示要检测，false 表示不需要检测。Vue Router 路由元信息其实就是通过 meta 对象中的一些属性判断当前路由是否需要进一步处理，如果需要，按照自己想要的效果进行处理即可。

注意：配合 webpack 支持的异步加载方法有多种，具体方法如下。

- resolve => require([URL],resolve)：支持性好，适用于路由配置内使用。
- () => system.import(URL)：webpack2 官网上已经声明将逐渐废除，不推荐使用。
- () => import(URL)：webpack2 官网推荐使用，属于 ES7 范畴，需要配合使用 babel 的插件 syntax-dynamic-import。

2. 使用 Vuex 多模块开发友联通讯录

Vue 在做大型项目时，会用到多状态管理，Vuex 允许将 store 分割成多个模块，每个模块内都有自己的 state、mutations、actions、getters。在大型项目中，引入模块分离业务状态和方法，引入命名空间解决不同模块内名称冲突的问题。

该项目中定义两个模块（modules），分别为 user 和 contacts。其中 user 模块用于处理用户登录相关的 mutations 和 actions；contacts 模块用于处理联系人相关的 mutations 和 actions。

在 src 子文件夹下创建 store 子文件夹，并在其下新建 modules 子文件夹，在 modules 子文件夹下新建 user.js 和 contacts.js 两个文件。

（1）在 store 子文件夹下创建 index.js 文件，用于引入并使用 Vuex，并注入模块 user 和 contacts。文件代码如下。

```
//状态管理器 -index.js
import Vue from 'vue'                              //引入 vue
import Vuex from 'vuex'                            //引入 Vuex
import user from './modules/user'                  //引入 user 模块
import contacts from './modules/contacts'          //引入 contacts 模块
Vue.use(Vuex);
//使用 Vuex 的 module
export default new Vuex.Store({
    strict: process.env.NODE_ENV !== 'production', //在非生产环境下，使用严格模式
    modules: {
        user: user,
        contacts: contacts
```

```
    }
});
```

（2）模块 user.js 文件用于定义用户登录、注册和退出等相关的 actions 和 mutations。LocalStorage 中存储用户注册信息和通讯录信息，本地存储中键值映射表如图 11-5 所示。

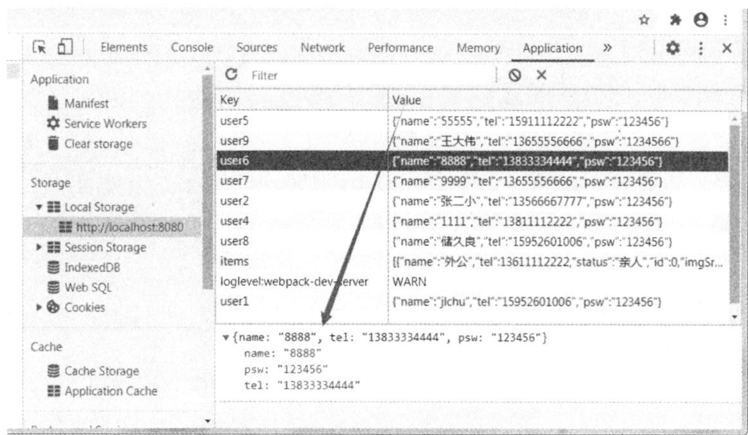

图 11-5　本地存储的键值映射表

```
/*
   用户模块 user.js
   sessionStorage:存储注册状态与登录状态
   localstorage:存储已注册用户信息
*/
import Vue from 'vue';
//定义常量(全大写)作为 mutations 的函数名
const REGISTER = 'REGISTER';          //注册
const SIGN_IN = 'SIGN_IN';            //登录
const SIGN_OUT = 'SIGN_OUT';          //退出登录
export default {
    state: {},
    mutations: {
        [REGISTER](state, user) {
            //判断用户是否同姓名
            var existed = 0;
            for (var i = 0; i < localStorage.length; i++)
                if (localStorage.key(i).indexOf('user') != -1) //用户的key值为'user'+ID,
                    if (JSON.parse(localStorage.getItem(localStorage.key(i))).
                    name == user.name) {
                        existed = 1;             //用户已存在
                        break;
                    }
            if (existed == 0) {
                //添加本地存储用户
                localStorage.setItem('user' + localStorage.length, JSON.
                stringify(user));
                sessionStorage.register = 1;   //注册成功
            } else {
                sessionStorage.register = 0;
            }
        },
        [SIGN_IN](state, user) {
            //根据 name 查找本地相应的 user
            var localuser = '',f = 0;
            for (var i = 0; i < localStorage.length; i++)
```

```
35.                 if (localStorage.key(i).indexOf('user') != -1)  //为用户
36.                     if (JSON.parse(localStorage.getItem(localStorage.key(i))).name == user.name) {
37.                         localuser = JSON.parse(localStorage.getItem(localStorage.key(i)));
38.                         f = 1;      //该用户存在
39.                         break;
40.                     }
41.             //存在该用户并密码正确
42.             if (f == 1 && user.psw == localuser.psw) {
43.                 sessionStorage.login = 1; //登录成功
44.                 sessionStorage.user = JSON.stringify(localuser);
45.                 sessionStorage.userId = localStorage.key(i);
46.             } else {
47.                 sessionStorage.login = 0;
48.             }
49.         },
50.         [SIGN_OUT](state) {
51.             sessionStorage.register = 0;
52.             sessionStorage.login = 0;
53.         }
54.     },
55.     actions: {
56.         register({commit}, user) {   //触发注册操作
57.             commit(REGISTER, user);
58.         },
59.         signIn({commit}, user) {
60.             commit(SIGN_IN, user);    //触发登录操作
61.         },
62.         signOut({commit}) {
63.             commit(SIGN_OUT);           //触发退出登录操作
64.         }
65.     }
66. }
```

上述代码中，第 8～10 行定义常量作为 mutations 函数名。使用常量作为函数名，需要使用方括号[]将常量括起来，格式如[SOME_MUTATION]，部分参考代码如下。

```
const SOME_MUTATION = ' SOME_MUTATION ';
…
[SOME_MUTATION] (state) {
  //mutate state
}
```

第 25 行中的 JSON.stringify() 方法用于将 JavaScript 值转换为 JSON 字符串。第 36 行中的 JSON.parse() 方法将一个 JSON 字符串转换为对象。

（3）模块 contacts.js 文件用于定义用户初始化、新增用户、删除用户、修改用户、修改所有人等相关的 actions 和 mutations。

```
//联系人模块 contacts.js
import Vue from 'vue';
import router from '../../router';
//定义常量作为 mutations 的函数名
const USER_INIT = 'USER_INIT';             //用户初始化
const USER_ADD = 'USER_ADD';               //新增用户
const USER_REMOVE = 'USER_REMOVE';         //删除用户
const USER_CHANGE = 'USER_CHANGE';         //修改用户
const OWN_CHANGE = 'OWN_CHANGE';           //所有人修改
var contactId = 0;                         //初始化联系人
```

```
export default {
    //定义 contacts 模块的 state
    state: {
        items: [],
        own: {}
    },
    //定义相关 mutations
    mutations: {
        [USER_INIT](state, info) {
            state.items = info.items;
            state.own = info.own;
        },
        [USER_ADD](state, user) {
            user.id = contactId++;
            user.imgSrc = '/static/img/userImg.png';
            state.items.push(user);
            localStorage.items = JSON.stringify(JSON.parse(localStorage.items).push(user));
        },
        [USER_REMOVE](state, userId) {
            state.items = state.items.filter(function(item) {
                return item.id !== userId;
            });
        },
        [USER_CHANGE](state, user) {
            for (var key in state.items)
                if (state.items[key].id == user.id) {
                    state.items[key].name = user.name;
                    state.items[key].tel = user.tel;
                }
        },
        [OWN_CHANGE](state, user) {
            var oldName = state.own.name;
            state.own = user;
            sessionStorage.setItem('user', JSON.stringify(user));
            localStorage.setItem(sessionStorage.userId, JSON.stringify(user));
        }
    },
    actions: {
        userInit({commit}) {
            //页面加载时获取数据
            if (sessionStorage.login && sessionStorage.login == 1) {
                var items = [
                    {name: '外公',tel: 13611112222,status: "亲人"},
                    {name: '外婆',tel: 13622223333,status: "亲人"},
                    {name: '老爷',tel: 13533334444,status: "亲人"},
                    {name: '奶奶',tel: 13544445555,status: "亲人"},
                    {name: '爸爸',tel: 13555556666,status: "亲人"},
                    {name: '妈妈',tel: 13566667777,status: "亲人"},
                    {name: '张小明',tel: 138555556666,status: "同事"},
                    {name: '李武刚',tel: 13811112222,status: "同事"},
                    {name: '王小娟',tel: 13788889999,status: "同事"},
                    {name: '赵大田',tel: 13156894433,status: "同学"},
                    {name: '陈小军',tel: 13122334455,status: "朋友"},
                    {name: '李阳',tel: 13012121212,status: "朋友"},
                    {name: '沈小春',tel: 13745454545,status: "朋友"},
                    {name: '周云鹏',tel: 13912121212,status: "朋友"},
                    {name: '郭志明',tel: 13722331144,status: "朋友"},
                ];
                items = items.filter((item) => {
```

```
70.                 item.id = contactId++;
71.                 item.imgSrc = '/static/img/userImg.png';
72.                    return item;
73.                });
74.                localStorage.items = JSON.stringify(items);
75.                var own = JSON.parse(sessionStorage.user);
76.                commit(USER_INIT, {
77.                    items: JSON.parse(localStorage.items),
78.                    own: own
79.                });
80.            } else {
81.                alert('请先登录！');
82.                router.replace('/home/login');
83.            }
84.        },
85.        userAdd({commit}, user) {
86.            commit(USER_ADD, user);
87.        },
88.        userRemove({commit}, userId) {
89.            commit(USER_REMOVE, userId);
90.        },
91.        userChange({commit}, user) {
92.            commit(USER_CHANGE, user);
93.        },
94.        ownChange({commit}, user) {
95.            commit(OWN_CHANGE, user);
96.        }
97.    }
98. }
```

上述代码中，第 5～9 行定义常量作为 mutations 函数名。第 11～98 行定义暴露的 state、mutations 和 actions。其中，第 52～68 行定义通讯录初始化数据。通讯录信息主要有 3 个字段，分别为 name（姓名）、tel（手机或电话）和 status（状态），其中 status 值可为亲人、朋友、同事；第 69～73 行给 items 数组对象中的每个对象添加 id 和 imgSrc 两个属性，并给两个属性赋值。imgSrc 属性赋值为/static/img/userImg.png。不能使用/scr/assets/img/ userImg.png，否则找不到相关资源。

3. 登录/注册页面设计

1）app.vue 首页组件文件

该组件使用路由导航和路由出口实现登录和注册页面效果，根据路由分别在路由出口中展示 login.vue 和 register.vue 组件。同时导入 src/static/css/app.css 样式文件。两个组件中需要导入 src/static/css/login.css 样式文件。注册/登录初始界面效果如图 11-6 所示。

```
<template>
    <div id="contain">
        <div class="btns">
            <img src="../assets/address-logo-small.png"><br>
           <h3>友联 **连接你我他！</h3>
            <!-- 路由导航 -->
            <router-link to="/home/register" class="btn">注册</router-link>
            <router-link to="/home/login">登录</router-link>
        </div>
        <!-- 路由出口 -->
        <router-view></router-view>
    </div>
</template>
```

```
<style scoped>
    @import '../assets/css/app.css';
</style>
```

图 11-6　友联通讯录登录/注册初始界面

2）login.vue 登录组件文件

login.vue 组件主要完成登录用户名和密码的验证工作。登录信息写入会话 sessionStorage 中，根据其中保存 login 的值是否为 1 判断登录是否成功。若成功，则将成功注册时写入 localStorage 中的 key（userId，如 user7）和 value({name: "9999", tel: "13655556666", psw: "123456"}) 保存在 sessionStorage 中，同时改变路由，进入 contacts（联系人）页面，如图 11-7 所示。

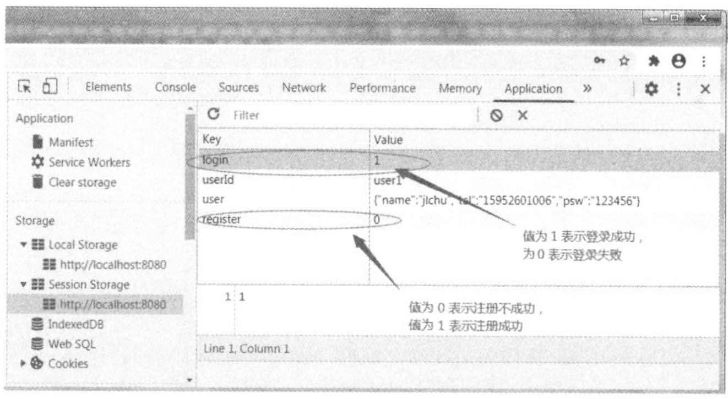

图 11-7　sessionStorage 存储的键值映射图

```
<!-- 登录组件 login.vue -->
<template>
    <div class="login">
        <form>
            <label for="name">
                <input type="text" class="input" id="name" v-model="name"
                placeholder="用户名">
            </label>
            <label for="psw" class="last">
                <input type="password" class="input" id="psw" v-model="psw"
                placeholder="密码">
                <em v-show="req">*用户名或密码错误</em>
            </label>
            <button class="loginSub" @click="login">
```

```
13.             <!-- 使用 Font Awesome(fa)动态图标 -->
14.             登 录<i class="fa fa-spinner fa-spin" v-show="icon"></i>
15.         </button>
16.     </form>
17.   </div>
18. </template>
19. <script>
20.   import {mapActions} from 'vuex';
21.   export default {
22.     data() {
23.       return {
24.         name: '',
25.         psw: '',
26.         icon: false,
27.         req: false
28.       };
29.     },
30.     methods: {
31.       ...mapActions(['signIn']),
32.       login() {
33.         this.icon = true;
34.         this.req = false;
35.         setTimeout(() => {  //异步执行
36.           this.signIn({
37.             name: this.name,
38.             psw: this.psw
39.           });
40.           if (sessionStorage.login && sessionStorage.login == 1) { //登录成功
41.             this.$router.replace('/contacts');
42.             this.icon = false;
43.           } else {
44.             this.icon = false;
45.             this.req = true;
46.           }
47.         }, 1000);
48.       }
49.     }
50.   }
51. </script>
52. <!--  导入 Font Awesome 样式文件 -->
53. <style scoped>
54.   @import '../assets/css/font-awesome.min.css';
55.   @import '../assets/css/login.css';
56. </style>
```

上述代码中，第 12～15 行定义登录按钮，并在按钮右边添加 Font Awesome(fa)的旋转转盘动态图标。第 32～48 行定义 login() 方法，先将 icon 赋值为 true，然后异步 1000ms 后执行 signIn() 方法验证用户名和密码，若正确，则将 login 赋值为 1，同时存入 sessionStorage 中，并将登录的用户信息写入 sessionStorage 中（key 为 user,value 为{name: "jlchu", tel: "15952601006", psw: "123456"}），再进行路由跳转，进入通讯录界面。第 54 行导入外部样式文件 font-awesome.min.css。

3）register.vue 注册组件文件

register.vue 组件完成用户注册工作，主要包括验证姓名、手机和密码的正确性；检查是否为重复注册，不重复则可以注册，同时给 register 赋值为 1，表明注册成功，若无注册则其值默认为 0。sessionStorage 中存储注册状态 register 信息和键值映射表，并将注册信息写入

localStorage，key 为“user”+id，如 user10；value 值为对象，包含 3 个属性，分别为 name、tel、psw，如{name:"AAAA",tel: "13655556666",psw:"123456"}，sessionStorage 存储信息如图 11-7 所示。

```
<!-- 注册组件 register.vue -->
<template>
    <div class="login">
        <form>
            <label for="name">
                <input type="text" class="input" id="name" @focus.stop="focus=1"
                @blur="focus=0" v-model="own.name" placeholder="姓名">
                <em v-show="focus==1||nameIn==false">*姓名不能为空且只能由汉字、字
                母、数字、下画线组成</em>
                <em v-show="req===false&&focus!=1">*该昵称已被使用</em>
            </label>
            <label for="tel">
                <input type="text" class="input" id="tel" @focus="focus=2" @blur=
                "focus=0" v-model="own.tel" placeholder="手机号">
                <em v-show="focus==2||telIn==false">*手机号全为数字</em>
            </label>
            <label for="psw" class="last">
                <input type="password" class="input" id="psw" @focus="focus=3"
                @blur="focus=0" v-model="own.psw" placeholder="密码(不少于6位)">
                <em v-show="focus==3||pswIn==false">*密码不能少于 6 位</em>
            </label>
            <button class="loginSub" @click="addToSql">
                <span v-show="!result">注册友联</span>
                <span v-if="req" v-show="result">注册成功</span>
                <span v-else v-show="result">重新注册</span>
                <i class="fa fa-spinner fa-spin" v-show="icon"></i>
                <i class="fa fa-check" v-if="req" v-show="result"></i>
                <i class="fa fa-times" v-else v-show="result"></i>
            </button>
        </form>
    </div>
</template>
<script>
    import qs from 'qs';
    import {mapActions} from 'vuex'
    export default {
        data() {
            return {
                own: {
                    name: '',
                    tel: '',
                    psw: '',
                },
                icon: false,      //控制转动,值为 true 时显示转动图标
                result: false,
                req: '',          //控制注册成功与否时的图标样式
                focus: 0,
                nameIn: true,
                telIn: true,
                pswIn: true
            };
        },
        methods: {
            ...mapActions(['register']),
            addToSql() {
```

```
52.                this.nameIn = (this.own.name == '' || /[^\w\u4E00-\u9FA5]/g.
                   test(this.own.name)) ? false : true;
53.                this.telIn = (!this.own.tel.length) ? false : true;
54.                this.pswIn = (this.own.psw.length < 6) ? false : true;
55.                if (this.nameIn && this.telIn && this.pswIn) {
56.                   this.icon = true;
57.                   this.result = false;
58.                   this.req = '';
59.                   setTimeout(() => {  //异步执行
60.                      this.result = true;
61.                      this.icon = false;
62.                      this.register(this.own);
63.                      //注册成功状态
64.                      if (sessionStorage.register && sessionStorage.register == 1) {
65.                         this.req = true;
66.                         this.own.name = "";
67.                         this.own.tel = '';
68.                         this.own.psw = '';
69.                      } else
70.                         this.req = false;
71.                   }, 1000);
72.                }
73.             }
74.          }
75.       }
76.    </script>
77.    <style scoped>
78.       @import '../assets/css/login.css';
79.       @import '../assets/css/font-awesome.min.css';
80.    </style>
```

上述代码中，第 18～25 行定义按钮，并根据 result、req、icon 变量的值决定显示“注册友联”“ 注册成功”“重新注册”三者之一的内容和其右侧的图标，在按钮右侧添加动态图标效果（可以用<i>标记把 Font Awesome 图标放在任意位置），使用 fa-spin 使任意图标旋转，还可以使用 fa-pulse 使其进行 8 方位旋转，尤其适合 fa-spinner、fa-refresh 和 fa-cog。另外，fa fa-times 对应的图标为✖；fa fa-check 对应的图标为✔。第 79 行导入外部样式 font-awesome.min.css。注册和登录时，命令按钮右侧显示的动态图标如图 11-8 所示。

（a）注册友联　　（b）注册成功　　（c）登录

图 11-8　友联通讯录注册/登录过程动态图标效果图

app.css 样式文件代码如下。

```
html {font-size: 10px;}
li {list-style: none;}
html,body,
```

```
4.  #contain {height: 100vh;margin: 0;}
5.  body {
6.      color: #555;
7.      font-family: 'Helvetica Neue', Helvetica, 'PingFang SC', 'Hiragino Sans GB',
        'Microsoft YaHei', Arial, sans-serif;
8.      background-color: #f7fafc;margin: 0 auto;
9.  }
10. #contain {
11.     margin: 0 auto;width: 100%;text-align: center;
12.     padding-top: 92px;box-sizing: border-box;
13.     background-image: url(../img/addressbookbg.png);background-size: cover;
14. }
15. #contain .btns {
16.     font-size: 18px;text-align: center;
17.     margin-bottom: 25px;box-sizing: border-box;
18. }
19. a {
20.     color: #555;text-decoration: none;
21.     opacity: .7;font-weight: 500;
22. }
23. #contain .btn {margin-right: 20px;}
24. .router-link-active {
25.     color: #0f88eb;opacity: 1;
26.     border-bottom: 2px solid;padding-bottom: 5px;
27. }
28. img {width: 150px;}
```

上述代码中，第 4 行 width:100vh 中的 vh 是 CSS3 规范中视口单位的一种。vh 和 vw 是相对于视口的高度和宽度，而不是父元素的高度和宽度（CSS 百分比是相对于包含它的最近的父元素的高度和宽度）。1vh 等于视口高度的 1%，1vw 等于视口宽度的 1%。

登录/注册样式 login.css 文件代码如下。

```
1.  .login {width: 994px;margin: 0 auto;text-align: center;}
2.  .login label {
3.      padding-left: 347px;font-size: 15px;
4.      display: block;text-align: left;
5.  }
6.  .login .input {
7.      width: 300px;height: 47px;line-height: 47px;background-color: #fff;
8.      box-sizing: border-box;border: 1px solid #d5d5d5;
9.      border-bottom: none;box-shadow: none;padding: 10px 8px;
10. }
11. .login .last .input {border-bottom: 1px solid #d5d5d5;}
12. .login .loginSub {
13.     margin-top: 18px;width: 300px;height: 41px;line-height: 41px;
14.     background-color: #0f88eb;color: #fff;font-size: 15px;
15.     border: none;border-radius: 3px;text-align: center;cursor: pointer;
16. }
17. .loginSub i {margin-left: 5px;font-size: 20px;}
```

上述代码中，第 8 行 box-sizing 属性允许以特定的方式定义匹配某个区域的特定元素。值 border-box 为元素设定的宽度和高度决定了元素的边框盒，告诉浏览器去理解用户设置的边框和内边距的值是包含在 width 内的。

4. 友联通讯录页面设计

用户登录验证通过后实现路由跳转，进入友联通讯录主界面。该页面布局如图 11-9 所示。页面分上下两部分，上半部分分为左右两个小部分，左侧显示图标，右侧显示登录信息和欢迎信息；下半部分分为左窄右宽两部分，左侧是路由导航菜单，分为“通讯录”“新增联系人”“个人中心”，外加一个“退出登录”按钮，右侧为路由出口，主要显示两部分功能：通讯录搜索功能和分类显示通讯录成员功能。单条通讯录信息包括图标、姓名和电话。根据页面布局结构编写组件，页面效果如图 11-10 所示。

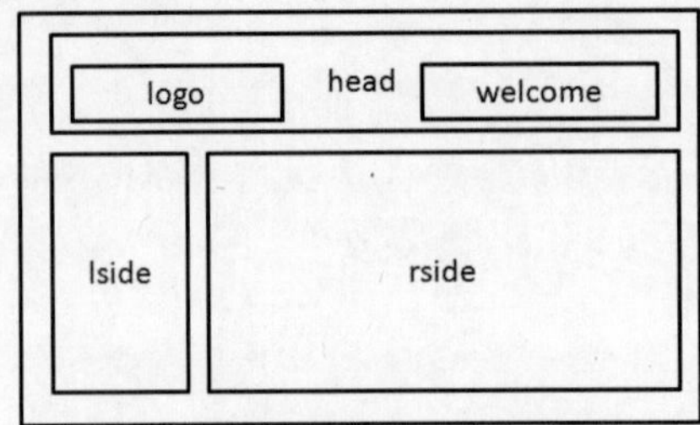

图 11-9 友联通讯录页面布局

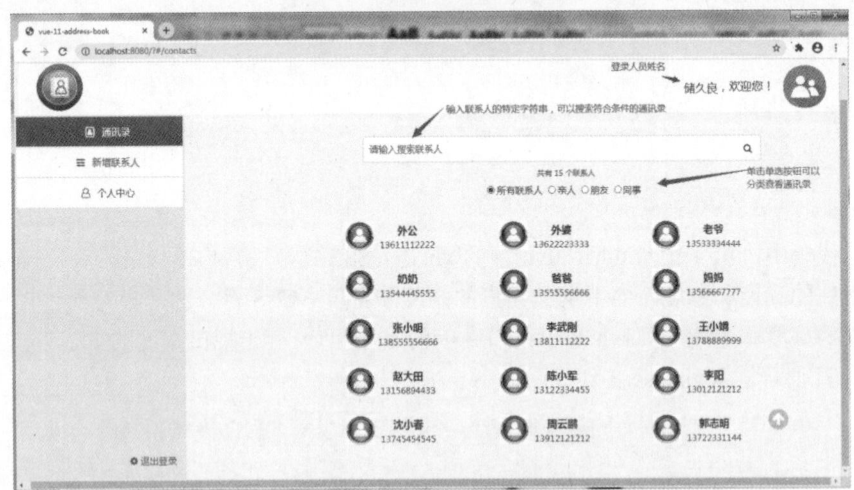

图 11-10 友联通讯录主界面

1）addressBook.vue 组件

```
<!-- 友联通讯录主界面 addressBook.vue -->
<template>
    <div id="addressBook">
        <div class="head">
            <div class="logo">
                <img src="../assets/address-logo-small.png" style='width:85px;
                height:83px' alt="">
            </div>
            <div class="welcome">
                <span class="name">{{own.name}}</span>, 欢迎您!
                <div class="img">
                    <img src="../assets/img/contact.png" />
                </div>
            </div>
        </div>
        <div class="lside">
            <ul>
                <li :class="{'act': clickId==1}" @click="clickId=1">
                    <router-link to="/contacts"><i class="fa fa-address-book-
                    o"></i> 通讯录</router-link>
```

```
                </li>
                <li :class="{'act': clickId==2}" @click="clickId=2">
                    <router-link to="/contacts/add"><i class="fa fa-reorder"></i> 新增联系人</router-link>
                </li>
                <li :class="{'act': clickId==3}" @click="clickId=3">
                    <router-link to="/contacts/own"><i class="fa fa-user-o"></i> 个人中心</router-link>
                </li>
            </ul>
            <div class="out" @click="out">
                <i class="fa fa-cog"></i> 退出登录
            </div>
        </div>
        <div class="rside">
            <router-view :items="items" :own="own" @remove="removeItem" @add="addItem" @change="changeItem" @changeOwn="changeOwn"></router-view>
        </div>
    </div>
</template>
<script>
    import {mapActions,mapState} from 'vuex'
    export default {
        data() {
            return {
                clickId: 1
            };
        },
        computed: mapState({
            own: state => state.contacts.own,
            items: state => state.contacts.items
        }),
        beforeCreate() {
            this.$store.dispatch('userInit');
        },
        methods: {
            ...mapActions([
                'signOut',
                'userAdd',
                'userRemove',
                'userChange',
                'ownChange'
            ]),
            addItem(item) {
                this.userAdd(item);
            },
            removeItem(id) {
                this.userRemove(id);
            },
            changeItem(obj) {
                this.userChange(obj);
            },
            changeOwn(obj) {
                this.ownChange(obj);
            },
            out() {
                this.signOut();
                this.$router.replace('/home/login');
            }
        }
```

```
76.     }
77. </script>
78. <style scoped>
79.     @import '../assets/css/font-awesome.min.css';
80.     @import '../assets/css/addressBook.css';
81. </style>
```

上述代码中，第 15～30 行定义左边栏的路由导航菜单，并在菜单的左侧显示 Font Awesome 图标。根据指定的路由渲染对应的组件。第 31～33 行定义路由出口，用于渲染相关组件，同时给<router-view>标记绑定 items 和 own 等数据，并侦听 remove、add、change 和 changeOwn 等事件，分别调用 removeItem、addItem、changeItem 和 changeOwn 等方法。第 37 行从 Vuex 中导入辅助工具函数 mapActions、mapState，可以在方法中使用 actions 和 own、items 等相关的计算属性。第 79 行导入 Font Awesome 外部样式文件 font-awesome.min.css。

2）addressBook.css 样式文件

```
/* addressBook.css */
body, ul, h1, h2, p {padding: 0;margin: 0;}
html {font-size: 10px;}
html, body, #addressBook {height: 100%;color: #555;}
body {overflow-x: hidden;}
#addressBook {width: 100%;}
.head {
    width: 100%;height: 90px;line-height: 90px;position: fixed;
    top: 0;background-color: #fff;display: flex;
    justify-content: space-between;background-size: cover;
    background-image: url(/static/img/bg.png);z-index: 5;
}
.head .logo {
    font-size: 50px;padding-left: 30px;
    color: #0f88eb;font-family: "幼圆";
}
.head .welcome {
    font-size: 20px;font-family: "微软雅黑";
    display: inline-block;margin-right: 30px;
}
.head .img {
    display: inline-block;width: 75px;height: 73px;
    border-radius: 35px;vertical-align: middle;
    margin-left: 10px;background-color: #eee;overflow: hidden;
}
.head img {width: 100%;height: 100%;}
.lside {
    width: 300px;height: 90%;position: fixed;
    left: 0;top: 90px;z-index: 5;background-color: #eee;
    padding: 3px;box-sizing: border-box;
}
.lside li {
    height: 50px;line-height: 50px;padding-left: 30px;
    margin-bottom: 2px;box-sizing: border-box;font-size: 17px;
    border-top: none;cursor: pointer;
    background-color: #fff;list-style: none;
}
.lside li i {margin-right: 8px;}
.lside li a {
    color: #555;text-decoration: none;
    width: 100%;height: 100%;display: inline-block;
}
.rside {
```

```
    width: 100%;height: 100%;background-color: #f7fafc;
    position: absolute;padding-left: 300px;
    box-sizing: border-box;z-index: 1;overflow-x: hidden;
}
li.act {background-color: #0f88eb;}
li.act a {color: #fff;}
.name {
    display: inline-block;max-width: 118px;
    white-space: nowrap;text-overflow: ellipsis;
    overflow: hidden;vertical-align: middle;
}
.out {
    position: absolute;bottom: 41px;
    right: 16px;cursor: pointer;
}
```

3）notes.vue 组件文件

notes.vue 组件主要实现搜索、分类显示相关联系人信息的功能。当用户在搜索框中输入相关联系人字符串，可以显示联系人姓名中包含相关字符串的联系人，如图 11-11 所示。当用户单击 4 个单选按钮之一时，可在下方联系人展示区显示不同类别的联系人，如图 11-12 所示。

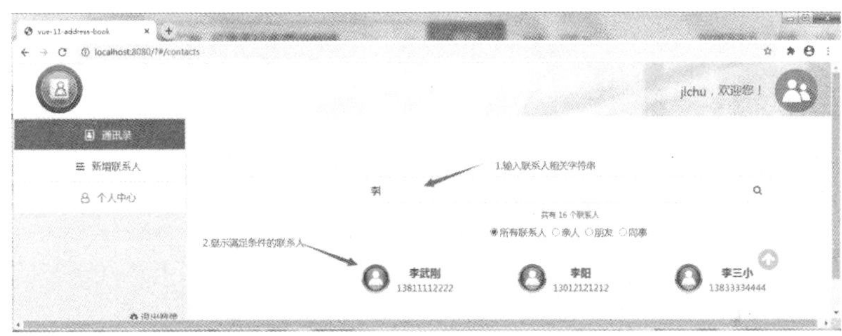

图 11-11　通讯录搜索功能页面

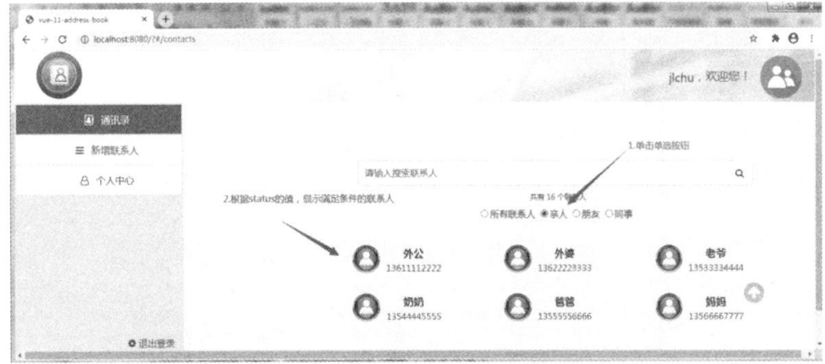

图 11-12　单击单选按钮后显示相关联系人信息页面

```
<!-- 通讯录展示组件 notes.vue -->
<template>
    <div id="search">
        <div class="search">
            <input type="text" placeholder="请输入搜索联系人" v-model="search" />
            <span><i class="fa fa-search"></i></span>
        </div>
        <p class="all">共有 {{items.length}} 个联系人</p>
        <div class="select">
```

```
            <input type="radio" name="contacts" checked @click="selectStatu=1">
            所有联系人
            <input type="radio" name="contacts" @click="selectStatu=2">亲人
            <input type="radio" name="contacts" @click="selectStatu=3">朋友
            <input type="radio" name="contacts" @click="selectStatu=4">同事
         </div>
         <div class="ul" v-if="newItems.length">
            <contactItem v-for="item in newItems" :key="item.id" :item="item"
            @remove="removeTodo" @change="change" />
         </div>
         <p class="none" v-else> 没有联系人 </p>
         <div class="arrow">
            <a href="#search"><i class="fa fa-arrow-up"></i></a>
         </div>
      </div>
</template>
<script>
   import contactItem from './noteItem'
   export default {
      props: ["items"],
      data() {
         return {
            search: '',
            selectStatu: 1,
         }
      },
      methods: {
         removeTodo(id) {this.$emit('remove', id);},
         change(obj) {this.$emit('change', obj);}
      },
      computed: {
         newItems: function() {
            if (this.items.length == 0)
               return '';
            if (this.search) {
               return this.items.filter((item) => {
                  return (item.name.indexOf(this.search) != -1);
               });
            } else {
               switch (this.selectStatu) {
                  case 1:
                     return this.items;
                     break;
                  case 2:
                     return this.items.filter(function(item) {
                        return item.status === '亲人';
                     });
                     break;
                  case 3:
                     return this.items.filter(function(item) {
                        return item.status === '朋友';
                     });
                     break;
                  default:
                     return this.items.filter(function(item) {
                        return item.status === '同事';
                     });
                     break;
               }
            }
```

```
67.             }
68.         },
69.         components: {contactItem}
70.     }
71. </script>
72. <style scoped>
73.     @import '../assets/css/font-awesome.min.css';
74.     @import '../assets/css/notes.css';
75. </style>
```

上述代码中，第 5 行定义一个搜索输入框，输入联系人相关字符串即可在下方通讯录展示区显示相关联系人信息。第 7 行显示通讯录联系人总数。第 8～13 行定义一组单选按钮，用于分类显示不同类别的联系人信息。第 14～16 行定义一个 contactItem 组件，用于循环（v-for）显示特定的联系人信息，给该组件绑定 item.id 和 item 两个数据，同时侦听 remove 和 change 事件，分别调用 removeTodo()和 change()方法（第 34 行和第 35 行），给父组件传递 id 和 obj 数据。第 24 行导入组件 noteItem.vue。第 26 行父组件将 items 传递给子组件。第 69 行注册组件。

4）noteItem.vue 组件文件

在通讯录联系人展示区中，选择某一联系人时，在联系人信息右侧会显示两个 Font Awesome 图标按钮，如图 11-13 所示。单击左侧图标进入编辑状态，可以修改姓名和电话，修改完成后可以单击 √ 图标保存联系人信息；单击×图标可以放弃修改，如图 11-14 所示。单击右侧图标可以删除当前联系人信息。

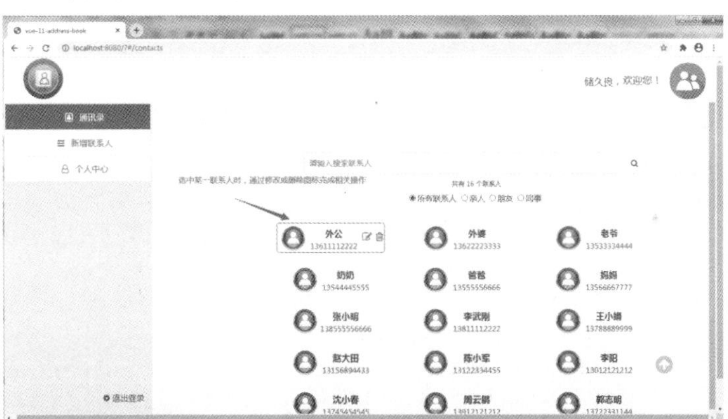

图 11-13　选中某个联系人信息显示状态

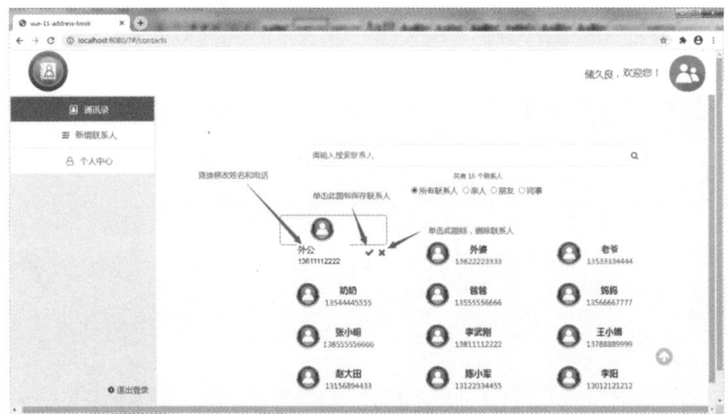

图 11-14　编辑联系人信息

```
<!--  noteItem.vue -->
<template>
    <div class="li">
        <div v-if="show">
            <div class="text">
                <img :src="item.imgSrc" />
                <div>
                    <h1 class="name">{{item.name}}</h1>
                    <p class="tel">{{item.tel}}</p>
                </div>
            </div>
            <button class="edit" @click="show=false"><i class="fa fa-edit">
            </i></button>
            <button class="delete" @click="toRemove"><i class="fa fa-trash-o">
            </i></button>
        </div>
        <div v-else>
            <div class="text">
                <img :src="item.imgSrc" />
                <div>
                    <input class="name" type="text" v-model="name" />
                    <input class="tel" type="text" v-model="tel" />
                </div>
            </div>
            <button class="save" @click="SAVE"><i class="fa fa-check"></i>
            </button>
            <button class="return" @click="RETURN"><i class="fa fa-times"></i>
            </button>
        </div>
    </div>
</template>
<script>
    export default {
        props: ["item"],
        data() {
            return {
                show: true,
                name: this.item.name,
                tel: this.item.tel,
                oldName: this.item.name,
                oldTel: this.item.tel
            };
        },
        methods: {
            toRemove() {
                this.$emit('remove', this.item.id);
            },
            SAVE() {
                this.show = true;
                this.$emit('change', {
                    id: this.item.id,
                    name: this.name,
                    tel: this.tel
                });
            },
            RETURN() {
                this.show = true;
                this.name = this.item.name;
                this.tel = this.item.tel;
            }
```

```
57.         }
58.     }
59. </script>
60. <style scoped>
61.     @import '../assets/css/font-awesome.min.css';
62.     .li {
63.         width: 220px;margin-right: 48px;list-style: none;
64.         height: 58px;margin-bottom: 25px;display: inline-block;
65.     }
66.     .li .contain {display: inline-block;}
67.     .li .text {
68.         width: 163px;padding: 3px 0;padding-left: 5px;
69.         display: inline-block;
70.     }
71.     .text>div {
72.         margin-top: 3px;display: inline-block;vertical-align: middle;
73.     }
74.     .text img {
75.         width: 50px;height: 50px;
76.         margin-right: 2px;vertical-align: middle;
77.     }
78.     .text input {display: block;border: none;}
79.     .text .name {
80.         width: 105px;margin-bottom: 3px;font-size: 18px;
81.         margin-top: 0;
82.     }
83.     .text .tel {width: 105px;font-size: 15px;margin: 0;}
84.     .li button {
85.         height: 32px;padding: 0;margin-top: 11px;border: none;
86.         color: #0f88eb;background: none;border-radius: 4px;
87.         cursor: pointer;display: none;
88.     }
89.     .delete {color: rgb(216, 17, 17) !important;}
90.     .save,  .edit {margin-right: 3px;}
91.     .li button:focus,.text input:focus {outline: none;}
92.     .li i {font-size: 20px;}
93.     .li:hover {border: 1px solid #0f88eb;border-radius: 5px;}
94.     .li:hover button {display: inline-block;}
95. </style>
```

上述代码中，第 2～27 行定义模板，用于显示选中的一个联系人信息，根据 show 变量的值条件显示两个 div。其中，第 12 行和第 13 行定义两个按钮，显示图标为编辑和删除。一旦选择编辑图标，则 show 值由 true 改为 false，隐藏第 1 个 div（第 4～14 行），显示第 2 个 div（第 15～25 行）。此时通过第 19 行和第 20 行的姓名和电话输入框编辑姓名和电话，然后通过第 23 行和第 24 行的按钮，决定是保存还是放弃（返回）。

5. 新增联系人界面设计

1）addCon.vue 组件文件

新增联系人组件通过表单完成联系人的“姓名”“电话号码”和“与我的关系”的输入，并对输入信息进行验证。其中姓名只能输入汉字、英文字母、数字和下画线等；电话号码必须为 11 位全数字，且符合电信、移动和联通常用号码段；与我的关系分为亲人、朋友和同事。单击“新增”按钮，触发 add 事件，调用 addItem() 方法，然后执行 userAdd(item) 行为，触发 USER_ADD 这个 mutations 完成新增联系人操作。新增联系人页面效果如图 11-15 所示。

图 11-15　新增联系人页面效果

```
<!-- 新增联系人 addCon.vue -->
<template>
    <div>
        <h2>新增联系人</h2>
        <div class="form">
            <label for="name">
                <span>姓名</span>
                <input type="text" id="name" v-model="name" :class="{'error':
                nameIn}" placeholder="请输入姓名" />
                <em v-show="nameIn">*姓名只能由汉字、字母和数字组合而成</em>
            </label>
            <label for="tel">
                <span>电话号码</span>
                <input type="text" id="tel" v-model="tel" :class="{'error':
                telIn}" placeholder="请输入电话号码" />
                <em v-show="telIn">*不能为空且全部由数字组成</em>
            </label>
            <label>
                <span>与我的关系</span>
                <select v-model="status">
                    <option selected>朋友</option>
                    <option>亲人</option>
                    <option>同事</option>
                </select>
            </label>
            <label>
                <span></span>
                <button :class="{'nomal': true, 'btn': save}" @click.stop=
                "add" :disabled="save">新增</button>
            </label>
        </div>
    </div>
</template>
<script>
    export default {
        data() {
            return {
                name: '',
                tel: '',
                status: '朋友',
            }
        },
        methods: {
            add(ev) {
```

```
42.                 if (this.name && this.tel) {
43.                     this.$emit('add', {
44.                         name: this.name,
45.                         tel: this.tel,
46.                         status: this.status,
47.                     });
48.                     this.name = '';
49.                     this.tel = '';
50.                 } else {
51.                     if (!this.name)
52.                         this.name = '请输入姓名';
53.                     if (!this.tel)
54.                         this.tel = '请输入电话号码';
55.                 }
56.             }
57.         },
58.         computed: {
59.             nameIn() {
60.                 //return /\W/g.test(this.name); 允许输入汉字、字母和数字
61.                 return /[^\w\u4E00-\u9FA5]/g.test(this.name);
62.             },
63.             telIn() {
64.                 return /\D/g.test(this.tel);
65.             },
66.             save() { //符合规范返回 false
67.                 var result = (this.nameIn || this.telIn);
68.                 return result;
69.             }
70.         }
71.     }
72. </script>
73. <style scoped>
74.     @import '../assets/css/addCon.css';
75. </style>
```

上述代码中，第 5～28 行定义一个 div，用于新增一个联系人，通过姓名、电话号码和密码等 3 个输入框输入相关信息，同时完成数据验证。其中，第 16～23 行定义一个<label>标记，用于显示与我的关系的下拉列表框，有 3 个选项，分别为亲人、朋友、同事；第 26 行定义一个“新增”按钮，单击此按钮后，调用 add(ev) 方法执行 this.$emit(‘add’,{…}) 方法，完成子组件将输入的 name、tel 和 status 的值传递给父组件。

2）addCon.css 样式文件

```
.rside h2 {
  width: 84%;text-align: center;padding: 20px;
  margin-top: 138px;font-size: 38px;font-family: "幼圆";
}
.form {width: 82%;padding-top: 20px;}
.form label {
  display: block;width: 770px;height: 42px;
  margin-left: 256px;margin-bottom: 15px;
  }
.form span {
   display: inline-block;width: 87px;font-size: 16px;
   text-align: right;margin-right: 10px;
}
.form input {
   width: 300px;height: 40px;padding-left: 10px;
   font-size: 16px;border-radius: 5px;border: 1px solid #ccc;
```

```
        background-color: #fff;box-sizing: border-box;
    }
    .form select {
        height: 35px;width: 150px;border: 1px solid #ccc;
        padding-left: 10px;box-sizing: border-box;
    }
    .form select:focus, .form button:focus {outline: none;}
    .form button.nomal {
        width: 150px;border: none;height: 40px;
        font-size: 18px;border-radius: 5px;cursor: pointer;
        background-color: #0f88eb;color: #fff;
    }
    .form button.btn {background-color: #ccc;}
    input.error {border: 2px solid #ff0000;}
    em {color: rgb(255, 0, 0);}
```

6. 个人信息界面设计

1）own.vue 组件文件

个人信息界面通过表单展示信息，分别显示姓名、电话号码和密码，页面效果如图 11-16 所示。单击“编辑信息”按钮，进行表单输入框的编辑工作，编辑完成后可以单击“保存”按钮，然后单击“返回”按钮返回个人信息显示页面，如图 11-17 所示。

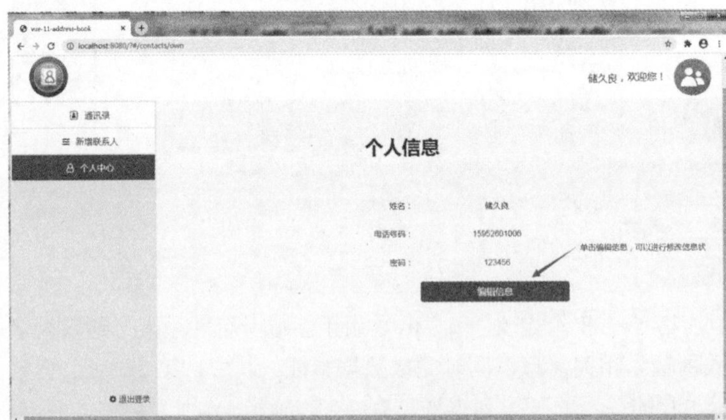

图 11-16　个人信息页面

图 11-17　个人信息修改页面

```
<!-- 个人（所有人）组件 own.vue -->
<template>
```

```
    <div>
        <h2>个人信息</h2>
        <div class="form">
            <label for="name">
                <span>姓名：</span>
                <input :class="className.name" type="text" id="name" v-model=
                "name" :disabled='edit' />
                <em v-show="nameIn">*姓名只能由汉字、字母、数字组成</em>
            </label>
            <label for="tel">
                <span>电话号码：</span>
                <input :class="className.tel" type="text" id="tel" v-model=
                "tel" :disabled='edit' />
                <em v-show="telIn">*不能为空且全部为数字</em>
            </label>
            <label for="psw">
                <span>密码：</span>
                <input :class="className.psw" type="text" id="psw" v-model=
                "psw" :disabled='edit' />
                <em v-show="pswIn">*密码不少于 6 位且只能由字母、数字、下画线组成</em>
            </label>
            <label v-if="edit">
                <span></span>
                <button class="nomal large" @click="edit=false">编辑信息</button>
            </label>
            <label class="editing" v-else>
                <span></span>
                <button :class="{'save': !save, 'return': save}" @click=
                "change" :disabled="save">保存</button>
                <button class="return" @click="notChange">返回</button>
            </label>
        </div>
    </div>
</template>
<script>
    export default {
        props: ["own"],
        data() {
            return {
                name: this.own.name,
                tel: this.own.tel,
                psw: this.own.psw,
                edit: true,
                nameIn: false,
                telIn: false,
                pswIn: false
            }
        },
        methods: {
            change() {
                if (this.name && this.tel && this.psw) {
                    this.edit = true;
                    this.$emit('changeOwn', {
                        name: this.name,
                        tel: this.tel,
                        psw: this.psw
                    });
```

```
56.                 }
57.             },
58.             notChange() {
59.                 this.edit = true;
60.                 thisthis.name = this.own.name;
61.                 thisthis.tel = this.own.tel;
62.                 thisthis.psw = this.own.psw;
63.
64.                 this.nameIn = false;
65.                 this.telIn = false;
66.                 this.pswIn = false;
67.             }
68.         },
69.         computed: {
70.             //是否禁用保存按钮
71.             save: function() {
72.                 this.nameIn = /[^\w\u4E00-\u9FA5]/g.test(this.name) || this.name.
                    length < 1;
73.                 this.telIn = /\D/g.test(this.tel) || this.tel.length < 1;
74.                 this.pswIn = (this.psw.length < 6) || (/\W/g.test(this.psw));
75.
76.                 var result = !(!this.nameIn && !this.telIn && !this.pswIn);
77.                 return result;
78.             },
79.             className: function() {
80.                 return {
81.                     name: {
82.                         read: this.edit,
83.                         error: this.nameIn
84.                     },
85.                     tel: {
86.                         read: this.edit,
87.                         error: this.telIn
88.                     },
89.                     psw: {
90.                         read: this.edit,
91.                         error: this.pswIn
92.                     }
93.                 };
94.             }
95.         }
96.     }
97. </script>
98. <style>
99.     @import '../assets/css/own.css';
100. </style>
```

上述代码中，第5～30行定义一个表单，分别显示获取到的姓名、电话号码和密码。其中，第21～29行定义两个<label>标记，根据edit值（初始值为true，第41行已定义）条件显示。当用户单击“编辑信息”按钮后，edit值已改为false，此时前一个label隐藏，后一个label显示出两个按钮，分别为“保存”和“返回”；同时，第8行、第13行、第18行中的disabled值为false，所以3个输入框变为可编辑状态，用户在完成编辑工作后，单击“保存”按钮完成修改，单击“返回”按钮回到个人信息界面。第35行父组件通过props传递参数own给子组件，获取own数据（内含姓名、电话号码和密码）。

2）own.css 样式文件

```
@import './addCon.css';
.form input.read {
   background-color: #f7fafc;border: none;text-align: center;
}
.form button.large {width: 300px;}
.editing button {
   width: 147px;height: 40px;font-size: 18px;border-radius: 5px;
   cursor: pointer;color: #fff;border: none;
}
.editing button.save {background-color: #0f88eb;margin-right: 5px;}
.editing button.return {background-color: #ccc;}
```

7. 注册/登录界面中 Font Awesome 动态图标的使用

Font Awesome 是一套绝佳的图标字体库和 CSS 框架。Font Awesome 为用户提供可缩放的矢量图标，用户可以使用 CSS 所提供的所有特性对它们进行更改，包括大小、颜色、阴影或其他任何支持的效果。

使用 Font Awesome 图标的方法如下。

（1）在 HTML 页面的<head>标记中使用<link>标记链接外部样式表。

```
    <link href='https://cdn.staticfile.org/font-awesome/4.7.0/css/font-awesome.css'
rel='stylesheet'>
    <link
href='https://cdnjs.cloudflare.com/ajax/libs/font-awesome/4.7.0/css/font-awesome.mi
n.css'  rel='stylesheet'>
```

（2）直接将相关的版本的 CSS 文件下载到本地，在 Vue 单文件组件中的<style>标记中使用@import 导入样式，同时将对应的 fonts 子目录下的相关字体文件复制到项目 src/asset/fonts 目录下。也可以从 https://fontawesome.dashgame.com/网站上直接下载 font-awesome-4.7.0.zip，解压缩后再使用。本项目使用第 2 种方法，在 Vue 单文件组件中导入解压出来的相关 CSS 文件。导入成功后，运行 npm run dev 命令启动。部分代码如下。

```
<style scoped>
@import '../assets/css/login.css';
@import '../assets/css/font-awesome.min.css';
</style>
```

注意：如果想深入了解 Font Awesome 的各种特色用法，可以参考 Font Awesome 中文网上的案例。具体案例用法可访问网站 http://www.fontawesome.com.cn/examples/。

11.2 通用登录/注册管理系统

11.2.1 项目需求

通用登录/注册管理系统功能需求如下。

（1）具有用户登录、注册管理系统功能。用户登录注册表单需要进行验证。

（2）具有导航菜单功能。菜单分为左侧导航菜单和顶部下拉导航菜单。其中，左侧导航菜单主要包含“系统功能简介”和“个人中心设置”子菜单，个人中心设置包含 3 个子菜单：查看个人信息、修改个人信息、修改个人密码；顶部下拉菜单包含两个子菜单：个人中心和退出。整个项目业务流程图如图 11-18 所示。

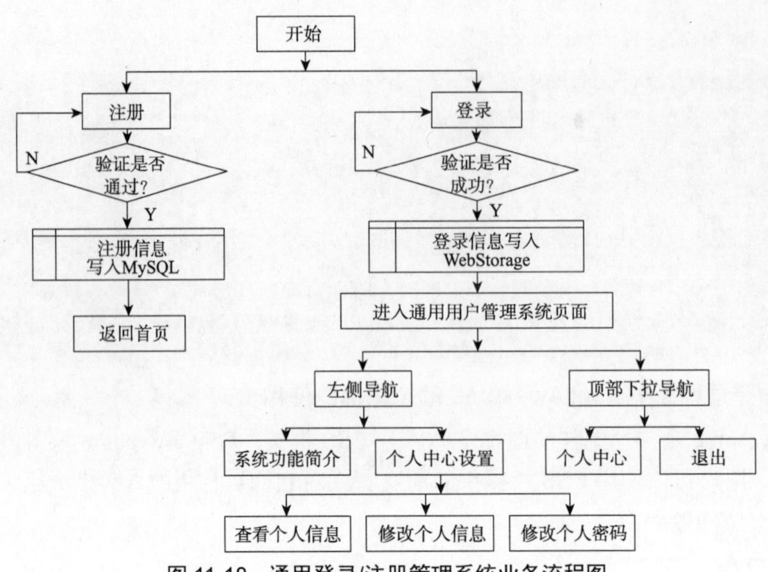

图 11-18　通用登录/注册管理系统业务流程图

11.2.2　实现技术

本项目通过前后端分离的模式进行开发。所谓前后端分离，就是把数据操作和显示分离出来，前端专注做数据显示，通过文字、图片或图标等方式让数据形象直观地显示出来；后端专注做数据的操作。前端把数据请求发给后端，后端通过 API 操作数据库，并将处理数据返回给前端，再由前端渲染页面。Vue 前后端分离项目开发模式如图 11-19 所示。

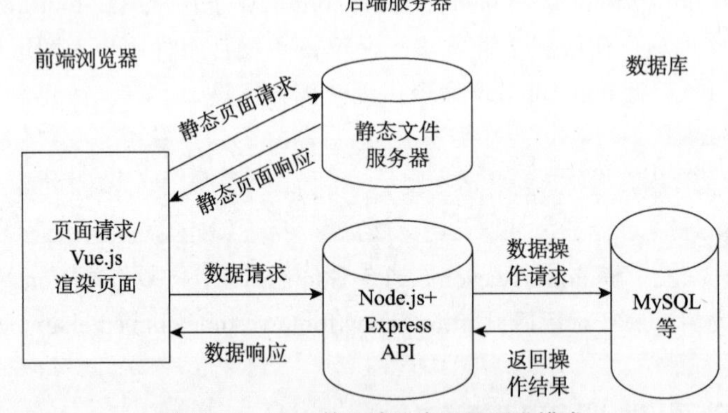

图 11-19　Vue 前后端分离项目开发模式

本系统是一套简易后台管理系统，基于 Vue.js，使用 CLI 脚手架快速生成项目目录，引用 Element UI 组件库，方便开发快速、简洁、好看的组件；分离颜色样式，支持手动切换主题色，而且很方便使用自定义主题色；以 Node.js 和 Express 框架作为后台服务系统，完成 API 请求与响应的处理工作；通过 MySQL 存储数据，主要是用户注册和登录信息。

实现技术分为前端技术栈、后端技术栈和数据库及管理工具等。各部分组成分别介绍如下。

（1）前端技术栈：Vue.js 2.x、Vue-Router、webpack、Element UI、WebStorage。

WebStorage（sessionStorage）用于存储会话信息，如用户名、用户信息等。

Vue-Router 是 Vue.js 官方的路由插件，它和 Vue.js 是深度集成的，适用于构建单页面应用（SPA）。Vue 的单页面应用是基于路由和组件的，路由用于设定访问路径，并将路径和组件映射起来。

Element UI 是一套采用 Vue 2.0 作为基础框架实现的组件库，为开发者、设计师和产品经理提供了配套设计资源，帮助网站快速成型。

（2）后端技术栈：Node.js、Express（中间件 router、body-parser）、axios（HTTP 库）。

Express 是基于 Node.js 平台的快速、开放、极简的 Web 开发框架。在 MIT 许可证下作为自由及开放源代码软件发行，主要用来构建 Web 应用和 API，已经被称为基于 Node.js 的服务器框架的事实标准。

body-parser 是一个非常常用的 Express 中间件，作用是对 post 请求的请求体进行解析。body-parser 提供 JSON body parser、Raw body parser、Text body parser、URL-encoded form body parser 等 4 种解析器。使用非常简单，大多数应用场景使用以下两行代码就可以了。

```
app.use(bodyParser.json());
app.use(bodyParser.urlencoded({ extended: true }));
```

axios 是一个基于 Promise 的 HTTP 库，可以用在浏览器和 Node.js 中。它具有以下特点：从浏览器中创建 XMLHttpRequests，从 node.js 创建 HTTP 请求，支持 Promise API、拦截请求和响应、转换请求数据和响应数据、取消请求、自动转换 JSON 数据、客户端支持防御 XSRF（跨站请求伪造）。发送一个 get 请求的代码如下。

```
// 为给定 ID 的用户产生一个请求
axios.get('/user?ID=12345')
  .then(function (response) {
    console.log(response);          //成功，控制台输出响应数据
})
   .catch(function (error) {
    console.log(error);             //异常，控制台输出错误信息
});
```

（3）数据库及管理工具：MySQL、Navicat for MySQL。

MySQL 是最流行的关系型数据库管理系统，在 Web 应用方面，MySQL 是最好的关系数据库管理系统（Relational Database Management System，RDBMS）应用软件之一，主要用来存储项目中数据库和数据表，供后端路由调用 API 进行数据库相关操作。

Navicat for MySQL 是管理和开发 MySQL 或 MariaDB 的理想解决方案。它是一套单一的应用程序，能同时连接 MySQL 和 MariaDB 数据库，并与 Amazon RDS、Amazon Aurora、Oracle Cloud、Microsoft Azure、阿里云、腾讯云和华为云等云数据库兼容。这套全面的前端工具为数据库管理、开发和维护提供了一款直观而强大的图形界面。

11.2.3　环境配置

1. 基础环境配置

Vue 项目开发需要基础的运行环境是 Vue、Vue CLI、Vue-Router、webpack、webpack-dev-server 和 webpack-cli 等。

（1）安装 Vue 基础环境。

```
npm install vue vue-cli -g
npm install vue-router webpack webpack-cli webpack-dev-server -D
```

（2）安装 Vue UI 框架。

```
npm install element-ui -D
npm install element-theme -D
npm install sass-loader node-sass -D
```

（3）安装后端环境。

```
npm install express mysql axios body-parser -D
```

（4）创建前端项目并启动本地服务。

```
vue init webpack vue-11-user-manage
cd vue-11-user-manage
npm install
```

（5）执行本地服务。

```
npm run dev
```

配置正确并且相关模块及插件安装到位，执行结果如图 11-20 所示。

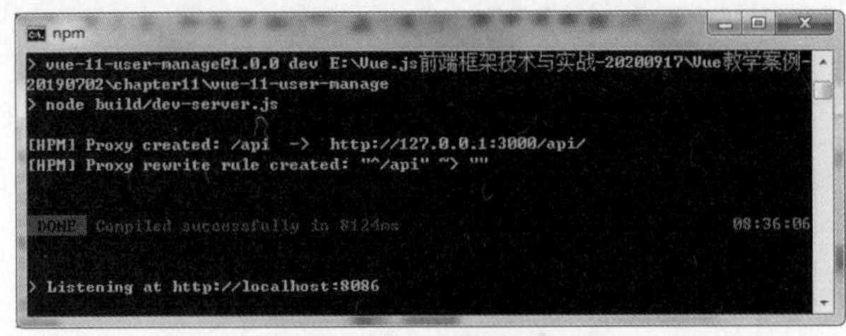

图 11-20 启动前端服务

2. 后端服务器配置

在当前项目下新建 server 文件夹，并在其下新建 db 和 api 两个子文件夹和后端服务入口文件 index.js。在 db 文件夹下新建 db.js 和 sqlMap.js 文件；在 api 文件夹下新建 userApi.js 文件。

启动后端服务，如图 11-21 所示。命令格式如下。

```
node index.js
```

图 11-21 启动后端服务

3. 安装 MySQL 数据库和 Navicat for MySQL 管理工具

安装好 MySQL，并配置好路径后，再安装 Navicat for MySQL，然后启动 Navicat，进入管理界面，如图 11-22 所示。

图 11-22 Navicat for MySQL 管理界面

11.2.4　项目实现

通用用户登录/注册管理系统采用前后端分离模式进行开发，涉及前端组件开发、前端路由定义、UI 框架应用以及后端开发，其开发流程如图 11-23 所示。

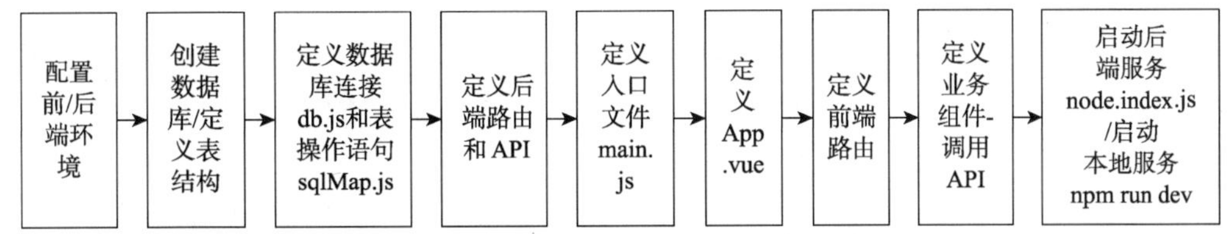

图 11-23　Vue 前后端分离项目开发流程

1. 创建数据库 login 和数据表 user

考虑到项目的难易度，仅在该数据库中创建一个数据表，用于存储注册过的用户信息，供登录时验证使用。在 login 数据库中新建 user 表，该表含有 account、username、password、repeatPass、email、phone、card、birth、sex 等字段，结构如图 11-24 所示。配置数据库连接相关参数，并进行连接测试，连接成功，说明创建和配置完全正确。连接测试结果如图 11-25 所示。

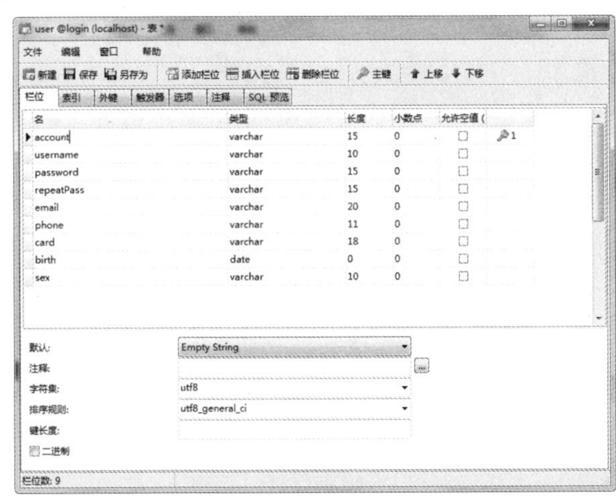

图 11-24　新建 user 表结构

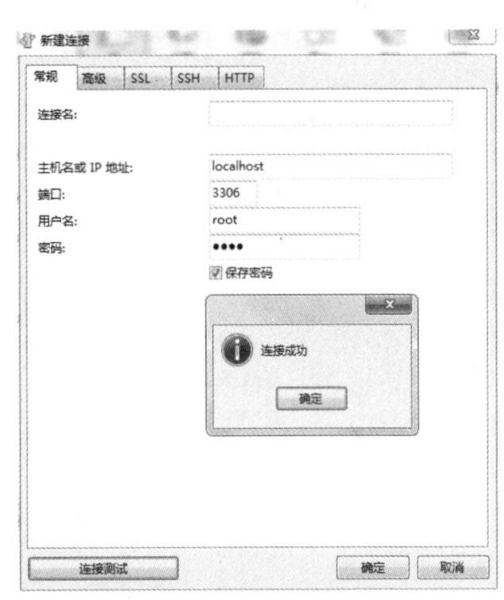

图 11-25　配置数据库连接

2. 定义数据库连接和操作语句 sqlMap.js

在项目文件下新建 server 文件夹，其目录结构如图 11-26 所示。各个文件夹和文件的功能分别如下。

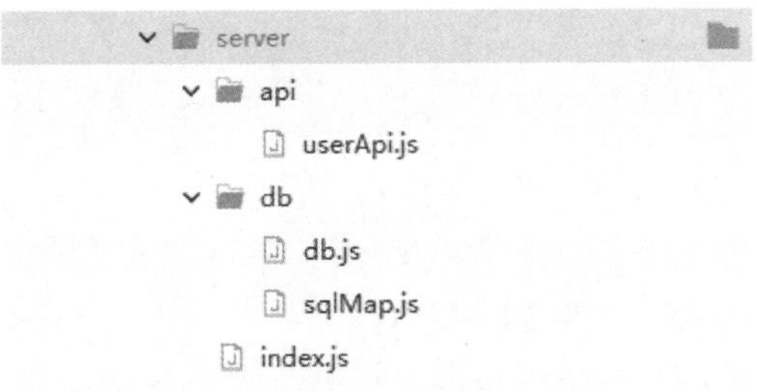

图 11-26　后端服务器目录结构

- api 文件夹：为与数据库的各个表连接接口，每个子文件为一个数据库中一个表的 API。
- db.js：为数据库连接配置。
- sqlMap.js：用来实现 SQL 语句的 API。
- index.js：用来定义与监听后端服务器。

所有关于数据库 CRUD 操作语句必须定义在 sqlMap.js 入口文件中，一个表可以定义一个与之对应的 API 文件，多个表需要定义多个类似的 JavaScript 文件，也可以定义在一个文件中。

1）定义 sqlMap.js 文件

```
1.  var sqlMap = {
2.    user: {
3.      add: 'insert into user (username, account, password, repeatPass, email, phone, card, birth, sex) values (?,?,?,?,?,?,?,?,?)',
4.      select_name: 'select * from user ',       //部分查询语句
5.      update_user: 'update user set '           //部分更新语句
6.    }
7.  }
8.  module.exports = sqlMap;
```

上述代码中，第 1～7 行定义 sqlMap 对象。其中，第 2 行定义 user 属性，与数据库中的 user 数据表名相对应，其值为对象，是一系列 CRUD 操作语句。add、select_name、update_user 分别对应的操作名称，其值为 SQL 操作语句，但此处的语句未必是完整的，可能还需要在 API 文件中进行拼接，才能形成完整的 SQL 语句。使用 sqlMap.user.add 等形式可以进行调用。

2）定义 MySQL 连接配置文件 db.js

```
//MySQL 数据库连接配置
module.exports = {
    mysql: {
        host: 'localhost',            //指定主机
        user: 'root',
        password: 'root',
        port: '3306',
        database: 'login'             //设置数据库名称
    }
}
```

3）定义数据库入口文件 index.js

```
//定义与监听后端服务器 index.js
const userApi = require('./api/userApi');
const fs = require('fs');             //导入文件系统模块
const path = require('path');
const bodyParser = require('body-parser');
const express = require('express');
const app = express();                //创建 Express 实例
app.use(bodyParser.json());           //添加 JSON 解析器
app.use(bodyParser.urlencoded({ extended: true }));
app.use('/api/user', userApi);        //后端 API 路由
app.listen(3000);                     //监听端口
console.log('success listen at port: 3000')
```

3. 定义数据表操作的 API 文件 userApi.js

数据表 user 主要需要进行注册新用户插入操作、已注册用户查询和更新等操作。userApi.js 文件需要完成 express、mysql 等模块的导入工作，还需要创建数据库连接并启动连

接操作，然后定义/addUser、/login、/getUser、/updateUser、/modifyPassword 等路由操作，实现相关 API 的调用，返回响应数据。

```
//user 数据表的 API userApi.js
var models = require('../db/db');
var express = require('express');
var router = express.Router();
var mysql = require('mysql');
var $sql = require('../db/sqlMap');
//定义数据库连接对象
var conn = mysql.createConnection(models.mysql);
//启动连接
conn.connect();
var jsonWrite = function(res, ret) {
    if (typeof ret === 'undefined') {
        res.send('err');
    } else {
        console.log(ret);
        res.send(ret);                 //当 ret 为对象或数组时返回为 JSON 格式
    }
}
//返回日期字符串对象的前 8 位指定格式的日期
var dateStr = function(str) {
    return new Date(str.slice(0, 7));
}
//增加用户接口
router.post('/addUser', (req, res) => {
    var sql = $sql.user.add;
    var params = req.body;             //提取请求体中的数据
    //建立连接，向表中插入值，INSERT INTO user() VALUES()
    conn.query(sql, [params.name, params.account, params.pass, params.checkPass,
        params.email, params.phone, params.card, dateStr(params.birth), params.sex
    ], function(err, result) {
        if (err) {
            console.log(err);
        }
        if (result) {
            jsonWrite(res, result);
        }
    })
});
//查找用户接口
router.post('/login', (req, res) => {
    var sql_name = $sql.user.select_name;
    //提取请求包中的数据
    var user = req.body;
    console.log(user)
    if (user.name) {
        sql_name += " where username ='" + user.name + "'";
        console.log(sql_name);
    }
    conn.query(sql_name, user.name, function(err, result) {
        if (err) {
            console.log(err);
        }
        if (result[0] === undefined) {
            res.send('-1') //data 返回-1,此 username 不存在
        } else {
            var resultArray = result[0];
            if (resultArray.password === user.password) {
```

```
                jsonWrite(res, result);
            } else {
                res.send('0')          //data 返回 0，此 username 存在
            }
        }
    })
});
//获取用户信息
router.get('/getUser', (req, res) => {
    var sql_name = $sql.user.select_name;
    var params = req.query;          //从请求中获取查询参数
    if (params.name) {
        sql_name += " where username ='" + params.name + "'";
    }
    console.log(sql_name)
    conn.query(sql_name, params.name, function(err, result) {
        if (err) {
            console.log(err);
        }
        if (result[0] === undefined) {
            res.send('-1')            //查询不出 username，data 返回-1
        } else {
            jsonWrite(res, result);  //以 JSON 形式把操作结果返回给前台页面
        }
    })
});
//更新用户信息
router.post('/updateUser', (req, res) => {
    console.log('信息更新开始...')
    var sql_update = $sql.user.update_user;
    var params = req.body;
    if (params.account) {
        sql_update += " email = '" + params.email +
            "',phone = '" + params.phone +
            "',card = '" + params.card +
            "',birth = '" + new Date(params.birth).toLocaleDateString() +
            "',sex = '" + params.sex +
            "' where account ='" + params.account + "'";
    }
    conn.query(sql_update, params.account, function(err, result) {
        if (err) {
            console.log(err);
        }
        console.log(result);
        if (result.affectedRows === undefined) {
            res.send('更新失败，请联系管理员') //查询不出 username，data 返回-1
        } else {
            res.send('ok');
        }
    })
});
//修改密码
router.post('/modifyPassword', (req, res) => {
    var sql_modify = $sql.user.update_user;
    var params = req.body;
    if (params.account) {
        sql_modify += " password = '" + params.pass +
            "',repeatPass = '" + params.checkPass +
            "' where account ='" + params.account + "'";
    }
```

```
118.     conn.query(sql_modify, params.account, function(err, result) {
119.         if (err) {
120.             console.log(err);
121.         }
122.         if (result.affectedRows === undefined) {
123.             res.send('修改密码失败，请联系管理员') //未查找到 username, data 返回-1
124.         } else {
125.             res.send('ok');
126.         }
127.     })
128. });
129. module.exports = router;
```

上述代码中，第 1～5 行完成导入 express、mysql 两个模块和 db.js、sqlMap.js 文件，同时定义后端路由对象 router。第 8 行创建数据库连接对象 conn。第 10 行启动数据库连接。第 11～18 行定义 jsonWrite() 函数将响应数据转换为 JSON 格式。第 24～38 行定义增加用户 addUser 接口，采用 router.post(url,fn) 格式实现用户信息插入操作，url 为/addUser，使用箭头函数定义 fn，格式如(req,res)=>{}。其中，第 26 行使用 req.body 提取请求体中数据；第 28 行通过 conn.query() 将用户数据插入数据库。第 40～64 行定义查找用户接口，将用户登录的信息提交到后端，通过/login 后端路由到数据库中进行查找，找到则登录生效，找不到则返回错误信息，并要求重新登录。第 66～83 行定义获取用户信息接口，使用 router.get() 方法获取用户信息，请求体数据存储在 req.query 对象中。第 85～108 行定义更新用户接口，通过 req.body 获取请求体数据。其中，第 89～96 行拼接更新数据的 SQL 语句；第 97 行执行数据更新操作，成功则返回 OK，失败则返回错误信息。第 110～128 行定义更新密码接口，同样采用 router.post() 方法，从 req.body 中获取请求体数据。其中，第 113～117 行拼接更新操作 SQL 语句；第 118 行执行更新操作。第 129 行暴露 router 对象，供应用程序使用。

注意：Express Router 处理 post 请求时，不能通过 req.query 和 req.params 获取参数。post 请求在 Express 中不能直接获得，可以使用 body-parser 模块。使用后，将可以用 req.body 得到参数。但是如果表单中含有文件上传，那么还是需要使用 formidable 模块。get 请求的参数在 URL 中，在原生 Node 中，需要使用 url 模块识别参数字符串。在 Express 中，不需要使用 url 模块，可以直接使用 req.query 对象。

4. 设置代理与跨域

在 config 文件夹下的 index.js 中配置 dev 选项，并在其中配置 proxyTable 参数，用来设置地址映射表。具体参数配置如下。

```
dev: {
    env: require('./dev.env'),
    port: 8086,
    autoOpenBrowser: true,
    assetsSubDirectory: 'static',
    assetsPublicPath: '/',
    proxyTable: {
      '/api': {
        //target:'http://jsonplaceholder.typicode.com',
        target: 'http://127.0.0.1:3000/api/',
        changeOrigin: true,     //是否允许跨越
        pathRewrite: {
          '^/api': ''
        }
      },
```

```
    },
    cssSourceMap: false
  }
```

即请求/api 时就映射到 http://127.0.0.1:3000/api/。此处建议写 IP，不要写 localhost，changeOrigin 参数接收一个布尔值，如果为 true，这样就不会有跨域问题了。

5. 项目入口文件 main.js

```
1.  //入口文件 main.js
2.  import Vue from 'vue';
3.  import App from './App';
4.  import router from './router';
5.  import axios from 'axios';
6.  import ElementUI from 'element-ui';
7.  import 'element-ui/lib/theme-default/index.css';      //默认主题
8.  //import '../static/css/theme-green/index.css';       //浅绿色主题
9.  import SIdentify from './components/page/Identify';  //自定义验证码组件
10. import "babel-polyfill";
11. Vue.component("SIdentify",SIdentify);
12. Vue.use(ElementUI);
13. window.axios = require('axios');
14. window.axios.defaults.headers.common['X-Requested-With'] = 'XMLHttpRequest'
15. //把 axios 挂载在 Vue 原型上，全局注册，使用方法为 this.$http
16. Vue.prototype.$http = window.axios
17. new Vue({
18.    router,
19.    render: h => h(App)
20. }).$mount('#app');
```

上述代码中，第 1～10 行分别导入 Vue、axios、element-ui、babel-polyfill、App、router 模块，定义 Identify 组件及样式文件。第 11 行全局注册 SIdentify 组件。第 12 行使用 ElementUI 框架。第 13～16 行导入 axios 模块，并将 axios 挂载到 Vue 原型上，供全局使用。第 17～20 行定义 Vue 实例，导入 router，渲染并挂载到#app 上。

6. 主文件 App.vue

```
1.  //主文件 App.vue
2.  <template>
3.    <div id="app">
4.      <router-view></router-view>
5.    </div>
6.  </template>
7.  <style>
8.    @import "../static/css/main.css";
9.    /* 可以切换主题  */
10.   /*  @import "../static/css/color-dark.css";    */
11.   /* 深色主题 */
12.   @import "../static/css/theme-green/color-green.css";
13.   /* 浅绿色主题 */
14. </style>
```

上述代码中，第 4 行定义路由出口。第 8 行导入外部样式。第 10 行导入黑色主题样式（已注释掉了），可以手动切换样式。第 12 行导入 Element 中绿色主题样式（可用）。

7. 前端路由主文件 index.js

```
//router index.js
import Vue from 'vue';
import Router from 'vue-router';
```

```
4.  Vue.use(Router);
5.  export default new Router({
6.    routes: [{
7.        path: '/',
8.        redirect: '/login'
9.      },
10.     {
11.       path: '/readme',
12.       component: resolve => require(['../components/common/Home.vue'], resolve),
13.       children: [{
14.           path: '/',
15.           component: resolve => require(['../components/page/Readme.vue'], resolve)
16.         },
17.         {
18.           path: '/userCenter',
19.           component: resolve => require(['../components/page/UserCenter.vue'],
            resolve) //拖动列表组件
20.         },
21.         {
22.           path: '/modifyUser',
23.           component: resolve => require(['../components/page/ModifyUser.vue'],
            resolve)
24.         },
25.         {
26.           path: '/modifyPassword',
27.           component: resolve => require(['../components/page/ModifyPassword.
            vue'], resolve)
28.         },
29.         {
30.           path: '/success',
31.           component: resolve => require(['../components/page/Success.vue'], resolve)
32.         }
33.       ]
34.     },
35.     {
36.       path: '/register',
37.       component: resolve => require(['../components/page/Register.vue'], resolve)
38.     },
39.     {
40.       path: '/register-success',
41.       component: resolve => require(['../components/page/RegisterSuccess.vue'],
        resolve)
42.     },
43.     {
44.       path: '/login',
45.       component: resolve => require(['../components/page/Login.vue'], resolve)
46.     },
47.   ]
48. })
```

上述代码中，第 1～4 行导入 Vue、Vue-Router 模块并使用路由出口。第 5～48 行定义路由器 router 对象实例，并定义路由表 routes。其中，第 6～9 行定义匹配不到任何路由时重定义到/login；第 10～34 行定义路由/readme，该路由有 5 个子路由，分别为/、/userCenter、/modifyUser、/modifyPassword、/success；第 35～38 行定义路由/register；第 39～42 行定义路由/register-success；第 43～46 行定义路由/login。第 12、15、19、23、27、31、37、41、45 行为组件懒加载（按需加载）。

8. 业务组件定义

该项目组件存储在当前目录下的 src/components 下，根据业务需要再设两个子文件夹：common（公用）和 page（具体页面）。文件结构如图 11-27 所示。

1）首页文件 Home.vue

首页是登录成功后显示的第 1 个页面，其布局如图 11-28 所示。

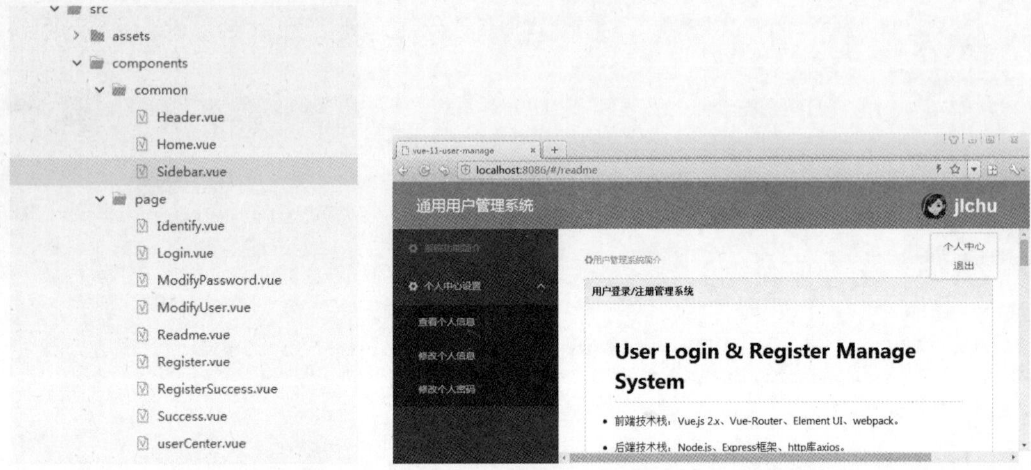

图 11-27　项目组件文件结构　　　　图 11-28　首页布局

```
1.  <!-- 首页文件 Home.vue -->
2.  <template>
3.    <div class="wrapper">
4.      <v-head></v-head>
5.      <v-sidebar></v-sidebar>
6.      <div class="content">
7.        <transition name="move" mode="out-in">
8.          <router-view></router-view>
9.        </transition>
10.     </div>
11.   </div>
12. </template>
13. <script>
14.   import vHead from './Header.vue';
15.   import vSidebar from './Sidebar.vue';
16.   export default {
17.     components: {
18.       vHead,
19.       vSidebar
20.     }
21.   }
22. </script>
```

上述代码中，第 3～11 行定义页面的布局结构，分为头部、左侧边导航和右下边内容 3 个板块。头部区域对应自定义组件 v-head；左侧边导航对应自定义组件 v-sidebar；右下边内容区域对应路由出口 router-view。其中，第 7～9 行定义了先离开再进入的 Vue 动画效果。第 14～21 行定义组件导入和组件局部注册并暴露。

2）头部组件文件 Header.vue

```
<!-- 页面头部文件 Header.vue -->
<template>
```

```
  <div class="header">
    <div class="logo">通用用户管理系统</div>
    <div class="user-info">
      <el-dropdown trigger="click" @command="handleCommand">
        <span class="el-dropdown-link">
          <!-- 根据性别(headerImg 逻辑变量)加载不同的头像 20200911-->
          <img v-if="headerImg" class="user-logo" src="../../../static/img/man.png">
          <img v-else class="user-logo" src="../../../static/img/woman.png">
          <h1>{{username}}</h1>
        </span>
        <el-dropdown-menu slot="dropdown">
          <el-dropdown-item command="userCenter">个人中心</el-dropdown-item>
          <el-dropdown-item command="loginout">退出</el-dropdown-item>
        </el-dropdown-menu>
      </el-dropdown>
    </div>
  </div>
</template>
<script>
  export default {
    data() {
      return {
        name: 'chujiuliang',
      }
    },
    computed: {
      username() {
        let username = sessionStorage.getItem('ms_username');
        return username ? username : this.name;
      },
      //根据登录人员性别更换头像 20200911
      headerImg() {
        let usersex = sessionStorage.getItem('user_sex');
        return usersex == "man" ? true : false
      }
    },
    methods: {
      handleCommand(command) {
        //根据 command 的值改变路由
        if (command == 'loginout') {
          //清除所有写入会话中的数据, 20200913
          sessionStorage.removeItem('ms_username')
          sessionStorage.removeItem('ms_userId')
          sessionStorage.removeItem('ms_user')
          //注销时删除 user_sex,20200911
          sessionStorage.removeItem('user_sex')
          this.$router.push('/login');
        } else if (command == 'userCenter') {
          this.$router.push('/userCenter');
        }
      }
    }
  }
</script>
<style scoped>
  .header {
    position: relative;box-sizing: border-box;width: 100%;
    height: 70px;font-size: 22px;line-height: 70px;color: #fff;
  }
```

```
62.   .header .logo {float: left;width: 250px;text-align: center;}
63.   .user-info {float: right;padding-right: 50px;font-size: 16px;color: #fff;}
64. .user-info .el-dropdown-link {
65.     position: relative;display: inline-block;padding-left: 50px;
66.     color: #fff;cursor: pointer;vertical-align: middle;
67.   }
68. .user-info .user-logo {
69.     position: absolute;left: 0;top: 15px;
70.     width: 40px;height: 40px;border-radius: 50%;
71.   }
72.   .el-dropdown-menu  .el-dropdown-item {text-align: center;}
73. </style>
```

上述代码中，第 5～18 行在 div 中通过 el-dropdown 定义下拉菜单。其中，第 7～12 行根据 headerImg 值显示头像，同时显示用户名称；第 13～16 行定义下拉菜单，有两个子菜单：个人中心和退出，分别设置 command 属性，并赋值为 userCenter 和 loginout。<el-dropdown>标记设置触发器为 click，侦听 command 事件，并调用 handleCommand() 方法（第 40～53 行），根据参数 command 的值执行相应的命令。如果值为 loginout，则删除 sessionStorage 中存储的所有变量，并强制切换路由至/login；如果值为 userCenter，则切换路由至/userCenter。头部组件页面效果如图 11-29 所示。

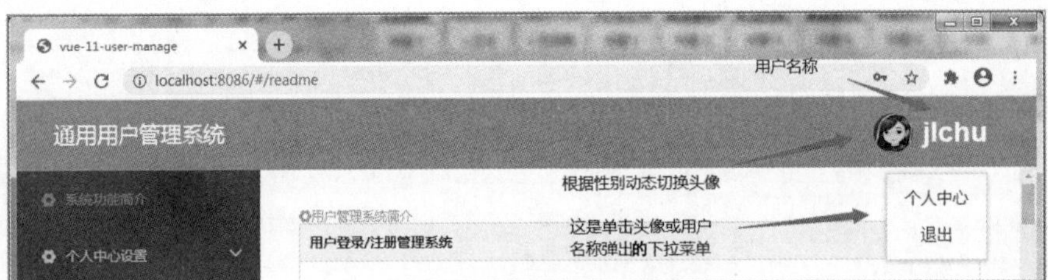

图 11-29　头部组件页面效果

3）左侧边导航组件文件 Sidebar.vue

```
<!-- 左侧边导航组件 Sidebar.vue -->
<template>
  <div class="sidebar">
    <el-menu :default-active="onRoutes" class="el-menu-vertical-demo" theme=
    "dark" unique-opened router>
      <template v-for="item in items">
        <template v-if="item.subs">
          <el-submenu :index="item.index">
            <template slot="title"><i :class="item.icon"></i>{{ item.title }}
            </template>
            <el-menu-item v-for="(subItem,i) in item.subs" :key="i" :index=
            "subItem.index">{{ subItem.title }}
            </el-menu-item>
          </el-submenu>
        </template>
        <template v-else>
          <el-menu-item :index="item.index">
            <i :class="item.icon"></i>{{ item.title }}
          </el-menu-item>
        </template>
      </template>
    </el-menu>
  </div>
</template>
```

```
22. <script>
23.   export default {
24.     data() {
25.       return {
26.         items: [{
27.             icon: 'el-icon-setting',
28.             index: 'readme',
29.             title: '系统功能简介'
30.           },
31.           {
32.             icon: 'el-icon-setting',
33.             index: 'userCenter',
34.             title: '个人中心设置',
35.             subs: [{
36.                 index: 'userCenter',
37.                 title: '查看个人信息'
38.               },
39.               {
40.                 index: 'modifyUser',
41.                 title: '修改个人信息'
42.               },
43.               {
44.                 index: 'modifyPassword',
45.                 title: '修改个人密码'
46.               },
47.             ]
48.           }
49.         ]
50.       }
51.     },
52.     computed: {
53.       onRoutes() {
54.         return this.$route.path.replace('/', '');
55.       }
56.     }
57.   }
58. </script>
59. <style scoped>
60.   .sidebar {
61.     display: block;position: absolute;width: 250px;left: 0;
62.     top: 70px;bottom: 0;background: #2E363F;
63.   }
64.   .sidebar>ul {height: 100%;}
65. </style>
```

上述代码中，第 3～20 行在 div 中定义 el-menu 导航菜单。默认是垂直菜单，通过 mode 属性可以使导航菜单变更为水平模式。其中，第 4 行定义 el-menu 的若干属性，设置 theme 为 dark，设置 default-active（当前激活菜单的 index）为 onRoutes（此为计算属性，切换路由至/）；设置 unique-opened 属性为只保持一个子菜单的展开，设置 router 表示使用 Vue-Router；第 5～18 行通过<template>标记循环遍历 items 中的每个菜单项，根据 item.subs 决定是否加载子菜单。在菜单中 el-submenu 组件可以生成二级菜单。每个菜单包括 icon、index、title 和 subs 等属性，icon 决定显示图标；index 定义路由；title 定义菜单标题；subs 定义下级子菜单，子菜单结构同父菜单类似。

4）登录文件 Login.vue

Login.vue 主要通过 Element UI 表单组件 el-form 中的输入框组件、按钮组件和自定义验证组件 Identify.vue（name 为 SIdentify）完成用户登录。当单击“登录”按钮时，执行 submitForm('ruleForm') 完成表单验证，通过调用 API 完成已注册用户的验证。用户登录界面效果如图 11-30 所示。登录成功后进入系统首页，如图 11-31 所示。

图 11-30　用户登录界面

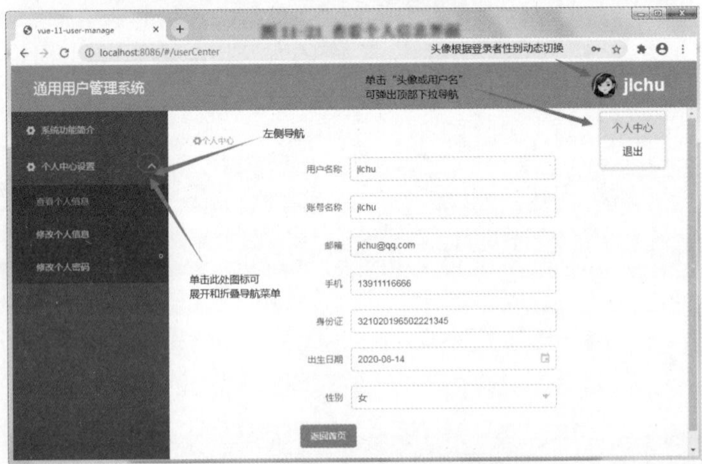

图 11-31　用户登录成功后进入首页

```
<!-- 登录文件 Login.vue -->
<template>
    <div class="login-wrap">
        <div class="ms-title">用户登录管理系统</div>
        <div class="ms-login">
            <el-form :model="ruleForm" :rules="rules" ref="ruleForm" label-width="0px" class="demo-ruleForm">
                <div v-if="errorInfo">
                    <span>{{errInfo}}</span>
                </div>
                <el-form-item prop="name">
                    <el-input v-model="ruleForm.name" placeholder="账号"></el-input>
                </el-form-item>
                <el-form-item prop="password">
                    <el-input type="password" placeholder="密码" v-model="ruleForm.password" @keyup.enter.native="submitForm('ruleForm')"></el-input>
                </el-form-item>
                <el-form-item prop="validate">
```

```
                    <el-input v-model="ruleForm.validate" class="validate-code" placeholder="验证码"></el-input>
                    <div class="code" @click="refreshCode">
                        <s-identify :identifyCode="identifyCode"></s-identify>
                    </div>
                </el-form-item>
                <div class="login-btn">
                    <el-button type="primary" @click="submitForm('ruleForm')">登录</el-button>
                </div>
                <p class="register" @click="handleCommand()">注册</p>
            </el-form>
        </div>
    </div>
</template>
<script>
    export default {
        name: 'login',
        data() {
            return {
                identifyCodes: "1234567890",
                identifyCode: "",
                errorInfo: false,
                ruleForm: {
                    name: '',
                    password: '',
                    validate: ''
                },
                rules: {
                    name: [{
                        required: true,
                        message: '请输入用户名',
                        trigger: 'blur'
                    }],
                    password: [{
                        required: true,
                        message: '请输入密码',
                        trigger: 'blur'
                    }],
                    validate: [{
                        required: true,
                        message: '请输入验证码',
                        trigger: 'blur'
                    }]
                }
            }
        },
        mounted() {
            this.identifyCode = "";
            this.makeCode(this.identifyCodes, 4);
        },
        methods: {
            submitForm(formName) {
                const self = this;
                //增加验证码验证,20200913,By chu jiu laing
                if (self.ruleForm.validate != self.identifyCode) {
                    self.errorInfo = true;
                    self.errInfo = '码验证错误';
                } else {
                    self.$refs[formName].validate((valid) => {
```

```
                    if (valid) {
                        //self.$http.post('/api/user/login', JSON.stringify
                        (self.ruleForm))
                        self.$http.post('/api/user/login', self.ruleForm)
                        //20200914
                            .then((response) => {
                                if (response.data == -1) {
                                    self.errorInfo = true;
                                    self.errInfo = '该用户不存在';
                                } else if (response.data == 0) {
                                    self.errorInfo = true;
                                    self.errInfo = '密码错误';
                                } else if (response.status == 200) {
                                    self.$router.push('/readme');
                                    //将用户名、账号、性别和用户登录信息写入会话存储中
                                    sessionStorage.setItem('ms_userId', response.
                                    data[0].account)
                                    sessionStorage.setItem('ms_username',self.
                                    ruleForm.name);
                                    //用于动态变换登录人员头像
                                    sessionStorage.setItem('user_sex', response.
                                    data[0].sex);
                                    sessionStorage.setItem('ms_user', JSON.
                                    stringify(self.ruleForm));
                                }
                            }).then((error) => {
                                console.log(error);
                            })
                    } else {
                        console.log('error submit!!');
                        return false;
                    }
                });
            }
        },
        handleCommand() {
            this.$router.push('/register');
        },
        randomNum(min, max) {
            return Math.floor(Math.random() * (max - min) + min);
        },
        refreshCode() {
            this.identifyCode = "";
            this.makeCode(this.identifyCodes, 4);
        },
        makeCode(o, l) {
            for (let i = 0; i < l; i++) {
                this.identifyCode += this.identifyCodes[
                    this.randomNum(0, this.identifyCodes.length)
                ];
            }
            console.log(this.identifyCode);
        },
    }
  }
</script>
<style scoped>
    .login-wrap {position: relative;width: 100%;height: 100%;}
    .ms-title {
        position: absolute;top: 50%;width: 100%;margin-top: -230px;
```

```
129.         text-align: center;font-size: 30px;color: #fff;}
130.     .ms-login {
131.         position: absolute;left: 50%;top: 50%;width: 300px;border-radius: 5px;
132.         height: 240px;margin: -150px 0 0 -190px;padding: 40px;background: #fff;
133.     }
134.     .ms-login span {color: red;}
135.     .login-btn {text-align: center;}
136.     .login-btn button {width: 100%;height: 36px;}
137.     .code {
138.         width: 112px;height: 35px;border: 1px solid #ccc;
139.         float: right;border-radius: 2px;
140.     }
141.     .validate-code {width: 136px;float: left;}
142.     .register {
143.         font-size: 14px;line-height: 30px;
144.         color: #999;cursor: pointer;float: right;
145.     }
146. </style>
```

上述代码中，第 5～27 行使用 Element UI 的表单组件、按钮组件和自定义验证组件设计表单。其中，第 6 行<el-form>标记通过 v-model 绑定 ruleForm，同时绑定验证规则 rules（第 43～59 行），并设置引用 ref 属性，每个<el-form-item>标记设置 prop 属性用于传值，分别是 name、password、validate；第 18～20 行在 div 中插入自定义组件 s-identify，绑定 identifyCode 属性，当单击该 div 时触发 refreshCode()方法（第 111～114 行），调用 makeCode()方法完成重新产生验证码，在组件挂载时执行钩子 mounted()（第 62～65 行）产生验证码；第 23 行定义“登录”按钮，绑定 click 事件，调用 submitForm('ruleForm')方法（第 67～103 行），所有表单域验证正确后，以 self.ruleForm 为参数，向后端服务器发起 post 请求完成登录，如果用户和密码均正确，则将 ms_userId、ms_username、user_sex、ms_user 等信息存储在 sessionStorage 中，供其他应用程序使用；第 25 行通过<p>标记绑定 click 事件，调用 handleCommand() 方法（第 104～106 行）切换路由到 /register 完成注册功能。sessionStorage 中存储的数据如图 11-32 所示。

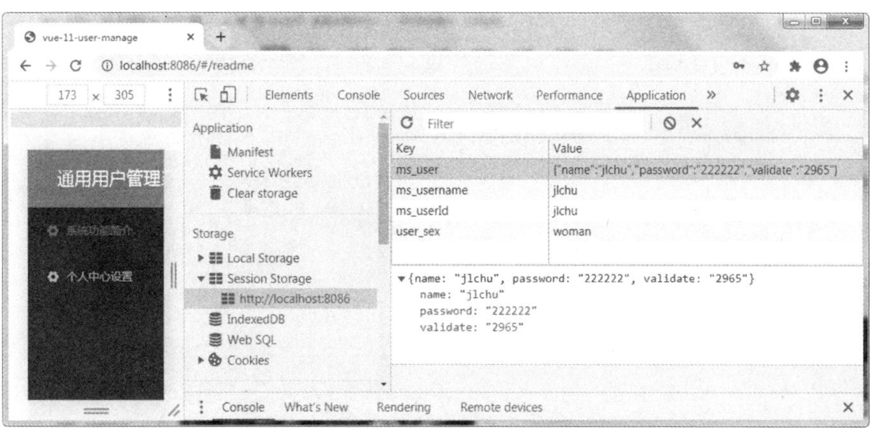

图 11-32　sessionStorage 中存储的数据

5）个人中心组件 userCenter.vue

```
<!-- 个人中心 userCenter.vue -->
<template>
  <div>
```

```
    <div class="crumbs">
      <el-breadcrumb separator="/">
        <el-breadcrumb-item><i class="el-icon-setting"></i>个人中心</el-breadcrumb-item>
      </el-breadcrumb>
    </div>
    <div class="userContent">
      <el-form ref="form" :model="form" label-width="80px">
        <el-form-item label="用户名称">
          <el-input v-model="form.name" readonly></el-input>
        </el-form-item>
        <el-form-item label="账号名称">
          <el-input v-model="form.account" readonly></el-input>
        </el-form-item>
        <el-form-item label="邮箱">
          <el-input v-model="form.email" readonly></el-input>
        </el-form-item>
        <el-form-item label="手机">
          <el-input v-model="form.phone" readonly></el-input>
        </el-form-item>
        <el-form-item label="身份证">
          <el-input v-model="form.card" readonly></el-input>
        </el-form-item>
        <el-form-item label="出生日期">
          <el-col :span="24">
            <!-- 日期选择器只读 -->
            <el-date-picker type="date" placeholder="选择日期" v-model="form.birth" style="width: 100%;" readonly></el-date-picker>
          </el-col>
        </el-form-item>
        <el-form-item label="性别">
          <!-- 性别单选按钮只读 -->
          <el-select class="select-sex" v-model="form.sex" placeholder="请选择性别" readonly>
            <el-option label="男" value="man" disabled></el-option>
            <el-option label="女" value="woman" disabled></el-option>
          </el-select>
        </el-form-item>
        <div class="login-btn">
          <el-button type="primary" @click="onCancel()">返回首页</el-button>
        </div>
      </el-form>
    </div>
  </div>
</template>
<script>
  export default {
    data() {
      return {
        form: {
          name: '',
          account: '',
          pass: '',
          checkPass: '',
          email: '',
          phone: '',
```

```
57.           card: '',
58.           birth: '',
59.           sex: ''
60.         }
61.       }
62.     },
63.     methods: {
64.       getUserData() {
65.         const self = this;
66.         //let username = sessionStorage.getItem('ms_user').name;
67.         let username = sessionStorage.getItem('ms_username');
68.         self.$http.get('/api/user/getUser', {
69.           params: {
70.             name: username
71.           }
72.         }).then(function(response) {
73.           console.log(response.data[0]);
74.           let result = response.data[0];
75.           self.form.name = result.username;
76.           self.form.account = result.account;
77.           self.form.email = result.email;
78.           self.form.phone = result.phone;
79.           self.form.card = result.card;
80.           self.form.birth = new Date(result.birth).toLocaleDateString();
81.           self.form.sex = result.sex;
82.         }).then(function(error) {
83.           console.log(error);
84.         })
85.       },
86.       onCancel() {
87.         //返回首页
88.         this.$router.push('/readme');
89.       }
90.     },
91.     mounted() {
92.       this.getUserData();
93.     }
94.   }
95. </script>
96. <style>
97.   .userContent {width: 400px;margin: 0 auto;}
98.   .select-sex {width: 320px;}
99. </style>
```

上述代码中，第 5～7 行使用 Element UI 的面包屑组件实现导航，其中 separator 属性设置分隔符，每个子项使用一对<el-breadcrumb-item>标记。第 9～43 行在<div>标记中定义了 Element UI 的 el-form 表单组件，该标记上设置 ref 属性，绑定 model 属性，然后在每个<el-form-item>标记的内嵌标记上通过 v-model 绑定表单域的值，每个表单域设置为只读。其中，第 40 行定义"返回首页"按钮，单击按钮返回至路由/readme。第 91～93 行定义钩子函数 mounted()，调用 getUserData() 方法（第 64～85 行），该方法将存储在 sessionStorage 中的 ms_username 变量作为参数，向后端服务器发起 get 请求，成功后将响应数据分别赋给 form 对象的各个属性，然后渲染到页面上。查看个人信息页面布局效果如图 11-33 所示。

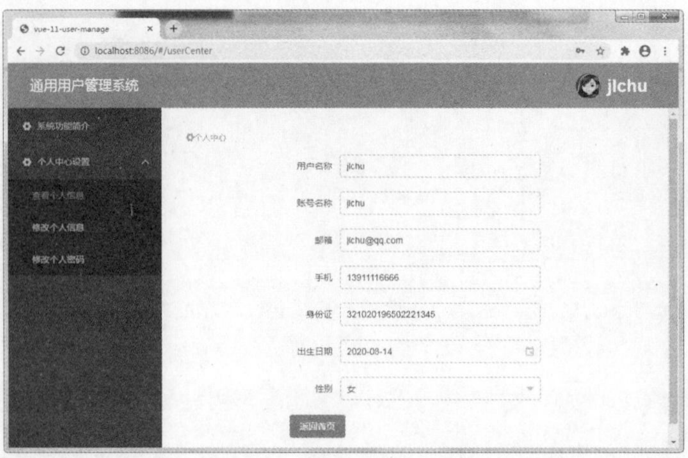

图 11-33　查看个人信息页面

6）修改个人信息组件 ModifyUser.vue

```
<!-- 修改个人信息 ModifyUser.vue -->
<template>
  <div>
    <div class="crumbs">
      <el-breadcrumb separator="/">
        <el-breadcrumb-item><i class="el-icon-edit"></i> 个人中心</el-
        breadcrumb-item>
        <el-breadcrumb-item>修改个人信息</el-breadcrumb-item>
      </el-breadcrumb>
    </div>
    <div class="userContent">
      <el-form ref="form" :model="form" :rules="rules" label-width="80px">
        <el-form-item prop="name" label="用户名称">
          <el-input v-model="form.name" disabled></el-input>
        </el-form-item>
        <el-form-item prop="account" label="账号名称">
          <el-input v-model="form.account" disabled></el-input>
        </el-form-item>
        <el-form-item prop="email" label="邮箱">
          <el-input v-model="form.email" placeholder="请输入邮箱"></el-input>
        </el-form-item>
        <el-form-item prop="phone" label="手机">
          <el-input v-model="form.phone" placeholder="请输入手机号"></el-input>
        </el-form-item>
        <el-form-item prop="card" label="身份证">
          <el-input v-model="form.card" placeholder="请输入身份证"></el-input>
        </el-form-item>
        <el-form-item prop="birth" label="出生日期">
          <el-col :span="24">
            <el-date-picker type="date" placeholder="选择日期" v-model=
            "form.birth" value-format="yyyy-MM-dd" style="width: 100%;">
            </el-date-picker>
          </el-col>
        </el-form-item>
        <el-form-item prop="sex" label="性别">
          <el-select class="select-sex" v-model="form.sex" placeholder="请选择性别">
            <el-option label="男" value="man"></el-option>
            <el-option label="女" value="woman"></el-option>
          </el-select>
        </el-form-item>
```

```
        <el-form-item>
          <el-button type="primary" @click="updateUserData('form')">确定</el-button>
          <el-button @click="onCancel()">取消</el-button>
        </el-form-item>
      </el-form>
    </div>
  </div>
</template>
<script>
  import Util from '../../utils/utils';
  export default {
    data() {
      var validateEmail = (rule, value, callback) => {
        if (value === '') {
          callback(new Error('请输入邮箱'));
        } else if (!Util.emailReg.test(this.form.email)) {
          callback(new Error('请输入正确的邮箱'));
        } else {
          callback();
        }
      };
      var validatePhone = (rule, value, callback) => {
        if (value === '') {
          callback(new Error('请输入手机号'));
        } else if (!Util.phoneReg.test(this.form.phone)) {
          callback(new Error('请输入正确的手机号'));
        } else {
          callback();
        }
      };
      var validateCard = (rule, value, callback) => {
        if (value === '') {
          callback(new Error('请输入身份证号'));
        } else if (!Util.idCardReg.test(this.form.card)) {
          callback(new Error('请输入正确的身份证号'));
        } else {
          callback();
        }
      };
      return {
        form: {
          name: '',account: '',email: '',phone: '',
          card: '',birth: '',sex: ''
        },
        rules: {
          name: [{required: true,message: '请输入用户名',trigger: 'blur'}],
          account: [{required: true,message: '请输入账号',trigger: 'blur'}],
          email: [{validator: validateEmail,trigger: 'blur'}],
          phone: [{validator: validatePhone,trigger: 'blur'}],
          card: [{validator: validateCard,trigger: 'blur'}],
          birth: [{required: true,message: '请输入出生日期',type: 'date',trigger: 
          'blur'}],
          sex: [{required: true,message: '请输入性别',trigger: 'blur'}]
        }
      }
    },
    methods: {
      getUserData() {
        const self = this;
        let username = sessionStorage.getItem('ms_username')
```

```
97.         self.$http.get('/api/user/getUser', {
98.           params: {name: username}
99.         }).then(function(response) {
100.          console.log(response.data[0])
101.          let result = response.data[0];
102.          self.form.name = result.username;
103.          self.form.account = result.account;
104.          self.form.email = result.email;
105.          self.form.phone = result.phone;
106.          self.form.card = result.card;
107.          self.form.birth = new Date(result.birth);
108.          self.form.sex = result.sex;
109.          //将用户的账号写入会话存储，20200911
110.          //sessionStorage.setItem('ms_userId', self.form.account);
111.        }).then(function(error) {
112.          console.log(error);
113.        })
114.      },
115.      updateUserData(formName) {
116.        const self = this;
117.        let formData = {
118.          //使用主键 account,20200911
119.          account: sessionStorage.getItem('ms_userId'),
120.          email: self.form.email,
121.          phone: self.form.phone,
122.          card: self.form.card,
123.          birth: self.form.birth,
124.          sex: self.form.sex
125.        };
126.        self.$refs[formName].validate((valid) => {
127.          if (valid) {
128.            self.$http.post('/api/user/updateUser', formData).then(function
              (response) {
129.              console.log(response);
130.              self.$router.push('/success');
131.            }).then(function(error) {
132.              console.log(error);
133.            })
134.          } else {
135.            console.log('error submit!!');
136.            return false;
137.          }
138.        });
139.      },
140.      onCancel() {this.$router.push('/userCenter');}
141.    },
142.    mounted() {this.getUserData();}  //初始化
143.  }
144. </script>
145. <style>
146.   .userContent {width: 400px;margin: 0 auto;}
147.   .select-sex {width: 320px;}
148. </style>
```

上述代码中，第5～8行使用Element UI的面包屑组件实现导航，其中separator属性设置分隔符，每个子项使用一对<el-breadcrumb-item>标记。第10～43行在<div>标记中定义了Element UI的el-form表单组件，该标记上设置ref属性，绑定model、rules等属性，并在<el-form-item>标记上设置prop属性传值（name、account、email、phone、card、birth、sex）。

其中，第 39 行定义“确定”按钮，单击按钮执行 updateUserData(‘form’) 方法（第 115～139 行），完成表单 formData 数据封装（第 118～126 行）、验证表单中输入的所有信息，正确后执行第 127 行代码，以 formData 为参数，向后端服务器发起 post 请求，完成 updateUser 操作，请求正确响应后切换路由到/success，不正确则输出错误信息，修改失败后输出“error submit!!”；第 40 行定义“取消”按钮，执行第 140 行代码，切换路由到/userCenter。第 94～114 行定义 getUserData() 方法，通过 sessionStorage 中存储的 ms_username 变量，向后端服务器发起 get 请求，从数据库中获取此条用户的信息。修改个人信息页面布局效果如图 11-34 所示。

图 11-34 修改个人信息页面

7）修改密码组件 ModifyPassword.vue

```
<!-- 修改密码 ModifyPassword.vue -->
<template>
  <div>
    <div class="crumbs">
      <el-breadcrumb separator="/">
        <el-breadcrumb-item><i class="el-icon-edit"></i> 个人中心</el-breadcrumb-item>
        <el-breadcrumb-item>修改个人密码</el-breadcrumb-item>
      </el-breadcrumb>
    </div>
    <div class="userContent">
      <el-form ref="form" :model="form" :rules="rules" label-width="80px">
        <el-form-item prop="pass" label="新密码">
          <el-input v-model="form.pass" type="password" placeholder="请输入新密码"></el-input>
        </el-form-item>
        <el-form-item prop="checkPass" label="确认密码">
          <el-input v-model="form.checkPass" type="password" placeholder="请再次输入新密码"></el-input>
        </el-form-item>
        <el-form-item>
          <el-button type="primary" @click="onSubmit('form')">确定</el-button>
          <el-button @click="onCancel()">取消</el-button>
        </el-form-item>
      </el-form>
    </div>
```

```
  </div>
</template>
<script>
  export default {
    data() {
      var validatePass = (rule, value, callback) => {
        if (value === '') {
          callback(new Error('请输入密码'));
        } else {
          if (this.form.checkPass !== '') {
            this.$refs.form.validateField('checkPass');
          }
          callback();
        }
      };
      var validatePass2 = (rule, value, callback) => {
        if (value === '') {
          callback(new Error('请再次输入密码'));
        } else if (value !== this.form.pass) {
          callback(new Error('两次输入的密码不一致'));
        } else {
          callback();
        }
      };
      return {
        form: {pass: '',checkPass: ''},
        rules: {
          pass: [{validator: validatePass,trigger: 'blur'}],
          checkPass: [{validator: validatePass2,trigger: 'blur'}]
        }
      }
    },
    methods: {
      onSubmit(formName) {
        const self = this;
        let formData = {
          account: sessionStorage.getItem('ms_userId'), //20200911
          pass: self.form.pass,
          checkPass: self.form.checkPass
        };
        self.$refs[formName].validate((valid) => {
          if (valid) {
            self.$http.post('/api/user/modifyPassword', formData).then(function
            (response) {
              console.log(response);
              self.$router.push('/login');
            }).then(function(error) {
              console.log(error);
            })
          } else {
            console.log('error submit!!');
            return false;
          }
        });
      },
      onCancel() {
        this.$router.push('/userCenter');
      }
    }
  }
```

```
83. </script>
84. <style>
85.   .userContent {width: 400px;margin: 0 auto;}
86. </style>
```

上述代码中，第 5～8 行使用 Element UI 的面包屑组件实现导航，其中 separator 属性设置分隔符，每个子项使用一对<el-breadcrumb-item>标记。第 10～23 行在<div>标记中定义了 Element UI 的 el-form 表单组件，该标记上设置 ref 属性，绑定 model、rules 等属性，并在<el-form-item>标记上设置 prop 属性传值（pass、checkPass）。其中，第 19 行定义“确定”按钮，单击按钮执行 onSubmit(‘form’) 方法（第 57～77 行），完成表单 formData 数据封装（第 59～63 行）、验证表单中输入的密码和确认密码，正确则向后端服务器发起 post 请求，请求响应正确后切换路由到/login，不正确则输出错误信息，修改失败后输出“error submit!!”。修改密码页面布局效果如图 11-35 所示。

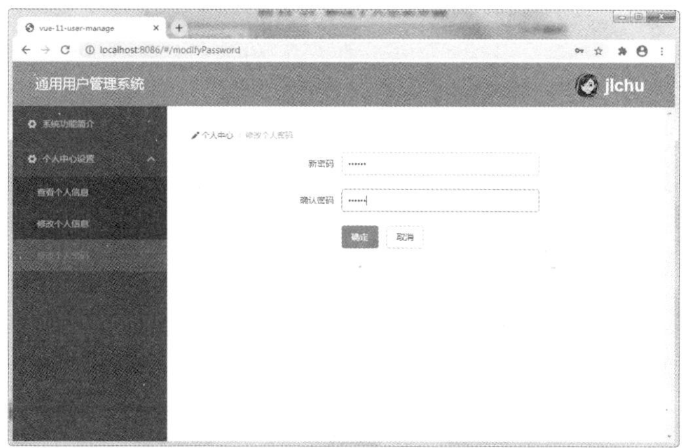

图 11-35　修改个人密码页面

8）注册组件文件 Register.vue

```
<!-- 注册组件 Register.vue -->
<template>
  <div>
    <div class="crumbs crumbs-register">
      <el-breadcrumb separator="/" class="register-title">
        <el-breadcrumb-item><i class="el-icon-setting"></i>注册</el-breadcrumb-item>
      </el-breadcrumb>
    </div>
    <div class="userContent">
      <el-form ref="form" :model="form" :rules="rules" label-width="80px">
        <el-form-item prop="name" label="用户名称">
          <el-input v-model="form.name" placeholder="请输入用户名称"></el-input>
        </el-form-item>
        <el-form-item prop="account" label="账号名称">
          <el-input v-model="form.account" placeholder="请输入账号"></el-input>
        </el-form-item>
        <el-form-item prop="pass" label="密码">
          <el-input v-model="form.pass" type="password" placeholder="请输入密码"></el-input>
        </el-form-item>
        <el-form-item prop="checkPass" label="确认密码">
          <el-input v-model="form.checkPass" type="password" placeholder="请
```

```
            再次输入密码"></el-input>
        </el-form-item>
        <el-form-item prop="email" label="邮箱">
          <el-input v-model="form.email" placeholder="请输入邮箱"></el-input>
        </el-form-item>
        <el-form-item prop="phone" label="手机">
          <el-input v-model="form.phone" placeholder="请输入手机号"></el-input>
        </el-form-item>
        <el-form-item prop="card" label="身份证">
          <el-input v-model="form.card" placeholder="请输入身份证号"></el-input>
        </el-form-item>
        <el-form-item prop="birth" label="出生日期">
          <el-col :span="24">
            <el-date-picker type="date" placeholder="选择日期" v-model="form.birth"
            value-format="yyyy-MM-dd" style="width: 100%;"></el-date-picker>
          </el-col>
        </el-form-item>
        <el-form-item prop="sex" label="性别">
          <el-select class="select-sex" v-model="form.sex" placeholder="
          请选择性别">
            <el-option label="男" value="man"></el-option>
            <el-option label="女" value="woman"></el-option>
          </el-select>
        </el-form-item>
        <el-form-item>
          <el-button type="primary" @click="onSubmit('form')">确定</el-button>
          <el-button @click="onCancel()">取消</el-button>
        </el-form-item>
      </el-form>
    </div>
  </div>
</template>
<script>
  import Util from '../../utils/utils';
  export default {
    data() {
      //自定义校验规则，20200913
      var validatePass = (rule, value, callback) => {
        if (value === '') {
          callback(new Error('请输入密码'));
        } else {
          if (this.form.checkPass !== '') {
            this.$refs.form.validateField('checkPass');
          }
          callback();
        }
      };
      var validatePass2 = (rule, value, callback) => {
        if (value === '') {
          callback(new Error('请再次输入密码'));
        } else if (value !== this.form.pass) {
          callback(new Error('两次输入的密码不一致'));
        } else {
          callback();
        }
      };
      var validateEmail = (rule, value, callback) => {
        if (value === '') {
          callback(new Error('请输入邮箱'));
        } else if (!Util.emailReg.test(this.form.email)) {
```

```
        callback(new Error('请输入正确的邮箱'));
      } else {
        callback();
      }
    };
    var validatePhone = (rule, value, callback) => {
      if (value === '') {
        callback(new Error('请输入手机号'));
      } else if (!Util.phoneReg.test(this.form.phone)) {
        callback(new Error('请输入正确的手机号'));
      } else {
        callback();
      }
    };
    var validateCard = (rule, value, callback) => {
      if (value === '') {
        callback(new Error('请输入身份证号'));
      } else if (!Util.idCardReg.test(this.form.card)) {
        callback(new Error('请输入正确的身份证号'));
      } else {
        callback();
      }
    };
    return {
      form: {
        name: '',account: '',pass: '',checkPass: '',email: '',
        phone: '',card: '',birth: '',sex: '',
      },
      rules: {
        name: [{required: true,message: '请输入用户名',trigger: 'blur'}],
        account: [{required: true,message: '请输入账号',trigger: 'blur'}],
        pass: [{validator: validatePass,trigger: 'blur'}],
        checkPass: [{validator: validatePass2,trigger: 'blur'}],
        email: [{validator: validateEmail,trigger: 'blur'}],
        phone: [{validator: validatePhone,trigger: 'blur'}],
        card: [{validator: validateCard,trigger: 'blur'}],
        birth: [{required: true,message: '请输入出生日期',type: 'date',trigger:
        'blur'}],
        sex: [{required: true,message: '请输入性别',trigger: 'blur'}]
      }
    }
  },
  methods: {
    onSubmit(formName) {
      const self = this;
      self.$refs[formName].validate((valid) => {
        if (valid) {
          self.$http.post('/api/user/addUser', self.form).then(function(response) {
            console.log(response);
            self.$router.push('/register-success');
          }).then(function(error) {
            console.log(error);
          })
        } else {
          console.log('error submit!!');
          return false;
        }
      });
    },
    onCancel() {
```

```
138.        this.$router.push('/login');
139.      },
140.      getDateTimes(str) {
141.        var str = new Date(str);
142.        return str;
143.      }
144.    }
145.  }
146. </script>
147. <style>
148.   .crumbs-register {background-color: #324157;height: 50px;line-height: 50px;}
149.   .register-title {line-height: 50px;margin: 0 auto;width: 50px;font-size: 16px;}
150.   .userContent {width: 400px;margin: 0 auto;}
151.   .select-sex {width: 320px;}
152. </style>
```

上述代码中，第 5～7 行使用 Element UI 的面包屑组件实现导航，其中，separator 属性设置分隔符，每个子项使用一对<el-breadcrumb-item>标记。第 9～48 行在 div 中使用 Element UI 的 el-form 表单组件、el-form-item 表单项目组件及元素组件定义注册的各项信息，注册信息分别为用户姓名、账号名称、密码、确认密码、邮箱、手机、身份证、出生日期和性别等。其中，第 44 行定义“确定”按钮，类型为 primary，单击按钮时执行 onSubmit('form') 方法（第 121～136 行）；第 45 行定义“取消”按钮，执行 onCancel() 方法（第 137 行），直接切换路由到/login。第 123 行使用 ElementUI 的自定义验证规则 self.$refs[formName].validate() 进行验证时，前提条件是<el-form>标记上必须绑定 rules 和 v-model 绑定 form，并设置引用 ref 属性，然后每个<el-form-item>标记必须设置 prop 属性设置传值，才能实现整个表单各个表单域的有效验证。第 125 行在验证通过后向后端服务器发起 post 请求，完成用户插入操作，成功则路由跳转到/register-success，失败则输出错误信息。用户注册页面布局效果如图 11-36 所示。

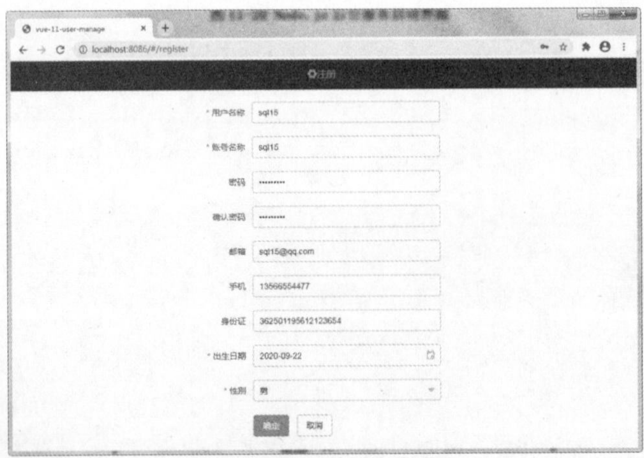

图 11-36　用户注册页面

9）注册成功组件文件 RegisterSuccess.vue

```
<template>
  <div>
    <div class="crumbs crumbs-register">
      <el-breadcrumb separator="/" class="register-title">
        <el-breadcrumb-item><i class="el-icon-setting"></i>注册成功</el-
        breadcrumb-item>
```

```
6.        </el-breadcrumb>
7.      </div>
8.      <div class="userContent">
9.        <div class="eidt-success">
10.         <div class="show-success">
11.           <i class="el-icon-check"></i>  <span>恭喜您，注册成功</span>
12.         </div>
13.         <div class="click-login">
14.           <a href="#" @click="handleCommand()">跳转登录</a>
15.         </div>
16.       </div>
17.     </div>
18.   </div>
19. </template>
20. <script>
21.   export default {
22.     data() {
23.       return {
24.         form: {}
25.       }
26.     },
27.     methods: {
28.       handleCommand() {
29.         this.$router.push('/login');
30.       }
31.     }
32.   }
33. </script>
34. <style>
35.   .crumbs {margin-bottom: 0;}
36.   .crumbs-register {background-color: #324157;height: 50px;line-height: 50px;}
37.   .register-title {
38.     line-height: 50px;margin: 0 auto;width: 100px;font-size: 16px;
39.   }
40.   .userContent {
41.     width: 100%;margin: 0 auto;height: 500px;background-size: cover;
42.     background-image: url('../../../static/img/success.jpg');
43.   }
44.   .select-sex {width: 320px;}
45.   .eidt-success {width: 400px;margin: 0 auto;position: relative;}
46.   .eidt-success .show-success {position: absolute;margin-left: -190px;left: 50%;}
47.   .click-login {
48.     font-size: 40px;position: absolute;
49.     margin-left: -40px;left: 50%;top: 61px;
50.   }
51.   .eidt-success i {color: #67C23A;}
52.   .eidt-success i,
53.   .eidt-success span {font-size: 40px;font-family: Microsoft YaHei;}
54. </style>
```

上述代码中，第 4～6 行使用 Element UI 的面包屑组件实现导航，其中，separator 属性设置分隔符，每个子项使用一对<el-breadcrumb-item>标记。第 13～15 行在 div 中定义“跳转登录”超链接，单击超链接时执行 handleCommand() 方法（第 28～30 行），路由转至登录组件/login，页面效果如图 11-37 所示。

图 11-37　注册成功跳转登录页面

10）成功组件文件 Success.vue

```
1.  <template>
2.    <div class="main-content">
3.      <div class="crumbs">
4.        <el-breadcrumb separator="/">
5.          <el-breadcrumb-item><i class="el-icon-menu"></i>  修改成功
            </el-breadcrumb-item>
6.        </el-breadcrumb>
7.      </div>
8.      <div class="eidt-success">
9.        <div> <i class="el-icon-check"></i>  <span>恭喜您，修改成功
          </span> </div>
10.     </div>
11.   </div>
12. </template>
13. <script>
14.   export default {
15.     data() {
16.       return {
17.         form: {}
18.       }
19.     }
20.   }
21. </script>
22. <style>
23.   .main-content {
24.     background-image: url('../../../static/img/success.jpg');
25.     background-size: cover;height: 100%;
26.   }
27.   .eidt-success {width: 400px;margin: 0 auto;position: relative;}
28.   .eidt-success div {position: absolute;margin-left: -190px;left: 50%;}
29.   .eidt-success i {color: #67C23A;}
30.   .eidt-success i,
31.   .eidt-success span {font-size: 40px;font-family: Microsoft YaHei;}
32. </style>
```

上述代码中，第 4～6 行使用 Element UI 的面包屑组件实现导航。其中，separator 属性设置分隔符，每个子项使用一对<el-breadcrumb-item>标记。

11）系统简介组件文件 Readme.vue

```
<!-- 系统简介组件 Readme.vue -->
<template>
  <div>
    <div class="crumbs">
      <el-breadcrumb separator="/">
        <el-breadcrumb-item><i class="el-icon-setting"></i>用户管理系统简介
        </el-breadcrumb-item>
      </el-breadcrumb>
```

```
    </div>
    <div class="ms-doc">
      <h3>用户登录/注册管理系统</h3>
      <article>
        <h1>User Login & Register Manage System</h1>
        <ul>
          <li><p>前端技术栈：Vue.js 2.x、Vue-Router、Element UI、webpack。</p></li>
          <li><p>后端技术栈：Node.js、Express 框架、HTTP 库 axios。</p></li>
          <li><p>数据库及管理工具：MySQL、Navicat for MySQL。</p></li>
        </ul>
        <h2>前言</h2>
        <ul>
          <li>
            <p>用了 Vue、Element 组件库设计登录、注册管理系统，包括注册、登录、个人中心
            等 3 个功能模块。</p>
          </li>
          <li>
            <p>该系统是一套多功能的简易后台框架模板，适用于绝大部分的后台管理系统（Web
            Management System）开发。基于 Vue.js，使用 Vue-cli 脚手架快速生成项目目录，
            引用 Element UI 组件库，方便开发快速简洁好看的组件。分离颜色样式，支持手动切
            换主题色，而且很方便使用自定义主题色。通过 Node.js 和 Express 框架作为后台服
            务系统，完成 API 请求与响应的处理工作。通过 MySQL 存储数据，主要是用户注册和登
            录信息。
          </p>
          </li>
          <li>
            <p>使用 WebStorage（sessionStorage）存储会话信息，如用户名、用户信息等。</p>
          </li>
        </ul>
        <h2>功能</h2>
        <el-checkbox disabled checked>Element UI</el-checkbox><br>
        <el-checkbox disabled checked>登录/注销</el-checkbox><br>
        <el-checkbox disabled checked>查看个人信息</el-checkbox><br>
        <el-checkbox disabled checked>修改个人信息</el-checkbox><br>
        <el-checkbox disabled checked>修改个人密码</el-checkbox><br>
        <h2>安装步骤</h2>
        <p>cd projectName //projectName 为项目文件名，进入项目目录</p>
        <p>npm install //安装项目依赖，等待安装完成</p>
        <h2>本地开发</h2>
        <p>//开启前端服务，浏览器访问 http://localhost:8086</p>
        <p>npm run dev</p>
        <p>//开启后端服务</p>
        <p>cd projectName\service</p>
        <p>node app</p>
        <h2>设置代理与跨域</h2>
        <p>vue-cli 的 config 文件中有一个 proxyTable 参数，用来设置地址映射表，可以添加
        到开发时配置（dev）中</p>
        <pre>
           dev: {
             //...
             proxyTable: {
               '/api': {
                 target: 'http://127.0.0.1:3000/api/',
                 changeOrigin: true,
                 pathRewrite: { '^/api': '' }
               }
             },
             //...
           }
        </pre>
```

```
61.         <p>即请求/api 时就代表 http://127.0.0.1:3000/api/(这里要写 IP, 不要写 localhost),
            changeOrigin 参数接收一个布尔值, 如果为 true, 这样就不会有跨域问题了。</p>
62.         <h2>项目目录结构</h2>
63.         <div>
64.           <img src="../../../static/img/tree.png" alt="">
65.         </div>
66.       </article>
67.     </div>
68.   </div>
69. </template>
70. <script>
71.   export default {
72.     data: function() {return {}}
73.   }
74. </script>
75. <style scoped>
76.   .ms-doc {
77.     width: 100%;max-width: 980px;
78.     font-family: -apple-system, BlinkMacSystemFont, "Segoe UI", Helvetica,
        Arial, sans-serif;
79.   }
80.   .ms-doc h3 {
81.     padding: 9px 10px 10px;margin: 0;font-size: 14px;
82.     line-height: 17px;background-color: #f5f5f5;
83.     border: 1px solid #d8d8d8;border-bottom: 0;border-radius: 3px 3px 0 0;
84.   }
85.   .ms-doc article {
86.     padding: 45px;word-wrap: break-word;background-color: #fff;
87.     border: 1px solid #ddd;border-bottom-right-radius: 3px;
88.     border-bottom-left-radius: 3px;
89.   }
90.   .ms-doc article h1 {
91.     font-size: 32px;padding-bottom: 10px;
92.     margin-bottom: 15px;border-bottom: 1px solid #ddd;
93.   }
94.   .ms-doc article h2 {
95.     margin: 24px 0 16px;font-weight: 600;line-height: 1.25;
96.     padding-bottom: 7px;font-size: 24px;border-bottom: 1px solid #eee;
97.   }
98.   .ms-doc article p {margin-bottom: 15px;line-height: 1.5;}
99.   .ms-doc article .el-checkbox {margin-bottom: 5px;}
100. </style>
```

上述代码中，第 5～7 行使用 Element UI 的面包屑组件实现导航。其中，separator 属性设置分隔符，每个子项使用一对<el-breadcrumb-item>标记。页面布局效果如图 11-38 所示。

图 11-38　登录成功后首页-系统简介页面

12）验证码文件 Identify.vue

```
<!-- 验证码文件 Identify.vue -->
<template>
  <div class="s-canvas">
    <canvas id="s-canvas" :width="contentWidth" :height="contentHeight"></canvas>
  </div>
</template>
<script>
  export default {
    name: 'SIdentify',
    props: {
      identifyCode: {type: String,default: '1234'},
      fontSizeMin: {type: Number,default: 20},
      fontSizeMax: {type: Number,default: 40},
      backgroundColorMin: {type: Number,default: 180},
      backgroundColorMax: {type: Number,default: 240},
      colorMin: {type: Number,default: 50},
      colorMax: {type: Number,default: 160},
      lineColorMin: {type: Number,default: 40},
      lineColorMax: {type: Number,default: 180},
      dotColorMin: {type: Number,default: 0},
      dotColorMax: {type: Number,default: 255},
      contentWidth: {type: Number,default: 112},
      contentHeight: {type: Number,default: 38}
    },
    methods: {
      //生成一个随机数
      randomNum(min, max) {
        return Math.floor(Math.random() * (max - min) + min)
      },
      //生成一个随机的颜色
      randomColor(min, max) {
        let r = this.randomNum(min, max)
        let g = this.randomNum(min, max)
        let b = this.randomNum(min, max)
        return 'rgb(' + r + ',' + g + ',' + b + ')'
      },
      //验证码背景绘制
      drawPic() {
        let canvas = document.getElementById('s-canvas')
        let ctx = canvas.getContext('2d')
        ctx.textBaseline = 'bottom'
        //绘制背景
        ctx.fillStyle = this.randomColor(this.backgroundColorMin, this.
        backgroundColorMax)
        ctx.fillRect(0, 0, this.contentWidth, this.contentHeight)
        //绘制文字
        for (let i = 0; i < this.identifyCode.length; i++) {
          this.drawText(ctx, this.identifyCode[i], i)
        }
        //this.drawLine(ctx)
        //this.drawDot(ctx)
      },
      drawText(ctx, txt, i) {
        ctx.fillStyle = this.randomColor(this.colorMin, this.colorMax)
        ctx.font = this.randomNum(this.fontSizeMin, this.fontSizeMax) + 'px SimHei'
        let x = (i + 1) * (this.contentWidth / (this.identifyCode.length + 1))
        let y = this.randomNum(this.fontSizeMax, this.contentHeight - 9)
        var deg = this.randomNum(-45, 45)
```

```
58.         //修改坐标原点和旋转角度
59.         ctx.translate(x, y)
60.         ctx.rotate(deg * Math.PI / 180)
61.         ctx.fillText(txt, 0, 0)
62.         //恢复坐标原点和旋转角度
63.         ctx.rotate(-deg * Math.PI / 180)
64.         ctx.translate(-x, -y)
65.       },
66.       drawLine(ctx) {
67.         //绘制干扰线
68.         for (let i = 0; i < 8; i++) {
69.           ctx.strokeStyle = this.randomColor(this.lineColorMin, this.lineColorMax)
70.           ctx.beginPath()
71.           ctx.moveTo(this.randomNum(0, this.contentWidth), this.randomNum(0, this.contentHeight))
72.           ctx.lineTo(this.randomNum(0, this.contentWidth), this.randomNum(0, this.contentHeight))
73.           ctx.stroke()
74.         }
75.       },
76.       drawDot(ctx) {
77.         //绘制干扰点
78.         for (let i = 0; i < 100; i++) {
79.           ctx.fillStyle = this.randomColor(0, 255)
80.           ctx.beginPath()
81.           ctx.arc(this.randomNum(0, this.contentWidth), this.randomNum(0, this.contentHeight), 1, 0, 2 * Math.PI)
82.           ctx.fill()
83.         }
84.       }
85.     },
86.     watch: {
87.       identifyCode() {this.drawPic()}
88.     },
89.     mounted() {this.drawPic()}
90.   }
91. </script>
```

上述代码中，第 3～5 行定义验证码产生的 div 区域。第 8～91 行定义组件并暴露名称为 SIdentify。其中，第 10～24 行定义传递的参数；第 25～85 行定义 methods，分别定义 randomNum(min,max) 方法（产生[min,max]之间的随机数）、randomColor(min,max) 方法（产生随机颜色，值如 rgb(r,g,b)）、drawPic() 方法（绘制图形）、drawText(ctx,txt,i) 方法（绘制文字）、drawLine(ctx) 方法（绘制背景干扰线条）、drawDot(ctx) 方法（绘制干扰点）；第 86～88 行定义侦听 identifyCode() 方法（调用绘制图形）；第 89 行定义钩子函数，挂载时调用 drawPic() 方法绘制图形。验证码生成页面效果如图 11-39 所示。

图 11-39　验证码生成页面

本章小结

本章主要介绍了友联通讯录和通用登录/注册管理系统两个综合实战案例。其中，友联通讯录是一个完整的 Vue 前端项目，主要介绍了采用 Vue、Vue-Router、webpack、WebStorage 等技术栈实现一个通讯录的基础功能。通用登录/注册管理系统是一个 Vue 前后端分离的项目，前端主要采用 Vue、Vue-Router、WebStorage、webpack、Element UI 等技术，后端主要采用 Node.js 和 Express、axios，数据库采用 MySQL。虽然项目基本功能不复杂，但采用的技术还是较为复杂的，在实现上有一定的难度。通过对两个项目完整的学习与训练，能够帮助和指导用户和读者去尝试开发一个类似的小型项目，解决实际问题中一些小规模的业务的应用需要。

练习 11

1. 填空题

（1）Element UI 中的面包屑使用____________标记实现导航，使用____________属性作为分隔符，使用____________标记表示从首页开始的每一级。

（2）Express 框架中，post 请求参数可以通过 req.___________获取参数，get 请求参数则通过 req.___________或 req.____________来获取。

（3）sessionStorage 中保存数据使用 sessionStorage.______________方法，删除数据使用 sessionStorage._____________方法。

2. 简答题

（1）如何搭建 Vue+Express+axios+MySQL 前后端分离项目的开发环境？

（2）如何将 axios.get()/axios.post() 请求改为 this.$http.get()/this.$http.post() 请求？

实训 11

1. Vue.js 高级应用实训——友联通讯录

自己动手，完成友联通讯录的所有功能实训练习。并尝试对友联通讯录主页面 addressBook.vue 文件进行修改，使用 Element UI 中 Pagination 分页组件实现通讯录记录按设定的“行/页”格式显示。

2. Vue.js 高级应用实训——通用登录/注册管理系统

熟悉 Vue 前后端分离项目的开发流程，自己动手，完成通用登录/注册管理系统的所有功能实训练习，并在 login 数据库中增加一个数据表 books，设置 bookno（字符，13 位）、bookname（字符，50 位）、pubpress（字符，30 位）、bookdate（日期，如 2020-09-21）、price（浮点数、价格）、count（整数，库存）等字段。参照 user 表，编写图书操作的 CRUD 的 sqlMap.js 文件和 bookApi.js，并在左侧导航中增加相应的图书操作的菜单，编写相对应的 Vue 组件。

第 12 章

Vue 3.0 基础应用

本章学习目标

通过本章的学习，读者和用户可以在掌握 Vue 2.x 应用的基础上，加深对 Vue 3.0 新特性的理解。特别是搞清楚 Composition API 与 Options API 的区别，学会使用 Vue 3.0 创建工程项目，在项目中逐步使用 Vue 3.0 新特性解决实际工程中的各种应用问题。

Web 前端开发工程师应知应会以下内容。

- 学会使用 createApp() 函数创建实例对象。
- 学会使用 ref() 和 reactive() 函数创建响应式对象。
- 学会使用 toRefs 将响应式对象转换为普通对象。
- 学会使用 computed、watch 和 watchEffect 定义和侦听响应式数据。
- 学会使用 ref 引用 DOM 元素和组件实例。
- 学会使用 Vue 3.0 中集成的 Vuex 和 Vue Router 开发项目。
- 学会使用 Vue 3.0 中的 provide 和 inject 解决数据共享问题。
- 学会使用其他 Vue 3.0 新特性。

12.1 Vue 3.0 新特性

Vue 官方团队于 2020 年 9 月 18 日发布了 Vue 3.0，代号为 One Piece。官方首页（https://github.com/vuejs/vue-next/releases/tag/v3.0.0）如图 12-1 所示。

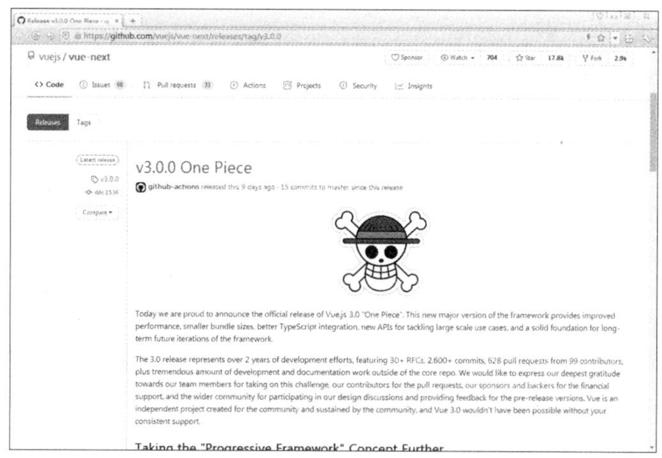

图 12-1　Vue 3.0 官方首页

12.1.1　新特性简介

新版本提供了改进的性能、更小的捆绑包大小、更好的 TypeScript 集成、用于处理大规模用例的新 API，以及为框架的长期未来迭代奠定了坚实的基础。

1. 进一步推进“渐进框架”概念

Vue 一开始就秉承这样的原则：成为任何人都能快速学习且平易近人的框架。当然，Vue 3.0 将这种灵活性进一步提升。

2. 分层内部模块

Vue 3.0 的内核仍然可以通过一个简单的<script>标记使用，但其内部结构已被彻底重写为一组解耦的模块。新的体系结构提供了更好的可维护性，并允许最终用户通过 tree-shaking（摇树）减少运行时的体积（近 50%）。

3. 解决规模问题的新 API

Vue 3.0 引入了 Composition API（组合式 API）这样一套全新的 API，旨在解决大型应用程序中 Vue 使用的难点。Composition API 建立在响应式 API 之上，与 Vue 2.x 基于对象的 API 方式相比，可实现类似于 React Hook 的逻辑组成和复用，拥有更灵活的代码组织模式以及更可靠的类型推断能力。

4. 性能改进

与 Vue 2.x 相比，Vue 3.0 中通过 tree-shaking 可将 bundle 包减小高达 41%的体积，初始渲染速度加快了 55%，更新速度提升了 133%，内存使用率方面表现出了显著的性能改进，最多可降低 54%。

在 Vue 3.0 中采取了“编译信息虚拟 DOM”的方式。此方式针对模板编译器进行了优化，并生成渲染函数代码，以提升静态内容的渲染性能，为绑定类型留下运行时提示。最重要的是，模板内部的动态节点进行了扁平化处理，以减少运行时遍历的开销。因此，用户可以获得两全其美的效果，从模板中获得编译器优化后的性能，或在需要时通过手动渲染函数直接控制。

5. 改进与 TypeScript 的兼容

Vue 3.0 的代码库是用 TypeScript 编写的，具有自动生成、测试并构建类型声明。同时，Vue 3.0 已全面支持 TSX。

6. 迁移与 IE 11 的支持

由于时间限制，项目团队推迟了迁移构建（Vue 3.0 兼容 Vue 2.x 的构建，以及迁移警告）和兼容 IE 11 的计划，并于 2020 年第 4 季度集中进行。因此，计划迁移现有 Vue 2.x 应用或需要兼容 IE 11 的用户，目前应注意限制。

12.1.2 下一阶段工作

发布后的一段时间内，将重点关注以下几方面。

（1）迁移构建；

（2）支持 IE 11；

（3）Router 以及 Vuex 与 devtools 的集成；

（4）对 Vetur（VS Code 的 Vue 插件）中模板类型推断的进一步改进。

目前，Vue 3.0 及其相关子项目的文档站、GitHub 分支以及 npm 的 dist 标签都将保持在 next 状态。这意味着 npm install vue 命令仍会安装 2.x 版本，而通过 npm install vue@next 命令将安装 Vue 3.0 版本。

与此同时，Vue 官方团队已开始规划 Vue 2.7，这将是 Vue 2.x 的最后一个小版本。Vue 2.7 将与 Vue 3.0 进行兼容改进，并对使用 Vue 3.0 中已删除/更改的 API 发出警告，以更好地帮助 Vue 3.0 的迁移升级工作。

12.1.3 Vue 3.0 学习参考

欲了解更多关于 Vue 3.0 的信息，请查阅全新的文档①。如果是 Vue 2.x 的老用户，请直接查看迁移指南②；也可以查阅 Vue 官方发布文档等参考资料③。

注意： Vue 3.0 重写了虚拟 DOM(Virtual DOM)，并且速度提升明显，不过毕竟还是处于 Beta 阶段，作者尤雨溪建议暂时不要升级生产环境应用，因为升级指南和配套工具都还没完善，但可以在新/小项目中试用。

12.2 Vue 3.0 初步体验

12.2.1 Vue 3.0 下载与引用

与 Vue 2.x 相同，Vue 3.0 也可以通过 CDN 直接引用或下载到本地项目中使用<script>标记引用。引用方法如下。

（1）CDN 引用。

```
<script src="https://unpkg.com/vue@next"></script>
```

（2）本地项目引用。

使用 Chrome 浏览器访问 https://unpkg.com/vue@next，右击，弹出的快捷菜单如图 12-2

---

① https://v3.vuejs.org/

② https://v3.vuejs.org/guide/migration/introduction.html

③ https://github.com/vuejs/vue-next/releases/tag/v3.0.0

所示，选择“另存为”，如图 12-3 所示。将 vue.global.js 保存到项目指定的文件夹中，通过<script>标记在头部引用。

```
<script type="text/javascript" src="../vue/js/vue.global.js">
```

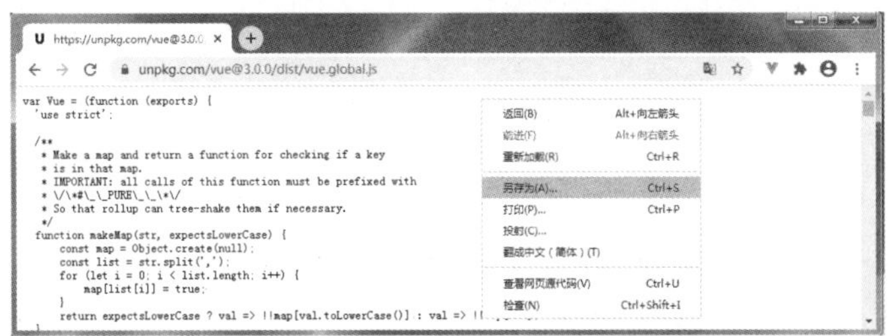

图 12-2　unpkg.com/vue@next 页面

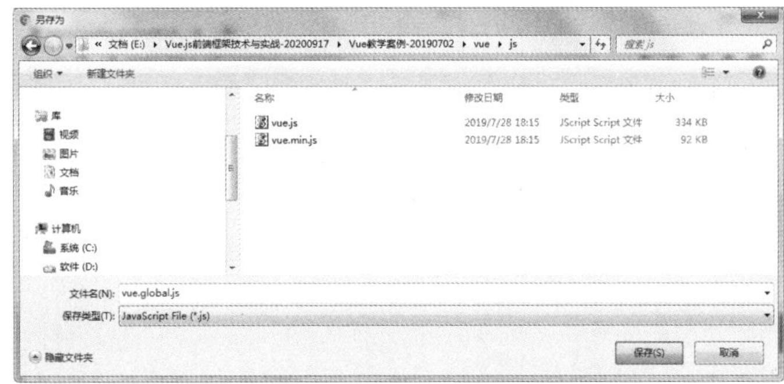

图 12-3　vue.global.js“另存为”页面

注意：由于 Vue.js Devtools5.x 不支持 Vue3.x，需要重新下载 Vue.js Devtools6.0.0 beta 10 以上版本，可以下载 ZIP 文件或 CRX（Chrome 扩展程序，也是一种插件）文件。建议大家下载 CRX 文件（如 ljjemllljcmogpfapbkkighbhhppjdbg-6.0.0-beta-10-Crx4Chrome.com.crx），然后将文件拖到 Chrome 浏览器的扩展程序管理界面中，选择启用，就可以使用调试功能。

12.2.2　Vue 3.0 创建简易应用

在 Vue 2.x 版本中创建一个 Vue 实例是通过 new Vue() 实现的，到了 Vue 3.0 则是通过使用 createApp() 这个 API 返回一个应用实例，并且可以通过链式继续调用其他的方法。其具体使用方法可以参阅官方文档（https://www.vue3js.cn/docs/zh/）。

1. createApp() 函数

每个 Vue 应用都是通过用 createApp() 函数创建一个新的应用实例开始的，语法如下。

```
Vue.createApp({/* 选项 */})
```

创建实例后，就可以挂载它，将容器（挂载 DOM 对象）传递给 mount() 方法。例如，如果要在<div id="app"></div>上挂载 Vue 应用，则应传递#app。

```
Vue.createApp({/* 选项 */}).mount('#app')
```

当创建一个实例时，可以传入一个选项对象。一个 Vue 应用由一个通过 createApp() 函数创建的根实例以及可选的、嵌套的、可复用的组件树组成。

【例 12-1】计数器——Vue 3.0 createApp() 函数应用。代码如下，页面效果如图 12-4 所示。

```
<!-- vue3-12-1.html -->
```

```
2.  <!DOCTYPE html>
3.  <html>
4.      <head>
5.          <meta charset="utf-8">
6.          <!-- <script src="https://unpkg.com/vue@next"></script> -->
7.          <script type="text/javascript" src="../vue/js/vue.global.js">
8.          </script>
9.          <title>Vue 3.0-createApp()-计数器</title>
10.     </head>
11.     <body>
12.         <div id="counter">
13.             <p>默认自动计数，单击"停止计数器"，计数器不变。</p>
14.             <p>Counter: {{ counter }}</p>
15.             <p>{{msg}} </p>
16.             <button @click="stopCounter">停止计数器</button>
17.         </div>
18.         <script type="text/javascript">
19.             const Counter = {
20.                 data() {
21.                     return {
22.                         counter: 0,
23.                         msg: 'Vue 3.0 已经发布，又要开始学习啦！',
24.                         timer: ''
25.                     }
26.                 },
27.                 mounted() { //每秒加 1
28.                     const timer = setInterval(() => {
29.                         this.counter++
30.                     }, 1000)
31.                     this.timer = timer
32.                 },
33.                 methods: {
34.                     stopCounter() { //清除定时执行
35.                         clearInterval(this.timer)
36.                         this.timer = ''
37.                     }
38.                 }
39.             }
40.             Vue.createApp(Counter).mount('#counter')
41.         </script>
42.     </body>
43. </html>
```

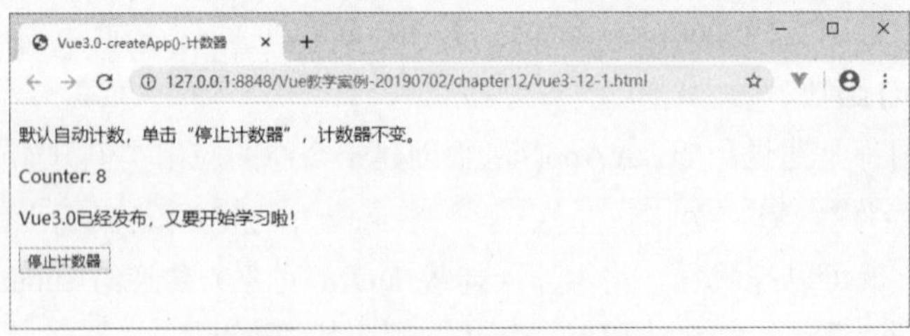

图 12-4 创建应用实例-计数器

上述代码中，第 12～17 行定义挂载容器（挂载 DOM 元素）。其中，第 16 行定义"停止计数器"按钮，触发单击事件，调用 stopCounter() 方法，执行第 34～37 行代码终止定数器。第 27～32 行定义 mounted() 钩子函数，每隔 1s 计数器加 1。第 40 行采用链条式调用方法，创建实例并挂载到#counter 元素上。

2. 组件化应用构建

在一个大型应用中，有必要将整个应用程序划分为多个组件，使开发更易管理。

以页面导航为例，将应用细化为若干组件，部分代码如下。

```
<div id="app">
  <app-nav></app-nav>
  <app-view>
    <app-sidebar></app-sidebar>
    <app-content></app-content>
  </app-view>
</div>
```

组件系统是 Vue 的另一个重要概念，因为它是一种抽象，允许使用小型、独立和通常可复用的组件构建大型应用。仔细想想，几乎任意类型的应用界面都可以抽象为一个组件树。

编写 Vue 3.0 应用的基本步骤如下。

```
//创建 Vue 应用
const app = Vue.createApp(...)
//定义新组件（ 此处为 todo-item ）
app.component('todo-item', {
  template: `<li>This is a todo</li>`
})
//挂载 Vue 应用
app.mount(...)
```

【例 12-2】组件化构建“待办”应用——app.component() 函数应用。代码如下，页面效果如图 12-5 所示。编程时，需要使用 app.component() 函数创建组件，然后在容器中使用自定义组件，并通过 props 实现父、子组件传递参数，渲染视图。

```
<!-- vue3-12-2.html -->
<!DOCTYPE html>
<html>
  <head>
    <meta charset="utf-8">
    <title>组件化构建应用</title>
    <script src="../vue/js/vue.global.js" type="text/javascript"></script>
  </head>
  <body>
    <div id="todo-list-app">
      <ol>
        <todo-item v-bind:todo="item" v-for="item in groceryList" v-bind:key=
        "item.id">
        </todo-item>
      </ol>
    </div>
    <script type="text/javascript">
      //定义 createApp()选项对象
      const TodoList = {
        data() {
          return {
            groceryList: [
              {id: 0,text: '上午 8:30 五楼会议室开会'},
              {id: 1,text: '下午 14:00 走访学生宿舍'},
              {id: 2,text: '晚上在 4302 召开班会'}
            ]
          }
        }
      }
```

```
29.       //创建 app 实例对象
30.       const app = Vue.createApp(TodoList)
31.       //全局定义组件 todo-item
32.       app.component('todo-item', {
33.         props: ['todo'],
34.         template: `<li>{{ todo.text }}</li>`
35.       })
36.       //挂载到容器上
37.       app.mount('#todo-list-app')
38.     </script>
39.   </body>
40. </html>
```

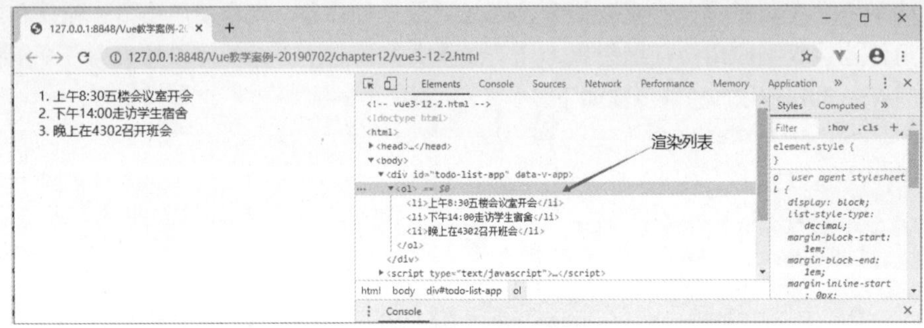

图 12-5 组件化构建应用-待办

上述代码中，第 10～15 行定义挂载容器为 todo-list-app（挂载 DOM 元素），其中，第 12 行和第 13 行使用自定义 todo-item 组件，并通过 v-for 指令遍历所有 item，同时通过 v-bind 绑定参数 todo、key，获取数据源并保证唯一显示某一数据对象。第 18～28 行定义 createApp() 选项对象。第 30 行创建 app 实例对象。第 32～35 行全局定义组件 todo-item，并通过 props 传递参数 todo 给子组件。第 37 行将 app 对象挂载到容器上。

12.2.3 Vue 3.0 发布文档的使用

1. 复制或下载 docs-next-master.zip

从 https://github.com/vuejs/vue-next 上下载 Vue 3.0 发布文档，也可以从 GitHub 上复制，得到 docs-next-master.zip 文件后，进行解压缩。

```
git clone git@github.com:vuejs/docs-next.git
```

2. 安装与启动本地开发环境

进入 docs-next-master 文件夹，执行安装依赖和启动本地开发环境，具体命令如下。

```
yarn # or npm install
yarn serve # or npm run serve
```

命令执行结果如图 12-6 所示，启动本地开发环境时，会执行一系列命令，命令窗口会不断地向下滚动，最后看到 success，表示成功。在浏览器地址栏中输入 http://localhost:8080/，查看页面效果如图 12-7 所示。启动本地服务后，项目文件结构如图 12-8 所示。

图 12-6 npm run serve 执行结果

图 12-7　docs-next-master 项目首页

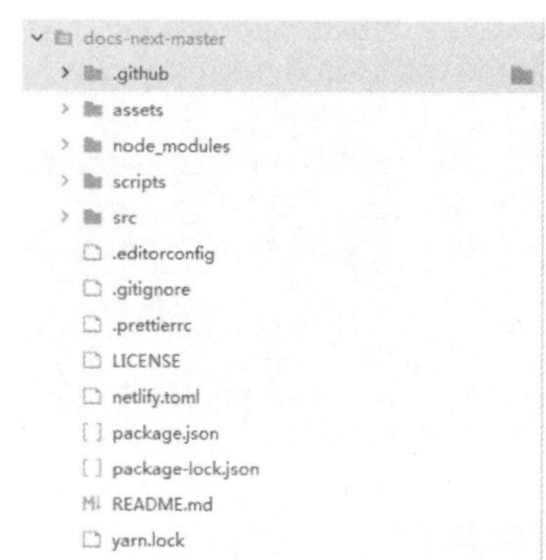

图 12-8　启动本地服务后的项目文件结构

12.3　Vue 3.0 新特性应用

12.3.1　使用脚手架创建项目

【例 12-3】创建项目 vue3pro12-1。项目要求：使用 Vue 3.0 的集成 Vue Router 和 Vuex，实现单页上的导航（Home|About）。具体实现步骤如下。

（1）安装@vue/cli。

从 Vue CLI 3.0 以上的包名称已由 vue-cli 改成了@vue/cli。安装时一定要使用正确的名称。安装完成后查看版本信息，如图 12-9 所示，命令如下。

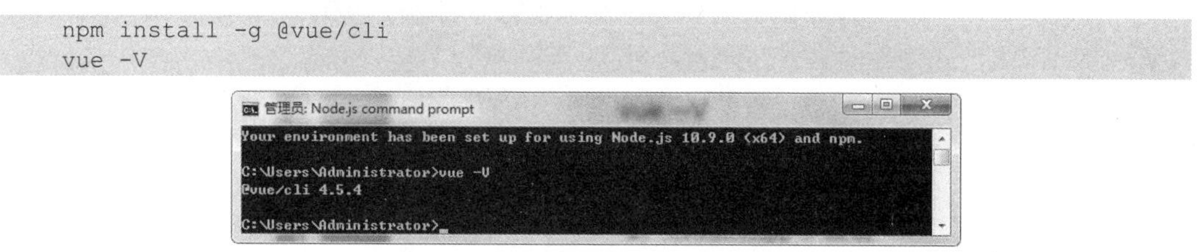

```
npm install -g @vue/cli
vue -V
```


图 12-9　安装并查看@vue/cli 版本信息

（2）使用 vue create 创建项目。

在命令行窗口，切换目录到当前文件夹下，然后使用 vue create vue3pro12-1 命令创建一个 Vue 项目。创建时，勾选 Vuex 和 Vue Router，完成后界面如图 12-10 所示。

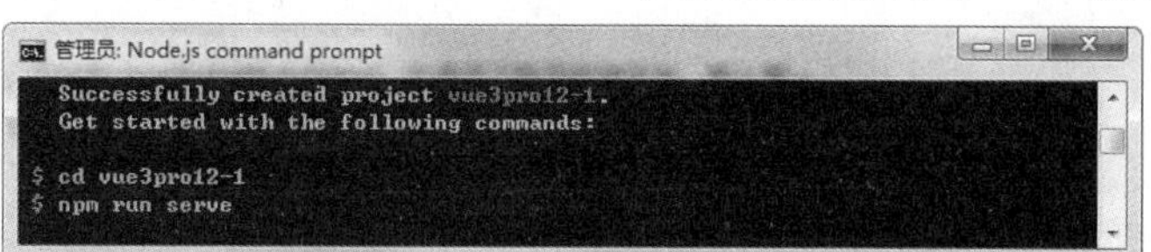

图 12-10　Vue 项目创建完成界面

（3）Vue 项目添加 vue-next 插件。

通过 cd vue3pro12-1 命令进入项目文件夹，命令行安装 Vue 3.0 插件（vue add vue-next），如图 12-11 所示。命令执行过程中需要安装 vue-cli-plugin-vue-next 插件，将项目升级到 Vue 3.0，然后打开 package.json，可以发现依赖中模块全部升级到最新版本，如图 12-12 所示。

```
管理员: Node.js command prompt
E:\Vue.js前端框架技术与实战-20200917\Vue教学案例-20190702\chapter12\vue3pro12-1>
vue add vue-next

  Installing vue-cli-plugin-vue-next...

+ vue-cli-plugin-vue-next@0.1.4
added 9 packages from 6 contributors in 9.839s
  Successfully installed plugin: vue-cli-plugin-vue-next


  Invoking generator for vue-cli-plugin-vue-next...
  Installing additional dependencies...

up to date in 7.267s
  Running completion hooks...

  Successfully invoked generator for plugin: vue-cli-plugin-vue-next

E:\Vue.js前端框架技术与实战-20200917\Vue教学案例-20190702\chapter12\vue3pro12-1>
```

图 12-11　Vue 项目添加 vue-next 插件

```
"dependencies": {
  "core-js": "^3.6.5",
  "vue": "^3.0.0-beta.1",
  "vue-router": "^4.0.0-alpha.6",
  "vuex": "^4.0.0-alpha.1"
},
```

都是最新版本

图 12-12　package.json 中更新后的属性

```
cd vue3pro12-1
vue add vue-next
```

（4）安装加载器并启动本地服务。

在启动本地开发环境前，有时需要安装插件 vue-loader-v16（加载器），然后再启动本地服务，命令执行效果如图 12-13 所示。

图 12-13　启动本地开发环境界面

```
npm install vue-loader-v16 //node.js 低版本需要安装，否则会报错
npm run serve
```

（5）查看页面效果。

在浏览器地址栏中输入 http://localhost:8080/，即可访问项目默认的主页面，如图 12-14 所示。切换导航到 About 页面，如图 12-15 所示。

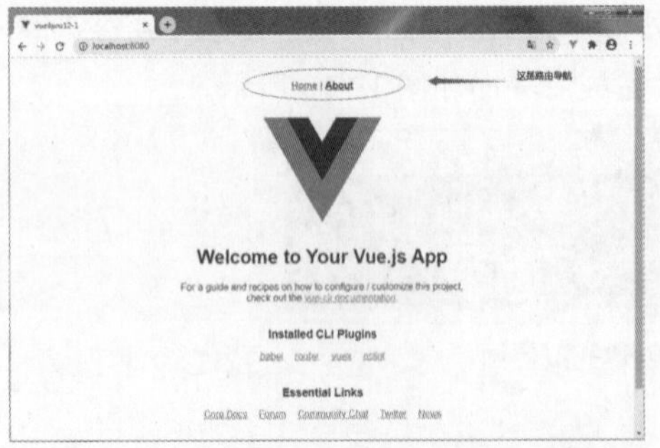

图 12-14　vue3pro12-1 项目 Home 页面

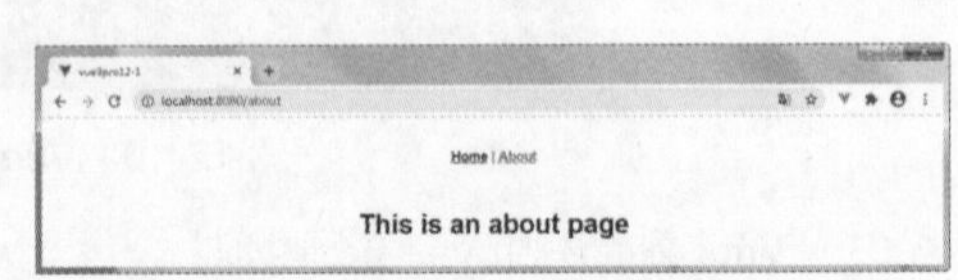

图 12-15　vue3pro12-1 项目 About 页面

（6）查看 Vue 3.0 项目相关文件。

Vue 3.0 创建 Vue 实例不需要使用 new Vue({}) 的方式，具体查看以下 src/main.js 入口文件。

```
import { createApp } from 'vue'  //从 vue 中导入 createApp()函数
```

```
2.  import App from './App.vue'
3.  import router from './router'
4.  import store from './store'
5.  createApp(App).use(store).use(router).mount('#app')  //链式调用，简洁精练
```

上述代码中，第 1 行按需导入 createApp() 函数，这是 Vue 3.0 的一个重大改进，用于创建 Vue 实例。第 5 行创建 App 实例，并使用 Vuex 和 Vue Router，然后再挂载到容器（#app）上。这与 Vue 2.x（Vue.use(Vuex)、Vue.use(Router)）是截然不同的。

在创建项目时，勾选 Vue Router 和 Vuex 后，将在 src 文件夹中添加 4 个文件，分别为 router/index.js、store/index.js、views/Home.vue、views/ About.vue，如图 12-16 所示。

在项目根目录下，Vue 3.0 比 Vue 2.x 的文件结构明显精简了很多。增加了一个 public 文件夹，用于存放静态文件，删除了 config、build 等一系列配置文件，将这些配置文件都移到了 node_modules@vue 文件夹中。

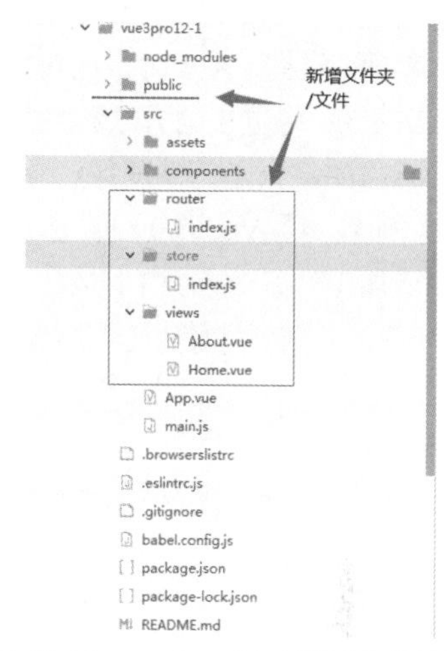

图 12-16　vue3pro12-1 项目文件结构

12.3.2　组件选项

setup() 函数是一个新的组件选项，它是组件内部暴露出所有的属性和方法的统一 API，也作为在组件内使用 Composition API 的入口点。从生命周期钩子的视角来看，setup() 函数的执行时间会在 beforeCreate() 和 created() 之前被调用，可以返回一个对象，这个对象的属性被合并到渲染上下文（context），并可以在模板中直接使用。该选项可以接收 props 和 context 这两个参数。其中，props 对象作为第 1 个参数，接收来的 props 对象，可以通过 watchEffect 监视其变化。接收 context 对象作为第 2 个参数，这个对象包含 attrs、slots、emit 等 3 个属性。例如，在 MyBook.vue 组件中定义 setup() 函数，代码如下所示。

```
//MyBook.vue
export default {
  setup(props, context) {
    //Attributes (Non-reactive object)
    console.log(context.attrs)
    //Slots (Non-reactive object)
    console.log(context.slots)
    //Emit Events (Method)
    console.log(context.emit)
  }
}
```

props 是响应式对象，不能使用 ES6（ECMAScript 6.0）解构，因为它会删除 props 的响应性。context 对象是普通的 JavaScript 对象，即它不是响应式对象，这意味着可以在其上安全地使用 ES6 解构 context。这个上下文对象中包含了一些有用的属性，这些属性在 Vue 2.x 中需要通过 this 才能访问到，在 Vue 3.0 中，可以使用 context 替代 this。例如，使用 context.attrs、context.slots、context.emit 等代替 this.$attrs、this.$slots、this.$emit 等。

部分代码如下所示。

```
export default {
  setup(props, { attrs, slots, emit }) {   ...  }
}
```

另外，在 setup() 函数内部，在解析其他组件选项之前调用了 setup() 函数，this 不会引用当前活动实例，this 在 setup() 函数内部的行为将与其他选项中的完全不同。在使用 setup() 函数和其他 Options API 时，这可能会导致混淆。

Vue 3.0 将更多的方法和数据放在 setup() 函数中定义，与 React Hook 相像，其实现的原理是不同的，只是写法相像，能够更好地实现逻辑复用。

【例 12-4】Vue 3.0 组件选项 setup() 函数的应用。项目要求：定义 Counter.vue 组件，单击“增加 1”和“减少 1”按钮时，页面上计数器值同步更新。页面效果如图 12-17 所示。

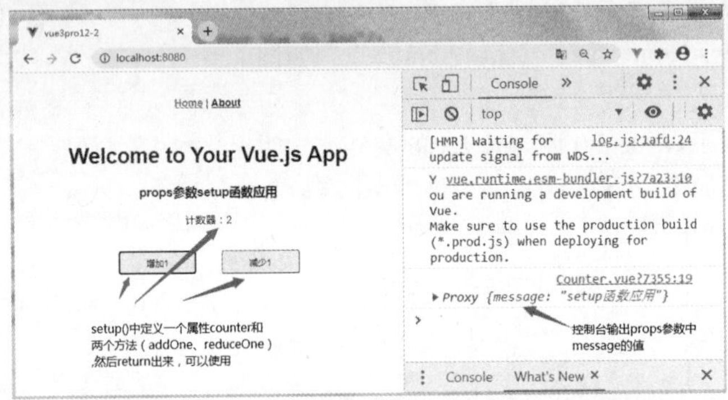

图 12-17　Counter.vue 组件中 setup()函数的应用

使用 vue create 命令创建项目 vue3pro12-2（步骤同例 12-3），完成后在命令行下执行 npm run serve，进入项目主页面，并在 vue3pro12-2 项目目录中的 src/components 下创建 Counter.vue 组件。

（1）定义 Counter.vue 组件。

```
<!-- 计数器组件 Couter.vue -->
<template>
  <div id="counter">
    <h3>props 参数{{message}}</h3>
    <p>计数器：{{counter}}</p>
    <button @click="addOne">增加 1</button>
    <button @click="reduceOne">减少 1</button>
  </div>
</template>
<script type="text/javascript">
  import {ref} from 'vue'
  export default {
    name: 'Counter',
    props: {
      message: String
    },
    setup(props) {
      const counter = ref(0)
      console.log(props.message)
      const addOne = () => {
        counter.value++
      }
      const reduceOne = () => {
        counter.value--
```

```
25.       }
26.       return {
27.         counter,
28.         addOne,
29.         reduceOne
30.       }
31.     }
32.   }
33. </script>
34. <style scoped="scoped">
35.   #counter {text-align: center;font-size: 24 px;}
36.   button {width: 120px;height: 35px;border-radius: 4px;margin: 20px;}
37. </style>
```

上述代码中，第 4 行使用<h3>标记显示 props 响应式对象中的 message 值。第 5～7 行是 setup()函数中定义的属性 counter 和两个方法（addOne、reduceOne），两个方法分别实现 counter 值累加 1 和递减 1，并通过 return 返回，供组件使用。第 10～33 行是脚本部分，解析如下。

第 11 行按需导入 ref() 函数。第 12～32 行定义默认导出。其中，第 13 行定义组件 name 为 Counter；第 14～16 行定义 props 属性，定义 message 为字符串型；第 17～31 行定义 setup() 函数，这就是 Vue 3.0 的一个新特性，在组件内暴露出相关属性和方法，供模板使用。setup() 函数中，第 18 行通过 ref() 函数根据给定的值 0（属于 JavaScript 的基本数据类型）创建一个响应式的数据对象 counter，ref() 函数调用的返回值是一个对象，这个对象只包含一个 value 属性；第 20～22 行和第 23～25 行定义的 addOne 和 reduceOne 两个方法，不再需要像 Vue 2.x 那样定义在 methods 中，但需要注意的是，更新 counter 值的时候不能直接使用 counter++或 counter--，而应使用 counter.value++（如第 21 行所示）或 counter.value--（如第 24 行所示）。在组件渲染界面中单击两个按钮时，counter 的值就自动地展开在组件内，不需要使用 counter.value，而且是响应式更新。

如果将代码第 19 行改为 console.log(props)，props 对象是一个代理对象，其中包含所有的 props 中定义的属性，此时控制台输出结果如图 12-18 所示。

```
                    Counter.vue?7355:19
▸ Proxy {message: "setup函数应用"}
```

图 12-18　控制台输出 props 代理对象

同时在 Home.vue 组件中需要添加组件导入、注册和使用等相关代码，并传递参数 message。

（2）修改 Home.vue 组件。

```
<template>
  <div class="home">
    <img alt="Vue logo" src="../assets/logo.png">
    <HelloWorld msg="Welcome to Your Vue.js App"/>
    <Counter message='setup 函数应用'/>
  </div>
</template>
<script>
//@ is an alias to /src
import HelloWorld from '@/components/HelloWorld.vue'
import Counter from '@/components/Counter.vue'   //新增组件
export default {
  name: 'Home',
  components: {
```

```
15.     HelloWorld,
16.     Counter   //新注册的组件
17.   }
18. }
19. </script>
```

上述代码中，第 5 行使用 Counter 组件，并设置 message 属性，传递参数给子组件。第 10～11 行导入相关组件。第 14～17 行注册组件。

12.3.3 ref()、reactive() 和 toRefs() 函数

Vue 2.x 数据都是在 data 选项中定义，而在 Vue 3.0 中可以使用 ref()、reactive() 函数创建响应式对象。

1. ref() 函数

ref() 函数接收一个参数值，返回一个响应式数据对象，该对象只包含一个指向内部的 value 属性。使用前需要显式导入 ref()。定义语法如下。

```
import { ref } from "vue"       //显式导入
const counter=ref(0)            //创建对象
return counter                  //返回并暴露
```

ref() 函数一般用于定义单一基本数据类型（数值型、字符串型、布尔型等），因为数值、字符串等基本类型是通过值传递而不是引用传递的。在模板和 reactive 对象中访问时，不需要通过 value 属性，它会自动展开。在 setup() 函数中通过 counter.value 使用该对象的值。

2. reactive() 函数

reactive() 函数等价于 Vue 2.x 中的 Vue.observable() 函数。reactive() 函数根据给定的普通对象创建一个响应式数据对象，使用前需要显式导入 reactive()。定义语法如下。

```
import { reactive } from "vue"                                  //导入
const person = reactive({name: '储久良',age: 55,sex: '男'})     //创建对象
const numArr = reactive([10,20,30,45,89,62])                    //创建对象
return {person,numArr}                                          //返回并暴露
```

reactive() 函数一般用于定义对象或数组类型，经过 Proxy 的加工后返回一个响应式的数据对象（Proxy 对象）。需要注意的是，加工后的对象与原对象是不相等的，并且加工后的对象属于深度克隆的对象。在 setup() 函数中使用 person.name、person.age、person.sex 等形式获取对象中的具体数据。

3. toRefs() 函数

toRefs() 函数可以将 reactive() 函数创建出来的响应式对象转换为普通的对象，只不过这个对象上的每个属性节点都是 ref() 类型的响应式数据，配合 v-model 指令能完成数据的双向绑定，在开发中非常有效。定义语法如下。

```
//在 setup() 内定义
return {
   ...toRefs(person),  //转换为普通对象
   ...
}
```

使用前需要 import { toRefs } from "vue"，然后在 return 中使用…toRefs() 返回展开对象，在模板中使用{{name}}{{age}}{{sex}}渲染数据。如果不使用 toRefs() 函数而直接返回对象，原对象的响应性将丢失。上面 reactive() 函数的导出和使用，必须使用 person.key 形式（Key

可以是 name、age、sex 等），如果要像 Vue 2.x 中的 data 选项一样定义后直接使用，可以使用 toRefs() 函数。

【例 12-5】 Vue 3.0 的 ref()、reactive()和 toRefs()函数应用。项目要求：定义 RefReactive.vue 组件，展示不同类型的响应式对象数据。页面效果如图 12-19 所示。

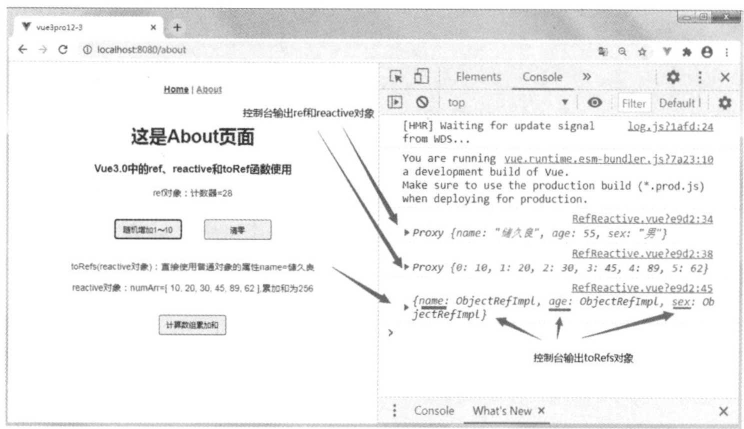

图 12-19　ref()、reactive()和 toRefs()函数的应用

使用 vue create 命令创建项目 vue3pro12-3（步骤同例 12-3），完成后在命令行下执行 npm run serve，进入项目主页面。在项目目录的 src/components 下创建 RefReactive.vue 组件，然后修改 About.vue 组件，在该组件中导入、注册和使用 RefReactive.vue 组件。具体代码如下。

（1）定义组件 RefReactive.vue。

```
<!-- 响应式对象组件 RefReactive.vue -->
<template>
  <div id="counter">
    <h3>Vue 3.0 中的 ref、reactive 和 toRef 函数使用</h3>
    <p>ref 对象：计数器={{counter}}</p>
    <button @click="addRandomNum">随机增加 1～10</button>
    <button @click="clearZero">清零</button>
    <p>toRefs(reactive 对象)：直接使用普通对象的属性 name={{name}}</p>
    <p>reactive 对象：numArr={{numArr}},累加和为{{sum}}</p>
    <button @click="computer">计算数组累加和</button>
  </div>
</template>
<script>
  import {ref,reactive,toRefs} from 'vue'
  export default {
    name: 'RefReactive',
    setup() {
      const counter = ref(0)
      const sum = ref(0)
      const person = reactive({
        name: '储久良',
        age: 55,
        sex: '男'
      })
      const numArr = reactive([10, 20, 30, 45, 89, 62])
      const addRandomNum = (() => {  //随机增加 1～10
        counter.value += Math.floor(Math.random() * 10 + 1)
      })
      console.log(person)
```

```
30.     const clearZero = (() => {     //清零
31.       counter.value = 0
32.     })
33.     console.log(numArr)
34.     const computer = (() => {      //计算数组元素的累加和
35.       sum.value = 0
36.       for (var i = 0; i < numArr.length; i++) {
37.         sum.value += numArr[i]
38.       }
39.     })
40.     console.log(toRefs(person))
41.     return {                       //定义的变量和函数等都要返回
42.       counter,
43.       sum,
44.       addRandomNum,
45.       clearZero,
46.       computer,
47.       ...toRefs(person),
48.       numArr
49.     }
50.   }
51. }
52. </script>
53. <style scoped="scoped">
54.   #counter {text-align: center;font-size: 24 px;}
55.   button {
56.     width: 120px;height: 35px;border-radius: 4px;
57.     margin: 20px;border-color: #0082E6;
58.   }
59. </style>
```

上述代码中，第 3～11 行在 div 中使用<p>、<button>、<h3>等标记构建组件内容。其中，第 5 行使用 ref() 函数定义对象 counter（不需要使用 counter.value）；第 6 行定义“随机增加 1～10”按钮，通过 click 事件绑定 addRandomNum，执行 setup() 函数中第 26～28 行代码，同时模板中数据响应式更新；第 7 行定义“清零”按钮，通过 click 事件绑定 clearZero，执行 setup() 函数中第 30～32 行代码，同时模板中数据响应式更新；第 8 行使用 toRefs(person) 函数转换为普通对象，并直接使用 name 属性；第 9 行定义 reactive 对象 numArr，并显示 numArr 成员，累加和初始值为 0，当单击“计算数组累加和”按钮时，执行 setup() 函数中的第 34～39 行代码，完成累加和数据的更新操作。第 14 行按需导入 ref()、reactive()、toRefs() 函数，否则代码无法执行。第 18～19 行定义两个 ref 对象。第 20～25 行定义两个 reactive 对象，一个为对象，一个为数组。第 41～49 行使用 return 返回所有定义的属性和方法。其中，第 47 行使用...toRefs() 函数将 reactive 对象 person 转换为普通对象，并展开每个属性。

（2）修改组件 About.vue 文件。

```
<!-- 组件 About.vue -->
<template>
  <div class="about">
    <h1>这是 About 页面</h1>
    <RefReactive></RefReactive>
  </div>
</template>
<script>
  import RefReactive from '@/components/RefReactive.vue' //新增组件
  export default {
    name: 'About',
```

```
12.     components: {
13.       RefReactive //新注册的组件
14.     }
15.   }
16. </script>
```

上述代码中，第 5 行使用 RefReactive 组件。第 9 行导入 RefReactive 组件。第 13 行局部注册 RefReactive 组件。

12.3.4　computed、watch 和 watchEffect

Vue 3.0 中 watch、watchEffect 和 computed 这 3 个 API，在使用之前，必须显式导入，格式如下。

```
import { watch, computed, watchEffect } from "vue";
```

1. 计算属性 computed

在 Vue 项目中，有时需要依赖于其他状态的状态，此时可以通过组件计算属性来处理。要直接创建一个计算属性，使用以下 computed 方法：它使用一个 getter 函数，并为 getter 返回的值返回一个不可变的响应式引用对象。

```
const count = ref(1)
const plusOne = computed(() => count.value + 1)      //定义一个计算属性
console.log(plusOne.value)                            //使用.value，输出 2
plusOne.value++                                       //error
```

或者，它可以使用具有 get 和 set 功能的对象创建可写的 ref 对象。

```
const count = ref(1)
const plusOne = computed({
  get: () => count.value + 1,
  set: val => {
    count.value = val - 1
  }
})
plusOne.value = 1          //可以修改
console.log(count.value)   //0
```

2. 侦听器 watch

该 watch API 与组件 watch 属性完全等效。watch 需要查看特定的数据源，并在单独的回调函数中应用副作用。默认情况下，它也是惰性的，即仅在侦听的源已更改时才调用回调。

与 watchEffect 相比，watch 可以：

（1）懒惰地执行副作用；

（2）更具体地说明什么状态应触发侦听程序重新运行；

（3）访问监视状态的先前值和当前值。

该 watch API 可以侦听单一数据源，也可以侦听多个数据源。

侦听单一数据源，语法如下。

侦听数据源可以是返回值的 getter 函数，也可以是直接 ref 对象。

```
//侦听一个 getter
const state = reactive({ count: 0 })
watch(
  () => state.count,
  (count, prevCount) => {
```

```
      /* ... */
    }
  )
  //直接侦听一个 ref
  const count = ref(0)
  watch(count, (count, prevCount) => {
    /* ... */
  })
```

侦听多个数据源（使用数组），语法如下。

```
  watch([fooRef, barRef], ([foo, bar], [prevFoo, prevBar]) => {
    /* ... */
  })
```

它包含两个参数，均为 function。第 1 个参数是侦听的值，count.value 表示当 count.value 发生变化就会触发侦听器的回调函数，即第 2 个参数。第 2 个参数是回调函数，有两个参数，一个是先前值，一个是当前值。

3. watchEffect

为了应用和自动重新应用基于响应状态的副作用，可以使用 watchEffect() 方法。它立即运行一个函数，同时响应性地跟踪其依赖项，并在依赖项发生更改时重新运行它。

部分代码如下。

```
  const count = ref(0)
  watchEffect(() => console.log(count.value))
  //-> logs 0
  setTimeout(() => {
    count.value++
    //-> logs 1
  }, 100)
```

当在组件的 setup() 函数或生命周期钩子期间调用 watchEffect() 函数时，侦听器将链接到组件的生命周期，并在卸载组件时自动停止。数据变化时立即变化，执行后返回一个句柄 ID（stop：停止侦听数据变化）。使用 stop() 函数可以清除依赖实现停止侦听。

```
  const stop = watchEffect(() => {
    /* ... */
  })
  //later
  stop()
```

【例 12-6】Vue 3.0 的 computed、watch 和 watchEffect() 函数应用。定义 WatchComputed.vue 组件，页面效果如图 12-20 所示。

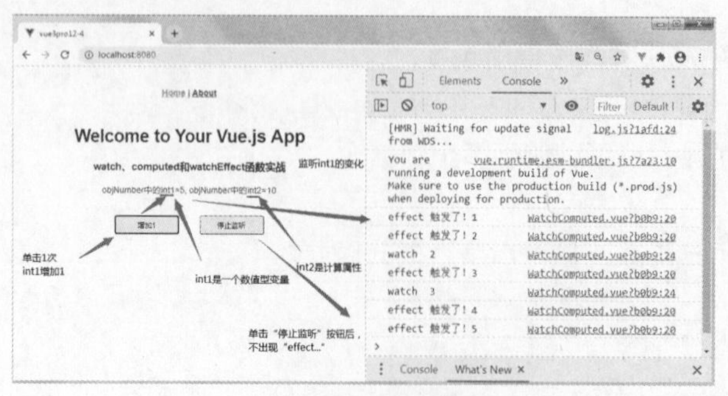

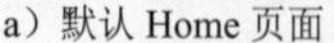
（a）默认 Home 页面

（b）切换路由至 About 页面

图 12-20　computed、watch 和 watchEffect() 函数的应用

使用 vue create 命令创建项目 vue3pro12-4（步骤同例 12-3），完成后在命令行下执行 npm run serve，进入项目主页面。在项目目录的 src/components 下创建 WatchComputed.vue 组件，然后修改 Home.vue 组件，在该组件中导入、注册和使用 WatchComputed.vue 组件。具体代码如下。

（1）定义组件 WatchComputed.vue。

```
1.  <!--计算属性与监听组件 WatchComputed.vue -->
2.  <template>
3.    <div>
4.      <h3>watch、computed 和 watchEffect 函数实战</h3>
5.      <p>objNumber 中的 int1={{int1}}, objNumber 中的 int2={{int2}}</p>
6.      <button @click="addOne">增加 1</button>
7.      <button @click="stopWatch">停止侦听</button>
8.    </div>
9.  </template>
10. <script>
11.   import { reactive, watch, computed, toRefs, watchEffect} from "vue";
12.   export default {
13.     setup() {
14.       const objNumber = reactive({
15.         int1: 1,
16.         int2: computed(() => objNumber.int1 * 2)    //定义一个计算属性
17.       });
18.       //如果响应性的属性有变更，就会触发这个函数,但它是惰性的
19.       watchEffect(() => {
20.         console.log('effect 触发了! ${objNumber.int1}');
21.       });
22.       //定义一个侦听器,返回停止侦听的 ID
23.       const stop=watch(objNumber, (val, oldVal) => {
24.         console.log("watch ", oldVal.int1);
25.       });
26.       //数值增加方法
27.       const addOne = () => objNumber.int1++;
28.       //停止侦听
29.       const stopWatch = () => stop();
30.       return { //返回定义的所有属性和方法
31.         ...toRefs(objNumber),
32.         addOne,
33.         stopWatch,
34.       };
35.     }
36.   };
37. </script>
```

上述代码中，第 14～17 行定义 reactive 对象 objNumber。第 19～21 行定义 watchEffect() 函数，用于依赖侦听 objNumber。第 23 行 watch() 函数返回一个停止侦听器句柄，可以调用该句柄以显式停止侦听程序，控制台不再输出有关“watch...”的信息。第 27 行定义 addOne 方法，用于给 reactive 对象中的 int1 加 1。第 29 行定义 stopWatch 方法，用于停止 watch。第 30～34 行返回定义的所有属性和方法。

（2）修改视图组件 Home.vue。

```
<!-- Home.vue -->
<template>
  <div class="home">
    <HelloWorld msg="Welcome to Your Vue.js App"/>
    <WatchComputed></WatchComputed>
```

```
6.      </div>
7.    </template>
8.    <script>
9.    //@ is an alias to /src
10.   import HelloWorld from '@/components/HelloWorld.vue'
11.   import WatchComputed from '@/components/WatchComputed'    //新增组件
12.   export default {
13.     name: 'Home',
14.     components: {
15.       HelloWorld,
16.       WatchComputed,                                          //新注册的组件
17.     }
18.   }
19.   </script>
20.   <style >
21.      #counter {text-align: center;font-size: 24 px;}
22.      button {width: 120px;height: 35px;border-radius: 4px;margin: 20px;}
23.   </style>
```

上述代码中，第 5 行使用 WatchComputed 组件。第 11 行导入 WatchComputed 组件。第 16 行局部注册 WatchComputed 组件。

12.3.5 ref 引用 DOM 元素和组件实例

在 JavaScript 中使用 document.getElementById(ID) 方法获取页面元素，需要设置指定标记的 id 属性。在 Vue 2.x 中可以给指定的标记设置 ref 属性，使用 this.$refs.refName 引用元素。在 Vue 3.0 中可以使用 ref 引用 DOM 元素和组件实例。

在 components 文件夹下新建一个 DomRef.vue 文件，定义一个空的 ref 响应数据 refdemo 并返回，页面中给指定的标记设置 ref 属性绑定这个数据，然后就可以通过操作这个响应数据操作 DOM 元素和引用组件实例。

【例 12-7】Vue 3.0 的 ref 引用 DOM 元素和组件实例。创建项目 vue3pro12-5，定义 DomRef.vue 组件，并修改 About.vue 组件代码，页面效果如图 12-21 所示。

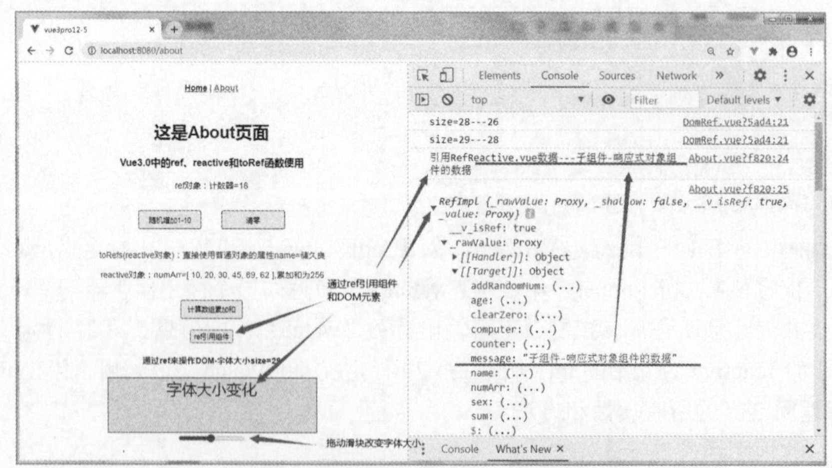

图 12-21 通过 ref 引用 DOM 元素和组件

（1）定义组件 DomRef.vue。

```
<!-- DomRef.vue -->
<template>
```

```
3.    <div>
4.      <h4>通过 ref 来操作 DOM-字体大小 size={{size}}</h4>
5.      <div ref="refdemo" id="refdemo">
6.        <p>字体大小变化</p>
7.      </div>
8.      <input type="range" v-model="size" max="60" />
9.    </div>
10. </template>
11. <script>
12.   import {ref,watch,onMounted} from "vue";
13.   export default {
14.     setup() {
15.       //定义空白 ref 对象，作为 DOM 空元素
16.       const refdemo = ref(null);
17.       const size = ref(24);
18.       //定义一个侦听器，跟踪拖动变化
19.       watch(size, (val, oldVal) => {
20.         refdemo.value.style.fontSize = size.value + "px";
21.         console.log('size=' + val + "---" + oldVal)
22.       });
23.       onMounted(() => {
24.         console.log("DomRef is onMounted");
25.       });
26.       return {
27.         refdemo,
28.         size
29.       };
30.     }
31.   };
32. </script>
33. <style scoped="scoped">
34.  #refdemo {
35.     border: 1px double #0033CC;width: 400px;
36.     height: 100px;background: #E2E2E2;margin: 0 auto;
37.   }
38.   p {margin: 0;border: 0;padding: 0;}
39. </style>
```

上述代码中，第 5 行给<div>标记定义 ref 属性，其值为 refdemo。第 8 行定义滑块控件，定义 max 属性为 60，通过 v-model 指令绑定 size，当用户拖动滑块时，改变 size 的当前值，通过 ref 属性（refdemo）引用 DOM 元素（div），实现 div 内的文字大小发生改变。第 12 行导入 ref、onMounted 和 watch。第 14～30 行定义组件的 setup() 函数，完成响应式对象 refdemo（空 DOM 对象）和 size 的定义以及 onMounted() 和 watch() 方法的定义，并在控制台输出相关信息。其中，第 26～29 行返回所有属性，供组件使用。

（2）修改 About.vue 文件。

将例 12-5 中定义的 RefReactive 组件复制到此项目的 src/components 文件夹中，在原有 About.vue 的基础上，给<RefReactive>标记设置 ref 属性，并绑定 comRefReactive，然后增加一个按钮显示子组件中的数据，并导入和注册 DomRef 组件，然后在组件内定义 setup() 函数，在其内完成相关属性和方法的定义并返回。

```
<!-- 组件 About.vue -->
<template>
  <div class="about">
    <h1>这是 About 页面</h1>
    <RefReactive ref="comRefReactive"></RefReactive>
    <button @click="showInf">ref 引用组件</button>
```

```
7.      <DomRef></DomRef>
8.    </div>
9.  </template>
10. <script>
11.   //通过 ref 引用组件实例
12.   import { ref } from 'vue'
13.   import RefReactive from '@/components/RefReactive.vue'  //新增组件
14.   import DomRef from '@/components/DomRef.vue'            //新增组件
15.   export default {
16.     name: 'About',
17.     components: {                                          //新注册的组件
18.       RefReactive,
19.       DomRef
20.     },
21.     setup(){
22.       const comRefReactive=ref(null)
23.       const showInf=(()=>{
24.         console.log("引用 RefReactive.vue 数据---"+comRefReactive.value.message)
25.         console.log(comRefReactive)
26.       })
27.       return{
28.         comRefReactive,
29.         showInf
30.       }
31.     }
32.   }
33. </script>
```

上述代码中，第 5 行给组件定义 ref 属性。第 6 行定义按钮，用于调用子组件实例中的数据。第 12 行导入 ref。第 21～31 行为新增加代码，用于定义组件的 setup() 函数，主要完成 ref 对象、showInf 方法的定义。其中，comRefReactive.value.message 表示引用组件中的 message 数据，其值为“子组件-响应式对象组件的数据”。

12.3.6 Vue Router 和 Vuex

1. Vue 3.0 中的 Vue Router

Vue 3.0 中 Vue Router 的使用方法与 Vue 2.x 不同，主要区别在于必须导入新方法才能使代码正常工作。其中最重要的是 createRouter 和 createWebHistory。

在 src/router/index.js 文件中，可以导入上述两个方法以及前面的两个视图，代码如下。

```
import { createRouter, createWebHistory } from 'vue-router'
import Home from '../views/Home.vue'
import About from '../views/About.vue'
```

使用 createWebHistory() 方法创建一个 routerHistory 对象，代码如下。

```
import { createRouter, createWebHistory } from 'vue-router'
const routerHistory = createWebHistory()
```

在 Vue 2.x 中，可以通过设置 mode:history 实现从哈希模式切换到 history 模式（HTML5 历史记录模式，处理地址栏问题），但是现在可以使用 history:createWebHistory() 方法实现这一点。

使用 createRouter 创建路由管理器，它接收一个对象，希望传递 routerHistory 变量以及一组路由（3 个路由）。部分代码如下。

```
//路由入口文件 index.js
```

```
2.   import { createRouter, createWebHistory } from 'vue-router'
3.   import Home from '../views/Home.vue'
4.   const routes = [
5.     {
6.       path: '/',
7.       name: 'Home',
8.       component: Home
9.     },
10.    {
11.      path: '/about',
12.      name: 'About',
13.      //当访问路由时，它是延时加载的
14.      component: () => import(/* webpackChunkName: "about" */ '../views/About.vue')
15.    },
16.    {
17.      path:'/vuexTest',
18.      name:'VuexRouter',
19.      component: () => import('../views/VuexRouter.vue')
20.    }
21.  ]
22.  const router = createRouter({
23.    history: createWebHistory(process.env.BASE_URL),
24.    routes
25.  })
26.  export default router
```

如果需要增加其他路由，在此文件的 routes 中增加一条或多路由即可（第 16～20 行即为新增路由），然后可直接导入或通过懒加载方式导入。

在 App.vue 中设置路由导航和应用路由出口展示路由，代码如下。

```
<template>
  <div id="nav">
    <router-link to="/">Home</router-link> |
    <router-link to="/about">About</router-link>
   <router-link to="/vuexTest">Vuex&Vue Router</router-link>
  </div>
  <router-view/>
</template>
<style>
  #app {
    font-family: Avenir, Helvetica, Arial, sans-serif;
    -webkit-font-smoothing: antialiased;
    -moz-osx-font-smoothing: grayscale;
    text-align: center;
    color: #2c3e50;
}
  #nav {padding: 30px;}
  #nav a {font-weight: bold;color: #2c3e50;}
  #nav a.router-link-exact-active {color: #42b983;}
</style>
```

在使用 Vue 3.0 的路由时，模板中仍然可以使用 router-link，但是与在 setup() 函数中使用有所不同，部分参考代码如下。

```
<script>
//首先的从 vue-router 中导入 useRouter
import { useRouter } from "vue-router";
export default {
  setup() {
    //实例化路由
```

```
7.      const router = useRouter();
8.      router.push("/");
9.    }
10. };
11. </script>
```

在 Vue 3.0 中使用路由时需要显式导入 userRouter（如第 3 行所示），然后在 setup() 函数内部定义路由器（如第 7 行所示），再使用路由管理器的 push() 方法变更路由（如第 8 行所示）。

2. Vue 3.0 中的 Vuex

修改 src/store/index.js 文件。在 Vue 3.0 中需要导入 createStore API，然后定义 state、mutations、actions、modules 等核心属性。部分参考代码如下。

```
import {createStore} from 'vuex'
export default createStore({
  state: {
    person: {
      name: '储久良',
      age: 55,
      sex: '男'
    },
    project: 'Vue 3.0 状态共享应用'
  },
  mutations: {
     setPersonAge(state, value) {
       state.person.age = value
     }
  },
  actions: {},
  modules: {}
})
```

Vuex 的语法和 API 基本没有改变，在 state 中创建了 person、project 等状态，在 mutations 中添加了修改 person.age 状态的 setPersonAge() 方法。

Vue 3.0 中 Vuex 的 setup() 函数的使用有所不同。部分参考代码如下。

```
1.  import { toRefs, reactive } from "vue";
2.  import { useStore } from "vuex";
3.  export default {
4.    setup() {
5.      const state = reactive({
6.        name: ''
7.      })
8.      const store = useStore()
9.      state.name = store.state.name
10.     return {
11.       ...toRefs(state)
12.     ...toRefs(store.state.person)
13.     }
14.   }
15. };
```

在 Vue 3.0 中使用 Vuex 时需要显式导入 useStore，然后在 setup() 函数内定义 store（如第 8 行所示），并在其中定义相关方法去调用相关的 mutations 和 actions，最后将 store.state 中的相关属性通过 toRefs() 函数转换为普通的响应式数据（如第 12 行所示），供模板使用。

【例 12-8】 Vue 3.0 中的 Vuex 和 Vue Router 应用。项目要求：①在默认两个导航的基础上添加一个导航 Vuex&Vue Router，导航对应的路径为 vuexTest，对应的组件为

VuexRouter.vue；②分别修改 src/router/index.js、src/store/index.js、App.vue 等文件。页面效果如图 12-22 所示。

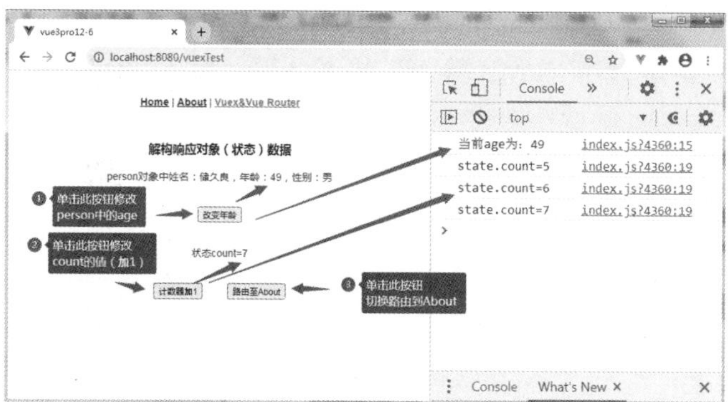

图 12-22　Vue 3.0 中 Vuex 和 Vue Router 的应用

（1）定义组件 VuexRouter.vue。

```
<!-- VuexRouter.vue -->
<template>
  <div>
    <h3>解构响应对象（状态）数据</h3>
    <p>person 对象中姓名：{{name}}，年龄：{{age}}，性别：{{sex}}</p>
    <button @click="changeAge">改变年龄</button>
    <p>状态 count={{count}}</p>
    <button @click="addOne">计数器加 1</button>
    <button @click="gotoAbout">路由至 About</button>
  </div>
</template>
<script>
  import {toRefs} from "vue";
  import {useStore} from "vuex";
  import {useRouter} from "vue-router";
  export default {
    setup() {
      const store = useStore();
      const addOne = (() => {//调用 mutation
        store.commit('addOne')
      })
      const changeAge = () => {//调用 mutation，随机增加
        let ranNum = Math.floor(Math.random() * 20 + 40)
        store.commit("setPersonAge", ranNum);
      };
      //使用 vue-router
      const router = useRouter();
      const gotoAbout = () => {//切换路由
        router.push("About");
      };
      return {
        changeAge,
        addOne,
        gotoAbout,
        ...toRefs(store.state.person),
        ...toRefs(store.state)
      };
    }
  };
</script>
```

上述代码中，第 3～10 行在 div 中使用 setup() 函数返回的状态数据，并定义“改变年龄”“计数器加 1”“路由至 About”3 个按钮，分别绑定 changeAge（随机生成 40～59 的整数并触发带参数的 setPersonAge）、addOne、gotoAbout（切换路由到 About）方法。第 13～15 行分别导入 toRefs、useStore、useRouter 等 API。第 17～38 行定义 setup()函数，在其中定义 store、router 对象，并定义 changeAge、addOne、gotoAbout 等 3 个方法。其中，第 31～37 行将所有定义的属性和方法返回，供模板使用，其中将 store.state 转换为普通对象，具有响应性。

（2）修改 App.vue 组件。

```
1.  <template>
2.    <div id="nav">
3.      <router-link to="/">Home</router-link> |
4.      <router-link to="/about">About</router-link> |
5.      <router-link to="/vuexTest">Vuex&Vue Router</router-link>
6.    </div>
7.    <router-view />
8.  </template>
9.  <style>
10.   #app {
11.     font-family: Avenir, Helvetica, Arial, sans-serif;
12.     -webkit-font-smoothing: antialiased;
13.     -moz-osx-font-smoothing: grayscale;
14.     text-align: center;color: #2c3e50;
15.   }
16.   #nav {padding: 30px;}
17.   #nav a {font-weight: bold;color: #2c3e50;}
18.   #nav a.router-link-exact-active {color: #42b983;}
19.   button {margin: 20px;}
20. </style>
```

上述代码中，第 3 行和第 4 行后面分别加一个分隔符“|”。第 5 行为新定义的导航 Vuex&Vue Router，并设置 to 属性为/vuexTest。第 19 行定义命令按钮的样式为边界 20px。

（3）修改 src/router/index.js。

```
import { createRouter, createWebHistory } from 'vue-router'
import Home from '../views/Home.vue'
const routes = [
  {
    path: '/',
    name: 'Home',
    component: Home
  },
  {
    path: '/about',
    name: 'About',
    //route level code-splitting
    //this generates a separate chunk (about.[hash].js) for this route
    //which is lazy-loaded when the route is visited.
    component: () => import(/* webpackChunkName: "about" */ '../views/About.vue')
  },
  {
    path:'/vuexTest',
    name:'VuexRouter',
    component: () => import('../views/VuexRouter.vue')
  }
]
const router = createRouter({
 history: createWebHistory(process.env.BASE_URL),
```

```
25.     routes
26.  })
27.  export default router
```

上述代码中，第 17～21 行为新增加的一条路由，分别设置 path、name、component 等路由属性。第 20 行为按需加载 VuexRouter.vue 组件。

（4）修改 src/store/index.js。

```
1.   import {createStore} from 'vuex'
2.   export default createStore({
3.     state: {
4.       person: {
5.         name: '储久良',
6.         age: 55,
7.         sex: '男'
8.       },
9.       project: 'Vue3.0 状态共享应用',
10.      count:0
11.    },
12.    mutations: {
13.       setPersonAge(state, value) {    //改变年龄
14.         state.person.age = value
15.         console.log('当前 age 为: '+state.person.age)
16.       },
17.       addOne(state){                  //count 增 1
18.         state.count++
19.         console.log('state.count='+state.count)
20.       }
21.    },
22.    actions: {},
23.    modules: {}
24.  })
```

上述代码中，第 1 行导入 createStore API。第 2～24 行创建默认仓库。其中，第 3～11 行在 state 中定义 person 对象、project 字符串和 count 数值型状态属性；第 12～21 行定义 setPersonAge（状态 person 中改变 age 并控制台输出）、addOne（状态 count 加 1 并控制台输出）等两个 mutations。

12.3.7　Vue 3.0 生命周期

除了 ref()、reactive()、computed()、watch()、watchEffect()、toRef()、toRefs() 等这些函数外，Vue 3.0 还增加了一些生命周期，可以显式导入形如 onXXX 的一系列函数注册生命周期钩子。

1. Vue 3.0 生命周期函数（组合式 API）

Vue 3.0 与 Vue 2.x 生命周期函数相对应的组合式 API 如表 12-1 所示。

表 12-1　Vue 3.0 与 Vue 2.x 生命周期对应表

序　号	Vue 3.0 生命周期	说　　明	Vue 2.0 生命周期
1	setup()	初始化数据阶段（创建前）	beforeCreate()
2	setup()	已经创建完成	created()
3	onBeforeMount()	组件挂载前	beforeMount()

续表

序　号	Vue 3.0 生命周期	说　　明	Vue 2.0 生命周期
4	onMounted()	实例挂载完毕	mounted()
5	onBeforeUpdate()	响应式数据变化前	beforeUpdate()
6	onUpdated()	响应式数据变化完成	updated()
7	onBeforeUnmount()	实例销毁前	beforeDestroy()
8	onUnmounted()	实例已销毁	destroyed()
9	onErrorCaptured()	错误数据捕捉	errorCaptured()

从表 12-1 中可以看出，除移出 beforeCreate() 和 created() 这两个函数，改变为 setup() 函数，其余函数都是在 Vue 2.x 生命周期函数前面加上 on 前缀。另外，钩子实例销毁前与实例已销毁函数名称也变更了。

2. 生命周期函数使用方法

在<script>标记中显式导入，然后在 setup() 函数中定义相关钩子函数即可。部分钩子函数应用代码如下。

```
import { onMounted, onUpdated, onUnmounted } from 'vue'

const MyComponent = {
  setup() {
    onMounted(() => {
      console.log('mounted!')
    })
    onUpdated(() => {
      console.log('updated!')
    })
    onUnmounted(() => {
      console.log('unmounted!')
    })
  },
}
```

这些生命周期钩子注册函数只能在 setup() 函数期间同步使用，因为它们依赖于内部的全局状态定位当前组件实例（正在调用 setup() 函数的组件实例），不在当前组件下调用这些函数会抛出一个错误。生命周期的用法和 Vue 2.x 无太大的区别，只是使用的时候记得把 API 导入进来。

12.3.8　provide() 和 inject() 函数

通常，需要将数据从父组件传递到子组件时，使用可以 props。但当遇到一些深层嵌套的组件，深层嵌套子组件需要使用父组件中的数据时，如果仍然通过 props 传递到整个组件链，显示十分烦琐。在此情况下，使用 provide() 和 inject() 函数实现，功能类似于 Vue 2.x 中的 provide/inject，这两个函数只能在 setup() 函数中使用。

父组件可以充当其所有子组件的依赖项提供者，而不管组件层次结构有多深，如图 12-23 所示。该功能分为以下两部分。

（1）在父组件中使用 provide() 函数向下传递数据。

（2）在子组件中使用 inject() 函数获取上层传递过来的数据。

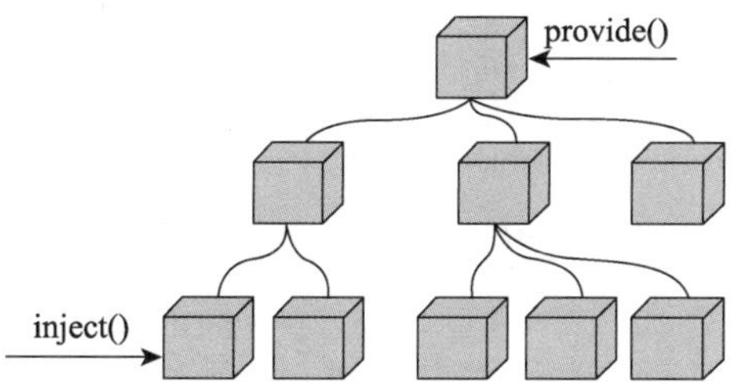

图 12-23　父组件与子组件之间的数据传递

父组件需要显式导入 provide API，然后再使用。深层嵌套组件中的数据共享可分为普通数据共享和 ref 或 reactive 响应式数据共享。部分代码如下。

```
import {
  provide
} from "vue";
...
setup() {
  const bookImg = ref(1)
  provide('book', bookImg);      //共享 ref 响应式数据
  provide('color', 'red');       //共享普通数据
  provide('geolocation', {       //共享一个对象
    longitude: 90,
    latitude: 135
  })
  return {
    bookImg
  }
}
```

provide() 函数允许通过两个参数定义 property：第 1 个参数是 property 的 name（String 类型）；第 2 个参数是 property 的 value。

子组件中需要显式导入 inject API，然后后代组件就可以共享父组件的数据。部分代码如下。

```
import { inject } from "vue";
…
setup() {
     const newcolor = inject('color')
     const num=inject('book')
     watchEffect(()=>{    //动态监测
        console.log(num.value)
     })
     return {  //返回供组件使用
       newcolor,
       num
     }
  }
```

inject() 函数有两个参数：第 1 个参数是要注入的 property 的 name；第 2 个参数是默认值（可选）。

【例 12-9】 Vue 3.0 中 provide() 和 inject() 函数的应用。项目要求：父组件提供数据，子组件、孙组件共享父组件数据。页面效果如图 12-24 所示。

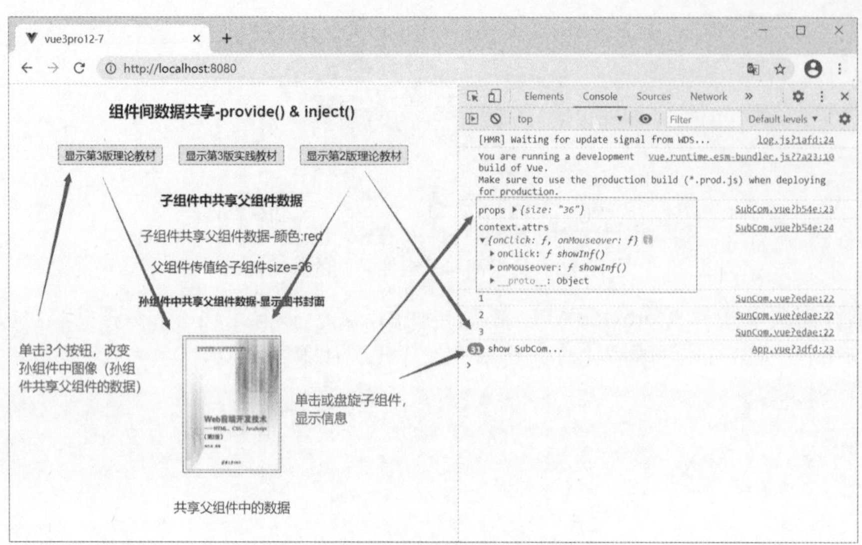

图 12-24　嵌套组件数据共享及传值

在当前工作目录下，创建 Vue 3.0 项目，项目名称为 vue3pro12-7，依次输入以下指令。

```
vue create vue3pro12-7
cd vue3pro12-7
vue add vue-next
npm install vue-loader-v16 -D
npm run serve
```

上述指令执行完成后，在浏览器的地址栏中输入 http://localhost:8080，即可访问项目默认首页。然后修改 App.vue 组件，创建 SubCom.vue 和 SunCom.vue 两个组件。在 App.vue 组件中传递参数给 SunCom.vue 组件，同时通过 Vue 3.0 中 provide() 方法为子组件和孙组件提供共享数据（普通数据和 ref 响应式数据），分别在子组件 SubCom.vue 和 SunCom.vue 中通过 Vue 3.0 中的 inject() 函数依赖注入父组件提供的各种数据。每个组件的代码如下。

（1）修改 App.vue 组件。

```
<template>
  <div id="app">
    <h1>组件间数据共享-provide() & inject()</h1>
    <button @click="bookImg=1">显示第 3 版理论教材</button>
    <button @click="bookImg=2">显示第 3 版实践教材</button>
    <button @click="bookImg=3">显示第 2 版理论教材</button>
    <SubCom @click="showInf"  @mouseover='showInf' size='36'>子组件</SubCom>
  </div>
</template>
<script>
  import SubCom from './components/SubCom.vue'
  import {provide,ref} from 'vue'
  export default {
    name: 'App',
    components: {
      SubCom
    },
    setup() {
      const bookImg = ref(1)
      provide('book', bookImg);      //共享 ref 响应式数据
      provide('color', 'red');       //共享普通数据
      const showInf=(()=>{
```

```
23.         console.log("show SubCom...")
24.       })
25.       return {
26.         bookImg,
27.         showInf
28.       }
29.     }
30.   }
31. </script>
32. <style>
33.   #app {
34.     font-family: Avenir, Helvetica, Arial, sans-serif;
35.     -webkit-font-smoothing: antialiased;
36.     -moz-osx-font-smoothing: grayscale;
37.     text-align: center;color: #2c3e50;
38.   }
39.   button {margin: 10px;}
40. </style>
```

上述代码中，第 4～6 行定义 3 个按钮，均绑定 click 事件，属性值为赋值表达式，分别将 1、2、3 赋值给 bookImg，用于切换不同的图书封面。第 7 行使用子组件 SubCom，并绑定两个事件，分别为 click、mouseover，其值均为 showInf，同时传递一个参数 size。第 11 行导入子组件 SubCom。第 12 行导入 provide API。第 15～17 行注册子组件。第 18～29 行定义 setup() 函数。其中，第 19～20 行定义一个 ref 对象 bookImg，用于共享父组件提供的响应式数据 book；第 21 行提供普通共享数据 color；第 22～24 行定义 showInf 方法，用于控制台输出“show SubCom...”；第 25～28 行返回所有属性和方法供模板使用。

（2）定义 SubCom.vue 组件。

```
<!-- 子组件 SubCom.vue -->
<template>
  <div>
    <h2>子组件中共享父组件数据</h2>
    <p :style="{color:newcolor}">子组件共享父组件数据-颜色:{{ newcolor }}</p>
    <p>父组件传值给子组件 size={{size}}</p>
    <SunCom></SunCom>
  </div>
</template>
<script>
  import SunCom from './SunCom.vue'
  import { inject } from 'vue'
  export default {
    name:'SubCom',
     components:{
       SunCom
     },
     props: {
       size: String
     },
    setup(props,context) {
      const newcolor = inject('color')
      console.log('props',{...props})
      console.log('context.attrs',{...context.attrs})
      return {
        newcolor
      }
    }
```

```
29.     }
30.  </script>
```

上述代码中，第 5 行<p>标记绑定 style 属性，属性值中使用父组件提供的 color 数据，传递颜色改变段落文字显示效果，并显示颜色的值。第 6 行中 size 数据是父组件通过 props 传递给子组件的。第 11 行导入子组件 SunCom。第 12 行导入 inject API。第 15～17 行注册子组件。第 18～20 行父组件传递数据 size 给子组件，类型为字符串。第 21～28 行定义 setup() 函数，setup() 函数可以接收两个参数，分别为 props 和 context。props 对象返回所有的父组件传递过来的数据；context 相当于 Vue 2.x 中的 this，但 setup() 函数内不支持。其中，定义注入变量 newcolor，用于共享父组件提供的 color。第 23 行控制台输出 props 对象（此处为{size:‘36’}）；第 24 行控制台输出 context.attrs，结果为在父组件中绑定的两个方法，分别为 onClick 和 onMouseover，如图 12-25（a）所示。如果将第 6 行和第 18～20 行代码注释掉，则会将 props 参数合并在 context.attrs 中输出，如图 12-25（b）所示。

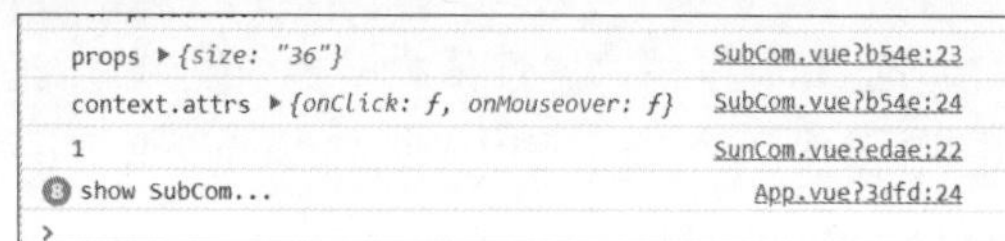

（a）子组件中设置 props 属性

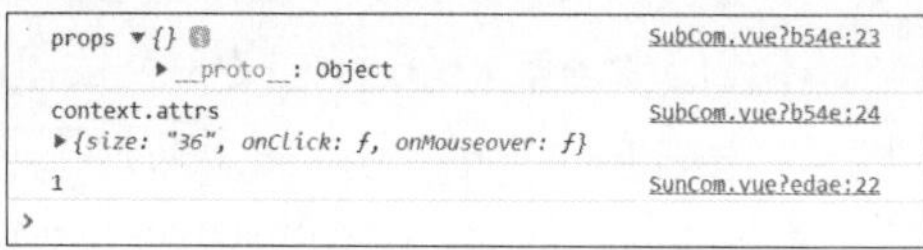

（b）子组件中未设置 props 属性

图 12-25　setup() 函数打印信息比较

注意： props 要先声明才能取值，context.attrs 不用先声明。在 props 声明过的属性，context.attrs 中不会再出现。在 props 中不可以声明方法，即 props 不包含事件，但 context.attrs 可以包含事件。

（3）SunCom.vue 组件文件，代码如下。

```
<!-- 孙组件 SunCom.vue -->
<template>
  <div>
    <h4>孙组件中共享父组件数据-显示图书封面</h4>
    <img :src="'${publicPath}img/img12-${num}.jpg'" alt=""/>
    <p :style="{color:newcolor}">共享父组件中的数据</p>
  </div>
</template>
<script>
  import { inject,watchEffect } from 'vue'
  export default {
    name: 'SunCom',
    data(){
      return{
        publicPath: process.env.BASE_URL
      }
    },
    setup() {
      const newcolor = inject('color')
      const num=inject('book')
      watchEffect(()=>{
         console.log(num.value)
      })
      return {
        newcolor,
        num
      }
```

```
28.     }
29.   }
30. </script>
31. <style>
32.   img{
33.     border:1px solid green;width:120px;height: 180px;
34.     border-color: red;margin: 10px;
35.   }
36. </style>
```

上述代码中，第 5 行<img>标记绑定 src 属性，属性值是模板字面量，其中含有 publicPath 和父组件提供的数据 num，其中模板字面量中变量需要使用${}包裹起来（如${publicPath}、${num}），作为占位符，一起拼成图像路径名称。第 6 行绑定 style 属性，其值为对象，共享父组件提供的 newcolor，传递一个颜色字符串。第 10 行导入 inject、watchEffect 两个 API。第 13～17 行返回静态文件路径 publicPath。第 18～28 行定义 setup() 函数，其中定义两个注入变量 newcolor 和 num，分别接收父组件提供的 color、book，同时侦听 num 的变化，最后返回 newcolor 和 num。

注意： Vue 3.0 项目中的 public 文件夹的使用方法，可以参考 Vue CLI 官方网站（https://cli.vuejs.org/zh/guide/html-and-static-assets.html#public-文件夹）。

12.3.9　组合式 API

在 Vue 2.x 中，组织代码是在一个 Vue 文件中通过 methods、computed、watch、data 等选项中定义属性和方法共同处理页面逻辑，这种组织代码的方式为 Options API（选项式 API），但这种方式有一定的局限性。一个功能往往需要在不同的 Vue 配置项中定义属性和方法，比较分散，项目小还好，清晰明了，但当项目规模较大时，methods 中可能包含 20 多个方法，往往分不清哪个方法对应着哪个功能。

在 Vue 3.0 中，代码是根据逻辑功能组织的，一个功能所定义的所有 API 会放在一起（更加高内聚、低耦合），这样做，即使项目很大，功能很多，都能快速地定位到这个功能所用到的所有 API，而不像 Vue 2.x Options API 中一个功能所用到的 API 都是分散的，需要改进功能时，寻找 API 很费劲。

Composition API（组合式 API）为组件代码的组织提供了更大的灵活性。现在不需要总是通过选项组织代码，而是可以将代码组织为处理特定功能的函数。这些 API 还使组件之间甚至组件之外逻辑的提取和重用变得更加简单。此处以尤雨溪的 demo 为例再次说明其作用。这是一段有关鼠标和键盘操作的功能代码，将其写入 HelloWorld.vue 组件中，并将原来组件中的内容删除。

【例 12-10】 Composition API 应用。创建项目 vue3pro12-8，项目要求：修改 HelloWorld.vue 组件，并在其中定义 useMouse() 函数（记录鼠标的位置）、useKeyBoard() 函数（状态取反）、display10RanNum() 函数（随机产生 10 个 10～99 的正整数）等，然后再复用它们。页面效果如图 12-26 所示。

```
<!-- 修改 HelloWorld.vue -->
<template>
  <div>
    <h3>
      {{status?'键盘事件':'鼠标位置'}}-{{status?'${x}-${y}':'${y}-${x}'}}
```

```
    </h3>
    <p>随机产生10个10～99的正整数：{{numArr}}</p>
  </div>
</template>
<script>
  import {reactive,onMounted,onUnmounted,toRefs,ref} from "vue";
  //返回鼠标位置
  const useMouse = () => {
    const state = reactive({
      x: 0,
      y: 0
    });
    const update = e => {  //更新鼠标的位置
      state.x = e.pageX;
      state.y = e.pageY;
    };
    onMounted(() => {       //当装载时，侦听鼠标移动事件，更新位置
      window.addEventListener("mousemove", update);
    });
    onUnmounted(() => {    //当卸载时，移去侦听鼠标移动事件，更新位置
      window.removeEventListener("mousemove", update);
    });
    return toRefs(state);  //返回转换对象x,y
  };
  //监控键盘事件
  const useKeyBoard = () => {
    const status = ref(false);
    const update = () => {
      status.value = !status.value;
    };
    onMounted(() => {
      window.addEventListener("keypress", update);
    });
    onUnmounted(() => {
      window.removeEventListener("onkeydown", update);
    });
    return {
      status
    };
  };
   //随机产生10个10～99的正整数
  const display10RanNum=(()=>{
    const numArr=reactive([])
    for(var i=0;i<10;i++){
      numArr[i]=Math.floor(Math.random()*90+10)
    }
    console.log(numArr)
    return {
      numArr
    }
  })
  export default {
    name: "HelloWorld",
    setup() {
      console.log("HelloWorld")
      return {
        ...useMouse(),
        ...useKeyBoard(),
        ...display10RanNum()
      };
```

```
66.        }
67.     };
68.  </script>
```

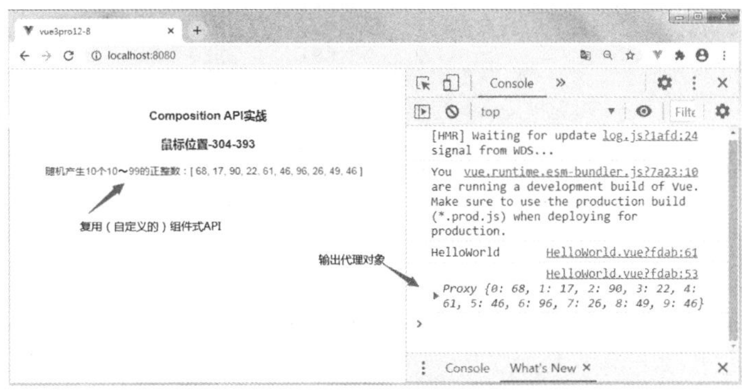

图 12-26　组合式 API 编程初步应用

上述代码中，第 4～6 行定义<h3>标记内容，根据逻辑量 status 的值条件显示鼠标位置（x,y）或侦听键盘事件（y,x），其中使用${x}、${y}作为变量占位符。第 7 行复用自定义 API 函数 display10RanNum()，并在页面上显示数据 numArr，同时在控制台输出 proxy 对象。第 11 行导入相关 API。第 13～29 行定义 useMouse() 函数，其中定义响应式变量 state，保存鼠标的位置（x,y），定义 update() 方法，将鼠标的当前位置值传给 state，并利用 onMounted、onUnmounted 侦听鼠标移动事件或移去侦听。其中，第 28 行返回 toRefs(state) 函数转换后的响应式对象 x 和 y，供调用者使用。第 31～45 行定义 useKeyBoard() 函数。其中，第 32 行定义 ref 响应式对象 status，其值默认为 False；第 33～35 行定义 update() 方法，将状态值取反，并利用 onMounted、onUnmounted 侦听 keypress 事件和移去 onkeydown 事件的侦听。第 47～52 行定义 display10RanNum() 函数，并在运行时完成在控制台输出数组。第 59～66 行定义 setup()函数。其中，第 61～65 行返回相关方法，通过展开运算符将 useMouse()、useKeyBoard() 和 display10RanNum() 函数在此处展开，也就是在 setup() 函数中复用这些函数的代码。

然后在 App.vue 文件中的相关位置增加部分代码即可完成功能展示。

在<template>标记中，插入组件标记。

```
<div id="app">
   <HelloWorld></HelloWorld>
   …
</div>
```

在<script>标记中，添加下列语句。

```
import HelloWorld from './components/HelloWorld.vue'
components: { HelloWorld }
```

完成上述操作后，就可以刷新页面，查看页面效果，如图 12-26 所示。

注意： Composition API 是根据逻辑相关性组织代码的，提高可读性和可维护性。基于函数组合的 API 更好地重用逻辑代码。在 Vue 2.x Options API 中通过 Mixins（混入）重用逻辑代码，容易发生命名冲突且关系不清。

12.3.10　模板 refs

当使用组合式 API 时，reactive、refs 和 template refs 的概念已经是统一的。为了获得对模板内元素或组件实例的引用，可以像往常一样在 setup() 函数中声明一个 ref 并返回它。下面结合项目来介绍具体的应用。

在当前工作目录下，创建 Vue 3.0 项目，项目名称为 vue3pro12-9，依次输入下列指令。

```
vue create vue3pro12-9
cd vue3pro12-9
vue add vue-next
npm install vue-loader-v16 -D
npm run serve
```

上述指令执行完成后，在浏览器的地址栏中输入 http://localhost:8080，即可访问项目默认首页。

然后修改 App.vue 组件，创建 DemoRefs、DemoRender、DemoJsx、DemoVfor 等 4 个组件。在 App.vue 组件中分别导入、注册、使用各个组件。

【例 12-11】 ref 在 render()、JSX 和 v-for 中的应用。项目要求：模板 refs 的系列应用。页面效果如图 12-27 所示。

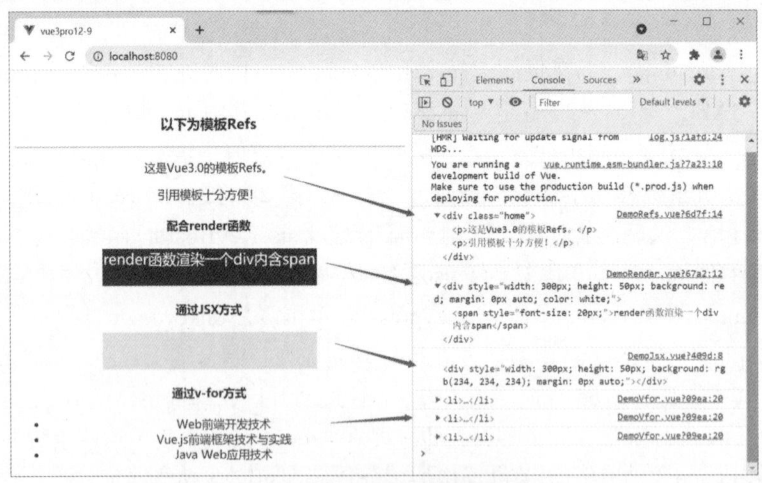

图 12-27　模板 refs 综合应用

（1）修改 App.vue 组件。

```
<template>
  <div id="app">
    <!-- 以下为使用模板 refs 的组件 -->
    <h3>以下为模板 refs</h3>
    <hr>
    <DemoRefs></DemoRefs>
    <h4>配合 render 函数</h4>
    <DemoRender></DemoRender>
    <h4>通过 JSX 方式</h4>
    <DemoJsx></DemoJsx>
    <h4>通过 v-for 方式</h4>
    <DemoVfor></DemoVfor>
  </div>
</template>
<script>
  //以下为导入模板 refs 组件
  import DemoRefs from './components/DemoRefs.vue'
  import DemoRender from './components/DemoRender.vue'
  import DemoJsx from './components/DemoJsx.vue'
```

```
  import DemoVfor from './components/DemoVfor.vue'
  export default {
    name: 'App',
    components: { //以下为模板 refs 组件注册
      DemoRefs,
      DemoRender,
      DemoJsx,
      DemoVfor
    },
  }
</script>
<style>
  #app {text-align: center;color: #2c3e50;margin-top: 60px;}
  button {margin: 10px;}
</style>
```

（2）定义 DemoRef.vue 组件。

```
<!-- DemoRefs.vue -->
<template>
  <div class="home" ref='root'>
    <p>这是 Vue 3.0 的模板 refs。</p>
    <p>引用模板十分方便！</p>
  </div>
</template>
<script>
  import {ref,onMounted} from 'vue';
  export default {
    setup() {
      const root = ref(null);          //定义 ref 响应式对象
      onMounted(() => {                //模板 ref 仅在渲染初始化后才能访问
        console.log(root.value)        //<div class="home"> ...</div>
      })
      return {
        root,
      }
    }
  }
</script>
```

（3）定义 DemoRender.vue 组件（配合 render() 函数）。

```
1.  <!-- DemoRender.vue -->
2.  <script>
3.    import {ref,onMounted,h} from "vue";
4.    export default {
5.      setup() {
6.        const root = ref(null);
7.        onMounted(() => { //输出 div 元素的内容
8.          console.log(root.value);
9.        });
10.       //render
11.       return () => h('div', {
12.         ref: root,
13.         style: "width:300px;height:50px;background:red;margin:0 auto color:white;"
14.       },[h('span',{style:'font-size:20px'},'render()函数渲染一个 div 内含 span')])
15.     }
16.   }
17. </script>
```

上述代码中，第 11～15 行配合 render()函数渲染出一个 div 元素，指定 ref 属性（值为 root），指定 style 属性，并为其赋值，内包裹一个子元素 span，内容为“render() 函数渲染一个 div 内含 span”，其文字大小为 20px。最终渲染一个宽 300px、高 50px、背景为红色、文字为白色、居中显示的 div。

注意：render() 函数语法如下。

```
return ()=>h(
  'div', //参数 1：一个 HTML 节点(必需)
  {style: 'color: red;font-size:14px',ref:'myRef'},//参数 2 ：一个 HTML 节点的属性(可选)
  [h('span',{style:font-size:20px},'子元素的内容')] //参数 3：HTML 节点的子节点，
                                    //或使用字符串来生成"文本节点" (可选)
)
```

（4）定义 DemoJsx.vue 组件（使用 JSX 语法）。

```
1.  <!-- DemoJsx.vue -->
2.  <script>
3.    import {ref,onMounted} from 'vue';
4.    export default {
5.      setup() {
6.        const root = ref(null);
7.        onMounted(() => { //输出 div 元素的内容
8.          console.log(root.value);
9.        });
10.     //JSX 返回一个 div 元素
11.       return () => < div ref = {
12.         root
13.       }
14.       style = "width:300px;height:50px;background:#EAEAEA;margin:0 auto;" / >
15.     }
16.   }
17. </script>
```

上述代码中第 11～15 行利用 JSX 返回一个 div 元素，该元素设置 ref 属性（值为 root），同时设置 style 属性，并为其赋值。最终输出一个宽 300px、高 50px、背景为#EAEAEA、居中显示的 div。

（5）定义 DemoVfor.vue 组件（模板 ref 在 v-for 中的使用）。

模板 ref 在 v-for 中使用 Vue 没有做特殊处理，需要使用函数型的 ref（Vue 3.0 提供的新功能）自定义处理方式。

```
<!-- DemoVfor.vue -->
<template>
   <ul>
    <li v-for="(item,i) in list" :ref="el => { divs[i] = el }" :key="i">
      {{item}}
    </li>
  </ul>
</template>
<script>
  import {ref,reactive,onBeforeUpdate,onMounted} from 'vue';
  export default {
    setup() {
      const list = reactive(['Web 前端开发技术', 'Vue.js 前端框架技术与实践', 'Java
      Web 应用技术']);
      const divs = ref([]);
      onBeforeUpdate(() => {
        divs.value = []; //确保在每次变更之前重置引用
      })
```

```
18.       onMounted(() => {      //, 输出每个列表标记及内容
19.         divs.value.forEach((v) => {
20.           console.log(v);    //逐项输出
21.         });
22.       })
23.       return {
24.         list,
25.         divs
26.       }
27.     }
28.   }
29. </script>
```

上述代码中，第 4 行通过 v-for 指令循环遍历所有列表项。需要动态设置 ref 属性，将每个列表项元素存储在 divs 数组中。第 10 行导入相关 API。第 11～28 行定义默认导出。其中在 setup() 函数中定义响应式对象 list 和 divs。定义两个钩子函数 onBeforeUpdate()（将 divs 置空）和 onMounted()（挂载时逐项输出列表项）。

12.4　Vue 3.0 购物车实战

结合 Vue 3.0 新特性实现一个简易商品导购网站的基本功能。创建 Vue 3.0 项目 vue3pro12-10。

12.4.1　项目设计要求

（1）使用 Vue 3.0 中集成的 Vue Router 实现两个基本页面导航功能。导航栏目分别为“商品导购”和“商品详情”。

（2）商品导购页面主要实现部分新款服装的展示，界面中包含基本信息为品名、单价、件数和“加入购物车”“详情”“我的购物车”等按钮，如图 12-28 所示。

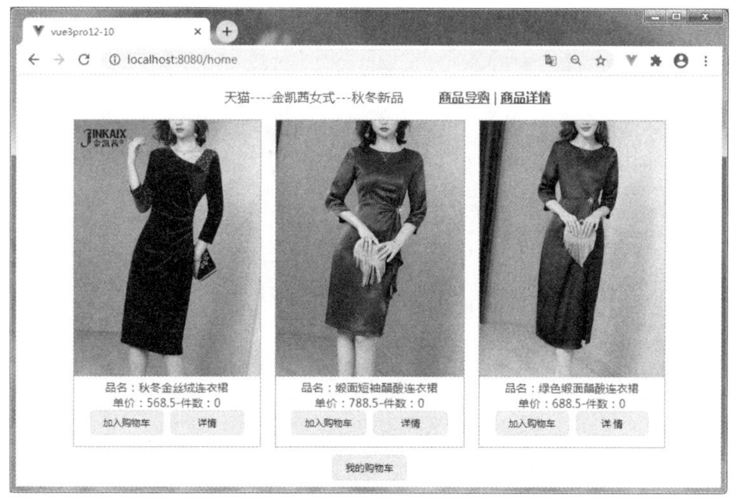

图 12-28　“商品导购”页面

（3）商品详情页面主要全方位地展示服装样式详情，提供“加入购物车”和“返回商品导购”按钮。该页面所有的服装图像都是响应式更新，能够根据在“商品导购”页面中所单

击的“详情”按钮传递的参数，自动进行图像加载和更新。详情页面上单击“加入购物车”按钮后，件数和小计与“商品导购”中的数据同步更新，并自动添加到我的购物车中，如图 12-29 所示。

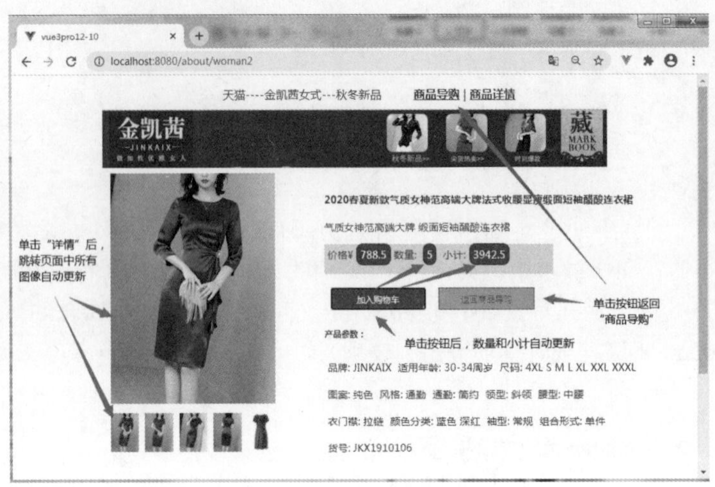

图 12-29　商品详情页面

（4）使用 Vue 3.0 中集成的 Vuex 存储相关商品信息。商品信息包含品名 name、数量 count、单价 price、标题 title、子标题 subTitle。另外，设置连衣裙类型 dressType、总计 total、总价 sum。连衣裙类型 dressType 取值有 woman1、woman2、woman3，与 3 种款式的裙子相对应；总计 total 中存放所有加入购物车中的物品的件数；总价 sum 保存所有购物车中物品的价格总和。

（5）实现“我的购物车”功能。使用表格展示所购商品明细表，包括各类服装的品名、件数、单价和小计、总件数和总价等信息，同时设置件数操作“+”“-”按钮，对购物车的商品数量进行增加和减少操作，操作时实现所有数据同步更新显示，如图 12-30 所示。

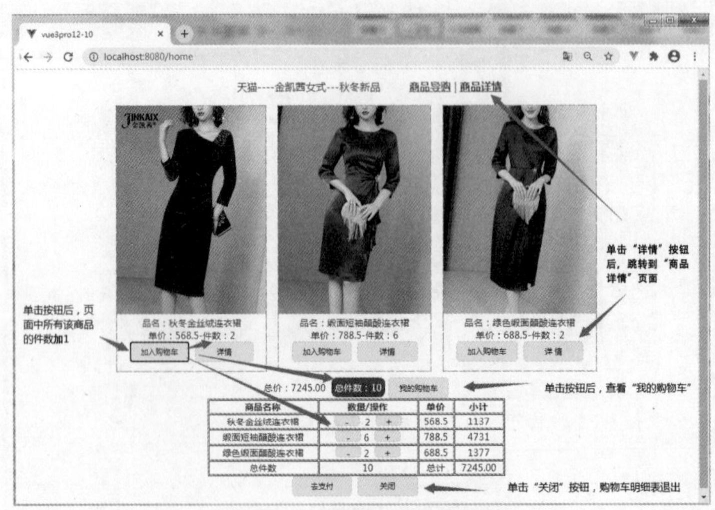

商品名称	数量/操作	单价	小计
秋冬金丝绒连衣裙	- 2 +	568.5	1137
缎面短袖醋酸连衣裙	- 6 +	788.5	4731
绿色缎面醋酸连衣裙	- 2 +	688.5	1377
总件数	10	总计	7245.00

图 12-30　我的购物车操作页面

（6）实现“去支付”简易功能。能够输出所购商品的总件数和合计总价等信息，如图 12-31 所示。

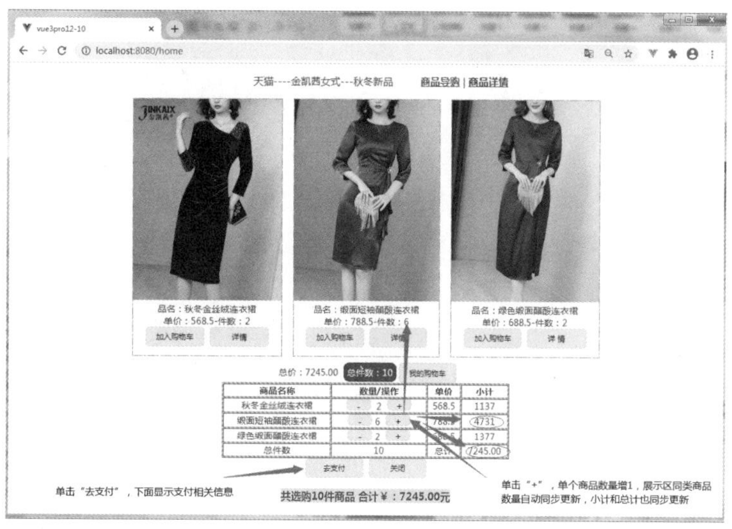

图 12-31　支付功能显示页面

12.4.2　项目实现

（1）创建 vue3pro12-10 项目。执行下列相关指令，完成项目初始化工作，如图 12-32 所示。

```
vue create vue3pro12-10
cd vue3pro12-10
vue add vue-next
npm run serve
```

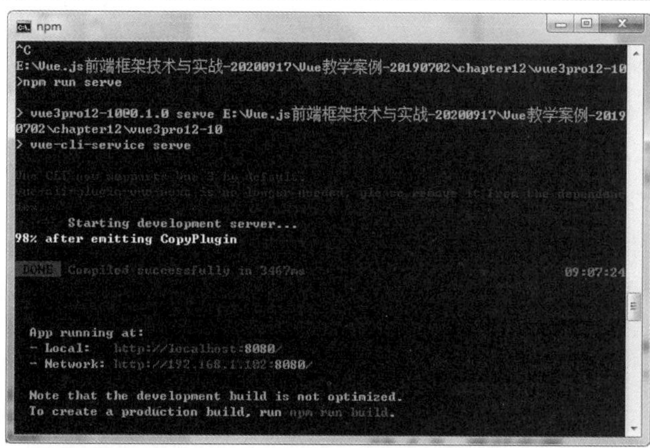

图 12-32　vue3pro12-10 项目启动本地开发服务

（2）项目主入口文件 main.js。

```
1.  import { createApp } from 'vue'
2.  import App from './App.vue'
3.  import router from './router'
4.  import store from './store'
5.  createApp(App).use(store).use(router).mount('#app')
```

上述代码中，第 5 行采用链式执行 Vue 3.0 新的 API 函数，功能是完成 App 创建、使用 Vuex、使用 Vue Router 和挂载等，与 Vue 2.x 略有不同。

（3）定义项目 App.vue 组件。

```
1.  <template>
2.    <div id="nav">
3.      <span id="header">天猫----金凯茜女式---秋冬新品</span>
4.      <router-link to="/home">商品导购</router-link> |
5.      <router-link :to="`/about/${dressType}`">商品详情</router-link>
6.    </div>
7.    <router-view />
8.  </template>
9.  <script>
10.   import {useStore} from 'vuex'
11.   import {ref,toRefs} from 'vue'
12.   export default {
13.     name: 'App',
14.     setup() {
15.       const store = useStore()
16.       const dressType = ref(store.state.dressType)
17.       return {
18.         dressType,
19.         ...toRefs(store.state)
20.       }
21.     }
22.   }
23. </script>
24. <style>
25.   #app {text-align: center;color: #2c3e50;}
26.   #nav {padding: 10px;font-size: 18px;}
27.   #nav a {font-weight: bold;color: #2c3e50;}
28.   #nav a.router-link-exact-active {color: red;}
29.   #header {margin: 0 50px;}
30. </style>
```

上述代码中，第 5 行绑定 to 属性，属性值为动态路由参数，根据 dressType 值（woman1、woman2、woman3）的不同跳转到不同的商品详情页面，如/about/woman1。第 10 行导入 useStore()、ref()、toRefs() 函数等。第 14～21 行定义 setup() 函数。其中，第 15 行创建 store 对象；第 16 行从 store 对象中获取响应式对象 dressType，用于响应式更新页面元素的内容；第 17～20 行返回 dressType 和 toRefs() 函数转换的 store.state 中的所有独立的响应式对象，在模板中可以直接使用。

（4）定义 Home.vue 组件，主要用于展示新款连衣裙，并显示相关信息和操作按钮。

```
<template>
  <div class="hello">
    <div>
      <ul>
        <li>
          <div id="goods">
            <img :src="`${publicPath}img/woman1-1-1.jpg`" alt="" />
            <p>品名：{{woman1.name}}</p>
            <p><span>单价：{{woman1.price}}</span>-<span>件数：{{woman1.count}}
            </span></p>
            <div>
              <p>
                <button @click="addCart('woman1')">加入购物车</button>
                <button @click="goDetails('woman1')">详情</button>
              </p>
            </div>
          </div>
        </li>
        <li>
```

```
        <div id="goods">
          <img :src="`${publicPath}img/woman2-1-1.jpg`" alt="" />
          <p>品名：{{woman2.name}}</p>
          <p><span>单价：{{woman2.price}}</span>-<span>件数：{{woman2.count}}
          </span></p>
          <div>
            <p>
              <button @click="addCart('woman2')">加入购物车</button>
              <button @click="goDetails('woman2')">详情</button>
            </p>
          </div>
        </div>
      </li>
      <li>
        <div id="goods">
          <img :src="`${publicPath}img/woman3-1-1.jpg`" alt="" />
          <p>品名：{{woman3.name}}</p>
          <p><span>单价：{{woman3.price}}</span>-<span>件数：{{woman3.count}}
          </span></p>
          <div>
            <p>
              <button @click="addCart('woman3')">加入购物车</button>
              <button @click="goDetails('woman3')">详 情</button>
            </p>
          </div>
        </div>
      </li>
    </ul>
    <div id="myCart">
      <p>
        <span id="sum" v-show="total>0">总价：{{sum}}</span><span id="total"
        v-show="total>0">总件数：{{total}}</span>
        <button @click="myCart">我的购物车</button>
      </p>
      <div id="myCartList" :style="{display:blockNone}">
        <div v-show="total">
          <table align="center" border="1" width="520px">
            <thead>
              <tr>
                <th>商品名称</th><th>数量/操作</th>
                <th>单价</th><th>小计</th>
              </tr>
            </thead>
            <tbody>
              <tr v-show="woman1.count">
                <td>{{woman1.name}}</td>
                <td>
                  <button @click="reduce('woman1')">-</button> {{woman1.count}}
                  <button @click="add('woman1')">+</button>
                </td>
                <td>{{woman1.price}}</td>
                <td>{{woman1.count*woman1.price.toFixed(2)}}</td>
              </tr>
              <tr v-show="woman2.count">
                <td>{{woman2.name}}</td>
                <td>
                  <button @click="reduce('woman2')">-</button>{{woman2.count}}
                  <button @click="add('woman2')">+</button></td>
                <td>{{woman2.price}}</td>
                <td>{{woman2.count*woman2.price.toFixed(2)}}</td>
```

```
              </tr>
              <tr v-show="woman3.count">
                <td>{{woman3.name}}</td>
                <td>
                  <button @click="reduce('woman3')">-</button>{{woman3.count}}
                  <button @click="add('woman3')">+</button>
                </td>
                <td>{{woman3.price}}</td>
                <td>{{woman3.count*woman3.price.toFixed(2)}}</td>
              </tr>
            </tbody>
            <tfoot>
              <tr>
                <td>总件数</td><td>{{total}}</td>
                <td>总计</td><td>{{sum}}</td>
              </tr>
            </tfoot>
          </table>
          <p id="but3"> <button @click="pay">去支付</button><button @click=
          "close">关闭</button> </p>
          <h3> <span id="pay" ref="cart"></span> </h3>
        </div>
      </div>
    </div>
  </div>
</div>
</template>
<script>
  import {useRouter} from 'vue-router'
  import {useStore} from 'vuex'
  import {toRefs,ref} from 'vue'
  export default {
    name: 'Home',
    data() {
      return {
        publicPath: process.env.BASE_URL,
      }
    },
    setup() {
      const store = useStore()
      const router = useRouter()
      const addCart = ((val) => {
        store.commit('addOne')
        //同时修改每类服装的小件数
        store.commit('addOneSub', val)
        store.commit('changeSum')
      })
      //购物车数量操作+/-
      const add = ((val) => { // +
        store.commit('addOne')
        //同时修改每类服装的小件数
        store.commit('addOneSub', val)
        store.commit('changeSum')
      })
      const reduce = ((val) => { // -
        store.commit('reduceOne')
        //同时修改每类服装的小件数
        store.commit('reduceOneSub', val)
        store.commit('changeSum')
      })
```

```
135.      //关闭按钮设置
136.      const close = (() => {                    //将购物车的 div 不显示
137.        blockNone.value = "none"
138.      })
139.      const blockNone = ref('none')             //默认我的购物车的 div 不显示
140.      const myCart = (() => {
141.        blockNone.value = "block"
142.        //将去支付信息置空
143.        cart.value.innerHTML = ""
144.      })
145.      const cart = ref(null)
146.      const pay = (() => {                      //去支付，显示支付信息
147.        if (store.state.total > 0) {
148.          cart.value.innerHTML = "共选购" + store.state.total + "件商品\n" + "
            合计￥：" + store.state.sum + "元"
149.        }
150.      })
151.      const goDedails = ((val) => {
152.        store.commit('changeDressType', val) //动态修改 state.dressType
153.        router.push('/about/' + val)          //动态路由跳转
154.      })
155.      return {
156.        addCart,goDedails,myCart,pay,blockNone,close,
157.        cart,add,reduce,
158.        ...toRefs(store.state),
159.      }
160.    }
161.  }
162. </script>
163. <style scoped>
164.   ul {list-style-type: none;margin: 0;padding: 0;}
165.   li {margin: 10px;display: inline-block;}
166.   li img {width: 265px;margin: 0 auto;}
167.   #goods {clear: both;width: 265px;height: 450px;border: 1px dotted #008000;}
168.   button {width: 105px;height: 35px;border: 1px solid #aaffff;
169.     border-radius: 6px;margin: 0 5px;background-color: #EDEDED;}
170.   table button {width: 45px;height: 20px;border: 1px solid #aaffff;
171.     border-radius: 6px;margin: 0 5px;background-color: #EDEDED;font-size: 18px;}
172.   #total {
173.     color: white;background: red;padding: 5px;border-radius: 10px;
174.     width: 40px;height: 40px;border: 1px dotted #0000FF;
175.   }
176.   p {margin: 0 auto;padding: 0 auto;}
177.   #sum {margin: 0 10px;}
178.   #but3 {color: red;}
179.   #myCartList {width: 530px;text-align: center;margin: 0 auto;}
180.   #myCartList {display: none;}
181.   #pay {background: #aaffff;width: 180px;height: 35px;color: red;}
182. </style>
```

上述代码中，第 4～44 行定义无序列表，用于显示 3 款连衣裙的相关信息，显示品名、单价和购买件数，并定义两个按钮“加入购物车”“详情”。第 45～98 行定义购买商品总价和购买总件数，并定义“我的购物车”按钮。当用户单击任意一个“加入购物车”按钮时，由于采用 Vuex 共享状态数据，所对应的商品的总价和总件数都同时发生同步更新。当单击“我的购物车”按钮时，将会把显示购物车的明细清单的 div 的 display 属性由 none 改为 block，显示 div，同时也显示另外“去支付”“关闭”两个按钮。单击“关闭”按钮，会隐藏购物车明细清单。单击“去支付”按钮，通过 ref 引用 DOM 元素，显示购买总件数和总价。

第 106～161 行定义默认导出相关属性和方法。其中在 setup() 函数中定义 addCart（调用相关数量加 1 和改变总价的 mutations）、add（我的购物车中件数加 1 操作）、reduce（我的购物车中件数减 1 操作）、close（关闭购物车明细清单）、myCart（显示购物车明细清单）、pay（去支付）、goDetails（切换路由到详情页面）等方法。

（5）定义 About.vue 组件，主要用于展示新款连衣裙，并显示相关信息和操作按钮。

```
<template>
    <div class="about">
        <div> <img id="logo" :src="`${publicPath}img/logo.jpg`" /> </div>
        <div id="left">
            <div id="largeImg"><img :src="`${publicPath}img/${dressType}-l-${no}.jpg`" alt=""> </div>
            <div id="smallImg">
                <ul>
                    <li><a @click="no=1"><img :src="`${publicPath}img/${dressType}-s-1.jpg`" alt=""></a></li>
                    <li><a @click="no=2"><img :src="`${publicPath}img/${dressType}-s-2.jpg`" alt=""></a></li>
                    <li><a @click="no=3"><img :src="`${publicPath}img/${dressType}-s-3.jpg`" alt=""></a></li>
                    <li><a @click="no=4"><img :src="`${publicPath}img/${dressType}-s-4.jpg`" alt=""></a></li>
                    <li><a @click="no=5"><img :src="`${publicPath}img/${dressType}-s-5.jpg`" alt=""></a></li>
                </ul>
            </div>
        </div>
        <div id="right">
            <h4 v-if="dressType=='woman1'">{{woman1.title}}</h4>
            <h4 v-if="dressType=='woman2'">{{woman2.title}}</h4>
            <h4 v-if="dressType=='woman3'">{{woman3.title}}</h4>
            <p id="red" v-if="dressType=='woman1'">{{woman1.subTitle}} </p>
            <p id="red" v-if="dressType=='woman2'">{{woman2.subTitle}} </p>
            <p id="red" v-if="dressType=='woman3'">{{woman3.subTitle}} </p>
            <p id="price" v-if="dressType=='woman1'">
                价格¥<span id="number">{{woman1.price}}</span>
                数量:<span id="number">{{woman1.count}}</span>
                小计:<span id="number">{{woman1.count*woman1.price}}</span>
            </p>
            <p id="price" v-if="dressType=='woman2'">
                价格¥<span id="number">{{woman2.price}}</span>数量: <span id="number">{{woman2.count}}</span>
                小计:<span id="number">{{woman2.count*woman2.price}}</span>
            </p>
            <p id="price" v-if="dressType=='woman3'">
                价格¥<span id="number">{{woman3.price}}</span> 数量:<span id="number">{{woman3.count}}</span>
                小计:<span id="number">{{woman3.count*woman3.price}}</span>
            </p>
            <p>
                <button id="bt2" @click="addCart(dressType)">加入购物车</button>
                <button id="bt1" @click="goHome">返回商品导购</button>
            </p>
            <div>
                <h5>产品参数: </h5>
                <ul>
                    <li>品牌: JINKAIX</li>
                    <li>适用年龄: 30-34 周岁</li>
```

```
                    <li>尺码: 4XL S M L XL XXL XXXL</li>
                    <li> 图案: 纯色</li>
                    <li>风格: 通勤</li>
                    <li>通勤: 简约</li>
                    <li>领型: 斜领</li>
                    <li>腰型: 中腰</li>
                    <li>衣门襟: 拉链</li>
                    <li>颜色分类: 蓝色 深红</li>
                    <li>袖型: 常规</li>
                    <li>组合形式: 单件</li>
                    <li>货号: JKX1910106</li>
                </ul>
            </div>
        </div>
    </div>
</template>
<script>
    import { ref,toRefs } from 'vue'
    import { useStore } from 'vuex'
    import { useRouter } from 'vue-router'
    export default {
        name: 'About',
        data() {
            return {
                publicPath: process.env.BASE_URL
            }
        },
        setup() {
            const store = useStore()
            const router = useRouter()
            const dressType = ref(store.state.dressType)
            const addCart = ((dressType) => {
                store.commit('addOne')
                //同时修改每类服装的小件数
                store.commit('addOneSub', dressType)
                store.commit('changeSum')
            })
            const goHome = (() => {
                router.push('/home')
            })
            const no = ref('1')
            return {
                no,dressType,addCart,goHome,
                ...toRefs(store.state),
            }
        }
    }
</script>
<style scoped="scoped">
    ul {list-style-type: none;margin: 0;padding: 0;}
    li {display: inline-block;margin: 10px 5px;}
    #logo {width: 800px;}
    #largeImg img {width: 265px;margin: 0 auto;}
  #largeImg {text-align: center;padding: 0 auto;}
    #smallImg {text-align: center;}
    #left,#right {display: inline-block;margin: 5px;height: 650px;text-align: left;}
  #left {width: 400px;}
  #right {width: 500px;}
    #red {color: red;}
    button {
```

```
105.        width: 150px;height: 35px;text-align: center;
106.        border: 1px solid red;margin: 5px 10px;}
107.    #bt1 {background-color: #44DD99;color: red;}
108.    #bt2 {background-color: #FF0000;color: white;}
109.    #price {background-color: #DFDFDF;height: 35px;width: 350px;padding: 5px;}
110.    input {width: 40px;height: 30px;}
111.    #number {
112.        color: white;background: red;margin: 2px 5px;padding: 5px;
113.        border-radius: 10px;width: 40px;height: 40px;border: 1px dotted #0000FF;
114.    }
115. </style>
```

上述代码中，第 3 行使用 public 文件夹下的静态图像资源，加载 logo。第 4～15 行定义左侧 div，用于显示服装大图和小图，通过图像超链接展示不同服装效果图像。第 16～58 行定义右侧 div，用于显示服装的标题、子标题以及购买件数、单价和小计等信息。第 62～64 行导入相关 Vue 3.0 相关的 API，如 ref()、toRefs()、useStore()、useRouter() 等。第 65～91 行定义默认导出相关属性和方法。其中，第 72～90 行定义 setup() 函数，分别使用 store 对象、使用路由，并定义 addCart()（调用 addOne、addOneSub、changeSum 等 mutation）、goHome()（返回商品导购页面）方法，第 86～89 行返回相关属性和方法，供组件中的模板使用。

（6）定义 router/index.js 文件。

```
1.  import { createRouter, createWebHistory } from 'vue-router'
2.  import Home from '../views/Home.vue'
3.  const routes = [
4.    {path: '/',name: 'Home',redirect: '/home'},
5.    {path: '/home',name: 'Home',component: Home},
6.    {
7.      path: '/about/:dressType',
8.      name: 'About',
9.      component: () => import(/* webpackChunkName: "about" */ '../views/About.vue')
10.   }
11. ]
12. const router = createRouter({
13.   history: createWebHistory(process.env.BASE_URL),
14.   routes
15. })
16. export default router
```

上述代码中，第 1 行导入 Vue 3.0 中集成的路由 API。第 2 行导入 Home.vue 组件。第 3～11 行定义 3 条路由信息，分别是默认路由/、/home、/about/:dressType。第 12～15 行定义路由器对象，并注册路由表 routes 和配置 history 模式。

（7）定义 store/index.js 文件，主要用于定义商品相关的信息和相关数据操作方法。

```
import {createStore} from 'vuex'
export default createStore({
  state: {
    woman1: {
      name: '秋冬金丝绒连衣裙',
      count: 0,
      price: 568.50,
      title: '秋冬金丝绒连衣裙女 2020 新款大牌宴会礼服修身钉珠收腰一步包臀裙',
      subTitle: '秋冬金丝绒 高贵洋气 宴会礼服 钉珠收腰',
    },
    woman2: {
      name: '缎面短袖醋酸连衣裙',
      count: 0,
```

```
      price: 788.50,
      title: '2020 春夏新款气质女神范高端大牌法式收腰显瘦缎面短袖醋酸连衣裙',
      subTitle: '气质女神范高端大牌 缎面短袖醋酸连衣裙',
    },
    woman3: {
      name: '绿色缎面醋酸连衣裙',
      count: 0,
      price: 688.50,
      title: '绿色缎面醋酸连衣裙女夏 2020 新款高端纯色洋气女神范收腰显瘦长裙',
      subTitle: '醋酸连衣裙女 洋气女神范收腰显瘦长裙子',
    },
    dressType: 'woman1',
    total: 0,
    sum: 0
  },
  mutations: {
    changeDressType(state, newDress) {
      state.dressType = newDress
    },
    addOne(state) {
      state.total++
    },
    reduceOne(state) {
      state.total--
    },
    addOneSub(state, dressName) { //dressName 类服装小件数加 1
      switch (dressName) {
        case 'woman1':
          state.woman1.count++;
          break;
        case 'woman2':
          state.woman2.count++;
          break;
        default:
          state.woman3.count++;
          break;
      }
    },
    reduceOneSub(state, dressName) { // dressName 类服装小件数加 1
      switch (dressName) {
        case 'woman1':
          state.woman1.count--;
          break;
        case 'woman2':
          state.woman2.count--;
          break;
        default:
          state.woman3.count--;
          break;
      }
    },
    changeSum(state) {
      state.sum = state.woman1.price * state.woman1.count + state.woman2.price
      * state.woman2.count + state.woman3.price *
        state.woman3.count
      state.sum = state.sum.toFixed(2)
    }
  },
```

```
71.   actions: {},
72.   modules: {}
73. })
```

上述代码中，第 1 行导入 createStore，用于创建 store 对象。第 2～73 行创建 store，并在其中定义 state、mutations、actions 和 modules。其中，第 3～28 行在 state 中定义 woman1、woman2、woman3、dressType、total 和 sum 等状态数据；第 29～70 行在 mutations 中定义相关商品件数增加和减少的相关 mutation。

该项目使用 Vue 3.0 中的 Vuex、Vue Router、ref、toRefs、模板 refs、setup() 函数、public 静态资源等，基本涵盖了大部分 Vue 3.0 新特性的应用，对读者和用户学习和使用 Vue 3.0 开发项目具有一定的实践指导和引领作用。

本章小结

本章主要介绍 Vue 3.0 新特性、初步应用以及 Vue 3.0 新特性的实际应用。重点介绍了 Vue 3.0 中 setup()、ref()、reactive()、toRefs()、watch()、computed()、watchEffect() 等 API 的应用，然后介绍 Vue 3.0 中集成的 Vuex 和 Vue Router 的使用方法，通过案例讲解了嵌套组件中数据共享的方法：provide() 和 inject()，最后讲解了组合式 API 和模板 refs 的使用方法。通过案例驱动和图解方式帮助和指导读者和用户创建并开发一个简易的 Vue 3.0 工程项目，在实践中不断地加深理解并学会灵活应用。

练习 12

1. 填空题

（1）在 Vue 3.0 中使用____________创建组件实例（id 为 app），不再需要像 Vue 2.x 那样使用 new Vue({}) 方式创建实例。使用____________方法挂载实例。

（2）在 Vue 3.0 中定义响应式对象可以通过__________、__________函数实现。但当参数为数组和对象时通常使用__________定义。当参数为基本数据类型时一般会使用____________定义。

（3）创建 Vue 3.0 项目 vue3-pro-1 时，可以__________________命令。创建完成后需要切换至项目所在文件夹，为项目添加 Vue 3.0 的 vue-next 插件的命令是________________。安装完成后，启动本地开发服务可使用________________命令。

（4）setup() 函数可以接收两个参数，第 1 个参数为________，第 2 个参数为_________。setup() 函数内部定义的响应式对象变量，在函数体内使用时，需要添加_________，而在模板中使用时则不需要，可以直接展开。

（5）main.js 文件的主要功能是分别导入相关函数、组件，创建 app 实例、启动状态管理、启动路由以及挂载#app，在代码中填写相关语句。

```
//main.js
import { createApp } from 'vue'  //从 vue 中导入 createApp 函数
import App from './App.vue'
import router from './router'
```

```
5.   import store from './store'
6.   ______________________________________________  //填写语句
```

（6）setup() 函数内部不能使用 this，可以使用__________替代 this。setup() 函数内部定义所有属性和方法都必须使用__________返回出来，供组件模板使用。

（7）子组件使用父组件传递的数据时，可以在子组件中设置__________选项，设置传递参数时需要指定参数的__________。

（8）使用__________函数可以将 reactive() 创建出来的对象转换为普通对象，但这个对象上的每个属性节点都是 ref 类型的__________，在组件模板中可以单独使用。在 return{}中使用时需要在其前面加上__________运算符。

（9）使用 watch 或 watchEffect 执行侦听时，如果需要停止，可以将 watch() 或 watchEffect() 的返回值赋给 stop，然后使用__________函数显式停止侦听行为。

（10）给模板中的元素设置__________属性可以实现引用 DOM 元素，然后在__________函数内部需要定义 ref 响应式对象，并在 return 中将该对象返回出来，才能正确引用。

（11）父组件通过__________函数为子组件或后代组件提供两种类型的共享数据，这两种类型分别为__________、__________。子组件或后代组件可以使用__________函数使用共享数据。

2. 简答题

（1）试说明 Vue 3.0 生命周期函数与 Vue 2.x 的生命周期函数的不同。

（2）Vue 3.0 中要实现父/子组件之间共享数据，可使用的方式有几种？

实训 12

视频讲解

1. Vue 3.0 提供/注入实训——父组件操控子组件中的 div 样式

【实训要求】

视频讲解

（1）掌握使用 Vue CLI 创建 Vue 3.0 简易工程项目的方法。

（2）掌握 Vue 3.0 中的 provide()/inject() 函数的使用方法。

（3）学会定义 setup() 函数和创建 ref 响应式对象。

（4）学会使用 provide() 函数提供普通数据共享和 ref 响应式数据共享。

（5）学会按需导入项目中所需要的函数。

【设计要求】

按图 12-33 所示的页面效果，编写相关组件实现所需要功能。具体设计要求如下。

（1）改变子组件中 div 的边框样式。在父组件中设置下拉列表框，其中含有 4 个选项，内容分别为 solid、double、dashed、dotted，当下拉列表框选项发生变化时，将选项的值提供给子组件，以改变子组件中 div 的边框样式，并在父组件中侦听 borderType 的变化。

（2）移动滑块（滑动范围为 28～48）动态改变子组件 div 中文字字体的大小，并在子组件中 setup() 函数中通过 watch 侦听字体大小 size 的变化，并在控制台输出。

（3）随机改变 div 的背景颜色。当单击“随机改变”按钮时，能够调用 randomChangeBG() 方法将随机产生的 6 位十六进制背景颜色 bgColor 提供给子组件的 randomColor 变量，同时在子组件中侦听背景颜色的变化，实现子组件中 div 的背景颜色的改变。

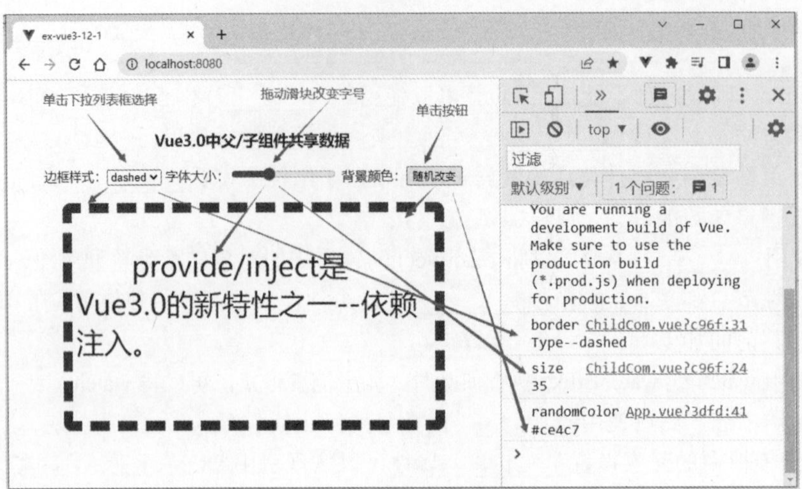

图 12-33　父/子组件共享数据应用

【实训步骤】

（1）在指定的用户的目录下，创建 ex-vue3-12-1 项目，创建命令如下。

```
vue create ex-vue3-12-1
cd ex-vue3-12-1
vue add vue-next
npm run serve
```

执行上述命令后，可以在浏览器的地址栏中输入 http://localhost:8080，可以查看项目默认的初始页面。

（2）修改父组件 App.vue 文件。在组件的模板中插入一个下拉列表框、一个滑块和一个命令按钮，分别绑定相关属性和方法。在<script>标记中完成子组件导入、所需 Vue 3.0 API 函数（如 ref()、provide() 等）导入，在 export default 选项中完成组件命名和子组件注册，然后在 setup() 函数中完成共享响应式数据（如 size、border、bgColor 等）的定义、randomChangeBG() 方法（随机产生 6 位十六进制的颜色，如“#FDEEAA”）的定义，并在 randomChangeBG() 方法中向控制台输出产生的背景颜色。

（3）修改子组件 HelloWorld.vue 文件。将其改为 ChildCom.vue，并在其模板中插入一个 div，并给 div 绑定 style、ref 属性。在 div 内插入一个<p>标记，绑定 style 属性，内容为“provide/inject 是 Vue 3.0 的新特性之一——依赖注入。”在<script>标记内完成相关 API 函数（如 ref()、watch()、inject() 等）的导入和 setup() 函数的定义。在 setup() 函数中定义变量用于接收父组件 App.vue 提供的 ref 响应式数据（如 size、border、bgColor 等），并完成相关变量的侦听任务，并在控制台中输出相关信息。

（4）完成上述两个文件的修改后，刷新页面进行调试。结果如图 12-33 所示。同时在调试模式下，查看控制台输出信息是否达到项目的要求。

2. Vue 3.0 中 Vuex 和 Vue Router 实训——简易图书选购页面

【实训要求】

视频讲解

（1）学会使用 Vue CLI 创建集成 Vuex 和 Vue Router 功能的 Vue 3.0 工程项目。学会使用手动或自动方式进行项目初始选项的设置。

（2）熟悉默认初始创建项目的文件结构，并会与 Vue 2.x 项目文件结构进行比较，总结

Vue 3.0 项目文件结构的特点。

（3）学会使用 Vue Router 定义路由、定义路由组件。学会使用 createRouter()、createWebHistory() 两个 API 创建路由管理器 router 和 history 对象。

（4）学会使用 createStore 创建 store 对象。根据状态数据的操作需要编写相关的 mutations 和 actions。

（5）学会在组件中导入 useStore API 函数，并在 setup() 函数中触发相关的 mutations 或分发 actions。学会导入 useRouter API 函数，并在 setup() 函数中使用路由器切换路由。

（6）按照图 12-34～图 12-36 所示的页面效果，完成项目的开发任务。

图 12-34　项目首页

图 12-35　“关于我们”页面

图 12-36　“图书”页面

【实训步骤】

（1）在指定的用户的目录下，创建 ex-vue3-12-2 项目。创建命令如下。

```
vue create ex-vue3-12-2
```

执行创建命令时，手动选择 Vuex 和 Vue Router，其余默认按 Enter 键。然后执行下列命令。

```
cd ex-vue3-12-2
vue add vue-next
npm run serve
```

执行上述命令后，在浏览器的地址栏中输入 http://localhost:8080，可以查看项目默认的初始页面，如图 12-37 所示。

（2）修改父组件 App.vue 文件。将 App.vue 中有关 HelloWorld.vue 组件的导入与使用代码删除，按照以下模板中的内容修改 App.vue，将导航改为 3 个，分别为“首页”“图书”“关于我们”。

```
<template>
  <div id="nav">
    <router-link to="/">首页</router-link> |
    <router-link to="/books">图书</router-link> |
    <router-link to="/about">关于我们</router-link>
  </div>
  <router-view></router-view>
</template>
```

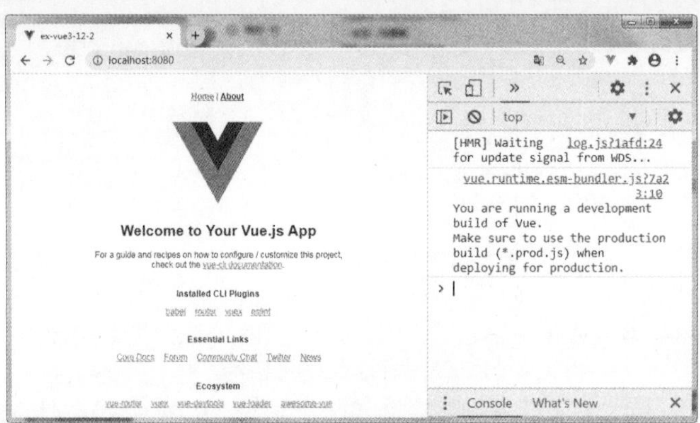

图 12-37 项目初始页面

（3）修改 router/index.js 文件。原来该文件中只有两条路由，需要根据 App.vue 模板中的<router-link>标记设置的导航，添加第 3 条路由信息。具体代码如下。

```
{
    path:'/books',
    name:'Books',
    component:()=>import('../views/Books')    //按需加载，即懒加载
  }
```

（4）修改 views/Home.vue 文件。按照图 12-34 所示的页面效果完成 Home.vue 组件的修改。其中图标的加载可以使用公共路径 publicPath 来解决。具体方法如下。

```
export default {
        name: 'Home',
        data() {
            return {
                publicPath: process.env.BASE_URL,
            }
        }
    }
```

在模板中可以这样使用，格式如下。

```
<img alt="清华大学出版社 logo" :src="`${publicPath}img/logo.jpg`">
```

（5）修改 About.vue 文件。当单击“关于我们”链接时，进入如图 12-35 所示的页面。按照页面完成布局设计。难点是最下面的“返回首页”按钮功能的设计，这时可以使用 Vue 3.0 路由跳转功能来实现。参考代码如下。

- <template>标记中

```
<p> <button @click="goHome">返回首页</button> </p>
```

- <JavaScript>标记中

```
import {useRouter} from 'vue-router'
setup(){
    const router=useRouter()
    const goHome=(()=>{
        router.push('/')   //路由跳转
    })
    return {
        goHome,
    }
}
```

完成上述各步操作任务后，可以在浏览器中查看首页效果，并在调试状态下单击各个导航进行测试运行，并解决各类异常问题。

（6）创建 Books.vue 文件。这个组件是该项目的重点和难点。当在图 12-34 中单击“图书”链接时，进入图 12-36 所示的页面，完成页面布局设计。采用无序列表包裹 3 个 div，然后在每个 div 中分别插入相关图书图像和相关展示单价和操作数量增减的命令按钮即可。

（7）图像资源存放在 public/img，图像文件名格式为 img-ex12-2-n.jpg。

（8）图书信息为 name（图书代号，如 book1 等）、price（单价）、sales（销售量）。将这些信息存储在 store 中，页面上的数据必须与 store 中存储的相关状态数据一致，并保持同步更新。

（9）命令按钮“+”“-”的功能是调用相关 mutations 增加和减少相应图书的采购数量，数量必须存储在 store 中，页面数量与 store 中存储的数量必须保持同步更新，同时图书展示区下方显示的总购图书册数和总价也必须同步动态更新。初始化时，图书下方仅会出现“+”按钮，因为采购数量为 0 时不会显示“-”按钮，当采购数量>0 时，会出现“-”按钮。提示需要设计下列 mutations: addBook（单件图书数量增 1）、reduceBook（单件图书数量减 1）、addTotal（购买总量增 1）、reduceTotal（购买总量减 1）、changeTotalSum（购买总价动态计算）。

（10）“结算”按钮的功能是将“共购图书*册，总价：**.**”显示在下方的 div 中，使用模板 refs 实现。

参 考 文 献

[1] 储久良. Web 前端开发技术：HTML5、CSS3、JavaScript [M]. 3 版. 北京：清华大学出版社，2018.

[2] 储久良. Web 前端开发技术实验与实践：HTML5、CSS3、JavaScript [M]. 3 版. 北京：清华大学出版社，2018.

[3] 储久良. Web 前端开发技术：HTML、CSS、JavaScript [M]. 2 版. 北京：清华大学出版社，2016.